Chemie, Physik und Technologie der Kunststoffe
in Einzeldarstellungen

Herausgegeben von K. A. Wolf

===== 8 =====

Polyvinylchlorid und Vinylchlorid-Mischpolymerisate

Chemie und chemische Technologie

Von

Dr. rer. nat. Helmuth Kainer
Patentanwalt in Heidelberg

Mit 85 Abbildungen

Springer-Verlag
Berlin / Heidelberg / New York
1965

ISBN 978-3-540-03266-3   ISBN 978-3-642-87892-3 (eBook)
DOI 10.1007/978-3-642-87892-3

Alle Rechte, insbesondere das der Übersetzung in fremde Sprachen, vorbehalten
Ohne ausdrückliche Genehmigung des Verlages ist es auch nicht gestattet,
dieses Buch oder Teile daraus auf photomechanischem Wege
(Photokopie, Mikrokopie) oder auf andere Art zu vervielfältigen
© by Springer-Verlag, Berlin/Heidelberg 1965
Softcover reprint of the hardcover 1st edition 1965
Library of Congress Catalog Card Number: 65 - 19210

Die Wiedergabe von Gebrauchsnamen, Handelsnamen, Warenbezeichnungen usw. in diesem Buche berechtigt auch ohne besondere Kennzeichnung nicht zu der Annahme, daß solche Namen im Sinne der Warenzeichen- und Markenschutz-Gesetzgebung als frei zu betrachten wären und daher von jedermann benutzt werden dürften

Titel Nr. 4308

Dem Andenken
an meinen Vater
Franz Kainer

Vorwort

Mit der vorliegenden Monographie wird der Versuch unternommen, den gegenwärtigen Wissensstand auf dem Gebiete der chemischen Technologie des Polyvinylchlorids und der Vinylchlorid-Mischpolymerisate zusammenfassend darzustellen. Hierbei wird an ein älteres Werk von FRANZ KAINER angeknüpft, der auf diesem Wissensgebiete erstmalig im deutschen Schrifttum eine Literaturübersicht gegeben hat. Von dem älteren Buch von FRANZ KAINER unterscheidet sich die vorliegende Monographie in ihrem Aufbau vor allem durch die Beschränkung auf die eigentlichen im Bereiche der Chemie liegenden Sachgebiete. Mechanische Verarbeitungsverfahren und die vielfältigen Verwendungsmöglichkeiten des Polyvinylchlorids und der daraus hergestellten Erzeugnisse haben daher keine Berücksichtigung gefunden. Diese Beschränkung ergab sich einerseits durch den Umstand, daß es für einen einzelnen Autor heute kaum noch möglich ist, die inzwischen außerordentlich umfangreich gewordene Literatur von der Herstellung des Polyvinylchlorids bis zu dessen Verarbeitung auf das Enderzeugnis zu übersehen. Andererseits sind in der deutschsprachigen Literatur in neuerer Zeit Veröffentlichungen erschienen, die sich in monographischer Form speziell mit der mechanischen Verarbeitung und mit der Verwendung des Polyvinylchlorids befassen. Abgesehen von dieser inhaltlichen Beschränkung, ist die Zielsetzung des Buches von FRANZ KAINER, den Zugang zu der vielfältigen und nahezu unübersehbar gewordenen Literatur über Polyvinylchlorid und Vinylchlorid-Mischpolymerisate zu erleichtern, beibehalten worden. Die vorliegende Monographie will daher nicht als technisches Anleitungsbuch verstanden werden. Sie wendet sich vielmehr an den bereits mit dem Gebiet des Polyvinylchlorid vertrauten Fachmann, dem sie als Hilfsmittel bei seiner Arbeit dienen soll.

Bei der Abfassung des Manuskriptes bin ich von Fräulein HELGA KAINER† und Fräulein ANNA-MARIA ERBACH unterstützt worden, die mir den größten Teil der technischen und redaktionellen Arbeiten abgenommen haben. Das Lesen der Korrekturen besorgte Fräulein SILKE DANNENMANN, die mir auch bei der Bearbeitung der Register wertvolle Hilfe leistete. Ihnen allen sei an dieser Stelle herzlich gedankt. Mein Dank gilt weiter allen Fachkollegen und Firmen, die mir durch bereitwillige Überlassung von Sonderdrucken und Firmenschriften bei der Literaturzusammenstellung behilflich waren. Schließlich sei auch dem Springer-Verlag für die sorgfältige Ausstattung des Buches bestens gedankt.

Heidelberg, im Februar 1965.   **H. Kainer**

Inhaltsverzeichnis

Seite

I. Die Herstellung des Polyvinylchlorids 1
   A. Einleitung 1
   B. Blockpolymerisation 7
   C. Lösungspolymerisation 10
   D. Fällungspolymerisation 11
   E. Suspensionspolymerisation 12
   F. Emulsionspolymerisation 34
   G. Photochemische Polymerisation 59
   H. Radiochemische Polymerisation 61
   I. Polymerisation mit metallorganischen Katalysatoren 62
   J. Stereospezifische Polymerisation 73
   K. Niedermolekulares Polyvinylchlorid 74

II. Herstellung von Mischpolymerisaten des Vinylchlorids 76
   A. Mit Kohlenwasserstoffen 78
      1. Äthylen 78
      2. Höhere Olefine 79
      3. Dienkohlenwasserstoffe 79
      4. Styrol 80
   B. Mit Halogenkohlenwasserstoffen 81
      1. Vinylfluorid 81
      2. Höher fluorierte Olefine 81
      3. Vinylidenchlorid 82
      4. Trichloräthylen 88
      5. Chlorierte höhere Olefine 88
      6. Halogenierte Butadiene 88
      7. Halogenstyrole 89
   C. Mit Alkoholen und Äthern 89
      1. Vinylalkohol 89
      2. Vinylalkyläther 91
      3. Andere ungesättigte Äther 92
   D. Mit Säuren und Säurederivaten 93
      1. Vinylester 93
          α) Vinylacetat 93
          β) Vinylester höherer Fettsäuren 96
          γ) Vinylester von Alkoxysäuren 97
      2. Allylester 97
      3. Acrylsäureester 97
          α) Acrylsäuremethylester 97
          β) Acrylsäureester höherer Alkohole 100
          γ) Acrylsäureester sonstiger Alkohole 101
      4. Acrylnitril 101
      5. Methacrylsäureester 103
      6. Olefindicarbonsäuren und deren Ester 104
      7. Fette Öle 109
   E. Mit Heteroatome enthaltenden ungesättigten Verbindungen ... 109
      1. Silicium enthaltende Verbindungen 109

Inhaltsverzeichnis VII

Seite

  2. Zinn enthaltende Verbindungen 110
  3. Stickstoff enthaltende Verbindungen.......................... 110
  4. Phosphor enthaltende Verbindungen 110
  5. Schwefel enthaltende Verbindungen 110
 F. Pfropfpolymerisation 111
III. **Chemische Umsetzung** 114
 A. Von Polyvinylchlorid 114
  1. Hydrierung... 114
  2. Chlorwasserstoffabspaltung 114
  3. Nachchlorierung 115
  4. Umesterung... 119
  5. Sulfonamidierung 119
  6. Chlorsulfonierung 119
  7. Umsetzung mit Aldehyden 120
  8. Umsetzung mit Teerölprodukten 120
  9. Sonstige Reaktionen 121
  10. Vernetzung 121
      α) Chemische Vernetzung 121
      β) Strahlenchemische Vernetzung 121
 B. Von Vinylchlorid-Mischpolymerisaten 123
IV. **Die Struktur des Polyvinylchlorids** 124
V. **Die Eigenschaften des Polyvinylchlorids und der Vinylchlorid-Mischpolymerisate** 141
 A. Die Werkstoffeigenschaften des Polyvinylchlorids................ 141
  1. Die mechanischen Eigenschaften 143
  2. Die elektrischen Eigenschaften............................. 148
  3. Die Fließeigenschaften 149
 B. Die Eigenschaften des weichgemachten Polyvinylchlorids.......... 151
  1. Die mechanischen Eigenschaften 151
  2. Die thermischen Eigenschaften............................. 158
  3. Die elektrischen Eigenschaften............................. 159
  4. Die Fließeigenschaften 163
  5. Die Struktur des weichgemachten Polyvinylchlorids 164
 C. Die Werkstoffeigenschaften der Vinylchlorid-Mischpolymerisate 172
VI. **Die Alterungs- und Abbaueigenschaften des Polyvinylchlorids** 178
 A. Der Hitzeabbau 178
    Der Mechanismus des thermischen Abbaues 184
 B. Der Lichtabbau des Polyvinylchlorids.......................... 188
 C. Der Abbau des Polyvinylchlorids unter dem Einfluß ionisierender Strahlen 190
 D. Die Abbau- und Alterungseigenschaften der Mischpolymerisate des Vinylchlorids 192
VII. **Die Hilfsstoffe für die Verarbeitung des Polyvinylchlorids** 193
 A. Die Stabilisatoren 195
  1. Der Einfluß der Stabilisatoren auf den thermischen Abbau des Polyvinylchlorids 195
  2. Der Einfluß der Stabilisatoren auf die Wetterbeständigkeit des Polyvinylchlorids 198
  3. Der Mechanismus der Stabilisierung 200
  4. Die Wirkung der Lichtstabilisatoren 204

Inhaltsverzeichnis

	Seite
5. Synergistische Stabilisatorgemische	205
6. Zur Wahl des Stabilisators	207
7. Die Stabilisatorklassen	209
a) Natriumverbindungen	209
b) Magnesiumverbindungen	211
c) Calciumverbindungen	212
d) Strontiumverbindungen	215
e) Bariumverbindungen	217
f) Zinkverbindungen	219
g) Cadmiumverbindungen	220
h) Zinnverbindungen	223
i) Bleiverbindungen	231
j) Antimonverbindungen	235
k) Wismutverbindungen	235
l) Ester	235
m) Phenole und deren Derivate	239
n) Ketone	239
o) Organische Stickstoffverbindungen	246
p) Epoxyverbindungen	249
q) Schwefel enthaltende organische Verbindungen	256
r) Organische Phosphorverbindungen	257
B. Die Gleitmittel	258
C. Die Weichmacher	259
1. Allgemeines	259
2. Weichmachereigenschaften	260
a) Die Weichmacherwirksamkeit	260
b) Die Verträglichkeit	264
c) Die Extrahierbarkeit	266
d) Die Flüchtigkeit	267
e) Die Wanderungseigenschaften	269
f) Die Verarbeitungseigenschaften	270
g) Die physiologischen Eigenschaften	272
3. Zur Wahl des Weichmachers	273
4. Die Weichmacherklassen	275
a) Esterweichmacher	275
α) Ester von Carbonsäuren	275
1. Ester einbasischer aliphatischer Carbonsäuren mit drei- und höherwertigen Alkoholen	275
2. Ester einbasischer Carbonsäuren mit höheren Glykolen	276
3. Ester aromatischer Monocarbonsäuren mit ein- oder mehrwertigen Alkoholen	276
4. Ester von Äthergruppen enthaltenden mehrwertigen Alkoholen	277
5. Ester von Schwefel enthaltenden Alkoholen	279
6. Ester einbasischer Säuren mit Phenolen	279
7. Oxysäureester	279
8. Ester von Äthercarbonsäuren	280
9. Ketosäureester	281
10. Ester von aliphatischen Halogencarbonsäuren	281
11. Aminocarbonsäureester	282
12. Ester von Thiocarbonsäuren	283
13. Cyancarbonsäureester	285

Inhaltsverzeichnis IX

	Seite
14. Ester aliphatischer Dicarbonsäuren	285
15. Itaconsäureester	287
16. Phthalsäureester	287
17. Chlorierte Phthalsäureester	291
18. Ester anderer aromatischer Dicarbonsäuren	293
19. Ester cycloaliphatischer Carbonsäuren	295
20. Tri- und Tetracarbonsäureester	295
21. Ester von Terpencarbonsäuren	297
22. Esteramide	298
β) Ester von anderen Säuren	298
1. Kohlensäureester	298
2. Phosphorsäureester	298
3. Phosphonsäureester	302
4. Ester der schwefligen Säure	303
5. Sulfonsäureester	303
b) Sonstige Weichmacher	304
1. Kohlenwasserstoffe	304
2. Halogenierte Kohlenwasserstoffe	306
3. Fettsäuren	307
4. Acetale und Ketale	307
5. Ketone	308
6. Epoxyverbindungen	308
7. Säureamide	310
8. Sulfonsäureamide	311
9. Sonstige organische Stickstoffverbindungen	312
10. Sonstige organische Schwefelverbindungen	313
11. Hochmolekulare Weichmacher	313
D. Pigmente und Farbstoffe	319
1. Anorganische Pigmente	320
α) Weißpigmente	320
β) Gelbpigmente	321
γ) Rotpigmente	321
δ) Blaupigmente	321
ε) Grünpigmente	321
ζ) Schwarzpigmente	322
2. Organische Pigmente	322
3. Organische Farbstoffe	322
E. Füllstoffe	322
F. Antistatisch wirkende Zusatzstoffe	327
G. Flammhemmende Zusatzstoffe	329
VIII. Verarbeitungsformen des Polyvinylchlorids	329
A. Lösungen	329
B. Plastisole	332
C. Organosole	345
D. Plastigele	346
E. Wäßrige Dispersionen	347
F. Polymerisatgemische	348
Patentverzeichnis	358
Firmenverzeichnis	388
Namenverzeichnis	393
Sachverzeichnis	408

Polyvinylchlorid und
Vinylchlorid-Mischpolymerisate

I. Die Herstellung des Polyvinylchlorids

A. Einleitung

Der Aufbau des Polyvinylchlorids — $(CH_2\text{—}CHCl)_n$ — durch Polymerisation aus Vinylchlorid $CH_2\text{=}CHCl$ wird durch Aktivierung von Monomerenmolekülen unter Bildung reaktionsfähiger Radikale eingeleitet. Die Radikalbildung kann hierbei entweder unmittelbar aus den Monomerenmolekülen durch Aufnahme energiereicher Lichtquanten und Spaltung chemischer Bindungen oder mittelbar durch Anlagerung von Katalysatorradikalen erfolgen. In beiden Fällen ergibt sich eine Startreaktion, die durch das nachstehende Reaktionsschema wiedergegeben werden kann:

$$R\cdot + CH_2\text{=}\underset{\underset{Cl}{|}}{\overset{\overset{H}{|}}{C}} \rightarrow R\text{—}CH_2\text{—}\underset{\underset{Cl}{|}}{\overset{\overset{H}{|}}{C}}\cdot \qquad (1)$$

$R\cdot$ = photochemisches Radikal oder Katalysatorradikal

Hierbei ist angenommen, daß die Addition des freien Radikals am halogenfreien Kohlenstoffatom des Vinylchlorids erfolgt, was nach Untersuchungen von M. S. KHARASH und C. HANNUM[1] über die nach einem radikalischen Mechanismus verlaufende Addition von Bromwasserstoff an Vinylchlorid als wahrscheinlich gelten darf.

Das nach Gl. (1) entstandene reaktionsfähige Radikal lagert sich an ein Monomerenmolekül an, wobei ein neues reaktionsfähiges Radikal entsteht, das seinerseits zur Anlagerung eines weiteren Monomerenmoleküls befähigt ist. Es ergibt sich dadurch eine Wachstumsreaktion, die sich durch das nachstehende Reaktionsschema veranschaulichen läßt:

$$R\text{—}CH_2\text{—}\underset{\underset{Cl}{|}}{\overset{\overset{H}{|}}{C}}\cdot + CH_2\text{=}CHCl \rightarrow R\text{—}CH_2\text{—}\underset{\underset{Cl}{|}}{\overset{\overset{H}{|}}{C}}\text{—}CH_2\text{—}\underset{\underset{Cl}{|}}{\overset{\overset{H}{|}}{C}}\cdot \qquad (2)$$

Hierbei ist vorausgesetzt, daß die Anlagerung des wachsenden Radikals jeweils an das halogenfreie Kohlenstoffatom eines Monomeren-

---

[1] J. Amer. Chem. Soc. **56**, 1782 (1934).

moleküls erfolgt, was mit der bei Polyvinylchlorid gefundenen 1,3-Dihalogenstruktur in Einklang steht.

Die Reaktion nach Gl. (2) pflanzt sich in Form einer Kettenreaktion fort, bis das weitere Kettenwachstum durch eine Abbruchs- oder eine Übertragungsreaktion beendet wird. In beiden Fällen sind mehrere Reaktionstypen möglich. Beschränkt man sich auf die Reaktion eines Polymerenradikals mit einem zweiten Polymerenradikal, so kann der Abbruch durch Kombination der beiden Radikale unter Bildung einer kovalenten Bindung erfolgen. Es ergibt sich in diesem Falle nachstehendes Reaktionsschema:

$$\begin{array}{c} \text{R—(CH}_2\text{—CHCl)}_m\text{—CH}_2\text{—}\underset{\mid}{\overset{\mid}{\underset{\text{Cl}}{\overset{\text{H}}{\text{C}}}}}\text{·} + \text{R—(CH}_2\text{—CHCl)}_n\text{—CH}_2\text{—}\underset{\mid}{\overset{\mid}{\underset{\text{Cl}}{\overset{\text{H}}{\text{C}}}}}\text{·} \\ \rightarrow \text{R—(CH}_2\text{—CHCl)}_m\text{—CH}_2\text{—}\underset{\mid}{\overset{\mid}{\underset{\text{Cl}}{\overset{\text{H}}{\text{C}}}}}\text{—}\underset{\mid}{\overset{\mid}{\underset{\text{Cl}}{\overset{\text{H}}{\text{C}}}}}\text{—CH}_2\text{—(CHCl—CH}_2\text{)}_n\text{—R·} \end{array} \quad (3)$$

Erfolgt der Abbruch unter Disproportionierung, so vollzieht sich dieser wahrscheinlich unter Abspaltung eines Wasserstoffatomes von dem der radikalischen Chlormethylengruppe benachbarten Kohlenstoffatom.

$$\begin{array}{c} \text{R—(CH}_2\text{—CHCl)}_m\text{—CH}_2\text{—}\underset{\mid}{\overset{\mid}{\underset{\text{Cl}}{\overset{\text{H}}{\text{C}}}}}\text{·} + \text{R—(CH}_2\text{—CHCl)}_n\text{—CH}_2\text{—}\underset{\mid}{\overset{\mid}{\underset{\text{Cl}}{\overset{\text{H}}{\text{C}}}}}\text{·} \\ \rightarrow \text{R—(CH}_2\text{—CHCl)}_m\text{—CH=CHCl} + \text{R—(CH}_2\text{—CHCl)}_n\text{—CH}_2\text{—CH}_2\text{Cl} \\ \text{oder} \\ \text{R—(CH}_2\text{—CHCl)}_m\text{—CH}_2\text{—CH}_2\text{Cl} + \text{R—(CH}_2\text{—CHCl)}_n\text{—CH=CHCl} \end{array} \quad (4)$$

Das Wachstum der Polymerenkette kann weiter durch Reaktion mit einer nicht-radikalischen Verbindung beendet werden. In diesem Falle entstehen durch Kettenübertragung neue Radikale, die ihrerseits zum Ausgangspunkt eines neuen Kettenwachstums werden können. Kettenübertragungen sind bei der Polymerisation des Vinylchlorids grundsätzlich auf jede im Polymerisationsansatz vorhandene Komponente denkbar. Es kommen daher außer dem Monomeren und dem im Reaktionsverlauf entstehenden Polymeren auch die anderen Zusatzstoffe, wie Emulgatoren, Suspensionsstabilisatoren und das Lösungsmittel als Kettenübertragungsmittel in Betracht.

Es ist sehr wahrscheinlich, daß Kettenübertragungen bei der Polymerisation des Vinylchlorids eine bedeutende Rolle spielen. Hierfür

A. Einleitung

sprechen Untersuchungen von W. I. BENGOUGH und R. G. W. NORRISH[1], die bei der reaktionskinetischen Untersuchung der mit Benzoylperoxyd katalysierten Polymerisation des Vinylchlorids bei Katalysatorkonzentrationen bis herauf zu etwa 0,5 Molprozent eine nahezu vollständige Unabhängigkeit des mittleren Polymerisationsgrades von der Katalysatorkonzentration gefunden haben. BENGOUGH und NORRISH erklären dies mit der Annahme, daß bei niedrigen Katalysatorkonzentrationen Kettenübertragungen auf monomeres Vinylchlorid der hauptsächlich zur Beendigung des Kettenwachstums führende Mechanismus sind. Zu der gleichen Auffassung kamen J. W. BREITENBACH und A. SCHINDLER[2], die bei der mit Benzoylperoxyd und o-Brombenzoylperoxyd katalysierten Vinylchloridpolymerisation ebenfalls die Unabhängigkeit des mittleren viskosimetrischen Molekulargewichtes von der Katalysatorkonzentration feststellen konnten. Auch die Beobachtung, daß das durchschnittliche Molekulargewicht bei der Blockpolymerisation weitgehend unabhängig vom Polymerisationsumsatz ist, wurde von J. W. BREITENBACH und A. SCHINDLER[3] sowie von E. J. ARLMAN und W. M. WAGNER[4] mit der Annahme von Kettenübertragungen auf Vinylchlorid erklärt. Schließlich ist auch der Einfluß von Kettenübertragungsmitteln auf die Polymerisationsgeschwindigkeit der mit freien Radikalen katalysierten Blockpolymerisation des Vinylchlorids von J. W. BREITENBACH und A. SCHINDLER[5] unter der Annahme von Kettenübertragungen auf das Monomere erklärt worden. BREITENBACH und SCHINDLER fanden, daß die Anfangsgeschwindigkeit bei Verwendung von Tetrabromkohlenstoff als Kettenübertragungsmittel in der aus Abb. 1 ersichtlichen Weise mit der Konzentration dieses Zusatzstoffes zunächst stark ansteigt und dann nach Erreichung einer kritischen Konzentration allmählich abfällt. Zur Deutung dieser Erscheinung wurde angenommen, daß die bei Kettenübertragungen auf Vinylchlorid entstehenden

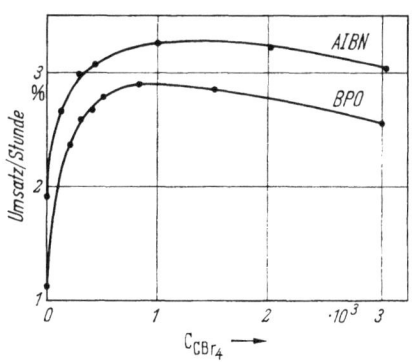

Abb. 1. Anfangsgeschwindigkeit der Blockpolymerisation des Vinylchlorids in Abhängigkeit von der Konzentration des Tetrabromkohlenstoffes c_{CBr_4} (Mole CBr_4/Mol VC) bei Startung mit $1 \cdot 10^{-3}$ Molen BPO/Mol VC bzw. $0,5 \cdot 10^{-3}$ Molen AIBN/Mol VC. Polymerisationstemp. 50 °C. (Nach J. W. BREITENBACH u. A. SCHINDLER, Mh. Chemie **86**, 437 [1955])

Monomerenradikale wegen ihres an einem doppelt gebundenen Kohlenstoffatom sitzenden freien Elektrons verhältnismäßig stabil sind. Der-

---
[1] Proc. Roy. Soc. **200 A**, 301 (1950).   [2] Mh. Chem. **80**, 429 (1949).
[3] Mh. Chem. **80**, 429 (1949).   [4] J. Polymer Sci. **9**, 581 (1952).
[5] Mh. Chem. **86**, 437 (1955).

artige Monomerenradikale werden sich daher mit verhältnismäßig geringer Geschwindigkeit an eine Vinylchloriddoppelbindung anlagern. Wird nun ein Kettenübertragungsmittel zugesetzt, so reagiert dieses mit dem Monomerenradikal unter Bildung reaktionsfähiger Radikale, wodurch es zu einer Erhöhung der Anzahl der Radikalketten und dadurch einer Erhöhung der Polymerisationsgeschwindigkeit kommt.

Bei den anderen Polymerisationsarten spielen Übertragungsreaktionen auf monomeres Vinylchlorid nach Ansicht mehrerer Autoren ebenfalls eine bedeutende Rolle. Für die Lösungspolymerisation haben G. M. BURNETT und W. W. WRIGHT[1] einen derartigen Mechanismus angenommen und damit die Temperaturabhängigkeit der Reaktionsordnung bei der photosensibilisierten Polymerisation von Vinylchlorid in Tetrahydrofuran erklärt. Nach BURNETT und WRIGHT treten sowohl Übertragungsreaktionen als auch Abbruchsreaktionen auf, wobei letztere bei 25 °C überwiegen. Mit Temperaturerhöhung verschiebt sich das relative Verhältnis zwischen beiden Reaktionen zugunsten der Übertragungsreaktionen. Auch G. W. TKATSCHENKO, P. M. CHOMIKOWSKI und S. S. MEDWEDEW[2] schlossen aus der Kinetik der mit Benzoylperoxyd katalysierten Polymerisation des Vinylchlorids in Dichloräthan- und Benzollösung, die im übrigen der von BURNETT und WRIGHT in Tetrahydrofuranlösung gefundenen ähnlich ist, auf Übertragungsreaktionen auf monomeres Vinylchlorid. Nach ihrer Ansicht ist die Geschwindigkeitskonstante dieser Übertragungsreaktion um den Faktor 5 größer als die der Übertragungsreaktion auf Lösungsmittelmoleküle.

Für die Emulsionspolymerisation wurden Kettenübertragungen auf monomeres Vinylchlorid von G. BIER und H. KRÄMER[3] angenommen. BIER und KRÄMER schlossen auf diesen Mechanismus aus Untersuchungen mit einem aus Wasserstoffperoxyd und Rongalit bestehenden Redoxsystem. Hierbei wurde gefunden, daß stets mehr Polyvinylchloridmoleküle entstehen als Katalysatormoleküle verbraucht werden. Es müssen also bei der Beendigung des Kettenwachstums Radikale gebildet werden, die das Wachstum neuer Ketten auslösen. Dies läßt sich wiederum, da ein nennenswerter Einfluß der anderen Reaktionskomponenten nicht festgestellt werden konnte, mit der Annahme von Kettenübertragungen auf Vinylchlorid und der Auslösung neuer Reaktionsketten durch die dabei entstandenen Monomerenradikale erklären. Auch bei der Suspensionspolymerisation sind derartige Übertragungsreaktionen von G. PEZZIN, G. TALAMINI und G. VIDOTTO[4] vermutet worden, die damit die von ihnen gefundene nahezu vollständige Unabhängigkeit der Molekulargewichtsverteilung vom Umsatz erklärt haben.

---

[1] Proc. Roy. Soc. A **221**, 28, 37, 41 (1954).
[2] J. Physik. Chem. (russ.) **25**, 823 (1951).
[3] Kunststoffe **46**, 498 (1956). [4] Makromolekulare Chem. **43**, 12 (1961).

A. Einleitung

Die Kettenübertragung auf monomeres Vinylchlorid ist chemisch nicht eindeutig zu interpretieren, da hierfür eine Vielzahl von Reaktionsmöglichkeiten besteht. Nimmt man an, daß dem Monomeren bei der Übertragungsreaktion von dem Polymerenradikal ein Atom entrissen wird, so bestehen insgesamt vier Möglichkeiten, da jeder der an die Kohlenstoffatome des Vinylchloridmoleküls gebundenen Substituenten für die Übertragungsreaktion in Frage kommt. Hiernach würden folgende Monomerenradikale entstehen können:

$$\overset{H}{\underset{H}{>}}C=C\overset{Cl}{\underset{\cdot}{<}} \quad \overset{H}{\underset{H}{>}}C=C\overset{\cdot}{\underset{H}{<}} \quad \overset{H}{\underset{\cdot}{>}}C=C\overset{Cl}{\underset{H}{<}} \quad \overset{\cdot}{\underset{H}{>}}C=C\overset{Cl}{\underset{H}{<}} \quad (5)$$

Nimmt man an, daß das Polymerenradikal bei der Übertragungsreaktion ein Atom an das Monomere abgibt, so erscheint von den hierbei denkbaren Reaktionsmöglichkeiten die Abgabe eines β-ständigen Wasserstoffatoms unter Ausbildung einer endständigen Doppelbindung am wahrscheinlichsten:

$$R-(CH_2-CHCl)_n-CH_2-\underset{\underset{Cl}{|}}{\overset{\overset{H}{|}}{C}}\cdot + CH_2=CHCl$$

$$\rightarrow R-(CH_2-CHCl)_n-CH=CHCl + CH_3-\underset{\underset{Cl}{|}}{\overset{\overset{H}{|}}{C}}\cdot \qquad (6)$$

Welche dieser Reaktionen beim Polymerisationsvorgang tatsächlich auftreten, läßt sich a priori nicht beantworten. Jedoch sind aus den bei der Strukturaufklärung gefundenen Endgruppen Rückschlüsse möglich.

Eine weitere wichtige Reaktion bei der Polymerisation des Vinylchlorids ist die Übertragung auf Polymerenmoleküle. Bei dieser entzieht ein Polymerenradikal einem Polymerenmolekül ein Atom unter Bildung einer Radikalstelle. Wird diese zum Ausgangspunkt eines Kettenwachstums, so entsteht am Polymerenmolekül eine Kettenverzweigung. Der genaue chemische Verlauf dieser Übertragungsreaktion ist nicht bekannt. Theoretisch bestehen drei Möglichkeiten, die sich durch die Art des vom Polymerenmolekül abgespaltenen Atoms unterscheiden:

A $\qquad R-(CH_2-CHCl)_n-CH_2-\underset{\underset{Cl}{|}}{\overset{\overset{H}{|}}{C}}\cdot + -CH_2-CHCl-CH_2-$

$\rightarrow R-(CH_2-CHCl)_n-CH_2-CH_2Cl + -\overset{\cdot}{\underset{\underset{H}{|}}{C}}-CHCl-CH_2-$

B   R—(CH$_2$—CHCl)$_n$—CH$_2$—$\overset{\text{H}}{\underset{\text{Cl}}{\text{C}}}$· + —CH$_2$—CHCl—CH$_2$—

→ R—(CH$_2$—CHCl)$_n$—CH$_2$—CH$_2$Cl + —CH$_2$—$\overset{\cdot}{\underset{\text{Cl}}{\text{C}}}$—CH$_2$—

C   R—(CH$_2$—CHCl)$_n$—CH$_2$—$\overset{\text{H}}{\underset{\text{Cl}}{\text{C}}}$· + —CH$_2$—CHCl—CH$_2$—

→ R—(CH$_2$—CHCl)$_n$—CH$_2$—CHCl$_2$ + —CH$_2$—$\overset{\text{H}}{\underset{\cdot}{\text{C}}}$—CH$_2$—

Welche dieser drei Möglichkeiten am wahrscheinlichsten ist, läßt sich von vornherein nicht sagen. Nachdem jedoch von A. KENYON[1] gefunden wurde, daß bei der Einwirkung von Methylradikalen auf sec-Butylchlorid die Bildung von Methylchlorid eine sehr unwahrscheinliche Reaktion ist, kann man mit J. D. COTMAN[2] annehmen, daß die Reaktionen A und B gegenüber C überwiegen. Für die Verzweigungsstellen ergäben sich dann nachstehende Strukturen:

$$-CH_2-\underset{\underset{CHCl}{\underset{|}{CH_2}}}{\overset{\overset{Cl}{|}}{C}}-CH_2- \quad \text{und} \quad -CH-\underset{\underset{CHCl}{\underset{|}{CH_2}}}{}CHCl-CH_2$$

Das Reaktionsgeschehen bei der Polymerisation des Vinylchlorids wird noch weiter dadurch kompliziert, daß mit Ausnahme der Lösungspolymerisation bei allen anderen Polymerisationsarten Polyvinylchlorid als heterogene Phase entsteht. Es ist wahrscheinlich, daß auch diese Phase auf den Polymerisationsablauf von Einfluß ist, wie dies von mehreren Autoren diskutiert wurde. Der Einfluß könnte in einer Reaktivierung der bereits in der festen Phase vorliegenden Polymerenradikale bestehen, was W. I. BENGOUGH und R. G. W. NORRISH[3] angenommen haben. Eine andere Möglichkeit ist nach A. SCHINDLER und J. W. BREITENBACH[4] der Einschluß der Polymerenradikale in der festen Phase, wodurch deren Lebensdauer erhöht und damit die Abbruchsreaktion ver-

---

[1] J. Amer. Chem. Soc. **74**, 3372 (1952). [2] Ann. N. Y. Acad. Sci. **57**, 417 (1954).
[3] Proc. Roy. Soc. **200 A**, 301 (1950). [4] Ricerca Sci. **25** (Suppl.), 34 (1955).

langsamt wird. Einen ähnlichen Einfluß der festen Phase auf die wachsenden Polymerenradikale nehmen auch G. TALAMINI und G. VIDOTTO[1] zur Deutung der Erscheinung an, daß das durchschnittliche Molekulargewicht bei der Blockpolymerisation unterhalb von $-30\,°C$ wiederum abfällt.

B. Blockpolymerisation

Bei dieser Polymerisationsart wird Vinylchlorid in Abwesenheit von Lösungs- oder Dispergiermitteln mit Hilfe von Katalysatoren polymerisiert. Wegen der Unlöslichkeit des Polyvinylchlorids im Monomeren scheidet sich dabei das Reaktionsprodukt im Verlaufe des Polymerisationsvorganges im Reaktionsmedium als feste Phase ab.

Reaktionskinetisch betrachtet, ist die Blockpolymerisation des Vinylchlorids als heterogene Reaktion aufzufassen. Sie zeigt einen stark autokatalytischen Charakter[2], was auf die Beeinflussung der wachsenden Polymerenketten durch die im Reaktionsverlauf entstandene feste Phase zurückgeführt wird.[3]

Die für die Reaktionsordnung der Startreaktion angegebenen Werte liegen zwischen 0,5 und 0,6[4]. Das durchschnittliche Molekulargewicht bleibt während der Polymerisation nahezu unabhängig vom Umsatz.[5] Es ändert sich unterhalb eines bestimmten Schwellenwertes auch nicht mit der Katalysatorkonzentration. Nur bei höheren Katalysatorgehalten, die im Falle des Benzoylperoxyds oberhalb 0,5 Gewichtsprozent liegen, tritt eine Verminderung des Molekulargewichtes ein, wie dies aus den in Abb. 2 wiedergegebenen Meßkurven von F. DANUSSO und G. PERUGINI[6] ersichtlich ist.

Das durchschnittliche Molekulargewicht der bei der Blockpolymerisation gebildeten Polyvinylchloride hängt weiter von der Temperatur ab. Es erhöht sich mit fallender Temperatur[7], um, wie G. TALAMINI und G. VIDOTTO[8] am Beispiel der mit Tri-n-butylbor und Sauerstoff katalysierten Blockpolymerisation zeigen konnten, nach Erreichung eines Maximalwertes bei etwa $-30\,°C$ wiederum abzufallen.

Die technische Blockpolymerisation des Vinylchlorids wird meist mit Peroxydverbindungen katalysiert. Die in den Patentschriften am häufig-

---

[1] Makromolekulare Chem. **53**, 21 (1962).
[2] PRAT, J.: Mém. serv. chim. état **32**, 319 (1945); BREITENBACH, J. W., u. A. SCHINDLER: Mh. Chem. **80**, 429 (1949); BENGOUGH, W. I., u. R. G. W. NORRISH: Nature **163**, 325 (1949); JENCKEL, E., H. ECKMANS u. B. RUMBACH, Makromolekulare Chem. **4**, 15 (1949).
[3] BENGOUGH, W. I., u. R. G. W. NORRISH: Proc. Roy. Soc. (London) A **220**, 301 (1950); BREITENBACH, J. W., u. A. SCHINDLER: Mh. Chem. **86**, 437 (1955).
[4] SCHINDLER, A., u. J. W. BREITENBACH: Ricerca Sci. **25** (Suppl.), 34 (1955).
[5] ARLMAN, E. J., u. W. M. WAGNER: J. Polymer Sci. **9**, 581 (1951).
[6] DANUSSO, F., u. G. PERUGINI: Chim. e Ind. **35**, 881 (1953).
[7] Chim. e Ind. **35**, 881 (1953).   [8] Makromolekulare Chem. **50**, 129 (1961).

8   I. Die Herstellung des Polyvinylchlorids

sten genannte Verbindung dieser Art ist Benzoylperoxyd. Dazu kommen noch einige andere Peroxydverbindungen, wie Succinylperoxyd[1], polymeres Adipoylperoxyd[2], unsymmetrische Halogenacylperoxyde[3], sowie Kombinationen von Adipinsäureperoxyd mit Dibenzoylperoxyd[4] und Adipinsäureperoxyd mit Hexamethylendiamin[5]. Die Perverbindungen können außerdem zusammen mit aktivierenden Zusätzen, wie Essigsäureanhydrid[6], organischen Säuren[7] und feinverteilten Metallen[8] verwendet werden. Weitere Katalysatoren für die Blockpolymerisation des

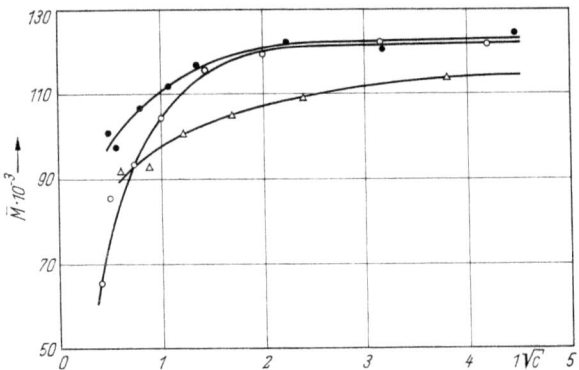

Abb. 2. Abhängigkeit des mittleren osmotischen Molekulargewichtes von der Katalysatorkonzentration bei der Blockpolymerisation des Vinylchlorids. (Nach F. DANUSSO u. G. PERUGINO, Chim. e Ind. **35**, 881 [1953]). Reaktionstemperatur 40 °C
Lauroylperoxyd (—●——●—); Benzoylperoxyd (—○——○—); Azoisobutyronitril (—△——△—)

Vinylchlorids sind in Radikale zerfallende Azoverbindungen[9] und neuerdings auch verschiedene metallorganische Verbindungen[10]. Letztere haben den Vorteil, daß sie die Ausführung der Polymerisationsreaktion auch bei sehr tiefen Temperaturen ermöglichen.

Bei einigen technischen Blockpolymerisationsverfahren werden neben Katalysatoren auch geringe Mengen von säurebindenden Substanzen verwendet. Dies gestattet, die Katalysatormengen herabzusetzen, und ergibt Polyvinylchloride von größerer Stabilität. Als säurebindende Sub-

---

[1] A.P. 2664416, Monsanto Chemical Co., Erf. H. F. PARK.
[2] A.P. 2713042, Monsanto Chemical Co., Erf. H. F. PARK.
[3] E.P. 852611, Union Carbide Corp.
[4] A.P. 2658057, Monsanto Chemical Co., Erf. H. F. PARK.
[5] A.P. 2659716, Monsanto Chemical Co., Erf. H. F. PARK.
[6] D.R.P. 671889, I. G. Farbenindustrie A.G., Erf. F. KLATTE u. H. MÜLLER.
[7] Canad.P. 348471, Carbide & Carbon Chemicals Corp., Erf. ST. D. DOUGLAS.
[8] A.P. 2011132, Carbide & Carbon Chemicals Corp., Erf. CH. O. YOUNG u. ST. D. DOUGLAS.
[9] A.P. 2471959, E. I. du Pont de Nemours & Co., Erf. M. HUNT.
[10] Vgl. hierzu S. 62ff.

B. Blockpolymerisation

stanzen kommen hierbei Äthylenoxydverbindungen[1] und Trinatriumphosphat sowie dessen Gemische mit Bleiacetat und Essigsäureanhydrid[2] zur Anwendung. Auch Bleiacetat und Essigsäure können zugegeben werden[3], wobei der Zusatz der Essigsäure zur Vermeidung von Klumpen- oder Krustenbildung zweckmäßig erst nach vollständiger Verteilung des Bleiacetats im Reaktionsgemisch erfolgen soll[4]. Es ist weiter empfohlen worden, zur Erzielung stabiler Blockpolymerisate ein Vinylchlorid zu verwenden, daß bei erhöhter Temperatur über Aktivkohle geleitet worden war[5].

Neben Katalysatoren und sonstigen Zusatzstoffen können bei der Blockpolymerisation auch Stoffe zugesetzt werden, welche die Korngröße des Reaktionsproduktes regeln. Hierfür geeignete Substanzen sind Oxyde oder Hydroxyde eines Metalles der Gruppe II, III und IV des periodischen Systems[6].

Über die einzuhaltenden Reaktionsbedingungen läßt sich der Literatur entnehmen, daß bei Anwendung von Peroxydkatalysatoren gewöhnlich bei etwa 40 °C gearbeitet wird. Bei Zusatz von Aktivatoren, wie Gemischen von Bleiacetat und Essigsäure, kann diese Temperatur unterschritten und auf 10···30 °C vermindert werden. Noch wesentlich tiefere Temperaturen sind bei Anwendung von Boralkylen möglich, vor allem wenn diese durch Sauerstoffspuren, Peroxyde oder Metallsalze aktiviert werden.

Die Polymerisation kann bis zum vollständigen Umsatz geführt werden[7] oder nach Umwandlung eines Teiles der verwendeten Monomerenmenge abgebrochen werden[8]. Auch eine kontinuierliche Ausführung der Polymerisationsreaktion ist möglich[9].

Für die Ausführung der Blockpolymerisation des Vinylchlorids sind einige Reaktionsgefäße beschrieben worden, bei denen durch eine be-

---

[1] E.P. 572767, Distillers Co., Ltd., Erf. J. J. P. STAUDINGER u. M. D. COOKE.
[2] F.P. 976543, E.P. 606116, A.P. 2508801, Schwed.P. 127069, Soc. An. des Manufactures des Glaces et Produits Chimiques de Saint-Gobain, Chauny & Cirey, Erf. M. SANS.
[3] F.P. 926517, Soc. An. des Manufactures des Glaces et Produits Chimiques de Saint-Gobain, Chauny & Cirey.
[4] F.P. 994365, Soc. An. des Manufactures des Glaces et Produits Chimiques de Saint-Gobain, Chauny & Cirey, Erf. A. BAEYART u. G. BRETON.
[5] F.P. 1005305, D.B.P. 821554, A.P. 2600695, Soc. An. des Manufactures des Glaces et Produits Chimiques de Saint-Gobain, Chauny & Cirey, Erf. M. SANS.
[6] D.A.S. 1132337, Wacker-Chemie GmbH, Erf. J. HECKMAIER, H. BAUER u. A. MÖSCHLE.
[7] D.R.P. 579048, F.P. 676424, I. G. Farbenindustrie A.G., Erf. A. VOSS u. E. DICKHÄUSER.
[8] D.R.P. 671889, A.P. 1920403, F.P. 719032, E.P. 385004, I. G. Farbenindustrie A.G., Erf. F. KLATTE u. H. MÜLLER.
[9] E.P. 715220, F.P. 1110665, Belg.P. 509768, A.F. Smith; F.P. 1257780, Compagnie de Saint-Gobain.

sondere konstruktive Gestaltung die Bildung von Klumpen und Krusten am Rührwerk und an den Gefäßwänden vermieden werden soll. Es handelt sich hierbei in einem Fall um Reaktionsgefäße mit besonders gestalteten Rührwerken, die das im Gefäß befindliche Reaktionsgemisch zur Gefäßwand hin bewegen[1].

In einem anderen Fall besteht die Polymerisationsapparatur aus einem um eine horizontale Achse rotierenden Autoklaven, in dessen Inneren Kugeln aus indifferentem Stahl, die gegebenenfalls einen Bleiüberzug aufweisen können, gelagert sind[2]. Durch Anordnung einer Vorrichtung, welche die Entfernung des nicht umgesetzten Monomeren durch Evakuieren ermöglicht, ist diese Apparatur noch verbessert worden.

Neben diesen Apparaturen, die für die diskontinuierliche Ausführung der Blockpolymerisation bestimmt sind, wurden auch noch zwei Apparaturen für die kontinuierliche Ausführung beschrieben[3].

Im Zusammenhang mit der Blockpolymerisation sei kurz auf die sogenannte Pulverpolymerisation hingewiesen. Bei dieser wird das Monomere in Abwesenheit von Lösungs- oder Verdünnungsmitteln in Gegenwart eines Polymeren polymerisiert, das in dem Monomeren nicht oder nur wenig löslich ist. Diese Polymerisationsart läßt sich auch bei Vinylchlorid als Monomeres und Polyvinylchlorid als vorgelegtes Polymeres anwenden[4].

C. Lösungspolymerisation

Bei der Lösungspolymerisation erfolgt die Polymerisation in einem Lösungsmittel oder Lösungsmittelgemisch, das sowohl das Monomere als auch das Polymerisat zu lösen vermag. Dementsprechend fallen die Polymerisate bei dieser Polymerisationsart als Lösung an. Die Lösungspolymerisation ist daher dann von Vorteil, wenn die Polymerisate in gelöster Form zur Weiterverarbeitung gelangen sollen.

Für die Durchführung der Lösungspolymerisation des Vinylchlorids kommen zahlreiche organische Flüssigkeiten als Reaktionsmedien in Betracht, wobei jedoch zu beachten ist, daß die Natur des Lösungsmittels neben anderen Faktoren auf die Eigenschaften der gebildeten Polymerisate von Einfluß ist. Bei den durch die Patentliteratur bekannt gewor-

---

[1] F.P. 985473, D.B.P. 816604, Soc. An. des Manufactures des Glaces et Produits Chimiques de Saint-Gobain, Chauny & Cirey, Erf. M. SANS.

[2] F.P. 64382, Zusatz zu F.P. 1079772, Soc. An. des Manufactures des Glaces et Produits Chimiques de Saint-Gobain, Chauny & Cirey.

[3] E.P. 715220, F.P. 1110665, Belg.P. 509768, A. F. Smith; F.P. 1257780, Compagnie de Saint-Gobain.

[4] E.P. 734476, Badische Anilin- & Soda-Fabrik A.G.; F.P. 1117753, Montecatini Soc. Gen. per l'Industria Mineraria e Chimica.

denen Verfahren sind Aceton, Toluol, Chlorbenzol, Äthylacetat und Äthylendichlorid[1] häufig verwendete Lösungsmittel. Die Lösungspolymerisation des Vinylchlorids läßt sich auch kontinuierlich gestalten. Man führt hierzu die katalysatorhaltige Lösung des Monomeren unter Druck durch ein Reaktionsrohr, das auf Reaktionstemperatur aufgeheizt ist[2].

D. Fällungspolymerisation

Der Lösungspolymerisation verwandt ist die sogenannte Fällungspolymerisation. Bei dieser wird die Polymerisation ebenfalls in Lösung durchgeführt, doch kommen solche Lösungsmittel zur Anwendung, die zwar das Monomere, nicht aber das Polymerisat zu lösen vermögen. Infolgedessen scheidet sich bei diesem Verfahren das gebildete Polymerisat im Verlaufe des Polymerisationsvorganges in mehr oder weniger feinteiliger Form aus der flüssigen Phase aus.

Für die Herstellung von Polyvinylchlorid nach dem Verfahren der Fällungspolymerisation sind zahlreiche Lösungsmittel vorgeschlagen worden. Genannt seien Methanol[3], niedere aliphatische Äther[4] oder Kohlenwasserstoffe[5], Gemische von Wasser mit wasserlöslichen Lösungsmitteln[6], wie Methanol, Aceton, Eisessig oder Dioxan. Polymerisiert wird meist in Gegenwart von Peroxydkatalysatoren, insbesondere von Benzoylperoxyd, doch können auch andere Katalysatoren, beispielsweise Bortrialkyle[7] und Azoverbindungen[8] verwendet werden.

Dem Zusatz des Katalysators geht bei einem Verfahren der Firma Badische Anilin- & Soda-Fabrik A.G.[9] eine Behandlung der Lösung des Monomeren mit einem starken Reduktionsmittel voraus.

Die Fällungspolymerisation ist auch in Gegenwart von löslichen Emulgatoren durchgeführt worden, die lösende oder stark benetzende Eigen-

---

[1] Vgl. hierzu A.P. 1775882, Carbide & Carbon Chemicals Corp., Erf. CH. O. YOUNG u. ST. D. DOUGLAS; E.P. 377653, E. I. du Pont de Nemours & Co.; F.P. 712303, E. I. du Pont de Nemours & Co.; D.R.P. 579048, I. G. Farbenindustrie A.G., Erf. A. VOSS u. E. DICKHÄUSER; E.P. 319591, E. I. du Pont de Nemours & Co.; A. P. 2011132, Carbide & Carbon Chemicals Corp., Erf. CH. O. YOUNG u. ST. D. DOUGLAS.
[2] E.P. 319588, F.P. 709562, E.P. 377653, E. I. du Pont de Nemours & Co.
[3] E.P. 366897, Imperial Chemical Industries Ltd.
[4] F.P. 904473, Consortium f. Elektrochemische Industrie GmbH.
[5] F.P. 789857, Carbide and Carbon Chemicals Corp.
[6] D.R.P. 676627, I. G. Farbenindustrie A.G., Erf. E. HANSCHKE.
[7] D.A.S. 1111396, Société des Usines Chimiques Rhône-Poulenc, Erf. A. FOURNET, G. P. CHRISTEN u. R. J. M. CHAMBARD.
[8] A.P. 2471959, E. I. du Pont de Nemours & Co., Erf. M. HUNT.
[9] D.B.P. 914902, Badische Anilin- & Soda-Fabrik A.G., Erf. C. HEUCK.

schaften für das gebildete Polymerisat aufweisen[1]. In diesem Falle sondert sich das Polymerisat nicht körnig ab, sondern bleibt in emulgierter Form in der organischen Phase.

E. Suspensionspolymerisation

Bei der Suspensionspolymerisation wird das Monomere in wäßrigem Medium unter Zusatz von Suspensionsstabilisatoren durch kräftiges Rühren in kleine Tröpfchen aufgeteilt. Die Polymerisation des so verteilten Monomeren erfolgt dann meist mit Hilfe von Katalysatoren, die im Monomeren löslich sind. Das Polymerisat fällt bei dieser Polymerisationsart in Form kleiner Körner oder Perlen an, deren Größe von den angewendeten Polymerisationsbedingungen abhängt. Die Suspensionspolymerisation bietet den Vorteil, daß die bei der Polymerisation auftretende Reaktionswärme durch das wäßrige Medium abgeführt wird. Außerdem zeichnen sich die nach diesem Verfahren erhaltenen perlförmigen Polymerisationsprodukte durch gute Verarbeitbarkeit aus. Schwierigkeiten bereitet es jedoch zuweilen, ein Zusammenklumpen der gebildeten Polymerisatkörner zu verhindern. Durch Wahl geeigneter Suspensionsstabilisatoren sowie durch Einhaltung optimaler Rührbedingungen läßt sich auch dieses Problem lösen.

Die Polymerisationsreaktion spielt sich bei der Suspensionspolymerisation in der Monomerenphase ab. Aus diesem Grunde wird die Suspensionspolymerisation gewöhnlich als wassergekühlte Blockpolymerisation aufgefaßt[2]. Im Sinne dieser Auffassung sprechen Befunde von S. G. BANKOFF und R. NORRIS SHREVE[3], die bei der Suspensionspolymerisation des Vinylchlorids eine ähnliche zeitliche Zunahme der Polymerisationsgeschwindigkeit gefunden haben, wie dies von der Blockpolymerisation des Vinylchlorids bekannt ist[4].

Allerdings bestehen Unterschiede insofern, als bei der Suspensionspolymerisation eine lineare Abhängigkeit der Polymerisationsgeschwindigkeit gefunden wurde, während sich bei der Blockpolymerisation die Polymerisationsgeschwindigkeit mit der Quadratwurzel der Katalysatorkonzentration ändert[5]. Übereinstimmung zwischen Suspensions- und Blockpolymerisation wurde dagegen wiederum bei der Abhängigkeit des Molekulargewichtes der Polymerisationsprodukte von den Polymerisationsparametern gefunden. Wie BANKOFF und NORRIS SHREVE am Beispiel der mit Lauroylperoxyd katalysierten Suspensionspolymeri-

---

[1] D.R.P. 675146, F.P. 765363, E.P. 434783, I. G. Farbenindustrie A.G., Erf. A. Voss u. W. STARCK.
[2] HOHENSTEIN, W. P., u. H. MARK: J. Polymer Sci. 1, 127 (1946).
[3] Ind. Engng. Chem. 45, 270 (1953).   [4] Vgl. hierzu S. 7.
[5] BENGOUGH, W. I., u. R. G. W. NORRISH: Proc. Roy. Soc. 200 A, 301 (1950).

sation des Vinylchlorids zeigen konnten, sind die viskosimetrisch bestimmten Molekulargewichte der Polymerisationsprodukte um so niedriger, je höher die Polymerisationstemperatur lag. Umsatz und Katalysatorkonzentration haben dagegen innerhalb der Fehlergrenzen keinen wesentlichen Einfluß auf die Molekulargewichte. Dies entspricht den bei der Blockpolymerisation gefundenen Verhältnissen.

Der genaue kinetische Ablauf der Suspensionspolymerisation des Vinylchlorids ist bisher nicht bekannt. G. Pezzin, G. Talamini und G. Vidotto[1] nehmen jedoch an, daß Übertragungsreaktionen auf Monomere bei dieser Polymerisationsart eine wichtige Rolle spielen. Sie folgern dies aus dem Umstand, daß bei der Fraktionierung von Proben, die im Verlauf der Suspensionspolymerisation bei verschiedenen Umsätzen entnommen wurden, die in Abb. 3 wiedergegebenen, nahezu übereinstimmenden differentialen Verteilungskurven erhalten wurden.

Über die Abhängigkeit der Teilchengröße von Art und Menge des Suspensionsstabilisators ist in wissenschaftlichen Veröffentlichungen nur wenig zu finden. S. G. Bankoff und R. Norris Shreve[2] untersuchten bei der unter Verwendung von Polyvinylalkohol als Suspensionsstabilisator ausgeführten Suspensionspolymerisation den Einfluß der Polyvinylalkoholkonzentration auf die Teilchengröße der erhaltenen Polymerisatpartikel. Sie fanden dabei die in Abb. 4 wiedergegebenen Meßkurven, aus denen die Abnahme der Teilchengröße mit zunehmender Polyvinylalkoholkonzentration ersichtlich ist.

Mit dem Mechanismus der Stabilisierung der im wäßrigen Reaktionsmedium verteilten Monomerentröpfchen durch den Suspensionsstabilisator haben sich E. Trommsdorff[3] und H. Wenning[4] befaßt.

Für die technische Ausführung der Suspensionspolymerisation des Vinylchlorids sind zahlreiche Substanzen als Suspensionsstabilisatoren vorgeschlagen worden. Sie reichen von oberflächenaktiven anorganischen Stoffen über Schutzkolloide natürlichen Ursprungs, wie Agar Agar, Gummi oder Gelatine, bis zu verschiedenen hydrophilen Polymerisaten, Mischpolymerisaten und Pfropfpolymerisaten. Einen Überblick über diese Substanzen vermittelt Tabelle 1 (s. S. 16).

Bei der überwiegenden Anzahl der bekannt gewordenen Suspensionsverfahren wird von Suspensionsstabilisatoren Gebrauch gemacht. Man kann jedoch auch in Abwesenheit von Suspensionsstabilisatoren zu granulärem Polyvinylchlorid gelangen, wenn durch entsprechend intensives Rühren dafür gesorgt wird, daß das zu polymerisierende Vinylchlorid in dem wäßrigen Reaktionsmedium während des Polymerisationsvorganges in Form kleiner Kügelchen verteilt bleibt. Auf diesem Prinzip

---

[1] Makromol. Chem. **43**, 12 (1961).   [2] Ind. Engng. Chem. **45**, 270 (1953).
[3] Makromol. Chem. **13**, 761 (1954).   [4] Makromol. Chem. **20**, 196 (1956).

beruht ein von W. J. LIGHTFOOT[1] entwickeltes Verfahren. Dieses führt neben granulärem Polymerisat auch zu einem Polymerisatlatex, der für

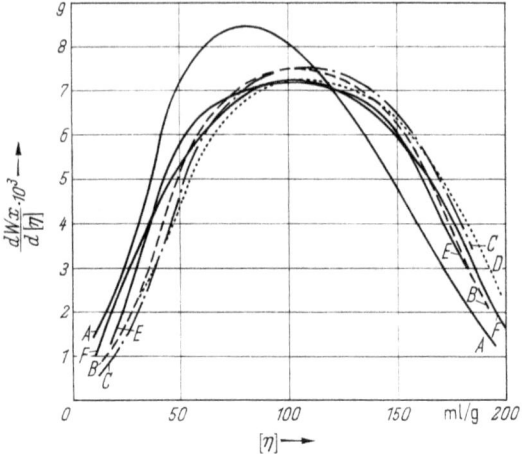

Abb. 3. Differentiale Molekulargewichtsverteilung eines Suspensionspolyvinylchlorids in Abhängigkeit vom Polymerisationsumsatz. (Nach G. PEZZIN, G. TALAMINI u. G. VIDOTTO, Makromolekulare Chem. **43**, 12 [1961])

Probe A = entnommen bei 4% Umsatz; Probe B = entnommen bei 24% Umsatz;
Probe C = entnommen bei 58% Umsatz; Probe D = entnommen bei 74% Umsatz;
Probe E = entnommen bei 90% Umsatz; Probe F = entnommen bei 94% Umsatz.

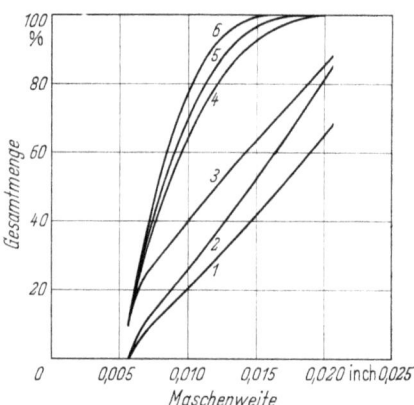

Abb. 4. Einfluß der Polyvinylalkoholkonzentration auf die Teilchengröße bei der Suspensionspolymerisation des Vinylchlorids. (Nach S. G. BANKOFF u. R. NORRIS SHREVE, Ind. Engng. Chem. **45**, 270 (1953))
Polymerisationstemperatur 50 °C; Polymerisationsdauer 14,7 Stunden; Polymerisationskatalysator Lauroylperoxyd

Kurve No.	1	2	3	4	5	6
Teile PVA	0,65	0,74	1,02	1,57	1,85	2,12

[1] A.P. 2511593, D.B.P. 929508, F.P. 1017853, United States Rubber Co., Erf. W. J. LIGHTFOOT.

E. Suspensionspolymerisation

neue Reaktionsansätze verwendet werden kann. Auch bei Anwendung bestimmter Katalysatoren ist es möglich, ohne Anwendung von Dispergiermitteln zu Polymerisaten mit granulärer Struktur zu gelangen. Als solche Katalysatoren sind nach V. L. FOLT[1] Gemische aus wasserlöslichen Persulfaten und wasserlöslichen Silbersalzen und nach G. W. SMITH[2] Gemische aus wasserlöslichen Persulfaten und wasserlöslichen Silberammoniakaten verwendbar. Ebenso führt nach V. L. FOLT[3] die mit Hilfe von wasserlöslichen Persulfaten in alkalischem Milieu ausgelöste Polymerisation zu feinkörnigen Polymerisaten. Eine andere Möglichkeit, ohne Verwendung von Emulgiermitteln oder Dispergiermitteln zu feinkörnigen Polymerisaten des Vinylchlorids zu gelangen, ist von K. O. HAGEL, P. KRÄNZLEIN und H. PAUL[4] beschrieben worden. Bei dem von diesen Autoren entwickelten Verfahren wird mit einem Gemisch von überwiegenden Mengen an Kaliumpersulfat und geringen Mengen Wasserstoffperoxyd gearbeitet. Man erhält neben einem Agglomerat eine Polymerisatmilch, die erneut dem Polymerisationsprozeß zugeführt werden kann.

Ebenfalls ohne Zusatz von Emulgatoren oder Dispergiermitteln werden granuläre Polymerisate erhalten, wenn man Wasserstoffperoxyd als Katalysator verwendet[5].

Zu feinkörnigen Polymerisaten ohne Anwendung von Suspensionsstabilisatoren gelangt man nach H. FIKENTSCHER, K. HERRLE und W. HÜBLER[6] außer mit Wasserstoffperoxyd auch mit anderen Katalysatoren, wenn man in Gegenwart von 0,1 ··· 3%, bezogen auf das Gewicht des eingesetzten Vinylchlorids, von unter den jeweiligen Reaktionstemperaturen flüssigen Kohlenwasserstoffen mit mindestens 10 Kohlenstoffatomen arbeitet.

Das nach dem Verfahren der Suspensionspolymerisation erhaltene Polyvinylchlorid zeigt wegen seiner granulären Struktur häufig nur ein geringes Aufnahmevermögen für Weichmacher. Als Folge hiervon kann es bei der Verarbeitung zur Bildung von blinden Stellen, sogenannten ,,Fischaugen" oder ,,Stippen" kommen, die das Aussehen der aus den Suspensionspolymerisaten hergestellten Formkörper beeinträchtigen. Es sind deshalb zahlreiche Verfahren entwickelt worden, um die Suspensionspolymerisation durch Wahl spezieller Polymerisationsbedin-

---

[1] A.P. 2625539, E.P. 693692, F.P. 1018156, B. F. Goodrich Co., Erf. V. L. FOLT.
[2] F.P. 969742, E.P. 692432, B. F. Goodrich Co., Erf. G. W. SMITH.
[3] F.P. 1018504, B. F. Goodrich Co., Erf. V. L. FOLT.
[4] D.A.S. 1065612, Chemische Werke Hüls A.G., Erf. K. O. HAGEL, P. KRÄNZLEIN u. H. PAUL.
[5] F.P. 1201023, Chemische Werke Hüls A.G.
[6] D.A.S. 1115925, Badische Anilin- & Soda-Fabrik A.G., Erf. H. FIKENTSCHER, K. HERRLE u. W. HÜBLER.

Tabelle 1. *Zur Durchführung der Suspensionspolymerisation verwendete Suspensionsstabilisatoren*

Suspensionsstabilisator	Polymerisationsbedingungen	Patent	Patentinhaber	Erfinder
salzfreie Mischpolymerisate aus Äthylen und Maleinsäure oder deren Partialester	mit Peroxydkatalysatoren unter üblichen Bedingungen	A.P. 2823200 E.P. 804448	Monsanto Chemical Co.	R. I. Longley R. H. Martin
teilweise mit einem einwertigen Alkohol verestertes Mischpolymerisat aus Äthylen und Maleinsäureanhydrid	Peroxydkatalysatoren Azonitrile	A.P. 2824862	Monsanto Chemical Co.	R. I. Longley R. H. Martin
Natriumsalze von Styrol-Maleinsäureanhydrid-Mischpolymerisaten	gemischte Anhydride von Sulfopersäuren mit organischen Säuren als Katalysatoren	D.P. (DDR) 13583 F.P. 1141246 D.A.S. 1011623	A. Iloff VEB Chemische Werke Buna VEB Chemische Werke Buna	A. Iloff A. Iloff A. Iloff
Natriumsalze von Styrol-Maleinsäureanhydrid-Mischpolymerisaten	Gemisch aus Azodiisobuttersäure und einem gemischten Anhydrid einer organischen Sulfopersäure mit organischen Säuren als Katalysator	D.P. (DDR) 14358 D.A.S. 1032542	VEB Chemische Werke Buna	A. Iloff
Ammoniumsalze von Styrol-Maleinsäureanhydrid-Mischpolymerisaten	Polymerisation in Gegenwart von Flockungsmitteln	Belg.P. 557664	Solvic S.A.	
salzfreies Mischpolymerisat aus Vinylmethyläther und Maleinsäureanhydrid		A.P. 2470911	Monsanto Chemical Co.	M. Baer

E. Suspensionspolymerisation

salzfreies Mischpolymerisat aus Vinylacetat und Maleinsäure		D.P.B. 854578 F.P. 962226 A.P. 2476474	Monsanto Chemical Co.	M. Baer
Mischpolymerisat aus Vinylacetat und Maleinsäure oder Maleinsäureanhydrid	Polymerisation in Gegenwart einer die Korngröße beeinflussenden aliphatischen Säure	A.P. 2511811	Monsanto Chemical Co.	M. Baer
Mischpolymerisat aus Vinylacetat und Maleinsäureanhydrid	Polymerisation in Gegenwart eines Alkylphthalates als Mittel zur Herabsetzung der Korngröße	A. P. 2470908	Monsanto Chemical Co.	M. Baer
Mischpolymerisat aus Vinylacetat u. Maleinsäureanhydrid	Mischpolymerisat aus Vinylacetat u. Allylalkohol als Hilfssuspensionsmittel	D.A.S. 1128664 A.P. 3049520 E.P. 892106	Sicedison S.p.A.	G. Gatta G. Benetta
Polyvinylalkyläther	organische Peroxydkatalysatoren gegebenenfalls zusätzlich Suspensionsstabilisatoren	A.P. 2886552	Diamond Alkali Co.	R. G. Heiligmann R. J. Leininger
saure Polymerisate oder Mischpolymerisate der Acryl- oder Methacrylsäure	organische Peroxydkatalysatoren	A.P. 2322309	Imperial Chemical Industries Ltd.	L. B. Morgan W. McGillivray Morgan
saures Mischpolymerisat der Acryl- oder Methacrylsäure	organische Peroxydkatalysatoren	A.P. 2862912	Monsanto Chemical Co.	J. B. Ott

Tabelle 1. *Zur Durchführung der Suspensionspolymerisation verwendete Suspensionsstabilisatoren* (1. Fortsetzung)

Suspensionsstabilisator	Polymerisationsbedingungen	Patent	Patentinhaber	Erfinder
Polyacrylsäure oder wasserlösliche Mischpolymerisate der Acrylsäure	Polymerisation in Gegenwart von oleophilen nichtionogenen oberflächenaktiven Stoffen	Jap.A.S. 3735/1958	Toa Gosei Kagaku Kogyo Kabushiki Kaisha	K. Ohasi S. Wakano K. Kawazumi
Pfropfpolymerisate		D.A.S. 1006159 F.P. 1139686 E.P. 816579	Montecatini Soc. Gen. per l'Industria Mineraria e Chimica	D. Maragliano E. Cernia
Polyvinylpyrrolidon	öllösliche Katalysatoren	D.B.P. 801746	B.A.S.F.	H. Fikentscher K. Herrle
Mischpolymerisate aus Vinylacetat und einem Alkenylpyrrolidon	Polymerisation in Suspension unter üblichen Bedingungen	A.P. 3053801	General Tire & Rubber Co.	R. E. Bingham Ch. W. Beringer
Alkydharz	organische Peroxydkatalysatoren, gegebenenfalls zusätzlich andere Suspensionsstabilisatoren	A.P. 2886551	Diamond Alkali Co.	D. G. McNulty R. J. Leininger
wasserlösliches Phenolaldehydharz	organische Peroxydkatalysatoren	A.P. 2564291 E.P. 670197	B. F. Goodrich Co.	R. J. Wolf
Mischpolymerisat aus Vinylacetat und Maleinsäureanhydrid	Polymerisation in Gegenwart eines Glykolesters einer Fettsäure als die Korngröße herabsetzendes Mittel	A.P. 2470909	Monsanto Chemical Co.	M. Baer

E. Suspensionspolymerisation

Mischpolymerisat aus Vinylacetat und Maleinsäureanhydrid	Polymerisation in Gegenwart eines Phosphorsäureesters des Phenols, Kresols oder Xylenols als die Korngröße herabsetzendes Mittel	A.P. 2470910	Monsanto Chemical Co.	M. Baer
Mischpolymerisat aus Vinylacetat und Maleinsäureanhydrid und Polyvinylalkohol		Jap.A.S. 496/1960	Nippon Carbide Kogyo Kabushiki Kaisha	J. Saito T. Sakihiro
wasserunlösliche Salze von Mischpolymerisaten aus Vinylacetat und Maleinsäure		A.P. 2483960	Monsanto Chemical Co.	M. Baer
Methylcellulose	Polymerisation mit einem organischen Peroxyd in Gegenwart eines Emulgators zur Reduzierung der Stippenbildung	A.P. 2528469	Shell Development Co.	F. E. Condo C. W. Schroeder
wasserlöslicher Methyläther eines Polysaccharids	Polymerisation in wäßrigem Methanol oder Äthanol unter Druck und turbulenter Bewegung	A.P. 2494517 Can.P. 467925 D.B.P. 813459 F.P. 999596	Shell Development Co. N. V. de Bataafsche Petroleum Mij.	M. Naps
Methylcellulose	Polymerisation unter Schütteln in einem geschlossenen Gefäß, in dem sich Stahl- oder Porzellankugeln befinden	A.P. 2847410	Allied Chemical Co.	B. M. Kuhn W. J. Zybert
Methylcellulose, deren Lösungsviskosität 25 cP nicht übersteigt	Polymerisation im Schüttelautoklaven	A.P. 2951062	Allied Chemical Corp.	R. D. Deanin R. G. Dell

2*

Tabelle 1. *Zur Durchführung der Suspensionspolymerisation verwendete Suspensionsstabilisatoren* (2. Fortsetzung)

Suspensionsstabilisator	Polymerisationsbedingungen	Patent	Patentinhaber	Erfinder
wasserlöslicher Celluloseäther, wie Methylcellulose	mit Lauroyl- oder Benzoylperoxyd als Katalysator in Gegenwart von Emulgator und einem mehrwertigen Metallsalz	E.P. 796309	Dow Chemical Co.	
Methyloxypropylcellulose	Dichlorbenzoyl- oder Lauroylperoxyd als Katalysator	D.B.P. 885007 F.P. 1025136	Dow Chemical Co.	J. L. Schick
Dextran		A.P. 2857367	Diamond Alkali Co.	J. J. Kearney
Methyloxyäthylcellulose, deren Lösungsviskosität in Wasser zwischen 8 und 200 cP liegt und deren Gehalt an Äthoxygruppen größer ist als der an Methoxygruppen	lipoidlösliche Radikalkatalysatoren	F.P. 1285616	Wacker-Chemie GmbH	
Leim- oder Gelatine		F.P. 1052642	Imperial Chemical Industries Ltd.	
Gelatine	pH-Wert der Dispersion unterhalb des isoelektrischen Punktes der Gelatine	D.A.S. 1012072 E.P. 766424 F.P. 1125515	Diamond Alkali Co.	A. Hill
Gelatine	Polymerisation in Anwesenheit von Ammoniumbicarbonat als Puffer	A.P. 3049521	Diamond Alkali Co.	W. J. Burkholder
Polyvinylalkohol	lipoid- oder wasserlösliche Perverbindungen als Katalysator	D.B.P. 803958	Consortium f. elektrochem. Industrie GmbH	H. Reinecke A. Treibs

E. Suspensionspolymerisation

Polyvinylalkohol	Polymerisation im geschlossenen Gefäß unter Bewegung	A.P. 2847410	Allied Chemical Corp.	B. M. Kuhn W. J. Zybert
teilacetylierter Polyvinylalkohol	Polymerisation in wäßrigem Methanol mit öllöslichen Katalysatoren	D.B.P. 912022 F.P. 1073795	Wacker-Chemie GmbH	J. Heckmaier H. Reinecke
teilweise verseifter Polyvinylester	Polymerisation in wäßrigem Methanol oder Äthanol	A.P. 2812318 F.P. 1158257 E.P. 830939	B. F. Goodrich Co.	R. M. Kreager E. J. Leeson
teilweise acetylierter Polyvinylalkohol	Polymerisation in Gegenwart eines ionogenen Netzmittels	F.P. 1073794	Dr. Alex. Wacker Ges.f.Elektrochem. Industrie GmbH	
Polyvinylalkohol	Polymerisation in Gegenwart von komplexbildenden sauerstoffhaltigen Emulgiermitteln und Erdalkalichlorid oder Alkalipolyphosphaten	D.A.S. 1072812	Wacker-Chemie GmbH	H. Bauer J. Heckmaier H. Reinecke
Gemisch aus Polyvinylalkohol und Triglycerinmonostearat	Polymerisation in Gegenwart öllöslicher Katalysatoren	D.A.S. 1105616	Chemische Werke Hüls A.G.	K. Hoffmann P. Kränzlein
Polyvinylacetat		D.B.P. 889835	Wacker-Chemie GmbH	H. Reinecke W. Gruber
teilweise oder vollkommen veresterter Polyvinylalkohol, in dem einige Hydroxylgruppen durch Essigsäure und einige durch mehrbasische organische Säuren verestert sind, sowie Alkali- oder Ammoniumsalze hiervon		D.B.P. 953119 E.P. 712442 A.P. 2705226	Imperial Chemical Industries Ltd.	A. E. Bond

Tabelle 1. *Zur Durchführung der Suspensionspolymerisation verwendete Suspensionsstabilisatoren* (3. Fortsetzung)

Suspensionsstabilisator	Polymerisationsbedingungen	Patent	Patentinhaber	Erfinder
Natrium- oder Kaliumsalze des Mischpolymerisats aus Maleinsäurecetylhalbester und Styrol	lipoidlösliche Katalysatoren	D.A.S. 1108908	Dynamit Nobel A.G.	W. Hönig J. Freytag
wasserlösliche Salze der Halbester der Mischpolymerisate aus Inden und Maleinsäureanhydrid	lipoidlösliche Katalysatoren	D.A.S. 1110865 E.P. 891850	Dynamit Nobel A.G.	W. Hönig J. Freytag
Ammoniumsalze der Halbester von Mischpolymerisaten aus Maleinsäureanhydrid und Styrol	lipoidlösliche Katalysatoren	D.A.S. 1056830	Dynamit Nobel A.G.	W. Hönig
wasserlösliche Alkali- oder Ammoniumsalze des Cetylhalbesters der Phthal-, Isophthal- oder Terephthalsäure, zusammen mit üblichen Dispergiermitteln	organisches Peroxyd bei pH 7,5...12	E.P. 884632	Dynamit Nobel A.G.	
bis-Alkyldisulfonimide der Formel $R-SO_2-N-SO_2-R'$ $\quad\quad\quad\quad\;\; \mid$ $\quad\quad\quad\quad\;\; X$	übliche Bedingungen, ggfs. zusammen mit anderen Suspensionsstabilisatoren	A.P. 3037007	Badische Anilin- & Soda-Fabrik A.G.	H. Scholz F. Kieferle

R u. R' = gleiche oder verschiedene Alkylreste mit mindestens 6 C-Atomen,
X = Alkali oder Ammonium

E. Suspensionspolymerisation

Ester einer aliphatischen C_{10}–C_{20}-Carbonsäure mit Polyäthylenglykolen v. Mol.-Gew. 400…4000	Polymerisation mit einem wasserlöslichen Katalysator	A.P. 2 580 277	Monsanto Chemical Co.	TH. BOYD F. J. LUCHT
Teilester aus einem mehrwertigen Alkohol mit höchstens 10 Hydroxylgruppen im Molekül mit einer Fettsäure mit wenigstens 4 Kohlenstoffatomen im Molekül	Polymerisation mit wasserlöslichen oder wasserunlöslichen Katalysatoren	E. P. 640120 D.B.P. 833 856	Distillers Co. Ltd.	C. A. BRIGHTON D. FAULKNER S. LUSTIGMAN K. H. CH. BESSANT
Teilester von Polyglycerin mit bis zu 10 Hydroxylgruppen im Molekül mit C_{10}…C_{20}-Fettsäuren	Polymerisation kann unter Verwendung eines zusätzlichen Dispergiermittels erfolgen	E.P. 711 355 D.B.P. 948 359	Distillers Co. Ltd.	A. F. DAGLISH D. FAULKNER S. LUSTIGMAN
Ester von organischen Oxysäuren	Redoxkatalysatoren	D.B.P. 878 863	Farbwerke Hoechst A.G.	A. JAHN
Gemische aus wasserlöslichen Kolloiden mit gemischten Estern von aliphatischen Polycarbonsäuren mit 2…18 Kohlenstoffatomen, in denen eine Säuregruppe mit einem aliphatischen mehrwertigen Alkohol und die restlichen Säuregruppen mit aliphatischen einwertigen Alkoholen mit 1…20 C-Atomen verestert sind	öllösliche Katalysatoren	D.A.S. 1098716	Chemische Werke Hüls A.G.	K. HOFFMANN P. KRÄNZLEIN

Tabelle 1. *Zur Durchführung der Suspensionspolymerisation verwendete Suspensionsstabilisatoren* (4. Fortsetzung)

Suspensionsstabilisator	Polymerisationsbedingungen	Patent	Patentinhaber	Erfinder
Ester von Di- oder Polycarbonsäuren, die ein Mol.Gew. von etwa 150…500 besitzen und mindestens eine nicht veresterte Carboxylgruppe in freier Form oder als wasserlösliches Salz enthalten	Peroxydkatalysatoren, Azonitrile oder Redoxkatalysatoren	D.B.P. 888172	Farbwerke Hoechst A.G.	G. Bier
wasserlösliche Phenol-Formaldehydharze	Peroxylkatalysatoren	A.P. 2543094	Distillers Co.	C. A. Brighton J.J.P. Staudinger
wasserliche Kondensationsprodukte von Polyäthylenglykolen mit dem Diglycidäther von 2.2-bis (4-Oxyphenyl)-propan	Polymerisation mit Peroxydkatalysatoren nach der üblichen Suspensionstechnik. Suspensionsstabilisator wird in Mengen von 0,5…2 G.T., bezogen auf das Monomere, angewandt	E.P. 899413	Union Carbide Corp.	L. Ch. Grotz
Glykoläther oder Polyglykoläther von Hydroxylgruppen enthaltenden organischen Verb., die keine Estergruppe aufweisen	wasserlösliche oder wasserunlösliche Katalysatoren sowie Redoxkatalysatoren	D.B.P. 883351	Farbwerke Hoechst A.G.	A. Jahn G. Lorentz G. Bier
α-Glycerinäther (als zusätzliche Dispergiermittel)	Polymerisation erfolgt unter Zusatz von weiteren, an sich bekannten Dispergiermitteln	D.A.S. 1073743	Farbwerke Hoechst A.G.	M. Lederer R. Reeber G. Messwarb F. Zapf

E. Suspensionspolymerisation

Polyalkylenglykoläther vom Mol.Gew. 300…9000	Polymerisation in Anwesenheit von Emulgatoren	D.B.P. 946087	Chemische Werke Hüls A.G.	E. G. Bock
Hydratwasser enthaltende Silikate		A.P. 2440808	Rohm & Haas Co.	H. T. Neher F. J. Glavis
polymere Phosphate	organische Peroxyde oder Azo- verb. als Katalysatoren, ge- gebenenfalls Zusatz von anderen Suspensionsstabilisatoren	D. A. S. 1026962	Badische Anilin- & Soda-Fabrik A.G.	H. Scholz F. Kieferle
Homo- oder Mischpolymerisate von Vinylestern der Phosphor- säure bzw. deren Salze	gegebenenfalls unter Zusatz von ionogenen oder nicht ionogenen Netzmitteln	D.A.S. 1062009 F.P. 1233724 E.P. 899226	Wacker-Chemie GmbH	H. Bauer E. Bergmeister J. Heckmaier
Silikonöle		D.B.P. 965444	Chemische Werke Hüls GmbH	H. Wenning
Phosphat eines Polymerisates des 2-(Diäthylamino)-äthylmethacry- lats		A.P. 2979491	Firestone Tire & Rubber Co.	R. A. Piloni

gungen so zu leiten, daß Polymerisatkörner mit einer für die Verarbeitung günstigen Struktur erhalten werden. Die meisten dieser Verfahren machen von oberflächenaktiven Stoffen Gebrauch, die zusammen mit den üblichen Suspensionsstabilisatoren zur Anwendung kommen und auf die Ausbildung einer porösen Struktur der sich bildenden Polymerisatkörner hinwirken sollen. Als oberflächenaktive Stoffe kommen ionogene Emulgatoren in Betracht, die bei einem Verfahren der Firma Wacker-Chemie GmbH[1] zusammen mit teilweise acetyliertem Polyvinylalkohol, bei einem Verfahren der Firma Shell Development Co.[2] zusammen mit Cellulosemethyläther als Suspensionsstabilisatoren verwendet werden. Andere Verfahren arbeiten mit nichtionogenen oberflächenaktiven Stoffen, was von Vorteil ist, wenn die Polymerisate für elektrotechnische Zwecke bestimmt sind. Beispielsweise können höhere ein- oder mehrfach ungesättigte Alkohole[3] oder Ester aus einem mehrwertigen aliphatischen Alkohol und einer ungesättigten Oxyfettsäure[4] neben den üblichen Suspensionsmitteln in dem Polymerisationssystem zugegen sein. Bei anderen Verfahren finden höhere Difettsäureester von Alkylglykosiden[5], Kondensationsprodukte aus einem Alkylenoxyd und einem gesättigten Fettsäuremonoester[6], Partialester mehrwertiger Alkohole mit höheren Fettsäuren[7] oder gemischte Ester einer aliphatischen Polycarbonsäure mit einem aliphatischen einwertigen und einem aliphatischen mehrwertigen Alkohol[8] als Mittel zur Erleichterung der Granulatbildung zusammen mit Mischpolymerisaten aus Maleinsäure und Vinylacetat oder anderen primären Suspensionsstabilisatoren Verwendung. Schließlich ist auch ein Vorschlag zu erwähnen, neben Polyacrylsäure oder wasserlöslichen Mischpolymerisaten der Acrylsäure als Suspensionsstabilisatoren nichtionogene oberflächenaktive Stoffe bei der Polymerisation von Vinylchlorid zuzusetzen[9].

Bei einigen Verfahren werden zur Erzielung von Granulaten mit einer porösen, die Weichmacheraufnahme begünstigenden Struktur zusätzlich

---

[1] F.P. 1073794, Wacker-Chemie GmbH.
[2] A.P. 2528469, Shell Development Co., Erf. F. E. CONDO u. C. W. SCHROEDER.
[3] D.A.S. 1073744, A.P. 3029229, Farbwerke Hoechst A.G. vormals Meister Lucius & Brüning, Erf. W. DÖLL.
[4] D.A.S. 1076374, A.P. 2987510, Farbwerke Hoechst A.G. vormals Meister Lucius & Brüning, Erf. M. LEDERER, H. H. FREY u. R. REEBER.
[5] A.P. 2862913, E.P. 866366, Monsanto Chemical Co., Erf. O. R. L. LYNN u. H. W. MOHRMANN; Jap.A.S. 14940/1960, Monsanto Chemical Co.
[6] E.P. 755796, A.P. 2772256, A.P. 2772257, A.P. 2772258, Monsanto Chemical Co., Erf. M. A. MANGANELLI.
[7] F.P. 1208068, E.P. 876967, Chemische Werke Hüls A.G.
[8] E.P. 876968, Chemische Werke Hüls A.G.; vgl. auch F.P. 1277888, Chemische Werke Hüls A.G.
[9] Jap.A.S. 3735/1958, Toa Gosei Kagaku Kogyo Kabushiki Kaisha, Erf. K. OKASHI, S. WAKANO u. H. KAWAZUMI.

zu den üblichen hochmolekularen Dispergiermitteln noch andere höhermolekulare Stoffe als Hilfssuspensionsmittel verwendet. Dies ist bei Verfahren der Firma Monsanto Chemical Co.[1] der Fall, bei denen ein Maleinsäuremischpolymerisat als Suspensionsmittel und ein hydroxylgruppenhaltiges Mischpolymerisat als Hilfssuspensionsmittel zur Anwendung kommen. Bei Verfahren der Firma Diamond Alkali Co. kommen Polyvinylpyrrolidon[2], Alkydharze[3], Polyvinyläther[4] oder Dextran[5] als primäre und Phenol-, Harnstoff- oder Melamin-Formaldehyd-Harze als sekundäre Suspensionsstabilisatoren in Betracht. Bei einem Verfahren der Firma Farbwerke Hoechst A.G. vorm. Meister Lucius & Brüning[6] werden neben den üblichen Suspensionsstabilisatoren und Emulgiermitteln noch α-Glycerinäther, die durch Verätherung von Glycerin mit einem aliphatischen Alkohol mit 10···20 Kohlenstoffatomen erhalten wurden, als zusätzliches Dispergiermittel zugegeben. Dieses Verfahren führt zu Perlpolymerisaten von traubenförmiger Struktur und großer spezifischer Oberfläche. Bei einem Verfahren der Firma Escambia Chemical Corp.[7] kommen neben Gelatine die Reaktionsprodukte von Octylphenol mit Äthylenoxyd als Hilfssuspensionsstabilisatoren zur Anwendung.

Bei einem Verfahren der Farbwerke Hoechst A.G.[8] werden als Hilfssuspensionsstabilisatoren lipoidlösliche oberflächenaktive Stoffe verwendet, die vor dem Polymerisationsvorgang im Monomeren gelöst werden und in dieser Form in das Reaktionsmedium gelangen.

Es hat sich gezeigt, daß die Perlbildung auch durch Zusatz wasserlöslicher Mineralsalze gefördert und in gewünschter Weise beeinflußt wird. Von dieser Erkenntnis wird bei einem von G. BIER und A. JAHN[9] entwickelten Verfahren Gebrauch gemacht, bei dem Vinylchlorid in wäßrigem Medium in Gegenwart geringer Mengen eines wasserlöslichen Calciumsalzes polymerisiert wird. Die Polymerisation erfolgt in Gegenwart wasserlöslicher Peroxyde oder Redoxsysteme und unter Anwendung von Emulgatoren. Nach einer Variante dieses Verfahrens können anstelle von Emulgatoren auch Suspensionsstabilisatoren und anstelle von Cal-

---

[1] A.P. 2917494, F.P. 1176785, Jap.A.S. 5445/1959, Monsanto Chemical Co., Erf. R. H. MARTIN jr.; A.P. 2979487, Monsanto Chemical Co., Erf. R. H. MARTIN jr.; A.P. 2957857, Monsanto Chemical Co., Erf. R. H. MARTIN jr.
[2] A.P. 2890199, Diamond Alkali Co., Erf. D. G. MCNULTY u. R. J. LEININGER.
[3] A.P. 2886552, Diamond Alkali Co., Erf. R. G. HEILIGMANN u. R. J. LEININGER.
[4] A.P. 2886551, Diamond Alkali Co., Erf. D. G. MCNULTY u. R. J. LEININGER.
[5] A.P. 2857367, Diamond Alkali Co., Erf. J. J. KEARNEY.
[6] D.A.S. 1073743, F.P. 1229661, Farbwerke Hoechst A.G. vorm. Meister Lucius & Brüning, Erf. M. LEDERER, R. REEBER, G. MESSWARB u. F. ZAPF.
[7] F.P. 1274384, Escambia Chemical Corp.
[8] F.P. 1269387, Farbwerke Hoechst A.G. vormals Meister Lucius & Brüning.
[9] D.B.P. 948448, Schw.P. 291824, Farbwerke Hoechst A.G. vorm. Meister Lucius & Brüning, Erf. G. BIER u. A. JAHN.

ciumsalzen andere wasserlösliche Alkali-, Erdalkali- oder Aluminiumsalze verwendet werden[1]. Ebenfalls in Gegenwart wasserlöslicher Salze, jedoch in Abwesenheit von sonstigen Emulgier- und Dispergiermitteln, wird bei einem Verfahren der Firma Chemische Werke Hüls GmbH[2] gearbeitet. Man verwendet hier als Reaktionsmedium solche Mineralsalzlösungen, deren Dichte mit derjenigen des zu polymerisierenden Monomeren übereinstimmt. Dabei läßt sich die Korngröße der anfallenden Polymerisate durch Wahl des Verhältnisses von wäßriger Phase zu flüssigem Monomeren beeinflussen. Metallsalze, und zwar Aluminiumsulfat oder Chloride des Calciums, Bariums, Cadmiums, kommen bei einem Verfahren der Firma Dow Chemical Co.[3] zur Anwendung. Man arbeitet bei diesem Verfahren mit öllöslichen Peroxydkatalysatoren und in Gegenwart von Celluloseäthern und ionogenen Emulgatoren. Die erhaltenen perlförmigen Polymerisate zeichnen sich durch ein gutes Aufnahmevermögen für Weichmacher aus. Diesem Verfahren ist eine von der Firma Wacker-Chemie GmbH[4] vorgeschlagene Arbeitsweise ähnlich. Bei dieser kommen ebenfalls Erdalkalichloride oder Alkaliphosphate, Suspendiermittel und sauerstoffhaltige, organische Emulgiermittel zur Anwendung, wobei als letztere solche Substanzen gewählt werden, die mit den Suspendiermitteln Komplexe zu bilden vermögen. Bei anderen Verfahren werden zur Regulierung der Korngröße der Polymerisatteilchen Salze tertiärer Aminosäuren[5], Gemische von zweiwertigen Salzen mit höheren Alkylphosphaten[6] und Erdalkalisalze von Alkarylsulfonsäuren[7] verwendet.

Feinkörnige Suspensionspolymerisate lassen sich weiter erhalten, wenn man neben Suspensionsstabilisatoren in Gegenwart von Maleinsäure oder maleinsauren Metallsalzen arbeitet[8]. Leicht verarbeitbare Suspensionspolymerisate lassen sich auch erhalten, wenn man bei der Polymerisation in Gegenwart von Reglern arbeitet. Hiervon wird bei einem Verfahren der Firma Badische Anilin- & Soda-Fabrik A.G.[9] Gebrauch gemacht, bei dem die Suspensionspolymerisation in Gegenwart wasserlöslicher polymerisationshemmender Stoffe ausgeführt wird. Als solche

---

[1] F.P. 1032280, Farbwerke Hoechst A.G. vormals Meister Lucius & Brüning.
[2] F.P. 1072988, Chemische Werke Hüls GmbH.
[3] E.P. 796309, A.P. 3042665, Dow Chemical Co., Erf. E. M. JANKOWIAK u. A. R. NELSON.
[4] D.A.S. 1072812, E.P. 902083, Wacker-Chemie GmbH, Erf. H. BAUER, J. HECKMAIER u. H. REINECKE.
[5] A.P. 2996490, Firestone Tire & Rubber Co., Erf. G. P. ROWLAND u. J. J. WOLSKI.
[6] A.P. 2981724, Escambia Chemical Corp., Erf. R. S. HOLDSWORTH.
[7] E.P. 882535, Bakelite Ltd., Erf. TH. LOVE u. J. W. WALLACE.
[8] Jap.A.S. 5444/1959, Kureha Kasei Kabushiki Kaisha, Erf. KEIICHI NAMBU.
[9] F.P. 1020169, Badische Anilin- & Soda-Fabrik A.G.

werden Kupfersulfat, Methylenblau oder mehrwertige Phenole genannt. Bei einem Verfahren der Firma Ethyl Corp.[1] erfolgt die Polymerisation in Gegenwart geringer Mengen Tetrachlorkohlenstoff. Suspensionspolyvinylchloride mit einheitlich großem Teilchendurchmesser werden durch Verfahren der Firma Escambia Chemical Corp. erhalten. Bei diesen erfolgt die Suspensionspolymerisation in Gegenwart von einem oberflächenaktiven organischen Sulfat oder Sulfonat unter Zusatz von einem Polyalkylenamin[2] oder einem Salz eines mehrwertigen Metalles[3]. Es ist weiter vorgeschlagen worden, die Granulatbildung ohne Anwendung von Hilfssupendiermitteln durch Einhaltung besonderer Polymerisationsbedingungen zu begünstigen. Ein Beispiel hierfür ist das Verfahren von J. Heckmaier und H. Bauer[4], bei dem die Polymerisation bei $45\cdots 65\,°C$ begonnen und dann bei einer zwischen $5\cdots 35\,°C$ liegenden Temperatur zu Ende geführt wird.

Die meisten der bekanntgewordenen Verfahren zur Polymerisation von Vinylchlorid in Suspension arbeiten mit Wasser als indifferentem Reaktionsmedium. Es sind jedoch auch einige Verfahren beschrieben worden, bei denen zusätzlich noch indifferente Lösungsmittel verwendet werden. Man kann hierdurch zu granulären Produkten gelangen, ohne daß ein Zusatz von Dispergiermitteln erforderlich ist. Als indifferente Lösungsmittel, die zusammen mit Wasser als Reaktionsmedium dienen können, sind sowohl wasserlösliche als auch wasserunlösliche organische Flüssigkeiten empfohlen worden. Von den ersteren seien Essigsäure[5], niedere aliphatische Alkohole, wie Methanol oder Äthanol[6], Ketone[7], Dioxan[8] und Tetrahydrofuran[9] genannt. Von den wasserunlöslichen organischen Lösungsmitteln können Benzol und Toluol[10] oder niedere ali-

---

[1] A.P. 3006903, Ethyl Corp., Erf. A. J. Haefner.
[2] A.P. 3017399, Escambia Chemical Corp., Erf. R. S. Holdsworth u. W. M. Smith.
[3] A.P. 3057831, Escambia Chemical Corp., Erf. R. S. Holdsworth.
[4] A.P. 3033839, F.P. 1223187, E.P. 889645, Wacker-Chemie GmbH, Erf. J. Heckmaier u. H. Bauer; vgl. auch A.P. 2985638, Ethyl Corp.
[5] F.P. 989099, B. F. Goodrich Co., Erf. R. J. Wolf; E.P. 598890, Can.P. 467671, Distillers Co., Erf. H. P. Staudinger u. M. D. Cooke.
[6] D.B.P. 888173, Farbwerke Hoechst A.G. vorm. Meister Lucius & Brüning, Erf. A. Jahn, G. Lorentz, G. Bier u. W. Starck; F.P. 1080823, Chemische Werke Hüls GmbH.; D.B.P. 813459, N. V. de Bataafsche Petroleum Mij., Erf. M. Naps; E.P. 830939, B.F. Goodrich Co.
[7] F.P. 1080923, Chemische Werke Hüls GmbH.
[8] F.P. 1080923, Chemische Werke Hüls GmbH.
[9] D.A.S. 1068466, Farbwerke Hoechst A.G. vorm. Meister Lucius & Brüning, Erf. M. Lederer u. K. Weissermel.
[10] A.P. 2875186, A.P. 2875187, Firestone Tire & Rubber Co., Erf. J. R. Gerhard, C. C. Deegan u. Th. W. Fisher.

phatische oder cycloaliphatische Kohlenwasserstoffe[1] in geringen Mengen zugesetzt werden, wodurch man Perlpolymerisate mit verbessertem Weichmacheraufnahmevermögen erhält.

Eine weitere Möglichkeit, zu Suspensionspolymerisaten mit guter Weichmacheraufnahmefähigkeit zu gelangen, besteht darin, das Polymerisationssystem vor dem vollständigen Umsatz einem plötzlichen Druckabfall zu unterwerfen. Hierbei entweicht das in den Polymerisatkörnern enthaltene Monomere unter Bildung einer porösen Kornstruktur[2]. Bei den erwähnten, in Abwesenheit von wasserlöslichen Lösungsmitteln durchgeführten Verfahren wird die Lösungsmittelmenge so bemessen, daß mit dem Monomeren ein zweiphasiges System gebildet wird. Bei einem speziellen, von der Firma Chemische Werke Hüls GmbH[3] ausgearbeiteten Verfahren polymerisiert man jedoch zunächst in homogener organischer Phase bis zu einem Umsatz von etwa 25% und führt die Polymerisation dann unter Zusatz einer zur Bildung eines Dreiphasensystems ausreichenden Wassermenge zu Ende. Dem Wasser kann man dabei in einer Verbesserung dieses Verfahrens Netz-, Emulgier- oder Dispergiermittel zusetzen[4]. Nach einem weiteren Verfahren der gleichen Firma wird das Vinylchlorid zunächst in Abwesenheit von Lösungs- und Verdünnungsmitteln bis zu einer etwa 20%igen Konversion umgesetzt. Anschließend erfolgt die weitere Umsetzung in Gegenwart einer zur Bildung eines Dreiphasensystem ausreichenden Wassermenge[5]. Dieses Verfahren führt zu Polymerisaten, die eine einheitliche Korngröße aufweisen.

Weitere Verfahren zielen darauf ab, die bei dem Verfahren der Suspensionspolymerisation anfallenden Produkte durch spezielle Maßnahmen in ihren Eigenschaften zu verbessern. Dies ist bei einem von H. FIKENTSCHER, K. HERRLE und W. HÜBLER[6] entwickelten Verfahren der Fall, bei dem man die Polymerisation zwecks Herstellung von Polymerisaten mit verbesserter Stabilität bei einem pH-Wert >5 in Gegenwart von Epoxyverbindungen durchführt. Nach Angaben dieser Autoren

---

[1] D.A.S. 1021165, Farbwerke Hoechst A.G., Erf. M. LEDERER; A.P. 2875186, A.P. 2875187, Firestone Tire & Rubber Co., Erf. J. R. GERHARD, C. C. DEEGAN u. TH. W. FISHER; F.P. 1190053, F.P. 1190054, D.A.S. 1098714, Badische Anilin- & Soda-Fabrik A.G., Erf. K. HERRLE, W. HÜBLER u. W. STAAB.
[2] F.P. 1260428, General Tire & Rubber Co., Erf. R. E. BINGHAM, H. D. FORREST, W. J. HANLON u. J. L. HUTSON; A.P. 3062759, General Tire & Rubber Co., Erf. R. E. BINGHAM, H. D. FORREST, W. J. HANLON u. J. L. HUTSON.
[3] F.P. 1082268, E.P. 745058, Chemische Werke Hüls GmbH.
[4] F.P. 64828, Zusatz zu F.P. 1092268, E.P. 749720, D.A.S. 1113818, Chemische Werke Hüls GmbH, Erf. H. WENNING.
[5] F.P. 1087249, E.P. 748727, Chemische Werke Hüls GmbH.
[6] D.A.S. 1065610, Badische Anilin- & Soda-Fabrik A.G., Erf. H. FIKENTSCHER, K. HERRLE u. W. HÜBLER.

E. Suspensionspolymerisation

lassen sich die Stabilitätseigenschaften der so erhaltenen Polymerisate noch weiter steigern, wenn man nachträglich Organozinnverbindungen zuführt. Gleichfalls eine Erhöhung der Stabilität des Suspensionspolyvinylchlorids läßt sich nach A. ECKELMANN und O. NEHRING[1] erhalten, wenn man die Suspensionspolymerisation in Gegenwart von in Wasser schwer löslichen Stabilisatoren durchführt, die zweckmäßig vor dem Einsatz mit Kohlenwasserstoffölen zu hochdispersen Pasten verarbeitet werden. Verfärbungen in der Hitze bei nachträglichem Zusatz von zweibasischem Bleistearat zu vermeiden, bezwecken von H. BAUER, E. BERGMEISTER und J. HECKMAIER[2] ausgearbeitete Verfahren. Bei diesen erfolgt die in Gegenwart von Hydroxylgruppen enthaltenden Schutzkolloiden durchgeführte Suspensionspolymerisation in Anwesenheit von geringen Mengen an Kieselsäure, Borsäure oder gesättigten Carbonsäuren mit mindestens 6 Kohlenstoffatomen oder entsprechenden Acylverbindungen von anorganischen Oxyden, deren Dissoziationskonstante unter 10^{-9} liegt. Eine Nachbehandlung mit elektrolytfreiem Wasser, der eine Behandlung mit verdünnten Calciumsalzlösungen vorangegangen sein kann, ist zur Erzielung von Polyvinylchloriden mit höherem elektrischem Widerstand vorgeschlagen worden[3].

Schließlich ist auch empfohlen worden, die Stabilität und den elektrischen Widerstand von Suspensionspolymerisaten zu steigern, indem man in Gegenwart von Silicaten[4] oder wasserlöslichen Bleisalzen[5] polymerisiert. Ein weiteres Verfahren[6] gestattet die Herstellung von opaken Suspensionspolymerisaten mit erhöhter Wärme- und Lichtstabilität. Man polymerisiert hier in Gegenwart eines Metallsalzes einer höheren Carbonsäure und eines Esters einer Polyoxyverbindung.

Ein anderes, auf H. BAUER, J. HECKMAIER und H. REINECKE[7] zurückgehendes Verfahren bezweckt, die Löslichkeit der in Gegenwart von hydrophilen Kolloiden, wie Polyvinylalkohol, erhaltenen Perlpolymerisate zu erhöhen. Man erreicht dies durch eine acetalisierende Nachbehandlung der anfallenden Polymerisatsuspensionen, durch welche die hydrophilen Gruppen des im Polymerisat enthaltenen Suspensionsstabilisators in

---

[1] D.P. (DDR) 13593, A. Eckelmann u. O. Nehring.
[2] D.A.S. 1083550, D.A.S. 1121336, E.P. 895978, A.P. 3012005, F.P. 1222348, Wacker-Chemie GmbH, Erf. H. BAUER, J. HECKMAIER u. E. BERGMEISTER.
[3] E.P. 914407, Wacker-Chemie GmbH, Erf. H. BAUER u. J. HECKMAIER.
[4] F.P. 950423, B. F. Goodrich Co., Erf. Cl. H. ALEXANDER.
[5] D.B.P. 842545, F.P. 951620, B. F. Goodrich Co., Erf. F. K. SCHOENFELD u. Cl. H. ALEXANDER.
[6] F.P. 1200143, E.P. 841172, Diamond Alkali Co., Erf. W. J. BURKHOLDER u. E. R. HENDERSON.
[7] D.B.P. 929643, Wacker-Chemie GmbH, Erf. H. BAUER, J. HECKMAIER u. H. REINECKE; vgl. auch D.B.P. 957787, Wacker-Chemie GmbH, Erf. H. BAUER, J. HECKMAIER u. E. BERGMEISTER.

hydrophobe Gruppen umgewandelt werden. Bei einer weiteren Ausgestaltung dieses Verfahrens erfolgt die acetalisierende Nachbehandlung in Gegenwart eines Oxydationsmittels und eines Netzmittels[1].

Ein weiteres Verfahren bezweckt, weichmacherhaltige Perlpolymerisate herzustellen[2]. Man geht so vor, daß man die Monomeren und den Weichmacher in dem Maße, in dem sie verbraucht werden, in Gegenwart von Suspensionsstabilisatoren oder Gemischen von Emulgatoren mit Metallsalzen zusetzt, so daß sich absetzende Polymerisate bilden.

Das Verfahren der Suspensionspolymerisation kann nach H. SCHOLZ und W. HÜBLER[3] auch dazu dienen, um ein Polyvinylchlorid herzustellen, das Metalle in feiner Verteilung enthält. Man arbeitet hierzu zweistufig, wobei in der ersten Stufe mit verdünnten, nichtoxydierenden Säuren oder mit verdünnten Laugen aktivierte Magnesium- oder Alumiumteilchen als Katalysatoren dienen. In der zweiten Stufe wird dann in üblicher Weise mit lipoidlöslichen Katalysatoren zu Ende polymerisiert. Das Suspensionsverfahren kann nach H. KRÄMER und F. ZAPF[4] auch zur Herstellung sehr feinteiliger Polyvinylchloridteilchen dienen, wenn man während des Polymerisationsverlaufes spezielle Rührbedingungen einhält.

Eine weitere Aufgabe bei der Suspensionspolymerisation besteht darin, die Polymerisation so zu leiten, daß Polymerisatteilchen mit der zur Herstellung von Plastisolen geeigneten Teilchengröße erhalten werden. Zur Lösung dieser Aufgabe wird bei einem Verfahren der Firma Wingfoot Corp.[5] von einer besonderen Homogenisierungstechnik Gebrauch gemacht, durch welche das Monomere in Abwesenheit von öllöslichen Katalysatoren und Gelatine in Teilchen von einem Durchmesser zwischen 0,5 und ungefähr 2 Mikron verteilt wird. Bei einem Verfahren der Firma Farbwerke Hoechst A.G.[6] kommt eine spezielle Rührtechnik zur Anwendung, und zwar rührt man vor und oder während des Aufheizens schnell und vermindert dann die Rührgeschwindigkeit auf die Hälfte bis auf ein Zehntel. Bei einem Verfahren der Firma Wacker-Chemie GmbH[7] gelangt man dadurch zu verpastbarem Suspensionspolyvinylchlorid, daß

---

[1] E.P. 836999, Wacker-Chemie GmbH.
[2] F.P. 1041663, E.P. 694253, Schw.P. 294028, Farbwerke Hoechst A.G. vorm. Meister Lucius & Brüning.
[3] D.A.S. 1105615, Badische Anilin- & Soda-Fabrik A.G., Erf. H. SCHOLZ u. W. HÜBLER.
[4] D.A.S. 1076373, Farbwerke Hoechst A.G. vorm. Meister Lucius & Brüning, Erf. H. KRÄMER u. F. ZAPF.
[5] A.P. 2890211, E.P. 752265, Wingfoot Corp., Erf. D. E. LINTALA.
[6] D.A.S. 1076373, Farbwerke Hoechst A.G. vorm. Meister Lucius & Brüning, Erf. H. KRÄMER u. F. ZAPF.
[7] A.P. 2981722, F.P. 1196861, E.P. 865399, Wacker-Chemie GmbH, Erf. E. ENK u. H. REINECKE.

man das Reaktionsgemisch zunächst unterhalb Reaktionstemperatur unvollständig homogenisiert, dann das nicht emulgierte Vinylchlorid abtrennt und anschließend die verbleibende feine Suspension polymerisiert. Die Polymerisation des Vinylchlorids in Suspension läßt sich sowohl diskontinuierlich als auch kontinuierlich durchführen.

Für die kontinuierliche Durchführung der Suspensionspolymerisation ist von der Firma Farbwerke Hoechst A.G. vorm. Meister Lucius & Brüning[1] ein Verfahren entwickelt worden, das unter Verwendung eines Polymerisationsgefäßes arbeitet, das über einen Überlauf mit einem oder mehreren Aufnahmegefäßen verbunden ist. Die in dem Polymerisationsgefäß gebildete Polymerisationsdispersion läuft periodisch oder kontinuierlich in die Aufnahmegefäße, wo sie von restlichen Monomeren befreit und schließlich abgezogen wird. Unter kontinuierlicher Zugabe von Vinylchlorid läuft auch ein von der Firma Soc. An. Solvic[2] beschriebenes Verfahren ab. Man führt hier das Vinylchlorid kontinuierlich mit einer solchen Geschwindigkeit in das Reaktionsmedium ein, daß der Druck im Autoklaven möglichst hoch, aber unter dem Sättigungsdruck des Vinylchlorids bei der Arbeitstemperatur ist.

Eine kontinuierliche Durchführung ist auch bei einem von der Firma Farbwerke Hoechst A.G. vorm. Meister Lucius & Brüning[3] entwickelten Verfahren möglich. Man sprüht hier das flüssige Vinylchlorid, das einen radikalbildenden Katalysator gelöst enthält, in Form eines feinverteilten Flüssigkeitsnebels kontinuierlich in die einen Suspensionsstabilisator enthaltende wäßrige Phase. Gleichzeitig wird die erforderliche Menge wäßriger Phase zugeführt und ein entsprechender Teil der Polymerisatdispersion abgezogen. Ein weiteres kontinuierliches Suspensionspolymerisationsverfahren wurde von J. C. WRIGHT und R. C. ROBINSON[4] angegeben. Bei diesem wird das Reaktionsgut durch einen zylindrischen Reaktionsraum geführt, der eine vertikale, mit einer Vielzahl von Flügelrädern versehene Rührwerkswelle aufweist. Ein anderes Verfahren arbeitet unter Verwendung mehrerer kaskadenförmig hintereinander geschalteter Reaktionsgefäße[5]. Bei einem weiteren Verfahren[6] wird in einer ersten Mischkammer eine Polymerisatdispersion hergestellt, die man anschließend in eine zweite Mischkammer leitet und danach ohne Rühren polymerisiert. Schließlich ist noch ein von L. J. GOVERNALE und

---

[1] F.P. 1062446, Farbwerke Hoechst A.G. vorm. Meister Lucius & Brüning.
[2] F.P. 1099238, Soc. An. Solvic.
[3] D.A.S. 1083054, Farbwerke Hoechst A.G. vorm. Meister Lucius & Brüning, Erf. H. KRÄMER u. W. SCHUBERT.
[4] D.A.S. 1116410, E.P. 863055, Union Carbide Corp., Erf. J. C. WRIGHT u. R. C. ROBINSON.
[5] A.P. 3007903, Dow Chemical Co., Erf. A. H. STARK.
[6] D.A.S. 1116900, Dow Chemical Co., Erf. D. E. BALLAST u. R. M. WILEY; wegen kontinuierlicher Katalysatorzugabe vgl. A.P. 2976270, Dow Chemical Co.

Th. A. Leeper[1] entwickeltes Verfahren zu erwähnen. Bei diesem wird das aus dem Reaktionsgefäß abgezogene Reaktionsgemisch in Polyvinylchlorid und eine wäßrige Polymerisatlösung getrennt. Letztere führt man dem Reaktionsansatz erneut zu.

Aus den nach dem Suspensionsverfahren hergestellten Polyvinylchloriden können nach K. Jost[2] durch Zerlegen in Fraktionen gleicher oder annähernd gleicher Größe polymereinheitliche Produkte erhalten werden.

F. Emulsionspolymerisation

Allgemeines. Bei dieser Polymerisationsart wird das Monomere mit Hilfe von Emulgiermitteln in feiner Form in der wäßrigen Reaktionsphase verteilt und meist mit wasserlöslichen Katalysatoren bei mäßiger Reaktionstemperatur polymerisiert. Man erhält dabei einen Latex, aus dem das Polymerisat durch Ausfällen oder Sprühtrocknen gewonnen wird. Nach der auf H. Fikentscher[3] und W. D. Harkins[4] zurückgehenden und heute allgemein anerkannten Theorie spielt sich der Polymerisationsablauf bei der Emulsionspolymerisation nicht in den in der wäßrigen Phase emulgierten Monomerentröpfchen, sondern in der wäßrigen Phase selbst ab. Ausgangspunkte der Polymerisation sind hierbei die im wäßrigen Reaktionsmedium vorliegenden, aus den Emulgatormolekülen gebildeten Micellen, die beträchtliche Mengen des an sich nur schwer löslichen Monomeren gelöst enthalten. Eingeleitet wird die Polymerisation durch die aus dem wasserlöslichen Katalysator durch Zerfall entstehenden freien Radikalen, die durch Diffusion in die Micellen gelangen, wo sie von den gelösten Monomeren abgefangen werden und die Startreaktion auslösen. Innerhalb der Micellen kommt es daher rasch zu einer Polymerisation, die durch nachgelieferte Monomere aus den Monomerentröpfchen aufrecht erhalten wird. Die Micellen verwandeln sich dabei allmählich in Latexteilchen, während die Monomerentröpfchen verschwinden. Die Verhältnisse sind schematisch in Abb. 5 dargestellt, die den Mechanismus der Emulsionspolymerisation erkennen läßt.

Die qualitative Theorie von Fikentscher und Harkins ist später durch quantitative reaktionskinetische Überlegungen ergänzt worden, auf die jedoch in diesem Zusammenhang nicht näher eingegangen werden kann[5].

---

[1] A.P. 2979492, Ethyl Corp., Erf. L. J. Governale u. Th. A. Leeper.
[2] D.A.S. 1065609, D.A.S. 1094982, Badische Anilin- & Soda-Fabrik A.G., Erf. K. Jost.
[3] Z. Angew. Chem. **51**, 433 (1938).   [4] J. Amer. Chem. Soc. **69**, 1428 (1947).
[5] Wegen einer neuen Literaturzusammenstellung vgl. H. Gerrens in Fortschritte der Hochpolymeren-Forschung **1**, 234 (1959).

F. Emulsionspolymerisation

Die Emulsionspolymerisation zeichnet sich durch hohe Polymerisationsgeschwindigkeiten aus und führt zu hochmolekularen Produkten. Die nach dem Emulsionsverfahren erhaltenen Polyvinylchloride sind im allgemeinen leichter zu verarbeiten als Suspensionspolyvinylchloride von gleichem K-Wert. Sie eignen sich daher ausgezeichnet zur Hart- und Weichverarbeitung im Strangpreß- und Kalanderverfahren. Dagegen sind für elektrotechnische Zwecke Suspensionspolyvinylchloride vorzuziehen, da die bei der Emulsionspolymerisation verwendeten Emulgiermittel ganz oder teilweise im Polymeren verbleiben und dessen elek-

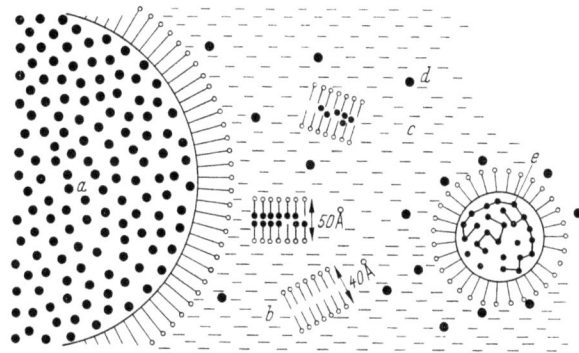

Abb. 5. Mechanismus der Emulsionspolymerisation. (Nach H. HOPFF, Kunststoffe **49**, 498 [1959])
a emulgierte Monomerentröpfchen; *b* Seifenmicellen; *c* Wasser; *d* Monomerenmoleküle; *e* Polymerteilchen

trischen Widerstand vermindern. Auch bei der Herstellung von transparenten Folien und anderen transparenten Formkörpern wird Suspensionspolyvinylchloriden gewöhnlich der Vorzug gegeben, da die in den Emulsionspolyvinylchloriden vorhandenen Emulgatorreste in transparenten Formkörpern zu Trübungen führen. Unentbehrlich sind Emulsionspolyvinylchloride dagegen für die Herstellung von Plastisolen.

Emulgatoren. Die als Emulgatoren für die Polymerisation des Vinylchlorids vorgeschlagenen Verbindungen umfassen eine weite Skala von oberflächenaktiven Stoffen. Diese reicht von einfachen Metallseifen über seifenähnliche Sulfonierungsprodukte bis zu komplizierten esterartigen Verbindungen. Nach den Patentschriften zu schließen, sind Salze schwefelhaltiger organischer Verbindungen die am häufigsten technisch angewendeten Verbindungen. Es handelt sich hier vor allem um das Natriumlaurylsulfat und Salze von langkettigen Sulfonsäuren, die durch Verseifung von Chlorsulfonierungsprodukten erhalten werden. Daneben stehen zahlreiche andere Emulgatoren zur Verfügung, die vor allem für Spezialzwecke oder im Hinblick auf ihre leichtere Entfernbarkeit aus dem Polymeren entwickelt wurden.

Tabelle 2. *Emulgatoren für die Emulsionspolymerisation des Vinylchlorids*

Emulgator	Polymerisationsbedingungen	Patent	Patentinhaber	Erfinder
Seifen höherer Fettsäuren, Salze von Sulfonsäuren oder Schwefelsäureestern organischer Verbindungen mit mindestens 8 C-Atomen, N-Oleyl-N-alkyl-tauride	Polymerisation in wäßriger Emulsion in Gegenwart von Perverbindungen	A.P. 2 068 424	I. G. Farbenindustrie A.G.	H. Mark H. Fikentscher J. Hengstenberg G. v. Süsich
Salze von Alkylarylsulfonsäuren mit einem Alkylrest von mindestens 10 Kohlenstoffatomen	Polymerisation in wäßriger Emulsion unter den üblichen Bedingungen	D.B.P. 854 577 F.P. 881 997	Badische Anilin- & Soda-Fabrik A.G.	H. Fikentscher K. Herrle
Verseifungsprodukte sulfonierter aliphatischer und cycloaliphatischer Kohlenwasserstoffe	Polymerisation in wäßriger Emulsion in saurem, alkalischem und neutralem Medium. Nach Entfernung des Emulgators aus dem Polymerisat klar durchsichtige Produkte	D.B.P. 919 206 F.P. 883 454	Badische Anilin- & Soda-Fabrik A.G.	W. Faust
Paraffinsulfonsaure Salze, die bei unvollständiger Sulfochlorierung eines technischen Gemisches langkettiger Paraffinkohlenwasserstoffe vom Siedepunkt 240 bis 320 °C, anschließender Verseifung und Abtrennung vom Unverseifbaren erhalten werden	Polymerisation in wäßriger Emulsion unter üblichen Bedingungen mit wasserlöslichen Katalysatoren	D.B.P. 864 455	Farbenfabriken Bayer A.G.	

F. Emulsionspolymerisation

gemischte Schwefelsäureester von Oleyl- und Cetylalkohol	Polymerisation in wäßriger Emulsion unter üblichen Bedingungen mit wasserlöslichen Katalysatoren	F.P. 977 296	Société Belge de l'Azote et des Produits Chimiques du Marly S.A.	
Sulfonate und Sulfate von organischen Verbindungen mit mindestens 8 C-Atomen	Polymerisation in wäßrigem Medium. Nach erfolgter Polymerisation wird durch Zugabe wasserlöslicher Bleisalze ausgefällt. Polymerisate mit verbesserten elektrischen Eigenschaften	A.P. 2 364 227	Imperial Chemical Industries Ltd.	J. R. Lewis L. Budworth J. Th. Watts
Sulfonate und Sulfate von acyclischen Kohlenwasserstoffen mit 12···18 C-Atomen	Polymerisation in Emulsion mit Salzen der Diperschwefelsäure unter Einhaltung eines pH-Wertes zwischen 10···12	A.P. 2 404 791	E. I. du Pont de Nemours & Co.	D. D. Coffman F. C. McGrew
Alkalimetallsalze der Sulfonsäure des Octadecylbenzols	Polymerisation in wäßriger Emulsion in üblicher Weise	Ital.Pat. 472 972	Monsanto Chemical Co.	
Salze, Sulfate oder Sulfonate von Fettsäuren mit weniger als 10 Kohlenstoffatomen oder von aromatischen kurzkettigen Säuren	Polymerisation in wäßriger Emulsion mit wasserlöslichen Perverbindungen. Die Polymerisate weisen eine Teilchengröße von etwa 1 μ auf und sind besonders für die Herstellung von Pasten geeignet	D.B.P. 842 119 Schw.P. 302 920	Wacker-Chemie GmbH	J. Heckmaier H. Reinecke

Tabelle 2. Emulgatoren für die Emulsionspolymerisation des Vinylchlorids (1. Fortsetzung)

Emulgator	Polymerisationsbedingungen	Patent	Patentinhaber	Erfinder
Sulfamidocarbonsäuren der Formel $$R_1-SO_2N\diagdown{}^{R_2}_{R_3}$$ R_1 = Kohlenwasserstoffrest mit mindestens 10 C-Atomen; R_2 = Rest einer niedrigmolekularen aliphatischen Carbonsäure; R_3 = Rest einer niedrigmolekularen aliphatischen Carbonsäure oder ein Kohlenwasserstoffrest	Polymerisation in wäßriger Emulsion mit den üblichen Katalysatoren. Polymerisate mit besserer Stabilität und Wasserfestigkeit	D.B.P. 873745	Badische Anilin- & Soda-Fabrik A.G.	H. Fikentscher L. Orthner
Wasserlösliche Salze der β-(Alkoxy)-äthansulfonsäure und oder β-(Alkylmercapto)-äthansulfonsäure mit mindestens 6 Kohlenstoffatomen in dem Alkoxy- bzw. Alkylmercaptorest	Polymerisation des emulgierten Monomeren mit H_2O_2 und Kaliumpersulfat als Katalysatoren. Polymerisat läßt sich zu klaren Platten verpressen	D.A.S. 1 127 590	Badische Anilin- & Soda-Fabrik A.G.	H. Fikentscher H. Willersinn E. Penning H. Distler
Ester der Sulfobernsteinsäure mit einer mittleren Kohlenstoffkette	Polymerisation in Emulsion mit H_2O_2 als Katalysator. Die Polymerisate lassen sich auf klare Filme und Formkörper verarbeiten	D.B.P. 861611	Cassella Farbwerke Mainkur	W. Zerweck O. Trösken

Alkalimetallsalze der Dioctylsulfobernsteinsäure	Polymerisation in wäßriger Emulsion bei einem pH-Wert von 5…8. Das Verhältnis von Vinylchlorid zu Wasser soll nicht niedriger als 30:70 sein. Die Menge an Katalysator beträgt 0,01…0,5 Teile, bezogen auf 100 Teile Monomeres. Die Menge an Persulfatkatalysator soll 0,06 Teile, bezogen auf 100 Teile Monomeres, nicht übersteigen. Polymerisate mit besserer Stabilität und guten elektrischen Eigenschaften	A.P. 2624724	Monsanto Chemical Co. H. F. PARK
Sulfophthalsäureester oder deren Salze	Polymerisation in neutralem oder schwach saurem bzw. schwach alkalischem Milieu. Der Emulgator kann nach der Polymerisation verseift und seine Spaltprodukte ausgewaschen werden, wodurch Polymerisate mit guter Klarheit, verbesserter Wasserfestigkeit und guten elektrischen Eigenschaften erhalten werden	D.B.P. 803857 F.P. 1001537	Badische Anilin- & Soda-Fabrik A.G. R. Staeger
Ammonium- oder Alkalisalze von höheren Fettsäuren	Polymerisation mit $(NH_4)_2S_2O_8$ als Katalysator, wobei das Reaktionsmedium während des gesamten Polymerisationsverlaufes alkalisch gehalten wird	Schwed.P. 130144	P. HALBIG

Tabelle 2. *Emulgatoren für die Emulsionspolymerisation des Vinylchlorids* (2. Fortsetzung)

Emulgator	Polymerisationsbedingungen	Patent	Patentinhaber	Erfinder
Seifen höherer Fettsäuren	Der Emulgator wird in situ durch Verseifung der Fettsäuren gebildet. Latices von größerer Stabilität	Belg.P. 509875 E.P. 724558 Schw.P. 307334 D.A.S. 1004808	S. A. Solvic	P. M. Woluwé R. de Coene
Salze von $C_8 \cdots C_{22}$-Carbonsäuren, besonders Ammoniumlaurat	Polymerisation im pH-Bereich zwischen 8,5 und 11 mit Wasserstoffperoxyd als Katalysator. Polymerisate mit verbesserten elektrischen und pastenbildenden Eigenschaften	D.A.S. 1051505 E. P. 784283	N. V. de Bataafsche Petroleum Mij.	A. Noorduyn A. Bier
Salze von $C_8 \cdots C_{22}$-Carbonsäuren	Polymerisation im pH-Bereich zwischen 8,5…11 mit Wasserstoffperoxyd als Katalysator. Nach erfolgter Polymerisation werden die Emulgatoren durch Zusatz von Metallsalzen in wasserlösliche Verbindungen überführt. Polymerisate mit verbesserten elektrischen Eigenschaften	D.A.S. 1068017 E.P. 807634	N. V. de Bataafsche Petroleum Mij.	A. Noorduyn F. A. Doorman
wasserlösliche Salze von Fettsäuren mit 12…18 C-Atomen	Polymerisation in alkalischem Medium mit Cyclohexanonperoxyd als Katalysator. Polymerisate mit einem mittleren Teilchendurchmesser von $0{,}3 \cdots 3{,}0\,\mu$	Schw.P. 317482	Lonza Elektrizitätswerke u. Chemische Fabriken	P. Halbig

F. Emulsionspolymerisation

Ammoniumsalze der Stearin-, Laurin-, Palmitin- oder Myristinsäure in situ im Reaktionsansatz hergestellt	Polymerisation in Gegenwart von wasserlöslichen Perverbindungen und Natriumpyrophosphat bei einem pH-Wert zwischen 8,0 und 10,5. Polymerisate für Plastisole	A.P. 2957858	Rubber Corp. of America — R. T. O'Donnell
Phosphorsäureester der allgemeinen Formel $$O=P\begin{matrix}O-R_1\\O-R_2\\O-R_3\end{matrix}$$ R_1 = ein Alkyl-, Cycloalkyl-, Aryl- oder Aralkylrest von 6 oder mehr C-Atomen; R_2 = ein Alkyl-, Cycloalkyl-, Aryl- oder Aralkylrest von 6 oder mehr C-Atomen oder Alkalimetall bzw. Ammonium; R_3 = Alkalimetall oder Ammonium	Polymerisation in Emulsion in üblicher Weise. Polymerisate mit besserer Stabilität	D.B.P. 954009	Chemische Werke Hüls A.G. — B. Jacobi
Salze der Alkali- und Erdalkalimetalle mit Teilestern mehrbasischer Säuren des Phosphors, deren Alkoholkomponente mindestens 8 C-Atome enthält, und in denen das Verhältnis der Phosphor- zu den Sauerstoffatomen kleiner als 1 : 4 ist	Polymerisation in wäßriger Emulsion mit wasserlöslichen Katalysatoren, wobei wegen der puffernden Wirkung des Emulgators ein gesonderter Zusatz von Puffersubstanzen nicht erforderlich ist. Polymerisate von erhöhter Stabilität, die sich zu glasklaren Produkten verarbeiten lassen	D.A.S. 1018224	Farbwerke Hoechst A.G. vormals Meister Lucius & Brüning — G. Scheffel

Tabelle 2. *Emulgatoren für die Emulsionspolymerisation des Vinylchlorids* (3. Fortsetzung)

Emulgator	Polymerisationsbedingungen	Patent	Patentinhaber	Erfinder
Verbindungen, bei denen eine höhermolekulare Kohlenstoffkette über eine Estergruppe mit mindestens einer wasserlöslichmachenden Gruppe verbunden ist und bei denen das Carboxykohlenstoffatom der Estergruppe relativ zu Nachbaratomen positiviert ist, so daß sie in alkalischem Bereich sehr leicht verseifbar sind	Die Polymerisation wird in bekannter Weise im sauren Bereich durchgeführt. Anschließend erfolgt die Spaltung des Emulgators in nicht oberflächenaktive Bruchstücke durch Verschiebung des pH-Wertes des Reaktionsgemisches in den alkalischen Bereich. Polymerisate mit verbesserten Eigenschaften	D.A.S. 1045101 F.P. 1166853 E.P. 855669 E.P. 863860 E.P. 843700	Farbwerke Hoechst A.G. vormals Meister Lucius & Brüning	G. Messwarb L. Orthner R. Reuber M. Grossmann
Ester der allgemeinen Formel $$R_2(CH_2)_n-\underset{\underset{O}{\|}}{C}-O-R_1$$ R_1 = Kohlenwasserstoffrest mit 6 bis 24 Kohlenstoffwasseratomen; R_2 = SO_3H oder PO_3H_2; n = eine ganze Zahl zwischen 1 u. 4	Die Polymerisation wird in bekannter Weise im pH-Bereich zwischen 3 und 7 durchgeführt. Anschließend erfolgt die Spaltung des Emulgators in nicht oberflächenaktive Bruchstücke durch Verschiebung des pH-Wertes in den stark sauren Bereich	F.P. 1198047 E.P. 869429	Farbwerke Hoechst A.G. vormals Meister Lucius & Brüning	
Ester der allgemeinen Formel: $$R_2(CH_2)_n-O-\underset{\underset{O}{\|}}{C}-R_1$$ R_1 = Kohlenwasserstoffrest mit 6 bis 25 C-Atomen; R_2 = SO_3H oder PO_3H_2; n = eine ganze Zahl zwischen 1 u. 4	wie oben	F.P. 1198048 E.P. 869430	Farbwerke Hoechst A.G. vormals Meister Lucius & Brüning	

Esterartige Emulgatoren, die aus einer hydrophilen Alkoholkomponente und einer höheren Fettsäure gebildet sind	Die Polymerisation erfolgt in wäßriger Phase in neutralem bzw. schwach saurem Medium. Nach beendeter Polymerisation werden die Emulgatoren durch Zusatz alkalisch wirkender Hydroxyde hydrolysiert. Polymerisate mit verbesserten Eigenschaften	D.A.S. 1054237 F.P. 1174844	Farbwerke Hoechst A.G. vormals Meister Lucius & Brüning	G. Messwarb P. Seibel
Stickstofffreie Emulgatoren, bei denen eine höhermolekulare Kohlenwasserstoffkette über eine Estergruppe mit mindestens einer wasserlöslichmachenden Gruppe verbunden ist: Oxyalkylsulfonsäure-Fettalkoholester oder Sulfocarbonsäure-Fettalkoholester	Die Polymerisation wird in einem pH-Bereich von 3…6 durchgeführt. Anschließend erfolgt die Aufspaltung des Emulgators in nicht oberflächenaktive Bruchstücke durch Verschiebung des pH-Wertes der Reaktionsmischung in das stark saure Gebiet	D.A.S. 1066357	Farbwerke Hoechst A.G. vormals Meister Lucius & Brüning	G. Messwarb P. Seibel E. Paschke
Metallsalze sulfurierter oder phosphatierter Polyalkohole, die mit C_3—C_{20} Carbonsäuren verestert sind und die unter milden Bedingungen verseifbar sind	Polymerisation im pH-Bereich um 7, anschließend wird der Zerfall der in der Reaktionsmischung enthaltenen Emulgatoren in nicht oberflächenaktive Bruchstücke durch Verschiebung des pH-Wertes in den stark sauren oder alkalischen Bereich bewirkt. Polymerisate mit verbesserten Eigenschaften	D.A.S. 1066746 E.P. 862492	Farbwerke Hoechst A.G. vormals Meister Lucius & Brüning	G. Messwarb P. Seibel E. Paschke M. Lederer

Tabelle 2. *Emulgatoren für die Emulsionspolymerisation des Vinylchlorids* (4. Fortsetzung)

Emulgator	Polymerisationsbedingungen	Patent	Patentinhaber	Erfinder
niedermolekularer Emulgator, der eine polymerisierbare Doppelbindung enthält	in Gegenwart des vorgelegten Emulgators werden 5…35% des Monomeren polymerisiert. Dann erfolgt ohne weitere Emulgatorzugabe die Polymerisation des restlichen Monomeren	E.P. 923082	Farbwerke Hoechst A.G. vormals Meister Lucius & Brüning	
hochmolekulare ionenbildende Verbindungen	Polymerisation in wäßriger Emulsion mit Kaliumpersulfat als Katalysator	F.P. 1013977	I.G. Farbenindustrie A.G.	
Mischpolymerisate aus Maleinsäure und Vinylverbindungen	Polymerisation in wäßriger Emulsion mit Wasserstoffperoxyd als Katalysator bei pH 7,3	F.P. 1200886	Pechiney	
wasserlösliche Ammoniumsalze der Halbester von Mischpolymerisaten von Styrol und Maleinsäureanhydrid	die Polymerisation wird in Gegenwart wasserlöslicher Katalysatoren, vornehmlich Ammoniumpersulfat, durchgeführt. Puffersubstanzen sind nicht erforderlich	D.A.S. 1066356 F.P. 1227039	Dynamit Nobel A.G.	W. Hönig

F. Emulsionspolymerisation

Besonderheiten ergeben sich, wenn Emulsionspolymerisate mit hohem elektrischen Widerstand gefordert werden. Die unter Verwendung der gebräuchlichen Alkalimetallsulfonate hergestellten Polyvinylchloride enthalten stets kleine Mengen an Emulgatoren, die sich auch bei langem Auswaschen nur schwer aus dem Polymeren entfernen lassen. Es verbleiben daher Emulgatorspuren im Polymeren, die wegen ihres ionogenen Charakters den elektrischen Widerstand der aus dem Polymeren hergestellten Erzeugnisse stark verringern. Um diesen Einfluß auf die elektrischen Eigenschaften zu vermindern, kann man die mit Alkalimetallsulfonaten hergestellten Polyvinylchloride einer Nachbehandlung mit wasserlöslichen Bleisalzen unterwerfen, wobei die Emulgatoren in schwerlösliche Bleisalze und leicht herauslösliche Alkalisalze gespalten werden[1]. Auch durch Methanolfällung des Polymeren aus dem Latex läßt sich eine Verbesserung der elektrischen Eigenschaften erzielen[2].

Bei anderen Verfahren werden zur Herstellung von Emulsionspolyvinylchloriden mit höherem elektrischen Widerstand spezielle Emulgatoren verwendet. Es sind dies vornehmlich Ammoniumsalze höherer Fettsäuren, die bei Anwendung von öllöslichen Katalysatoren[3] oder Wasserstoffperoxyd eingesetzt[4] werden können. Bei der zuletzt genannten Arbeitsweise führt eine Nachbehandlung mit Metallsalzen zu einer weiteren Verbesserung der elektrischen Eigenschaften[5].

Auch die Transparenz der aus den Emulsionspolymerisaten hergestellten Produkte läßt sich durch die Wahl des Emulgators beeinflussen. Emulsionspolyvinylchloride sind im allgemeinen nicht zur Herstellung transparenter Erzeugnisse geeignet. Bei Verwendung bestimmter Emulgatoren, wie Sulfobernsteinsäureester[6], Sulfophthalsäureester[7] oder Phosphorsäureester[8], läßt sich jedoch auch hier eine Verbesserung erzielen.

Die für die Emulsionspolymerisation des Vinylchlorids in Betracht kommenden Verbindungen sind, soweit sie in der Patentliteratur beschrieben wurden, in Spalte 1 der Tabelle 2 zusammengefaßt. In dieser

---

[1] A.P. 2364227, Imperial Chemical Industries Ltd., Erf. J. R. LEWIS, L. BUDWORTH u. J. TH. WATTS.
[2] Ital.P. 474931, Chemische Werke Hüls A.G.
[3] A.P. 2674585, Shell Development Co., Erf. F. E. CONDO u. H. A. NEWEY; Schw.P. 317482, Lonza Elektrizitätswerke u. Chemische Fabriken, Erf. P. HALBIG.
[4] D.A.S. 1051505, N. V. de Bataafsche Petroleum Mij., Erf. A. NOORDUYN u. A. BIER.
[5] D.A.S. 1068017, N. V. de Bataafsche Petroleum Mij., Erf. A. NOORDUYN u. F. A. DOORMAN.
[6] D.B.P. 861611, Casella Farbwerke Mainkur, Erf. W. ZERWECK u. O. TRÖSKEN.
[7] D.B.P. 803857, Badische Anilin- & Soda-Fabrik A.G.
[8] D.A.S. 1018224, Farbwerke Hoechst A.G. vormals Meister Lucius & Brüning, Erf. G. SCHEFFEL.

finden sich in Spalte 2 außerdem Angaben über die bei Verwendung dieser Emulgatoren einzuhaltenden Polymerisationsbedingungen sowie Hinweise auf besondere Eigenschaften der damit hergestellten Emulsionspolymerisate.

Katalysatoren. Die bei der Emulsionspolymerisation gebräuchlichsten Katalysatoren sind einige anorganische Perverbindungen. Es handelt sich meist um Kaliumpersulfat, das in den Patentschriften am häufigsten genannt wird. Wasserstoffperoxyd findet ebenfalls Verwendung. Es wird besonders zur Herstellung von solchen Polyvinylchloriden empfohlen, die für elektrische Zwecke dienen sollen. Sein Wirkungsoptimum liegt nach K. Thinius[1] bei einem pH-Wert zwischen 6,5 und 7,5. Durch Verwendung spezieller Emulgatoren ist jedoch auch das Arbeiten im stärker sauren[2] oder stärker alkalischen[3] Bereich möglich. Neben diesen Standardkatalysatoren finden sich in der Patentliteratur mehrere Vorschläge, auch organische Peroxyde für die Emulsionspolymerisation zu verwenden. Es handelt sich hierbei um Verbindungen, wie Diacylperoxyde von Fettsäuren mit 4···6 Kohlenstoffatomen[4], Alkoxybenzoylperoxyde[5], Perester von Ketosäuren[6], 0,0-ter-Butyl-0-äthylmonopermalonat[7], Perester aliphatischer Peroxycarbonsäuren[8] und Succinylperoxyd[9], auf die in diesem Zusammenhang kurz hingewiesen sei. Ein weiterer Peroxydkatalysator für die Emulsionspolymerisation des Vinylchlorids ist Cyclohexanonperoxyd, in dessen Gegenwart bei Temperaturen zwischen 50 und 100 °C polymerisiert wird[10]. Vereinzelt werden auch Azoverbindungen als Katalysatoren für die Emulsionspolymerisation des Vinylchlorids erwähnt[11].

Eine weitere Klasse von Katalysatoren für die Emulsionspolymerisation des Vinylchlorids, für die sich in der Patentliteratur verhältnismäßig viele Beispiele finden, sind Redoxkatalysatoren. Sie bestehen

---

[1] Gummi u. Asbest **2**, 262 (1949).
[2] Holl.P. 61170, N. V. de Bataafsche Petroleum Mij.
[3] D.A.S. 1051505, E.P. 784283, N. V. de Bataafsche Petroleum Mij., Erf. A. Noorduyn u. A. Bier.
[4] A.P. 2366306, F.P. 951308, B. F. Goodrich Co., Erf. Cl. H. Alexander u. H. Tucker.
[5] A.P. 2419347, F.P. 950422, B. F. Goodrich Co., Erf. V. L. Folt u. F. W. Shaver.
[6] A.P. 2608571, Shell Developement Co., Erf. F. F. Rust, A. R. Stiles u. W. E. Vaughan.
[7] A.P. 2717248, Shell Development Co., Erf. W. E. Vaughan u. F. E. Condo.
[8] A.P. 2661363, Shell Development Co., Erf. F. H. Dickey.
[9] D.A.S. 1004804, Farbwerke Hoechst A.G. vormals Meister Lucius & Brüning, Erf. G. Scheffel.
[10] Schwz.P. 317482, Lonza Elektrizitätswerke u. Chem. Fabriken A.G., F.P. 1295085, E.P. 916136, Montecatini Societa Generale per l'Industria Mineraria e Chimica, Erf. C. Corso.
[11] Vgl. A.P. 2520338, E. I. du Pont de Nemours & Co., Erf. J. A. Robertson.

F. Emulsionspolymerisation

Tabelle 3. *Redoxkatalysatoren zur Durchführung der Emulsionspolymerisation von Vinylchlorid*

Oxydierende Komponente	Redoxkatalysator Reduzierende Komponente	Patent	Inhaber	Erfinder
wasserlösliches Persulfat	Bisulfit oder Hydrosulfit	F.P. 914619 E.P. 586796	Imperial Chemical Industries Ltd.	R. G. R. Bacon L. B. Morgan
wasserlösliches Persulfat	Natriumbisulfit oder -hydrosulfit	E.P. 573366	Imperial Chemical Industries Ltd.	R. G. R. Bacon L. B. Morgan
Kaliumpersulfat	Natriumbisulfit	A.P. 2462354 F.P. 924996	E. I. du Pont de Nemours & Co.	M. M. Brubaker
wasserlösliches Persulfat	oxydierbare Sulfoxyverbindung	A.P. 2689242	E. I. du Pont de Nemours & Co.	F. J. Lucht
wasserlösliches Persulfat	wasserlösliches Sulfit, Hydrosulfit, Pyrosulfit, Hydroxylamin, Hydrazin oder Thioglykolsäure	Can.P. 465366	Imperial Chemical Industries Ltd.	R. G. R. Bacon L. B. Morgan
wasserlösliches Persulfat	wasserlösliches Thiosulfat	E.P. 574482 Zusatz zu E.P. 573366	Imperial Chemical Industries Ltd.	R. G. R. Bacon L. B. Morgan W. B. Whalley
wasserlösliche Persulfate	Formaldehydsulfoxylat	D.B.P. 880939	Farbwerke Hoechst A.G.	J. Monheim H. Sönke H. Overbeck
Peroxyde oder Persalze	Formaldehyd	A.P. 2414934	Imperial Chemical Industries Ltd.	P. W. Denny

Tabelle 3. *Redoxkatalysatoren zur Durchführung der Emulsionspolymerisation von Vinylchlorid* (1. Fortsetzung)

Oxydierende Komponente	Redoxkatalysator Reduzierende Komponente	Patent	Inhaber	Erfinder
Natrium- oder Kaliumchlorat	Natriumsulfit	A.P. 2673192 E.P. 706138	Diamond Alkali Co.	A. Hill
Natrium- oder Kaliumchromat, Natrium- oder Kaliumchlorit	Natrium- oder Kaliumsulfit	E.P. 702794 A.P. 2666047	Diamond Alkali Co.	G. J. Koch
HOCl/Cl$_2$	Bisulfit	A.P. 2555407	Diamond Alkali Co.	A. Hill W. J. Burkholder
Chlorige Säure oder deren Salze	Bisulfit	A.P. 2604468	Diamond Alkali Co.	J. E. Underwood A. Hill
Kaliumbromat	oxydierbare Sulfoxyverbindung	A.P. 2560694	E. I. du Pont de Nemours & Co.	E. G. Howard jr.
Hydroxylamin	Vanadium-II-Salz	A.P. 2683140	E. I. du Pont de Nemours & Co.	E. G. Howard jr.
Verbindungen mit positivem Halogen	wasserlösliches Hydrazodisulfonat	A.P. 2572028	E. I. du Pont de Nemours & Co.	M. Hunt
Wasserstoffperoxyd	Hydrazin oder Hydroxylamin	E.P. 586988	Imperial Chemical Industries Ltd.	R. G. R. Bacon E. Th. Butler E. Isaacs

Bromate, Jodate oder Perjodate	Hydrazindisulfat	A.P. 2729624	E. I. du Pont de Nemours & Co.	E. G. Howard jr.
Sauerstoff	wasserlösliches Sulfit	Can.P. 462351	A. Boake, Roberts & Co., Ltd.	B. Th. D. Sully
wasserlösliches Persulfat	Sorbose	F.P. 1072806 Oe.P. 180144	Solvic S.A.	
Komplexe organische Peroxyde	nichtionogene hydroxylgruppenhaltige organische Verbindungen	E.P. 744185 F.P. 1106759	British Geon Ltd.	J.J.P.Staudinger St. G. Kemp
komplexe Eisen-III-salze	anorganische Sulfoxyverbindungen	E.P. 636232 A.P. 2356925	B. F. Goodrich Co.	Ch. F. Fryling
Perverbindungen	Wasserstoff in Gegenwart von kolloid verteilten Edelmetallen der Gruppe VIII des periodischen Systems	D.A.S. 1133130	Wacker-Chemie GmbH	J. Heckmaier E. Bergmeister G. Beier
Kupfersalze in Gegenwart von Schwermetallsalzen u. organischen Basen	wasserlösliche Reduktionsmittel	D.A.S. 1102402	Comp. Générale des Etablissements Michelin Raison Sociale, Robert Puiseux & Cie.	G. X. R. Boussu L.H.Noel Saint Frison, L. P. F. A. Neuville
Eisen-III-salze oder andere Oxydationsmittel	Hydroxylamin-O-sulfonsäure	E.P. 836220	Badische Anilin- & Soda-Fabrik A.G.	

meist aus wasserlöslichen Persulfaten als oxydierende und wasserlösliche Schwefelverbindungen als reduzierende Komponente. Daneben sind auch noch andere Kombinationen bekannt geworden, wie der Literaturzusammenstellung in Tabelle 3 zu entnehmen ist.

Bei mehreren Verfahren werden zur Erhöhung der Polymerisationsgeschwindigkeit noch Aktivatoren zugesetzt.

Als solche eignen sich Silbersalze[1], Ammoniakate von Silbersalzen[2], komplexe Silberoxalate[3] und manche wasserlösliche Kupfersalze, wie z. B. Kupfer-II-sulfat, die zusammen mit wasserlöslichen Persalzen[4] oder Redoxkatalysatoren aus wasserlöslichen Persalzen und wasserlöslichen Sulfiten[5] zur Anwendung kommen. Schwermetallsalze, die aktivierend auf die mit Wasserstoffperoxyd katalysierte Emulsionspolymerisation wirken, sind wasserlösliche Eisen-III-salze, wie z. B. Eisen-III-chlorid[6], Chrom- und Aluminiumsalze[7]. Aktivatoren sind weiter nach W. FRANCKE und E. HEINRICH[8] Gemische aus wasserlöslichen Salzen von Schwermetallen, die in mehreren Wertigkeitsstufen auftreten können, und Verbindungen, die als Komplexbildner für Schwermetallionen geeignet sind. Als wasserlösliches Schwermetallsalz wurden insbesondere Kaliumferrocyanid, als Komplexbildner die Salze der Nitrilotriessigsäure genannt.

Die Ausführung der Emulsionspolymerisation. Die Emulsionspolymerisation des Vinylchlorids kann sowohl diskontinuierlich als auch kontinuierlich erfolgen. Die zuerst genannte Arbeitsweise ist vor allem für kleine Ansätze zweckmäßig. Man arbeitet hierbei in mit Rührwerken versehenen Druckgefäßen oder Schüttelautoklaven. Für die großtechnische Herstellung ist die kontinuierliche Polymerisation wirtschaftlicher.

Ihre Ausführung ist aus dem in Abb. 6 wiedergegebenen Schema ersichtlich.

Polymerisiert wird bei der kontinuierlichen Emulsionspolymerisation in langen zylindrischen Reaktionsgefäßen oder mehreren kaskadenförmig hintereinander geschalteten Druckbehältern, durch welche der Reaktionsansatz in Form eines stetigen Flüssigkeitsstromes geführt wird. Man erhält hierbei eine Polymerisatdispersion, die kontinuierlich abgezogen

---

[1] A.P. 2625539, F.P. 969534, E.P. 693692, B. F. Goodrich Co., Erf. V. L. FOLT.
[2] A.P. 2473548, F.P. 969742, B. F. Goodrich Co., Erf. G. W. SMITH.
[3] A.P. 2473549, B. F. Goodrich Co., Erf. G. W. SMITH.
[4] F.P. 930340, F.P. 936385, Schwz.P. 266641, Imperial Chemical Industries Ltd., Erf. D. BRUNDRIT u. J. A. D. HICKSON.
[5] F.P. 933717, Imperial Chemical Industries Ltd., Erf. M. C. ASHWORTH, R. G. R. BACON u. L. B. MORGAN; F.P. 970249, B. F. Goodrich Co., Erf. V. L. FOLT.
[6] A.P. 2473929, Canad.P. 462398, Shawinigan Resins Co., Erf. W. K. WILSON.
[7] A.P. 2473005, Dow Chemical Co., Erf. J. W. BRITTON u. R. C. DOSSER.
[8] D.B.P. 832498, Chemische Werke Hüls GmbH, Erf. W. FRANCKE u. E. HEINRICH.

und in einer zweiten Arbeitsstufe auf pulverförmiges Polyvinylchlorid aufgearbeitet wird. Die Aufarbeitung der Polymerisatdispersion erfolgt gewöhnlich durch Sprühtrocknen, doch können auch andere Verfahren, wie die Koagulation durch Zusatz von wasserlöslichen organischen Lösungsmitteln oder Elektrolyten, zur Gewinnung des pulverförmigen Polymeren dienen. Der Aufarbeitung des Latex kann eine Vorbehandlung vorangehen, um nicht umgesetztes Monomeres zu entfernen.

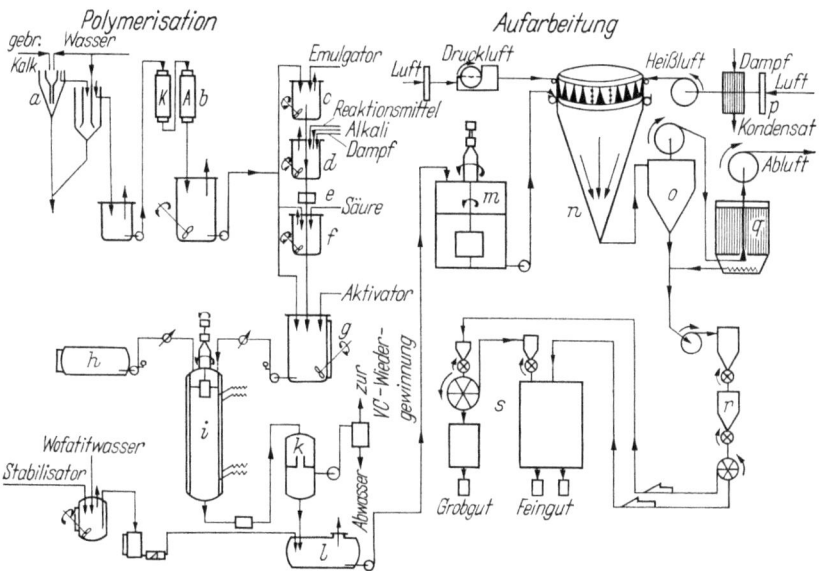

Abb. 6. Herstellungsgang von Emulsions-PVC. (Nach H. HOPFF, Kunststoffe 1959, Band 49, Heft 10.)
(Links Polymerisation, rechts Aufarbeitung)

a Wasservorenthärter; b Wasserenthärter mit Austauschern; c ,,Rohlösung''; d ,,oxydierte Rohlösung''; e Filter; f ,,Stammlösung''; g Emulgierwasser; h Behälter für Vinylchlorid (flüssig); i Polymerisationssturm, k Entspannungsbehälter, l Emulsionsbehälter, m Emulsionslagergefäß; n Nubilosatrockner; o Zyklonabscheider; ' Wärmeaustauscher; q Abluftfilter; r Abscheider und Sichter; s Feinmahlmühle

Die Bedingungen für die technische Durchführung der kontinuierlichen Emulsionspolymerisation des Vinylchlorids sind in zahlreichen Patentschriften niedergelegt. Tabelle 4 gibt eine Zusammenfassung dieser Patentschriften, wobei in Spalte 1 jeweils die wichtigsten Polymerisationsbedingungen der patentierten Verfahren und in Spalte 2 die für diese Verfahren verwendeten Reaktionsgefäße kurz beschrieben sind.

Polyvinylchloride für Plastisole. Die bei Anwendung der üblichen Emulsionspolymerisationsverfahren anfallenden Latices enthalten das Polymerisat in Form von Teilchen, deren mittlerer Teilchendurchmesser unterhalb von 0,5 μ liegt. Nach diesen Verfahren hergestellte Polyvinylchloride lassen sich nicht ohne weiteres für Plastisole verwenden, da sie

52   I. Die Herstellung des Polyvinylchlorids

Tabelle 4. *Kontinuierliche Emulsionspolymerisation*

Reaktionsbedingungen	Reaktionsgefäß	Patent	Patentinhaber	Erfinder
Man läßt flüssige Tropfen des Monomeren je nach Dichte entweder durch eine Emulgator enthaltende wäßrige Phase steigen oder fallen; die wäßrige Phase kann bereits vorgebildetes Polymerisat enthalten	senkrechte Reaktionstürme, zweckmäßig mit Rührwerken	D.B.P. 891746 Oe.P. 174206 E.P. 687984 A.P. 2618626	N. V. de Bataafsche Petroleum Mij.	C. P. van Dijk F. J. F. van der Plas
wie oben, jedoch wird unter Anwendung einer inerten Gasphase gearbeitet, die als Puffer die Entwicklung von Dämpfen des Monomeren verringern soll	wie oben	D.B.P. 905546 Zusatz zu D.B. 891746	wie oben	R. H. M. Meyer C. P. van Dijk
wie oben, jedoch läuft die wäßrige Phase in einem geschlossenen Kreislauf um	wie oben	D.B.P. 905547 Zusatz zu D.B.P. 891746	wie oben	C. P. van Dijk F. J. F. van der Plas
wäßrige Phase läuft in einem geschlossenen Kreislauf um, der durch die aufsteigenden Tröpfchen der Monomeren verursacht wird	senkrechtes Reaktionsrohr, dessen oberes Ende verbreitert ist	D.B.P. 916734	wie oben	G. H. Reman C. Bruinzeel
Tropfenförmiges Vinylchlorid wird von unten in das emulgatorhaltige Reaktionsmedium eingeführt und nach oben steigen gelassen, wo es sich als flüssige Phase sammelt	zylindrisches Reaktionsgefäß mit oben erweitertem Ende. Die Rückflußleitung ist mit einem Gefäß verbunden, in welchem flüssiges Vinylchlorid bei einer oberhalb der Reaktionstemperatur liegenden Temperatur mit seinem Dampf im Gleichgewicht steht	A.P. 2754289	Shell Development Co.	R. H. M. Meyer

F. Emulsionspolymerisation

Man läßt durch die emulgatorhaltige wäßrige Phase gasförmiges Vinylchlorid in Form von Blasen nach oben steigen, deren Größe so bemessen ist, daß weniger als 25% ihres Gehaltes beim Durchtritt durch die wäßrige Phase absorbiert wird	Reaktionsrohr, dessen oberes Ende verbreitert ist	F.P. 1056965	N. V. de Bataafsche Petroleum Mij.
Man führt eine Emulsion, deren Tröpfchen einen Durchmesser von maximal 0,02 mm aufweisen, kontinuierlich zu und zieht das gebildete Polymerisat in dem Maße ab, daß das Verhältnis der Konzentrationen von Monomerem und Polymerisat im Reaktionsraum zwischen 0,12 und 0,30 gehalten wird	zylindrisches Reaktionsgefäß	F.P. 1086575 A.P. 2934529	N. V. de Bataafsche Petroleum Mij. Shell Oil Co.	Ch. P. van Dijk F.J.F.vanderPlas A. de Ketzer
Die wäßrige Emulsion des Monomeren wird kontinuierlich durch einen Reaktionsraum gepumpt, in den während der Umsetzung an einer oder mehreren Stellen frisches Monomeres in reiner oder emulgierter Form zugegeben wird	mehrere hintereinandergeschaltete Kammern oder mit Rührwerken ausgestattete Kessel	E.P. 634789 F.P. 939155 Schw.P. 266898 F.P. 941948	N. V. de Bataafsche Petroleum Mij.
Der kontinuierlich zugeführten Emulsion des Monomeren wird unmittelbar vor Eintritt in das Reaktionsgefäß eine Säure und ein Polymerisationskatalysator zugesetzt	zylindrisches Reaktionsgefäß oder Röhrensystem	A.P. 2496222 F.P. 949919	Shell Development Co. N. V. de Bataafsche Petroleum Mij.	E.C.H.Kolvoort G. Akkerman

Tabelle 4. *Kontinuierliche Emulsionspolymerisation.* (1. Fortsetzung)

Reaktionsbedingungen	Reaktionsgefäß	Patent	Inhaber	Erfinder
Kontinuierliche Zuführung des Vinylchlorids in ein Reaktionsmedium, das mindestens 2 Gewichtsprozent Emulgator, bezogen auf Vinylchlorid, und einen wasserlöslichen Katalysator enthält. Die Geschwindigkeit der Zufuhr des Monomeren wird so geregelt, daß der Druck im Reaktionsgefäß möglichst hoch, aber unterhalb des Sättigungsdruckes bei der angewendeten Temperatur ist	Autoklaven	F.P. 1099239	Soc. An. Solvic	
Das Monomere wird in wäßriger Emulsion unter Aufrechterhaltung hoher Flüssigkeitssäulen in ein zylindrisches Reaktionsgefäß gegeben, aus dem die gebildete Polymerisationsdispersion unten abgezogen wird	zylindrisches Druckgefäß	D.B.P. 900019 F.P. 847151	Badische Anilin- & Soda-Fabrik A.G. I. G. Farbenindustrie A.G.	H. Fikentscher
Die Polymerisation wird kontinuierlich in einem Kessel unter vollständiger Durchmischung des Gutes und unter Aufrechterhaltung einer konstanten Konzentration des Vinylchlorids und ständiger Abführung der gebildeten Polymerisatdispersion ausgeführt	mit Durchmischungsvorrichtung ausgestatteter Kessel	Schw.P. 295067	Badische Anilin- & Soda-Fabrik A.G.	

Vinylchlorid wird gleichzeitig mit der Emulgator und Katalysator enthaltenden wäßrigen Phase durch ein Druckrohr geleitet	mit Kühl- bzw. Heizvorrichtung ausgestattetes horizontales oder schwach geneigtes Druckrohr	D.R.P. 679897 F.P. 827401	I. G. Farbenindustrie A.G.	R. Bappert G. Wick
Man läßt gasförmiges Vinylchlorid in Form kleiner Bläschen durch eine einen Emulgator enthaltende Flüssigkeitssäule steigen		F.P. 820749	I. G. Farbenindustrie A.G.	
Man läßt tropfenförmiges Vinylchlorid durch eine einen Emulgator und vorgebildetes Polyvinylchlorid enthaltende Flüssigkeitssäule steigen und leitet die Polymerisation in der Weise, daß die Konzentration des Polymeren am Ende der Polymerisation unter 10 Gew.-% und die Konzentration des Monomeren am Ende der Polymerisation unter 7 Gew.-% liegt, wobei die Polymerisationsausbeute bei wenigstens 50% liegen soll	vertikales Reaktionsrohr	F.P. 1051089	N. V. de Bataafsche Petroleum Mij.	

wegen ihrer geringen Teilchengröße in Weichmachungsmitteln zu löslich sind. Derartige Polyvinylchloride bedürfen daher vor Verwendung für Plastisole einer gesonderten Behandlung, bei der die kleinen Latexteilchen in größere und weniger leicht lösliche Partikel verwandelt werden. Diese Behandlung besteht gewöhnlich darin, daß man den bei der Polymerisation anfallenden Latex der Sprühtrocknung in einer heißen Gasatmosphäre unterwirft. Hierbei kommt es an der Oberfläche der Polymerisatteilchen zu einer Sinterung, die ihre größere Widerstandsfähigkeit gegenüber dem lösenden Einfluß von Weichmachungsmitteln bedingt.

Bei Einhaltung besonderer Polymerisationsbedingungen ist es jedoch möglich, die Emulsionspolymerisation so zu leiten, daß unmittelbar beim Herstellungsprozeß Polyvinylchloride mit der für Plastisole gewünschten Teilchengröße anfallen. Die zur Herstellung derartiger Produkte entwickelten Verfahren sind inzwischen außerordentlich zahlreich. Sie beruhen im Prinzip alle darauf, daß man das Anwachsen der zunächst kleinen Latexteilchen zu größeren Partikeln, deren mittlerer Teilchendurchmesser im allgemeinen größer als $1\,\mu$ ist, begünstigt. Man kann dieses Anwachsen auf verschiedene Weise erreichen. Eine Möglichkeit besteht darin, daß man zunächst einen Polyvinylchloridlatex von sehr geringer Teilchengröße vorlegt und in dessen Gegenwart die Polymerisation des weiteren Vinylchlorids vornimmt. Bei dieser als Saatpolymerisation bezeichneten Polymerisationsart ist die Einhaltung spezieller Reaktionsbedingungen erforderlich. Man kann hierzu so vorgehen, daß man genau dosierte Emulgatormengen zusetzt, wie dies bei einem von R. POWERS und W. E. BROWN[1] entwickelten Verfahren der Fall ist, oder, entsprechend einem Vorschlag von L. HAMMERSTINGL, J. HECKMAIER, E. NICKL und H. REINECKE[2] in Abwesenheit von freiem Emulgator, jedoch in Gegenwart eines Keimlatex arbeiten, dessen Teilchen an ihrer Oberfläche mit Emulgator gesättigt sind. Eine andere Möglichkeit besteht darin, die in Gegenwart eines Keimlatex erfolgende Polymerisation bei Erreichung der gewünschten Teilchengröße mit Hilfe von Reglern abzubrechen[3]. Zu einem Polyvinylchloridlatex mit Zwischengröße von 0,45 bis $1\,\mu$ gelangt man nach einem weiteren Verfahren[4]. Bei diesem wird Vinylchlorid ebenfalls in Gegenwart eines Keimlatex von Partikeln von entsprechend geringerer Größe polymerisiert. Das als Emulgator ver-

---

[1] A.P. 2520959, Can.P. 469195, D.B.P. 843163, B. F. Goodrich Co., Erf. J. R. POWERS u. W. E. BROWN; wegen der Herstellung füllstoffhaltiger Polyvinylchloride nach diesem Verfahren vgl. A.P. 2713563, Firestone Tire & Rubber Co.

[2] D.A.S. 1017369, E.P. 834810, Wacker-Chemie GmbH, Erf. L. HAMMERSTINGL, J. HECKMAIER, E. NICKL u. H. REINECKE.

[3] E.P. 740947, United States Rubber Co.

[4] E.P. 753832, United States Rubber Co.

wendete Natriumsalz eines Diesters der Sulfobernsteinsäure oder eines Triesters der Sulfotricarballylsäure wird jedoch erst nach Einleitung der Polymerisation des Vinylchlorids und dann jeweils in einer Menge zugegeben, die 90···375% der Menge entspricht, die theoretisch zur Bildung einer dicht gepackten monomolekularen Emulgatorschicht auf der Oberfläche der Polymerisatpartikel benötigt würde.

Der Saatpolymerisation ist ein einstufiges Verfahren ähnlich, bei der man den Emulgator erst nach dem Beginn der Polymerisation, jedoch vor dem Einsetzen der Koagulation zusetzt[1]. Arbeitet man hierbei gleichzeitig in Anwesenheit von Elektrolyten mehrwertiger Metalle, wird eine Erhöhung der Teilchengröße erzielt[2].

Polymerisatlatices mit größeren Teilchendurchmesser lassen sich auch ohne Verwendung von Keimlatices herstellen, wenn man in Gegenwart von schwach emulgierenden Substanzen arbeitet. Man kann hierzu Salze, Sulfate oder Sulfonate von kurzkettigen Fettsäuren[3], Polyvinylacetat in geringen Mengen[4], Polyacrylamid[5], Schwefelsäureester höherer Alkohole[6] und Ammoniumsalze höherer Fettsäuren[7] verwenden. Letztere können auch erst während des Reaktionsverlaufes in situ gebildet werden[8].

Ebenfalls ohne Keimlatices lassen sich Polyvinylchloride für Plastisole erhalten, wenn man bei der Emulsionspolymerisation bestimmte Emulgatorkombinationen verwendet. Hiervon wird bei einem von J. HECKMAIER und H. REINECKE[9] entwickelten Verfahren Gebrauch gemacht. Bei diesem erfolgt die mit den üblichen Emulgatoren einstufig durchgeführte Emulsionspolymerisation in Gegenwart von Teilfettsäureestern mehrwertiger Alkohole oder von Sulfamiden von Paraffinkohlenwasserstoffen oder Fettalkoholen. Ähnlich arbeitet ein auf I. HARRIS[10] zurückgehendes Verfahren, bei dem in Gegenwart eines wasserlöslichen und eines in dem Monomeren löslichen Emulgators mit Hilfe von lipophilen Katalysatoren polymerisiert wird. Als in den Monomeren lösliche Emulgatoren werden höhere Alkohole, Ester von höheren Fettsäuren und lang-

---

[1] E.P. 699016, Oe.P. 173263, F.P. 1044755, Imperial Chemical Industries Ltd., Erf. B. ST. DYER u. A. A. GIBSON.
[2] E.P. 723490, A.P. 2777836, F.P. 1090758, Imperial Chemical Industries Ltd., Erf. K. B. EVERARD u. I. HARRIS.
[3] D.B.P. 842119, Dr. Alexander Wacker Gesellschaft f. elektrochemische Industrie GmbH, Erf. J. HECKMAIER u. H. REINECKE.
[4] D.B.P. 889835, Wacker-Chemie GmbH, Erf. H. REINECKE u. W. GRUBER.
[5] A.P. 2857368, Dow Chemical Co., Erf. R. B. INGRAHAM u. G. L. GUNDERMAN.
[6] A.P. 2974129, Dow Chemical Co., Erf. A. R. NELSON u. E. M. JANKOWIAK.
[7] A.P. 2674585, Shell Development Co., Erf. F. E. CONDO u. H. A. NEWEY.
[8] Schwz.P. 317482, Lonza Elektrizitätswerke und Chemische Fabriken.
[9] D.B.P. 912507, Wacker-Chemie GmbH, Erf. J. HECKMAIER u. H. REINECKE.
[10] E.P. 698359, Imperial Chemical Industries Ltd., Erf. I. HARRIS.

kettige aliphatische Amine genannt. Bei einem anderen, von E. HANSCHKE[1] stammenden Verfahren wird neben den üblichen Emulgatoren in Gegenwart geringer Mengen von Kondensationsprodukten höherer Fettalkohole, höherer Fettsäuren oder Phenole mit Alkylenoxyden gearbeitet. Diesem Verfahren ist eine von H. KRÄMER[2] angegebene Arbeitsweise ähnlich. Als Hilfsemulgator dienen hier partiell alkylierte Polyalkohole. Gut filtrierbare Polyvinylchloride, die eine Primärteilchengröße von $0{,}1 \cdots 1\,\mu$ besitzen, lassen sich nach E. PASCHKE[3] unter Verwendung von vorwiegend öllöslichen ungesättigten Fettsäuren mit einer oder mehreren Doppelbindungen und $10 \cdots 25$ Kohlenstoffatomen, die gegebenenfalls auch eine oder mehrere Oxy- oder Epoxygruppen enthalten können, als Emulgatoren erhalten. Als Katalysatoren dienen bei dieser Arbeitsweise wasserlösliche Perverbindungen oder Redoxkombinationen. Außerdem wird eine Rührerdrehzahl gewählt, die kurz über derjenigen liegt, bei der ein feinteiliger Polymerisatlatex mit einer Teilchengröße von kleiner als $0{,}1\,\mu$ erhalten wird.

Polymerisate aus Vinylchlorid oder Mischpolymerisate mit überwiegendem Anteil an Vinylchlorid, die eine Primärteilchengröße von $0{,}1 \cdots 1\,\mu$ besitzen, können schließlich nach E. PASCHKE[4] auch durch Anpolymerisieren in Gegenwart eines vorwiegend öllöslichen Emulgators und anschließendes Fertigpolymerisieren in Gegenwart eines nachgeschleusten, vorwiegend wasserlöslichen Emulgiermittels erhalten werden. Die Mengen an öllöslichem Emulgator sollen $0{,}1 \cdots 5$ Gewichtsprozent, bezogen auf das Monomere, betragen. Der wasserlösliche Emulgator, der nach einem Umsatz von $10 \cdots 60\%$ zuzusetzen ist, kommt in Mengen von $0{,}01 \cdots 1$ Gewichtsprozent, bezogen auf das Monomere, zur Anwendung.

Zu Polymerisaten und Mischpolymerisaten des Vinylchlorids mit einer mittleren Teilchengröße von $0{,}5 \cdots 0{,}8\,\mu$, die Pasten von extrem niedriger Viskosität ergeben, führt ein von G. KÜHNE[5] stammendes kontinuierliches Verfahren. Bei diesem wird die Emulsionspolymerisation in Gegenwart eines solchen öllöslichen Emulgators, dessen $0{,}05\%$ige wäßrige und salzfreie Lösung im Stalagmometer nach TRAUBE eine Oberflächenspannung von höchstens 32 dyn/cm besitzt, bei einem Feststoffgehalt des

---

[1] D.A.S. 1109896, Farbwerke Hoechst A.G. vorm. Meister Lucius & Brüning, Erf. E. HANSCHKE.
[2] D.A.S. 1077427, Farbwerke Hoechst A.G. vorm. Meister Lucius & Brüning, Erf. H. KRÄMER.
[3] D.A.S. 1121333, F.P. 1263855, Farbwerke Hoechst A.G., vorm. Meister Lucius & Brüning, Erf. E. PASCHKE.
[4] D.A.S. 1109897, F.P. 1257287, Farbwerke Hoechst A.G. vorm. Meister Lucius & Brüning, Erf. E. PASCHKE.
[5] D.A.S. 1119513, F.P. 1256491, Farbwerke Hoechst A.G. vorm. Meister Lucius & Brüning, Erf. G. KÜHNE.

Latex von etwa 45 Gewichtsprozent ausgeführt. Der erhaltene Latex wird anschließend mit 0,2···4 Gewichtsprozent eines Mono-, Di- oder Trifettsäureesters eines mehrwertigen Alkohols versetzt und danach versprüht. Für Plastisole geeignete Polyvinylchloride werden weiterhin durch Emulsionspolymerisation bei erhöhter Temperatur und Einhaltung eines pH-Wertes von 8,0···10,5 erhalten[1]. Eine weitere Möglichkeit bietet die zweistufig ausgeführte Emulsionspolymerisation, wobei man in der ersten Stufe bei verhältnismäßig tiefen, in der zweiten dagegen bei höheren Temperaturen arbeitet[2].

G. Photochemische Polymerisation

Schon V. REGNAULT hat bei der ersten Synthese von Vinylchlorid die Beobachtung gemacht, daß Vinylchlorid unter dem Einfluß des Sonnenlichtes in ein weißes Pulver übergeht.

Diese auf einen Polymerisationsvorgang zurückzuführende Umwandlung des Vinylchlorids ist etwa 50 Jahre später von E. BAUMANN[3] eingehender untersucht worden. Er fand, daß die Wellenlänge der Strahlen der angewandten Lichtquelle von Einfluß auf die Polymerisationsgeschwindigkeit und auf die Eigenschaften des polymeren Vinylchlorids ist. Bei gewöhnlicher Temperatur verläuft die Polymerisation von Vinylchlorid unter der Einwirkung des Sonnenlichtes nur sehr langsam. Größere Reaktionsgeschwindigkeiten werden dagegen unter dem Einfluß ultravioletter Strahlung erzielt. Von diesen ultravioletten Strahlen sind diejenigen des äußersten Ultravioletts der Quarzlampe besonders wirksam; in Gegenwart dieser Strahlen polymerisiert Vinylchlorid leicht zu einem einheitlichen Produkt, und zwar am besten in Methylalkohol als Lösungsmittel[4].

Die Wirkung des Sonnenlichtes oder der ultravioletten Strahlen auf Vinylchlorid hat I. OSTROMISLENSKY[5] zur Herstellung von Polyvinylchlorid technisch auszuwerten versucht. Nach seinem Vorschlag wird gasförmiges oder gelöstes Vinylchlorid dem Einfluß der genannten Strahlen ausgesetzt.

Die bei gewöhnlicher Temperatur im Lichte der Sonne oder der Uviollampe nur langsam verlaufende Polymerisation von Vinylchlorid läßt sich in ihrer Geschwindigkeit beträchtlich beschleunigen, wenn man bei höheren Temperaturen oder in Gegenwart bestimmter Zusatzstoffe arbeitet. Nach Feststellung der Firma A.G. für Anilinfabrikation[6] vermögen

---

[1] A.P. 2957858, Rubber Corp. of America, Erf. R. T. O'DONNELL.
[2] F.P. 1283616, Montecatini Soc. Gen. per l'Industria Mineraria & Chimica, Erf. C. CORSO.
[3] BAUMANN, E.: Liebigs Ann. 163, 308 (1878).
[4] PLOTNIKOW, J.: Z. wiss. Photogr. Photophys. u. Photochem. 21, 117 (1922).
[5] F.P. 442981. [6] D.R.P. 362666, A.G. für Anilin-Fabrikation.

z. B. Uranylsalze, Kobaltsalze oder Vanadiumsalze die Geschwindigkeit der Polymerisation erheblich zu erhöhen. Von den angeführten Salzen zeichnen sich besonders die Uranylsalze durch ihre hohe Wirksamkeit aus.

Das bei der Lichtpolymerisation anfallende Polyvinylchlorid kann nach L. S. van Dyck[1] durch Lösungsmittel in bestimmte Fraktionen zerlegt werden.

Ein weiteres Verfahren des gleichen Autors[2] sieht die Polymerisation des Vinylchlorids in zwei Stufen vor.

Bei einigen neueren Verfahren wird durch Wahl besonderer Bedingungen auf die Erzielung verbesserter Polymerisationsprodukte und Erreichung einer höherer Lichtausbeute hingewirkt. Ersteres ist bei einem Verfahren von W. Müller[3] der Fall, bei dem die Polymerisation bei Temperaturen im Bereiche von 20···30 °C und mit Hilfe von ultraviolettem Licht der Wellenlängen von 2500···3700 Å durchgeführt wird. Eine Erhöhung der Lichtausbeute wird bei einem Verfahren der Firma Dunlop Rubber Co. Ltd.[4] angestrebt, das für die Polymerisation von Vinylacetat näher beschrieben ist, aber auf Vinylchlorid gleichfalls anwendbar sein soll. Bei dem genannten Verfahren wird eine wäßrige Emulsion des Monomeren intermittierend einer Belichtung mit Licht der Wellenlänge von etwa 2000···7000 Å ausgesetzt, und zwar in der Weise, daß das Verhältnis von Belichtungsperiode zu Dunkelperiode kleiner als 0,5 ist. Hierbei können gegebenenfalls Photosensibilisatoren zugegen sein.

Die Verwendung von Sensibilisatoren bei der photochemisch katalysierten Polymerisation des Vinylchlorids ist ebenfalls Gegenstand einiger Verfahren. Als Sensibilisatoren können dabei Salze von Übergangsverbindungen, insbesondere Uranylverbindungen[5], Gemische von Kupfer-II-, Eisen-III- oder Eisen-II-salzen und Salzen der Benzoldiazolsulfonsäure[6], 2,7-Dichlordiphenylensulfon[7] und α-Alkylbenzoine[8] Verwendung finden.

Durch photochemische Polymerisation mit Hilfe von ultraviolettem Licht lassen sich Polyvinylchloride mit erhöhtem Erweichungspunkt erhalten. Diese Polymerisation wird nach A. C. Baskett, L. St. Rayner und P. A. Small[9] bei Temperaturen unterhalb von −20 °C durchgeführt.

---

[1] E.P. 255837, L. A. van Dyck.   [2] E.P. 260550, L. A. van Dyck.
[3] D.B.P. 871838, Farbenfabriken Bayer A.G., Erf. W. Müller.
[4] D.A.S. 1055814, Dunlop Rubber Co. Ltd., Erf. W. Cooper u. M. Fielden.
[5] Vgl. z. B. Jap.A.S. 2989/1959, Kureha Kasei Kabushiki Kaisha, Erf. H. Watanabe, T. Horita u. Y. Amagi.
[6] A.P. 2661331, E. I. du Pont de Nemours & Co., Erf. E. G. Howard jr.
[7] A.P. 2722512, E. I. du Pont de Nemours & Co., Erf. J. L. Crandall.
[8] A.P. 2433047, Monsanto Chemical Co., Erf. R. F. Hayes.
[9] D.A.S. 1119514, Imperial Chemical Industries Ltd., Erf. A. C. Baskett, L. St. Rayner u. P. A. Small.

Nach W. HÜBLER und H. SCHOLZ[1] wird hierzu bei Temperaturen zwischen -5 und $+20$ °C und zusätzlich in Gegenwart von Polymerisationskatalysatoren gearbeitet. Bei einer Variante dieses zuletzt genannten Verfahrens sind außerdem wasserlösliche Salze von Schwermetallen oder Übergangsmetallen zugegen. Die Reaktionstemperatur liegt hier zwischen $+20$ und -60 °C[2]. Auch können zur Gefrierpunktserniedrigung des Wassers mit diesem mischbare organische Verbindungen zugegen sein[3]. Die nach diesem Verfahren hergestellten Polyvinylchloride sind röntgenkristallin.

H. Radiochemische Polymerisation

Die Polymerisation des Vinylchlorids läßt sich auch durch energiereiche Strahlung, und zwar sowohl durch γ-Strahlen als auch durch die beim Atomzerfall entstehenden Korpuskularstrahlen auslösen. Hierbei werden nach A. CHAPIRO[4] beim Arbeiten in flüssiger Phase im wesentlichen die gleichen kinetischen Gesetzmäßigkeiten beobachtet, wie sie von der mit chemischen Katalysatoren ausgelösten Blockpolymerisation bekannt sind.

Man findet daher auch bei der strahleninduzierten Polymerisation die autokatalytische Zunahme des Umsatzes im Verlaufe des Polymerisationsvorganges und die weitgehende Unabhängigkeit des Molekulargewichtes der Polymerisate von der Polymerisationsgeschwindigkeit. Besonderheiten gehen wahrscheinlich auf die Stra hleneinwirkung auf das im Reaktionsverlauf gebildete Polymerisat zurück. Dies gilt besonders für den im Vergleich zur chemischen Blockpolymerisation sich über einen viel größeren Umsatzbereich erstreckenden autokatalytischen Verlauf der Reaktion und für die Erscheinung der Nachpolymerisation. Wahrscheinlich bilden sich bei Strahleneinwirkung auf das Polymerisat Makroradikale, die zur Auslösung neuer Polymerisationsketten führen. Die Verhältnisse sind in Abb. 7, die den zeitlichen Verlauf des Umsatzes bei verschiedenen Strahlungsintensitäten zeigt, näher veranschaulicht.

Die radiochemische Polymerisation des Vinylchlorids ist inzwischen auch Gegenstand mehrerer patentierter Verfahren. Bei einem dieser Ver-

---

[1] D.A.S. 1105170, F.P. 1249762, F.P. 1244719, Badische Anilin- & Soda-Fabrik A.G., Erf. H. SCHOLZ u. W. HÜBLER;
[2] D.A.S. 1110415, Badische Anilin- & Soda-Fabrik A.G., Erf. W. HÜBLER u. H. SCHOLZ.
[3] D.A.S. 1111826, Badische Anilin- & Soda-Fabrik A.G., Erf. H. SCHOLZ u. W. HÜBLER.
[4] J. Chim. Phys. **53**, 512 (1956); wegen der Reaktionskinetik der strahleninduzierten Polymerisation von gasförmigem Vinylchlorid vgl. MUND, W., J. A. HERMAN u. P. HUYSKENS: Bull. Ch. Sci., Acad. roy. Belgique (5), **37**, 696 (1951); MUND, W., M. VAN MEERSSCHE u. J. MOMIGNY: Bull. Soc. chim. belges **62**, 108 (1953).

fahren[1] dienen als polymerisationsauslösende Korpuskularstrahlen Elektronenstrahlen, die eine Geschwindigkeit von mehr als 500 Kilovolt aufweisen. Bei einem anderen Verfahren[2] kommen als Strahlungsquelle radioaktive Isotopen zur Anwendung. Dieses Verfahren kann sowohl mit flüssigem als auch mit gasförmigem Vinylchlorid durchgeführt werden. Das gebildete Polyvinylchlorid wird kontinuierlich aus der Strahlungszone abgezogen. Bei einem Verfahren der Firma Soc. An. des Manufactures des Glaces & Produits Chimiques de Saint-Gobain, Chauny & Cirey[3], das mit α-Strahlen arbeitet, wird flüssiges Vinylchlorid kontinuierlich an der Strahlungsquelle vorbeigeführt und anschließend durch Filtration vom gebildeten Polymerisat getrennt. Eine für dieses Verfahren geeignete Apparatur ist von der gleichen Firma beschrieben worden[4].

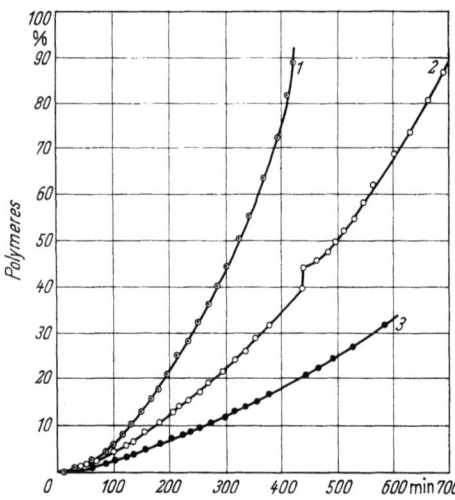

Abb. 7. Polymerisationsumsatz in Abhängigkeit von der Bestrahlungsdauer bei verschiedenen Strahlenintensitäten. (Nach A. CHAPIRO, J. Chim. Phys. **53**, 512 [1956]) Kurve 1: 480 r/mn; Kurve 2: 175 r/mn; Kurve 3: 77 r/mn Der Knick in Kurve 2 ist durch eine Nachpolymerisation während 16 Stunden bei abgeschalteter Strahlenquelle (Temperatur 19,5 °C) bedingt

Durch radiochemische Polymerisation von Vinylchlorid gelingt es auch, zu Polyvinylchlorid mit erhöhtem Erweichungspunkt zu gelangen. Man arbeitet hierzu nach A. C. BASKETT, L. ST. RAYNER und P. A. SMALL[5] bei unterhalb von −20 °C liegenden Temperaturen. Als radiochemische Strahlung dienen hierbei γ-Strahlen aus einer Kobalt-60-Quelle.

I. Polymerisation mit metallorganischen Katalysatoren

Die Eignung metallorganischer Verbindungen, die Polymerisation des Vinylchlorids zu katalysieren, ist seit langem aus der amerikanischen

---

[1] E.P. 665262, A. A. Brasch; wegen der Polymerisation von Vinylchlorid bei tiefen Temperaturen mit energiereichen Elektronenstrahlen vgl. A.P. 2921006, General Electric Co., Erf. J. V. SCHMITZ u. E. J. LAWTON.
[2] E.P. 784274, Dr. V. E. Yarsley (Research Laboratories) Ltd.
[3] F.P. 1121084, E.P. 830515, Soc. An. des Manufactures des Glaces et Produits Chimiques de Saint-Gobain, Chauny & Cirey.
[4] E.P. 852289, Compagnie de Saint-Gobain.
[5] D.A.S. 1119514, E.P. 855213, F.P. 1235655, Imperial Chemical Industries Ltd., Erf. A. C. BASKETT, L. ST. RAYNER u. P. A. SMALL.

Patentschrift 1775882 der Firma Carbide and Carbon Chemicals Corp. bekannt. In dieser ist die mit Hilfe von Bleitetraäthyl als Katalysator ausgeführte Polymerisation des Vinylchlorids beschrieben. Sie führt nach Angaben der Erfinder CH. O. YOUNG und ST. D. DOUGLAS zu Polyvinylchloriden, die eine höhere Hitze- und Wetterfestigkeit als die mit anderen Katalysatoren erhaltenen Produkte aufweisen. CH. O. YOUNG und ST. D. DOUGLAS vermuteten deshalb, daß die mit Bleitetraäthyl hergestellten Polyvinylchloride eine andere molekulare Struktur als die nach den bis dahin bekannten Verfahren erhältlichen Produkte aufweisen. Diese Angaben sind in der Folgezeit weitgehend in Vergessenheit geraten. Erst die Auffindung der als ZIEGLER-Katalysatoren bezeichneten Katalysatorsysteme, durch welche die Möglichkeit eröffnet wurde, Olefine in stereospezifischer Weise zu polymerisieren, hat zu einer erneuten Beschäftigung mit metallorganischen Verbindungen geführt. Es setzte dann eine stürmische Entwicklung ein, die innerhalb weniger Jahre zur Auffindung einer stattlichen Anzahl von metallorganischen Katalysatoren für die Vinylchloridpolymerisation führte. Viele dieser Katalysatoren zeichnen sich dadurch aus, daß sie die Herstellung von Polyvinylchloriden gestatten, die merklich höhere Kristallinitätsgrade als die auf konventionelle Weise hergestellten Polyvinylchloride aufweisen. Die mit metallorganischen Katalysatoren hergestellten kristallinen Polyvinylchloride erwecken besonders deshalb Interesse, da sie im Vergleiche mit den sterisch nicht geordneten Polyvinylchloriden über höhere Erweichungspunkte und eine größere Stabilität verfügen. Auch sind sie in den mechanischen Eigenschaften den mit üblichen Radikalkatalysatoren hergestellten Polyvinylchloriden in mancher Hinsicht überlegen.

Bei den in der Literatur beschriebenen metallorganischen Katalysatoren für die Vinylchloridpolymerisation lassen sich zwei Gruppen unterscheiden. Die Katalysatoren der ersten Gruppe sind nach Art der ZIEGLER-Katalysatoren aus Metallalkylen und Halogeniden der Übergangsmetalle aufgebaut, wobei zusätzlich aktivierende Komponenten, wie Komplexbildner oder polare organische Verbindungen, zugegen sein können. Die Katalysatoren der zweiten Gruppe umfassen Metallalkyle, denen wiederum aktivierende Zusätze zugegeben sein können. Von den Metallalkylen sind die Boralkyle am eingehendsten untersucht worden. Sie gestatten die Polymerisation des Vinylchlorids auch bei sehr tiefen Temperaturen. Ihre Wirkung ist auf Radikalbildung zurückzuführen, für die anscheinend die Gegenwart von Sauerstoffspuren erforderlich ist[1].

---

[1] Vgl. FURUKAWA, J., u. T. TSURUTA: J. Polymer Sci. **28**, 227 (1958); der Einfluß anderer Zusätze auf die Aktivität von Organoborverbindungen and anderen organometallischen Verbindungen wurde von J. FURUKAWA, T. TSURUTA u. S. SHIOTANI: J. Polymer Sci. **40**, 237 (1959) untersucht.

Tabelle 5. *Metallorganische Katalysatoren für die Polymerisation des Vinylchlorids*

Metallorganischer Katalysator	Reaktionsbedingungen	Kristallinitätsgrad des Reaktionsproduktes	Patent	Patentinhaber	Erfinder
Silberalkyle	Blockpolymerisation bei tiefen Temperaturen	keine Angaben	A.P. 3035032	Bakelite Ltd.	R. G. Collinson T. T. Jones
Alkyle von Metallen der Gruppen I…III des periodischen Systems, gegebenenfalls unter Zusatz anorganischer Salze von Silber, Kupfer oder Titan	Polymerisation in Block oder Lösung bei −50 °C bis Raumtemperatur	erhöhter Kristallinitätsgrad	E.P. 880981 F.P. 1230042	Solvic S. A.	
Mischkatalysator aus einer metallorganischen Verbindung eines Alkali- oder Erdalkalimetalles, des Zinks oder Aluminiums und einer Verbindung eines Metalles der Gruppen IVa, Va, VIa, VIIa oder VIII des periodischen Systems	die Polymerisation erfolgt in Gegenwart eines Äthers, tertiären Amins, Esters, Ketons oder einer nitroaromatischen Verbindung	erhöhter Kristallinitätsgrad	D.A.S. 1064239 E.P. 834937 F.P. 1184559	Hercules Powder Co.	E. J. Vandenberg
Mischkatalysator aus einer metallorganischen Verbindung eines Metalles der I.…III. Hauptgruppe des periodischen Systems und einer Verbindung eines Metalles der Gruppe Ib	die Polymerisation erfolgt in einem inerten organischen Verdünnungsmittel, wobei man vorzugsweise in Gegenwart eines Komplexbildners arbeitet	erhöht	D.A.S. 1090861	Hercules Powder Co.	D. L. Christman

Mischkatalysator aus p-Methoxyphenyl-lithium und einem Halogenid eines Metalles der Gruppen IV...VI des periodischen Systems	Polymerisation in Gegenwart von inerten Lösungsmitteln	keine Angaben	E.P. 829440 D.A.S. 1113306	Imperial Chemical Industries Ltd.	L. St. Rayner P. A. Small
Mischkatalysatoren aus metallorganischen Verbindungen und Salzen von Elementen der Gruppen IV...VI (Nebengruppen) des periodischen Systems	Polymerisation in Block oder Lösung	keine Angaben	F.P. 1170602 E.P. 856913	Farbwerke Hoechst A.G. vormals Meister Lucius & Brüning	
Metallorganische Verbindungen der IV. Hauptgruppe des periodischen Systems in Kombination mit metallorganischen Verbindungen der Elemente der I., II. und III. Hauptgruppe des periodischen Systems	Polymerisation bei tiefen Temperaturen	erhöht	D.A.S. 1144483 F.P. 1259267	DynamitNobel A.G.	R. Büning
Mischkatalysator aus Alkali- oder Erdalkaliacetyliden und Halogeniden von Metallen der Gruppe IV des periodischen Systems	keine näheren Angaben	keine Angaben	F.P. 1201537	Solvic S.A.	

Tabelle 5. *Metallorganische Katalysatoren für die Polymerisation des Vinylchlorids* (1. Fortsetzung)

Metallorganischer Katalysator	Reaktionsbedingungen	Kristallinitätsgrad des Reaktionsproduktes	Patent	Patentinhaber	Erfinder
Komplexverbindungen der allgemeinen Formel $M_x^I M_y^{III} R_{x\,y\,+\,n\,z}$ M^I = Metall der Gruppe Ia, IIa oder IIb M^{III} = Metall der Gruppe IIIa oder IIIb R = Alkyl und/oder Wasserstoff x und y = ganze Zahlen	Polymerisation erfolgt in Block oder Lösung	erhöht	D.A.S. 1114322 F.P. 1230043 E.P. 878387	Solvic S. A.	R. de Coene
Magnesiumdialkyle	Polymerisation in einem Äther als Lösungsmittel	zwischen 10 und 30%	E.P. 847676 F.P. 1214309	Imperial Chemical Industries Ltd.	
Mischkatalysator aus Zink- oder Cadmiumalkylen und Übergangsmetallen der Gruppen IV···VI des periodischen Systems	Polymerisation in Gegenwart von organischen Lösungsmitteln	keine Angaben	E.P. 833042	Imperial Chemical Industries Ltd.	L. St. Rayner P. A. Small
Verbindungen der allgemeinen Formel $R_2\!-\!\underset{\underset{R_3}{\vert}}{\overset{\overset{R_1}{\vert}}{C}}\!-\!MX$	Polymerisation in einem inerten organischen Lösungsmittel	keine Angaben	D.A.S. 1073746 Oe.P. 204779 F.P. 1193215	Solvic S. A.	R. de Coene

I. Polymerisation mit metallorganischen Katalysatoren

Katalysator	Polymerisationsbedingungen	Ausbeute	Patent	Firma
R_1, R_2, R_3 = gleiche oder verschiedene Alkyle; M = Metall der Gruppe II des periodischen Systems; X = Halogen				
Mischkatalysator aus einer Alkyl-, Aryl- oder Alkarylverbindung eines Metalles der Gruppen IIb, IIIa oder Vb und einem α-Halogenalkyläther	Polymerisation in Block oder Lösungsmitteln, die das Polymere nicht lösen	keine Angaben	E.P. 925126	Dynamit Nobel A.G.
Mischkatalysator aus einer Alkylverbindung eines Metalles der Gruppen IIa oder IIIa und einem Radikalkatalysator	Blockpolymerisation bei sehr tiefen Temperaturen	erhöht	F.P. 1280421 E.P. 896285	Solvay & Cie.
Umsetzungsprodukte von Halogeniden der Gruppe V des periodischen Systems mit Verbindungen der allgemeinen Formel $$R_2 - \underset{R_3}{\overset{R_1}{C}} - MX$$ R_1 u. R_3 = H oder gleiche oder verschiedene Alkyle R_2 = ein mit R_1 und R_3 gleiches oder hiervon verschiedenes Alkyl M = Element der Gruppe II des periodischen Systems X = Halogen	Polymerisation erfolgt in Gegenwart von wasserfreiem Äther	keine Angaben	F.P. 1193216 E.P. 823511	Solvic S.A.

Tabelle 5. *Metallorganische Katalysatoren für die Polymerisation des Vinylchlorids* (2. Fortsetzung)

Metallorganischer Katalysator	Reaktionsbedingungen	Kristallinitätsgrad des Reaktionsproduktes	Patent	Patentinhaber	Erfinder
Zinkdialkyle in Gegenwart eines Oxydationsmittels	Polymerisation in Gegenwart von Alkohol		Jap.A.S. 16040/1960	Nippon Carbide Kogyo Kabushiki Kaisha	H. Okado K. Kamido
Mischkatalysatoren aus Organozink-, Organoaluminium- oder Organoborverbindungen und Silber- oder Kupfersalzen	Polymerisation in Block		Jap.A.S. 288/1961 Jap.A.S. 289/1961	Zaidan Hojin Nippon Kagaku Seni Kenkyujo	J. Furukawa T. Tsuruta A. Kawasaki S. Shioya
Bortrialkyle	Polymerisation in Block oder Lösung bei tiefen Temperaturen	hoher Kristallinitätsgrad	E.P. 864137	Solvic S. A.	
Bortrialkyle in Gegenwart einer geringen Menge an Sauerstoff und einer geringen Menge an Wasser	Polymerisation in Block oder Lösung	erhöht	F.P. 1230845	Solvic S. A.	
Bortrialkyle in Gegenwart von geringen Sauerstoffmengen	Blockpolymerisation bei tiefen Temperaturen unter Einhaltung solcher Bedingungen, daß Polymerisate mit einem K-Wert zwischen 90 und 120 erhalten werden	zwischen 10 und 20%	Belg.P. 569632 E.P. 880629 E.P. 851850 F.P. 1213983	Solvic S. A.	

I. Polymerisation mit metallorganischen Katalysatoren

Katalysator	Verfahren	Eigenschaft	Patente	Firma	Erfinder
Bortrialkyle	Polymerisation in wäßrig-alkalischem Medium, das ein solches Mengenverhältnis von Wasser und Alkohol aufweist, daß das Monomere löslich ist, das Polymere jedoch ausfällt	keine Angabe	F.P. 1232428 D.A.S. 1111396 E.P. 887398	Société des Usines chimiques Rhône-Poulenc	A. Fournet G.P. Christen R.J.M. Chambard
Bortrialkyle, gegebenenfalls zusammen mit Aktivatoren	kontinuierliche Blockpolymerisation unterhalb −14 °C	erhöhter Kristallinitätsgrad	F.P. 1263623	Solvay & Cie.	
Bortrialkyle zusammen mit polaren organischen Verbindungen, die eine hohe Dielektrizitätskonstante besitzen	Polymerisation bei tiefen Temperaturen	erhöhter Kristallinitätsgrad	D.A.S. 1141084 F.P. 1259292 E.P. 881615 Oe.P. 218248	Solvay & Cie.	R. de Coene
Bortrialkyle zusammen mit einem Peroxyd oder einer Azoverbindung als Aktivator	Polymerisation in Block, Lösung, Emulsion oder Dispersion, auch bei tiefen Temperaturen	hoher Kristallinitätsgrad	A.P. 3041324 F.P. 1230844 E.P. 852010 E.P. 894767	Solvic S. A.	R. de Coene A. Mathieu
Bortrialkyle zusammen mit Wasserstoffperoxyd oder Persäuren	Polymerisation in wäßriger Dispersion	keine Angaben	A.P. 3025284 E.P. 865651 F.P. 1221929	B. F. Goodrich Co.	P. J. George M. R. Frederick
Bortrialkyle in Kombination mit geringen Mengen eines Salzes eines Übergangsmetalles	Polymerisation in Block, Lösung oder Suspension bei tiefen Temperaturen	erhöhter Kristallinitätsgrad	D.A.S. 1131889 E.P. 852240 F.P. 1230843	Solvic S. A.	R. de Coene A. Mathieu

70 I. Die Herstellung des Polyvinylchlorids

Tabelle 5. *Metallorganische Katalysatoren für die Polymerisation des Vinylchlorids* (3. Fortsetzung)

Metallorganischer Katalysator	Reaktionsbedingungen	Kristallinitätsgrad des Reaktionsproduktes	Patent	Patentinhaber	Erfinder
Bor- oder Aluminiumtrialkyle zusammen mit Silber- oder Kupfersalzen	Blockpolymerisation	keine Angaben	Jap.A.S. 288/1961 Jap.A.S. 289/1961	Zaidan Hojin Nippon Kaguku Seni Kenkyujo	J. Furukawa T. Tsuruta A. Kawasaki S. Shioya
Bortrialkyle in Anwesenheit von Chlor oder Brom	Polymerisation in Block oder Lösung, vorwiegend bei tiefen Temperaturen	keine Angaben	E.P. 905011 F.P. 1290723	Dynamit Nobel A.G.	
Dialkylborhalogenide, gegebenenfalls in Anwesenheit geringer Sauerstoffmengen	Polymerisation in Block oder Lösung bei −30...−60 °C	20...25%	E.P. 876464	Solvay & Cie.	
Dialkylborhalogenide	Polymerisation in Block oder Lösung		Jap.A.S. 4786/1960	Nippon Denshin Denwa Kosha	N. Ashigari
Dimethylboran	Polymerisation in Block oder Lösung	hoher Kristallinitätsgrad	A.P. 3025285 E.P. 842846 F.P. 1230631	Solvic S. A.	R. de Coene
Bortrialkyle	Polymerisation in Block, Lösung oder wäßriger Emulsion oder Suspension, Polymerisation auch bei tiefen Temperaturen möglich	keine Angaben	Belg.P. 560624	Solvic S. A.	

Katalysator	Polymerisationsbedingungen	Produkteigenschaften	Patent	Firma	Erfinder
Organoborverbindungen der allgemeinen Formel $\begin{matrix}R\\R\end{matrix}\!\!>\!\!B\!-\!X$ R = Kohlenwasserstoffrest; X = Kohlenwasserstoffrest, Halogen, OR oder $-O-B\!\!<\!\!\begin{matrix}R\\R\end{matrix}$	Polymerisation in inerter Atmosphäre bei Temperaturen zwischen Raumtemperatur und −120 °C in Block, Lösung oder Suspension	erhöhter Kristallinitätsgrad	D.A.S. 1106501 E.P. 881757	Union Carbide Corp.	F. J. Welch
Borsäureanhydride der allgemeinen Formel $\begin{matrix}R\\R\end{matrix}\!\!>\!\!B\!-\!O\!-\!B\!\!<\!\!\begin{matrix}R\\R\end{matrix}$ R = beliebiges Kohlenwasserstoffradikal	Polymerisation in Block oder Lösung bei tiefen Temperaturen, gegebenenfalls in Anwesenheit geringer Sauerstoffmengen	höhere Kristallinität	Oe.P. 220364 E.P. 878979	Solvay & Cie.	
Monoalkylborsäuren oder -anhydride, gegebenenfalls in Anwesenheit von Sauerstoffspuren oder anderen Polymerisationsbeschleunigern	Polymerisation in Block, Lösung, Emulsion oder Suspension	keine Angaben	E.P. 881576 F.P. 1268054	Solvay & Cie.	
Ammoniakkomplexe von Bortrialkylen	Polymerisation in Block	keine Angaben	F.P. 1268602	Compagnie de Saint-Gobain	

Tabelle 5. *Metallorganische Katalysatoren für die Polymerisation des Vinylchlorids* (4. Fortsetzung)

Metallorganischer Katalysator	Reaktionsbedingungen	Kristallinitätsgrad des Reaktionsproduktes	Patent	Patentinhaber	Erfinder
Mischkatalysatoren aus einem Peroxyd und den Hydrazinkomplexen von Bortrialkylen	Polymerisation in Block oder Methanol bei tiefen Temperaturen	keine Angaben	F.P. 1287583	Compagnie de Saint-Gobain	
Gemische von Aluminiumtrialkylen und Borsäureestern, gegebenenfalls zusammen mit einem Oxydationsmittel	Polymerisation in Block oder Lösung	keine Angaben	E.P. 919198 F.P. 1291401	Dynamit Nobel A.G.	
Gemische von aluminiumorganischen Verbindungen der allgemeinen Formel R_2AlX R = Kohlenwasserstoffrest; X = R, H oder Halogen und öllöslichen Katalysatoren	Polymerisation in Block	keine Angaben	Jap.A.S. 443/1961	Mitsui Kagaku Kogyo Kabushiki Kaisha	T. Nishimura M. Nakaoji H. Ishihashi R. Ono H. Tamura
Aluminiumtrialkyle	Polymerisation in Block	keine Angaben	F.P. 1259774	Dynamit Nobel A.G.	
Mischkatalysator aus Bleitetraäthyl und Titantetrachlorid	Polymerisation in Gegenwart eines inerten organischen Lösungsmittels	keine Angaben	Belg.P. 545968	Solvay & Cie.	
Mischung aus einem Antimontrialkyl und einem Silbersalz	Polymerisation in Block, Lösung oder in wäßriger Emulsion oder Suspension	erhöhter Kristallinitätsgrad	E.P. 843170 D.A.S. 1126138 F.P. 1230632	Solvic S. A.	R. de Coene

Die in der Patentliteratur beschriebenen, unter Verwendung metallorganischer Katalysatoren arbeitenden Polymerisationsverfahren für Vinylchlorid sind nachstehend in Form der Tabelle 5 zusammengefaßt. In dieser sind jeweils neben der chemischen Bezeichnung der Katalysatoren die Polymerisationsart und die wichtigsten Polymerisationsbedingungen angeführt. Außerdem finden sich, soweit den Patentschriften Angaben hierüber zu entnehmen waren, Hinweise auf den Kristallinitätsgrad der nach den Verfahren erhältlichen Reaktionsprodukte.

J. Stereospezifische Polymerisation

Die Neigung zur Ausbildung von sterisch geordneten Polymerenketten nimmt bei der mit Radikalen ausgelösten Polymerisation mit abnehmender Temperatur zu[1]. Von dieser Erkenntnis wird bei mehreren technischen Polymerisationsverfahren Gebrauch gemacht, bei denen die Polymerisation des Vinylchlorids bei tiefen Temperaturen erfolgt. Katalysiert wird mit metallorganischen Verbindungen[2], Redoxsystemen[3], Radikalkatalysatoren bei gleichzeitiger Belichtung[4] und ionisierenden Strahlen[5]. Die Anwesenheit von organischen Flüssigkeiten mit niedriger Dielektrizitätskonstante begünstigt hierbei die sterisch regelmäßige Verknüpfung der Monomeren[6].

Auch in Suspension ist eine zu stereospezifischen Produkten führende Tieftemperaturpolymerisation möglich, wenn man mit Redoxsystemen arbeitet, die in der Monomerenphase löslich sind[7].

Neben der Tieftemperaturpolymerisation besteht auch die Möglichkeit, durch Verwendung stereospezifischer Katalysatoren kristalline Polyvinylchloride bei Raumtemperatur zu erhalten. Derartige Katalysatoren sind Magnesiumdialkyle[8] und einige nach dem ZIEGLER-Typus aufgebaute Mischkatalysatoren[9].

---
[1] Vgl. hierzu FORDHAM, J. W. L., P. H. BURLEIGH u. C. L. STURM: J. Polymer Sci. **41**, 73 (1959); ASAHINA, M., u. K. OKUDA: Chem. High Polymers Japan **17**, 612 (1960).
[2] Vgl. hierzu Tab. 5 auf S. 64ff.
[3] F.P. 1215655, Jap.A.S. 7588/1960, Kureha Kasei Kabushiki Kaisha, Erf. H. WATANABE u. Y. AMAGI; Jap.A.S. 1992/1961, Kureha Kasei Kabushiki Kaisha, Erf. K. NAMBU u. A. KONISHI; Jap.A.S. 7493/1960, Kureha Kasei Kabushiki, Erf. H. WATANABE u. Y. AMAGI; E.P. 895153, Kureha Kasei Co Ltd., F.P. 1261690, Distillers Co. Ltd., Erf. K. H. CH.BESSANT u. R. J. ST. MATTHEWS.
[4] D.A.S. 1105170, D.A.S. 1110415, Badische Anilin- & Soda-Fabrik A.G., Erf. W. HÜBLER u. H. SCHOLZ.
[5] D.A.S. 1119514, Imperial Chemical Industries Ltd., Erf. A. C. BASKETT, L. ST. RAYNER u. P. A. SMALL.
[6] F.P. 1226829, Diamond Alkali Co., Erf. J. W. L. FORDHAM.
[7] KONISHI, A., u. K. NAMBU: J. Polymer Sci. **54**, 209 (1961)
[8] E.P. 847676, Imperial Chemical Industries Ltd.
[9] D.A.S. 1064239, Hercules Powder Co., Erf. E. J. VANDENBERG; D.A.S. 1090861, Hercules Powder Co., Erf. D. L. CHRISTMAN.

Vorwiegend theoretisches Interesse dürften zwei weitere stereospezifische Polymerisationsreaktionen beanspruchen. Es sind dies die strahleninduzierte Tieftemperaturpolymerisation des Vinylchlorids in Form seiner Einschlußverbindung in Harnstoff[1] und die von P. H. BURLEIGH[2] beschriebene mit Azo-bis-isobuttersäurenitril ausgelöste Polymerisation des Vinylchlorids in aliphatischen Aldehyden als Reaktionsmedium. Die zuletzt erwähnte Polymerisation führt zu kristallinen Polyvinylchloriden, die allerdings wegen der stark kettenabbrechenden Wirkung des Reaktionsmediums nur ein niedriges Molekulargewicht von ungefähr 5000 aufweisen. Die von BURLEIGH erhaltenen kristallinen Polyvinylchloride geben in Tetrahydrofuran trübe Lösungen, die sich auch beim Erwärmen nicht aufhellen. Auch Cyclohexanon führt bei Raumtemperatur nur zu einer trüben Lösung, doch wird diese beim Erhitzen auf 120 °C klar. Wie M. IMOTO, K. TAKEMOTO und Y. NAKAI[3] zeigen konnten, enthalten die mit Radikalkatalysatoren in Gegenwart von Aldehyden hergestellten Polyvinylchloride Aldehydeinheiten. Nach infrarotspektroskopischen Befunden sind durchschnittlich ein bis zwei derartige Einheiten je Polymerenkette eingebaut. Über die Ursache der hohen Stereospezifität der in Gegenwart von Aldehyden ausgeführten Polymerisation besteht vorerst noch keine Klarheit. M. IMOTO nahm zur Erklärung als Arbeitshypothese an, daß sich zwischen der π-Bindung des Lösungsmittels und dem radikalischen Ende der wachsenden Kette ein π-Komplex bildet. Bei der systematischen Untersuchung zahlreicher Lösungsmittel, bei denen auf Grund ihrer Konstitution ebenfalls die Bildung von π-Komplexen möglich erscheint, konnten M. SUMI und M. IMOTO[4] allerdings nur bei einigen Dialkylphosphiten eine stereoregulierende Wirkung feststellen.

K. Niedermolekulares Polyvinylchlorid

Obwohl man im allgemeinen bestrebt ist, bei der Polymerisation von Vinylchlorid möglichst hochmolekulare Produkte zu erhalten, so besteht doch für bestimmte Sondergebiete das Bedürfnis, Polyvinylchloride von niederem Polymerisationsgrad herzustellen.

Derartige Produkte lassen sich durch Polymerisation in Lösung oder durch Anwendung erhöhter Katalysatormengen erhalten. Eine weitere Möglichkeit bietet ein Verfahren der Firma Imperial Chemical Industries Ltd.[5], bei dem die Polymerisation des Vinylchlorids mit organischen Katalysatoren in Gegenwart von wasserfreiem Chlorwasserstoff oder

---

[1] FORDHAM, J. W. L., P. H. BURLEIGH u. C. L. STURM: Abstracts 135th A. C. S. Meeting, Boston April 1959.
[2] J. Amer. Chem. Soc. **82**, 749 (1960), F.P. 1273669, Diamond Alkali Co., Erf. P. H. BURLEIGH.
[3] Makromol. Chem. **48**, 80 (1961).
[4] Makromol. Chem. **50**, 164 (1961).
[5] E.P. 669346, Imperial Chemical Industries Ltd. und A. W. Barnes.

Bromwasserstoff durchgeführt wird, wobei ebenfalls niedermolekulare Polymerisationsprodukte entstehen.

Zu niedermolekularen Polyvinylchloriden gelangt man auch, wenn man die mit den üblichen Katalysatoren beschleunigte Polymerisation des Vinylchlorids in Gegenwart von Reglern durchführt. Ein derartiges Verfahren wurde von G. WICK und H. OSTERMAYER[1] entwickelt, die zur Regelung der Emulsionspolymerisation niedrigmolekulare, nicht polymerisierbare aliphatische Chlorkohlenwasserstoffe zusammen mit Benzin verwenden. Von Reglern wird auch bei mehreren Verfahren der Firma United States Rubber Co. Gebrauch gemacht, die sich in Block, Lösung, Suspension oder Emulsion durchführen lassen. Als Regler kommen Trithioformaldehyd[2] oder Halogenverbindungen, wie N-Chlorphthalimid[3], Benzolsulfonylchlorid oder dessen Derivate[4], und 1,1,1-Tribrom-2-methylpropanol-2[5] zur Anwendung. Für die Regulierung der Emulsionspolymerisation sind außerdem von der gleichen Firma Brommalonsäurediäthylester[6] und Bromoform sowie verschiedene andere Verbindungen mit beweglichem Halogen empfohlen worden[7]. Eine weitere Halogenverbindung, die zur Regelung der Polymerisation des Vinylchlorids verwendet werden kann, liegt in Jodoform vor[8].

Um der Bildung von Polymerisaten mit unerwünschten hohen Molekulargewichten entgegenzuwirken, ist außerdem vorgeschlagen worden, ungesättigte Verbindungen im Verlauf des Polymerisationsprozesses zuzusetzen. Es wurden genannt: konjugiert dreifach ungesättigte Terpene[9], in α-Stellung alkylierte α,β-ungesättigte Ketone[10], Vinylpyridine[11], konjugierte Diolefine[12], Cyclomonoolefine[13], Styrol und substituierte Styrole[14], vielfach ungesättigte Monocarbonsäuren[15], ungesättigte Aldehyde[16], Acrylnitril oder Methacrylnitril[17] und Butadienmonoxyd[18].

[1] D.R.P. 744401, I. G. Farbenindustrie A.G., Erf. G. WICK u. H. OSTERMAYER.
[2] A.P. 2716644, United States Rubber Co., Erf. V. G. SIMPSON.
[3] A.P. 2716110, United States Rubber Co., Erf. D. C. SEYMOUR.
[4] A.P. 2716111, United States Rubber Co., Erf. D. C. SEYMOUR.
[5] A.P. 2716112, United States Rubber Co., Erf. D. C. SEYMOUR.
[6] A.P. 2764579, United States Rubber Co., Erf. D. C. SEYMOUR.
[7] E.P. 740947, A.P. 2729627, United States Rubber Co., Erf. C. I. CARR jr.
[8] A.P. 2647107, Imperial Chemical Industries Ltd., Erf. A. W. BARNES.
[9] A.P. 2616880, United States Rubber Co., Erf. D. C. SEYMOUR.
[10] A.P. 2616881, United States Rubber Co., Erf. D. C. SEYMOUR.
[11] A.P. 2616882, United States Rubber Co., Erf. D. C. SEYMOUR.
[12] A.P. 2616883, United States Rubber Co., Erf. L. F. MAROUS.
[13] A.P. 2616884, United States Rubber Co., Erf. L. F. MAROUS.
[14] A.P. 2616885, United States Rubber Co., Erf. L. F. MAROUS.
[15] A.P. 2616886, United States Rubber Co., Erf. M. H. DANZIG.
[16] A.P. 2616887, United States Rubber Co., Erf. M. H. DANZIG.
[17] A.P. 2616888, United States Rubber Co., Erf. R. E. COMERFORD, A. W. FUHRMAN u. L. F. MAROUS.
[18] A.P. 2822355, Firestone Tire & Rubber Co., Erf. B. H. WERNER.

Ein weiterer Weg, das Molekulargewicht zu regulieren, besteht darin, die Polymerisation des Vinylchlorids in Gegenwart von flüssigem Polyvinylchlorid vorzunehmen[1]. Schließlich sei noch auf ein Verfahren hingewiesen, bei dem die Polymerisation durch Zusetzen von Aldehyden zum Zwecke der Abtrennung des Polymeren unterbrochen wird[2].

II. Herstellung von Mischpolymerisaten des Vinylchlorids

Für die technische Herstellung von Vinylchloridmischpolymerisaten finden die gleichen Verfahren Anwendung, die bereits bei der Einstoffpolymerisation des Vinylchlorids besprochen wurden, nämlich die Verfahren der Polymerisation in Block, Lösung, Emulsion und Suspension. Besonderheiten ergeben sich aber daraus, daß die Reaktivität der gemeinsam mit Vinylchlorid zu polymerisierenden Komponente im allgemeinen von derjenigen des Vinylchlorids verschieden ist. Vinylchlorid enthaltende Monomerengemische verarmen daher im Verlaufe der Mischpolymerisation zunächst rascher an dem reaktionsfähigeren Monomeren, so daß zu Beginn der Reaktion ein Mischpolymerisat gebildet wird, das reicher an dem reaktionsfähigeren Monomeren ist. Im Verlaufe des Polymerisationsablaufes verschiebt sich dieses Verhältnis kontinuierlich zu Ungunsten des reaktionsfähigeren Monomeren, so daß die gegen Ende des Polymerisationsprozesses entstehenden Mischpolymerisate vorwiegend aus dem reaktionsträgeren Monomeren gebildet werden. Die Folge hiervon ist eine Inhomogenität in der Zusammensetzung der erhaltenen Mischpolymerisate, die sich auf die physikalischen Eigenschaften nachteilig auswirkt. Es ist bereits sehr bald auf empirischem Wege erkannt worden, daß sich Mischpolymerisate von größerer Einheitlichkeit durch geregelte Zugabe der Monomeren erhalten lassen. Der erste Vorschlag hierzu dürfte von H. FIKENTSCHER und J. HENGSTENBERG[3] stammen, die bei der Mischpolymerisation von Vinylchlorid und Acrylsäureester den Acrylsäureester in kleinen Anteilen während des Polymerisationsablaufes zu dem Vinylchlorid gegeben haben.

Später sind auch von anderer Seite, so namentlich von der Firma N. V. de Bataafsche Petroleum Mij.[4], Bedingungen angegeben worden, unter denen sich einheitlichere Mischpolymerisate erhalten lassen. Diese Verfahren laufen ebenfalls darauf hinaus, daß man das Monomeren-

---

[1] E.P. 877100, Shin-Etsu Chemical Industry Co.
[2] E.P. 821186, Badische Anilin- & Soda-Fabrik A.G.
[3] D.R.P. 629220, F.P. 798056, I. G. Farbenindustrie A.G.
[4] E.P. 617891, E.P. 682253, E.P. 682254, N. V. de Bataafsche Petroleum Mij.

verhältnis im Polymerisationsansatz durch geregelte Zugabe der Monomeren im Verlaufe des Reaktionsprozesses möglichst konstant hält.

Wird nicht die Herstellung von möglichst homogenen Mischpolymerisaten, sondern im Gegenteil die Erzielung einer extremen Heterogenität gewünscht, kann nach einem von W. ALBERT, L. BOHN, H. OBERST, E. PASCHKE und H. PFISTER[1] angegebenen Verfahren gearbeitet werden. Bei diesem gelangen Monomere miteinander zur Umsetzung, deren Einstoffpolymerisate sich in ihren Einfriertemperaturen um 10···200 °C voneinander unterscheiden. Die Art der Ausführung der Mischpolymerisation hängt dabei davon ab, ob das Monomere, dessen Einstoffpolymerisat die niedrige Einfriertemperatur aufweist, schneller oder langsamer als das andere Monomere polymerisiert. Ist ersteres der Fall, so wird zunächst ein Gemisch vorgelegt, in welchem das schneller polymerisierende Monomere angereichert ist. Nach einem Umsatz von mindestens 5%, bezogen auf das Gesamtmonomere, werden dann die restlichen Monomeren zugegeben. Etwas andere Bedingungen müssen dagegen eingehalten werden, wenn das Monomere, dessen Einstoffpolymerisat die niedrigere Einfriertemperatur aufweist, das langsamer polymerisierende Monomere ist. In diesem Falle wird ein Monomerengemisch vorgelegt, in dem die langsamer polymerisierende Komponente angereichert ist. Nach einem bestimmten Umsatz werden dann die restlichen Monomeren derart zugeschleust, daß das schneller polymerisierende Monomere in steigenden Mengen dem Polymerisationsansatz zugeführt wird.

Bei einem weiteren Verfahren[2] zur Herstellung von Mischpolymerisaten mit heterogenem Aufbau wird von der Technik der Saatpolymerisation Gebrauch gemacht. Man verwendet wiederum Monomere, die sich stark in der Einfriertemperatur der daraus erhältlichen Einstoffpolymerisate unterscheiden, und bildet zunächst aus überwiegenden Mengen des die niedrige Einfriertemperatur ergebenden Monomeren einen Keimlatex, auf den das restliche Monomerengemisch unter geregelter Emulgatorzufuhr aufpolymerisiert wird.

Zu den klassischen Verfahren der Mischpolymerisation sind in den letzten Jahren neue Techniken getreten, von denen namentlich die Pfropfpolymerisation zu erwähnen ist. Bei dieser wird in einer ersten Reaktionsstufe aus dem einen Monomeren ein Polymerisat gebildet, in dessen Gegenwart dann das zweite Monomere zur Polymerisation gelangt.

In den nachfolgenden Abschnitten wird eine systematische Übersicht über die mit Vinylchlorid hergestellten Mischpolymerisate gegeben.

---

[1] D.A.S. 1132725, Farbwerke Hoechst A.G. vorm. Meister Lucius & Brüning, Erf. W. ALBERT, L. BOHN, H. OBERST, E. PASCHKE u. H. PFISTER.
[2] D.A.S. 1125176, Farbwerke Hoechst A.G. vorm. Meister Lucius & Brüning, Erf. H. PFISTER, W. ALBERT u. E. PASCHKE.

Dieser Übersicht schließt sich eine Besprechung der unter Verwendung von Vinylchlorid und Polyvinylchlorid erhaltenen Pfropfpolymerisate an.

A. Mit Kohlenwasserstoffen

1. Äthylen

Die Mischpolymerisation von Vinylchlorid und Äthylen gelingt unter hohen Drucken und bei Temperaturen zwischen 60 und 200 °C mit Dialkylperoxyden als Katalysator[1]. Hierbei kann nach M. M. BRUBAKER[2] in Gegenwart einer wäßrigen Phase, jedoch in Abwesenheit eines Dispergiermittels gearbeitet werden. Unter ähnlichen Bedingungen lassen sich nach R. E. BROOKS, M. D. PETERSON und A. G. WEBER[3] ebenfalls Mischpolymerisate aus Vinylchlorid und Äthylen erhalten, jedoch erfolgt hier die Mischpolymerisation in Gegenwart eines Puffersystems, das den pH-Wert des Reaktionsgemisches zwischen 7 und 11 hält. Dieses zuletzt genannte Verfahren ist später noch dahingehend abgewandelt worden, daß man zusätzlich in Anwesenheit einer oxydierbaren Sulfoxyverbindung arbeitet[4]. In organischen Lösungsmitteln und unter Verwendung von Azodiisobutyronitril oder Benzoylperoxyd erfolgt die Mischpolymerisation von Vinylchlorid und Äthylen nach einem Verfahren der Firma Dynamit Nobel A.G.[5].

In wäßriger Emulsion lassen sich Äthylen und Vinylchlorid ebenfalls mischpolymerisieren. Diese Mischpolymerisation wird nach H. HOPFF, S. GOEBEL und C. RAUTENSTRAUCH[6] unter Druck und in Gegenwart von Sauerstoff oder sauerstoffabgebenden Mitteln als Polymerisationsbeschleuniger durchgeführt. Als Emulgiermittel können Alkalimetallsulfonate verwendet werden. Die Polymerisationsdauer läßt sich dabei noch beschleunigen, wenn man dafür Sorge trägt, daß die Emulsion wenigstens zu Beginn des Polymerisationsvorganges alkalische Reaktion aufweist[7].

In Gegenwart von oberflächenaktiven Stoffen kann man auch nach einem Verfahren der Firma E. I. du Pont de Nemours & Co.[8] arbeiten.

---

[1] F.P. 836988, Imperial Chemical Industries Ltd.; E.P. 497643, Imperial Chemical Industries Ltd., Erf. E. W. FAWCETT, J. G. PATON u. E. G. WILLIAMS; Can.P. 464490, E. I. du Pont de Nemours & Comp., Erf. M. D. PETERSON.
[2] A.P. 2396677, E. I. du Pont de Nemours & Comp., Erf. M. M. BRUBAKER.
[3] A.P. 2388225, E. I. du Pont de Nemours & Co.
[4] E.P. 2422392, A.P. 2497291, E. I. du Pont de Nemours & Co., Erf. M. M. BRUBAKER, J. R. ROLAND u. M. D. PETERSON.
[5] F.P. 1260481, Dynamit Nobel A.G.
[6] D.R.P. 737960, F.P. 856762, I. G. Farbenindustrie A.G.; A.P. 2342400, General Aniline & Film Corp.
[7] F.P. 52763, Zusatz zu F.P. 856762, I. G. Farbenindustrie A.G.
[8] F.P. 923314, E. I. du Pont de Nemours & Co.

Bei diesem Verfahren kommen Drucke von mehr als 50 Atm., vorzugsweise mehr als 200 Atm., und Temperaturen oberhalb von 45 °C zur Anwendung. Den pH-Wert hält man mit Hilfe von Säuren bei 3,5 ··· 6, jedoch kann auch in alkalischem Milieu gearbeitet werden.

2. Höhere Olefine

Höhere Olefine, wie Propylen, können unter Druck und in Gegenwart von Sauerstoff in gleicher Weise wie Äthylen mit Vinylchlorid mischpolymerisiert werden[1].

Auch mit Isobutylen oder dessen niedrigpolymeren Formen, z. B. Triisobutylen, lassen sich in Gegenwart von Borfluorid als Katalysator und bei Temperaturen von 0 °C und in Gegenwart eines Lösungsmittels mit Vinylchlorid Mischpolymerisate erhalten[2]. Bei diesem Verfahren können anstelle von Isobutylen auch andere Olefine, beispielsweise Methyl-2-buten-2, verwendet werden. Die Mischpolymerisation von Vinylchlorid mit Isobutylen gelingt weiter in wäßriger Emulsion[2].

Nach dem Verfahren der Emulsionspolymerisate lassen sich auch ternäre Mischpolymerisate erhalten, wobei neben Vinylchlorid und Isobutylen als dritte polymerisierbare Komponente ein Alkylacrylat[3] oder Vinylidenchlorid[4] verwendet werden kann.

3. Dienkohlenwasserstoffe

Die Mischpolymerisation des Vinylchlorids mit Butadien läßt sich in Block oder Lösung[5] und in wäßriger Emulsion[6] durchführen. Bei der zuletzt genannten Methode kann auch in Gegenwart eines dritten polymerisierbaren Monomeren gearbeitet werden. Solche gemeinsam mit Vinylchlorid und Butadien mischpolymerisierbare Monomere sind beispielsweise Ester von α,β-ungesättigten Dicarbonsäuren[7]. Die Polymerisation des Vinylchlorids ist auch in Gegenwart von Kautschukmilch durchgeführt worden[8]. Hierbei entstehen Produkte, die als Pfropfpolymerisate anzusprechen sein dürften.

---

[1] F.P. 924461, E. I. du Pont de Nemours & Co.
[2] Schwz.P. 244057, F.P. 902528, N. V. de Bataafsche Petroleum Mij., vgl. auch A.P. 2462422, E. I. du Pont de Nemours & Co., Erf. L. PLAMBECK; A.P. 2404781, E. I. du Pont de Nemours & Co., Erf. H. W. ARNOLD, M. M. BRUBAKER u. G. L. DOROUGH.
[3] A.P. 2594375, B. F. Goodrich Co., Erf. R. J. WOLF.
[4] F.P. 902528, N. V. de Bataafsche Petroleum Mij.
[5] F.P. 676424, I. G. Farbenindustrie A.G.
[6] Vgl. hierzu D.R.P. 702749, I. G. Farbenindustrie A.G., Erf. W. PANNWITZ u. B. RITZENTHALER.
[7] E.P. 466898, E.P. 512703, F.P. 849987, I. G. Farbenindustrie A.G.
[8] D.R.P. 623351, I. G. Farbenindustrie A.G., Erf. H. HOPFF.

4. Styrol

Vinylchlorid läßt sich mit Styrol nach zahlreichen Verfahren mischpolymerisieren[1], doch gelangt man nur bei Einhaltung besonderer Reaktionsbedingungen zu Produkten, die frei von Einstoffpolymerisaten sind.

Die gemeinsame Polymerisation von Vinylchlorid und Styrol gelingt nach A. Voss und E. Dickhäuser[2], wenn man das Gemisch dieser Monomeren in reiner Form bei sehr langsam ansteigender Temperatur unter Druck, gegebenenfalls in Gegenwart von Katalysatoren oder chemisch wirksamen Strahlen erhitzt. Nach den Angaben dieser Autoren soll die Temperatur dabei 100 °C nicht überschreiten.

Eine diesem Verfahren ähnliche Arbeitsweise ist von A. W. Larcher[3] entwickelt worden. Bei dieser wird ebenfalls im Block und bei Temperaturen unterhalb 100 °C polymerisiert, doch kommen hohe Drucke von mindestens 3000 und vorzugsweise von 6000···7000 Atmosphären zur Anwendung. Polymerisiert wird in Gegenwart von in freie Radikale zerfallenden Verbindungen. Auch kann zusätzlich ein Lösungsmittel zugegen sein.

Auch durch Polymerisation in wäßriger Emulsion lassen sich Mischpolymerisate aus Vinylchlorid und Styrol erhalten. Nach einem Verfahren der I. G. Farbenindustrie A.G.[4] werden dabei als Katalysatoren anorganische oder organische Peroxyde, Persalze sowie Ozon oder Sauerstoff enthaltendes Wasser verwendet. Als Emulgatoren eignen sich Kohlenwasserstoffsulfonate und Türkischrotöl.

Styrol-Vinylchlorid-Mischpolymerisate, die frei von Polystyrol und Polyvinylchlorid sind, lassen sich nach H. Tucker[5] bei Einhaltung spezieller Reaktionsbedingungen durch Polymerisation in wäßriger Emulsion mit Hilfe von Redoxkatalysatoren erhalten. Nach diesem Autor wird zunächst unter Verwendung eines Emulgiermittels eine wäßrige Emulsion aus Vinylchlorid, Styrol, einem wasserlöslichen Persulfat und einem wasserlöslichen Alkalisulfit hergestellt, wobei der Wassergehalt der Emulsion das 1···6fache der Gesamtmenge der Monomeren betragen soll. Der Gehalt an Redoxkatalysator soll 0,25···1,25%, bezogen auf den Monomerengehalt, betragen. Die Emulsion, in der das Verhältnis an Styrol zu der Gesamtmenge der Monomeren 1···10 Gewichtsprozent beträgt, wird auf eine zwischen 20 und 70 °C liegende Temperatur er-

---

[1] Wegen der älteren Literatur sei auf F. Kainer, Polyvinylchlorid und Vinylchlorid-Mischpolymerisate, Springer-Verlag 1951, S. 70f. hingewiesen; ebenfalls mit der Mischpolymerisation von Vinylchlorid und Styrol befaßt sich eine Arbeit von G. E. Ham, J. Polymer Sci. **38**, 543 (1959).

[2] D.R.P. 579048, F.P. 676424, I. G. Farbenindustrie A.G.

[3] A.P. 2532727, E. I. du Pont de Nemours & Co., Erf. A. W. Larcher.

[4] F.P. 746969, I. G. Farbenindustrie A.G.

[5] A.P. 2628957, E.P. 681285, B. F. Goodrich Co., Erf. H. Tucker.

hitzt. Nach Einsetzen der Polymerisation fügt man kontinuierlich weiteres Styrol hinzu, so daß der Styrolgehalt während des gesamten Polymerisationsvorganges 1···10 Gewichtsprozent der Gesamtmenge der Monomeren beträgt. Nach diesem Verfahren werden in Aceton und Äthylacetat vollständig lösliche Mischpolymerisate erhalten.

Es hat sich gezeigt, daß die Mischpolymerisation von Vinylchlorid und Styrol auch dadurch erleichtert werden kann, wenn man in Gegenwart einer dritten polymerisierbaren Komponente arbeitet. Hierbei wird die Polymerisation der sonst nur langsam sich umsetzenden Monomeren unter Bildung von ternären Polymerisaten beschleunigt. Als dritte polymerisierbare Komponente zur Herstellung dieser ternären Polymerisate können Acrylsäureester[1] und Maleinsäureester[2] dienen. Die Herstellung dieser Produkte erfolgt vorwiegend in wäßriger Emulsion. Nach dem Verfahren der Emulsionspolymerisation lassen sich auch ternäre Mischpolymerisate aus Vinylchlorid, Vinylidenchlorid und geringeren Mengen Styrol erhalten[3].

B. Mit Halogenkohlenwasserstoffen

1. Vinylfluorid

Auf die Möglichkeit, Mischpolymerisate aus Vinylchlorid und Vinylfluorid herzustellen, wurde verschiedentlich in der Patentliteratur hingewiesen[4]. Die Mischpolymerisation kann mit Katalysatoren oder nach einem Verfahren der Farbenfabriken Bayer A.G.[5] durch Belichten eines Gemisches aus Vinylchlorid und Vinylfluorid erfolgen.

Mischpolymerisate aus Vinylchlorid, Vinylfluorid und Tetrafluoräthylen sind ebenfalls beschrieben worden[6].

2. Höher fluorierte Olefine

Die Mischpolymerisation des Vinylchlorids mit Di-, Tri- und Tetrafluoräthylen gelingt in wäßriger Emulsion mit wasserlöslichen Persalzen als Katalysatoren, wobei unter Druck bei erhöhten Temperaturen gearbeitet und molekularer Sauerstoff während des Polymerisationsvorganges ausgeschlossen wird[7]. Zur Steigerung der Aktivität der Kataly-

---

[1] F.P. 835357, I. G. Farbenindustrie A.G.; A.P. 2605257, E.P. 690076 B. F. Goodrich Co. Erf. J. R. WOLF u. A. A. NICOLAY.
[2] F.P. 835357, E.P. 466898, E.P. 498329, I. G. Farbenindustrie A.G.
[3] F.P. 1075835, Farbenfabriken Bayer A.G.
[4] F.P. 920993, F. P. 922331, F.P. 925153, E. I. du Pont de Nemours & Co.
[5] D.B.P. 850668, Farbenfabriken Bayer A.G., Erf. W. MOSCHEL, W. MÜLLER u. H. KNOPF.
[6] A.P. 2409948, E. I. du Pont de Nemours & Co., Erf. E. L. MARTIN.
[7] F.P. 918506, E. I. du Pont de Nemours & Co., F.P. 928549, A.P. 2468664, E. I. du Pont de Nemours & Co., Erf. W. E. HANFORD u. J. R. ROLAND jr.

satoren können reduzierende Komponenten zugegeben werden. Außerdem ist empfohlen worden, bei der Mischpolymerisation des Vinylchlorids mit Tetrafluoräthylen den pH-Wert durch Zugabe von Puffersubstanzen auf einem annähernd konstanten Wert zu halten[1]. Mischpolymerisate lassen sich weiter mit höheren Perfluorolefinen, die allein nicht polymerisieren, beispielsweise mit Perfluorpropen, -buten-1, -buten-2, -isobuten und -nonen-1, erhalten[2]. Auch Olefine, die sowohl Fluor als auch Chlor im Molekül enthalten, sind der Mischpolymerisation mit Vinylchlorid zugänglich. So lassen sich Trifluorchloräthylen unter Belichtung mit Licht der Wellenlänge zwischen 2200···6000 Å[3] oder in wäßriger Emulsion mit Kaliumpersulfat[4] und asymmetrisches Difluordichloräthylen in wäßriger Emulsion mit Redoxkatalysatoren und unter Sauerstoffausschluß[5] mit Vinylchlorid mischpolymerisieren.

Unter Verwendung fluorhaltiger Olefine können schließlich auch ternäre Polymerisate mit Vinylchlorid hergestellt werden. Es sind dies 3,3,3-Trifluorpropen, das zusammen mit Äthylen und Vinylchlorid[6] polymerisiert wird, und Trifluorchloräthylen, das zusammen mit Vinylchlorid und Vinylidenfluorid[7] zur Umsetzung gelangt.

3. Vinylidenchlorid

Vinylchlorid ist in jedem Verhältnis mit Vinylidenchlorid mischpolymerisierbar, doch sind die Eigenschaften der aus diesen Monomeren erhältlichen Mischpolymerisate in ausgeprägtem Maße von der Zusammensetzung abhängig. Mischpolymerisate mit einem geringen Gehalt von Vinylidenchlorid zeichnen sich gegenüber Polyvinylchlorid durch eine leichtere Verarbeitbarkeit aus, weshalb sie in ausgedehntem Maße zur Herstellung von Hartfolien verwendet werden.

Mit zunehmendem Vinylidenchloridgehalt fällt der Erweichungspunkt stark ab, um bei einem Vinylidenchloridanteil von etwa 60% ein Minimum zu durchlaufen[8]. Für die Mischpolymerisate mit einem Vinylidenchloridgehalt von 70% und darüber ist die Neigung zur Ausbildung einer kristallinen Struktur charakteristisch. Diese überwiegend aus Vinylidenchlorid aufgebauten Mischpolymerisate eignen sich ausgezeichnet zur

---

[1] F.P. 924982, E. I. du Pont de Nemours & Co.
[2] J. Polymer Sci. **9**, 481 (1952).
[3] D.B.P. 850810, Farbenfabriken Bayer A.G., Erf. W. MOSCHEL, W. MÜLLER u. W. KWASNIK.
[4] E.P. 728557, Firestone Tire & Rubber Co., Erf. W. S. BARNHART.
[5] D.B.P. 828595, Farbwerke Hoechst A.G. vorm. Meister Lucius & Brüning, Erf. H. SCHLICHENMAIER.
[6] A.P. 2484530, E. I. du Pont de Nemours & Co., Erf. H. E. SCHRÖDER.
[7] A.P. 2915506, Minnesota Mining & Manufacturing Co., Erf. F. J. HONN.
[8] HOPFF, H., u. C. RAUTENSTRAUCH: Makromol. Chem. **6**, 39 (1951).

Herstellung von Folien und Borsten, die sich durch hohe Schrumpfbeständigkeit und gute Wärmefestigkeit auszeichnen.

Die Mischpolymerisation von Vinylchlorid und Vinylidenchlorid kann nach dem Verfahren der Blockpolymerisation erfolgen, wobei als Katalysatoren in der älteren Patentliteratur Benzoylperoxyd[1] oder Gemische aus Peroxyden und metallorganischen Verbindungen, die gegebenenfalls noch Verbindungen mit beweglichem Halogen[2] oder Kupferpulver[3] enthalten können, empfohlen wurden. Auch Gemische von organischen oder anorganischen Peroxyden und Metallammoniakaten sind als Katalysatoren vorgeschlagen worden[4].

Auch nach dem Verfahren der Lösungs- und Fällungspolymerisation können Vinylchlorid-Vinylidenchlorid-Mischpolymerisate erhalten werden. Als Lösungsmittel bei der zuletzt genannten Polymerisationsart eignen sich Methanol[5] oder niedere aliphatische Säuren[6].

Wesentlich größere technische Bedeutung kommt jedoch dem Verfahren der Emulsionspolymerisation zu, das anscheinend zuerst von der Firma I. G. Farbenindustrie A.G.[7] auf die Mischpolymerisation von Vinylchlorid und Vinylidenchlorid angewandt wurde. Die Durchführung dieser Mischpolymerisation erfolgt gewöhnlich in Gegenwart der üblichen Katalysatoren, die auch bei der Einstoffpolymerisation des Vinylchlorids gebräuchlich sind, also mit wasserlöslichen Persalzen oder Peroxyden. Auch Redoxsysteme[8] oder Gemische von wasserlöslichen und lipoidlöslichen Katalysatoren[9] können verwendet werden. Es ist weiter möglich, die Polymerisationsreaktion in Gegenwart von puffernd wirkenden Metallsalzen, wie z. B. Natriumbicarbonat[10] oder Bleisalzen[11], durchzuführen.

Bei der Durchführung der Mischpolymerisation des Vinylchlorids mit Vinylidenchlorid nach den verschiedenen Polymerisationsverfahren ist

---

[1] A.P. 2 235 782, Dow Chemical Co., Erf. R. M. WILEY.
[2] A.P. 2 160 931, Dow Chemical Co., Erf. R. M. WILEY.
[3] A.P. 2 160 939, Dow Chemical Co., Erf. R. C. REINHARDT.
[4] D.B.P. 866 095, R. Decker u. H. Holz, Erf. H. GUGGEMOS.
[5] D.R.P. 749 586, I. G. Farbenindustrie A.G., Erf. A. ILOFF.
[6] A.P. 2 447 289, F.P. 947 370, Distillers Co., Erf. H. P. STAUDINGER u. M. D. COOKE.
[7] E.P. 477 532, D.R.P. 749 586, I. G. Farbenindustrie A.G., Erf. A. ILOFF; vgl. weiter F.P. 861 766, E.P. 647 896, B. F. Goodrich Co.
[8] Vgl. z. B. F.P. 915 146, Imperial Chemical Industries Ltd., Erf. R. G. R. BACON, J. R. LEWIS u. L. B. MORGAN.
[9] F.P. 1 038 059, D.B.P. 930 232, A.P. 2 776 273, Soc. An. des Manufactures des Glaces et Produits Chimiques de Saint-Gobain, Chauny & Cirey, Erf. A. P. RICHARD.
[10] F.P. 1 018 504, E.P. 692 432, B. F. Goodrich Co.
[11] D.B.P. 842 545, B. F. Goodrich Co., Erf. F. K. SCHOENFELD u. C. H. ALEXANDER.

vorgeschlagen worden, unter völligem Ausschluß von molekularem Sauerstoff zu arbeiten[1].

Die Mischpolymerisation des Vinylchlorids mit Vinylidenchlorid kann diskontinuierlich oder kontinuierlich erfolgen. Für die kontinuierliche Durchführung stehen dabei die bei der Einstoffpolymerisation des Vinylchlorids besprochenen Verfahren zur Verfügung, die sich sinngemäß auch auf die Mischpolymerisation anwenden lassen. So ist beispielsweise die kontinuierliche Mischpolymerisation durch Einführung der tropfenförmigen Monomeren in die emulgatorhaltige wäßrige Reaktionsphase[2] oder durch Umpumpen der Monomerenemulsion durch ein Reaktionsgefäß, dem an verschiedenen Stellen des Reaktionsweges weitere Monomerenemulsion zugegeben wird[3], möglich. Auch das früher erwähnte Rieselverfahren[4] kann zur kontinuierlichen Herstellung von Mischpolymerisaten aus Vinylchlorid und Vinylidenchlorid dienen. Vinylchlorid und Vinylidenchlorid weichen in ihren Polymerisationsgeschwindigkeiten voneinander ab. Es besteht daher die Gefahr, daß die zu Beginn des Polymerisationsvorganges gebildeten Mischpolymerisate eine andere Zusammensetzung aufweisen als die im weiteren Polymerisationsverlauf entstehenden Produkte. Da sich eine solche Inhomogenität nachteilig auf die Verarbeitbarkeit der Vinylchlorid-Vinylidenchlorid-Mischpolymerisate auswirkt, hat es nicht an Bemühungen gefehlt, die Mischpolymerisation durch Einhaltung spezieller Reaktionsbedingungen so zu leiten, daß die Bildung von Mischpolymerisaten möglichst einheitlicher Zusammensetzung begünstigt wird.

Zur Lösung dieser Aufgabe wurden von der Firma N.V. de Bataafsche Petroleum Mij. mehrere Verfahren entwickelt, bei denen die unterschiedliche Reaktionsgeschwindigkeit von Vinylchlorid und Vinylidenchlorid durch geregelte Zugabe dieser Monomeren kompensiert werden soll. Man führt hierzu entweder ein Gemisch von Vinylchlorid und Vinylidenchlorid oder Vinylidenchlorid allein mit einer solchen Geschwindigkeit dem Polymerisationsansatz zu, daß das Monomerenverhältnis in der Reaktionsmischung während des Polymerisationsablaufes möglichst konstant gehalten wird[5]. Zur Überwachung dieser Bedingungen wurde eine elektrische Meßvorrichtung beschrieben[6]. Bei einem anderen Verfahren

---

[1] D.R.P. 754684, I. G. Farbenindustrie A.G., Erf. H. HOPFF u. C. RAUTENSTRAUCH.
[2] D.B.P. 891746, N. V. de Bataafsche Petroleum Mij., Erf. CH. P. VAN DIJK u. F. J. F. VAN DER PLAS.
[3] F.P. 941948, Schwz.P. 266898, N. V. de Bataafsche Petroleum Mij.
[4] D.B.P. 804724, Solvay & Cie.
[5] E.P. 617891, E.P. 682253, N. V. de Bataafsche Petroleum Mij.; vgl. auch A.P. 3033812, W. R. Grace & Co., Erf. PH. K. ISAACS u. A. TROFIMOW.
[6] E.P. 682254, D.P.B. 816760, N. V. de Bataafsche Petroleum Mij.

der gleichen Firma[1] wird zuerst lediglich Vinylchlorid Polymerisationsbedingungen unterworfen. Die Zugabe des Vinylidenchlorids erfolgt erst dann, wenn ein Teil der für die Polymerisation des Vinylchlorids erforderlichen Induktionszeit abgelaufen ist, jedoch noch vor dem Polymerisationsbeginn.

Zu homogenen Mischpolymerisaten aus Vinylchlorid und Vinylidenchlorid gelangt man auch nach einem Verfahren der Firma Dow Chemical Co.[2]. Bei diesem wird das Monomerenverhältnis im Verlaufe des Polymerisationsvorganges dadurch konstant gehalten, daß man allmählich einen Teil des Monomerengemisches aus der wäßrigen Reaktionsphase verdampfen läßt. Da Vinylchlorid leichter flüchtig ist als Vinylidenchlorid, wird dadurch eine Verschiebung des Monomerenverhältnisses im Reaktionsmedium zugunsten des reaktionsträgeren Vinylchlorids vermieden. Nach einem weiteren Verfahren der gleichen Firma[3] wird ein Gemisch aus 35···70 Gewichtsprozent Vinylchlorid bis zu einem Umsetzungsgrad von 10···60% polymerisiert. Hierauf wird weiteres Vinylchlorid oder ein Monomerengemisch, dessen Gehalt an Vinylidenchlorid jedoch größer als der des zuerst verwendeten Gemisches ist, zugegeben. Anschließend polymerisiert man bis zu etwa 80···90%iger Umsetzung zu Ende. Diesem Verfahren ist eine weitere Arbeitsweise[4] ähnlich, jedoch dienen bei dieser zweistufig ausgeführten Mischpolymerisation Alkyl- oder Arylsulfate bzw. -sulfonate zur Emulgierung. Die Erzielung von Mischpolymerisaten des Vinylchlorids und Vinylidenchlorids von einheitlicher Molekulargewichtsverteilung bezweckt schließlich auch ein Verfahren der Firma B. F. Goodrich Co.[5]. Bei diesem wird bei allmählich abnehmender Polymerisationstemperatur gearbeitet. Erwähnt sei auch noch, daß die fraktionierte Fällung oder Lösung zur Gewinnung von Fraktionen einheitlicher Zusammensetzung aus den in üblicher Weise hergestellten Vinylchlorid-Vinylidenchlorid-Mischpolymerisaten empfohlen wurde[6].

Bei der Mischpolymerisation von Vinylchlorid und Vinylidenchlorid in wäßriger Suspension werden homogene Produkte dadurch erhalten, daß man nur einen Teil des Monomerengemisches vorlegt und dann das weitere Monomerengemisch im Verlaufe des Polymerisationsvorganges

---

[1] F.P. 899 810, N. V. de Bataafsche Petroleum Mij.; vgl. D.B.P. 941 575, N.V. Philips Gloeilampenfabriken, Erf. W. L. J. de NIE.
[2] E.P. 660 940, Dow Chemical Co.
[3] A.P. 2 640 050, E.P. 692 378, Dow Chemical Co., Erf. W. J. LE FEVRE u. H. W. MOLL.
[4] D.A.S. 1 112 832, E.P. 877 631, F.P. 1 241 023, W. R. Grace & Co., Erf. A. TROFIMOW, PH. K. ISAACS u. D. GOODMAN.
[5] F.P. 950 047, B. F. Goodrich Co., Erf. C. H. ALEXANDER.
[6] F.P. 899 809, N. V. de Bataafsche Petroleum Mij.

mit einer solchen Geschwindigkeit zugibt, daß ein konstanter Druck im Reaktionsgefäß aufrecht erhalten wird[1].

Während bei den oben besprochenen Verfahren angestrebt wird, Mischpolymerisate mit möglichst hoher Einheitlichkeit zu erhalten, bezweckt ein Verfahren der Firma N. V. de Bataafsche Petroleum Mij.[2] die Herstellung von Mischpolymerisaten mit vorbestimmter Inhomogenität. Man erreicht dies, wenn man das Monomerenverhältnis im Verlaufe des Polymerisationsvorganges durch Entnehmen oder Zugabe von Monomeren in vorbestimmter Weise diskontinuierlich verändert.

Zur Herstellung von Vinylchlorid-Vinylidenchlorid-Mischpolymerisaten kann man sich auch des Suspensionsverfahrens bedienen. Als Suspensionsstabilisatoren können dabei beispielsweise γ-Aluminiumhydroxyd[3], das Natriumsalz eines sulfonierten Polystyrols[4], Methyloxypropylcellulose[5], Polyalkylenglykole vom Molekulargewicht $300\cdots 9000$[6], Partialester von Polyglycerinen[7], wasserlösliche Phenolformaldehydharze[8] oder Celluloseester in Gegenwart von perhalogenierten Methanen[9] verwendet werden.

Ohne Verwendung von Suspensionsstabilisatoren lassen sich Mischpolymerisate des Vinylchlorids mit bis zu 5% Vinylidenchlorid durch intensives Rühren der in wäßriger Phase befindlichen Monomeren erhalten[10].

Ebenfalls zu granulären Vinylchlorid-Vinylidenchlorid-Mischpolymerisaten gelangt man nach einem Verfahren der Firma Chemische Werke Hüls A.G.[11]. Bei diesem wird zunächst in Block polymerisiert, und zwar bis zu einem Umsatz von etwa 20%. Anschließend gibt man Wasser zu und führt die Polymerisation in einem Dreiphasensystem zu Ende. Ein analoges Verfahren, bei dem die erste Polymerisationsstufe in Lösung durchgeführt wird, ist von der gleichen Firma entwickelt worden[12].

Die Eigenschaften der Mischpolymerisate aus Vinylchlorid und Vinylidenchlorid lassen sich modifizieren und verbessern, wenn man bei ihrer

---

[1] F.P. 1272138, Dow Chemical Co.
[2] E.P. 697991, N. V. de Bataafsche Petroleum Mij.
[3] A.P. 2538049, Dow Chemical Co., Erf. J. L. SCHICK.
[4] A.P. 2538050, Dow Chemical Co., Erf. J. L. SCHICK.
[5] A.P. 2538051, D.B.P. 885007, Dow Chemical Co., Erf. J. L. SCHICK; D.A.S. 1069384, Dow Chemical Co., Erf. L. CH. FRIEDRICH jr., J. W. PETERS u. M. R. RECTOR.
[6] D.B.P. 946087, Chemische Werke Hüls A.G., Erf. E. G. BOCK.
[7] E.P. 711355, Distillers Co., Erf. A. F. DAGLISH, D. FAULKNER u. S. LUSTIGMAN.
[8] A.P. 2543094, Distillers Co., Erf. C. A. BRIGHTON u. J. J. P. STAUDINGER.
[9] E.P. 883850, Dow Chemical Co., Erf. M. R. RECTOR u. W. E. COHRS.
[10] A.P. 2511593, United States Rubber Co., Erf. W. J. LIGHTFOOT.
[11] E.P. 748727, D.B.P. 974645, D.A.S. 1113818, Chemische Werke Hüls A.G., Erf. H. WENNING.
[12] F.P. 1082268, E.P. 745058, E.P. 749720, Chemische Werke Hüls A.G.

Herstellung geringe Mengen eines Acrylsäureesters als dritte polymerisierbare Komponente verwendet. Man erhält dabei ternäre Mischpolymerisate, die sich durch bessere Löslichkeitseigenschaften und leichtere Verarbeitbarkeit auszeichnen.

Die Herstellung dieser ternären Mischpolymerisate kann nach den üblichen Verfahren in Block, Lösung, Emulsion oder Dispersion erfolgen. Man erhält dabei brauchbare Produkte, sowohl aus Monomerengemischen, die einen überwiegenden Vinylchloridanteil aufweisen, als auch aus Monomerengemischen, bei denen der Vinylidenchloridanteil überwiegt[1].

Bei den erwähnten Verfahren kommt meist Acrylsäuremethylester als dritte polymerisierbare Komponente zur Anwendung. Jedoch können auch höhere Acrylsäureester einpolymerisiert werden[2].

Während der Acrylsäureester bei den bisher besprochenen Verfahren zu Beginn des Polymerisationsvorganges oder während dessen Ablauf zugesetzt wird, erfolgt die Zugabe bei einem von der Firma Firestone Tire & Rubber Co.[3] entwickelten Verfahren erst nach praktisch vollständiger Umsetzung des Vinylchlorids und Vinylidenchlorids, jedoch noch vor dem Abziehen der restlichen Monomeren. Man erhält auf diese Weise Produkte von verbesserter Oberflächenbeschaffenheit.

Als dritte polymerisierbare Komponente kann auch Acrylnitril dienen. Die Mitverwendung von kleinen Mengen dieses Monomeren in Gemischen aus mindestens 80% Vinylidenchlorid und bis 20% Vinylchlorid führt bei der Polymerisation zu Mischpolymerisaten, die leichter verarbeitbar und gegen Erhitzung beständiger sind als entsprechende Mischpolymerisate ohne Acrylnitrilgehalt[4].

Schließlich sind auch ternäre Mischpolymerisate beschrieben worden, die aus Gemischen von Vinylchlorid, Vinylidenchlorid und kleineren Mengen an Styrol hergestellt werden[5]. Diese Mischpolymerisate sind als Lackrohstoffe geeignet. Sie können gegebenenfalls noch einer Nach-

---

[1] F.P. 941949, N. V. de Bataafsche Petroleum Mij.; E.P. 653359, F.P. 969577, B. F. Goodrich Co., Erf. E. B. Osborne; F.P. 942027, B. F. Goodrich Co., Erf. G. W. Smith; A.P. 2543094, Distillers Co., Erf. C. A. Brighton u. J. J. P. Staudinger; D.B.P. 950813, Badische Anilin- & Soda-Fabrik A.G., Erf. K. Jost; A.P. 2787604, B. F. Goodrich Co., Erf. J. R. Miller.
[2] A.P. 2563079, B. F. Goodrich Co., A.P. 3006902, Erf. A. Trofimow, Ph. K. Isaacs u. D. Goodman; F.P. 1246456, E.P. 866895, W. R. Grace & Co.
[3] A.P. 2697091, E.P. 754565, D.A.S. 1002946, Firestone Tire & Rubber Co.
[4] D.B.P. 871514, Badische Anilin- & Soda-Fabrik, Erf. H. Hopff, C. Rautenstrauch u. A. Kling; wegen der Herstellung in Aceton löslicher ternärer Mischpolymerisate aus Vinylchlorid, Vinylidenchlorid und Acrylnitril nach dem Verfahren der Suspensionspolymerisation vgl. A.P. 2855389, Distillers Co.
[5] D.B.P. 955456, E.P. 737025, F.P. 1075835, A.P. 2769803, Farbenfabriken Bayer A.G., Erf. W. Becker.

4. Trichloräthylen

Ein Mischpolymerisat, das aus annähernd 1 Mol Vinylchlorid und 1 Mol Trichloräthylen besteht, wird nach W. O. HERRMANN und W. HAEHNEL[2] erhalten, wenn man Vinylchlorid in Form einer Lösung in überwiegenden Mengen Trichloräthylen der Photopolymerisation unterwirft. Das Mischpolymerisat ist in vielen organischen Lösungsmitteln leicht löslich und kann für Lacke und Imprägnierungsmittel verwendet werden.

Mischpolymerisate aus Vinylchlorid und Trichloräthylen lassen sich auch durch Polymerisation von Gemischen dieser Monomeren in wäßriger Emulsion erhalten, wobei nach F. POVENZ[3] in schwach saurem Medium und unter Anwendung eines langkettigen aliphatischen Kohlenwasserstoffes als Emulgator und nach L. PLAMBECK jr.[4] mit Redoxkatalysatoren gearbeitet wird.

5. Chlorierte höhere Olefine

Mischpolymerisate aus überwiegenden Mengen Vinylchlorid und geringen Mengen 2-Chlorpropen-1 oder 2,3-Dichlorpropen-1 sind von F. E. CONDO und M. NAPS[5] beschrieben worden.

Über die Mischpolymerisation von Vinylchlorid mit Allylchlorid und Methallylchlorid haben E. W. MOFFETT und R. E. SMITH[6] berichtet.

6. Halogenierte Butadiene

Vinylchlorid ist verschiedentlich mit 2-Chlor-butadien-1,3 mischpolymerisiert worden. Die Polymerisation kann in wäßriger Emulsion[7] in Gegenwart von Licht, Katalysatoren[8] oder unter Wärmeeinfluß[9] erfolgen.

---

[1] D.A.S. 1038755, Farbenfabriken Bayer A.G., Erf. W. Becker u. O. Bayer.

[2] D.B.P. 905544, F.P. 880028, Schwz.P. 227591, Schwed.P. 125639, Wacker-Chemie GmbH, Erf. W. O. HERRMANN u. W. HAEHNEL.

[3] D.B.P. 885162, I. G. Farbenindustrie A.G., Werk Rheinfelden, Erf. F. POVENZ.

[4] A.P. 2462422, E. I. du Pont de Nemours & Co., Erf. L. PLAMBECK jr.

[5] A.P. 2568692, Shell Development Co., Erf. F. E. CONDO u. M. NAPS.

[6] A.P. 2356871, Pittsburgh Plate Glass Co., Erf. E. W. MOFFETT u. R. E. SMITH.

[7] F.P. 803563, I. G. Farbenindustrie A.G.

[8] F.P. 806325, Chemische Forschungsgesellschaft; A.P. 2066330, E. I. du Pont de Nemours & Co., Erf. W. H. CAROTHERS, A. M. COLLINS u. J. E. KIRBY; F.P. 837233, Dr. Alexander Wacker, Gesellschaft für Elektrochemische Industrie GmbH.

[9] Russ.P. 47810, Erf. A. D. ABKIN, W. S. KLIMENKOW, F. F. KOSCHELEW u. S. S. MEDWEDEW.

Untersucht wurde weiter die Mischpolymerisation des Vinylchlorids mit 2,3-Difluor-1,3-butadien, die in wäßriger Emulsion mit Persalzen als Katalysatoren durchgeführt wird[1].

7. Halogenstyrole

2,4,6-Trichlorstyrol läßt sich mit Vinylchlorid mischpolymerisieren[2]. Auch mehrfach im Kern halogenierte α-Alkylstyrole, beispielsweise 3,4-Dichlor-α-methylstyrol, bilden mit Vinylchlorid in Gegenwart von anderen polymerisierbaren Monomeren Mischpolymerisate[3].

C. Mit Alkoholen und Äthern

1. Vinylalkohol

Mischpolymerisate, die neben Vinylchlorid im Makromolekül noch Vinylalkohol enthalten, können durch Polymerisation des Gemisches der Monomeren nicht erhalten werden, weil der monomere Vinylalkohol, der eine desmotrope Form des Acetaldehyds darstellt, nicht bekannt ist[4].

Man kann aber Mischpolymerisate dieser Art indirekt dadurch erhalten, daß man die bei der Polymerisation von Gemischen aus Vinylchlorid und Vinylestern erhaltenen Mischpolymerisate einer verseifenden Behandlung unterwirft. Bei dieser Verseifung werden die blockierten Hydroxylgruppen je nach den angewandten Reaktionsbedingungen ganz oder teilweise frei, während die Vinylchloridgruppe im Makromolekül erhalten bleibt.

Bei vollständiger Verseifung der Estergruppen werden auf diese Weise Mischpolymerisate erhalten, die neben Vinylchlorid- nur Vinylalkoholeinheiten enthalten, während bei unvollständiger Verseifung Mischpolymerisate anfallen, die außerdem noch Vinylestereinheiten aufweisen.

Nach diesem Prinzip können alle Vinylchlorid-Vinylester-Mischpolymerisate in Vinylchlorid-Vinylalkohol-Mischpolymerisate übergeführt werden.

Vielseitig anwendbare Kunstmassen, die z. B. für die Herstellung von Klebstoffen, Folien, geformten Gegenständen, Zwischenschichten für Sicherheitsglas, Fasern, Filme, Überzüge usw. geeignet sind, werden nach J. R. ROLAND[5] erhalten, wenn man Mischpolymerisate aus Vinylchlorid

---

[1] E.P. 675372, Firestone Tire & Rubber Co., Ltd., Erf. P. A. WISEMAN.
[2] A.P. 2463897, Mathieson Chemical Corp., Erf. J. C. MICHALEK.
[3] D.B.P. 838508, The General Tire & Rubber Corp., Erf. TH. ALCOTT TE GROTENHUIS u. G. H. SWART.
[4] Siehe bei KAINER, F., u. H. KAINER: Polyvinylalkohole, Stuttgart: F. Enke 1949
[5] F.P. 921933, E. I. du Pont de Nemours & Co., Erf. J. R. ROLAND.

und Vinylestern von Monocarbonsäuren der allgemeinen Formel

$$R' \cdot COOH \quad \text{bzw.} \quad C_nH_{2n+1} \cdot COOH$$

worin R' Wasserstoff oder Kohlenwasserstoffreste und n eine ganze Zahl von 1···6 bedeuten, in Gegenwart einer starken Base und eines sekundären oder tertiären Alkohols hydrolysiert.

Hydroxylgruppen enthaltende Mischpolymerisate des Vinylchlorids lassen sich weiter erhalten, wenn man wäßrige Dispersionen von Mischpolymerisaten des Vinylchlorids mit Vinylestern, wie Vinylacetat, einer teilweisen Verseifung mit verdünntem Alkali, Ammoniak oder wasserlöslichen Aminen unterwirft[1]. Bei diesem Verfahren fallen die gebildeten Reaktionsprodukte in Form ihrer wäßrigen Dispersionen an, was für manche Verwendungszwecke von Vorteil ist.

Zu Mischpolymerisaten des Vinylchlorids mit Vinylalkoholeinheiten gelangt man auch durch Alkoholyse von Vinylchlorid-Vinylacetat-Mischpolymerisaten. Die Alkoholyse wird nach G. R. PENN und J. F. SUTER[2] zweckmäßig in einem wasserfreien Alkohol in Gegenwart eines sauren Katalysators durchgeführt, wobei noch Lösungsmittel, wie Methylacetat oder Methyläthylketon, zugegen sein können. Man erhält dabei Produkte, die neben freien Hydroxylgruppen auch noch Acetatreste im Molekül enthalten. Ähnlich ist ein Verfahren der Firma Deutsche Solvay-Werke GmbH[3]. Nach diesem wird ein Mischpolymerisat aus 50···90 Gewichtsprozent Vinylchlorid und 50···10 Gewichtsprozent Vinylacetat in einer gesättigten Lösung von Chlorwasserstoff in einem normalen Alkohol der Alkoholyse unterworfen.

Mit alkalischen Alkoholysekatalysatoren wird bei einem von D. B. BENEDICT, H. M. RIFE und R. A. WALTHER[4] angegebenen Verfahren gearbeitet. Als Lösungsmittel dient hier ein niederes Alkoxyalkanol oder ein dieses enthaltendes Lösungsmittelgemisch, das auch als Reaktionsmedium für die der Alkoholyse unmittelbar vorangehende Mischpolymerisation dient. Ähnlich wird nach X. V. LAPORTA gearbeitet mit dem Unterschied, daß ein niederer aliphatischer Alkohol als Reaktionsmedium dient[5].

Kunststoffe, die zum Überziehen von Glas- oder Metalloberflächen, von Fäden und Drähten, Gewebe und Papier dienen können, stellt

---

[1] D.B.P. 832681, Farbwerke Hoechst A.G., vorm. Meister Lucius & Brüning, Erf. G. BIER u. W. STARCK.
[2] A.P. 2512726, Union Carbide and Carbon Corp.; vgl. auch E.P. 862978, Pechiney Compagnie de Produits Chimiques et Electrometallurgiques.
[3] D.A.S. 1087353, Deutsche Solvay-Werke GmbH, Erf. G. FAERBER.
[4] D.A.S. 1113572, E.P. 828993, Union Carbide Corp., Erf. D. B. BENEDICT, H. M. RIFE u. R. A. WALTHER.
[5] A.P. 3021318, E.P. 883070, American Marietta Co., Erf. X. V. LAPORTA.

R. W. QUARLES[1] durch Verseifen von Mischpolymerisaten her, die aus 80···95% Vinylchlorid, 1,5···10% Vinylacetat und 0,2···10% Maleinsäure bestehen.

Nach Angaben des gleichen Autors[2] lassen sich auch Mischpolymerisate des Vinylchlorids erhalten, die neben Vinylalkohol- noch Vinylacetat-, Maleinsäure- und Maleinsäureestereinheiten aufweisen. Ihre Herstellung erfolgt durch partielle Verseifung eines Mischpolymerisates aus Vinylchlorid, Vinylacetat sowie Maleinsäure und anschließende teilweise Veresterung der Maleinsäuregruppen.

Ternäre Polymerisate aus Vinylchlorid, Vinylacetat und Vinylalkoholen werden nach D. B. BENEDICT, H. M. RIFE und R. A. WALTHER[3] erhalten, wenn man Vinylchlorid und Vinylacetat in einem Lösungsmittel, wie Methoxy- oder Äthoxyäthanol, Methoxyisopropanol oder Dioxan, miteinander polymerisiert, anschließend von nicht umgesetzten Monomeren befreit und hierauf das gebildete Mischpolymerisat mit einem alkalischen Umesterungskatalysator teilweise verseift.

2. Vinylalkyläther

Die Mischpolymerisation des Vinylchlorids mit Vinylalkyläthern führt zu technisch wertvollen Produkten, die namentlich als Lackrohstoffe Verwendung finden. Die Herstellung dieser Produkte kann nach den üblichen Verfahren und besonders nach dem Verfahren der Emulsionspolymerisation erfolgen[4].

Als mischpolymerisierbare Vinyläther kommen hauptsächlich Vinylmethyläther, Vinyläthyläther und Vinylisobutyläther in Betracht, doch sind auch höhere Alkyläther und Dekahydronaphthyläther[5] der Mischpolymerisation zugänglich.

Um mit geringeren Emulgatormengen auszukommen als sie bei der in üblicher Weise durchgeführten Emulsionspolymerisation erforderlich sind, ist vorgeschlagen worden, die Mischpolymerisation von Vinylchlorid und Vinyläthern unter Einhaltung eines Druckes durchzuführen, der unterhalb des Sättigungsdruckes des Monomerengemisches bei der Polymerisationstemperatur liegt[6]. Auch ist zur Herstellung emulgator-

---

[1] A.P. 2458639, Carbide and Carbon Chemicals Corp.
[2] Can.P. 470002, Carbide and Carbon Chemicals Ltd.
[3] A.P. 2852499, Union Carbide Corp.
[4] D.R.P. 634408, A.P. 2016490, I. G. Farbenindustrie A.G., Erf. H. FIKENTSCHER; D.R.P. 745424, I. G. Farbenindustrie A.G., Erf. H. FIKENTSCHER u. R. GÄTH.
[5] D.R.P. 751603, I. G. Farbenindustrie A.G., Erf. A. BURGARD, H. FIKENTSCHER, F. HÖLSCHER u. H. KRZIKALLA.
[6] D.B.P. 870035, Badische Anilin- & Soda-Fabrik A.G., Erf. H. ROLKER.

freier Vinylchlorid-Vinyläther-Mischpolymerisate die Anwendung der Suspensionspolymerisation empfohlen worden, wobei mit Gemischen aus wasserlöslichen und monomerenlöslichen Katalysatoren polymerisiert wird[1]. Die Mischpolymerisation von Vinylchlorid und Vinylalkyläthern kann in Gegenwart von Maleinsäureestern vorgenommen werden[2]. Ein Beispiel für einen fluorierten Vinylalkyläther, der mit Vinylchlorid mischpolymerisierbar ist, liegt im Trifluoräthylvinyläther vor. Die Herstellung von Vinylchloridmischpolymerisaten mit diesem Äther kann beispielsweise in wäßriger Emulsion mit Redoxkatalysatoren erfolgen[3].

3. Andere ungesättigte Äther

Außer Vinylalkyläther sind auch andere ungesättigte Äther zur Mischpolymerisation mit Vinylchlorid herangezogen worden. Von diesen sind namentlich die mit Allylglycidyläther als mischpolymerisierbare Komponente hergestellten Produkte zu erwähnen, die in organischen Lösungsmitteln löslich sind, sich jedoch unter Hitzeeinwirkung in Gegenwart von Beschleunigern in unlösliche Produkte verwandeln. Die Herstellung dieser Produkte erfolgt in Gegenwart von Katalysatoren unter Einhaltung eines solchen Monomerenverhältnisses, daß die gebildeten Polymerisate einen Gehalt von 75···85% an polymerisierten Vinylchlorideinheiten und 15···25% an polymerisierten Allylglycidylethereinheiten aufweisen[4]. Produkte mit ähnlichen Eigenschaften lassen sich auch bei der Anwendung einer weiteren mischpolymerisierbaren Verbindung erhalten, wobei auch in diesem Falle genaue Mengenverhältnisse zwischen den zu polymerisierenden Monomeren einzuhalten sind. Als dritte polymerisierbare Komponente wurden Allyläther von Oxyalkansäuren[5] und Allylester von aliphatischen Oxycarbonsäuren mit primärer Hydroxylgruppe[6] genannt.

An weiteren ungesättigten Äthern, die mit Vinylchlorid mischpolymerisierbar sind, seien Alkoxymethoxyäthylvinyläther[7], Äther der

---

[1] D.A.S. 1046882, Badische Anilin- & Soda-Fabrik A.G., Erf. H. FIKENTSCHER, K. HERRLE u. W. HÜBLER.
[2] E.P. 466898, I. G. Farbenindustrie A.G.
[3] E.P. 810515, D.A.S. 1077868, Air Reduction Co., Inc., Erf. C. E. SCHILDKNECHT.
[4] A.P. 2589237, E. I. du Pont de Nemours & Co., Erf. E. K. ELLINGBOE.
[5] A.P. 2607754, E. I. du Pont de Nemours & Co., Erf. E. K. ELLINGBOE u. H. S. ROTHROCK.
[6] A.P. 2562897, E. I. du Pont de Nemours & Co., Erf. E. K. ELLINGBOE.
[7] A.P. 2563459, E. I. du Pont de Nemours & Co., Erf. E. K. ELLINGBOE u. M. ROEDEL.

Formel[1]

$$CH_3(CH_2)_7 - \left[\begin{array}{c} H-C-OH \\ | \\ H-C-OR \\ | \end{array} \right] - (CH_2)_7 R_1$$

(R = Radikal eines einfach ungesättigten aliphatischen Alkohols;
$R_1 = CH_2OH$ oder COOR)
und Polyalkyläther[2] erwähnt.

D. Mit Säuren und Säurederivaten

1. Vinylester

α) **Vinylacetat.** Bei den Mischpolymerisaten des Vinylchlorids mit Vinylacetat handelt es sich um technisch höchst bedeutungsvolle Produkte, die wegen ihrer gegenüber Polyvinylchlorid leichteren Verarbeitbarkeit schon sehr frühzeitig industrielle Anwendung gefunden haben. Sie wurden zuerst im Jahre 1928 in den Vereinigten Staaten von Nordamerika und in Deutschland in die Technik eingeführt und nehmen seitdem einen wichtigen Platz innerhalb der Gruppe der Vinylkunststoffe ein. Heute sind diese Mischpolymerisate in mannigfachen Typen, die sich durch den Gehalt an Vinylacetateinheiten und die spezifische Viskosität unterscheiden, jedoch durchweg aus überwiegenden Mengen an Vinylchlorid aufgebaut sind, im Handel. Die Handelsprodukte mit geringen Vinylacetatgehalten von etwa 5% entsprechen, abgesehen von einer etwas geringeren Wärmefestigkeit und einer größeren Löslichkeit, in ihren Eigenschaften einem Polyvinylchlorid von vergleichbarem Molekulargewicht. Sie kommen für die Verarbeitung mit Weichmacher in Betracht, wobei jedoch wegen der durch den Vinylacetatgehalt bedingten inneren Weichmachung zur Erzielung der gleichen Weichheit geringere Weichmachermengen als bei Polyvinylchlorid benötigt werden. Mit zunehmendem Vinylacetatgehalt entfernen sich die Eigenschaften mehr und mehr von denen des reinen Polyvinylchlorids. Dieser Einfluß hält sich zwar bei den mechanischen Eigenschaften in Grenzen, ist dagegen bei der Löslichkeit und den Fließeigenschaften bei höheren Temperaturen um so ausgeprägter. Mischpolymerisate mit Vinylacetatgehalten von ungefähr 10% und einem K-Wert von ungefähr 59 in Cyclohexanon werden deshalb wegen ihrer leichteren Verarbeitbarkeit für die Hartverarbeitung zur Herstellung von Formkörpern empfohlen. Da ihre Löslichkeit in Lacklösungsmitteln bereits groß genug ist, kom-

---

[1] A.P. 2516928, United States of America, Erf. D. SWERN.
[2] A.P. 3025280, Monsanto Chemical Co., Erf. R. H. MARTIN jr.

II. Herstellung von Mischpolymerisaten des Vinylchlorids

men sie außerdem in gelöster Form zur Herstellung widerstandsfähiger Filme in Betracht. Noch größer ist die Löslichkeit bei den Produkten mit einem Vinylacetatgehalt von etwa 14%. Diese können vor allem in gefüllter Form zur Herstellung von Formkörpern dienen.

Die Mischpolymerisate mit einem Vinylacetatgehalt von 40% und einem K-Wert von ungefähr 58 in Cyclohexanon sind wegen ihrer guten Löslichkeit in Lacklösungsmittel und wegen ihrer Verträglichkeit mit anderen Filmbildnern, beispielsweise Nitrocellulose, wertvolle Rohstoffe für Lacklösungen. Ihre wichtigste Eigenschaft ist jedoch ihre ausgesprochene Affinität zu anderen Werkstoffen, wie Leder, Papier oder Gewebe, was sie zur Verwendung als Klebstoffe besonders geeignet macht. Abgesehen von der Verwendung als Pulver oder Lösungen, können die Mischpolymerisate auch als Organosole, Plastisole oder in Form ihrer Latices verwendet werden.

Die Herstellung der Vinylchlorid-Vinylacetat-Mischpolymerisate kann durch Lösungspolymerisation erfolgen, wobei als Lösungsmittel Aceton[1], Toluol[1], Alkohole[2], Kohlenwasserstoffe[2], Essigester[3] und Äther[4] verwendet werden können. Als Katalysatoren kommen hauptsächlich organische Peroxyde in Betracht, von denen Benzoylperoxyd[5], Gemische von Benzoylperoxyd mit geringen Mengen einer organischen Säure[6], Acetylbenzoylperoxyd[7] und Distearylperoxyd[8] in der Patentliteratur erwähnt wurden. Die Mischpolymerisation in Lösung erfolgt meist diskontinuierlich. Bei Einhaltung spezieller Verfahrensbedingungen ist jedoch auch eine kontinuierliche Ausführung möglich[9].

Die Herstellung von Vinylchlorid-Vinylacetat-Mischpolymerisaten ist auch nach dem Verfahren der Suspensionspolymerisation möglich. Als Supensionsstabilisatoren können hierfür Polyvinylalkohol[10] oder niedrigviskose Methylcellulose[11] verwendet werden. Zusätzlich zu Methycellulose

---

[1] A.P. 1935577, Carbide and Carbon Chemicals Co., Erf. E. W. REID; F.P. 712303, E. I. du Pont de Nemours & Co.; A.P. 1942531, E. I. du Pont de Nemours & Co., Erf. H. J. BARRETT.

[2] F.P. 741657, F.P. 789857, D.R.P. 671749, Carbide and Carbon Chemicals Co.

[3] E.P. 319588, E. I. du Pont de Nemours & Co.

[4] D.R.P. 671749, Carbide and Carbon Chemicals Co.; F.P. 904473, Consortium f. die Elektrochemische Industrie GmbH.

[5] A.P. 2011132, Carbide and Carbon Chemicals Co., Erf. CH. O. YOUNG u. ST. O. DOUGLAS.

[6] A.P. 2075575, Carbide and Carbon Chemicals Co., Erf. ST. D. DOUGLAS.

[7] E.P. 397364, D.R.P. 636315, Carbide and Carbon Chemicals Ltd.

[8] D.R.P. 679943, I. G. Farbenindustrie A.G., Erf. A. Voss u. W. HEUER.

[9] E.P. 319588, E. I. du Pont de Nemours & Co.; D.R.P. 671749, Carbide and Carbon Chemicals Co.; D.R.P. 750608, ohne Angabe des Patentinhabers, Erf. H. BERG, W. FRITZ u. F. GERSTNER.

[10] F.P. 837233, Dr. Alexander Wacker-Gesellschaft f. Elektrochemische Industrie GmbH; D.A.S. 1056833, Solvic S.A., Erf. R. DE COENE.

[11] A.P. 2951062, Allied Chemical Corp., Erf. R. D. DEANIN u. R. G. DELL.

D. Mit Säuren und Säurederivaten

können außerdem Natriumdioctylsulfosuccinat und geringe Mengen an Tetrachlorkohlenstoff zugegen sein[1]. Das Suspensionsverfahren ist auch zur Herstellung von solchen Vinylchlorid-Vinylacetat-Mischpolymerisaten geeignet, die bei bestimmter chemischer Uneinheitlichkeit und überwiegendem Aufbau aus Vinylchlorid dennoch gute Löslichkeit zeigen[2]. Hierzu wird bei der bei 48···65 °C durchzuführenden Polymerisation das gesamte Vinylacetat und so viel Vinylchlorid im Reaktionsraum vorgelegt, daß Vinylchlorid zu 40···60 Gewichtsprozent im Monomerengemisch vorhanden ist, und bei konstantem Druck das restliche Monomere während der Polymerisation kontinuierlich hinzugefügt.

Die Mischpolymerisation von Vinylchlorid und Vinylacetat in wäßriger Emulsion ist zuerst von H. MARK, H. FIKENTSCHER, J. HENGSTENBERG und G. v. SÜSICH[3] beschrieben worden, die als Katalysatoren Peroxyde oder Persäuren verwendeten. Später sind auch andere Verfahren bekannt geworden, bei denen die in Emulsion ausgeführte Mischpolymerisation dieser Monomeren mit Gemischen von Wasserstoffperoxyd und organischen Persäuren[4], Redoxkatalysatoren[5] oder Redoxkatalysatoren und Äthyleniminverbindungen[6] katalysiert wird. Als Emulgiermittel dienen bei diesen Verfahren die in der Emulsionspolymerisation üblichen Stoffe, während Gegenstand spezieller Verfahren die Verwendung von niedrigmolekularem Polyvinylalkohol[7] und höherer Betainesterchlorhydrate[8] als Emulgiermittel bei dieser Mischpolymerisation ist.

Die Eigenschaften der Mischpolymerisate aus Vinylchlorid und Vinylacetat lassen sich durch Einpolymerisieren einer weiteren polymerisierbaren Komponente in mannigfacher Weise abändern und damit speziellen Verwendungszwecken anpassen. Unter den Vinylchlorid und Vinylacetat enthaltenden Tripolymerisaten sind namentlich diejenigen von Bedeutung, die unter Verwendung von Säure- oder Estergruppen enthaltenden Monomeren als dritte polymerisierbare Komponente hergestellt sind. Als Säuregruppen enthaltende Monomere können dabei Acryl- oder Metha-

---

[1] A.P. 2962483, Ethyl Corp., Erf. A. J. HAEFNER u. P. W. TROTTER.
[2] D.A.S. 1105177, F.P. 1238536, E.P. 899593, Farbwerke Hoechst A.G., Erf. M. LEDERER.
[3] A.P. 2068424, F.P. 746969, I. G. Farbenindustrie A.G., Erf. H. MARK, H. FIKENTSCHER, J. HENGSTENBERG, G. v. SÜSICH.
[4] D.R.P. 662121, I. G. Farbenindustrie A.G., Erf. H. HOPFF, E. KÜHN u. H. SCHOLZ.
[5] A.P. 2356925, B. F. Goodrich Co., Erf. CH. F. FRYLING.
[6] D.B.P. 847500, Farbwerke Hoechst A.G. vorm. Meister Lucius & Brüning, Erf. A. JAHN, H. BASTIAN u. W. STARCK.
[7] Schwz.P. 220495, Dr. A. Wacker Gesellschaft f. elektrochemische Industrie GmbH.
[8] F.P. 1166853, Farbwerke Hoechst A.G. vorm. Meister Lucius & Brüning.

crylsäure[1], ungesättigte Dicarbonsäuren, wie Maleinsäure oder Fumarsäure[2], Halbester ungesättigter Dicarbonsäuren[3], Alkylester der Acrylsäure mit 5···10 Kohlenstoffatomen im Alkylrest[4], Ester mit zwei Doppelbindungen[5], z. B. Allylcrotonat, Crotonylcrotonat, Crotonylacrylat usw., Vinylphosphonsäuredichlorid[6] und Endomethylentetrahydrobenzylalkohol[7] verwendet werden.

Zu weiteren Tripolymerisaten gelangt man durch partielle Verseifung von Vinylchlorid-Vinylacetat-Mischpolymerisaten. Auch können Vinylacetat enthaltende Tripolymerisate durch verseifende Nachbehandlung unter teilweiser Abspaltung der Essigsäurereste weiter abgewandelt werden[8].

β) **Vinylester höherer Fettsäuren.** Die Mischpolymerisation des Vinylchlorids mit den Vinylestern höherer Fettsäuren, beispielsweise der Stearinsäure oder Ölsäure, kann nach W. REPPE, W. STARCK und A. VOSS[9] in Block, Lösung, Emulsion oder Suspension erfolgen. Die so hergestellten Produkte zeigen wegen der einpolymerisierten langkettigen Estergruppen eine innere Weichmachung, deren Ausmaß von dem Gehalt an Vinylestereinheiten abhängt[10].

Durch Einpolymerisieren von geringen Mengen eines höheren Maleinsäuredialkylesters bei der Herstellung lassen sich die Eigenschaften dieser Mischpolymerisate mit innerer Weichmachung abwandeln[11].

Mischpolymerisate des Vinylchlorids mit Vinylestern höherer α-Methyl- und α,α-Dimethylcarbonsäuren wurden von H. POLTZ[12], Mischpolymerisate des Vinylchlorids mit Vinylepoxystearat von D. SWERN[13] beschrieben.

---

[1] Schwz.P. 273079, Lonza Elektrizitätswerke & Chemische Fabriken.
[2] F.P. 885251, Carbide and Carbon Chemicals Corp.; D.B.P. 942352, Farbwerke Hoechst A.G. vorm. Meister Lucius & Brüning, Erf. G. BIER u. G. LORENTZ; vgl. auch D.B.P. 970965, Wacker-Chemie GmbH; D.A.S. 1105181, Solvic S.A., Erf. R. DE COENE u. G. LOBET; E.P. 773573, Farbwerke Hoechst A.G.
[3] F.P. 885251, Carbide and Carbon Chemical Corp., E.P. 747272, Chemische Werke Hüls A.G.
[4] A.P. 2570900, D.B.P. 842406, B. F. Goodrich Co., Erf. R. J. WOLF.
[5] F.P. 801462, Carbide and Carbon Chemicals Corp.
[6] D.A.S. 1027874, Farbwerke Hoechst A.G. vorm. Meister Lucius & Brüning, Erf. W. DENK, H. SCHERER u. G. MESSWARB.
[7] E.P. 891925, Chemische Werke Hüls A.G.   [8] Vgl. S. 89.
[9] D.R.P. 593399, A.P. 2118863, A.P. 2118946, E.P. 395478, I. G. Farbenindustrie A.G.; wegen der Herstellung derartiger Mischpolymerisate unter Erzielung einer hohen Einheitlichkeit vgl. F.P. 1291562, Air Reduction Co.
[10] PORT, W. S., E. F. JORDAN jr., E. PALM, L.-P. WITNAUER, J. E. HANSEN u. D. SWERN: Ind. Engn. Chem. **1955**, S. 472.
[11] A.P. 2845404, E.P. 779854 United States Rubber Co., Erf. H. K. GARNER, H. F. JORDAN u. W. V. SMITH.
[12] D.A.S. 1092202, Badische Anilin- & Soda-Fabrik A.G., Erf. H. POLTZ.
[13] A.P. 2993034, United States of America, Erf. D. SWERN.

D. Mit Säuren und Säurederivaten 97

γ) **Vinylester von Alkoxysäuren.** In der Patentliteratur wurden verschiedentlich Vinylester von Alkoxysäuren als polymerisierbare Monomere zur Herstellung von Mischpolymerisaten mit Vinylchlorid erwähnt. Als polymerisierbare Monomere dieser Art wurden Vinylester alkoxylierter Fettsäuren, deren Alkoxygruppe mehr als zwei Kohlenstoffatome enthält[1], und die Vinylester von β-Alkoxybuttersäuren[2] genannt. Mit den zuletzt genannten Monomeren sind auch ternäre Mischpolymerisate mit Vinylchlorid und Acrylverbindungen hergestellt worden.

2. Allylester

Vinylchlorid ist mit Monoallylestern von anorganischen Säuren und gesättigten organischen Säuren[3] sowie Allylestern von Dialkylätherdicarbonsäuren[4] mischpolymerisierbar. Außerdem lassen sich ternäre Mischpolymerisate herstellen, die neben Vinylchlorid und einem Allylester einen Allylglycidäther[5] oder einen höheren Vinylester[6] als dritte Komponente aufweisen. Zu erwähnen sind weiter Mischpolymerisate aus Vinylchlorid und Chlorallylidendiacetat[7]. Auch Diallylester aliphatischer[8] und aromatischer[9] Dicarbonsäuren, Allylester von Allyloxycarbonsäuren[10] sowie der Diallylester der Kohlensäure[11] kommen in kleinen Mengen als mischpolymerisierbare Komponente in Betracht.

3. Acrylsäureester

α) **Acrylsäuremethylester.** Die Herstellung von Mischpolymerisaten aus Vinylchlorid und Acrylsäuremethylestern kann nach dem Verfahren der Lösungs- und Blockpolymerisation erfolgen, jedoch ist die Emulsionspolymerisation das in der Literatur am häufigsten erwähnte Verfahren zur Herstellung dieser Mischpolymerisate.

Die Mischpolymerisation von Vinylchlorid und Acrylsäuremethylester in wäßriger Emulsion ist zuerst in Patentschriften der Firma I. G. Far-

---

[1] D.R.P. 695755, I. G. Farbenindustrie A.G., Erf. L. ORTHNER u. R. REUBER.
[2] F.P. 949581, Distilliers Co. Ltd., Erf. C. A. BRIGHTON, M. D. COOKE, D. FAULKNER, J. J. P. STAUDINGER u. D. CLEVERDON.
[3] D.B.P. 900274, Chemische Werke Albert, Erf. J. REESE.
[4] A.P. 2515132, Can.P. 463082, Wingfoot Corp., Erf. CH. R. MILONE.
[5] A.P. 2562897, E. I. du Pont de Nemours & Co., Erf. E. K. ELLINGBOE.
[6] F.P. 1286149, Farbwerke Hoechst A.G. vorm. Meister Lucius & Brüning.
[7] E.P. 795279, Union Carbide Corp.
[8] A.P. 3012011, E.P. 841075, Monsanto Chemical Co., Erf. R. H. MARTIN jr.; A.P. 3012012, Monsanto Chemical Co., Erf. R. H. MARTIN jr.
[9] A.P. 3012013, Monsanto Chemical Co., Erf. T. MORIKAWA u. K. TAKIGUCHI; F.P. 1286149, Farbwerke Hoechst A.G.
[10] A.P. 3025272, Monsanto Chemical Co., Erf. R. H. MARTIN jr.
[11] A.P. 3012009, Monsanto Chemical Co., Erf. R. H. MARTIN jr.

benindustrie A.G. beschrieben worden. Danach können als Katalysatoren organische oder anorganische Peroxyde[1] oder Gemische von Wasserstoffperoxyd mit organischen Persäuren oder diesen ähnlichen Verbindungen[2] verwendet werden. Als Emulgatoren eignen sich die Alkalisalze von Alkoylarylsulfonsäuren[3] oder Alkalisalze höherer aliphatischer Sulfonsäuren[4]. Später sind zur Katalysierung der Emulsionsmischpolymerisation auch Redoxkatalysatoren vorgeschlagen worden[5]. Es hat sich weiter gezeigt, daß die mit Peroxydkatalysatoren katalysierte Mischpolymerisation von Vinylchlorid und Acrylsäureestern beschleunigt wird, wenn man in Gegenwart von Silbernitrat[6], Komplexverbindungen aus Silbersalzen und Oxalsäure[7] oder Ammoniakaten von Silbersalzen arbeitet[8].

Um bei der Mischpolymerisation von Vinylchlorid und Acrylsäuremethylester trotz der verschiedenen Reaktionsgeschwindigkeit dieser beiden Monomeren einheitliche Produkte zu erhalten, kann man die Emulsionspolymerisation nach H. FIKENTSCHER und J. HENGSTENBERG[9] in der Weise durchführen, daß der Acrylsäureester im Verlaufe der Polymerisation in mehreren Anteilen zu dem das Vinylchlorid enthaltenden Polymerisationsansatz gegeben wird.

Die Mischpolymerisation von Vinylchlorid und Acrylsäuremethylester in wäßriger Emulsion läßt sich nach H. FIKENTSCHER[10] auch kontinuierlich durchführen. Hierzu wird in hohen Polymerisationstürmen gearbeitet, die am oberen Ende kontinuierlich mit der Emulsion der zu polymerisierenden Monomeren beschickt werden, während die Polymerisatdispersion am unteren Ende abgezogen wird.

Vinylchlorid und Acrylsäureester lassen sich mit anderen polymerisierbaren Verbindungen zu ternären Mischpolymerisaten polymerisieren. Besonders eingehend wurde dabei die Tripolymerisation mit Vinylidenchlorid bearbeitet. Diese Tripolymerisation läßt sich in wäßriger Emul-

---

[1] F.P. 746969, I. G. Farbenindustrie A.G.
[2] D.R.P. 662121, I. G. Farbenindustrie A.G., Erf. H. HOPFF, E. KÜHN u. H. SCHOLZ.
[3] F.P. 881997, I. G. Farbenindustrie A.G.
[4] A.P. 2404781, E. I. du Pont de Nemours & Co., Erf. M. M. BRUBAKER u. G. L. DOROUGH.
[5] A.P. 2462354, E. I. du Pont de Nemours & Co., Erf. M. M. BRUBAKER; F.P. 1289540, Compagnie Française des Matières Colorantes, Erf. J. PERRONIN.
[6] A.P. 2510426, B. F. Goodrich Co., Erf. G. W. SMITH; E.P. 653936, F.P. 969534, B. F. Goodrich Co., Erf. G. W. SMITH.
[7] A.P. 2473549, B. F. Goodrich Co., Erf. G. W. SMITH.
[8] F.P. 969742, A.P. 2473548, B. F. Goodrich Co., Erf. G. W. SMITH.
[9] F.P. 798056, D.R.P. 629220, I. G. Farbenindustrie A.G.
[10] F.P. 844023, I. G. Farbenindustrie A.G.; D.B.P. 900019, Badische Anilin- & Soda-Fabrik A.G.

D. Mit Säuren und Säurederivaten

sion mit Peroxydkatalysatoren und langkettigen Alkalisulfonaten als Emulgiermittel durchführen[1]. Auch kann hierbei N-Dodecyl-β-alanin[2] als Emulgiermittel zur Anwendung kommen.

Unter den ternären Mischpolymerisaten aus Vinylchlorid, Vinylidenchlorid und Acrylsäureestern besitzen diejenigen besondere Bedeutung, die überwiegend aus Vinylidenchlorid aufgebaut sind. Die Herstellung dieser ternären Mischpolymerisate kann ebenfalls in wäßriger Emulsion in Gegenwart von Peroxydkatalysatoren vorgenommen werden[3]. Zweckmäßig wird dabei in der Weise gearbeitet, daß man zu der Vinylchloridemulsion im Verlaufe der Polymerisation die erforderlichen Mengen an Vinylidenchlorid und Acrylsäureester zufügt. Eine Variante dieses Verfahrens besteht darin, den Acrylsäureester erst nach beendeter Mischpolymerisation von Vinylchlorid und Vinylidenchlorid, aber vor Entfernung der Restmonomeren zuzusetzen[4], wodurch kristalline Mischpolymerisate erhalten werden.

Die Mischpolymerisation von überwiegenden Mengen an Vinylidenchlorid mit Vinylchlorid und Acrylsäureester läßt sich nach K. Jost[5] auch in wäßriger Suspension durchführen. Man verwendet hierbei Vinylidenchlorid in Mengen von mindestens 75% und einen Acrylsäureester in Mengen von 0,1···3%. Die so hergestellten Produkte sind in Tetrahydrofuran löslich und lassen sich thermoplastisch zu homogenen Gebilden verarbeiten.

Nach einem weiteren Verfahren[6] lassen sich lichtbeständige und nichtklebende Mischpolymerisate erhalten, wenn man ein Monomerengemisch aus überwiegenden Mengen an Vinylidenchlorid und geringen Mengen an Vinylchlorid und Äthylacrylat in Gegenwart kleiner Mengen des Ammoniumsalzes eines Mischpolymerisates von Styrol und Maleinsäureanhydrid mit Formaldehyd umsetzt.

Außer Vinylidenchlorid sind auch andere Monomere als dritte polymerisierbare Komponente zur Herstellung ternärer Mischpolymerisate von Vinylchlorid und Acrylsäureestern verwendet worden. Erwähnt seien Acrylnitril[7], die Vinylester höherer Fettsäuren[8] und Vinylester der

---

[1] F.P. 941949, D.B.P. 929876, N. V. de Bataafsche Petroleum Mij., Erf. W. L. DE NIE; F.P. 942027, B. F. Goodrich Co., Erf. G. W. SMITH; F. P. 1075835, Farbenfabriken Bayer A.G.
[2] A.P. 2787604, B. F. Goodrich Co., Erf. J. R. MILLER.
[3] E.P. 653359, F.P. 969577, B. F. Goodrich Co., Erf. E. B. OSBORNE.
[4] E.P. 754565, D.A.S. 1002946, Firestone Tire & Rubber Co., Erf. TH. W. FISHER u. G. P. ROWLAND jr.
[5] D.B.P. 950813, Badische Anilin- & Soda-Fabrik A.G.
[6] A.P. 2673191, B. F. Goodrich Co., Erf. R. J. WOLF.
[7] A.P. 2486241, E. I. du Pont de Nemours & Co., Erf. H. W. ARNOLD.
[8] A.P. 2118946, I. G. Farbenindustrie A.G., Erf. W. REPPE, W. STARCK u. A. VOSS.

Formel

$$CH_2=CH-X-R-COOH,$$

worin X eine Estergruppe und R ein Alkylenradikal bedeuten[1].

Auch Mischpolymerisate aus Vinylchlorid und geringen Mengen eines Maleinsäurediesters und Acrylsäureesters sind bekannt geworden[2].

β) Acrylsäureester höherer Alkohole. Die Mischpolymerisation des Vinylchlorids mit Acrylsäureestern höherer Alkohole führt zu Produkten, die sich gegenüber den Mischpolymerisaten aus Vinylchlorid und Acrylsäuremethylester oder -äthylester durch eine leichtere Verarbeitbarkeit auszeichnen[3].

Es hat sich nämlich gezeigt, daß die Duktilität von Mischpolymerisaten aus Vinylchlorid und Acrylsäureestern in dem Maße zunimmt, in dem die Anzahl der Kohlenstoffatome des Alkoholrestes der Esterkomponente ansteigt. Dieser auf einer inneren Weichmachung beruhende Effekt hat zur Folge, daß Mischpolymerisate aus Vinylchlorid und höheren Alkylacrylaten, z. B. Octylacrylat, weichmacherfrei oder mit nur geringen Weichmachermengen auf Folien oder Formkörper verarbeitet werden können.

Die Eigenschaften von Mischpolymerisaten aus Vinylchlorid und Acrylsäureestern höherer Alkohole lassen sich abwandeln und verbessern, wenn man noch eine dritte polymerisierbare Komponente einpolymerisiert. So kann man die Licht- und Hitzebeständigkeit von Folien aus diesen Mischpolymerisaten steigern, wenn man die Mischpolymerisation von Vinylchlorid und dem höheren Acrylsäureester in Gegenwart kleiner Mengen von Acrylsäuremethyl- oder -äthylester[4] oder Acrylsäure[5] durchführt.

In der Folgezeit ist die Tripolymerisation von Vinylchlorid, höheren Acrylsäureestern und einer weiteren polymerisierbaren Komponente namentlich von der Firma B. F. Goodrich Co. weiter bearbeitet worden. Bei den Verfahren dieser Firma werden gewöhnlich Gemische polymerisiert, die einen überwiegenden Gehalt an Vinylchlorid aufweisen. Man erhält Produkte, die wegen der einpolymerisierten Estergruppe eine innere Weichmachung zeigen und daher ohne Weichmacherzusatz zu Formkörpern oder Folien verarbeitet werden können. Als Acrylsäureester höherer Alkohole werden Alkylacrylate verwendet, deren Alkylreste in

---

[1] A.P. 2605254, D.B.P. 943145, B. F. Goodrich Co., Erf. R. J. WOLF.

[2] Jap.A.S. 4745/1958, Toa Gosei Kagaku Kogyo Kabushiki Kaisha, Erf. K. OHASI, S. WAKANO u. S. MIURA.

[3] D.R.P. 669747, Deutsche Celluloid-Fabrik in Eilenburg; D.R.P. 638014, I. G. Farbenindustrie A.G., Erf. H. FIKENTSCHER u. F. SCHMIDT.

[4] D.R.P. 669747, Deutsche Celluloid-Fabrik in Eilenburg.

[5] D.R.P. 663220, I. G. Farbenindustrie A.G., Erf. H. FIKENTSCHER u. W. FRANCKE.

D. Mit Säuren und Säurederivaten 101

der Regel 5···10 Kohlenstoffatome im Molekül aufweisen. Als dritte polymerisierbare Komponente können Isobutylen[1], Styrol[2], Divinylbenzol[3], Vinylidenchlorid[4], Vinylacetat[5], Vinylbenzoat[6], Diallylmaleat[7], Acrylnitril[8], Acrylsäure oder deren Amid[9] sowie Acrylsäureoxyalkylester[10] dienen.

γ) **Acrylsäureester sonstiger Alkohole.** In der Patentliteratur finden sich auch Hinweise auf die Mischpolymerisation von Vinylchlorid mit anderen als den in den vorangehenden Kapiteln besprochenen Acrylsäureestern. So ist erwähnt worden, daß sich Vinylchlorid mit im aromatischen Kern halogenierten Acrylalkanolacrylaten[11], mit Cyanalkylestern der Acrylsäure[12], mit Ketoestern der Acrylsäure[13], mit Acryloxyäthylenalkylcarbonaten[14] und mit Acrylsäureallylestern[15] mischpolymerisieren läßt. Neuerdings ist auch die Mischpolymerisation von Vinylchlorid mit Acrylsäureestern von Polyoxyalkylenglykolen[16] und von Polyestern[17] sowie die ternäre Polymerisation von Vinylchlorid, einem Alkoxyalkylacrylat und einem anderen ungesättigten Ester[18] beschrieben worden.

4. Acrylnitril

Die Mischpolymerisation des Vinylchlorids mit Acrylnitril wird meist in wäßriger Emulsion und in Abwesenheit von Sauerstoff durchgeführt.

---

[1] A.P. 2594375, E.P. 682911, B. F. Goodrich Co., Erf. R. J. WOLF.
[2] E.P. 690076, A.P. 2605257, B. F. Goodrich Co., Erf. R. J. WOLF u. A. A. NICOLAY.
[3] A.P. 2608553, B. F. Goodrich Co., Erf. R. J. WOLF.
[4] A.P. 2563079, B. F. Goodrich Co., Erf. G. W. SMITH.
[5] A.P. 2636024, B. F. Goodrich Co., Erf. R. J. WOLF.
[6] A.P. 2570900, B. F. Goodrich Co., Erf. R. J. WOLF; vgl. D.B.P. 842406, B. F. Goodrich Co.
[7] A.P. 2608549, B. F. Goodrich Co., Erf. R. J. WOLF.
[8] E.P. 682914, A.P. 2608552, B. F. Goodrich Co., Erf. R. J. WOLF u. A. A. NICOLAY.
[9] F.P. 1063285, B. F. Goodrich Co., Erf. R. J. WOLF u. E. G. SCHWAEGERLE.
[10] A.P. 2686172, B. F. Goodrich Co., Erf. R. J. WOLF.
[11] F.P. 877124, Compagnie française pour l'Exploitation des Procédés Thomson-Houston; A.P. 2299740, General Electric Co., Erf. G. F. D'ALELIO.
[12] D.B.P. 877955, Farbenfabriken Bayer A.G., Erf. W. BOCK u. O. SCHMAUSS; A.P. 2723260, Monsanto Chemical Co., Erf. D. T. MOWRY u. R. R. MORNER.
[13] F.P. 915795, Wingfoot Corp., Erf. A. M. CLIFFORD.
[14] A.P. 2575585, Wingfoot Corp., Erf. W. COX u. J. M. WALLACE.
[15] F.P. 1128845, Solvay & Cie.
[16] D.A.S. 1110866, B. F. Goodrich Co., Erf. A. R. BERENS.
[17] E.P. 914252, B. F. Goodrich Co.
[18] A.P. 3017396, Borden Co., Erf. L. H. AROND, W. J. SALEM, H. WECHSLER u. S. MAKOWER.

Als Katalysatoren kommen Benzoylperoxyd[1], Persulfate[2] oder Redoxkatalysatoren[3] in Betracht. Auch kann hierbei in Gegenwart von Silbersalzen gearbeitet werden[4].

Bei einem speziellen Verfahren werden Mischpolymerisate aus Vinylchlorid und Acrylnitril von hohem Erweichungspunkt dadurch erhalten, daß man monomeres Vinylchlorid zu 50···75% vorpolymerisiert, dann Acrylnitril in Mengen von 18···25%, bezogen auf die Gesamtmenge an Monomeren, zugibt und weiter polymerisiert[5].

Außer Acrylnitril ist auch α-Trifluoracetoxyacrylnitril mit Vinylchlorid mischpolymerisiert worden[6].

Acrylnitril ist verschiedentlich dazu verwendet worden, um die Eigenschaften von Mischpolymerisaten des Vinylchlorids mit anderen polymerisierbaren Monomeren abzuwandeln. So kann man beispielsweise die Verarbeitbarkeit von Mischpolymerisaten aus Vinylidenchlorid und Vinylchlorid verbessern, wenn man bei der Herstellung kleine Mengen an Acrylnitril einpolymerisiert[7].

Auch durch Mischpolymerisation von Vinylchlorid, Acrylnitril und Methylacrylat[8] oder Alkylacrylaten mit 5···10 Kohlenstoffatomen im Alkylrest[9] lassen sich Produkte erhalten, die verbesserte Eigenschaften zeigen und ohne Weichmacherzusatz verarbeitet werden können.

Durch ternäre Polymerisation von Vinylchlorid, Acrylnitril und kleinen Mengen an Vinylpyridin ist es weiter möglich, Tripolymerisate zu erhalten, die gegenüber Mischpolymerisaten aus Vinylchlorid und Acrylnitril eine verbesserte Affinität zu Farbstoffen aufweisen[10].

Durch Einpolymerisieren von geringen Mengen von Monomeren, welche die Vinylgruppe direkt an Sauerstoff oder Stickstoff gebunden enthalten, ist es weiter gelungen, die Löslichkeit von Mischpolymerisaten auf Grundlage von Acrylnitril und Vinylchlorid zu verbessern[11].

[1] F.P. 746969, I. G. Farbenindustrie A.G.
[2] A.P. 2404791, E. I. du Pont de Nemours & Co., Erf. D. D. COFFMAN u. F. C. MCGREW.
[3] F.P. 923008, A.P. 2436926, E. I. du Pont de Nemours & Co, Erf. R. A. JACOBSON; F. P. 1292431, F.P. 1290436, Union Carbide Corp.
[4] F.P. 922735, Imperial Chemical Industries Ltd.
[5] D.B.P. 1002526, Chemische Werke Hüls A.G., Erf. E. HEINRICH u. W. FRANCKE.
[6] A.P. 2464120, Eastman Kodak Co., Erf. J. B. DICKEY u. TH. E. STANIN.
[7] D.B.P. 871514, Badische Anilin- & Soda-Fabrik A.G., Erf. H. HOPFF, C. RAUTENSTRAUCH u. A. KLING.
[8] A.P. 2486241, E. I. du Pont de Nemours & Co., Erf. H. W. ARNOLD.
[9] E.P. 682914, A.P. 2608552, B. F. Goodrich Co., Erf. R. J. WOLF u. A. A. NICOLAY.
[10] A.P. 2636023, E. I. du Pont de Nemours & Co., Erf. P. J. CULHANE u. G. M. ROTHROCK.
[11] D.B.P. 962472, Badische Anilin- & Soda-Fabrik A.G., Erf. H. FIKENTSCHER u. F. KIEFERLE.

5. Methacrylsäureester

Ähnlich wie Acrylsäureester lassen sich auch Methacrylsäureester mit Vinylchlorid mischpolymerisieren, und zwar sowohl in Block als auch in Lösung und Emulsion[1]. Arbeitet man in wäßriger Emulsion, so können Peroxyde zusammen mit geringen Mengen an Kupfer- oder Eisensalzen als Katalysatoren dienen[2]. Wegen der unterschiedlichen Reaktionsgeschwindigkeit von Vinylchlorid und Methacrylsäureester sind auch hier besondere Vorkehrungen zur Erzielung einheitlicher Mischpolymerisate erforderlich. Zum Ziele führt wiederum die auch bei anderen Monomerengemischen übliche Maßnahme, die Monomeren mit annähernd derselben Geschwindigkeit zuzusetzen, mit der sie bei der Mischpolymerisation verbraucht werden[3].

Von den weiteren, speziell für Mischpolymerisate aus Vinylchlorid und Methylmethacrylat entwickelten Verfahren ist auf ein Verfahren der Firma B. F. Goodrich Co. Ltd.[4] hinzuweisen, das zu stabilen Latices führt. Das Verfahren besteht darin, daß man zunächst nur einen Teil, etwa 20···50%, des benötigten Emulgiermittels dem Reaktionsgemisch zufügt. Nach Einleitung der Polymerisation wird dann das restliche Emulgiermittel kontinuierlich oder in einzelnen Anteilen zugesetzt. Man beginnt die Polymerisation zweckmäßig zunächst nur mit einem Teil der Monomeren und fügt die weiteren Anteile in dem Maße zu, in dem die Umsetzung erfolgt. Ein weiteres spezielles Verfahren führt zu körnigen Mischpolymerisaten und besteht darin, daß man Vinylchlorid zusammen mit geringen Mengen an Methacrylat in einer gegenüber den Monomeren indifferenten Flüssigkeit mit Persalzen polymerisiert[5].

Außer dem Methylester können auch andere Ester der Methacrylsäure, besonders von höheren aliphatischen oder cycloaliphatischen Alkoholen, mit Vinylchlorid, und zwar zu benzinlöslichen Produkten, mischpolymerisiert werden[6]. Ebenso lassen sich Mischpolymerisate mit Methacrylsäureester ungesättigter Alkohole erhalten[7]. Außerdem ist es möglich, durch Einpolymerisieren einer dritten Komponente Mischpolymerisate mit abgewandelten Eigenschaften zu erhalten. Als dritte Komponente kann Methacrylsäure[8] oder Vinylidenchlorid verwendet werden, das

---
[1] F.P. 746713, Imperial Chemical Industries Ltd.
[2] F.P. 930340, Imperial Chemical Industries Ltd.; A.P. 2407946, Dow Chemical Co., Erf. E. C. Britton u. W. J. le Fevre.
[3] F.P. 944063, N. V. de Bataafsche Petroleum Mij.; A.P. 2496384, Canad.P. 464349, Shell Development Co., Erf. W. L. J. de Nie.
[4] E.P. 630611, B. F. Goodrich Co.
[5] A.P. 2511593, United States Rubber Co., Erf. W. J. Lightfoot.
[6] E.P. 487593, I. G. Farbenindustrie A.G.
[7] F.P. 859548, Comp. des Meules Norton; F.P. 859257, Pittsburgh Plate Glass Co.; F.P. 1128845, Solvay & Cie.
[8] E.P. 531956, E.P. 532022, Norton Grinding Wheel Co. Ltd.

zur Herstellung der ternären Mischpolymerisate mit Vinylchlorid und Methylmethacrylat in Emulsion[1] oder Suspension[2] polymerisiert wird.

6. Olefindicarbonsäuren und deren Ester

Die Herstellung von Mischpolymerisaten des Vinylchlorids mit Olefindicarbonsäuren oder Derivaten geht auf Arbeiten von A. Voss und E. Dickhäuser[3] zurück, die durch Blockpolymerisation von Vinylchlorid und Maleinsäureanhydrid nicht nur in verdünnten Alkalien, sondern auch in Wasser lösliche Polymerisate hergestellt haben. Später ist die Herstellung in einem organischen Lösungsmittel, wobei das Reaktionsgemisch nach erfolgter Polymerisation mit einer wäßrigalkalischen Lösung behandelt wird, beschrieben worden[4]. Sowohl bei der Block- als auch bei der Lösungspolymerisation kann dabei in Gegenwart von Methyllävulinat als Weichmacher gearbeitet werden[5]. Auch in Suspension ist die Mischpolymerisation von Vinylchlorid mit ungesättigten Dicarbonsäuren möglich, wenn man zunächst in Block vorpolymerisiert und das noch flüssige Reaktionsgemisch anschließend unter Zusatz eines Dispergiermittels in Wasser dispergiert und dann in Suspension fertig polymerisiert[6] oder einstufig in Wasser, dem geringe Mengen eines wasserlöslichen organischen Lösungsmittels zugemischt sind, arbeitet[7].

Mischpolymerisate aus Vinylchlorid und Derivaten der Äthylen-1,2-dicarbonsäuren lassen sich nach A. Voss und E. Dickhäuser[8] erhalten, wenn man zunächst Vinylchlorid mit der Olefindicarbonsäure, z. B. Maleinsäure oder deren Anhydrid, polymerisiert und anschließend die Carboxylgruppen des gebildeten Mischpolymerisates in die entsprechenden Derivate überführt. Nach Angaben der gleichen Autoren kann diese Reaktion auch in der Weise durchgeführt werden, daß man die wasserlösliche oder in wasserlösliche Form gebrachte Carboxylgruppen enthaltenden Mischpolymerisate in Gegenwart von organischen Hydroxylverbindungen auf etwa 100 °C und darüber erhitzt[9]. Eine Nachbehandlung von Mischpolymerisaten aus Vinylchlorid und Maleinsäure oder Maleinsäureanhydrid läßt sich schließlich auch durch Erhitzen mit höhermolekularen Verbindungen, wie Gelatine, Albumin, Casein, Dextrin, Alkylcellulose usw., erzielen[10].

---

[1] F.P. 941949, N. V. de Bataafsche Petroleum Mij.
[2] D.B.P. 950813, Badische Anilin- & Soda-Fabrik A.G., Erf. K. Jost.
[3] D.R.P. 540101, I. G. Farbenindustrie A.G.
[4] E.P. 549682, E. I. du Pont de Nemours & Co.
[5] A.P. 2407413, Pittsburgh Plate Glass Co., Erf. H. L. Gerhart.
[6] E.P. 905307, F.P. 1284173, Imperial Chemical Ind. Ltd., Erf. L. E. Perrins.
[7] E.P. 924645, Imperial Chemical Ind. Ltd., Erf. L. E. Perrins.
[8] D.R.P. 544326, I. G. Farbenindustrie A.G.
[9] D.R.P. 579254, I. G. Farbenindustrie A.G.
[10] F.P. 815311, I. G. Farbenindustrie A.G.

D. Mit Säuren und Säurederivaten

Olefindicarbonsäuren werden verschiedentlich auch zur Herstellung von Tripolymerisaten verwendet. Besonders zu erwähnen sind dabei die Tripolymerisate aus überwiegenden Mengen an Vinylchlorid und Vinylestern und geringen Mengen an ungesättigten Dicarbonsäuren. Diese Tripolymerisate zeichnen sich gegenüber den entsprechenden Mischpolymerisaten aus Vinylchlorid und Vinylestern durch eine verbesserte Haftfestigkeit auf glatten Oberflächen aus. Die Herstellung solcher Tripolymerisate kann nach W. E. CAMPBELL[1] durch Polymerisation der Monomeren in Aceton und in Gegenwart eines Peroxydkatalysator erfolgen. Es hat sich gezeigt, daß man auch in wäßriger Emulsion arbeiten kann, wenn man nach G. BIER und G. LORENTZ[2] einen pH-Wert von 4 oder darunter einhält und nichtionogene Emulgatoren oder Salze aliphatischer oder aromatischer Carbonsäuren als ionogene Emulgatoren verwendet. Nach Angaben der gleichen Autoren lassen sich auch Tripolymerisate aus Vinylchlorid, Vinylacetat und geringen Mengen Fumarsäure, und zwar sowohl in wäßriger Emulsion als auch in organischer Phase erhalten[3].

Mischpolymerisate des Vinylchlorids mit Estern ungesättigter Dicarbonsäuren sind sowohl nach dem Verfahren der Emulsionspolymerisation als auch nach dem der Suspensionspolymerisation zugänglich.

Die Anwendung der Emulsionspolymerisation zur Herstellung solcher Mischpolymerisate geht auf Verfahren der Firma I. G. Farbenindustrie A.G.[4] zurück, nach denen Vinylchlorid mit Maleinsäureestern in wäßrigem Medium unter Zusatz von Sulfonaten als Emulgiermittel polymerisiert wird. Bei diesem Verfahren kann in Gegenwart einer weiteren polymerisierbaren Verbindung gearbeitet werden, wodurch sich ternäre Polymerisate erhalten lassen. Auch kann man nach diesem Verfahren Vinylchlorid mit solchen Maleinsäureestern mischpolymerisieren, deren Alkoholreste mehr als 6 Kohlenstoffatome aufweisen[5]. Die so hergestellten Mischpolymerisate des Vinylchlorids mit höheren Maleinsäureestern zeichnen sich durch eine gute Löslichkeit in Benzin aus.

Die Maleinsäuredialkylester mit 10···18 Kohlenstoffatomen lassen sich nach einem von C. I. CARR jun. und G. CH. ZWICK[6] entwickelten Verfahren unter Entstehung stabiler Dispersionen in Emulsion mischpolymerisieren, wenn man die Monomeren im Wasser des Polymerisations-

---

[1] A.P. 2329456, F.P. 885251, Carbide and Carbon Chemicals Corp.
[2] E.P. 773573, D.B.P. 932456, Farbwerke Hoechst A.G., vorm. Meister Lucius & Brüning.
[3] D.B.P. 942352, Farbwerke Hoechst A.G. vorm. Meister Lucius & Brüning.
[4] E.P. 466898, Ital.P. 347946, Canad.P. 382033, D.B.P. 873746, I. G. Farbenindustrie A.G., Erf. H. HOPFF, G. STEINBRUNN u. H. FREUDENBERGER.
[5] E.P. 487593, I. G. Farbenindustrie A.G.
[6] D.A.S. 1110872, A.P. 2958688, E.P. 805119, United States Rubber Co., Erf. C. I. CARR jun u. G. CH. ZWICK.

II. Herstellung von Mischpolymerisaten des Vinylchlorids

ansatzes durch Behandlung mit einer Kugelmühle oder einem Homogenisator zu Tröpfchen mit einem durchschnittlichen Teilchendurchmesser von $0,1\cdots 1\,\mu$ verteilt.

In gleicher Weise wie Maleinsäureester lassen sich auch andere Äthylen-α,β-dicarbonsäureester, z. B. Fumarsäureester, mit Vinylchlorid in wäßriger Emulsion mischpolymerisieren[1]. Die Mischpolymerisation mit Fumarsäuredialkylestern wird dabei nach einem Verfahren der Firma Wingfoot Corp.[2] bei einem pH-Wert der Emulsion von $7\cdots 9$ und nach einem von H. W. Arnold[3] entwickelten Verfahren bei einem pH-Wert der Emulsion von $1\cdots 5$ durchgeführt. Ein weiteres Verfahren sieht die Polymerisation des Vinylchlorid-Dialkylfumaratgemisches in Gegenwart eines wasserlöslichen Alkalimetallsalzes eines sulfonierten Naphthalin-Formaldehyd-Kondensationsproduktes und eines Alkalisulfonates vor[4].

Die Herstellung von Mischpolymerisaten aus Vinylchlorid und Maleinsäureestern gelingt nach M. Baer[5] auch durch Suspensionspolymerisation, wenn man kleine Mengen von Mischpolymerisaten aus Vinylacetat und Maleinsäureanhydrid als Suspensionsstabilisatoren anwendet und in Anwesenheit von Glyceryl-mono-octadecanoat oder von 12-Oxy-octadecansäure arbeitet.

Mischpolymerisate aus Vinylchlorid und Maleinsäuredialkylestern, deren beide Alkylreste je mehr als 8 Kohlenstoffatome aufweisen, können ebenfalls durch Suspensionspolymerisation hergestellt werden[6]. Allerdings wird hierbei eine etwas abgewandelte Technik verwendet. Diese besteht darin, daß man eine homogene, mit Wasser nicht mischbare Lösung des Maleinsäureesters und des öllöslichen Katalysators herstellt. Getrennt hiervon wird eine wäßrige Lösung des Dispergators bereitet. Man dispergiert die lipophile Phase im wäßrigen Medium und polymerisiert anschließend in Gegenwart des Vinylchlorids.

Da sich Vinylchlorid und Äthylen-α,β-dicarbonsäureester in ihrer Polymerisationsgeschwindigkeit unterscheiden, weisen die zu Beginn der Reaktion erhaltenen Mischpolymerisate einen anderen Estergehalt als die gegen Ende der Reaktion gebildeten Produkte auf. Um zu einheitlichen Mischpolymerisaten zu gelangen, kann man zunächst einen Teil des Vinylchlorids vorpolymerisieren und anschließend den monomeren Ester anteilweise zugeben[7]. Homogene Produkte werden weiter in ähnlicher Weise

---

[1] F.P. 814093, I. G. Farbenindustrie A.G.; D.B.P. 873746, Badische Anilin- & Soda-Fabrik A.G., Erf. H. Hopff, G. Steinbrunn u. H. Freudenberger.
[2] E.P. 571367, Wingfoot Corp. [3] A.P. 2404780, E. I. du Pont de Nemours & Co.
[4] Can.P. 478903, E. I. du Pont de Nemours & Co., Erf. H. J. Richter.
[5] A.P. 2492086, A.P. 2492088, Monsanto Chemical Co., Erf. M. Baer.
[6] A.P. 2839509, E.P. 783837, D.P.B. 1081672, United States Rubber Co., Erf. H. K. Garner.
[7] E.P. 466898, I. G. Farbenindustrie A.G., vgl. auch A.P. 2971939, Monsanto Chemical Co.

D. Mit Säuren und Säurederivaten 107

erhalten, wenn man nach J. J. P. STAUDINGER und C. A. BRIGHTON[1] anfangs nur einen Teil des Äthylen-α,β-dicarbonsäureesters dem Polymerisationsansatz zugibt und die weiteren Estermengen während des Polymerisationsablaufes in dem Maße zufügt, daß ein konstantes Verhältnis von Vinylchlorid zu Ester erhalten bleibt.

Mischpolymerisate lassen sich auch mit Dialkylestern der Fumarsäure herstellen. Produkte dieser Art hat R. H. MARTIN jr.[2] durch Polymerisation in wäßriger Suspension hergestellt. H. W. EBERSBACH und J. HECKMAIER[3] stellten Mischpolymerisate mit langkettigen Dialkylfumaraten durch absatzweise Polymerisation der Monomeren in Gegenwart von Hydroxyalkylcellulose als Suspensionsstabilisator her.

Durch Mischpolymerisation von Vinylchlorid mit geringen Mengen an Itacon-, Citracon- oder Mesaconsäureestern lassen sich ebenfalls Produkte erhalten, die gegenüber reinem Polyvinylchlorid abgewandelte Eigenschaften, z. B. erhöhte Schlag- und Biegefestigkeit, aufweisen. Das Einpolymerisieren von geringen Mengen dieser ungesättigten Ester führt weiter zu einer inneren Weichmachung des Polyvinylchloridmoleküls, die für viele Verarbeitungszwecke erwünscht ist.

Die Mischpolymerisation des Vinylchlorids kann sowohl mit geringen Mengen an Itaconsäuredialkylestern[4] als auch mit Itaconsäureestern ungesättigter Alkohole[5] erfolgen, wobei zur Herstellung bei erhöhten Temperaturen und in Gegenwart von Katalysatoren gearbeitet wird. Die Polymerisation von Vinylchlorid mit geringen Mengen an Citracon- oder Mesaconsäureestern kann sowohl in Block und Lösung als auch in Suspension und Emulsion erfolgen[6].

Bei dem zuletzt genannten Verfahren kann auch in Gegenwart anderer mischpolymerisierbarer Verbindungen gearbeitet werden.

Zur Mischpolymerisation mit Vinylchlorid sind auch einige Dicarbonsäureimide verwandt worden[7]. Außerdem wurden Mischpolymerisate des Vinylchlorids mit Aconitsäureestern beschrieben[8].

Ternäre Mischpolymerisate aus Vinylchlorid, Vinylacetat und geringen Mengen einer ungesättigten Dicarbonsäure können durch zweistufige

---

[1] E.P. 581995, Can.P. 467383, Distillers Company Ltd.
[2] A.P. 2898244, Monsanto Chemical Co., Erf. R. H. MARTIN jr.
[3] D.A.S. 1091757, A.P. 3027358, E.P. 899382, F.P. 1227680, Wacker-Chemie GmbH, Erf. H. W. EBERSBACH u. J. HECKMAIER.
[4] F.P. 962089, Compagnie Française Thomson-Houston; E.P. 587445, British-Thomson-Houston Co.
[5] F.P. 867615, Compagnie Française pour l'Exploitation des Procédés Thomson-Houston.
[6] Can.P. 488713, E.P. 609940, Distillers Company Ltd., Erf. M. D. COOKE u. J. J. P. STAUDINGER.
[7] D.R.P. 708131, E.P. 505120, I. G. Farbenindustrie A.G., Erf. L. ORTHNER, H. SÖNKE u. U. LAMPERT.
[8] A.P. 2419122, Wingfoot Corp., Erf. F. W. COX.

Polymerisation in wäßriger Suspension[1] oder durch einstufige Polymerisation in wäßriger Suspension in Gegenwart organischer Lösungsmittel[2] erhalten werden.

Ternäre Mischpolymerisate aus überwiegenden Mengen an Vinylchlorid und Vinylacetat und geringen Mengen an Halbestern der Malein- oder Fumarsäure lassen sich durch Polymerisation in Aceton erhalten[3]. Auch in wäßriger Suspension kann diese Polymerisation durchgeführt werden, wenn man nach E. HEINRICH, W. FRANCKE und R. HILPERT[4] in Gegenwart von organischen Peroxyden und hydrophilen Kolloiden arbeitet und den Anteil an Halbester so wählt, daß auf etwa 100···200 Mole der monomeren Vinylverbindungen eine Carboxylgruppe kommt.

Ternäre Mischpolymerisate aus Vinylchlorid, einem Diäthylester der Malein-, Chlormalein- oder Fumarsäure und einem Halbester einer solchen Säure sind von G. P. ROWLAND und R. A. PILONI[5] beschrieben worden.

Auch aus vier Komponenten aufgebaute Mischpolymerisate des Vinylchlorids mit Halbestern ungesättigter Dicarbonsäuren sind bekannt geworden. So lassen sich nach G. P. ROWLAND und R. A. PILONI[6] leichtlösliche und mit Alkydharzen verträgliche Produkte durch Polymerisation von Vinylchlorid mit einem Dialkylester der Malein-, Fumar- oder Chlormaleinsäure, einem Monoalkylester der gleichen Säuren und Trichloräthylen als vierter Komponente erhalten. Nach Angaben der Autoren sind dabei auf 55···75 Gewichtsprozent Vinylchlorid 14···35 Gewichtsprozent Dialkylester, 5···10 Gewichtsprozent Monoalkylester und 1,5···6,5 Gewichtsprozent Trichloräthylen anzuwenden.

Anstelle von Trichloräthylen kann man nach den gleichen Autoren[7] als vierte Komponente auch andere halogenierte Olefine, wie Dichloräthylen, Tetrachloräthylen, Allylchlorid und halogenierte höhere Olefine, verwenden. Auch läßt sich anstelle der erwähnten Halbester mit Mono-n-butyl-maleat als mischpolymerisierbare Komponente arbeiten[8].

Tripolymerisate aus Vinylchlorid und geringen Mengen eines Vinylesters einer Fettsäure mit 8···18 Kohlenstoffatomen im Molekül sowie eines

---

[1] E.P. 905730, Imperial Chemical Industries Ltd., Erf. L. E. PERRINS.
[2] E.P. 924645, Imperial Chemical Industries Ltd., Erf. L. E. PERRINS; D.A.S. 1105181, E.P. 837397, F.P. 1205771, Solvic S. A., Erf. R. DE COENE u. G. LOBET.
[3] F.P. 885251, Carbide and Carbon Chemicals Corp.
[4] D.B.P. 970241, E.P. 747272, Chemische Werke Hüls A.G.
[5] A.P. 2849424, Firestone Tire & Rubber Co., Erf. G. P. ROWLAND u. R. A. PILONI.
[6] A.P. 2731449, D.A.S. 1013427, E.P. 765488, Firestone Tire & Rubber Co., Erf. G. P. ROWLAND u. R. A. PILONI.
[7] A.P. 2849422, Firestone Tire & Rubber Co., Erf. G. P. ROWLAND u. R. A. PILONI.
[8] A.P. 2849423, Firestone Tire & Rubber Co., Erf. G. P. ROWLAND u. R. A. PILONI.

Dialkylmaleinsäureesters, dessen Alkylgruppen je 7···18 Kohlenstoffatome aufweisen, wurden von H. K. GARNER, H. F. JORDAN und W. V. SMITH[1] beschrieben. Die Herstellung dieser Produkte erfolgt in einem abgewandelten Suspensionspolymerisationsverfahren. Danach werden alle öllöslichen und alle wasserlöslichen Reaktionskomponenten für sich in getrennten Gefäßen in Lösung gebracht. Anschließend mischt man den Inhalt beider Gefäße und polymerisiert in Suspension. Bei den so hergestellten Produkten bewirken die einpolymerisierten Estergruppen eine innere Weichmachung des Makromoleküls.

Die Herstellung stabiler Latices von ternären Mischpolymerisaten aus Vinylchlorid, einem höheren Maleinsäuredialkylester und einem Vinylester einer höheren Fettsäure haben C. I. CARR und G. CH. ZWICK[2] beschrieben.

Ein Mischpolymerisat aus Vinylchlorid, α-Methylvaleriansäurevinylester und Maleinsäureisobutylester, das durch Polymerisation in wäßriger Emulsion in Gegenwart von Natriumacrylat erhältlich ist, wurde durch W. REPPE, W. STARCK und A. VOSS[3] bekannt.

7. Fette Öle

Vinylchlorid läßt sich mit fetten Ölen zu Produkten mischpolymerisieren, die als Beschichtungsmaterial verwendet werden können.

Zur Herstellung derartiger Produkte kann man Vinylchlorid mit unpolymerisierten und nicht oxydierten trocknenden Ölen in wasserfreiem Medium umsetzen, wobei zweckmäßig in Gegenwart von Katalysatoren gearbeitet wird[4]. Auch modifizierte trocknende oder halbtrocknende Öle, beispielsweise Leinölstandöl, sind zur polymerisierenden Umsetzung mit Vinylchlorid geeignet[5].

Schließlich können auch Mischpolymerisate aus geblasenen Ölen und Vinylchlorid-Vinylacetat-Mischungen hergestellt werden[6].

E. Mit Heteroatome enthaltenden ungesättigten Verbindungen

1. Silicium enthaltende Verbindungen

Vinylchlorid ist auch mit einigen Silicium enthaltenden ungesättigten Verbindungen mischpolymerisiert worden. Beispiele für derartige Ver-

---

[1] A.P. 2 845 404, United States Rubber Co., Erf. H. K. GARNER, H. F. JORDAN u. W. V. SMITH; vgl. D.A.S. 1 066 748, United States Rubber Co.
[2] D.A.S. 1 110 872, United States Rubber Co., Erf. C. I. CARR u. G. CH. ZWICK.
[3] A.P. 2 118 946, I. G. Farbenindustrie A.G.
[4] E.P. 392 924, E. I. du Pont de Nemours & Co., Erf. W. E. LAWSON u. L. TH. SANDBORN.
[5] D.R.P. 580 234, I. G. Farbenindustrie A.G., Erf. D. JORDAN, H. HOPFF u. E. KÜHN.
[6] A.P. 2 926 153, Pittsburgh Plate Glass Co., Erf. R. M. CHRISTENSON.

bindungen sind harzartige polymerisierbare Polysiloxane[1]. Untersuchungen über die Mischpolymerisation von Vinylchlorid mit verschiedenen Alkoxysilanen verdanken wir B. R. THOMPSON[2].

2. Zinn enthaltende Verbindungen

Durch Mischpolymerisation von Vinylchlorid mit geringen Mengen einer Organozinnverbindung, die eine Vinylgruppe direkt an Zinn gebunden enthält, gelangt man zu Produkten, die eine erhöhte Licht- und Wärmestabilität aufweisen[3].

3. Stickstoff enthaltende Verbindungen

Zu dieser Gruppe von Mischpolymeren des Vinylchlorids gehören Copolymere, die als Comonomeres Polyallylmelamine[4], Polyallylharnstoffe[5], Diallylamine oder Poly-N-allylpolyamine[6] enthalten.

4. Phosphor enthaltende Verbindungen

Vinylchlorid läßt sich auch mit Phosphor enthaltenden organischen Verbindungen, die über polymerisierbare ungesättigte Bindungen verfügen, mischpolymerisieren. Solche Organophosphorverbindungen sind Alkylester der β-Dialkylphosphonoacrylsäure[7], Dialkyl-2-cyanpropen-3-phosphonate[8], α- oder β-Styrolphosphonsäureester[9], Diallylbenzolphosphonit[10], Vinylphosphonsäure bzw. deren Ester oder Dichlorid[11] und Diallylphosphorsäureester[12].

5. Schwefel enthaltende Verbindungen

Aus Vinylchlorid und Vinylsulfonen[13] oder Kohlenwasserstoffsulfonsäurevinylester[14] lassen sich Mischpolymerisate herstellen. Gleiches gilt für Diallyl-, Dimethylallyl- und Allylmethallylsulfid[15].

---

[1] D.B.P. 838830, International General Electric Co., Inc., Erf. D. T. HURD.
[2] J. Polymer Sci. 19, 373 (1956).
[3] F.P. 1166281, D.A.S. 1079837, Soc. des Usines Chimiques Rhône-Poulenc, Erf. E. A. EVIEUX; E.P. 919735, Metal & Thermit Corp., Erf. G. P. MACK
[4] A.P. 3012019, Monsanto Chemical Co., Erf. R. H. MARTIN jr.
[5] A.P. 3012010, Monsanto Chemical Co., Erf. R. H. MARTIN jr.
[6] A.P. 3043816, Monsanto Chemical Co., Erf. R. H. MARTIN jr.
[7] A.P. 2559854, Eastman Kodak Co., Erf. J. B. DICKEY u. H. W. COOVER.
[8] A.P. 2721876, Eastman Kodak Co., Erf. J. B. DICKEY u. H. W. COOVER.
[9] A.P. 2743261, Eastman Kodak Co., Erf. H. W. COOVER u. J. B. DICKEY.
[10] A.P. 2577796, Shell Development Co., Erf. R. C. MORRIS, V. W. BULS u. S. A. BALLARD.
[11] A.P. 2971948, E.P. 865047, E.P. 856818, Farbwerke Hoechst A. G. vorm. Meister Lucius & Brüning, Erf. G. MESSWARB, W. DENK u. H. SCHERER.
[12] A.P. 3047550, Monsanto Chemical Co., Erf. R. H. MARTIN.
[13] D.B.P. 845266, Farbwerke Hoechst A.G. vorm. Meister Lucius & Brüning, Erf. G. KRÄNZLEIN, W. SCHUMACHER, J. HEYNA u. H. OVERBECK.
[14] A.P. 2667469, E. I. du Pont de Nemours & Co., Erf. J. C. SAUER.
[15] A.P. 2996484, Monsanto Chemical Co., Erf. R. H. MARTIN jr.

F. Pfropfpolymerisation

Unter Verwendung von Vinylchlorid hergestellte Pfropfpolymerisate sind von verschiedenen Seiten beschrieben worden. Sie können sowohl durch Anpolymerisieren von Vinylchlorid auf bereits vorgebildete Polymerisate oder Mischpolymerisate von anderen Monomeren oder durch Aufpfropfen andersartiger Polymerisatketten auf vorgebildete Vinylchloridpolymerisate erhalten werden.

Die Durchführung der Pfropfpolymerisation erfolgt gewöhnlich in der Weise, daß man die Monomeren in Gegenwart der vorgebildeten Polymerisate mit Hilfe der üblichen Katalysatoren polymerisiert. Die Zugabe eines Katalysators erübrigt sich, wenn man solche vorgebildeten Polymerisate verwendet, die sich in einer aktiven, die Polymerisation der zugegebenen Monomeren auslösenden Form befinden. Man erhält diese aktive Form beispielsweise dadurch, daß man das vorgebildete Polymerisat in einem Reaktionsmedium herstellt, aus dem es im Verlaufe des Polymerisationsvorganges ausfällt. Im ausgefällten Zustand weisen die in den Makromolekülen vorhandenen Radikalzentren eine wesentlich höhere Lebensdauer auf, so daß nachträglich zugegebene polymerisierbare Monomere unter ihrem Einfluß polymerisiert werden[1]. Die Entstehung von Radikalzentren wird bei diesem Verfahren begünstigt, wenn man zu Beginn der Herstellung des vorgebildeten Polymerisates bei hohen Temperaturen polymerisiert[2]. Bei einem anderen Verfahren werden polymerisationsauslösende Radikalzentren dadurch geschaffen, daß man die vorgebildeten Polymerisate in Gegenwart der aufzupfropfenden Monomeren einer starken mechanischen Einwirkung, z. B. Ultraschall oder heftiges Rühren, aussetzt. Diese führt zu einem teilweisen Abbau der Makromoleküle unter Bildung freier Radikale, welche die Polymerisation der zugegebenen Monomeren auslösen[3]. Das Verfahren kann nach einer speziellen Arbeitsweise so ausgeführt werden, daß man aus Polymerisat und Monomeren eine Mischung bildet, deren Anteile so bemessen sind, daß die Mischung bei der Mastikationstemperatur kautschukähnlich ist. Diese Mischung wird der Mastikation unterworfen, wobei man für Luftausschluß sorgt, um eine Inaktivierung der bei der mechanischen Einwirkung entstehenden Radikale durch Sauerstoffabfang zu verhindern[4].

Auch durch Einführung aktiver polymerisationsauslösender Gruppen

---

[1] D.B.P. 818693, N. V. de Bataafsche Petroleum Mij., Erf. K. NOZAKI.
[2] A.P. 2666042, Shell Development Co., Erf. K. NOZAKI.
[3] D.B.P. 842407, N. V. de Bataafsche Petroleum Mij., Erf. K. NOZAKI; A. P. 2991269, Shell Oil Co., Erf. K. NOZAKI.
[4] D.A.S. 1104180, The Natural Rubber Producers' Research Association, Erf. D. J. ANGIER, W. F. WATSON u. R. J. CERESA.

in die vorgebildeten Polymerisate ist es häufig möglich, Pfropfpolymerisate ohne Zuführung von Katalysatoren herzustellen[1]. Durch Pfropfpolymerisation läßt sich Vinylchlorid auf zahlreiche hochmolekulare Verbindungen aufpolymerisieren, wodurch Produkte erhalten werden, die gegenüber Polyvinylchlorid in mancher Hinsicht abgeänderte und verbesserte Eigenschaften aufweisen. So lassen sich durch Polymerisation von Vinylchlorid in wäßriger Suspension in Gegenwart von Emulsionen zähelastischer Polymerisate oder Mischpolymerisate Polyvinylchloride von erhöhter Schlagfestigkeit erhalten[2]. Als zähelastische Polymerisate werden beispielsweise Naturkautschuk, Acrylnitrilmischpolymerisate, Polybutadien und Polyvinylpropionat verwendet. Bei einem anderen Verfahren wird Vinylchlorid auf hochmolekulare amorphe Polymerisate von α-Olefinen[3] oder polymeres Methylisopropylenketon[4] aufgepfropft.

Weiter ist die Herstellung von Pfropfpolymerisaten durch Polymerisieren von Vinylchlorid oder Vinylchlorid enthaltenden Gemischen in Gegenwart von Polymerisaten oder Mischpolymerisaten von Acrylsäureamiden oder Amiden von niederen ungesättigten Dicarbonsäuren[5] und Mischpolymerisaten von 2-Methyl-5-vinylpyridin und Acrylsäureamiden[6] beschrieben worden. Auch vernetzte Pfropfpolymerisate, die durch Polymerisation von Vinylchlorid und einem vernetzenden Monomeren in Gegenwart von Polyvinylalkohol oder teilweise verseiftem Polyvinylacetat entstehen, sind bekannt geworden[7]. Auf Polyvinylchlorid lassen sich zahlreiche polymerisierbare Verbindungen anpolymerisieren, wenn man in der auf S. 111 geschilderten Weise Polyvinylchlorid durch Polymerisation in einem nicht lösenden Reaktionsmedium herstellt und unmittelbar anschließend das andere Monomere zugibt[8]. Auch durch An-

---

[1] Vgl. hierzu z. B. D.A.S. 1065618, Montecatini Soc. Gen. per l'Industria Mineraria e Chimica, Erf. A. MONACI.

[2] D.A.S. 1082734, Badische Anilin- & Soda-Fabrik A.G., Erf. H. FIKENTSCHER, K. HERRLE u. W. HÜBLER; F.P. 1244341, Chemische Werke Hüls A.G.

[3] D.A.S. 1065618, F. P. 1177940, Montecatini Soc. Gen. per l'Industria Mineraria e Chimica, Erf. A. MONACI; vgl. Oe.P. 208072, Montecatini Soc. Gen. per l'Industrie Mineraria e Chimica; E.P. 823462, Union Carbide Corp., Erf. J. E. POTTS u. E. F. BONNER.

[4] D.A.S. 1004381, Rheinpreußen A.G., Erf. W. GRIMME u. F. ENGELHARDT.

[5] F.P. 1150658, D.A.S. 1098203, Soc. Kodak-Pathé, Erf. H. W. COOVER jr.; A.P. 2899405, Eastman Kodak Co., Erf. H. W. COOVER jr.; A.P. 2921044, Eastman Kodak Co., Erf. H. W. COOVER jr.; A.P. 3026289, Eastman Kodak Co. Erf. H. W. COOVER jr.

[6] A.P. 2879256, Eastman Kodak Co., Erf. W. C. WOOTEN jr. u. D. J. SHIELDS.

[7] A.P. 2843562, Eastman Kodak Co., Erf. J. R. CALDWELL.

[8] D.B.P. 944996, E.P. 694408, N. V. de Bataafsche Petroleum Mij., Erf. M. NAPS u. F. E. CONDO; wegen Aufpfropfen von Butadien auf Polyvinylchlorid vgl. F.P. 1258434, Soc. des Usines chimiques Rhône-Poulenc.

quellen von Polyvinylchlorid[1], bereits vorgepfropftem Polyvinylchlorid[2] oder Vinylchlorid-Vinylidenchlorid-Mischpolymerisat[3] mit einem Monomeren und anschließende Einwirkung von ionisierenden Strahlen lassen sich Pfropfpolymerisate erhalten. Um bei dieser radiochemischen Reaktion die unerwünschte Homopolymerisation des Monomeren zu verhindern, wird unter solchen Bedingungen gearbeitet, daß zwar die Einstoffpolymerisation, nicht aber die Pfropfpolymerisation des Monomeren inhibiert wird[4].

Eine weitere Möglichkeit, zu Polymerisaten oder Mischpolymerisaten mit aufgepfropften Zweigen von anderen Monomeren zu gelangen, besteht darin, daß man in die Moleküle des Polyvinylchlorids oder der Vinylchlorid-Mischpolymerisate vor dem Aufpfropfen aktive Gruppen einführt. Als aktive Gruppen kommen bei einem Verfahren Doppelbindungen zur Anwendung, die durch Chlorwasserstoffabspaltung in die Makromoleküle eingeführt werden[5]. Bei anderen Verfahren wird Polyvinylchlorid unmittelbar[6] oder nach vorangegangener Chlorwasserstoffabspaltung[7] durch Einwirkung von Ozon peroxydiert und dann der Pfropfpolymerisation unterworfen.

Andere Möglichkeiten, die Polyvinylchloridmoleküle für die Pfropfpolymerisation zu aktivieren, bestehen in der Einführung von Estergruppen der Salpetersäure oder salpetrigen Säure[8] oder in der Vorbehandlung mit Halogenen, Halogenwasserstoffen und deren Salzen oder mit Halogenoxyden[9].

Schließlich läßt sich die für die Pfropfpolymerisation erforderliche Aktivierung des Polyvinylchlorids auch durch Einwirkung ionisierender Strahlung in Gegenwart von Sauerstoff erreichen. Hierbei kommt es zur Bildung von Peroxyden, die bei anschließendem Zusatz des Monomeren

---

[1] D.A.S. 1103583, Centre National de la Recherche Scientifique, Erf. A. CHAPIRO, M. MAGAT u. J. DANON; vgl. auch F.P. 1160849, Soc. An. des Manufactures des Glaces et Produits Chimiques de Saint-Gobain Chauny & Cirey; E.P. 867646, T. I. (Group Services) Ltd.

[2] F.P. 1147722, Soc. An. des Manufactures des Glaces et Produits Chimiques de Saint-Gobain, Chauny & Cirey, Erf. J. GABILLY u. M. JOBARD.

[3] F.P. 1202500, B. X. Plastics Ltd.

[4] D.A.S. 1056829, Centre National de la Recherche Scientifique, Erf. A. CHAPIRO u. M. MAGAT; F.P. 1288829, Compagnie de Saint-Gobain, Erf. C. WIPPLER u. R. GAUTRON.

[5] A.P. 2908662, Shawinigan Chemicals Ltd., Erf. R. W. REES.

[6] D.A.S. 1100286, Polyplastic, Erf. Y. LANDLER, u. P. LEBEL; vgl. hierzu auch Y. LANDLER u. P. LEBEL: J. Polymer Sci. **48**, 477 (1960).

[7] D.A.S. 1122706, E.P. 881503, F.P. 1229279, Solvic S. A., Erf. C. W. HEINEN u. A. PAVARINI.

[8] D.A.S. 1118458, Solvay & Cie., Erf. C. W. HEINEN u. A. PALVARINI.

[9] D.A.S. 1105169, Badische Anilin- & Soda-Fabrik A.G., Erf. H. FRIEDERICH u. F. GUNDEL.

die Pfropfpolymerisation auslösen[1]. Das Monomere wird bei diesem Verfahren in flüssiger, nach einem anderen Verfahren[2] in gasförmiger Form zugegeben. Auf die zuletzt genannte Weise ist ein mit Polyäthylen verpfropftes Polyvinylchlorid hergestellt worden[3]. Um die bei Strahleneinwirkung in Gegenwart von Sauerstoff als Nebenprodukte entstandenen löslichen Peroxyde zu entfernen, wird bei einem weiteren Verfahren eine Lösungsmittelbehandlung des bestrahlten Polyvinylchlorids vor der Einwirkung des Monomeren empfohlen[4].

III. Chemische Umsetzung

A. Von Polyvinylchlorid

1. Hydrierung

Polyvinylchlorid läßt sich in Tetrahydrofuran mit Lithiumaluminiumhydrid der Hydrierung unterwerfen. Hierbei können je nach den angewendeten Reaktionsbedingungen 30···97% der Chloratome des Polyvinylchlorids gegen Wasserstoffatome[5] ausgetauscht werden. Arbeitet man bei dieser Hydrierungsreaktion in Gegenwart von Sauerstoff, so kommt es außer zu einer reduzierenden Chlorabspaltung auch zu einem Eintritt von Hydroxylgruppen in das Polyvinylchlorid[6]. Hydrierungsprodukte werden außerdem erhalten, wenn man Polyvinylchlorid zunächst unter Druck mit Ammoniak behandelt und den dabei entstehenden ungesättigten Kohlenwasserstoff katalytisch hydriert[7].

2. Chlorwasserstoffabspaltung

Die Abspaltung von Chlorwasserstoff aus Polyvinylchlorid ist bereits von I. OSTROMISSLENSKY[8] beschrieben worden. Dieser Forscher erhielt bei der Behandlung von Polyvinylchlorid mit alkoholischem oder wäßrigem Alkali rotbraune Produkte, die in ihrer Zusammensetzung einem

---

[1] D.A.S. 1070825, Centre National de la Recherche Scientifique, Erf. A. CHAPIRO, M. MAGAT u. J. DANON.
[2] E.P. 863211, B. X. Plastics Ltd., Erf. R. R. SMITH.
[3] E.P. 884732, S. A. Ethylene Plastique.
[4] E.P. 871572, B. X. Plastics Ltd., Erf. R. R. SMITH, D. CH. MACMILLAN MANN u. J. F. SALMON.
[5] A.P. 2716642, Monsanto Chemical Co., Erf. J. D. COTMAN jr.
[6] A.P. 2716643, Monsanto Chemical Co., Erf. J. D. COTMAN jr.
[7] A.P. 3053821, Shawinigan Chemicals Ltd., Erf. R. W. REES.
[8] D.R.P. 264123, I. Ostromisslensky u. Ges. f. Fabrikation & Vertrieb von Gummiwaren, Bogatyr.

Kohlenwasserstoff der Formel

$$-CH=CH-CH=CH-CH=CH-$$

entsprachen. Zu ähnlichen Produkten gelangten später C. S. MARVEL, J. H. SAMPLE und M. F. ROY[1] bei der Einwirkung von Kaliumhydroxyd auf eine Lösung von Polyvinylchlorid in Cellosolve und H. E. FIERZ-DAVID und H. ZOLLINGER[2] bei der Umsetzung von Polyvinylchlorid mit Kaliummethylat in Tetrahydrofuran.

Für die technische Verwertung interessanter sind solche Produkte, die durch Abspaltung von nur wenigen Chlorwasserstoffmolekülen aus dem Makromolekül des Polyvinylchlorids erhalten werden. Derartige Produkte ähneln in ihren Eigenschaften dem Polyvinylchlorid, lassen sich im Gegensatz zu diesem aber leichter vulkanisieren.

Vulkanisierbare Polymerisate dieser Art werden erhalten, wenn man nach H. E. WEAVER und E. G. KING[3] Polyvinylchloridlösungen, z. B. in 2-Äthoxyalkanol, so lange der Einwirkung eines Alkalihydroxydes oder eines Alkalisalzes einer schwachen Säure unterwirft, bis eine Jodzahl von 10···60 erreicht ist.

Zu solchen vulkanisierbaren Polymerisaten gelangt auch J. DOWNING[4], der aus einem in Aceton unlöslichen Polyvinylchlorid durch Einwirkung von Alkalihydroxyd in Gegenwart eines Glykolteiläthers 5···10% des gebundenen Chorwasserstoffes entfernt.

3. Nachchlorierung

Polyvinylchlorid, das gegenüber den meisten chemischen Einwirkungen bemerkenswert widerstandsfähig ist, läßt sich durch Chloreinwirkung verhältnismäßig glatt unter Chlorwasserstoffentwicklung in Produkte mit höherem Chlorgehalt umwandeln[5]. Diese als Nachchlorierung bezeichnete Reaktion hat bereits frühzeitig große technische Bedeutung erlangt, da sie die Herstellung von Produkten gestattet, die zwar in ihren mechanischen Eigenschaften dem unbehandelten Polyvinylchlorid ähnlich sind, sich diesem gegenüber aber durch gute Löslichkeit in einer größeren Zahl von Lösungsmitteln auszeichnen. Nachchlorierte Polyvinylchloride haben daher bereits vor dem zweiten Weltkrieg in Deutschland zur Herstellung von Lacken, Klebemitteln und dünnen Folien Verwendung gefunden. Auch die erste technisch hergestellte vollsynthetische Spinnfaser, die PeCe-Faser, bestand aus nachchloriertem Polyvinylchlorid.

---

[1] J. Am. Soc. **61**, 3241 (1939).   [2] Helvet. Chim. Acta **28**, 455 (1945).
[3] A.P. 2536114, Armstrong Cork Co., Erf. H. E. WEAVER u. E. G. KING.
[4] A.P. 2606177, Celanese Corp. of America, Erf. J. DOWNING.
[5] Einen Überblick über den neueren Stand der Herstellung und Verwendung von nachchloriertem Polyvinylchlorid haben KUSCHK, R., u. H. KALTWASSER: Plaste u. Kautschuk **7**, 528 (1960), gegeben.

III. Chemische Umsetzung

Über die Struktur der bei der Nachchlorierung des Polyvinylchlorids anfallenden Produkte besteht noch nicht in allen Punkten Klarheit. In der älteren Literatur wird gewöhnlich angenommen, daß bei der Chlorierung des Polyvinylchlorids jeweils nur die CHCl-Einheiten, nicht dagegen aber die Methylengruppen chloriert werden. Diese Ansicht stützt sich auf die Arbeiten von H. OHÉ[1], der aus der Zusammensetzung des Umsetzungsproduktes von nachchloriertem Polyvinylchlorid mit Anilin und dem Verhalten des nachchlorierten Polyvinylchlorids gegenüber Kaliumjodid — es kommt zu keiner Jodausscheidung — auf eine ausschließliche Bindung der Chloratome in 1,1-Stellung geschlossen hatte. Bei Richtigkeit dieser Struktur sollte nachchloriertes Polyvinylchlorid bei einem Chlorgehalt von rund 73%, entsprechend dem Eintritt von einem Chloratom je Vinylchlorideinheit, die Eigenschaften des Polyvinylidenchlorids zeigen. Tatsächlich ergibt jedoch der Vergleich des Polyvinylidenchlorids mit den nachchlorierten Polyvinylchloriden, jedenfalls soweit sie nach den konventionellen Methoden hergestellt sind, erhebliche Unterschiede im Verhalten der beiden Polymeren.

Während Polyvinylidenchlorid einen bei etwa 185···200 °C liegenden Erweichungspunkt aufweist, liegen die Erweichungspunkte nachchlorierter Polyvinylchloride gleicher molekularer Zusammensetzung nur wenig oberhalb von 100 °C. Außerdem sind die Dichten der beiden Polymerisate verschieden.

Die Erklärung für diese Unterschiede ist von O. SEIPOLD[2] im molekülsterischen Aufbau gesucht worden. Er führt die Verschiedenheiten auf Unterschiede in den Kettenkonfigurationen zurück, wobei für Polyvinylchlorid eine schraubenförmige, für Polyvinylidenchlorid dagegen eine trapezförmige Struktur angenommen wird. Es scheint jedoch zweifelhaft, ob die von SEIPOLD angegebene Deutung zutrifft, zumal sie auf Annahmen beruht, die durch neuere röntgenographische Untersuchungen nicht gestützt werden. Wahrscheinlicher dürfte dagegen die Auffassung von W. FUCHS und D. LOUIS[3] sein, die auf Grund infrarotspektroskopischer und kinetischer Untersuchungen zu dem Schluß kommen, daß die Chloratome nicht regelmäßig an den CHCl-Gruppen eintreten, sondern daß sowohl CH_2- als auch CHCl-Gruppen chloriert werden. Bei einem nachchlorierten Polyvinylchlorid von der molekularen Zusammensetzung des Polyvinylidenchlorids sollen überhaupt nur noch etwa 25% der Methylengruppen unchloriert sein, was die Substitution der Methylengruppen als den vorherrschenden Reaktionsmechanismus erscheinen läßt. Es ist möglich, daß diese 1,2-Substitution auf dem Umwege einer vorausgegangenen Chlorwasserstoffabspaltung verläuft, wie dies bereits von H. E. FIERZ-DAVID

---

[1] J. Soc. chem. Ind. Japan **45**, 67, 824 (1942); **46**, 1109 (1943).
[2] Chem. Techn. **1**, 107 (1949); **5**, 469 (1953).   [3] Makromol. Chem. **22**, 1 (1957).

A. Von Polyvinylchlorid 117

und HCH. ZOLLINGER[1] erörtert wurde. Die Chlorierung in 1,2-Stellung wäre dann als Chloraddition an die zuvor gebildeten Doppelbindungen aufzufassen. Für diese Annahme spricht, daß Polyvinylchlorid verhältnismäßig leicht zur Chlorwasserstoffabspaltung neigt und zudem bei den zu löslichen Produkten führenden technischen Chlorierungsverfahren stets bei Temperaturen gearbeitet wird, bei denen die thermische Stabilität des Polyvinylchlorids nur gering ist. Bei diesen Temperaturen ist auch, worauf schon H. STAUDINGER und J. SCHNEIDERS[2] hingewiesen haben, ein Abbau durch Kettenspaltung möglich, der ebenfalls für die leichtere Löslichkeit der Chlorierungsprodukte ursächlich sein könnte. Es ist in diesem Zusammenhang von Interesse, daß nach Angaben der Patentliteratur[3] hochmolekulare Chlorierungsprodukte mit sehr hohen Erweichungspunkten erhalten werden, wenn man Chlor bei verhältnismäßig niedrigen Temperaturen auf sorgfältig gereinigtes Polyvinylchlorid einwirken läßt. Möglicherweise ist hier infolge der Verringerung katalytischer Effekte, die zu einer Chlorwasserstoffabspaltung führen könnten, die 1,2-Substitution so stark zurückgedrängt, daß tatsächlich dem Polyvinylidenchlorid entsprechende Produkte entstehen.

Bei den meisten der bekannt gewordenen technischen Verfahren zur Herstellung von nachchloriertem Polyvinylchlorid erfolgt die Chlorierung durch Behandeln des in einem chlorierten gesättigten Kohlenwasserstoff suspendierten Polyvinylchlorids mit Chlor. Man verwendet Chlorkohlenwasserstoffe, wie Tetrachlorkohlenstoff, Chloroform, Tri-, Tetra- oder Pentachloräthan[4], denen auch geringe Wassermengen zugegeben werden können[5]. Nach erfolgter Chloraufnahme wird das in Lösung gegangene Produkt mit Methanol ausgefällt, wobei zuvor bis zum beginnenden Gelieren abgekühlt werden kann[6].

Die Chlorierung erfolgt zweckmäßig unter Druck in einem geschlossenen Gefäß, beispielsweise einem Roll- oder Schüttelautoklaven[7]. Auch eine kontinuierliche Durchführung ist möglich, die nach einem speziellen Verfahren in Chloroform als Reaktionsmedium und unter Verwendung von Reaktionsgefäßen aus Metallen, deren Chloride in Chloroform nicht löslich sind, vorgenommen wird[8].

---
[1] Helv. Chim. Acta **28**, 455 (1945). [2] Liebigs Ann. **541**, 151 (1939).
[3] A.P. 2 996 489, D.A.S. 1 138 547, B.F. Goodrich Co., Erf. M.L. DANNIS u. F.L. RAMP.
[4] D.R.P. 596 911, F.P. 755 048, E.P. 401 200, I. G. Farbenindustrie A.G., Erf. C. SCHÖNBURG.
[5] Can. P. 439 858, Canadian Industries Ltd., Erf. B. GRAHAM u. T. S. TURNER.
[6] D.R.P. 651 878, F.P. 813 828, A.P. 2 080 589, I. G. Farbenindustrie A.G., Erf. G. WICK; D.R.P. 675 147, F.P. 49 230, Zusatz zu F.P. 813 828, I. G. Farbenindustrie A.G., Erf. C. SCHÖNBURG.
[7] D.R.P. 751 598, Schwz.P. 216 170, F.P. 869 381, I. G. Farbenindustrie A.G., Erf. E. HANSCHKE.
[8] D.B.P. 854 704, Badische Anilin- & Soda-Fabrik A.G., Erf. W. SCRIBA u. W. KLEIN.

Die Chlorierung von in Chlorkohlenwasserstoffen suspendiertem Polyvinylchlorid nach den älteren Verfahren führt zu leicht löslichen Produkten von verhältnismäßig niedrigem Erweichungspunkt. Inzwischen sind jedoch Verfahrensbedingungen bekannt geworden, die auch die Herstellung erst bei höheren Temperaturen erweichender Nachchlorierungsprodukte ermöglichen. Man geht hierzu entweder von einem Suspensionspolyvinylchlorid mit einem K-Wert > 60 aus und chloriert bei Temperaturen unterhalb von 80 °C[1], oder führt die Chlorierung des suspendierten Polyvinylchlorids in Gegenwart eines radikalbildenden Katalysators aus, wobei ebenfalls bei Temperaturen unterhalb von 80 °C gearbeitet wird[2]. Nach einem anderen Verfahren[3] wird als Ausgangsmaterial ein reines, nicht abgebautes Polyvinylchlorid verwendet, das eine grobkörnige poröse Struktur mit einer Teilchengröße von mehr als 10μ und ein Porenvolumen von $5 \cdots 50\%$ aufweist. Das Molekulargewicht soll hoch sein und einer relativen Viskosität von mindestens 0,40 entsprechen. Die in Suspension erfolgende Chlorierung wird unter Belichtung und in der Weise ausgeführt, daß stets ein Überschuß an im Reaktionsmedium gelöstem Chlor zugegen ist.

Eine Nachchlorierung von Polyvinylchlorid ist auch in Wasser als Suspendiermedium möglich. Man kann hierzu das Polymerisat unter Verwendung eines Emulgators in Wasser emulgieren und hierauf mit Chlor behandeln oder aber die bei der Emulsionspolymerisation des Vinylchlorids in Gegenwart von Quellmitteln anfallende Emulsion unmittelbar der Nachchlorierung unterwerfen[4].

Die Nachchlorierung des Polyvinylchlorids kann auch in Abwesenheit eines Suspendiermediums erfolgen. Man verwendet hierzu nach H. JACQUÉ[5] großoberflächiges Polyvinylchlorid, zweckmäßig in Form von Pulver oder Grieß, auf das man bei erhöhter Temperatur Chlor einwirken läßt. Die Umsetzung wird bei etwa 110 °C begonnen und entsprechend dem Fortschreiten der Reaktion erhöht, wobei man jedoch jeweils unterhalb des Sinterbereiches der Masse bleibt. Man arbeitet in strömender Chloratmosphäre in drehenden Rohren oder Behältern, in denen das Polyvinylchlorid auf endlosen Bändern bewegt wird, oder in senkrechten Türmen oder Rohren, in denen das Polyvinylchlorid auf untereinander angeordneten Tellern kreisförmig bewegt wird und durch Schlitze von Teller zu Teller langsam fallend durch den Chlorierungsbehälter von oben nach unten befördert wird.

Nach den Angaben von JACQUÉ erfolgt eine nennenswerte Chlorauf-

---

[1] D.P. (DDR) 19938, Erf. D. SCHUMANN u. H. KALTWASSER.
[2] D.P. (DDR) 15957, Erf. A. ECKELMANN u. H. TITTEL.
[3] D.A.S. 1138547, B. F. Goodrich Co., Erf. M. L. DANNIS u. F. L. RAMP.
[4] D.R.P. 754679, I. G. Farbenindustrie A.G., Erf. G. WICK.
[5] D.B.P. 801304, Badische Anilin- & Soda-Fabrik A.G., Erf. H. JACQUÉ.

nahme erst bei Temperaturen von etwa 110 °C. Dem stehen jedoch neuere Angaben von F. SEIDEL, W. SINGER, H. SPRINGER und H. HEINRICH[1] entgegen, die zeigen konnten, daß auch bei unter 100 °C liegenden Temperaturen und sogar bei Raumtemperaturen eine erhebliche Chloraufnahme zu verzeichnen ist.

Die Nachchlorierung von trockenem Polyvinylchlorid ist nach D. S. ROSENBERG[2] auch auf photochemischem Wege möglich. Zur Anwendung gelangt hier ein pulverförmiges Polyvinylchlorid mit einer Korngröße von weniger als 1 mm, das bei 50···150 °C unter Einwirkung chemisch aktiver Strahlen mit Chlorgas, das mit 0,1···1,5% Wasserdampf beladen ist, behandelt wird. Als Strahlenquelle wird nach einem weiteren Verfahren[3] eine Kobalt-60-Quelle oder ein anderer radioaktiver Stoff, der β- oder γ-Strahlen aussendet, verwendet. Nach diesem Verfahren, das übrigens auch auf suspendiertes Polyvinylchlorid anwendbar ist, kommt es unter dem Strahleneinfluß neben der Chlorierung auch zu einer Vernetzung, die sich in einer Verbesserung der mechanischen Eigenschaften der erzielten Produkte äußert.

4. Umesterung

Durch sechstägiges Behandeln einer Polyvinylchloridlösung mit Silbernitrat und Eisessig bei 63···65 °C konnten H. E. FIERZ-DAVID und H. ZOLLINGER[4] einen großen Teil der Chloratome des Polyvinylchlorids durch den Essigsäurerest ersetzen. Das erhaltene Reaktionsprodukt zeigte die Eigenschaften des Polyvinylacetats, wie Löslichkeit in Alkohol und leichte Verseifbarkeit.

5. Sulfonamidierung

Die Chloratome des Polyvinylchlorids lassen sich nach einem Verfahren von H. F. PARK[5] gegen Sulfonamidgruppen austauschen. Man geht so vor, daß man in Wasser suspendiertes Polyvinylchlorid in Gegenwart eines Quellmittels durch Umsetzung mit Ammoniumsulfit zunächst in Polyvinylammoniumsulfonat überführt. Dieses wird isoliert und anschließend durch Erhitzen in Gegenwart von Dehydratisierungskatalysatoren in Polyvinylsulfonamid umgewandelt.

6. Chlorsulfonierung

Mischpolymerisate aus Vinylchlorid und Äthylen lassen sich nach A. McALEVY[6] durch Einwirkung von Schwefeldioxyd und Chlor unter

---
[1] D.A.S. 1110873, VEB-Farbenfabriken Wolfen, Erf. F. SEIDEL, W. SINGER, H. Springer u. H. HEINRICH.
[2] A.P. 2590651, Hooker Electrochemical Co., Erf. D. S. ROSENBERG.
[3] D.A.S. 1113088, Dow Chemical Co., Erf. B. W. WILKINSON u. F. D. HOERGER.
[4] Helv. chim. Acta 28, 455 (1945).
[5] A.P. 2750358, Monsanto Chemical Co., Erf. H. F. PARK.
[6] A.P. 2586363, E. I. du Pont de Nemours & Co., Erf. A. McALEVY.

Belichtung in vulkanisierbare Chlorsulfonierungsprodukte überführen. Auch Polyvinylchlorid selbst läßt sich in Sulfochlorierungsprodukte überführen. Nach W. WEHR und K. SCHNEIDER[1] setzt man hierzu Polyvinylchlorid mit Thioharnstoff unter Bildung von polymeren Isothioharnstoffsalzen um, die man anschließend der Einwirkung von Chlor in wäßrigem Medium unterwirft.

7. Umsetzung mit Aldehyden

Durch Umsetzung von Polyvinylchlorid oder Mischungen von Polyvinylchlorid und nachchloriertem Polyvinylchlorid mit Furfurol in Gegenwart von sauren Katalysatoren entstehen nach H. DEMUS[2] dünnflüssige bis pastenförmige Produkte, die für Anstriche oder Stempelfarben verwendbar sind.

8. Umsetzung mit Teerölprodukten

Durch Umsetzung von Polyvinylchlorid mit Teerölen, Teerölfraktionen und modifizierten Teerölen in der Wärme lassen sich plastische Massen erhalten, die als Korrosionsschutzmittel, Dichtungs- und Fugenvergußmassen und für ähnliche Zwecke verwendbar sind. Zur Umsetzung können Anthrazenöl oder Steinkohlenteer[3] verwendet werden. Weiterhin eignen sich die Aromatisierungsprodukte von Erdölen, Teeren und verwandten Produkten[4] sowie die Nitrierungsprodukte von Stein-, Braun- und Holzkohlenteerölen[5] zur Umsetzung mit Polyvinylchlorid. Plastische Massen der genannten Art lassen sich weiter durch sublimierende Behandlung von hochmolekularen Kohlenwasserstoffen, die durch Extraktion oder Destillation von Teerölen oder Teerölfraktionen erhalten wurden, mit Polyvinylchlorid herstellen[6]. Außerdem wurden solche öligen und bituminösen Stoffe aus Teeren und Teerprodukten zur Umsetzung vorgeschlagen, die in flüssiger Form Polyvinylchlorid zur Quellung bringen[7]. Hierbei ist es nach einem weiteren Verfahren empfehlenswert, die aus den Ausgangsstoffen erhaltene gequollene Masse vor dem Erhitzen zunächst mit einer Flüssigkeit zu waschen, welche die nicht gebundenen öligen Stoffe extrahiert[8].

---

[1] D.A.S. 1113310, Solvay & Cie., Erf. W. WEHR u. K. SCHNEIDER.
[2] D.P. (DDR) 8685, H. Demus.
[3] D.R.P. 757293, Kohle- und Eisenforschung GmbH, Erf. W. MÜHLENDYCK, W. WEISS u. F. EISENSTECKEN.
[4] D.B.P. 928011, Badische Anilin- & Soda-Fabrik A.G., Erf. M. PIER u. H. BÄHR.
[5] D.B.P. 834720, Rütgerswerke A.G., Erf. M. TAUSENT.
[6] D.B.P. 829062, Rütgerswerke A.G., Erf. M. TAUSENT.
[7] D.B.P. 883498, Badische Anilin- & Soda-Fabrik A.G., Erf. H. BÄHR.
[8] D.B.P. 927233, Badische Anilin- & Soda-Fabrik A.G., Erf. H. BÄHR.

9. Sonstige Reaktionen

Durch Einwirkung von Magnesium auf Polyvinylchlorid in cyclischen Äthern lassen sich magnesiumorganische Verbindungen nach Art der GRIGNARD-Verbindungen erhalten, die als Ausgangsbasis für die Herstellung modifizierter Polyvinylchloride dienen können. Man erhält beispielsweise durch Einwirkung von Kohlendioxyd auf diese Produkte Carboxylgruppen enthaltende Polyvinylchloride. Die Einwirkung von Aceton und Estern führt zu Produkten mit tertiären Hydroxylgruppen[1]. Durch Chlorwasserstoffabspaltung und anschließende Umsetzung der erhaltenen ungesättigten Produkte mit organischen Persäuren ist die Einführung von Epoxygruppen in Polyvinylchlorid möglich[2].

10. Vernetzung

α) **Chemische Vernetzung.** Die chemische Vernetzung des Polyvinylchlorids ist verschiedentlich beschrieben worden. Sie führt zu Produkten, die sich gegenüber Polyvinylchlorid durch größere Härte und verminderte Thermoplastizität auszeichnen. Als Vernetzungsbildner werden gewöhnlich polyfunktionelle Verbindungen verwendet, die mit benachbarten Polyvinylchloridmolekülen reagieren und dadurch Vernetzungsbrücken bilden können. Meist handelt es sich bei den polyfunktionellen Verbindungen um Di- oder Polyamine[3], deren Wirkung auf ihrer Reaktion mit den Halogenatomen der Polyvinylchloridmoleküle beruht. Ein weiterer zur Vernetzung von Polyvinylchlorid eingeschlagener Weg besteht in der Einführung von Doppelbindungen, die anschließend nach den bei der Kautschukvulkanisation üblichen Methoden vulkanisiert werden[4]. Auch durch Einwirkung von Schwefelsäure oder Chlorsulfonsäure wird eine Vernetzung erzielt. Die hierbei entstehenden Reaktionsprodukte enthalten Sulfogruppen und sind als Ionenaustauscher geeignet[5].

β) **Strahlenchemische Vernetzung.** Die Einwirkung von ionisierenden Strahlen auf Polyvinylchlorid in Abwesenheit von Sauerstoff führt nach A. CHAPIRO[6] zur Ausbildung von Vernetzungen. Gleichzeitig hiermit kommt es zur Abspaltung von Chlorwasserstoff, wobei sich konjugierte Doppelbindungen bilden. Die Bestrahlungsprodukte zeigen infolgedessen

---

[1] A.P. 3041323, Metal & Thermit Corp., Erf. H. E. RAMSDEN.
[2] A.P. 3050507, Shawinigan Chemicals Ltd., Erf. R. W. REES.
[3] Vgl. A.P. 2514185, Firestone Tire & Rubber Co., Erf. K. C. EBERLY; A.P. 2405008, E. I. du Pont de Nemours & Co., Erf. K. L. BERRY u. J. W. HILL; A.P. 2427070, B. F. Goodrich Co., Erf. L. F. REUTER; A.P. 2451174, B. F. Goodrich Co., Erf. L. F. REUTER.
[4] E.P. 618902, Britisch Celanese Ltd., Erf. J. DOWNING.
[5] WOLKOBER, Z.: J. Polymer Sci. **58**, 1311 (1962).
[6] J. Chim. phys. **53**, 895 (1956).

eine Absorptionsbande im sichtbaren Bereich. Sie sind außerdem gegen Sauerstoffeinwirkung empfindlich, was ihrer praktischen Verwendbarkeit besonders entgegensteht. Von A. A. MILLER[1] konnte später gezeigt werden, daß man die bei Strahleneinwirkung als Nebenreaktion auftretende Bildung konjugierter Doppelbindungen weitgehend unterdrücken kann, wenn man ionisierende Strahlung auf weichgestelltes Polyvinylchlorid, dem kleine Mengen eines polyfunktionellen Monomeren beigegeben sind, in geringen Dosen einwirken läßt. Offenbar lösen hierbei die an den Polyvinylchloridmolekülen unter Strahleneinwirkung primär entstehenden Radikalstellen Polymerisationsketten aus, wodurch einerseits Vernetzungsbrücken gebildet und andererseits strahlenchemische Sekundärreaktionen weitgehend unterdrückt werden. Wie aus den Versuchen von MILLER hervorgeht, genügen bereits sehr geringe Strahlenmengen, um einen erheblichen Teil des polyfunktionellen Monomeren chemisch in das Polyvinylchlorid einzubauen. Parallel hiermit geht eine beträchtliche Zunahme der Zugfestigkeit. Ähnliche Ergebnisse wurden von S. H. PINNER[2] bei der Einwirkung ionisierender Strahlung auf feste Lösungen aus Polyvinylchlorid und polymerisierbaren Weichmachern erhalten. Die Größe des dabei erzielten Vernetzungseffektes ist aus Abb. 8 ersichtlich, in der die Zugfestigkeitswerte der mit Diallylsebacat und Triallylcyanurat weichgemachten Prüfkörper (30 Teile Weichmacher auf 100 Teile PVC) in Abhängigkeit von der Strahlendosis dargestellt sind. Der starke Anstieg der mechanischen Werte ist besonders im Vergleich zu den bei Dioctylphthalat und Dioctylfumarat gefundenen Werten augenscheinlich.

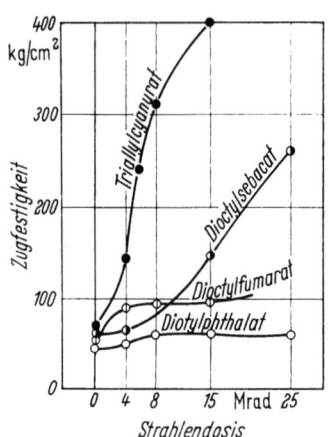

Abb. 8. Abhängigkeit der Zugfestigkeit von der Bestrahlungsdosis. (Nach S. H. PINNER, Plastics **25**, 35 [Jan. 1960])

Die strahlenchemische Vernetzung des Polyvinylchlorids mit Hilfe von polymerisierbaren Monomeren ist inzwischen auch Gegenstand einiger technischer Verfahren. Bei diesen dienen zur Herstellung von Vernetzungsbrücken ebenfalls polyfunktionelle Monomere[3] oder Gemische von Styrol und Dialkylmaleinat[4].

---

[1] Ind. Engng. Chem. **51**, 1271 (1959); wegen der strahlenchemischen Vernetzung von Vinylchlorid-Vinylstearat-Mischpolymerisaten vgl. MILLER, A. A., J. appl. Polymer Sci. **5**, 388 (1961).
[2] Plastics **25**, 35 (Jan. 1960). [3] E.P. 829512, F.P. 1197041, Dow Chemical Co.
[4] E.P. 833610, United States Rubber Co.; vgl. auch E. P. 866846, United States Rubber Co.

Bei einem anderen Verfahren[1] wird als Vernetzungsmittel Schwefel verwendet, der dem zu bestrahlenden Polyvinylchlorid zugegeben wird und Vernetzungsbrücken nach Art der bei Kautschukvulkanisaten auftretenden bildet. Eine radiochemische Vernetzung des Polyvinylchlorids ist außerdem möglich, wenn man dem zu bestrahlenden Produkt Magnesiumoxyd und Natriumstearat zusetzt[2].

B. Von Vinylchlorid-Mischpolymerisaten

Weitere chemische Umsetzungsmöglichkeiten bieten solche Mischpolymerisate, die durch Mischpolymerisation von Vinylchlorid und reaktive Gruppen enthaltenden Monomeren erhalten wurden. Derartige Mischpolymerisate sind im allgemeinen allen Reaktionen zugänglich, die für die reaktiven Gruppen der mischpolymerisierbaren Komponente typisch sind. So lassen sich Mischpolymerisate, die durch gemeinsame Polymerisation von Vinylchlorid und einem Carboxylgruppen enthaltenden Monomeren gebildet wurden, durch Umsetzung mit Alkoholen in die entsprechenden Carbonsäureester überführen. Mischpolymerisate aus Vinylchlorid und Vinylestern sind der Verseifung zugänglich und können mit geeigneten Verseifungskatalysatoren in Hydroxylgruppen enthaltende Mischpolymerisate übergeführt werden. Aus diesen lassen sich wiederum durch Einwirkung von Aldehyden[3] oder Ketonen[4] Acetal- bzw. Ketalgruppen enthaltende Mischpolymerisate herstellen. Weitere Umsetzungsmöglichkeiten ergeben sich dann, wenn die C-Cl-Bindungen der Vinylchloridmischpolymerisate durch benachbarte polare Gruppen stark gelockert sind. Dies ist beispielsweise in Vinylchlorid-Maleinsäure-Mischpolymerisaten der Fall, bei denen nach H. HOPFF[5] bereits durch Behandlung mit kochendem Wasser ein Austausch des Chlors gegen die Hydroxylgruppe möglich ist. Die große Reaktivität der Halogenatome in Vinylchlorid-Maleinsäure-Mischpolymerisaten ermöglicht nach W. TRAUVETTER[6] auch die Herstellung von Polylactonsäuren aus diesen Mischpolymerisaten durch längeres Erhitzen in Wasser.

Von den weiteren Umsetzungsmöglichkeiten von Vinylchlorid-Mischpolymerisaten sei noch auf ein Verfahren der I. G. Farbenindustrie A.G.[7]

---

[1] E.P. 852613, United States Rubber Co.
[2] F.P. 1187214, Soc. An. des Manufactures des Glaces et Produits Chimiques de Saint-Gobain, Chauny et Cirey, Erf. C. WIPPLER.
[3] A.P. 2458639, Carbide and Carbon Chemicals Corp., Erf. R. W. QUARLES; A.P. 2547618, Comp. des Produits Chimiques Electrométallurgiques Alais Froges & Camargue, Erf. J. BISCH u. X. THIESSE.
[4] D.R.P. 681346, D.R.P. 679792, I. G. Farbenindustrie A.G., Erf. H. SÖNKE.
[5] Kunststoffe 28, 289 (1938).
[6] D.A.S. 1053181, Dynamit A.G. vorm. A. Nobel & Co.
[7] F.P. 815311, I. G. Farbenindustrie A.G.

hingewiesen, bei dem Vinylchlorid-Maleinsäure-Mischpolymerisate mit Eiweißstoffen oder Kohlehydraten umgesetzt werden.

Auch eine Vernetzung durch energiereiche Strahlung ist bei manchen Mischpolymerisaten beschrieben worden. D. E. HARMER und J. A. RAAB[1] untersuchten diese Reaktion bei verschiedenen Vinylchlorid-Vinylidenchlorid-Mischpolymerisaten. Es wurde gefunden, daß sowohl Kettenvernetzungen als auch Kettenspaltungen auftreten, wobei das relative Ausmaß der beiden Reaktionen vom Vinylidenchloridgehalt im Mischpolymerisat abhängt. Die Vernetzung nimmt mit steigender Temperatur zu und in Sauerstoffanwesenheit ab. Von Einfluß sind weiter die thermische Vorgeschichte und die physikalische Beschaffenheit des festen Mischpolymerisates. Bei Mischpolymerisaten aus Vinylchlorid und Vinylstearat ist die strahlenchemische Vernetzung von A. A. MILLER[2] beschrieben worden.

IV. Die Struktur des Polyvinylchlorids

Für den chemischen Aufbau des Polyvinylchlorids sind theoretisch zwei Strukturen denkbar, die sich durch die Verknüpfung der Monomereneinheiten voneinander unterscheiden. Diese Strukturen sind nachstehend schematisch dargestellt:

$$[-CH_2-CHCl-CH_2-CHCl-]_n$$
$$\text{I}$$
$$[-CH_2-CHCl-CHCl-CH_2-]_n$$
$$\text{II}$$

Struktur I ist zuerst von H. STAUDINGER, M. BRUNNER und W. FEIST[3] für Polyvinylchlorid angenommen worden. Bei ihr befinden sich die Chloratome jeweils in 1,3-Stellung. Ihre Entstehung ist so zu erklären, daß sich beim Polymerisationsvorgang jeweils ein Molekül mit seinem halogenfreien Kohlenstoffatom an das halogensubstituierte Kohlenstoffatom eines zweiten Moleküls unter Kettenaufbau addiert. Struktur I wird häufig als „Kopf-Schwanz-Struktur" bezeichnet. Bei Struktur II befinden sich die Chloratome dagegen in 1,2-Stellung. Für sie ist auch die Bezeichnung „Kopf-Kopf-Schwanz-Schwanz"-Struktur gebräuchlich.

Die Entscheidung für die Konstitution des Polyvinylchlorids zugunsten der Struktur I konnte zuerst von C. S. MARVEL, J. H. SAMPLE und M. F. ROY[4] auf chemischem Wege erbracht werden. Die genannten

---

[1] J. Polymer Sci. **55**, 821 (1961).   [2] J. appl. Polymer Sci. **5**, 388 (1961).
[3] Helv. chim. Acta **13**, 805 (1930).   [4] J. Amer. chem. Soc. **61**, 3241 (1939).

IV. Die Struktur des Polyvinylchlorids

Autoren behandelten verdünnte Lösungen des Polymerisates mit Zink und stellten hierbei fest, daß sich selbst unter günstigsten Bedingungen stets nur maximal 84···87% des Chlors abspalten ließen. Wenn Polyvinylchlorid die Struktur II zukäme, sollte bei dieser Reaktion ein vollständiger Entzug des Chors möglich sein. Bei Annahme der Struktur I ist der experimentelle Befund dagegen zwanglos damit zu erklären, daß nur jeweils zwei Chloratome, die in 1,3-Stellung stehen, mit Zink reagieren können. Wie zuvor von J. P. FLORY[1] mit Hilfe der Wahrscheinlichkeitsrechnung nachgewiesen worden war, können bei derartigen Abspaltungsreaktionen 13,5% aller Heteroatome nicht reagieren, da sie zwischen bereits abgespaltenen Paaren isoliert sind. Dies stimmt mit den Ergebnissen von C. S. MARVEL und seinen Mitarbeitern verhältnismäßig gut überein, so daß man Struktur I als bewiesen ansehen kann.

Einen weiteren Beweis für die Richtigkeit der Struktur I hat der oxydative Abbau gebracht. Polyvinylchlorid gibt zwar, wie H. STAUDINGER und J. SCHNEIDERS[2] gefunden haben, bei der Oxydation mit Salpetersäure keine identifizierbaren Oxydationsprodukte, doch gelang es H. E. FIERZ-DAVID und H. ZOLLINGER[3] auf einem Umweg, zu einer übersichtlichen oxydativen Aufspaltung zu gelangen. Sie setzten Polyvinylchlorid mit Silberacetat in Eisessig um und erhielten dabei ein Umesterungsprodukt, das die Eigenschaften des polymeranalogen Polyvinylacetates zeigte. Erwartungsgemäß ließ sich dieses Umesterungsprodukt glatt mit Salpetersäure oxydieren, wobei Oxalsäure in reichlichen Mengen, jedoch keine Bernsteinsäure nachgewiesen werden konnte. Damit ist ebenfalls bewiesen, daß die Vinylchlorideinheiten im Polyvinylchloridmolekül im Sinne der Struktur I miteinander verknüpft sind.

Offen bleibt allerdings, ob alle Polyvinylchloride in dieser regelmäßigen Weise aufgebaut sind. Es wäre immerhin möglich, daß neben 1,3ständigen Chloratomen in untergeordnetem Maße auch 1,2ständige in der Kette vorhanden sind, wie dies in der Literatur verschiedentlich diskutiert wurde[4].

Die bisher besprochenen Untersuchungen geben Aufschluß über die Verknüpfung der Monomereneinheiten miteinander. Sie lassen dagegen die Frage offen, ob und in welchem Umfange die Polyvinylchloridmoleküle Verzweigungen aufweisen. Die Existenz von Verzweigungen war bereits von H. STAUDINGER und J. SCHNEIDERS[5] aus dem Verlauf der Viskosität-Molukulargewichts-Beziehung gefolgert worden. Sie ist später

---
[1] J. Amer. chem. Soc. **61**, 1518 (1939). [2] Liebigs Ann. Chem. **451**, 151 (1939).
[3] Helv. chim. Acta **28**, 455 (1945).
[4] Vgl. STAUDINGER, H., u. M. HÄBERLE: Makromol. Chem. **9**, 35 (1952); NATTA, G., u. P. CORRADINI: J. polymer Sci. **20**, 261 (1956). Nach British Plastics **1947**, 125, sollen die in Deutschland während des zweiten Weltkrieges mit Benzoylperoxyd als Katalysator hergestellten Polyvinylchloride nach dem ,,Kopf-Kopf-Schwanz-Schwanz''-Prinzip aufgebaut gewesen sein.
[5] Liebigs Ann. **451**, 151 (1939).

u. a. von J. C. BEVINGTON, G. M. GUZMAN und H. W. MELVILLE[1] auf Grund reaktionskinetischer Überlegungen diskutiert worden. Verzweigungen entstehen durch eine parallel zum Kettenwachstum verlaufende Nebenreaktion dadurch, daß ein Radikal einer vorhandenen Kette ein Atom entreißt und dabei inaktiviert wird, während die an der Kette entstandene neue Radikalstelle zum Ausgangspunkt eines Kettenaufbaues wird. Das Ausmaß des Aufbaues von Kettenverzweigungen ist daher stark von den Polymerisationsbedingungen abhängig, so daß zwischen den einzelnen Polyvinylchloridarten Unterschiede im Verzweigungsgrad zu erwarten sind. Aufschlüsse über den Verzweigungsgrad des Polyvinylchlorids sind auf chemischen Wege zu erhalten, wenn es gelingt, das Polyvinylchlorid in durchsichtiger Reaktion in ein Polymeranaloges zu verwandeln, über dessen Verzweigungsgrad bereits gesicherte Kenntnisse vorliegen. Ansatzpunkte hierfür bieten die Arbeiten von H. BATZER und A. NISCH[2], W. HAHN und W. MÜLLER[3] und J. D. COTMAN jr.[4], denen es gelang, durch erschöpfende Reduktion des Polyvinylchlorids mit Lithiumaluminiumhydrid in Tetrahydrofuran und Dekalin zu Kohlenwasserstoffen von polyäthylenartigem Charakter zu gelangen. Vergleiche von Löslichkeit und Erweichungstemperatur mit Hochdruckpolyäthylen und ZIEGLERschem Polyäthylen zeigen, daß das durch Reduktion aus Polyvinylchlorid erhaltene Produkt in seinen Eigenschaften eine Mittelstellung zwischen den beiden Polyäthylenarten einnimmt. Man kann hieraus schließen, daß das Kohlenstoffgerüst des Polyvinylchlorids einerseits gegenüber dem von Hochdruckpolyäthylen kurzkettigere Verzweigungen besitzt, andererseits aber eine geringere Regelmäßigkeit als das ZIEGLERsche Polyäthylen aufweist. Durch infrarotspektroskopische Untersuchung der mit Lithiumaluminiumhydrid erhaltenen Hydrierungsprodukte konnte J. D. COTMAN jr.[5] aus dem Intensitätsverhältnis der Banden bei 1378 cm^{-1} und 1350 cm^{-1} den durchschnittlichen Verzweigungsgrad abschätzen. Er kam bei einigen Polyvinylchloridprodukten von unterschiedlichem Polymerisationsgrad zu den aus Tabelle 6 ersichtlichen Ergebnissen.

Tabelle 6. *Verzweigungsgrad von Polyvinylchloridprodukten*
(Nach J. D. COTMAN jr.: Ann. N. Y. Acad. Sci. **57**, 417 [1954])

Durchschnittlicher Polymerisationsgrad	Intensitätsverhältnis der Banden bei 1378 cm^{-1} und 1350 cm^{-1}	$\dfrac{CH_3}{CH_2} \times 10^3$	Verzweigungen/ Molekül
1423	0,67	7	20
426	0,72	11	9
681	0,68	8	11
1830	0,55	4	15

[1] Nature **170**, 1026 (1952).   [2] Makromol. Chem. **16**, 69 (1955); **22**, 131 (1957).
[3] Makromol. Chem. **16**, 71 (1955).   [4] J. Amer. chem. Soc. **77**, 2790 (1955).
[5] Ann. N. Y. Acad. Sci. **57**, 417 (1954).

IV. Die Struktur des Polyvinylchlorids

Zu etwas niedrigeren Zahlen kamen G. BIER und H. KRÄMER[1] bei der infrarotspektroskopischen Untersuchung reduzierter Polyvinylchloride mit Polymerisationsgraden von etwa 1000. Sie fanden, daß auf 1000 Monomereneinheiten höchstens 8 Verzweigungsstellen, wahrscheinlich aber noch wesentlich weniger kommen. Berücksichtigt man die relativ große Ungenauigkeit der angewandten Meßmethode, so kann man jedenfalls aus den Arbeiten von COTMAN und BIER und KRÄMER den Schluß ziehen, daß Polyvinylchlorid nur verhältnismäßig schwach verzweigt ist.

Das durch die chemische Konstitutionsaufklärung von der Struktur des Polyvinylchlorids vermittelte Bild wäre ohne näheren Aufschluß über die Natur der den Kettenabschluß bildenden Endgruppen unvollständig. Endgruppen gelangen beim Polymerisationsvorgang in die Polyvinylchloridmoleküle, und zwar sowohl bei der Start- als auch bei der Abbruchreaktion. Sie können ihrer chemischen Natur nach aus Sauerstoff enthaltenden Gruppen, die von Katalysatorresten oder Sauerstoffspuren stammen, oder aus ungesättigten Gruppen bestehen. Letztere sind zu erwarten, wenn sich der Kettenabbruch unter Disproportionierung oder Kettenübertragung auf Vinylchlorid vollzieht. Sowohl für die Anwesenheit von Katalysatorresten als auch von ungesättigten Bindungen konnte der experimentelle Beweis erbracht werden. Einen Einbau von Katalysatorresten bei der mit Benzoylperoxyd katalysierten Blockpolymerisation des Vinylchlorids in das dabei gebildete Polymerisat haben schon E. JENCKEL, H. ECKMANS und B. RUMBACH[2] auf indirektem Wege durch Bestimmung des bei der Polymerisation verbrauchten Katalysators bewiesen. Auf direktem Wege konnte die Anwesenheit von Katalysatorresten von B. BAUM und L. H. WARTMAN[3] auf infrarotspektroskopischem Wege nachgewiesen werden. BAUM und WARTMAN stellten Polyvinylchlorid mit Hilfe von Diacetylperoxyd als Katalysator her. Wie bei Einbau von Katalysatorresten zu erwarten war, wies das so hergestellte Polyvinylchlorid im Infrarotspektrum eine Carbonylbande auf. Diese verschwand, wenn man das Polyvinylchlorid hydrolysierenden Bedingungen unterwarf. Damit war bewiesen, daß die Carbonylgruppe einer Estergruppe entstammte, die nur durch Einbau der bei dem Zerfall des Katalysators gebildeten Acetoxyradikale entstanden sein konnte. Auch die Anwesenheit von ungesättigten Bindungen im Polyvinylchlorid ließ sich auf chemischem Wege beweisen. B. BAUM und L. H. WARTMAN[3] unterwarfen hierzu Polyvinylchlorid der Einwirkung von Ozon und spalteten das erhaltene Ozonid mit Wasserstoffperoxyd. Hierbei wurde als Spaltungsprodukt Ameisensäure nachgewiesen, womit die Existenz endständiger Doppelbindungen bewiesen ist. Die endständige Anordnung

---

[1] Kunststoffe **46**, 498 (1956).   [2] Makromol. Chem. **4**, 15 (1949).
[3] J. Polymer Sci. **28**, 537 (1958).

der Doppelbindungen wird weiter durch die Tatsache bestätigt, daß sich die Eigenviskosität des Polyvinylchlorids bei der Ozonisierung nicht merklich verringert, was zu erwarten wäre, wenn die Doppelbindungen statistisch in der Kette verteilt wären. Aus dem Gehalt der Ozonisierungsprodukte an Carbonylgruppen schätzen BAUM und WARTMAN, daß etwa 60% der Moleküle des untersuchten Polyvinylchlorids ungesättigte Endgruppen aufweisen. Über die chemische Natur der ungesättigten Endgruppen besteht noch keine endgültige Klarheit. Bei Kettenabbruch unter Disproportionierung wären α-chlorungesättigte Strukturen, bei Kettenübertragung auf das Monomere dagegen β-chlorungesättigte Strukturen zu erwarten. Es wird angenommen, daß die zuletzt angegebene Struktur überwiegt, nachdem nach W. I. BENGOUGH und R. G. W. NORRISH[1] die Kettenübertragung auf Vinylchlorid der bevorzugte Abbruchmechanismus bei der Polymerisation des Vinylchlorids ist.

Das durch die chemische Konstitutionsaufklärung von der Struktur des Polyvinylchlorids gewonnene Bild ist durch röntgenographische Untersuchungen ergänzt und verfeinert worden.

Das nach den üblichen Methoden hergestellte Polyvinylchlorid ist zwar nur in geringem Maße kristallin, doch zeigt es genügend Regelmäßigkeiten, um Röntgeninterferenzen zu geben, die allerdings nicht besonders scharf ausgebildet sind. Aus diesen konnte von C. S. FULLER[2] auf die Anordnung der Atome in den geordneten Bereichen geschlossen werden. Danach bilden die Kohlenstoffatome eine nahezu ebene Kette von zickzackförmiger Gestalt. Die Chloratome sind in 1,3-Stellung angeordnet, was mit dem Ergebnis der chemischen Strukturuntersuchung übereinstimmt, und befinden sich abwechselnd in D- und L-Konfiguration. Sie liegen deshalb alternierend oberhalb und unterhalb der durch die Kohlenstoffkette gebildeten Ebene, wie dies aus Abb. 9 ersichtlich ist.

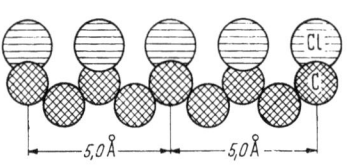

Abb. 9. Kettenkonfiguration des Polyvinylchlorids. (Nach C. S. FULLER)

Diese Anordnung wird im Sinne der Nomenklatur von G. NATTA und P. CORRADINI[3] als syndiotaktisch bezeichnet. Die Länge der Identitätsperiode wird von C. S. FULLER mit 5,0 Å angegeben. Die Richtigkeit der Befunde von C. S. FULLER ist später von C. W. BUNN und E. R. HOWELLS[4] und G. NATTA und P. CORRADINI[3] bestätigt worden. Die zuletzt genannten Autoren konnten auch durch Untersuchungen an orientierten Polyvinylchloridfasern näheren Aufschluß über die Kristallstruktur in den geordneten Bezirken erhalten. Danach bilden die Polyvinylchlorid-

---

[1] Proc. Roy. Soc. (London), 200 A, 301 (1950).
[2] Chem. Reviews 26, 143 (1940). [3] J. Polymer Sci. 20, 261 (1956).
[4] J. Polymer Sci. 18, 307 (1955).

moleküle eine rhombische Raumzelle mit den Dimensionen $a = 10,6 \pm 0,1$; $b = 5,4 \pm 0,1$ Å. Die Identitätsperiode in Richtung der Molekülachse beträgt in Übereinstimmung mit C. S. FULLER 5,1 Å. Die Ausdehnung der kristallinen Bezirke ist in Richtung der Achsen a und b verhältnismäßig groß, in Richtung der Molekülachse dagegen nur gering. Dies ist wahrscheinlich darauf zurückzuführen, daß die Chloratome über längere Kettenbezirke nur in statistischer Weise auf die D- und L-Konfiguration verteilt sind oder Verzweigungen und Segmente mit 1,2-Dichloranordnung die kristalline Struktur stören. Die Regelmäßigkeit der syndiotaktischen Anordnung der Chloratome ist von den Polymerisationsbedingungen, unter denen das Polyvinylchlorid hergestellt wurde, abhängig. Sie steigt nach M. ASAHINA und K. OKUDA[1] mit fallender Polymerisationstemperatur an und ist bei Polymerisationstemperaturen unterhalb von 0 °C am ausgeprägtesten. Die Regelmäßigkeit der sterischen Anordnung wird dabei noch erhöht, wenn man Vinylchlorid bei tiefen Temperaturen in Form seiner Harnstoffeinschlußverbindung radiochemisch polymerisiert[2].

Eine besonders hohe syndiotaktische Ordnung ist jedoch in den kristallinen Polyvinylchloriden verwirklicht, die nach P. H. BURLEIGH[3] und M. IMOTO, K. TAKEMOTO und Y. NAKAI[4] durch Polymerisation von Vinylchlorid mit Radikalkatalysatoren in Gegenwart aliphatischer Aldehyde erhalten werden.

Das durch die röntgenographische Analyse gewonnene Bild von der Struktur des Polyvinylchlorids wird durch infrarotspektroskopische Befunde ergänzt und verfeinert. Wie von S. KRIMM und C. Y. LIANG[5] gezeigt werden konnte, lassen sich im Infrarotspektrum des Polyvinylchlorids mehrere Banden nachweisen, die unter Zugrundelegung der FULLERschen Struktur theoretisch zu erwarten wären. Dies spricht für die Richtigkeit des röntgenographischen Befundes, wonach in den Ketten der Polyvinylchloridmoleküle kleinere Bezirke mit syndiotaktischer Ordnung auftreten.

Für die weitere infrarotspektroskopische Strukturaufklärung hat sich nun die Voraussage als wertvoll erwiesen, daß syndiotaktisches Polyvinylchlorid im Bereiche der C-Cl-Streckschwingungen zwei Banden aufweisen sollte. Es ergibt sich dies als Folge des Umstandes, daß in der syndiotaktischen Grundeinheit zwei Chloratome enthalten sind, und zwar ein oberhalb und ein unterhalb der Kettenebene liegendes. Beide Chloratome beeinflussen sich gegenseitig und sollten daher nicht unabhängig

---

[1] Chem. High Polymers Japan **17**, 612 (1960).
[2] FORDHAM, J. W. L., P. H. BURLEIGH u. C. L. STURM: Abstracts 135th A. C. S. Meeting, Boston, April 1959.
[3] J. Amer. Chem. Soc. **82**, 748 (1960).   [4] Makromol. Chem. **48**, 80 (1961).
[5] J. Polymer Sci. **22**, 95 (1956).

voneinander schwingen können. Es sind vielmehr Koppelschwingungen zu erwarten, wobei der gleichphasigen Schwingung ein anderer Energiezustand zukommt als der ungleichphasigen. Bei der spektroskopischen Untersuchung der bei höherer Temperatur auf übliche Weise hergestellten Polyvinylchloride zeigt sich nun, daß im Bereiche der C-Cl-Streckschwingungen noch größere Mannigfaltigkeit herrscht als dies unter Zugrundelegung einer durchgehend syndiotaktischen Anordnung zu erwarten wäre.

Man findet zwei verhältnismäßig eng beieinanderliegende verwaschene Banden bei 615 cm^{-1} und 635 cm^{-1} sowie eine weitere Bande bei 693 cm^{-1}. Es liegt nahe und ist auch bereits von S. KRIMM und C. Y. LIANG vermutet worden, daß eine dieser Banden von Kettenbezirken herrührt, in denen eine andere sterische Anordnung der Chloratome verwirklicht ist. Der Beweis hierfür konnte von S. I. MIZUSHIMA, T. SHIMANOUCHI, K. NAKAMURA, M. HAYASHI und S. TSUCHIYA[1] durch Vergleiche mit den Infrarotspektren der Rotationsisomeren von einfachen Halogenkohlenwasserstoffen erbracht werden. Danach ist die bei 693 cm^{-1} auftretende Bande einem in den Polyvinylchloridketten auftretenden Rotationsisomeren zuzuschreiben, bei dem sich das Chloratom in der Ketteneinheit jeweils in Transstellung zu dem an die gemeinsame C-C-Bindung gebundenen Kohlenstoffatom befindet. Die Banden bei 615 cm^{-1} und 635 cm^{-1} stammen dagegen von Kettenbezirken, bei denen das Chloratom jeweils in Transstellung zu einem Wasserstoffatom angeordnet ist.

Auf dieser Basis konnten R. J. GRISENTHWAITE und R. F. HUNTER[2], S. KRIMM, A. R. BERENS, V. L. FOLT und J. J. SHIPMAN[3] und T. SHIMANOUCHI, S. TSUCHIYA und S. I. MIZUSHIMA[4] durch Vergleich von Polyvinylchloriden unterschiedlicher Kristallinität die bei 635 cm^{-1} auftretende Bande den kristallinen syndiotaktischen Kettenbereichen zuordnen. Die zweite für diese Kettenbereiche zu erwartende Bande wird von R. J. GRISENTHWAITE und R. F. HUNTER[5] bei 615 cm^{-1} angenommen, während S. KRIMM, A. R. BERENS, V. L. FOLT und J. J. SHIPMAN[6] eine in den Spektren der Hochtemperatur-Polyvinylchloride verdeckte, wohl aber in den Spektren der Tieftemperaturpolyvinylchloride deutlich hervortretende Bande bei 605 cm^{-1} als zweite Bande der kristallinen syndiotaktischen Bezirke ansehen. Die Bande bei 615 cm^{-1} stammt nach dieser Auffassung von amorphen Kettenabschnitten.

Zusammenfassend läßt sich das Ergebnis der infrarotspektroskopi-

---

[1] J. Chem. Phys. **26**, 970 (1957); wegen weiterer infrarotspektroskopischer Untersuchungen des Polyvinylchlorids vgl. auch NARITA, S., S. ICHINOHE u. S. ENOMOTO: J. Polymer Sci. **37**, 281 (1959).
[2] Chem. & Ind. **1958**, 719; **1959**, 433.   [3] Chem. & Ind. **1958**, 1512; **1959**, 433.
[4] J. Chem. Phys. **30**, 1365 (1959).   [5] Chem. & Ind. **1958**, 719; **1959**, 433.
[6] Chem. & Ind. **1958**, 1512; **1959**, 433.

IV. Die Struktur des Polyvinylchlorids 131

schen Strukturanalyse wie folgt darstellen. In den Ketten der Polyvinylchloridmoleküle treten Bezirke auf, in denen die Kohlenstoffatome eine ebene Kette bilden und die Chloratome abwechselnd oberhalb und unterhalb der Kettenebene liegen. In diesen Bereichen sind die Moleküle kristallin geordnet. In den amorphen Kettenbezirken treten dagegen wahrscheinlich zwei Zustandsformen auf. Bei der einen bilden die Kohlenstoffatome eine gefaltete Kette mit hauptsächlich isotaktischer Anordnung der Chloratome. Dieser Zustandsform entspricht die Bande bei 693 cm^{-1}. Bei der anderen Zustandsform bilden die Kohlenstoffatome eine gestreckte, jedoch nicht in einer Ebene liegende Kette. Die Chloratome befinden sich hier hauptsächlich in syndiotaktischer Anordnung. Dieser Zustandsform ist die Bande bei 615 cm^{-1} zuzuordnen.

Der besondere Wert der infrarotspektroskopischen Strukturuntersuchung liegt nun darin, daß sie nicht nur Aussagen über die Anordnung der Atome in den kristallinen und amorphen Molekülteilen ermöglicht, sondern darüber hinaus auch den prozentualen Anteil der einzelnen Zustandsformen am Gesamtmolekül aus den Intensitätsverhältnissen der einzelnen Banden abzuschätzen gestattet. Besonders geeignet ist hierzu das Intensitätsverhältnis der Banden bei 693 cm^{-1} und 635 cm^{-1}, das einen Maßstab für den Gehalt an kristallinen syndiotaktischen Einheiten bildet und daher als einfaches Hilfsmittel zur Bestimmung des Kristallinitätsgrades dienen kann. Die Unterschiede in den Intensitäten dieser Banden bei Polyvinylchlorid von unterschiedlicher Kristallinität sind aus den in Abb. 10 dargestellten Infrarotspektren ersichtlich, die von einem

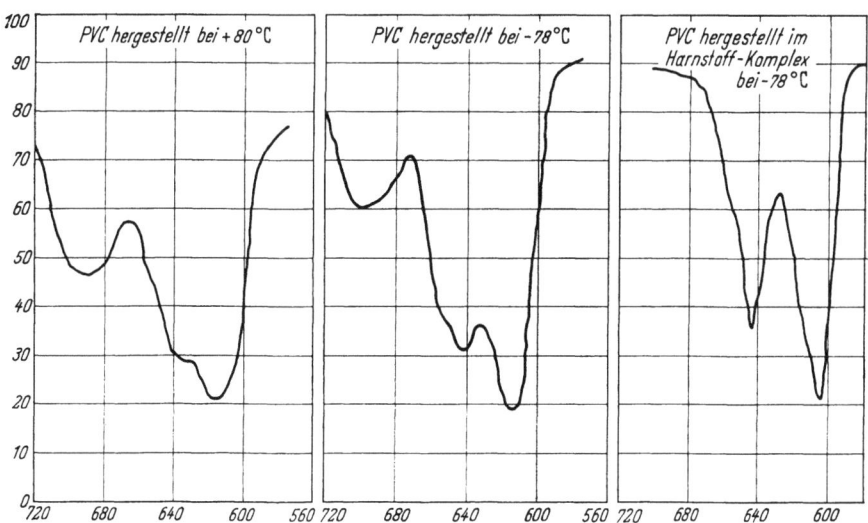

Abb. 10. Infrarotspektren von Polyvinylchlorid im Bereich der C-Cl-Streckschwingungen. (Nach S. KRIMM, A. R. BERENS, V. L. FOLT u. J. J. SHIPMAN)

unter normalen Bedingungen und zwei unter stereospezifischen Bedingungen hergestellten Polyvinylchloriden stammen. Von diesen hat das bei normalen Bedingungen hergestellte den geringsten, das durch Polymerisation von Vinylchlorid in Form einer Harnstoffeinschlußverbindung hergestellte nach röntgenographischer Untersuchung den größten Kristallinitätsgrad. In gleicher Reihenfolge erhöht sich auch das Intensitätsverhältnis der Bande bei 635 cm^{-1} zu der bei 693 cm^{-1}.

Um einen Überblick über den infrarotspektroskopisch ermittelten Kristallinitätsgrad zu geben, sind nachstehend in Tabelle 7 die Werte des Intensitätsverhältnisses der Bande bei 635 cm^{-1} zu der bei 693 cm^{-1} von einigen Polyvinylchloriden angegeben.

Tabelle 7. *Intensitätsverhältnis der Banden bei* **635** *cm*$^{-1}$ *und* **693** *cm*$^{-1}$ *von einigen Polyvinylchloriden*

Intensitätsverhältnis (D 635/D 693)	Art der Herstellung des Polyvinylchlorids	Literaturstelle
1,5	Blockpolymerisation bei +50 °C	P. H. BURLEIGH: J. Amer. Chem. Soc. **82**, 748 (1960)
2,6	Blockpolymerisation bei −70 °C	P. H. BURLEIGH, l. c.
2,7	mit Azo-bis-isobuttersäurenitril initiierte Polymerisation in Tetrahydrofuran in Gegenwart von Acetaldehyd (Vinylchlorid/Acetaldehyd = 1 : 1)	M. IMOTO, K. TAKEMOTO u. Y. NAKAI: Makromolekulare Chemie **48**, 85 (1961)
4,3	mit Azo-bis-isobuttersäurenitril initierte Polymerisation in Tetrahydrofuran in Gegenwart von n-Butyraldehyd	P. H. BURLEIGH, l. c.

In Cyclohexanonlösung wurde das Infrarotspektrum des Polyvinylchlorids von M. TAKEDA und K. IIMURA[1] untersucht. Gefunden wurden Banden bei 696 und 616 cm^{-1}, die den im festen Zustand bei 690 und 615 cm^{-1} liegenden entsprechen. Die Bande bei 605 cm^{-1} des festen Polyvinylchlorids verschwindet in Lösung, was darauf zurückgeführt wird, daß sie von den kristallinen syndiotaktischen Bezirken herrührt. Das Absorptionsverhältnis der Bande bei 696 cm^{-1} zu dem der bei 616 cm^{-1} nimmt bei steigender Meßtemperatur ab, was auf eine reversible Konformationsänderung der Kette in den syndiotaktischen Bezirken zurückgeführt wird. Eine infrarotspektroskopische Untersuchung von A. KAWASAKI, J. FURUKAWA, T. TSURUTA und S. SHIOTANI[2] befaßt sich mit der Zuordnung der Banden bei 1434 und 1428 cm^{-1}. Auf Grund der Intensitätsabhängigkeit dieser Banden vom Kristallinitätsgrad wird

---

[1] J. Polymer Sci. **57**, 383 (1962); **51**, 52 (1961). [2] Polymer **2**, 143 (1961).

gefolgert, daß die Bande bei 1434 cm^{-1} den Scherenschwingungen der syndiotaktischen und ungeordneten Strukturen, die Bande bei 1428 cm^{-1} den syndiotaktischen Strukturen zuzuordnen ist.

Absolutbestimmungen der Taxie des Polyvinylchlorids aus dem Infrarotspektrum haben H. GERMAR, K. H. HELLWEGE und U. JOHNSEN[1] vorgenommen. Die von ihnen angewendete Methode beruht auf folgender Überlegung. Bei der statistischen molekularen Bewegung einer in Lösung befindlichen Polyvinylchloridkette werden in der unmittelbaren Umgebung der CH$_2$-Gruppen bevorzugt vier Konformationen eingenommen, die durch die Strukturen der Abb. 11 veranschaulicht sind.

Die Strukturen S_1 und S_2 sind der syndiotaktischen Monomerenverknüpfung zugehörig, und zwar bilden die Kohlenstoffatome der Struktur S_1 eine ebene, die der Struktur S_2 eine geknickte Kette. Bei den Strukturen I_1 und I_2 sind die Monomereneinheiten dagegen isotaktisch verknüpft. Diese Strukturen sind spiegelbildlich zueinander und daher energetisch gleichwertig. Dagegen liegt die Struktur S_2 energetisch höher als die Struktur S_1. In Lösung wird sich daher ein temperaturabhängiges

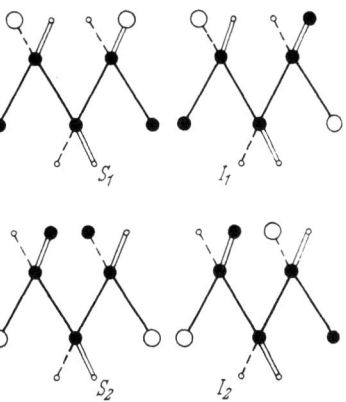

Abb. 11. Stabile Konformationen der CH$_2$-Gruppe im Polyvinylchlorid. (Nach H. GERMAR, K. H. HELLWEGE u. U. JOHNSEN, Makromolekulare Chemie **60**, 106 [1963])

● Kohlenstoff; o Wasserstoff; ○ Chlor

Gleichgewicht einstellen, wobei der zum Übergang von der ebenen zur Struktur S_2 erforderliche Energiebetrag ΔE um so häufiger aufgebracht wird, je höher die Temperatur ist. Die Lage dieses Gleichgewichtes läßt sich nun auf Grund der Zuordnung der Banden bei 1428 und 1434 cm^{-1} aus der Temperaturabhängigkeit des Infrarotspektrums ermitteln. Nach GERMAR, HELLWEGE und JOHNSEN ist die Bande bei 1428 cm^{-1} der Scherenschwingung der CH$_2$-Gruppe von Struktur S_1 zuzuschreiben. Die Scherenschwingungen der CH$_2$-Gruppen von Struktur S_1, I_1 und I_2 absorbieren übereinstimmend bei 1434 cm^{-1}, so daß die bei dieser Frequenz liegende Bande von den drei Strukturen herrührt. Unter der plausiblen Annahme, daß die Absorptionskoeffizienten für alle drei Konformationen die gleichen sind, läßt sich dann folgende Formel für den syndiotaktischen Anteil α des Polyvinylchlorids angeben:

$$\alpha = \frac{1 + \exp\left(\dfrac{\Delta E}{RT}\right)}{1 + \lambda}$$

---

[1] Makromol. Chem. **60**, 106 (1963).

Hierbei ist λ das Verhältnis der optischen Dichte der beiden Banden, d. h.

$$\lambda = \frac{D\,1434}{D\,1428} = \frac{\ln(I_0/I)\,1434\;\text{cm}^{-1}}{\ln(I_0/I)\,1428\;\text{cm}^{-1}}$$

Durch Messung der Temperaturabhängigkeit des Intensitätsverhältnisses lassen sich sowohl der syndiotaktische Anteil α als auch die Energiedifferenz ΔE zwischen den syndiotaktischen Anordnungen bestimmen. GERMAR, HELLWEGE und JOHNSEN fanden für Polyvinylchloridproben, die zwischen $+30$ und $-70\,°C$ polymerisiert worden waren, α-Werte von $0,5\cdots 0,8$. Die Energiedifferenz zwischen den beiden syndiotaktischen Anordnungen lag bei den Proben mit $\alpha > 0,7$ einheitlich bei 840 cal/Mol, während bei den zunehmend ataktischen Proben höhere Werte gefunden wurden.

Über das Verhältnis von syndiotaktischer und isotaktischer Verknüpfung der Monomereneinheiten im Polyvinylchloridmolekül konnte auch aus den hochaufgelösten Kernresonanzspektren Aufschluß erhalten werden. U. JOHNSEN[1] fand bei der Untersuchung eines derartigen Spektrums, das an einer 20prozentigen Lösung eines nach einem normalen technischen Verfahren hergestellten Polyvinylchlorids aufgenommen worden war, im Bereiche der Resonanz der Methylengruppe zwei sich überlappende Tripletts. Dies beweist, daß in der Kette zwei verschiedene Sorten von Methylengruppen mit unterschiedlicher molekularer Umgebung vorhanden sind, die nur von den isotaktischen und syndiotaktischen Einheiten stammen können. Aus dem Intensitätsverhältnis der beiden Tripletts konnte ermittelt werden, daß in dem untersuchten technischen Polyvinylchlorid 64% aller Monomeren in syndiotaktischen Sequenzen und 36% aller Monomeren in isotaktischen Sequenzen polymerisiert sind. Für die mittlere Sequenzlänge ergab sich für die syndiotaktische Verknüpfung ein Wert von 2,8 und für die isotaktische Verknüpfung ein Wert von 1,6. Die Verteilung auf die verschiedenen Sequenzlängen ist verhältnismäßig scharf. Etwa 45% der gesamten Substanz liegt in syndiotaktischen Sequenzen mit Längen zwischen 1 und 5 Einheiten vor. Der kernspektroskopische Befund ergibt somit eine energetische Bevorzugung der syndiotaktischen gegenüber der isotaktischen Monomerenverknüpfung. Dies bestätigt frühere Überlegungen von J. W. L. FORDHAM, P. H. BURLEIGH und C. L. STURM[2], die bei Polyvinylchlorid eine

---

[1] J. Polymer Sci. **54**, 86 (1961); wegen ähnlicher Untersuchungen vgl. TINCHER, W. C., J. Polymer Sci. **62**, 148 (1962). Die von diesem Autor ermittelten Werte ergeben einen Gehalt von 55% an isotaktischen und 45% an syndiotaktischen Einheiten; wegen weiterer Messungen der Kernresonanzspektren vgl. CHUJO, R., S. SATOH, T. OZEKI u. E. NAGAI: J. Polymer Sci. **61**, 12 (1962).

[2] J. Polymer Sci. **54**, 86 (1961).

IV. Die Struktur des Polyvinylchlorids

leichte energetische Begünstigung des syndiotaktischen Kettenwachstums gegenüber dem isotaktischen Kettenwachstum vorhersagten.

Über das Molekulargewicht der Polyvinylchloride lassen sich naturgemäß nur allgemeine Angaben machen, da es sich hierbei um eine von den Herstellungsbedingungen abhängige Größe handelt, die jeweils im Einzelfalle bestimmt werden muß. Hierfür können die bei Hochpolymeren üblichen Absolutmethoden verwendet werden. Für die Praxis sind jedoch die viskosimetrischen Methoden wegen ihrer leichteren Ausführbarkeit bedeutungsvoller. Hiervon wird namentlich in der Technik Gebrauch gemacht, wo zur Charakterisierung allerdings meist nicht das viskosimetrische Molekulargewicht, sondern der mit diesem in Beziehung stehende K-Wert dient. Dieser wird aus der nachstehenden, von H. FIKENTSCHER[1] angegebenen Gleichung ermittelt:

$$\log \frac{\eta}{\eta_0} = \left(\frac{75\, k^2}{1 + 1{,}5\, k \cdot c} + k \right) \cdot c$$

In dieser Gleichung bedeuten:

c = Konzentration in g/100 ml,
η = die Viskosität der Lösung,
η_0 = die Viskosität des Lösungsmittels,
k = ein vom Molekulargewicht abhängiger Parameter.

Der aus dieser Gleichung errechnete Parameter k ist kleiner als 1. Er wird daher in der Praxis mit dem Faktor 1000 multipliziert und in dieser Form als K-Wert oder Eigenviskosität bezeichnet.

Bei der Bestimmung des K-Wertes ist zu beachten, daß dieser im allgemeinen von der Konzentration und auch vom angewendeten Lösungsmittel abhängig ist. Diese Lösungsmittelabhängigkeit lassen von G. CIAMPA[2] ermittelte Meßwerte erkennen, die in Tabelle 8 wiedergegeben sind.

Tabelle 8. *Abhängigkeit des K-Wertes und der relativen Viskosität vom Lösungsmittel bei Polyvinylchlorid verschiedener Herkunft*
(Konzentration 0,5 g/100 ml; Temp. 25 °C)

Lösungsmittel	Herkunft des Polyvinylchlorids					
	I		II		III	
	η/η_0	K	η/η_0	K	η/η_0	K
Tetrahydrofuran	2,056	87,5	1,878	81,2	1,806	78,4
Cyclohexanon	2,009	85,9	1,871	80,9	1,764	76,6
Dichloräthan	1,913	82,5	1,769	76,8	1,660	71,9
Nitrobenzol	1,871	80,9	1,763	76,6	1,650	71,5
Dimethylformamid	1,761	76,5	1,649	71,4	1,636	70,8

---

[1] Cellulosechemie **13**, 58 (1932).   [2] Materie plast. **22**, 187 (1956).

Eine unmittelbare Beziehung zum Molekulargewichtsmittelwert besteht nach der erweiterten STAUDINGER-Viskositätsbeziehung mit der Grenzviskosität oder Grenzviskositätszahl $Z\eta$, die durch Extrapolation der Viskositätszahl $\left(\frac{\eta - \eta_0}{\eta_0 \cdot c}\right)$ auf den Grenzwert $\left(\frac{\eta - \eta_0}{\eta_0 \cdot c}\right)_{c \to 0}$ erhalten wird. Es gilt mit recht guter Annäherung die Beziehung

$$Z_\eta = \left(\frac{\eta - \eta_0}{\eta_0 \cdot c}\right)_{c \to 0} = K \cdot \bar{M}_w^\alpha$$

wobei K und α bei gegebenem Lösungsmittel innerhalb einer polymerhomologen Reihe eines hochpolymeren Stoffes konstant sind.

Die Gültigkeit der STAUDINGERschen Viskositätsbeziehung bei Polyvinylchlorid ist wiederholt nachgeprüft worden. Hierbei wurden allerdings von den einzelnen Autoren erheblich voneinander abweichende Werte für die Konstanten K und α ermittelt, wie aus den in Tabelle 9 zusammengefaßten Literaturangaben ersichtlich ist.

Die Unterschiede in den Konstanten der in Tabelle 9 angeführten Viskositätsbeziehungen sind zum Teil dadurch bedingt, daß einige Autoren die Messungen an unfraktionierten, andere dagegen an fraktionierten Produkten ausführten. Daneben machen sich auch die unterschiedlichen Herstellungsverfahren, nach denen die zur Untersuchung verwendeten Produkte hergestellt worden waren, bemerkbar. Wie stark gerade das Herstellungsverfahren auf die Konstanten der Viskositätsgleichung von Einfluß ist, ergibt sich aus Messungen von G. BIER und H. KRÄMER[1], die sechs unter verschiedenen Bedingungen hergestellte Emulsionspolyvinylchloride jeweils in Fraktionen aufteilten und an diesen die Viskositätsbeziehung bestimmten. An den untersuchten Produkten wurden die aus Tabelle 10 ersichtlichen Viskositätsbeziehungen ermittelt.

Tabelle 10 zeigt, daß je nach den Herstellungsbedingungen entweder lineare oder exponentielle Viskositätsbeziehungen auftreten, wie dies bereits früher auch H. STAUDINGER und M. HÄBERLE[2] an fraktionierten technischen Polyvinylchloriden beobachtet haben. Von Interesse ist dabei, daß sämtliche der in Tabelle 10 angeführten Produkte mit exponentieller Viskositätsbeziehung unter Bedingungen hergestellt worden waren, bei denen ein starker Verzweigungsgrad zu erwarten war. BIER und KRÄMER vermuten deshalb, daß der Exponent α eng mit der Struktur des Polyvinylchlorids zusammenhängt. Dies entspricht früheren Vermutungen von H. STAUDINGER und J. SCHNEIDERS[3] und H. STAUDINGER und M. HÄBERLE[4], die im Auftreten einer exponentiellen Viskositätsbeziehung einen Hinweis auf das Vorliegen von Verzweigungen gesehen haben. Wie verwickelt allerdings die Verhältnisse sind, geht daraus hervor,

---

[1] Makromol. Chem. **18/19**, 151 (1956). [2] Makromol. Chem. **9**, 35 (1952).
[3] Liebigs Ann. **541**, 151 (1939). [4] Makromol. Chem. **9**, 35 (1952).

IV. Die Struktur des Polyvinylchlorids

Tabelle 9. *Molekulargewicht-Viskositätsbeziehungen bei Polyvinylchlorid*

Autoren	Literaturstelle	Molekulargewicht-Viskositätsbeziehung Z_η in $1 \cdot g^{-1}$	Lösungsmittel	Art der untersuchten Polyvinylchloride
R. M. Fuoss D. J. Mead	J. Physic Chem. **47**, 59 (1943) J. Amer. Chem. Soc. **64**, 277 (1942)	$Z_\eta = 1{,}12 \cdot 10^{-6} \overline{M}$	Cyclohexanon	fraktionierte Polyvinylchloride
M. Fournier	C. R. Hebd. Seances Acad. Sci. **222**, 1437 (1946)	$Z_\eta = 1{,}55 \cdot 10^{-3} (\overline{M})^{0{,}76}$	Cyclohexanon	fraktionierte technische Polyvinylchloride
J. Hengstenberg	Angew. Chem. **60**, 26 (1950)	$Z_\eta = 1{,}95 \cdot 10^{-5} (\overline{M})^{0{,}79}$	Cyclohexanon	fraktionierte Polyvinylchloride
J. W. Breitenbach F. L. Forster u. A. J. Renner	Kolloid-Z. **127**, 1 (1952)	$Z_\eta = 1{,}16 \cdot 10^{-5} (\overline{M})^{0{,}85}$	Cyclohexanon	unter definierten reaktionskinetischen Bedingungen mit Benzoylperoxyd erhaltene unfraktionierte Polyvinylchloride
H. Staudinger M. Häberle	Makromolekulare Chem. **9**, 35 (1953)	$Z_\eta = 1{,}6 \cdot 10^{-6} (\overline{M})$	Cyclohexanon	fraktioniertes technisches Polyvinylchlorid
F. Danusso G. Moraglio S. Gazzera	Chimica e Industria **36**, 883 (1954)	$Z_\eta = 2{,}4 \cdot 10^{-5} (\overline{M})^{0{,}77}$		unfraktionierte Polyvinylchloride
G. Ciampa u. H. Schwindt	Makromolekulare Chem. **21**, 169 (1956)	$Z_\eta = 1{,}1 \cdot 10^{-6} (\overline{M})$	Cyclohexanon	fraktionierte Suspensionspolyvinylchloride
L. Menčik	Collec. czechoslav. Chem. Commun. **21**, 517 (1956)	$Z_\eta = 2{,}04 \cdot 10^{-4} (\overline{M})^{0{,}56}$	Cyclohexanon 25 °C	
H. Batzer u. A. Nisch	Makromolekulare Chem. **22**, 131 (1957)	$Z_\eta = 3{,}65 \cdot 10^{-6} (\overline{M})^{0{,}92}$	Tetrahydrofuran	fraktionierte Polyvinylchloride unterschiedlicher Herkunft

Tabelle 10. *Viskositätsbeziehung von mehreren unter verschiedenen Bedingungen hergestellten Emulsionspolyvinylchloriden.* (Nach G. BIER u. H. KRÄMER: Makromolekulare Chem. **18/19**, 151 (1956)

Produkt Nr.	Verfahren	Umsatz in %	Viskositätsbezeichnung
I	diskontinuierlich	16	annähernd lineare Beziehung mit ziemlich starker Streuung der Einzelwerte
II	diskontinuierlich	38	$Z_\eta = 1{,}37 \cdot 10^{-6} \cdot \overline{M}_w$
III	diskontinuierlich	86	$Z_\eta = 1{,}43 \cdot 10^{-6} \cdot \overline{M}_w$
IV	kontinuierlich	50	$Z_\eta = 1{,}37 \cdot 10^{-6} \cdot \overline{M}_w$
V	kontinuierlich	>90	$Z_\eta = 1{,}125 \cdot 10^{-4} \cdot \overline{M}_w^{0,63}$
VI	kontinuierlich	>90	$Z_\eta = 1{,}125 \cdot 10^{-4} \cdot \overline{M}_w^{0,63}$

daß G. CIAMPA und H. SCHWINDT[1] an unfraktionierten Suspensionspolymerisaten und H. BATZER und A. NISCH[2] an verschiedenen fraktionierten Polyvinylchloridtypen jeweils nur eine Viskositätsbeziehung feststellen konnten. Ein ähnlich verwickeltes Bild bietet auch die Konzentrationsabhängigkeit der spezifischen Viskosität im Bereiche extremer Verdünnungen. H. BATZER[3] und E. CERNIA und G. CIAMPA[4] haben hier Unterschiede zwischen im wesentlichen linearen und stärker verzweigten Polymerisaten gefunden, und zwar in dem Sinne, daß bei ersteren η_{SP}/c im ganzen Bereich kleiner Konzentrationen linear mit c verläuft, während bei den letzteren in diesem Verdünnungsbereich Abweichungen von der Linearität festgestellt wurden. Demgegenüber konnten Z. MENČIK und J. LANIKOWA[5] bei der Untersuchung unterschiedlich verzweigter Polyvinylchloridproben jeweils nur eine lineare Konzentrationsabhängigkeit feststellen.

Wie jeder durch Polymerisation entstandene hochmolekulare Stoff ist Polyvinylchlorid polymolekular. Es besteht daher aus einer Vielzahl von Molekülen unterschiedlichen Molekulargewichtes, deren relative Häufigkeit sich in Form einer Verteilungskurve ausdrücken läßt. Zur Ermittlung dieser Verteilungskurve ist es erforderlich, das Polymere durch Fraktionierung in viele kleine Fraktionen aufzuteilen und deren Gewichtsmenge zu bestimmen[6]. Gewöhnlich wird von diesen Fraktionen jeweils das viskosimetrische Molekulargewicht ermittelt. Man gelangt hieraus zur integralen Massenverteilungskurve $J(\overline{M})$, indem man aus den je-

---

[1] Makromol. Chem. **21**, 169 (1956).   [2] Makromol. Chem. **22**, 131 (1957).
[3] Makromol. Chem. **12**, 145 (1954).   [4] Makromol. Chem. **16**, 177 (1955).
[5] Makromol. Chem. **14**, 118 (1954); vgl. auch PATAT, F., u. H. G. ELIAS: Makromol. Chem. **14**, 40 (1954).
[6] Wegen einer Darstellung der Fraktionierungsverfahren vgl. F. KÄSBAUER u. E. SCHUCH in NITSCHE-WOLF: Kunststoffe **1**, 741, Springer 1962.

IV. Die Struktur des Polyvinylchlorids

weils auf 1 g Substanz bezogenen Gewichtsmengen m der Fraktionen $i-1$ nach G. V. SCHULZ[1] die Ordinate gemäß

$$J(\overline{M}_v) = \sum_{1}^{i-1} m_i + \frac{m_i}{2}$$

ermittelt und als Funktion von $\overline{M}_v$ aufträgt. Durch Differentiation erhält man hieraus den Ausdruck

$$m_{\overline{M}_v} = \frac{dJ(\overline{M}_v)}{d\overline{M}_v}$$

der als Ordinate über M_v aufgetragen die differentiale Massenverteilungskurve ergibt.

Die Kenntnis der differentialen und integralen Massenverteilungskurven ist sowohl für die theoretische Forschung als auch für die Praxis von erheblicher Bedeutung. Für erstere vor allem deshalb, weil sich aus der Molekulargewichtsverteilung Schlüsse auf die Kinetik der Polymerisationsreaktion ziehen lassen. Für die Praxis sind die Verteilungskurven dagegen vornehmlich ein Hilfsmittel zur Charakterisierung technischer Polyvinylchloridsorten, da deren technologische Eigenschaften außer vom durchschnittlichen Molekulargewicht, das durch den K-Wert erfaßt wird, auch von der Molekulargewichtsverteilung abhängen[2]. Leider finden sich in wissenschaftlichen Veröffentlichungen über die Molekulargewichtsverteilung von Polyvinylchloriden bisher nur verhältnismäßig wenige Angaben. Bei Suspensionspolyvinylchlorid haben G. PEZZIN, G. TALAMINI und G. VIDOTTO[3] die bereits auf S. 14 wiedergegebenen Verteilungskurven bestimmt und dabei eine weitgehende Unabhängigkeit vom Polymerisationsumsatz festgestellt. Demgegenüber fanden G. BIER und H. KRÄMER[4] bei einem Emulsionspolyvinylchlorid, daß sich die Massenverteilungskurven mit wachsendem Umsatz verbreitern und gleichzeitig nach niedrigeren Polymerisationsgraden verschieben.

Tabelle 11

Polyvinylchlorid	Polymerisationsverfahren	K-Wert	k'-Konstante nach Huggins
I	Emulsion	64,2	0,40
II	Emulsion	63,1	0,40
III	Emulsion	62,0	0,40
IV	Emulsion	71,8	0,15
V	Suspension	61,6	0,48
VI	Block	62,9	0,60

[1] Z. physik. Chem. (B) **43**, 25 (1939).
[2] Eine Zusammenfassung der Literatur über den Einfluß der Polymolekularität auf die technologischen Eigenschaften findet sich in dem von O. FUCHS verfaßten Abschnitt „Molekulargewicht und Polymolekularität" in NITSCHE-WOLF, „Kunststoffe" Bd. 1, Springer 1962.
[3] Makromol. Chem. **43**, 12 (1961).   [4] Makromol. Chem. **18/19**, 151 (1956).

140   IV. Die Struktur des Polyvinylchlorids

Neuere Bestimmungen der Molekulargewichtsverteilung wurden von
E. Schröder[1] an Polyvinylchloriden ausgeführt, deren Einzelheiten
Tabelle 11 zu entnehmen sind. Die an diesen Produkten von E. Schröder
erhaltenen integralen und differentialen Massenverteilungskurven sind
in den Abb. 12 bis 17 wiedergegeben.

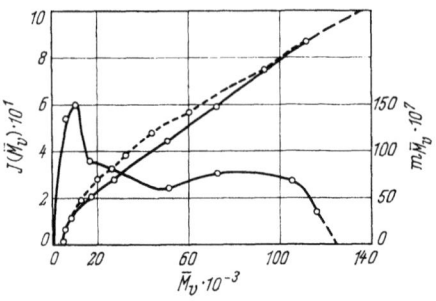

Abb. 12. Polyvinylchlorid I
o— — —o Fällungskurve; o————o Lösungskurve;
— — — extrapoliert

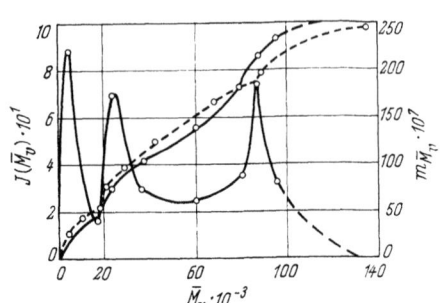

Abb. 13. Polyvinylchlorid (Kurven s. Abb. 12)

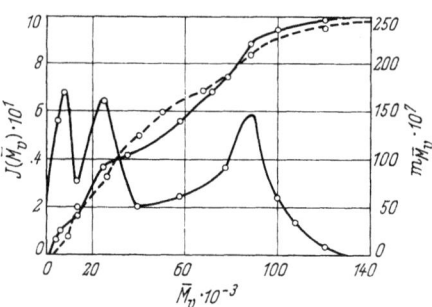

Abb. 14. Polyvinylchlorid III (Kurven s. Abb. 12)

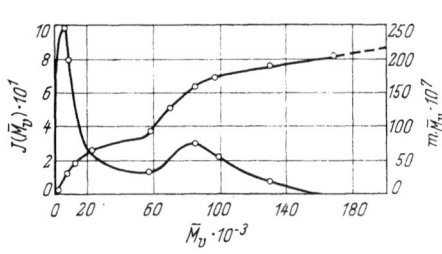

Abb. 15. Polyvinylchlorid IV (Kurven s. Abb. 12)

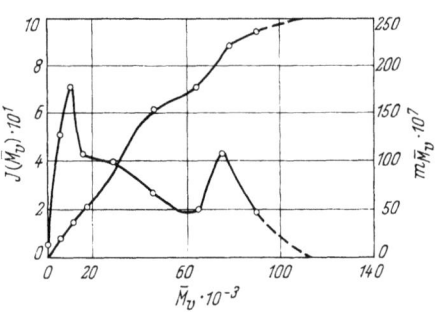

Abb. 16. Polyvinylchlorid V (Kurven s. Abb. 12)

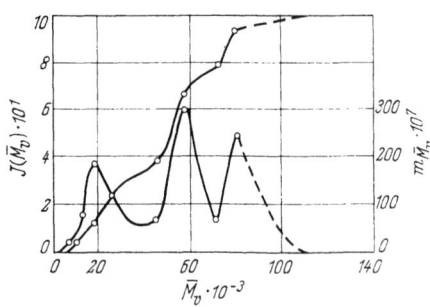

Abb. 17. Polyvinylchlorid VI (Kurven s. Abb. 12)

---

[1] Plaste u. Kautschuk **9**, 395 (1962); wegen der Bestimmung der Molekulargewichtsverteilung von Polyvinylchloriden durch Trübungstitration vgl. die Arbeit der gleichen Autorin in Plaste u. Kautschuk **9**, 525 (1962).

V. Die Eigenschaften des Polyvinylchlorids und der Vinylchlorid-Mischpolymerisate

A. Die Werkstoffeigenschaften des Polyvinylchlorids

Als thermoplastischer Kunststoff zeigt Polyvinylchlorid eine ausgeprägte Temperaturabhängigkeit des Werkstoffverhaltens, die in erster Näherung durch das Auftreten der Zustandsformen hart und gummielastisch und einen zwischen beiden Zustandsformen bestehenden Übergangsbereich gekennzeichnet ist. Unterhalb dieses Übergangsbereiches, der durch die Einfrier- oder Glastemperatur gekennzeichnet ist, zeigt Polyvinylchlorid hartelastische Werkstoffeigenschaften. Die molekularen Bewegungsmöglichkeiten der Kettensegmente sind hier, bedingt durch die starken zwischenmolekularen Kräfte, weitgehend eingefroren, so daß bei geringer Beanspruchung im wesentlichen Verformungen unter Änderungen der Valenzwinkel erfolgen. Bei größeren Beanspruchungen tritt die sogenannte „Kaltverstreckung" auf, die u. a. von F. H. MÜLLER[1] untersucht wurde. Erst mit Erreichung des Einfrierbereiches werden die molekularen Freiheitsgrade der Rotation aller Molekülgruppen angeregt, wodurch größere Segmente der Polymerenketten die innere Beweglichkeit erlangen. Schon innerhalb der bei tieferen Temperaturen liegenden sekundären Übergangsbereiche werden Rotationen einzelner Molekülgruppen angeregt, ohne daß jedoch der gesamte molekulare Zusammenhalt des Stoffes im festen Zustand in stärkerem Ausmaß beeinträchtigt wird[2]. Da die Moleküle jedoch auch oberhalb des Einfrierbereiches noch an bestimmten Haftpunkten, z. B. in den wenigen kristallinen Bereichen, miteinander verbunden bleiben, ergibt sich eine dreidimensionale Netzwerkstruktur, die das ausgeprägte gummielastische Verhalten des Polyvinylchlorids oberhalb der Einfriertemperatur bedingt. Die Stärke dieser Netzwerkstruktur ist in hohem Maße temperaturabhängig.

Durch successives Aufschmelzen der verschieden vollkommenen Kristallite nimmt die Zahl der Haftstellen mit steigender Temperatur rasch ab, wodurch das Material zunehmend weichgummiartiger wird. Gleichzeitig macht sich bei Verformungen der auf viskoses Fließen zurückgehende irreversible Verformungsanteil immer stärker bemerkbar. Oberhalb dieses Temperaturbereiches, den man häufig durch den sogenannten „Fließpunkt" definiert, ist die Netzwerkstruktur schließlich vollständig abgebaut, so daß eine Gummielastizität nicht mehr vorherrschend in Erscheinung tritt, daher verlaufen Verformungen weitgehend plastisch.

---

[1] Vgl. NITSCHE-WOLF: „Kunststoffe", Band 1, Kapitel 4.5, Springer 1962.
[2] Vgl. z. B. WOLF, K. A.: Z. Elektrochemie **65**, 604 (1961).

Die Lage der Einfriertemperatur und die Breite des durch die Einfriertemperatur und den Fließpunkt begrenzten gummielastischen Bereiches hängen eng mit der Taxie des Polyvinylchlorids und dadurch mit dessen molekularer Struktur zusammen. Dies ergibt sich anschaulich aus den in Tabelle 12 wiedergegebenen Zahlenwerten, die einer Arbeit von F. P. READING, E. R. WALTER und F. J. WELCH[1] entstammen.

Tabelle 12 ist zu entnehmen, daß die Einfriertemperatur des Polyvinylchlorids mit fallender Polymerisationstemperatur ansteigt. Gleiches

Tabelle 12. *Einfluß der Polymerisationstemperatur auf die Lage der Einfriertemperatur und des Schmelzpunktes von Polyvinylchlorid.* (Nach F. P. READING, E. R. WALTER u. F. J. WELCH: J. Polymer Sci. **56**, 225 [1962])

Polymerisationstemperatur in °C	Einfriertemperatur in °C	Schmelzpunkt °C [2]
125	68	155
90	75	–
40	80	220
−10	90	265
−80	100	>300

gilt für den Fließpunkt, der jedoch in stärkerem Maße als die Einfriertemperatur zunimmt, so daß sich der gummielastische Zustand mit abnehmender Polymerisationstemperatur insgesamt über einen breiter werdenden Temperaturbereich erstreckt. Da die Polymerisationstemperatur, wie im vorangehenden Abschnitt erörtert wurde, die Taxie des Polyvinylchlorids bestimmt und eine Abnahme der Polymerisationstemperatur zu einer Verlängerung der syndiotaktischen Polymerensequenzen und damit der Kristallinität führt, ist den Zahlenwerten der Tabelle 12 unschwer der Einfluß der Struktur auf die Werkstoffeigenschaften zu entnehmen. Für die auf konventionelle Weise hergestellten Polyvinylchloride ergibt Tabelle 12 die Temperatur von 80 °C als Wert für die Einfriertemperatur, was in guter Übereinstimmung mit älteren Meßergebnissen steht[3]. Auch bei dem für den Fließpunkt angegebenen Wert von 220 °C besteht recht gute Übereinstimmung mit älteren Angaben von H. HALDENWANGER und W. BERGER[4] und K. UEBERREITER und W. ORTHMANN[5].

---

[1] J. Polymer Sci. **56**, 225 (1962).
[2] Bestimmt durch Messung des Fließpunktes weichgemachter Proben und Extrapolation auf weichmacherfreies Polymerisat nach der Methode von WALTER, A. T.: J. Polymer Sci. **13**, 207 (1954).
[3] Vgl. hierzu F. WÜRSTLIN in H. A. STUART in „Die Physik der Hochpolymeren" Bd. III, S. 639, Springer 1955.
[4] Kunststoffe **48**, 15 (1958).   [5] Kunststoffe **48**, 525 (1958).

A. Die Werkstoffeigenschaften des Polyvinylchlorids

1. Die mechanischen Eigenschaften

Angaben über die wichtigsten mechanischen Werkstoffeigenschaften des Polyvinylchlorid im harten Zustandsbereich finden sich in Tabelle 13. Die in dieser zusammengestellten Zahlenwerte beziehen sich auf Raumtemperaturen. Mit sinkender Temperatur werden die Zug-, Druck- und Biegefestigkeit größer, während die Bruchdehnung abnimmt. Gleichzeitig ist eine Versprödung des Materials zu verzeichnen, die sich in einer Zunahme der Bruchempfindlichkeit äußert. Mit steigender Temperatur nehmen dagegen die Zug-, Biege- und Druckfestigkeit ab, während die Bruchdehnung stark zunimmt. Gleichsinnig mit der Zugfestigkeit verringert sich auch die Dauerstandfestigkeit, die bei Erreichung der Einfriertemperatur den Wert Null erreicht. Der Temperaturverlauf der Zugfestigkeit, Gesamtdehnung und Dauerstandfestigkeit ist in Abb. 18 graphisch dargestellt.

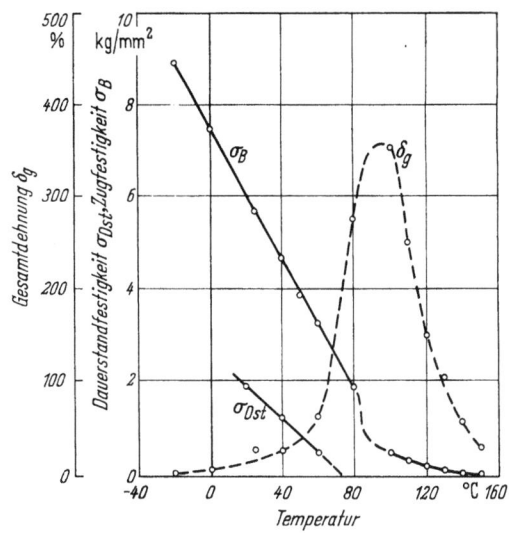

Abb. 18. Zugfestigkeit σ_B, Gesamtdehnung δ_g, (Kurzzeitbeanspruchung, 3 Minutenwerte) und Dauerstandfestigkeit σ_{DSt} von Polyvinylchlorid (Vinidur) in Abhängigkeit von der Temperatur. (Nach W. Buchmann, Z. VDI **84**, 425 [1940])

Tabelle 13. *Mechanische Eigenschaften von Hartvinoflex*[1]

Eigenschaft	Einheit	Zahlenwert	Prüfvorschrift
Zugfestigkeit[2]	kg/cm²	500—600	DIN 53371
Reißfestigkeit[2]	kg/cm²	415	DIN 53371
Reißdehnung[2]	%	20—100	DIN 53371
Grenzbiegespannung	kg/cm²	975	DIN 53452
Elastizitätsmodul	kg/cm²	30000	[3]
Schlagzähigkeit	kgcm/cm²	ohne Bruch	DIN 53453
Kerbschlagzähigkeit	kgcm/cm²	5	DIN 53453
Kugeldruckhärte ¹⁰ ʺ	kg/cm²	1000	DIN 57302
Formbeständigkeit in der Wärme nach MARTENS	°C	65—70	DIN 53458

[1] Handbuch der BASF Kunststoffe, 5. Auflage. Hartvinoflex ist ein Erzeugnis der Badischen Anilin- & Soda-Fabrik AG.
[2] Probenform: Schulterstab nach DIN 53455.
[3] Aus dem Biegeversuch Belastungsgeschwindigkeit 75 kg/cm² min bei 20 °C Prüftemperatur nach KOHLRAUSCH, F.: Prakt. Physik, Bd. 1, S. 143, Stuttgart: Teubner 1955.

Abb. 18 zeigt, daß die Dauerstandfestigkeit σ_{DSt} bei Erreichung der Einfriertemperatur den Wert Null annimmt. Für die Verwendung weichmacherfreier Polyvinylchloriderzeugnisse kommt daher nur der harte Zustand als Gebrauchsbereich in Frage. Abb. 18 zeigt weiter, daß die Temperaturkurve der Gesamtdehnung kurz oberhalb der Einfriertemperatur ein Maximum durchläuft, während im Temperaturverlauf der Zugfestigkeit ein starker Abfall eintritt. Ähnliche Erscheinungen wie bei der Zugfestigkeit werden auch beim statischen und dynamischen Elastizitätsmodul beobachtet. Abb. 19 gibt hierfür als Beispiel eine von W. SOMMER[1]

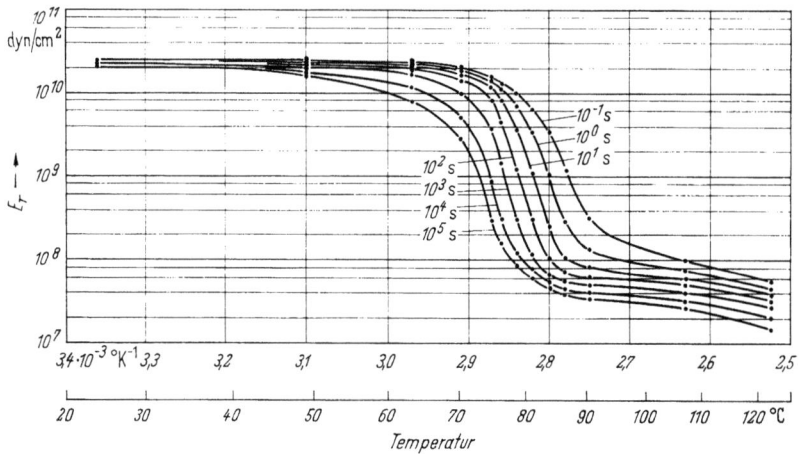

Abb. 19. Polyvinylchlorid. Statischer Elastizitätsmodul E_r in Abhängigkeit von der Temperatur. Parameter ist die Beanspruchungszeit. (Nach W. SOMMER, Kolloid-Z. **167**, 105 [1959])

stammende Kurvenschar wieder, die den bei konstanter Dehnung ermittelten statischen Elastizitätsmodul in Abhängigkeit von der Temperatur zeigt. Parameter ist hierbei die Beanspruchungszeit.

Der im Einfrierbereich sich vollziehende Übergang vom harten in den gummielastischen Zustand ist wiederum am Abfall der elastischen Werte deutlich zu erkennen. Von Interesse ist, daß die Zunahme der Beanspruchungsdauer die Modulkurven nach tieferen Temperaturen verschiebt. Die Abhängigkeit des bei konstanter Dehnung ermittelten statischen Elastizitätsmoduls von der Beanspruchungszeit ist in Abb. 20 graphisch dargestellt. Parameter der Kurvenschar ist die Temperatur.

Aus den Meßkurven ist ersichtlich, daß der Elastizitätsmodul unterhalb der Einfriertemperatur sehr hohe Werte hat und nahezu zeitunabhängig ist. Mit Annäherung an die Einfriertemperatur macht sich ein immer stärker werdender Abfall bemerkbar, der nach Überschreitung der

---

[1] Kolloid-Z. **167**, 97 (1959).

A. Die Werkstoffeigenschaften des Polyvinylchlorids 145

Einfriertemperatur allmählich wieder abflacht. Das beim Übergang vom harten in den gummielastischen Zustand eintretende Absinken des

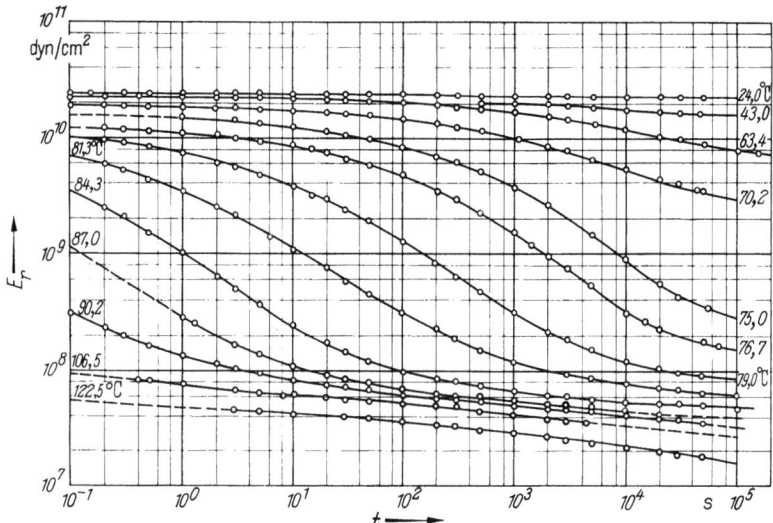

Abb. 20. Polyvinylchlorid. Statischer Elastizitätsmodul E_r (ermittelt aus der Spannungsrelaxation) in Abhängigkeit von der Beanspruchungszeit. Parameter ist die Temperatur. (Nach W. SOMMER, Kolloid-Z. **167**, 104 [1959])

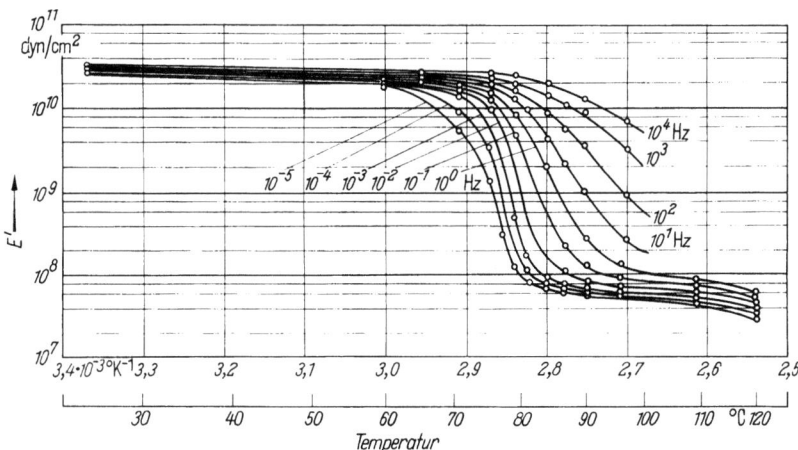

Abb. 21. Polyvinylchlorid. Realteil E' des komplexen dynamischen Elastizitätsmoduls in Abhängigkeit von der Temperatur bei verschiedenen Frequenzen. (Nach W. SOMMER, Kolloid-Z. **167**, 106 [1959])

Elastizitätsmoduls ergibt sich besonders beim Vergleich der Anfangswerte. Die Temperaturabhängigkeit des dynamischen Elastizitätsmoduls ist der des statischen Elastizitätsmoduls analog. Dies läßt Abb. 21 erkennen, die den Realteil des dynamischen Elastizitätsmoduls als Funk-

146   V. Die Eigenschaften des Polyvinylchlorids

tion der Temperatur mit der Frequenz als Parameter graphisch wiedergibt.
Der steile Abfall von E' im Übergangsbereich ist wiederum ersichtlich. Frequenzerhöhung verschiebt den Übergang nach höheren Temperaturen und macht den gegenseitigen Abstand zwischen den Kurven weiter.
Über die Frequenzabhängigkeit des Realteiles des komplexen dynamischen Elastizitätsmoduls E' gibt Abb. 22 Auskunft.
Die Meßkurven dieser Abbildung zeigen, daß E' im harten Zustandsbereich hohe Werte aufweist und im untersuchten Meßbereich nahezu

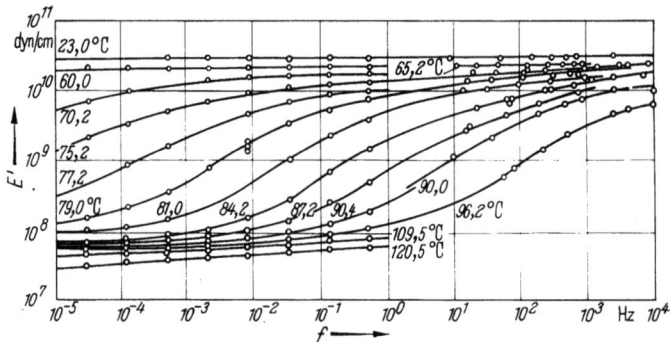

Abb. 22. Polyvinylchlorid. Realteil E' des komplexen dynamischen Elastizitätsmoduls in Abhängigkeit von der Frequenz. Parameter ist die Temperatur. (Nach W. SOMMER, Kolloid-Z. **167**, 106 [1959])

frequenzunabhängig ist. Mit Temperaturerhöhung ergibt sich bei niedrigen Frequenzen eine starke Erniedrigung von E'. Im Übergangsbereich bewirkt Frequenzerhöhung einen Anstieg, der bis zur Einfriertemperatur zunimmt und dann allmählich wieder abflacht. Ein ähnlicher Temperaturverlauf, wie er von W. SOMMER beim statischen und dynamischen Elastizitätsmodul beobachtet wurde, haben K. SCHMIEDER und K. WOLF[1] schon früher beim Torsionsmodul festgestellt. Der Dispersionsbereich liegt hier zwischen etwa $+80$ und $+110$ °C, das Dämpfungsmaximum bei $+93$ °C. Es ist interessant, daß bei tieferen Temperaturen noch ein sekundäres Maximum auftritt, das bei einer Frequenz von 8,2 Hz bei etwa -30 °C liegt.

Mit der Untersuchung der Stoßfestigkeitseigenschaften des Polyvinylchlorids haben sich u. a. D. R. REID und R. A. HORSLEY[2], K. RICHARD, E. GAUBE und G. DIEDRICH[3] und H. OBERST[4] befaßt. Aus den Meßergebnissen ergibt sich, daß Polyvinylchlorid im Vergleich zu Polystyrol noch bei tieferen Temperaturen über eine gewisse Zähigkeit verfügt, was auf das Auftreten schwacher Nebenmaxima in der mechanischen Dispersion bei etwa 0 °C zurückgeführt wird.

---

[1] Kolloid-Z. **127**, 65 (1952).   [2] British Plastics April **1959**, 156.
[3] Kunststoffe **51**, 431 (1961).   [4] Kunststoffe **53**, 4 (1963).

A. Die Werkstoffeigenschaften des Polyvinylchlorids

Da die Dauerstandfestigkeit bei Erreichung der Einfriertemperatur auf den Wert Null abfällt, kommt eine Verwendung von Formkörpern aus Polyvinylchlorid nur bei unterhalb der Einfriertemperatur liegenden Temperaturen in Betracht. Der unterhalb der Einfriertemperatur liegende harte oder glasartige Zustandsbereich ist daher als der Gebrauchsbereich anzusehen. Dagegen besteht die Bedeutung des oberhalb der Einfriertemperatur liegenden gummielastischen Zustandes darin, daß sich hier an Polyvinylchloridgegenständen Verformungen vornehmen lassen. Der gummielastische Zustand wird daher auch als Verformungsbereich bezeichnet.

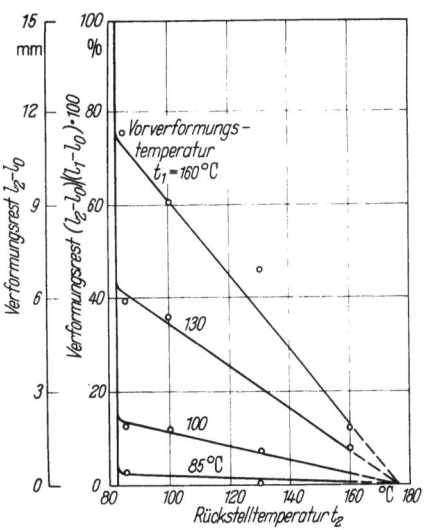

Die oberhalb der Einfriertemperatur vorgenommenen Verformungen sind nicht bleibend, sondern kehren wegen des gummielastischen Verhaltens des Polyvinylchlorids in diesem Temperaturbereich mehr oder minder rasch in die Ausgangslage zurück. Sie lassen sich jedoch durch rasches Abkühlen unter die Einfriertemperatur auf beliebig lange Zeiten fixieren. Die so erhaltenen Verformungen sind nur metastabil. Wird wiederum auf oberhalb der Einfriertemperatur liegende Temperaturen erwärmt, so setzt die Rückstellung erneut ein und macht die Verformung rückgängig.

Abb. 23. Rückstellung von warmverformtem Polyvinylchlorid (Vinidur): Verformungsreste in Abhängigkeit von der Rückstelltemperatur t_2 für verschiedene Verformungstemperaturen t_1. (Nach W. BUCHMANN, Forschung Ing. Wes. Bd. 12 [1941] S. 174)

Es bleibt allerdings ein Verformungsrest, der seine Ursache darin hat, daß sich neben dem gummielastischen auch ein irreversibler Verformungsmechanismus abspielt. Der nach Wiedererwärmung verbleibende Verformungsrest ist von der Verformungstemperatur abhängig. Er ist um so größer, je höher die zur Verformung angewendete Temperatur lag. Außerdem nimmt der Verformungsrest ab, wenn zur Rückstellung hohe Temperaturen verwendet werden, die in der Nähe der Verformungstemperatur oder darüber liegen. Die bei verschiedenen Verformungs- und Rückstelltemperaturen verbleibenden Verformungsreste sind in Abb. 23 veranschaulicht.

Auf Grund der Materialeigenschaften im gummielastischen Zustand sind von W. BUCHMANN[1] Regeln für die Vornahme von Warmverfor-

---
[1] Kunststoffe **33**, 132 (1943).

mungen vorgeschlagen worden, die wie folgt zusammengefaßt werden können:
1. Die günstigste Verformungstemperatur ist im allgemeinen 130 °C.
2. Nur wenn besonders starke Verformungen ausgeführt werden müssen, die bei 130 °C nicht mehr rißfrei gelingen, sind Temperaturen von 100···110 °C anzuwenden.
3. Die Verformung soll mit möglichst hoher Geschwindigkeit ausgeführt werden.
4. Sobald die Verformung beendet ist, soll unverzüglich möglichst rasch abgekühlt werden.

2. Die elektrischen Eigenschaften

Von den elektrischen Eigenschaften des Polyvinylchlorids ist besonders das dielektrische Verhalten eingehend untersucht worden. Die ersten Messungen stammen von R. M. Fuoss[1], der bei Niederfrequenz im Temperaturverlauf von tg δ zwei Maxima feststellte, und zwar ein bei höherer Temperatur liegendes, das stark ausgeprägt ist, und ein bei niedrigerer

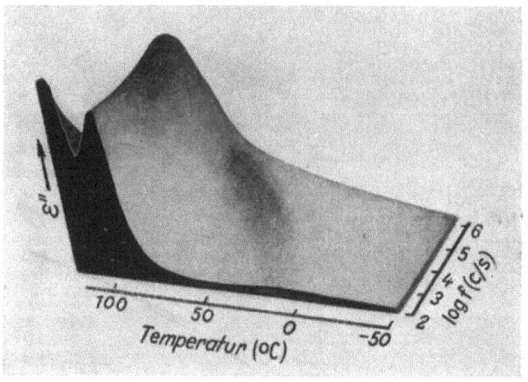

Abb. 24. Räumliches Modell von ε'' von Polyvinylchlorid. (Nach Y. Ishida, Kolloid-Z. **168**, 29 [1960])

Temperatur liegendes, das wesentlich schwächer ist und sich mit steigender Frequenz rasch nach höheren Temperaturen verschiebt. Die Existenz dieser beiden Maxima ist später auch von Y. Ishida[2] bestätigt worden, der die dielektrischen Eigenschaften des Polyvinylchlorids über einen Frequenzbereich von 100 Hz bis 2 MHz bei verschiedenen Temperaturen untersuchte. Der Arbeit des zuletzt genannten Autors ist das in Abb. 24 wiedergegebene räumliche Modell entnommen, das die Abhängig-

---
[1] J. Amer. Chem. Soc. **63**, 369 (1941); wegen dielektrischer Messung an Polyvinylchloridlösungen vgl. Brouckere, L. de, u. R. van Neckel: Bull. Soc. chim. Belge **61**, 261, 452 (1952).
[2] Kolloid-Z. **168**, 29 (1960).

keit der Größe ε'' von Temperatur und Frequenz wiedergibt und die beiden Maxima anschaulich als Höhenzüge erkennen läßt. Das bei höherer Temperatur gelegene Maximum im Temperaturverlauf von $\mathrm{tg}\,\delta$ wird gewöhnlich mit den Einfriererscheinungen in Zusammenhang gebracht und damit erklärt, daß sich die Dipole infolge des Freiwerdens von Rotationsfreiheitsgraden im elektrischen Feld ausrichten können. Schwieriger ist dagegen die Deutung des bei tieferen Temperaturen auftretenden Nebenmaximums. In der älteren Literatur wurde meist angenommen, daß es sich hierbei um eine Wirkung von Endgruppen handelt. Diese Erklärung hat jedoch an Überzeugungskraft verloren, nachdem Y. ISHIDA[1] zeigen konnte, daß die Intensität des Nebenmaximums nicht vom Polymerisationsgrad des Polyvinylchlorids abhängt. Es ist daher nach ISHIDA wahrscheinlicher, daß diese Absorption auf kleine Verschiebungen der Dipole aus der im Glaszustand fixierten Gleichgewichtslage zurückzuführen ist.

Über die elektrischen Eigenschaften der technischen Polyvinylchloride können allgemein gültige Zahlenwerte nicht genannt werden, da hier zwischen den einzelnen Handelssorten recht erhebliche Unterschiede bestehen. Diese sind durch die Art des Herstellungsverfahrens und die Natur der bei der Herstellung oder Nachbehandlung verwendeten Zusatzstoffe bedingt. Tabelle 14, in der einige elektrische Eigenschaftswerte einer handelsüblichen deutschen Polyvinylchloridsorte zusammengestellt sind, ist daher nur als Orientierung über die in Betracht kommenden Größenordnungen zu werten.

Tabelle 14. *Elektrische Eigenschaftswerte von Hartvinoflex*[2]

Eigenschaft	Einheit	Zahlenwert	Prüfvorschrift
Spez. Widerstand	$\Omega \cdot \mathrm{cm}$	10^{15}	DIN 53482
Durchschlagfestigkeit	kV/mm	40	DIN 53481
Dielektrizitätskonstante ε	—	3,1…3,4	DIN 53483
Dielektrischer Verlustfaktor $\tan \delta$[3]	—	0,015…0,02	DIN 53483

3. Die Fließeigenschaften

Oberhalb des Verformungsbereiches geht Polyvinylchlorid in den Zustand des viskosen Fließens über, dessen Bedeutung darin liegt, daß hier eine Formgebung zu spannungsfreien Formkörpern möglich ist. In diesem Zustand wird Polyvinylchlorid mit Hilfe des Strangpreßverfah-

---

[1] Kolloid-Z. **171**, 71 (1960).
[2] Handbuch der BASF Kunststoffe, 5. Auflage. Hartvinoflex ist ein Polyvinylchloriderzeugnis der Badischen Anilin- & Soda-Fabrik A.G.
[3] bei 50 Hz.

rens[1], Spritzpreßverfahrens[2], Spritzgußverfahrens[3] und Kalanderverfahrens zu Profilen, Formteilen und Folien verarbeitet, wobei durch Zusatz von Stabilisatoren für eine ausreichende Stabilität gesorgt wird.

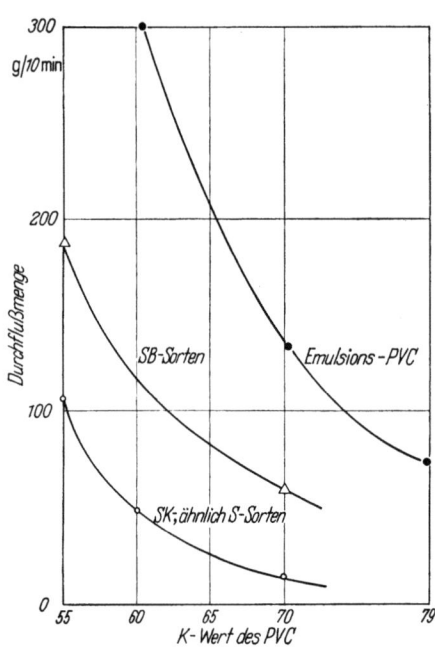

Abb. 25. Durchflußmengen bei 180 °C und 80 kg Stempelkraft, abhängig von Sorte und K-Wert des Polyvinylchlorids. (Nach G. PLATO u. G. SCHRÖTER, Kunststoffe **50**, 164 [1960])
Mischungen aus 100 Teilen Vestolit; 2 Teilen Advastab 17 M und 2 Teilen Advawax 208
SB-Sorten = Pasten-PVC; SK-Sorten = Suspensions-PVC

Über die für die Verarbeitung wichtigen Fließeigenschaften in dem hier interessierenden Temperaturbereich liegen Untersuchungen mehrerer Autoren vor. C. A. BRIGHTON[4] und P. RANGNES[5] verwendeten hierzu ein MACKLOW-SMITH-Plastometer, G. PLATO und G. SCHRÖTER[6] ein Schmelzviskositätsprüfgerät. Aus den Untersuchungen der genannten Autoren ergibt sich übereinstimmend, daß Polyvinylchlorid im untersuchten Temperaturbereich von 165 bis 190 °C eine Fließgrenze aufweist und eine ausgeprägte Strukturviskosität zeigt. Bemerkenswert ist weiter, daß Emulsionspolyvinylchlorid leichter als Suspensionspolyvinylchlorid fließt und daß bei beiden Typen das Fließvermögen mit steigendem K-Wert abnimmt. Die Verhältnisse sind anhand der in Abb. 25 angegebenen Meßkurven veranschaulicht, welche die Durchflußmenge bei 180 °C und 80 kg Stempeldruck in Abhängigkeit von der Sorte und dem K-Wert des Polyvinylchlorids zeigen.

---

[1] Näheres über die Verarbeitung von Hartpolyvinylchlorid im Strangpreßverfahren vgl. E. G. Fisher, Kunststoffe **44**, 183, 320 (1954); BRETT, H. D.: Plastics **18**, 197, 406, 423 (1953).
[2] Vgl. hierzu WICK, G., u. H. KÖNIG: Kunststoffe **45**, 425 (1955).
[3] Näheres über die Verarbeitung von Hartpolyvinylchlorid im Spritzgußverfahren vgl. WICK, G., u. H. KÖNIG: Kunststoffe **45**, 425 (1955); BRIGHTON, C. A.: British Plastics, November 1958, S. 462.
[4] British Plastics, November 1958, S. 468.
[5] Kunststoffe **51**, 428 (1961).
[6] Kunststoffe **50**, 163 (1960); wegen eines anderen Prüfgerätes vgl. GÖTTFERT, O.: Kunststoffe **52**, 434 (1962).

B. Die Eigenschaften des weichgemachten Polyvinylchlorids

Durch innige Vermischung von Polyvinylchlorid mit einem Weichmacher und anschließende Gelierung werden Systeme erhalten, die als weichgemachtes Polyvinylchlorid bezeichnet werden. Physikalisch gesehen handelt es sich bei diesen Systemen um feste Lösungen, deren wichtigstes Kennzeichen darin besteht, daß ihre Einfriertemperatur im Vergleich zu der des reinen Polyvinylchlorids nach tieferen Temperaturen verschoben ist. Die sich hierin äußernde größere Beweglichkeit der Polyvinylchloridmoleküle macht sich in der leichteren Verarbeitbarkeit des weichgemachten Polyvinylchlorids und in den Eigenschaften der daraus hergestellten Erzeugnisse bemerkbar.

1. Die mechanischen Eigenschaften

Die mechanischen Eigenschaften des weichgemachten Polyvinylchlorids hängen in starkem Maße von der Menge an zugegebenem Weichmacher ab. Deutlich gummielastische Eigenschaften werden erst ab einer bestimmten Mindestmenge an Weichmacher, die von der Art des verwendeten Weichmachers abhängt, aber in der Größenordnung von 20 Gewichtsprozent liegt, erhalten. Erst oberhalb dieser Mindestmenge kann daher von Weichpolyvinylchlorid gesprochen werden.

Bei niedrigeren Weichmachergehalten liegen dagegen harte und spröde Produkte vor, die für die praktische Anwendung geringe Bedeutung haben. Außer von der Menge werden die Eigenschaften des weichgemachten Polyvinylchlorids auch von der Struktur des verwendeten Weichmachers bestimmt. Es zeigte sich nämlich, daß die einzelnen Weichmacher in ihrer Wirksamkeit keineswegs gleichwertig sind. Es bestehen vielmehr ausgeprägte Unterschiede, die sich darin äußern, daß man bei Zusatz jeweils gleicher Mengen verschiedener Weichmacher stark voneinander abweichende Werte für die physikalischen Eigenschaften erhält.

Aus der Fülle des vorliegenden Materials sei zunächst auf eine Arbeit von A. T. WALTER[1] hingewiesen, der den Kompressionsmodul eines Polyvinylchlorids mit geringer innerer Weichmachung in Abhängigkeit vom Weichmachergehalt über einen breiten Konzentrationsbereich gemessen hat. Die von diesem Autor an Gemischen mit Dioctylphthalat als Weichmacher erhaltene Meßkurve ist in Abb. 26 dargestellt.

Sie läßt im Bereiche hoher Weichmacherkonzentrationen einen exponentiellen Anstieg des Elastizitätsmoduls mit dem Polymerisatgehalt erkennen. Im Bereiche mittlerer Weichmachermengen ist die Kurve dagegen abgeflacht, um bei geringen Weichmacherkonzentrationen ein Maximum zu durchlaufen. Ein derartiges Maximum bei geringen Weich-

---

[1] J. Polymer Sci. **13**, 207 (1954).

machergehalten ist später von L. H. P. WELDON[1] und P. GHERSA[2] auch bei der Untersuchung weichgemachter Polyvinylchloride aufgefunden worden. Aus den Untersuchungen von A. T. WALTER ergibt sich, daß die Steilheit der exponentiellen Zunahme des Elastizitätsmoduls im Bereiche geringer Weichmacherkonzentrationen von der Konstitution des Weichmachers abhängt. Dies wird von WALTER auf den unterschiedlichen Einfluß der untersuchten Weichmacher auf die Netzwerkstruktur des Polyvinylchlorids zurückgeführt. Polyvinylchlorid bildet nach dieser Auffassung ein dreidimensionales Netzwerk, dessen Stärke bei Weichmacherzusatz abnimmt. Die Abnahme ist nun von dem Lösungsvermögen des Weichmachers für die als Vernetzungszentren in Betracht kommenden kristallinen Bezirke abhängig. Ist das Lösungsvermögen für diese Bezirke groß, so ist bei abnehmendem Polymerisatgehalt ein rascher Abbau der Netzwerkstruktur und damit ein steiler Abfall des Elastizitätsmoduls zu erwarten. Bei geringem Lösungsvermögen kommt es dagegen nur zu einem allmählichen Abbau der Netzwerkstruktur und dementsprechend zu einem flachen Abfall des Elastizitätsmoduls.

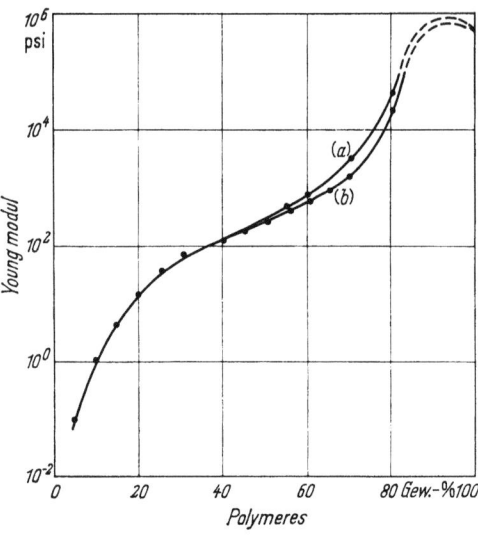

Abb. 26. Elastizitätsmodul nach 1 Sekunde (a) und 60 Sekunden (b) des Systems Dioctylphthalat-Vinylite VYNW. (Nach A. T. WALTER, J. Polymer Sci. 13, 207 [1954])

Aus den von WALTER angegebenen Meßdaten ergibt sich, daß der exponentielle Abfall des Elastizitätsmoduls mit zunehmender Weichmacherkonzentration innerhalb der Reihe der homologen Phthalsäuredialkylester beim Dibutylphthalat am steilsten erfolgt. Dieser Weichmacher sollte daher von den untersuchten homologen Phthalsäureestern das stärkste Lösungsvermögen aufweisen. Dies steht in guter Übereinstimmung mit Befunden von F. WÜRSTLIN und H. KLEIN[3] und H. LUTHER, F. GLANDER und E. SCHLEESE[4], die bei der Untersuchung der Gelier

---

[1] Plast. Inst. Trans. Journal **24**, 303 (1956).
[2] Modern Plastics **36**, 135 (Okt. 1958). [3] Kunststoffe **46**, 3 (1956).
[4] Kunststoffe **52**, 7 (1962).

B. Die Eigenschaften des weichgemachten Polyvinylchlorids 153

wirkung homologer Phthalsäureester ebenfalls gefunden haben, daß das Optimum an Lösefähigkeit im Bereich des Dibutylphthalats liegt.

Über den Zusammenhang zwischen der Weichmacherkonstitution und den Zugfestigkeitseigenschaften von weichgemachten Polyvinylchloriden liegen bisher nur wenige systematische Untersuchungen vor. Ältere Messungen von M. C. REED[1] und M. C. REED und J. HARDING[2] an Mischpolymerisaten aus Vinylchlorid und Vinylacetat lassen jedoch erkennen, daß die Dehnbarkeit durch aliphatische Phosphorsäureester in stärkerem Maße erhöht wird als durch aromatische. Phthalsäureester nehmen eine Mittelstellung zwischen beiden ein. Die Messungen von M. C. REED und J. HARDING vermitteln aber insofern nur ein unvollständiges Bild, als bei ihnen die Dehnung nur während einer festgelegten Zeit verfolgt wurde. Untersuchungen von W. AIKEN, T. ALFREY jr., A. JANSSEN und H. MARK[3] zeigen aber, daß man zu recht unterschiedlichen Ergebnissen kommt, je nachdem, ob man die Dehnung nach kurzen oder langen Belastungszeiten vergleicht. Die zuletzt genannten Autoren ermittelten den zeitlichen Verlauf der Dehnung bei jeweils konstanter Belastung, sogenannte Kriechkurven, und fanden dabei, daß die einzelnen Weichmacher dem weichgemachten Polymerisat deutlich verschiedene Kriechkurven erteilen. Entsprechend der Gestalt der Kriechkurven ließen sich zwei Weichmachergruppen unterscheiden. Die Weichmacher der ersten Gruppen führen zu steil ansteigenden Kurven. Bei diesen tritt also die Dehnung erst allmählich im Verlaufe der Zeit ein. Zu den Weichmachern dieser Gruppe gehören Verbindungen mit cyclischen Gruppen wie Trikresylphosphat, Dibenzylsebacat und Ditetrahydrofurfurylsebacat. Die Weichmacher der zweiten Gruppe ergeben dagegen flach ansteigende Kriechkurven. Bei diesen wird bereits innerhalb sehr kurzer Zeit eine hohe Dehnung erreicht, die im weiteren Verlauf nur noch geringfügig zunimmt. Die zweite Weichmachergruppe umfaßt Verbindungen wie Trioctylphosphat, Dioctylsebacat und Tetraäthylenglykoldipelargonat, die sich ausnahmslos durch lineare Alkylketten auszeichnen. Dioctylphthalat, das sowohl Alkylketten als auch einen aromatischen Rest im Molekül enthält, nimmt eine Mittelstellung zwischen beiden Gruppen ein. Es ist interessant, daß D. J. MEAD, R. L. TICHENOR und R. M. FUOSS[4] und F. WÜRSTLIN und H. KLEIN[5] bei der Untersuchung der dielektrischen Erscheinungen ähnliche Unterschiede zwischen Weichmachern mit cyclischen und solchen mit linearen Gruppen gefunden haben. Die Annahme liegt nahe, daß die in den dielektrischen Messungen zum Ausdruck gebrachte innere Beweglichkeit der Weichmachermoleküle auch bei dem zeitlichen Ablauf des Dehnungsvorganges mit im Spiele ist. Der unter-

---
[1] Ind. Eng. Chem. **35**, 896 (1943).   [2] Ind. Eng. Chem. **41**, 675 (1949).
[3] J. Polymer. Sci. **2**, 178 (1947).   [4] J. Amer. Chem. Soc. **64**, 283 (1942).
[5] Kunststoffe **47**, 528 (1957).

schiedliche Verlauf der Kriechkurven wäre dann damit zu erklären, daß sich die Kettensegmente der Polymerisatmoleküle bei Zugbeanspruchung um so rascher einstellen können, um so beweglicher die sie umgebenden Weichmachermoleküle sind.

Bei der Abhängigkeit der Zugfestigkeit von der Weichmacherkonzentration zeigen sich ähnliche Erscheinungen, wie sie beim Elastizitätsmodul gefunden wurden. Wie dort, tritt auch hier bei höheren Weichmachergehalten ein starker Abfall ein, während bei geringen Weichmacherkonzentrationen sogar eine Erhöhung zu verzeichnen ist. Polyvinylchlorid verfügt daher bei geringen Weichmachergehalten über eine größere Festigkeit als im weichmacherfreien Zustand. Auf diese Erscheinung, die zuerst von S. L. BROUS und W. L. SEMON[1] beobachtet wurde, haben später L. H. P. WELDON[2], U. JACOBSON[3], O. FUCHS und H. H. FREY[4] und P. GHERSA[5] hingewiesen. Den Messungen des zuletzt genannten Autors entstammen die in Abb. 27 dargestellten Meßkurven, die den Einfluß verschiedener Weichmacher auf die Zugfestigkeit und Bruchdehnung des Polyvinylchlorids erkennen lassen.

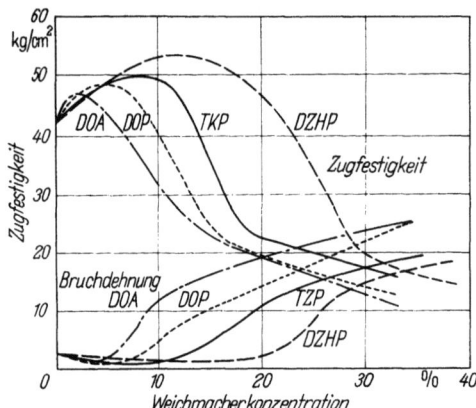

Abb. 27. Zugfestigkeit und Bruchdehnung bei 23 °C in Abhängigkeit von Art und Menge des Weichmachers. (Nach P. Ghersa, Modern Plastics 36, 135 [Okt. 1958)]
DOP = Dioctylphthalat; TKP = Trikresylphosphat;
DOA = Dioctyladipat; DZHP = Dicyclohexylphthalat

Die angegebenen Meßkurven zeigen, daß die Lage und Größe des Zugfestigkeitsmaximums stark von der Konstitution abhängt. Dicyclohexylphthalat und Trikresylphosphat, die beide sterisch gehinderte cyclische Gruppen aufweisen, zeigen jeweils ein ausgeprägtes und bei verhältnismäßig hohen Weichmacherkonzentrationen liegendes Maximum. Bei Dioctyladipat, das über eine lineare Struktur verfügt, ist dagegen nur ein schwach ausgeprägtes Maximum vorhanden, das bei wesentlich geringeren Weichmacherkonzentrationen liegt. Dioctylphthalat, das sowohl über eine cyclische Gruppe als auch über lineare Ketten verfügt, nimmt eine Mittelstellung ein. Vergleicht man die Befunde von GHERSA mit den Ergebnissen der oben besprochenen Kriechversuche von AIKEN, ALFREY,

---

[1] Ind. Eng. Chem. 27, 667 (1935). [2] Plast. Inst. Trans. Journal 24, 303 (1956).
[3] British Plastics 1959, 152. [4] Kunststoffe 49, 213 (1959).
[5] Modern Plastics 36, 135 (Okt. 1958).

JANSSEN und MARK, so ist eine Analogie unverkennbar. Leider liegen keine Kriechversuche an weichgemachten Polymerisaten in dem hier interessierenden Konzentrationsbereich vor. Es würde jedoch nicht überraschen, wenn man auch hier einen ähnlichen Kriechverlauf beobachten würde, wie in dem von AIKEN und Mitarbeitern untersuchten Bereich höherer Weichmacherkonzentrationen. Die unterschiedlichen Maxima wären dann möglicherweise mit dadurch bedingt, daß sich die mit cyclischen Weichmachern weichgemachten Proben zum Zeitpunkt der Zugfestigkeitsmessungen noch auf dem ansteigenden, die mit linearen Weichmachern weichgestellten Proben dagegen bereits auf dem flachen Teil der Kriechkurven befänden. Da die bei Zugbeanspruchung im weichgemachten Medium sich abspielenden Vorgänge kinetischer Natur sind und auf Platzwechsel zurückgehen, scheinen die beobachteten Erscheinungen letztlich auf dem unterschiedlichen kinetischen Verhalten der untersuchten Weichmacher zu beruhen. Als Kriterium bietet sich auch hier wiederum die innere Beweglichkeit.

Aus den Untersuchungen über die Abhängigkeit des Elastizitätsmoduls und der Zugfestigkeit vom Weichmachergehalt geht hervor, daß die durch Weichmacherzusatz angestrebte Wirkung, den Werkstoff weich und dehnbar zu machen, erst oberhalb eines Mindestgehaltes an Weichmacher eintritt, der in der Größenordnung von etwa 20 Gewichtsprozent liegt. Niedrigere Weichmachermengen führen dagegen sogar zu einer Erhärtung und Verringerung der Dehnbarkeit des Polyvinylchlorids. Dieser Erscheinung entspricht auch der Einfluß, den Weichmacherzusätze auf die Widerstandsfähigkeit des Polyvinylchlorids gegen schockartige Beanspruchung haben. Die erwünschte Wirkung, nämlich die Erhöhung der mechanischen Unempfindlichkeit, tritt auch hier erst ab einer bestimmten Mindestmenge an Weichmacher ein. Geringe Weichmacherkonzentrationen erhöhen dagegen die Sprödigkeit des Polyvinylchlorids und vermindern dementsprechend dessen Schlagfestigkeit. Diese eigentümliche Wirkung kleiner Weichmachermengen, die in der Anwendungstechnik schon lange bekannt ist[1], wurde neuerdings von L. H. P. WELDON[2], U. JACOBSON[3] und O. FUCHS und H. H. FREY[4] eingehender untersucht. Die mitgeteilten Meßergebnisse lassen übereinstimmend eine starke Abhängigkeit des Versprödungseffektes von der Weichmacherkonstitution erkennen, wobei wiederum die uns von den Kriechexperimenten und Zugfestigkeitsversuchen vertraute Reihenfolge erscheint. Nach dem Ausmaß der Sprödigkeitserhöhung stehen hier die Weichmacher mit cyclischen Gruppen an der Spitze, die Weichmacher mit

---

[1] Vgl. FISHER, E. G.: Kunststoffe 44, 183, 320 (1954).
[2] Plast. Inst. Trans. Journal 24, 303 (1956).
[3] British Plastics 32 (1959); S. 152.   [4] Kunststoffe 49, 213 (1959).

156 V. Die Eigenschaften des Polyvinylchlorids

linearen Ketten am Ende der Skala. Dioctylphthalat nimmt wiederum eine Mittelstellung ein.

Die Verhältnisse sind aus den in den Abb. 28 und 29 dargestellten Meßkurven ersichtlich, die den Konzentrationsverlauf der bei 20 °C gemessenen Kerbschlagzähigkeit und der bei 0 °C gemessenen Schlagzähigkeit wiedergeben.

Über den Einfluß kleiner Weichmachermengen auf die Kugeldruckhärte und die Shorehärte geben die Abb. 30 und 31 Auskunft.

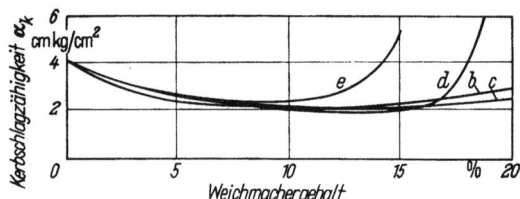

Abb. 28. Kerbschlagzähigkeit bei 20 °C in Abhängigkeit von der Weichmachermenge. (Nach O. FUCHS u. H. H. FREY, Kunststoffe **49**, 213 [1959])

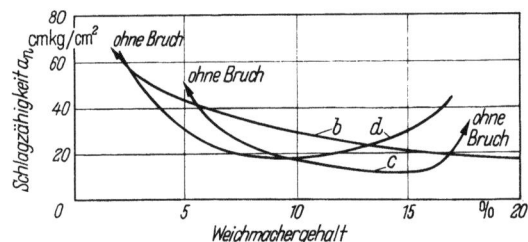

Abb. 29. Schlagzähigkeit bei 0 °C in Abhängigkeit von der Weichmachermenge. (Nach O. FUCHS u. H. H. FREY, Kunststoffe **49**, 213 [1959])

Zu Abb. 28 u. 29. *a* Dimethylcyclohexylphthalat, *b* Trikresylphosphat, *c* Dioctylphthalat, *d* Dinonyladipat, *e* Dioctylsebacat

Eine ähnliche Abhängigkeit von der Weichmacherkonstitution wurde auch bei der Temperaturabhängigkeit des dynamischen Elastizitätsmoduls weichgemachter Polyvinylchloride gefunden. Wie aus Messungen von K. WOLF und K. SCHMIEDER[1] hervorgeht, fällt der dynamische Elastizitätsmodul des reinen Polyvinylchlorids, der sich unterhalb der Einfriertemperatur nur wenig mit der Temperatur ändert, im Einfrierbereich innerhalb weniger Grade steil auf einen niedrigen Wert ab, während die mechanische Dämpfung im gleichen Temperaturbereich ein ausgeprägtes Maximum zeigt. Durch Weichmacherzusatz wird die Temperaturlage des Dämpfungsmaximums bzw. des Abfalls im dynamischen Elastizitätsmodul nach tieferen Temperaturen verschoben, und zwar um so stärker, je größer die zugegebene Weichmachermenge ist. Gleichzeitig

---

[1] Kunststoffe **41**, 89 (1951); Kolloid-Z. **120**, 133 (1950); Kolloid-Z. **127**, 65 (1952).

B. Die Eigenschaften des weichgemachten Polyvinylchlorids 157

mit der Lageverschiebung wird eine Verbreiterung des Dämpfungsmaximums und eine Verschmierung des E-Modulabfalls über ein breiteres Temperaturgebiet beobachtet. Wie nun von F. LINHARDT[1] gezeigt werden konnte, ist die Stärke dieses Verschmierungseffektes stark von

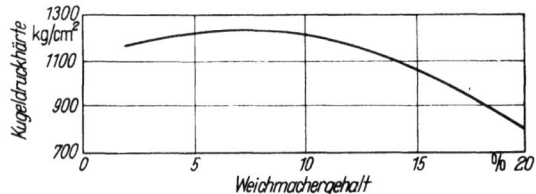

Abb. 30. Kugeldruckhärte von Polyvinylchlorid/Diocytylphthalat-Mischungen. (Nach O. FUCHS u. H. H. FREY, Kunststoffe **49**, 213 [1959])
Weichmachermenge in Gew.-%

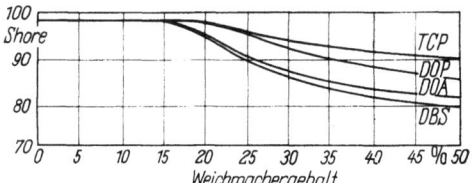

Abb. 31. Shorehärte von Polyvinylchlorid/Weichmacher-Mischungen bei +20 °C. (Nach U. JACOBSON, Brit. Plastics **1959**, 152)
TCP = Trikresylphosphat; DOP = Dioctylphthalat; DOA = Dioctyladipat; DBS = Dibutylsebacat

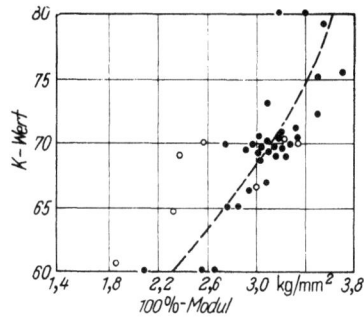
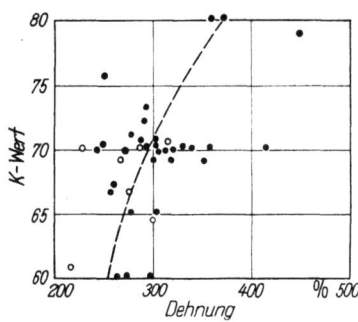

Abb. 32. Zusammenhang zwischen K-Wert und Zugfestigkeit. (Nach G. BUHMANN u. K. GRILL, Kunststoffe **51**, 25 [1961])

Abb. 33. Zusammenhang zwischen K-Wert und Dehnung. (Nach G. BUHMANN u. K. GRILL, Kunststoffe **51**, 25 [1961])

der Konstitution des Weichmachers abhängig. Bei Trikresylphosphat und Dicyclohexylphthalat ist der Effekt am wenigsten, bei Di-(2-äthylhexyl)-sebacat und Dinonyladipat am stärksten ausgeprägt. Dioctylphthalat nimmt wiederum eine Mittelstellung ein.

Die mechanischen Eigenschaften des weichgemachten Polyvinylchlorids hängen außer vom Weichmachertyp und von der Weichmacher-

---

[1] Kunststoffe **53**, 18 (1963).

menge auch vom Molekulargewicht und dem hiermit in Beziehung stehenden K-Wert der verwendeten Polyvinylchloridsorte ab. Die Ab-

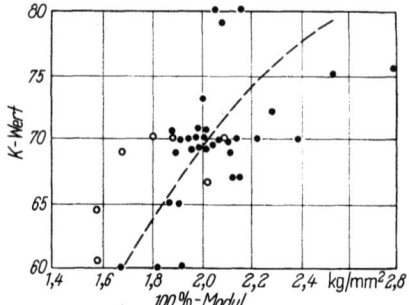

Abb. 34. Zusammenhang zwischen K-Wert und 100% Modul (Zugfestigkeit bei 100% Dehnung). (Nach G. BUHMANN u. K. GRILL, Kunststoffe **51**, 25 [1961])

hängigkeit von der zuletzt genannten Größe ist von G. BUHMANN und K. GRILL[1] an Compounds der Zusammensetzung

    100 Gewichtsteile PVC
    35 Gewichtsteile DOP
    3 Gewichtsteile dreibasisches Bleisulfat

untersucht worden. Im allgemeinen wurde hierbei eine annähernd lineare Zunahme der mechanischen Festigkeitswerte gefunden, die aus den in den Abb. 32 bis 34 wiedergegebenen Meßkurven ersichtlich ist.

2. Die thermischen Eigenschaften

Polyvinylchlorid zeigt bei der Einfriertemperatur einen sprunghaften Anstieg der spezifischen Wärme. Durch Zusatz von Weichmacher wird dieser Anstieg abgeflacht und nach tieferen Temperaturen verschoben[2,3]. Wie Abb. 35 erkennen läßt, ist dieser Effekt um so stärker ausgeprägt, je größer die Menge an zugegebenem Weichmacher ist.

Auch die Wärmeleitfähigkeit wird durch Weichmacherzusätze beeinflußt. Wie Untersuchungen mehrerer Autoren[4] gezeigt haben, zeigt die Wärmeleitfähigkeit des reinen Polyvinylchlorids unterhalb der Einfriertemperatur einen positiven Temperaturkoeffizienten. Bei der Einfrier-

---

[1] Kunststoffe **51**, 21 (1961).   [2] GAST, TH.: Kunststoffe **43**, 15 (1953).
[3] HELLWEGE, K. H., W. KNAPPE u. V. SEMJONOW: Z. angew. Physik **11**, 285 (1959)
[4] GAST, TH., K. H. HELLWEGE u. F. KOHLHEPP: Kolloid-Z. **152**, 24 (1957); HELLWEGE, K. H., W. KNAPPE u. V. SEMJONOW: Z. angew. Phys. **11**, 285 (1959); EIERMANN, K.: Kunststoffe **51**, 512 (1961); EIERMANN, K., u. K. H. HELLWEGE: J. Polymer Sci. **57**, 99 (1962); HOLZMÜLLER, W., u. J. LORENZ: Plaste u. Kautschuk **8**, 351 (1961).

B. Die Eigenschaften des weichgemachten Polyvinylchlorids 159

temperatur tritt im Temperaturverlauf ein Knick auf, dem sich ein flacher Abfall nach höheren Temperaturen anschließt. Bei Weichmacher-

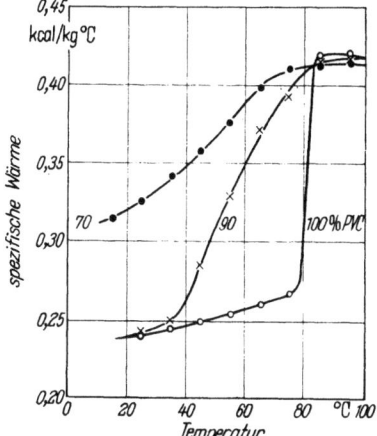

Abb. 35. Spezifische Wärme von Polyvinylchlorid mit verschiedenen Gehalten an Trikresylphosphat in Abhängigkeit von der Temperatur. (Nach TH. GAST, Kunststoffe **43**, 15 [1953])

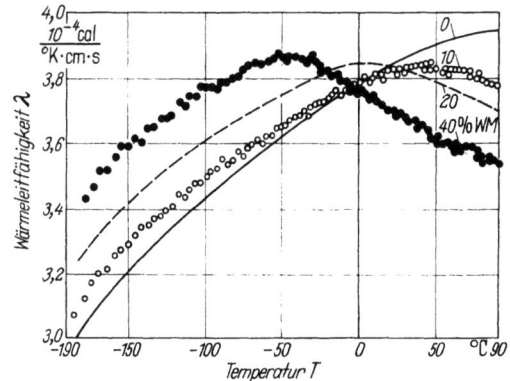

Abb. 36. Wärmeleitfähigkeit von Polyvinylchlorid mit verschiedenem Weichmachergehalt. (Nach K. EIERMANN, Kunststoffe **51**, 512 [1961])

zusatz bleibt dieser Kurvenverlauf im Prinzip erhalten, doch verschiebt sich der Knick mit zunehmendem Weichmachergehalt nach tieferen Temperaturen (Abb. 36). Innerhalb der Meßgenauigkeit stimmt die Lage des Knickes mit der Lage der Einfriertemperatur des weichgemachten Systems überein.

3. Die elektrischen Eigenschaften

Polyvinylchlorid ist zwar ein Nichtleiter, doch zeigen die technischen Polyvinylchloridsorten alle in mehr oder minder ausgeprägtem Maße eine

160 V. Die Eigenschaften des Polyvinylchlorids

geringe elektrische Gleichstromleitfähigkeit, die von ionogenen Verunreinigungen verursacht wird. Das Ausmaß dieser Leitfähigkeit wird durch Weichmacherzusätze stark beeinflußt, wie aus den von F. WÜRSTLIN[1] am System Polyvinylchlorid-Trikresylphosphat erhaltenen Meßwerten, die in Abb. 37 dargestellt sind, ersichtlich ist. Man erkennt aus Abb. 37, daß der spezifische Widerstand bei geringen Weichmachergehalten gegenüber dem des reinen Polyvinylchlorids nur wenig verändert ist und sogar die Andeutung eines flachen Maximums zeigt. Oberhalb Weichmacher-

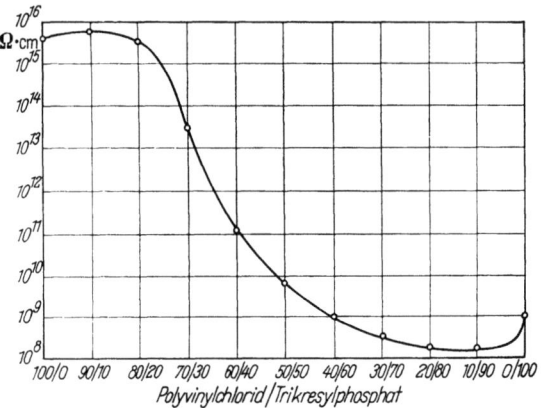

Abb. 37. Spezifischer Widerstand weichgemachter Polyvinylchloridmassen in Abhängigkeit von der Weichmacherkonzentration (20 °C). (Nach F. WÜRSTLIN)

gehalten von etwa 20% tritt dann ein steiler Abfall ein, dem im Gebiete sehr geringer Polymerisatkonzentrationen ein geringer Anstieg zum Widerstandswert des reinen Weichmachers folgt. Einen qualitativ mit den Werten von F. WÜRSTLIN gut übereinstimmenden Kurvenverlauf hat auch R. M. FUOSS[2] am System Polyvinylchlorid-Trikresylphosphat festgestellt, während A. COEN und P. PARRINI[3] eine exponentielle Beziehung zwischen spezifischem Widerstand und Weichmacherkonzentration ermitteln konnten.

Die starke Abhängigkeit der Gleichstromleitfähigkeit des Polyvinylchlorids von der Weichmacherkonzentration ist als Viskositätseffekt zu deuten und mit der größeren Beweglichkeit der Ionen im weichgemachten Medium zu erklären. Mit dieser Deutung stimmt der von J. M. DAVIES, R. F. MILLER und W. F. BUSSE[4] am System Polyvinylchlorid-Trikresylphosphat ermittelte Temperaturverlauf der Gleichstromleitfähigkeit

[1] Kunststoffe Techn. **11**, 270 (1941).   [2] J. Amer. Chem. Soc. **61**, 2, 334 (1939).
[3] Materie Plast. **23**, 216 (1957).
[4] M. Amer. Chem. Soc. **63**, 361 (1941); wegen der Temperaturabhängigkeit des elektrischen Volumwiderstandes von weichgemachtem Polyvinylchlorid vgl. auch WAN-GAUT, J. N.: Plastmassen (UdSSR) **1962**, Nr. 5, 40.

B. Die Eigenschaften des weichgemachten Polyvinylchlorids 161

überein. Die von diesen Autoren ermittelten Meßkurven sind in Abb. 38 dargestellt. Sie lassen die starke Abnahme des spezifischen Widerstandes mit der Temperatur erkennen, wie dies bei Annahme einer Ionenleitfähigkeit zu erwarten ist.

Es ist jedoch zu beachten, daß der elektrische Widerstand des weichgemachten Polyvinylchlorids keine konstante Größe ist, sondern stark von äußeren Einflüssen und der thermischen Vorgeschichte des Materials abhängt. So konnten A. COEN und P. PARRINI[1] zeigen, daß der elektrische Widerstand weichgemachter Polyvinylchloridmischungen bei Raumtemperatur in Luft und Wasser mit der Zeit bis auf einen konstant bleibenden Wert abnimmt. Die bis zu Erreichung dieses Endzustandes erforderliche Zeit ist dabei um so kürzer, je größer der Weichmachergehalt ist.

Ähnliche Effekte wurden von den gleichen Autoren[2] auch bei der Untersuchung der Polarisationserscheinungen gefunden. Es zeigte sich, daß der Aufbau der Polarisationsschicht bei höheren Weichmachergehalten rascher erfolgt als bei niedrigeren. Beide Erscheinungen dürften ebenfalls mit der Abnahme der Viskosität mit steigendem Weichmachergehalt zu erklären sein.

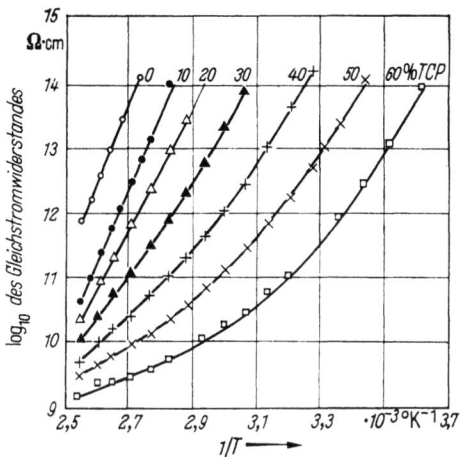

Abb. 38. Abhängigkeit des spezifischen Widerstandes stabilisierter Polyvinylchlorid-Trikresylphosphat-Systeme von der Temperatur und vom Weichmachergehalt. (Nach J. M. DAVIES, R. F. MILLER und W. F. BUSSE)

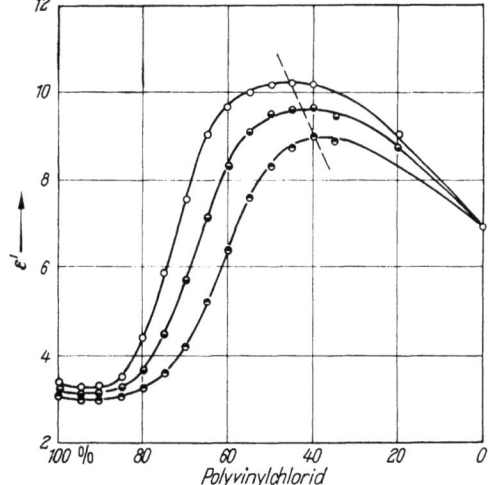

Abb. 39. Abhängigkeit der Dielektrizitätskonstante des Systems Polyvinylchlorid-Trikresylphosphat von der Zusammensetzung. (Nach R. M. FUOSS, J. Amer. Chem. Soc. **61**, 2338 [1939])

○ 60 ∼ ; ◐ 1000 ∼ ; ● 10 KHz

[1] Materie Plast. **21**, 850 (1955). [2] Materie Plast. **22**, 357 (1956).

162　　　V. Die Eigenschaften des Polyvinylchlorids

Der Einfluß von Weichmacherzusätzen auf die dielektrischen Eigenschaften des Polyvinylchlorids ist vor allem von R. M. FUOSS[1] und F. WÜRSTLIN[2] in grundlegenden Arbeiten untersucht worden. Aus der Fülle des vorliegenden Versuchsmaterials ist in Abb. 39 die Dielektrizitätskonstante des Systems Polyvinylchlorid-Trikresylphosphat in Abhängigkeit von der Zusammensetzung wiedergegeben. Die Meßkurve zeigt im Bereiche kleiner Weichmacherkonzentrationen zunächst eine Abnahme der Dielektrizitätskonstante, der sich dann eine starke Zunahme

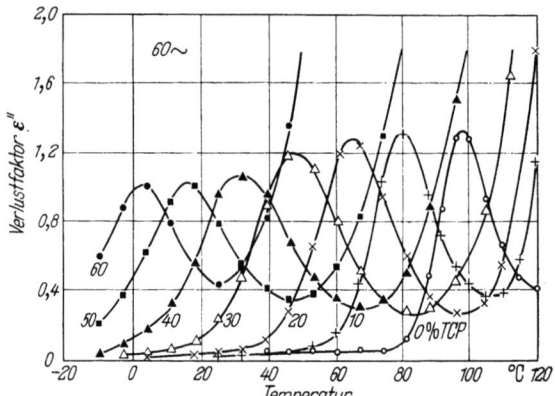

Abb. 40. Einfluß der Temperatur auf den dielektrischen Verlustfaktor ε'' bei 60 Hz von Polyvinylchlorid-Trikresylphosphat-Systemen. (Nach J. M. DAVIES, R. F. MILLER u. W. F. BUSSE, J. Amer. Chem. Soc. **63**, 361 [1941])

unter Ausbildung eines Maximums anschließt. Die Analogie zu der auf S. 160 wiedergegebenen Abhängigkeit des elektrischen Widerstandes von der Zusammensetzung ist augenscheinlich[3].

Der Einfluß von Weichmacherzusätzen auf den dielektrischen Verlustfaktor des Polyvinylchlorids ist aus Abb. 40, die eine am System Polyvinylchlorid-Trikresylphosphat ermittelte Kurvenschar wiedergibt, ersichtlich.

Man erkennt aus dieser Abbildung, daß das bei verhältnismäßig hoher Temperatur liegende Maximum des dielektrischen Verlustfaktors durch Weichmacherzusätze nach tieferen Temperaturen verschoben wird, und zwar um so mehr, je größer die Menge an zugegebenem Weichmacher ist.

---

[1] J. Amer. Chem. Soc. **61**, 2334; **63**, 369 (1941); **63**, 378 (1941); **63**, 385 (1941); **63**, 2401 (1941); **63**, 2410 (1941).
[2] Kolloid-Z. **105**, 9 (1943); Kolloid-Z. **113**, 18 (1949); Kolloid-Z. **120**, 84 (1951).
[3] Die Konzentrationsabhängigkeit der Dielektrizitätskonstante von Systemen aus PVC und einigen anderen Weichmachern im Frequenzbereich von 0,1···100 MHz ist von VOIGT, H., Kunststoffe **42**, 395 (1952) untersucht worden. Die Meßkurven zeigen hier einen komplizierteren Verlauf. Meßpunkte im Bereich kleiner Weichmacherkonzentrationen fehlen.

B. Die Eigenschaften des weichgemachten Polyvinylchlorids

Die Ursache dieser Erscheinung ist darin zu erblicken, daß die elektrischen Dipole im Polyvinylchlorid infolge zwischenmolekularer Anziehungskräfte stark festgelegt sind und sich daher erst bei verhältnismäßig hoher Temperatur im elektrischen Feld ausrichten können. Durch Weichmacherzusätze werden die zwischenmolekularen Kräfte verringert. Die elektrischen Dipole sind infolgedessen im weichgestellten Medium beweglicher und können sich daher schon bei niedrigeren Temperaturen im elektrischen Feld orientieren. Da sich aus dem dielektrischen Dämpfungsmaximum wertvolle Rückschlüsse auf den Mechanismus der Weichmachung und die Weichmacherwirksamkeit ziehen lassen, ist gerade diese elektrische Größe besonders häufig bestimmt worden[1].

Von Interesse ist auch der von R. M. FUOSS[2] am System Polyvinylchlorid-Diphenyl beobachtete Einfluß von Weichmacherzusätzen auf das zweite, bei etwa 0 °C auftretende dielektrische Dämpfungsmaximum des Polyvinylchlorids. Dieses spricht auf die Anwesenheit von Weichmacher besonders stark an und wird bereits durch einen Zusatz von 1% Diphenyl um 73% seiner Intensität verringert. Diphenyl in Mengen von 20% bringt dieses Dämpfungsmaximum vollständig zum Verschwinden.

4. Die Fließeigenschaften

Polyvinylchlorid ist wegen der durch seine polaren Gruppen bedingten starken zwischenmolekularen Kräfte sowie wegen der im Material vorhandenen kristallinen Anteile nur schwer und erst bei hohen Temperaturen zum Fließen zu bringen. Weichmacher vermindern die zwischenmolekularen Kräfte und erhöhen dadurch das Fließvermögen. Der Einfluß von Weichmacherzusätzen auf das Fließverhalten eines Suspensionspolyvinylchlorids ist von P. GHERSA[3] mit Hilfe eines Extrusionsplastometers nach HAYES bestimmt worden. Die Meßkurven, die in Abb. 41 wiedergegeben sind, zeigen eine nahezu lineare Abnahme des Extrusionsdruckes mit der Weichmacherkonzentration.

Der Fluß scheint indessen nicht durchweg linear mit der Weichmacherkonzentration anzusteigen. Aus Messungen von R. HAYES und D. A. LANNON[4], L. H. P. WELDON[5] und U. JACOBSON[6] ergeben sich vielmehr Anzeichen, daß im Bereiche kleiner Weichmacherkonzentrationen ähnliche Anomalien auftreten, wie sie bei den mechanischen Eigenschaften zu

---
[1] Außer R. M. FUOSS u. F. WÜRSTLIN haben sich u. a. DAVIES, J. M., R. F. MILLER u. W. F. BUSSE: J. Amer. Chem. Soc. **63**, 361 (1941); FITZGERALD, E., u. R. F. MILLER: J. Colloid Sci. **8**, 148 (1953) und MILLER, R. F., E. FITZGERALD, J. M. DAVIES u. W. C. SEARS: Physic. Rev. (2) **86**, 644 (1952) mit dem Studium der dielektrischen Erscheinungen an weichgemachtem Polyvinylchlorid beschäftigt.
[2] J. Amer. Chem. Soc. **63**, 369 (1941); **63**, 378 (1941).
[3] Modern Plastics **36**, 135 (Okt. 1958). [4] J. appl. Chem. **7**, 196 (1957).
[5] Plast. Inst. Trans. and Journal **24**, 303 (1956). [6] British Plastics **1959**, 152.

beobachten sind. Jedenfalls verändern geringe Weichmachermengen die Fließeigenschaften des Polyvinylchlorids nur wenig, so daß davon abge-

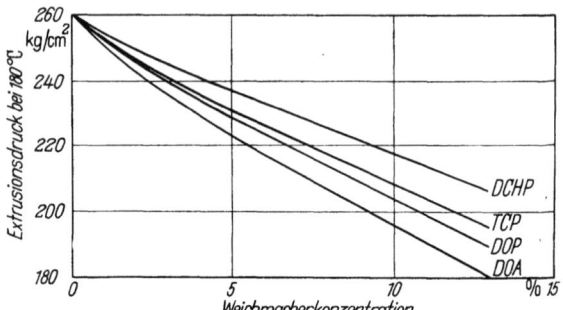

Abb. 41. Extrusionsdruck bei 180 °C von Polyvinylchlorid mit verschiedenen Weichmachern in Abhängigkeit von der Weichmacherkonzentration. (Nach P. GHERSA, Modern Plastics **36**, 135 [Okt. 1958])

raten werden muß, Hartmischungen kleine Weichmacherzusätze zuzufügen, ganz abgesehen davon, daß damit nur die Sprödigkeit der hergestellten Erzeugnisse erhöht würde.

Die Struktur des weichgemachten Polyvinylchlorids. Die ausgeprägten gummielastischen Eigenschaften, das nahezu vollständige Fehlen eines viskosen Flusses auch nach langzeitiger Belastung legen die Annahme nahe, daß in den aus Polyvinylchlorid und Weichmacher erhaltenen Produkten ein stabiles, dreidimensionales Netzwerk vorliegt[1]. Dieses wird vermutlich durch direkte Verknüpfung der kettenförmigen Polyvinylchloridmoleküle gebildet, wobei als Verknüpfungsstellen die im Polyvinylchlorid auftretenden kristallinen Bezirke anzusehen sind. Hierfür sprechen röntgenographische Befunde von T. ALFREY jr., N. WIEDERHORN, R. STEIN und A. TOBOLSKY[2], die an weichgemachtem Polyvinylchlorid Röntgeninterferenzen nachweisen konnten, die sich als unabhängig von der Art des zugesetzten Weichmachers erwiesen haben. Weichgemachtes Polyvinylchlorid kann daher als gummielastisches Gel aufgefaßt werden, das durch die infolge Kristallbildung zu einem dreidimensionalen Netzwerk miteinander verknüpften Polyvinylchloridmoleküle einerseits und die in dieses Netzwerk eingelagerten Weichmachermoleküle andererseits gebildet wird. Die Gummielastizität dieses Gels ist daher jedenfalls im Bereiche hoher Weichmacherkonzentrationen darauf zurückzuführen, daß die zwischen den Vernetzungsstellen befindlichen Kettensegmente bei Belastung auf Zug gestreckt werden und bei Aufhören der Belastung in den Knäuelungszustand als den Zustand der höheren Wahrscheinlichkeit zurückkehren. Untersuchungen von

---

[1] LEADERMAN, H., Ind. Eng. Chem. **35**, 374 (1943); REED, M. C.: Ind. Chem. **35**, 429 (1943).

[2] Ind. Eng. Chem. **41**, 701 (1949); J. Colloid Sci. **4**, 211 (1949).

A. T. WALTER[1] ergaben tatsächlich, daß Gele mit geringen Polyvinylchloridgehalten diesen auf Entropieeffekte zurückzuführenden Typus des kautschukelastischen Verhaltens zeigen, während nach höheren Konzentrationen zu, wohl als Folge von Veränderungen der inneren Energie beim Belastungsvorgang, Abweichungen auftreten. Beschränken wir uns zunächst auf den Bereich geringer Polymerisatkonzentrationen. Hier sind wegen der großen Verdünnung Wechselwirkungen zwischen amorphen Kettenbezirken weniger wahrscheinlich, so daß das kautschukelastische Verhalten in erster Linie durch die Anzahl der die Vernetzung bedingenden kristallinen Bezirke verursacht ist. Der Einfluß eines Weichmachers auf die mechanischen Eigenschaften hängt daher in diesem Konzentrationsbereich vorwiegend von seiner Wirkung auf die kristallinen Bezirke ab. Hat dieser ein starkes Lösungsvermögen für die kristallinen Bezirke, so kommt es mit zunehmender Verdünnung zu einer raschen Verminderung der Vernetzungsstellen. Der Elastizitätsmodul fällt mit zunehmender Verdünnung steil ab. Ist der Weichmacher dagegen ein schwaches Lösungsmittel, so verteilt sich die Auflösung der kristallinen Bezirke über ein breiteres Konzentrationsintervall. Der Elastizitätsmodul zeigt hier nur einen flachen Abfall mit zunehmender Verdünnung.

Die für den Bereich großer Verdünnungen zutreffende Vorstellung eines idealen gummielastischen Geles kompliziert sich, wenn wir zur Betrachtung des für die Technik interessanten Gebietes mittlerer Weichmacherkonzentrationen übergehen. Zunächst könnte man hier daran denken, daß es mit zunehmender Steigerung des Polymerisatgehaltes zu einem steilen Anstieg der kristallinen Vernetzungsbezirke und demgemäß auch zu eben einem solchen Anstieg des Elastizitätsmoduls kommen sollte. Tatsächlich sind dem aber Grenzen durch den Umstand gesetzt, daß der Anteil der kristallisationsfähigen syndiotaktischen Bezirke, jedenfalls in den technischen Polyvinylchloriden, nur gering ist. Es wird deshalb bald ein Grenzzustand erreicht, oberhalb dessen bei weiterer Verminderung des Weichmachergehaltes eine Zunahme der kristallinen Vernetzungsstellen nicht mehr möglich ist. Im Elastizitätsmodul tritt daher, wie die Messungen von A. T. WALTER[2] zeigen, im Bereich mittlerer Weichmacherkonzentrationen eine Abflachung gegenüber den Werten ein, die man durch rechnerische Extrapolation aus den Elastizitätsmodulen erhält. Erst wenn bei noch weiterer Verminderung des Weichmachergehaltes die Beweglichkeit der Kettensegmente eingeschränkt und dementsprechend auch die Beweglichkeit der Weichmachermoleküle vermindert wird, kommt es wiederum zu einem starken Ansteigen des Elastizitätsmoduls. In diesem Konzentrationsbereich, der im System Polyvinylchlorid-Dioctylphthalat bei Polymerisationskonzentrationen oberhalb von etwa

---

[1] J. Polymer Sci. **13**, 207 (1954).   [2] J. Polymer Sci. **13**, 207 (1954).

60 Gewichtsprozent beginnt, entfernen sich die mechanischen Eigenschaften stark von denen idealer kautschukelastischer Stoffe. An die Stelle der bei niedrigen Polymerisatkonzentrationen vorherrschenden Entropieelastizität ist ein Verhalten getreten, das vorwiegend durch Änderungen der inneren Energie beim Belastungsvorgang bedingt wird und daher als Energieelastizität anzusprechen ist.

Die Änderung in den Zustandsformen von Polymerisat und Weichmacher mit der Veränderung des Mischungsverhältnisses spiegelt sich auch in der dielektrischen und mechanischen Dispersion wieder. Wie aus Untersuchungen von F. WÜRSTLIN[1] hervorgeht, tritt oberhalb einer bestimmten Weichmacherkonzentration zusätzlich zu dem Maximum im dielektrischen Verlustwinkel, das durch das Polymerisat bedingt ist, ein weiteres, bei niedrigerer Temperatur liegendes Dämpfungsmaximum auf, dessen Intensität mit zunehmendem Weichmachergehalt ansteigt und sich dem Dämpfungsmaximum des reinen Weichmachers nähert. Von WÜRSTLIN war hieraus auf das Auftreten von nicht solvatisiertem Weichmacher geschlossen worden, der bei Erreichung einer bestimmten Mindestkonzentration im Gleichgewicht neben solvatgebundenem Weichmacher vorliegen soll. Dies entspricht auch einer von A. HARTMANN[2] geäußerten Ansicht, der aus dem Auftreten des zweiten Dämpfungsmaximums sogar auf das Vorliegen stabiler, formelmäßig festzulegender Assoziate zwischen Polyvinylchlorid und Weichmacher geschlossen hat. Betrachtet man jedoch die von F. WÜRSTLIN[1] angegebene Meßkurve, so erscheint folgende Deutung als wahrscheinlicher. Bei geringen Polymerisatkonzentrationen ist das dem Weichmacher zuzuschreibende Dämpfungsmaximum aus verständlichen Gründen stark ausgeprägt, weil hier die Anzahl der auf den Weichmacher zurückgehenden Dipole groß ist. Das Dämpfungsmaximum ist gegenüber dem des reinen Weichmachers nur wenig verschoben, da die Störung der Weichmacherdipole durch das Polymerisat im Mittel gering ist. Mit abnehmender Weichmacherkonzentration verringert sich einerseits die Intensität des Dämpfungsmaximums, andererseits verschiebt sich dessen Schwerpunkt nach höheren Temperaturen, da die Wechselwirkung zwischen Polymerisat und Weichmacher im Mittel größer geworden ist. Dies führt schließlich dazu, daß das vom Weichmacher herrührende Dämpfungsmaximum von dem des Polyvinylchlorids verdeckt und damit das Vorliegen eines einzigen Dämpfungsmaximums vorgetäuscht wird. In dem Auftreten einer dem Weichmacher zuzuschreibenden Absorption bei mittleren Weichmacherkonzentrationen ist daher kein Beweis für das Vorliegen von zwei verschiedenen Weichmacherzuständen, nämlich solvatgebundenem und freiem Weichmacher, zu erblicken. Wohl aber äußert sich im Kurvenverlauf die Tatsache, daß

---

[1] Kolloid-Z. **113**, 18 (1949); **120**, 84 (1951). [2] Kolloid-Z. **148**, 30 (1956).

B. Die Eigenschaften des weichgemachten Polyvinylchlorids

Weichmacher und Polymerisat sich gegenseitig beeinflussen, und zwar in dem Sinne, daß der Weichmacher die Einfriertemperatur des Polymeren herabsetzt, während umgekehrt das Polymerisat die Einfriertemperatur des Weichmachers erhöht, also gewissermaßen als Hartmacher für diesen wirkt.

Ausgehend von diesen Überlegungen nähern wir uns auch einem Verständnis der bei geringen Weichmacherkonzentrationen beobachteten Erscheinungen. Hier kommt es, wie bereits auf S. 151 ff. besprochen, zu einer starken Zunahme des Elastizitätsmoduls und der Zugfestigkeit. Außerdem steigt die Sprödigkeit an. Es ist bisher schon mehrfach versucht worden, diese bemerkenswerten und eigentlich im Gegensatz zur Erwartung stehenden Erscheinungen zu deuten. R. A. HORSLEY[1] hat zur Erklärung eine Zunahme der Kristallinität im Bereiche geringer Weichmacherkonzentrationen angenommen und dies auf röntgenographische Untersuchungen und Ergebnisse von Temperungsversuchen gestützt. Von O. FUCHS und H. H. FREY[2] wurden die beobachteten Erscheinungen dagegen mit der Annahme einer Streckung der Polyvinylchloridmoleküle durch die geringe Weichmachermenge erklärt. Hiergegen hat sich G. GRÜNWALD[3] gewandt, der den Einfluß geringer Weichmachermengen auf die mechanischen Eigenschaften des Polyvinylchlorids als Viskositätseffekt deutet.

Es scheint nun, daß man zu einem Verständnis der beobachteten Erscheinungen gelangt, wenn man sich die Verhältnisse an einer bereits von W. BUCHMANN[4] angegebenen Darstellung veranschaulicht. Diese zeigt den Einfluß des Weichmachergehaltes auf Einfriertemperatur, Zugfestigkeit, Dehnung und Elastizitätsmaß von mit Trikresylphosphat weichgestelltem Polyvinylchlorid. Aus dieser Darstellung, die in Abb. 42 wiedergegeben ist, ist zu erkennen, daß die Einfriertemperatur annähernd linear mit zunehmendem Weichmachergehalt abfällt und bei ungefähr 23% Weichmacher Raumtemperatur erreicht. Hält man nun die Weichmachermenge konstant und variiert die Temperatur, so befindet sich das System, einen Weichmachergehalt von 23% angenommen, unterhalb Raumtemperatur im glasartigen, oberhalb Raumtemperatur im gummielastischen Zustand. Hält man dagegen die Temperatur bei 20 °C und variiert die Zusammensetzung, so erfolgt der Übergang vom glasartigen in den gummielastischen Zustand, wenn die Weichmachermenge 23% erreicht. Bei dieser Zusammensetzung liegt daher bei Raumtemperatur im System Polyvinylchlorid-Trikresylphosphat ein Umwandlungspunkt zweiter Ordnung, der dem bei etwa 75 °C liegenden des reinen Polyvinylchlorids entspricht. Die Analogie zwischen den beiden Umwandlungspunkten ergibt sich sofort, wenn man die Änderung der mechani-

---
[1] Plastics Progress, London 1957, S. 77. [2] Kunststoffe **49**, 213 (1959).
[3] Kunststoffe **50**, 381 (1960), [4] Forschung Ing.-Wes. **12**, 174 (1940).

schen Eigenschaften des reinen Polyvinylchlorids bei der Einfriertemperatur mit den aus Abb. 42 ersichtlichen Veränderungen der mechanischen Eigenschaften bei der kritischen Weichmacherkonzentration von etwa 23% vergleicht. Wie auf S. 143 in Abb. 18 gezeigt wurde, vermindert sich die Zugfestigkeit des reinen Polyvinylchlorids beim Übergang in den gummielastischen Zustand sprungartig, während andererseits die Gesamtdehnung stark zunimmt. Ein analoger Verlauf

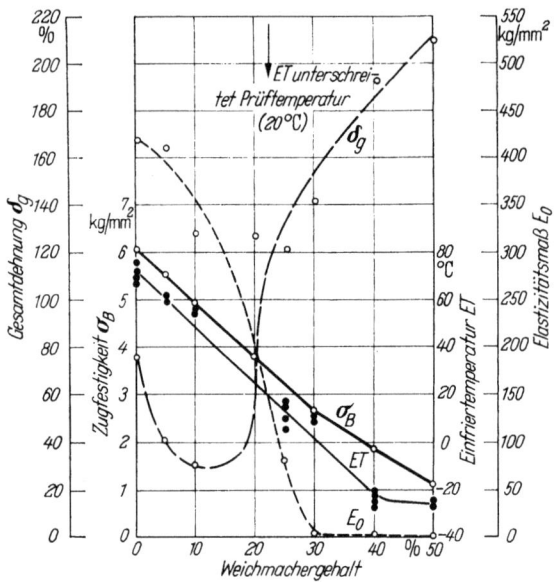

Abb. 42. Einfluß des Weichmachergehaltes auf Einfriertemperatur, Zugfestigkeit, Dehnung und Elastizitätsmaß von Weichigelit. Weichmacher: Trikresylphosphat (3-min-Werte, Prüftemperatur 20 °C). (Nach W. BUCHMANN, Forschung Ing. Wes., Bd. 12 (1940), S. 174/191)

von Zugfestigkeit und Gesamtdehnung im Bereich der kritischen Weichmacherkonzentration ist auch aus Abb. 42 ersichtlich.

Die Auffassung, daß die starken Änderungen der mechanischen Eigenschaften im Bereich hoher Weichmacherkonzentrationen auf den Übergang glasartig-gummielastisch zurückzuführen ist, erklärt auch, warum der steile Abfall der Zugfestigkeit bzw. der entsprechende Anstieg der Gesamtdehnung bei den einzelnen Weichmachern bei recht unterschiedlichen Konzentrationen erfolgt. Wie sich aus den Messungen von O. FUCHS und H. H. FREY[1] ergibt, verschiebt sich die Lage des Zugfestigkeitsabfalls in der Reihenfolge Dioctylsebacat, Dioctylphthalat, Trikresylphosphat, Dimethylcyclohexylphthalat nach höheren Weichmacherkonzentrationen. In gleicher Reihenfolge verringert sich auch die

---

[1] Kunststoffe **49**, 213 (1959).

B. Die Eigenschaften des weichgemachten Polyvinylchlorids 169

Weichmacherwirksamkeit. Da von einem wenig wirksamen Weichmacher größere Mengen benötigt werden, um die Einfriertemperatur auf Raumtemperatur zu senken, ist leicht ersichtlich, daß der als Folge der Einfriererscheinungen auftretende Zugfestigkeitsabfall bei den wenig wirksamen Weichmachern bei höheren Konzentrationen liegt als bei den stark wirksamen Weichmachern. Im Sinne der hier vorgetragenen Auffassung sprechen schließlich auch die in Abb. 43 angeführten, von P. GHERSA[1] stammenden Messungen, aus denen die Zugfestigkeitswerte des Systems Polyvinylchlorid-Dioctylphthalat bei verschiedenen Temperaturen in Abhängigkeit von der Weichmachermenge ersichtlich sind. Die beobachtete Verschiebung des Zugfestigkeitsabfalls nach höheren Konzentrationen mit abnehmender Temperatur entspricht der Erwartung, da auch die Einfriertemperatur um so tiefer liegt, je höher die Weichmacherkonzentration ist.

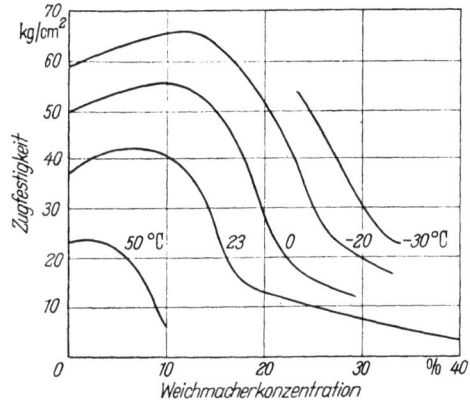

Abb. 43. Zugfestigkeit bei verschiedenen Temperaturen in Abhängigkeit von verschiedenen DOP-Mengen. (Nach P. GHERSA, Modern Plastics **36**, 135 [Okt. 1958])

Die bisherigen Überlegungen erklären noch nicht, warum es im Bereiche kleiner Weichmachermengen zur Ausbildung eines Zugfestigkeitsmaximums kommt, wie dies aus den auf S. 154 dargestellten Abbildungen ersichtlich ist. Eine mögliche Erklärung für dieses Verhalten könnte in folgendem bestehen: im System Polymerisat-Weichmacher kommt es im glasartigen Zustand als Folge der Behinderung der Weichmachermoleküle durch die benachbarten Polymerisatketten zu einer Verminderung der inneren Beweglichkeit des Weichmachers. Seine Einfriertemperatur steigt infolgedessen an und führt zu einer Erhöhung der Gesamtviskosität des Systems. Der viskositätserhöhende Effekt ist, wenn man von reinem Polyvinylchlorid ausgeht, zunächst sehr klein, da die Anzahl der Weichmachermoleküle gering ist. Mit Zunahme der Konzentration verstärkt er sich, doch wirkt alsbald die durch Erhöhung der Weichmacherkonzentration eintretende Viskositätsverminderung in entgegengesetztem Sinne, so daß die Werte nach Erreichung eines Maximums wieder abfallen. Wenn diese Vorstellung richtig ist, sollte das Zugfestigkeitsmaximum bei um so geringeren Konzentrationen liegen und um so weniger ausgeprägt sein, je weniger die Beweglichkeit des Weich-

---

[1] Modern Plastics **36**, 135 (Okt. 1958).

machers im Polymerisat herabgesetzt ist. Abb. 43, die bei 50 °C nur noch eine flüchtige Andeutung eines Maximums erkennen läßt, spricht in diesem Sinne, da durch Temperaturerhöhung die Beweglichkeit des Weichmachers vergrößert wird.

Die Verminderung der inneren Beweglichkeit des Weichmachers in dem hier interessierenden Konzentrationsbereich kommt auch in anderen physikalischen Erscheinungen zum Ausdruck. Beispiele hierfür sind die auf S. 160 erwähnte Zunahme des spezifischen elektrischen Widerstandes und der von W. KNAPPE[1] gefundene starke Anstieg des Diffusionskoeffizienten im Bereiche kleiner Weichmacherkonzentrationen. Auch die von D. J. MEAD, R. L. TICHENOR und R. M. FUOSS[2], W. BIRNTHALER[3] und M. L. DANNIS[4] untersuchte Volumkontraktion bei geringfügig weichgemachtem Polyvinylchlorid gehört hierher, da sie letztlich eine Folge der durch die Einfriererscheinungen bedingten Verminderung des Schwingungsvolumens der Weichmachermoleküle ist.

In diesem Zusammenhang sei noch kurz der Bindungszustand des Weichmachers im weichgemachten Polyvinylchlorid erörtert. Es stehen sich hier zwei Auffassungen gegenüber. Nach der einen ist der Weichmacher in stöchiometrischen Mengenverhältnissen nebenvalent unter Ausbildung einer Solvathülle an das Polyvinylchlorid gebunden. Ist das Polyvinylchlorid valenzmäßig abgesättigt und darüber hinaus noch Weichmacher vorhanden, so befindet sich dieser als sogenannter freier Weichmacher im System. Der Weichmacher tritt somit in zwei Erscheinungsformen auf, die sich durch ihr Verhalten gegenüber Extraktion und im Wanderungsvermögen unterscheiden. Der solvatgebundene Weichmacher haftet verhältnismäßig fest am Polymeren. Er neigt daher nicht zur Migration und läßt sich auch nur schwer durch Extraktion entfernen. Der freie Weichmacher diffundiert dagegen im weichgemachten Medium und ist für die Erscheinungen der Weichmacherwanderung und Extrahierbarkeit verantwortlich.

Nach der zweiten Auffassung stellt sich im weichgemachten Medium infolge der Wechselwirkung zwischen den beiden Komponenten eine Nahordnung ein, ohne daß es zur Ausbildung von Assoziaten in stöchiometrischen Verhältnissen kommt. Die Systeme sind daher nach den Gesetzen der statistischen Thermodynamik zu behandeln. Eine Unterscheidung zwischen ,,freiem" und ,,solvatgebundenem" Weichmacher läßt sich nicht treffen, da keine Komponente unbeeinflußt von der anderen existieren kann. Die Annahme von zwei nebeneinander bestehenden Bindungszuständen der Weichmachermoleküle geht auf F. WÜRSTLIN[5] zurück, der das Auftreten eines zweiten tg δ-Maximums bei hohen Weich-

---

[1] Z. Angew. Phys. **6**, 97 (1954). [2] J. Amer. Chem. Soc. **64**, 283 (1942).
[3] Kunststoffe **38**, 11 (1948). [4] J. appl. Phys. **21**, 505 (1950).
[5] Kolloid-Z. **113**, 18 (1949); **120**, 84 (1951).

B. Die Eigenschaften des weichgemachten Polyvinylchlorids

macherkonzentrationen auf die Existenz von freiem Weichmacher zurückführte. Besonders nachdrücklich für die Unterscheidung zwischen solvatgebundenem und freiem Weichmacher hat sich dann A. HARTMANN[1] ausgesprochen, der aus dielektrischen, rheologischen und kryoskopischen Untersuchungen sogar zahlenmäßige Angaben über die Zusammensetzung der aus Polyvinylchlorid und Weichmacher bestehenden Assoziate hergeleitet hat. Zwei Bindungszustände des Weichmachers im weichgemachten Medium haben schließlich auch K. THINIUS und E. SCHRÖDER[2] angenommen, die damit die Beobachtung erklärten, daß mit einigen Lösungsmitteln nur eine unvollständige Extraktion des Weichmachers aus Weichpolyvinylchlorid möglich ist.

Für eine den Gesetzen der statistischen Thermodynamik folgende Wechselwirkung haben sich dagegen H. LUTHER und W. STEIN[3] auf Grund infrarotspektroskopischer Befunde ausgesprochen. Diese Autoren konnten bei der Auswertung der Infrarotspektren von Folien aus mit Phthalsäureestern weichgemachtem Polyvinylchlorid nur eine geringe Wechselwirkung zwischen Weichmacher und Polymerisat feststellen, die zudem bei den niedrigeren Dialkylphthalaten infolge Eigenassoziation abgeschwächt ist. Für das Vorliegen von Weichmachermolekülen in zwei Zustandsformen ergaben sich spektroskopisch keine Hinweise. Zu dem gleichen Ergebnis kamen auch H. LUTHER und H. MEYER[4], die bei der infrarotspektroskopischen Bestimmung der Diffusionskoeffizienten von Polyvinylchlorid-Weichmachersystemen nur eine geringe Konzentrationsabhängigkeit gefunden haben. Wäre „freier" neben „gebundenem" Weichmacher vorhanden, müßten die Diffusionskoeffizienten Diskontinuitäten in ihrer Konzentrationsabhängigkeit aufweisen. Schließlich konnten auch H. LUTHER und G. WEISEL[5] zeigen, daß das Auftreten eines zweiten tg δ-Maximums auch bei hohen Weichmacherkonzentrationen keineswegs zwingend die Annahme von „freiem" Weichmacher fordert, da dieses Maximum auch bei niedrigen Weichmacherkonzentrationen, allerdings nach höheren Temperaturen verschoben, auftritt.

Überblickt man die bisher über den Bindungsmechanismus zwischen Polyvinylchlorid und Weichmacher bekannten Arbeiten, so erscheint die Annahme einer Nahordnung mit statistischer Verteilung der Komponenten als die weitaus wahrscheinlichere Vorstellung. Die Bildung stöchiometrischer Assoziate wäre dagegen auch aus chemischen Gründen schwer verständlich, da nach allen Erfahrungen für die Bildung stöchiometrischer Molekülverbindungen sehr spezielle konstitutionelle Vorausset-

---

[1] Kolloid-Z. **148**, 123 (1955); **156**, 132, 136 (1958).
[2] Kunststoffe **47**, 183 (1957).
[3] Z. Elektrochem. Ber. Bunsenges. physik. Chem. **60**, 1115 (1956).
[4] Z. Elektrochem. Ber. Bunsenges. physik. Chem. **64**, 681 (1960).
[5] Kolloid-Z. **154**, 15 (1957).

zungen, sowohl hinsichtlich der Donor- als auch der Akzeptorkomponente, nötig sind, während die Weichmachung des Polyvinylchlorids mit einer Fülle von Substanzen von zum Teil sehr verschiedenartiger Konstitution gelingt. Zudem müßte die Bildung von stöchiometrischen Assoziaten nach der von R. S. Mulliken[1] für organische Molekülverbindungen entwickelten Theorie mit einer charakteristischen Lichtabsorption verbunden sein, für die bei weichgemachtem Polyvinylchlorid jeglicher experimentelle Hinweis fehlt.

C. Die Werkstoffeigenschaften der Vinylchlorid-Mischpolymerisate

Die Werkstoffeigenschaften des Polyvinylchlorids werden entscheidend durch zwei Faktoren bestimmt. Es sind dies die starken zwischenmolekularen Kräfte zwischen den einzelnen Molekülketten, welche die im Vergleich zu vielen anderen Polymeren hohe Lage der Einfriertemperatur bedingen, und die große Stabilität der im Polymeren vorhandenen kristallinen Bezirke, die noch weit oberhalb der Einfriertemperatur ein vom viskosen Fließen überlagertes gummielastisches Verhalten ermöglichen. Beide Faktoren werden durch den bei der Mischpolymerisation des Vinylchlorids erfolgenden Einbau einer zweiten Monomerenkomponente verändert. Diese beeinflußt daher sowohl die Lage der den Gebrauchszustand nach oben begrenzenden Einfriertemperatur als auch den für die Verarbeitung wichtigen Zustand des viskosen Fließens.

Art und Ausmaß dieses Einflusses hängen wiederum von mehreren Bedingungen ab. Diese sind der Aufbau des Mischpolymerisates, die chemische Natur des Comonomeren und das Monomerenverhältnis im Mischpolymerisat. Betrachtet man die Mischpolymerisate zunächst nach ihrem Aufbau, so lassen sich zwei Gruppen unterscheiden. Es sind dies die homogenen und die heterogenen Mischpolymerisate. Ein Mischpolymerisat wird dann als homogen bezeichnet, wenn es aus Makromolekülen der gleichen Konstitution besteht. Bei einem derartigen Mischpolymerisat sind daher die Monomeren jeder Komponente jeweils im gleichen Verhältnis am Aufbau eines jeden Makromoleküls beteiligt. Außerdem folgen die Monomereneinheiten der beiden Arten jeweils in gleicher statistischer Reihenfolge in den Makromolekülen. Bei den heterogenen Mischpolymerisaten ist dagegen die chemische Konstitution der sie aufbauenden Makromoleküle uneinheitlich und gewöhnlich von Makromolekül zu Makromolekül verschieden. Man kann diese Mischpolymerisate daher als Gemische auffassen, die aus vielen Mischpolymerisaten unterschiedlicher Monomerenzusammensetzung bestehen. Die Homogenität bzw. Heterogenität sind für das Werkstoffverhalten eines Mischpolymerisates von entscheidender Bedeutung.

---

[1] J. Chem. Phys. **74**, 811 (1952).

C. Die Werkstoffeigenschaften der Vinylchlorid-Mischpolymerisate

Betrachten wir zunächst die homogenen Mischpolymerisate. Bei diesen befinden sich die Kettensegmente der Makromoleküle wegen der chemischen Einheitlichkeit der Substanz jeweils in einer gleichen oder nahezu gleichen molekularen Umgebung. Das Auftauen der Freiheitsgrade der Rotation erfolgt deshalb innerhalb eines verhältnismäßig schmalen Temperaturbereiches. Man findet daher, ähnlich wie bei Polyvinylchlorid, einen schmalen Einfrierbereich, der allerdings gegenüber Polyvinylchlorid nach anderen Temperaturen verschoben ist. Diese Verschiebung kann nach höheren oder niedrigeren Temperaturen erfolgen, wobei die zuletzt genannte Möglichkeit für die Anwendungstechnik weitaus bedeutungsvoller ist. Man spricht in diesem Falle von einer inneren Weichmachung, da das Comonomere, ähnlich wie ein von außen zugegebener Weichmacher, die Kettenbeweglichkeit der Makromoleküle erhöht und dadurch zu einem weicheren und leichter verarbeitbaren Werkstoff führt. Damit ein Comonomeres eine innere Weichmachung des Polyvinylchlorids hervorruft, ist es erforderlich, daß sein Homopolymeres eine niedrigere Einfriertemperatur als Polyvinylchlorid aufweist. Diese Bedingung ist bei den Vinyl- und Acrylsäureestern erfüllt, die dementsprechend auch in großem Umfang als Comonomere zur Herstellung von Polyvinylchloriden mit innerer Weichmachung dienen. Innerhalb der homologen Reihen dieser Comonomeren nimmt die infolge innerer Weichmachung erzielbare Erniedrigung der Einfriertemperatur mit der Länge der Alkylkette zunächst zu, um nach Überschreiten einer bestimmten Kettenlänge wiederum abzunehmen. Das Optimum an innerer Weichmachung wird in der Reihe der Vinylester bei einer Länge des Alkylrestes von 18 Kohlenstoffatomen, in der Reihe der Acrylsäureester bei einer Länge des Alkylrestes von 8 Kohlenstoffatomen erreicht. Der nach Überschreiten dieser Kohlenstoffzahl eintretende Wiederanstieg der Einfriertemperatur ist vermutlich durch Nebeneffekte bedingt und nach H. MARK[1] darauf zurückzuführen, daß sich die langen Kohlenstoffketten, ähnlich wie bei den höheren Fettsäuren, unter Bildung einer kristallinen Struktur orientieren können. Die durch Mischpolymerisation erzielbare innere Weichmachung hängt außer von der chemischen Natur des Comonomeren auch von der angewendeten Comonomerenmenge ab. Nach L. E. NIELSEN, R. E. POLLARD und E. McINTYRE[2] besteht dabei häufig eine lineare Beziehung zwischen der Erniedrigung der Einfriertemperatur und dem Volumanteil des Comonomeren.

Die innere Weichmachung des Polyvinylchlorids ist technisch von erheblicher Bedeutung, da sie zu Produkten führt, die bei niedrigeren Temperaturen als reines Polyvinylchlorid in den Zustand des viskosen Fließens übergehen und daher leichter zu verarbeiten sind. Gegenüber der

---

[1] Ann. N. Y. Acad. Sciences **57**, 4 (1953).   [2] J. Polymer Sci. **6**, 661 (1951).

äußeren Weichmachung ist von Vorteil, daß Weichmacherverluste durch Extraktion, Wanderung und infolge Flüchtigkeit nicht eintreten können, da die weichmachenden Gruppen chemisch an das Polymere gebunden sind. Außerdem ist im Vergleich zur äußeren Weichmachung eine einheitlichere Verteilung der weichmachenden Gruppen über die gesamte Kettenlänge gewährleistet. Dem steht allerdings bei der Verwendung als harter Werkstoff der Nachteil gegenüber, daß die innere Weichmachung zu einer Herabsetzung der Wärmestandfestigkeit führt. Die Verbesserung der Verarbeitungseigenschaften kann daher nur bedingt ausgenutzt werden, wenn man nicht eine erhebliche Verminderung der Wärmestandfestigkeit in Kauf nehmen will.

Zum Unterschied von den homogenen Copolymeren befinden sich bei den heterogenen Copolymeren die Makromoleküle wegen ihrer chemischen Uneinheitlichkeit jeweils in einer unterschiedlichen molekularen Umgebung. Die zur Anregung der Rotationsfreiheitsgrade erforderliche Energie ist daher zu einem Energiespektrum verbreitert, dessen Gestalt von der relativen Häufigkeit der einzelnen Molekülarten abhängt. Dementsprechend erstreckt sich der Einfrierbereich bei den heterogenen Copolymeren über ein weiteres Temperaturgebiet als bei den Homopolymeren und homogenen Copolymeren. Diese Erscheinung kann bei Wahl geeigneter Comonomerer zur Erzielung von wertvollen Werkstoffeigenschaften ausgenutzt werden. Man verwendet hierzu als Comonomere ungesättigte Verbindungen, deren Homopolymere eine wesentlich niedrigere Einfriertemperatur als Polyvinylchlorid aufweisen. Polymerisiert man solche Comonomere mit Vinylchlorid unter Einhaltung eines hohen Heterogenitätsgrades, so erhält man Produkte mit einem Gehalt an niedrig erweichenden Anteilen, die bei Raumtemperatur eine gegenüber Hartpolyvinylchlorid merklich erhöhte mechanische Dispersion hervorrufen. Bei schockartiger Beanspruchung kann daher die mechanische Energie durch die niedrig erweichenden Anteile aufgenommen und in unschädliche Energieformen umgewandelt werden. Solche heterogene Copolymere zeichnen sich daher durch gute Schlagzähigkeitseigenschaften oberhalb etwa 0 °C aus. Ihre Wärmestandfestigkeit ist zwar gegenüber Polyvinylchlorid verringert, doch hält sich die Verringerung wegen der im Copolymeren enthaltenen harten Anteile noch in erträglichen Grenzen[1].

Der Einfluß des Homogenitätsgrades auf die Einfriererscheinungen von Copolymeren ist wiederholt durch Bestimmung der dynamisch-elastischen Eigenschaften untersucht worden. Diese eignen sich besonders zur Charakterisierung, da sie eine mechanische Spektrometrie der im Copolymeren vorhandenen Einfrierbereiche ermöglichen[2].

---

[1] Vgl. hierzu OBERST, H.: Kunststoffe **53**, 4 (1963).
[2] BUCHDAHL, R., u. L. E. NIELSEN: J. Appl. Phys. **21**, 482 (1950).

C. Die Werkstoffeigenschaften der Vinylchlorid-Mischpolymerisate

Die Einfriertemperatur eines Polymeren macht sich im Temperaturverlauf des dynamischen Elastizitätsmoduls durch einen steilen Abfall bemerkbar, dem ein ausgeprägtes Maximum in der mechanischen Dämpfung im gleichen Temperaturgebiet entspricht. Copolymere von homogenem Aufbau zeigen einen ähnlichen Temperaturverlauf, jedoch ist hier, entsprechend dem Grade an innerer Weichmachung, der Abfall im Elastizitätsmodul nach tieferen Temperaturen verschoben. Bei den Copolymeren von heterogenem Aufbau erstreckt sich dagegen der Abfall des dynamischen Elastizitätsmoduls, entsprechend dem breiten Einfrierbereich, über ein breites Temperaturgebiet. Das mechanische Dämpfungsmaximum ist stark verwaschen und kann von einem zweiten Maximum begleitet sein.

Die dynamisch-elastischen Eigenschaften von homogenen und heterogenen Copolymeren des Vinylchlorids sind von mehreren Autoren untersucht worden. L. E. Nielsen[1] verwendete Copolymere des Vinylchlorids mit Methylmethacrylat und β-Cyanäthoxyäthylacrylat. K. Wolf und K. Schmieder[2] bestimmten die dynamisch-elastischen Eigenschaften von Copolymeren des Vinylchlorids mit Vinylidenchlorid und W. Albert[3] und L. Bohn[4] die von Copolymeren des Vinylchlorids mit 2-Äthylhexylacrylat. Der Arbeit des zuletzt genannten Autors sind die in Abb. 44 bis 47 wiedergegebenen Meßkurven entnommen, die den Temperaturverlauf des dynamischen Elastizitätsmoduls und der mechanischen Dämpfung von verschiedenen Copolymeren aus Vinylchlorid und 2-Äthylhexylacrylat zeigen.

Die Abb. 44 u. 45 geben den Temperaturverlauf des dynamischen Elastizitätsmoduls und des Verlustfaktors von Mischpolymerisaten wieder, die aus verschiedenen Monomerenverhältnissen durch Polymerisation unter Vorlage der gesamten Monomerenmenge hergestellt wurden. Da 2-Äthylhexylacrylat rascher als Vinylchlorid polymerisiert, bilden sich unter diesen Bedingungen heterogene Produkte, deren Gehalt an Acrylat sich im Verlaufe des Umsatzes stark verringert. Die Heterogenität der erhaltenen Produkte ist deutlich an der im Vergleich zu reinem Polyvinylchlorid über einen breiten Temperaturbereich verteilten Abnahme des dynamischen Elastizitätsmoduls und an den verbreiterten Dämpfungsmaxima zu erkennen.

Die Abb. 46 u. 47 zeigen zum Vergleich die Temperaturabhängigkeit des Elastizitätsmoduls von Mischpolymerisaten, die jeweils unter Anwendung gleicher Monomerenverhältnisse, jedoch unter verschiedenen Polymerisationsbedingungen mischpolymerisiert wurden. Das homogene Produkt, das unter Erhaltung eines konstanten Monomerenverhältnisses

---
[1] J. Amer. Chem. Soc. **75**, 1436 (1953).
[2] Simposio Int. di Chim. Macromol. „La Ricerca Scientifica" 1955, Suppl. 25.
[3] Kunststoffe **53**, 86 (1963). [4] Kunststoffe **53**, 93 (1963).

176 V. Die Eigenschaften des Polyvinylchlorids

hergestellt worden war, ist in seinem dynamisch-elastischen Verhalten dem reinen Polyvinylchlorid analog. Bei dem normalen Mischpolymerisat, das unter Vorlage der gesamten Monomerenmenge erhalten worden

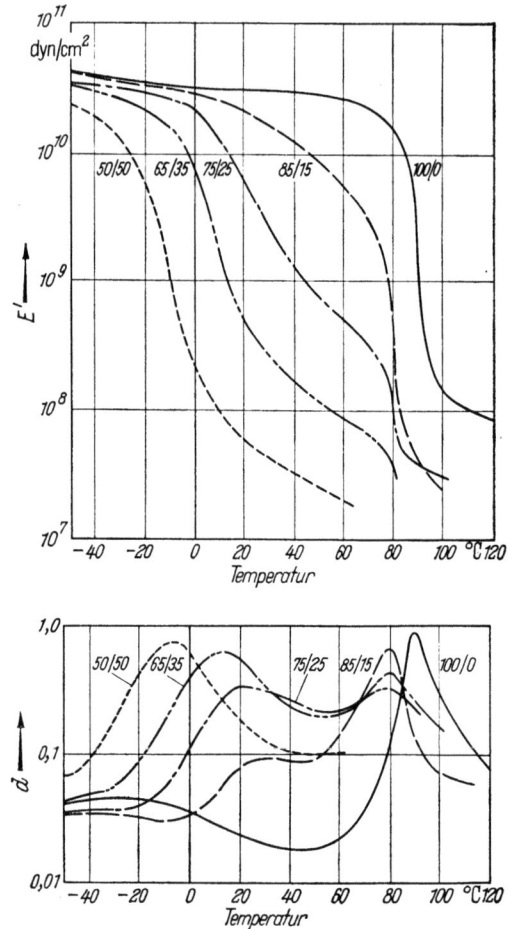

Abb. 44 u. 45. Temperaturabhängigkeit des dynamischen Elastizitätsmoduls E' und des Verlustfaktors d von Mischpolymerisaten. Parameter: Gewichtsverhältnis Vinylchlorid/2-Äthyl-hexyl-acrylat im Polymeren; Frequenz: 15 bis 0,25 Hz. (Nach L. BOHN, Kunststoffe 53, 93 [1963])

war, ist dagegen aus dem Verlauf der Dämpfungskurve auf die Anwesenheit von tiefer erweichenden Mischpolymerisaten mit hohem Acrylatgehalt und von erheblichen Mengen an reinem Polyvinylchlorid zu schließen. Noch stärker sind diese Erscheinungen bei dem heterogenen Mischpolymerisat, das durch Nachschleusen eines Teiles der Vinylchloridmenge hergestellt worden war, ausgeprägt. Dieses Mischpolymerisat nähert sich in seinem Aufbau bereits den durch mechanische Ver-

C. Die Werkstoffeigenschaften der Vinylchlorid-Mischpolymerisate

mischung von Polyvinylchlorid und Polymeren mit niedrigerer Einfriertemperatur erhaltenen Produkten.

Über die mechanischen Eigenschaften der Mischpolymerisate läßt sich

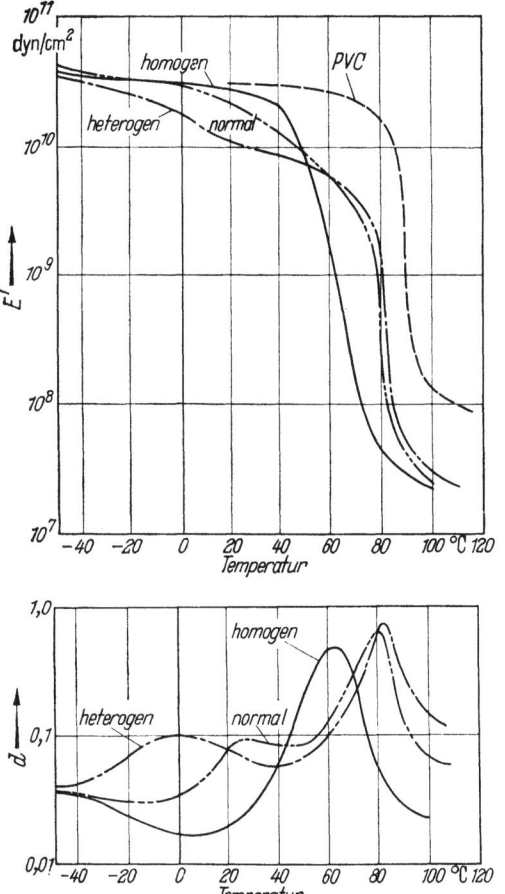

Abb. 46 u. 47. Temperaturabhängigkeit des elastischen Elastizitätsmoduls E' und des Verlustfaktors d von drei nach unterschiedlichen Polymerisationsverfahren hergestellten Mischpolymerisaten aus Vinylchlorid und 2-Äthyl-hexyl-acrylat mit 15 Gew.-% Acrylat. Frequenz: 15 bis 0,25 Hz. (Nach L. BOHN, Kunststoffe **53**, 93 [1963])

sagen, daß die Festigkeit bei den überwiegend amorphen Produkten im allgemeinen mit zunehmendem Comonomerengehalt abnimmt. Man beobachtet daher eine Verringerung der Zugfestigkeit, während in den Schlagfestigkeitseigenschaften eine Verbesserung auftritt[1]. In den Verarbeitungseigenschaften ist gegenüber Polyvinylchlorid eine Erhöhung

---

[1] Vgl. hierzu WELDON, L. H. P.: Plast. Inst. Trans. Journal **24**, 303 (1956); BRIGHTON, C. A.: British Plastics **28**, 62 (Februar 1955).

des Fließvermögens festzustellen, die ebenfalls der Comonomerenmenge annähernd proportional ist[1]. Die erwähnten Erscheinungen lassen sich damit erklären, daß die Comonomereneinheiten die zwischenmolekularen Kräfte vermindern und als Folge der Störung der regelmäßigen Polymerensequenzen die Kristallinität verringern. Der zuletzt genannte Einfluß ist von I. ROSEN und W. E. MARSCHALL[2] untersucht worden, die den Kristallinitätsgrad von Vinylchlorid-Vinylacetat-Mischpolymerisaten, die mit verschiedenen Monomerenmengen und bei verschiedenen Reaktionstemperaturen hergestellt worden waren, bestimmten. Es ergab sich eine dem Vinylacetatgehalt annähernd proportionale Abnahme des Kristallinitätsgrades.

VI. Die Alterungs- und Abbaueigenschaften des Polyvinylchlorids

A. Der Hitzeabbau

Eine der wichtigsten und für die praktische Verwertung bedeutungsvollsten Eigenschaften des Polyvinylchlorids ist dessen Neigung, sich unter dem Einfluß von Hitze unter allmählicher Abspaltung von Chlorwasserstoff zu zersetzen. Dieser Vorgang ist von einer auffälligen Farbveränderung begleitet. Das der Hitze ausgesetzte Polyvinylchlorid verfärbt sich zunächst nach Gelb und dann über Rot nach Schwarz. Wird die Erhitzung in Gegenwart von Sauerstoff vorgenommen, so ist ein auffälliger Bleicheffekt festzustellen. Der Chlorwasserstoffabspaltung geht eine Veränderung der mechanischen Eigenschaften parallel. Die in Abwesenheit von Sauerstoff erhitzten Proben zeigen eine Zunahme des Molekulargewichtes, die der Menge an abgespaltenem Chlorwasserstoff annähernd proportional ist. Bei Erhitzung in Gegenwart von Sauerstoff kommt es dagegen zunächst zu einer Abnahme des Molekulargewichtes, der sich dann ein steiler Anstieg anschließt[3]. Spektroskopisch äußern sich die beim Zersetzungsvorgang auftretenden strukturellen Veränderungen in einer Verschiebung der Lichtabsorption in den sichtbaren Bereich und im Erscheinen einer Carbonylbande im Infrarotspektrum der in Gegenwart von Sauerstoff erhitzten Polyvinylchloride[4].

Die Veränderungen der mechanischen Eigenschaften und das Auftreten eines chromophoren Systems legen den Schluß nahe, daß der thermische

---

[1] Vgl. hierzu WELDON, L. H. P.: Plast. Inst. Trans. Journal **24**, 303 (1956); BRIGHTON, C. A.: British Plastics **20**, 62 (Februar 1955), RANGNES, P.: Kunststoffe **51**, 428 (1960).
[2] J. Polymer Sci. **56**, 501 (1962).
[3] DRUESEDOW, D., u. C. F. GIBBS: Modern Plastics Juni **1953**, 123.
[4] FOX, V. WARREN, J. G. HENDRICKS u. H. J. RATTI: Ind. Engng. Chem. **41**, 1774 (1949).

A. Der Hitzeabbau

Abbau des Polyvinylchlorids von tiefgreifenden chemischen Veränderungen begleitet ist. Es wird deshalb heute allgemein angenommen, daß es neben der Chlorwasserstoffabspaltung zu einer Vernetzungsreaktion kommt, wenn der Abbau in Gegenwart von Sauerstoff erfolgt. Als chromophores System werden meist die durch Chlorwasserstoffabspaltung entstandenen konjugierten Doppelbindungen angesehen, wobei man sich auf die Arbeiten von C. S. MARVEL, J. H. SAMPLE und M. F. ROY[1] stützt, die durch alkalische Chlorwasserstoffabspaltung aus Polyvinylchlorid tief gefärbte, vielfach ungesättigte Produkte erhalten haben.

Tatsächlich haben Berechnungen von R. F. BOYER[2] ergeben, daß eine wahrnehmbare Verfärbung des Polyvinylchlorids zu erwarten ist, wenn durch Chlorwasserstoffabspaltung in statistischer Verteilung konjugierte Systeme mit im Mittel fünf bis sieben in Konjugation zueinander befindlichen Doppelbindungen entstanden sind. Es erscheint daher durchaus berechtigt, das Auftreten einer Absorption im sichtbaren Spektralbereich beim Hitzeabbau des Polyvinylchlorids in Zusammenhang mit konjugierten Systemen zu bringen, zumal B. BAUM und L. H. WARTMAN[3] durch Ozonisierungsversuche den chemischen Beweis für das Auftreten konjugierter Strukturen im Verlaufe des Abbauvorganges erbringen konnten. Allerdings ist die Frage offen, ob auch andere chromophore Gruppen an der Farbbildung beteiligt sind, wie dies neuerdings von mehreren Autoren vermutet wird. So kommt J. NOVÁK[4] aus dem Vergleich zwischen dem zeitlichen Ablauf der elektrischen Leitfähigkeit und der Farbbildung des bei 180 °C zersetzten Polyvinylchlorids zu dem Schluß, daß kolloid verteilter Kohlenstoff die eigentliche Ursache für die Verfärbung des abgebauten Polyvinylchlorids sei. Seine Entstehung wird in Anlehnung an eine frühere Beobachtung von B. G. ACHHAMMER[5], der neben HCl auch H_2, H_2O, CO und CO_2 spektralanalytisch unter den flüchtigen Spaltungsprodukten des Polyvinylchlorids nachweisen konnte, nach folgendem Schema erklärt:

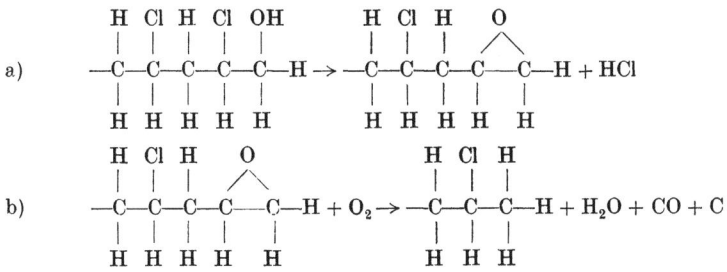

---

[1] J. Amer. Chem. Soc. **61**, 3241 (1939).
[2] J. Phys. and Colloid Chem. **51**, 80 (1947).   [3] J. Polymer Sci. **28**, 537 (1958).
[4] Kunststoffe **50**, 291 (1960); **51**, 712 (1961); **52**, 269 (1962).
[5] J. Research Nat. Bureau Standards **60**, 147 (1958).

Auch E. L. Scalzo[1] nimmt auf Grund der Beobachtung, daß bereits bei Abspaltung geringer HCl-Mengen eine intensive Verfärbung des Polyvinylchlorids beobachtet wird, neben dem Polyensystem noch andere und wirkungsvollere chromophore Gruppen an.

Die Geschwindigkeit der thermischen Chlorwasserstoffabspaltung bei der Zersetzung des Polyvinylchlorids ist von mehreren Autoren untersucht worden[2-10]. Ihre Ergebnisse lassen sich wie folgt zusammenfassen. Die Geschwindigkeit der Chlorwasserstoffabspaltung ist in inerter Gasatmosphäre am geringsten und nimmt mit steigender Sauerstoffkonzentration stark zu[2]. In Anwesenheit von Sauerstoff zeigt der Reaktionsverlauf stark autokatalytische Züge[2, 9, 10]. Umstritten ist dagegen der Verlauf der Abspaltungsgeschwindigkeit in inerter Gasatmosphäre. Nach einigen Autoren kommt es auch hier zu einer Zunahme der Abspaltungsgeschwindigkeit im Verlaufe der Reaktion, was auf den autokatalytischen Einfluß des bei der Reaktion abgespaltenen Chlorwasserstoffes zurückgeführt wird[3, 7]. Andere Autoren[2, 4, 9, 10] lehnen dagegen die Annahme einer autokatalytischen Wirkung des abgespaltenen Chorwasserstoffes ab. Sie finden keinen oder nur einen sehr geringen Einfluß auf den Zersetzungsverlauf des Polyvinylchlorids. Von Interesse ist auch die von einigen Autoren[6, 8] hervorgehobene Beobachtung, daß die Chlorwasserstoffabspaltungsgeschwindigkeit dem Molekulargewicht des Polyvinylchlorids umgekehrt proportional ist.

Die Verhältnisse sind an Hand neuerer Meßkurven von G. Talamini und G. Pezzin[11] veranschaulicht, die in den Abb. 48 u. 49 wiedergegeben sind.

Abb. 48 zeigt den zeitlichen Verlauf der Chlorwasserstoffabspaltung aus Polyvinylchlorid in Stickstoffatmosphäre bei verschiedenen Temperaturen. Man erkennt, daß die Abspaltungsgeschwindigkeit jeweils bis zu einer Abspaltung von etwa 30% des Halogens konstant ist und dann allmählich abfällt.

Demgegenüber weisen die in Abb. 49 aufgezeichneten Meßkurven, die den zeitlichen Verlauf der Chlorwasserstoffabspaltung in Sauerstoff-

---

[1] Materie Plast. **28**, 682 (1962).
[2] Druesedow, D., u. C. F. Gibbs: Modern Plastics **30**, 123 (Juni 1953).
[3] Scarbrough, A. L., W. L. Kellner u. P. W. Rizzo: Modern Plastics **29**, 111 (Mai 1952).
[4] Arlman, E. J.: J. Polymer Sci. **12**, 543, 547 (1954).
[5] Hartmann, A.: Kolloid-Z. **139**, 146 (1954); **149**, 67 (1956).
[6] Imoto, M., u. T.Otsu: J. Inst. Polytechn. Osaka 4C, 124, 269, 281 (1953).
[7] Baum, B., u. L. H. Wartman: J. Polymer Sci. **28**, 537 (1958).
[8] Stromberg, R. R., S. Straus u. B. G. Achhammer: J. Polymer Sci. **35**, 355 (1959).
[9] Talamini, G., u. G. Pezzin: Makromol. Chem. **39**, 26 (1960).
[10] Rieche, A., A. Grimm u. H. Mücke: Kunststoffe **52**, 265 (1962).
[11] Makromol. Chem. **39**, 26 (1960).

A. Der Hitzeabbau

atmosphäre wiedergeben, einen ausgeprägten autokatalytischen Charakter auf. Beim Vergleich der beiden Abbildungen ist außerdem die viel größere Abspaltungsgeschwindigkeit in Gegenwart von Sauerstoff auffallend.

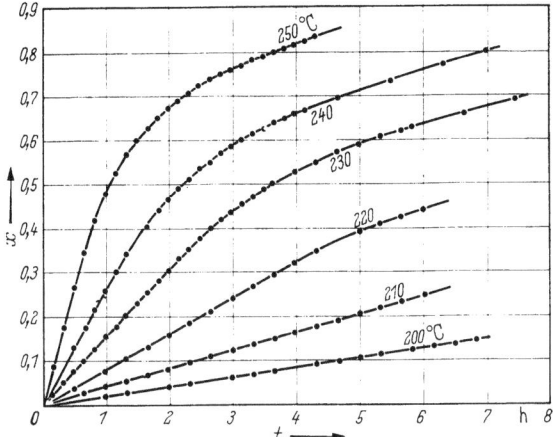

Abb. 48. Chlorwasserstoffabspaltung von Polyvinylchlorid in N_2. Gesamtmenge in Abhängigkeit von der Zeit bei verschiedenen Temperaturen. (Nach G. TALAMINI u. G. PEZZIN, Makromolekulare Chem. **39**, 29 [1960])

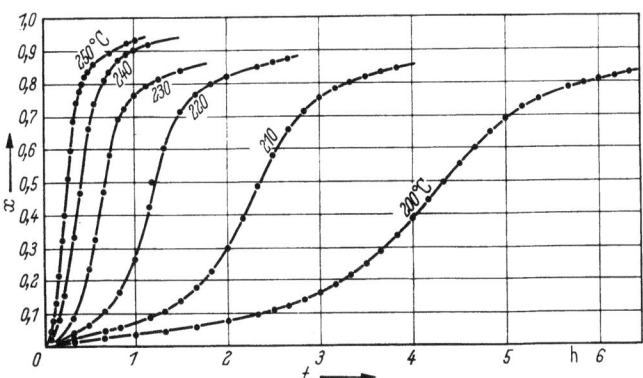

Abb. 49. Chlorwasserstoffabspaltung von Polyvinylchlorid in O_2. Gesamtumsatz in Abhängigkeit von der Zeit bei verschiedenen Temperaturen. (Nach G. TALAMINI u. G. PEZZIN, Makromolekulare Chem. **39**, 30 [1960])

Die auffällig große Zersetzlichkeit des Polyvinylchlorids unter Hitzeeinwirkung legt die Frage nach den Ursachen dieser Erscheinung nahe. Nach der von C. S. MARVEL, J. H. SAMPLE und M. F. ROY[1] angegebenen und heute allgemein anerkannten „Kopf-Schwanz"-Struktur besteht Polyvinylchlorid aus linearen Kohlenstoffketten, die jeweils in 1,3-Stellung sekundäre Chloratome gebunden enthalten. Für eine Verbin-

---
[1] J. Amer. Chem. Soc. **61**, 3241 (1939).

dung dieser Konstitution ist, worauf von J. J. P. STAUDINGER[1] hingewiesen wurde, eine hohe thermische Beständigkeit zu erwarten. Die Tatsache, daß Polyvinylchlorid schon bei verhältnismäßig niedrigen Temperaturen Chlorwasserstoff abspaltet, muß daher entweder auf die Anwesenheit von strukturellen Unregelmäßigkeiten in den Polyvinylchloridmolekülen oder auf den Einfluß von Verunreinigungen, die beim Herstellungs- und Verarbeitungsprozeß in das Polymere gelangen, zurückgeführt werden. Auf die zuerst genannte Möglichkeit wurde bereits von H. MARK und A. V. TOBOLSKY[2] hingewiesen, die gezeigt haben, daß der Eintritt von Gruppen mit labilen Chloratomen mit dem Mechanismus der mit Radikalen katalysierten Polymerisation des Vinylchlorids durchaus vereinbar ist. Inzwischen konnte die Anwesenheit derartiger Gruppen auch experimentell nachgewiesen werden.

Wie bereits auf S. 127 erwähnt wurde, enthalten die mit Radikalkatalysatoren hergestellten Polyvinylchloride in geringem Umfang ungesättigte Bindungen. Diese entstehen beim Polymerisationsvorgang vermutlich durch Abbruch- und Übertragungsreaktionen, wobei nachstehende Reaktionen anzunehmen sind:

1. Kettenabbruch durch Disproportionierung zweier Polymer-radikale

$$2\,R-CH_2-CH-CH_2-CH \atop \!ClCl$$

$$\rightarrow R-CH_2-CH-CH_2-C-H + R-CH_2-CH-CH=CH$$
$$ClClClCl$$

(mit H am mittleren C-Atom)

2. Kettenübertragung von einem Polymer-radikal auf monomeres Vinylchlorid

$$R-CH_2-CH-CH_2-CH + CH_2=CHCl$$
$$ClCl$$

bzw.

$$R-CH_2-CH-CH_2-CH_2 + CH_2=CCl \qquad R-CH_2-CH-CH_2=CH + CH_3-CH$$
$$ClClClClCl$$

Es ist ersichtlich, daß beide Reaktionstypen zu Strukturen mit locker gebundenen Chloratomen führen. Weitere Gruppierungen mit geschwächter C-Cl-Bindung können bei der Startreaktion entstehen, bei der sich ein

---
[1] Plastics Progress **1953**, 50.
[2] Physical Chemistry of High Polymeres, Bd. 2, 2. Aufl. Interscience Publishers.

A. Der Hitzeabbau

Katalysatorradikal an ein Monomerenmolekül nach folgendem Schema anlagert:

$$\underset{R-C-O}{\overset{O}{\|}} + CH_2=\underset{}{\overset{Cl}{|}}CH \rightarrow \underset{R-C-O-CH_2-}{\overset{O}{\|}}\underset{}{\overset{Cl}{|}}CH$$

Die hierbei entstandene Estergruppe, die beim weiteren Polymerisationsvorgang in der wachsenden Polymerenkette verbleibt und nach Ablauf des Polymerisationsvorganges die Endgruppe des Makromoleküls bildet, läßt ebenfalls eine Schwächung der Bindung des benachbarten Chloratomes erwarten. Gruppierungen mit geringerer Bindungsfestigkeit des Chloratomes sind schließlich auch noch an den Ansatzstellen der Kettenverzweigungen zu erwarten. Diese weisen tertiäre C-Cl-Bindungen auf, die bekanntlich wesentlich weniger stabil als sekundäre C-Cl-Bindungen sind.

Der Einfluß der eben genannten Gruppierungen auf die Geschwindigkeit der thermischen Chlorwasserstoffabspaltung des Polyvinylchlorids ist von B. BAUM und L. H. WARTMAN[1] untersucht worden. BAUM und WARTMAN unterwarfen Polyvinylchlorid der milden Chlorierung, um die Wirkung der vorwiegend als Endgruppen auftretenden ungesättigten Gruppen zu eliminieren. Die Chlorwasserstoffabspaltung wurde hierdurch stark verringert, nicht jedoch vollständig unterdrückt. Dies spricht dafür, daß ungesättigte Endgruppen wesentliche Bedeutung für die Auslösung der Chlorwasserstoffabspaltung haben, nicht aber deren alleinige Ursache sind. Aus Ergebnissen von Ozonisierungsversuchen schlossen BAUM und WARTMAN, daß neben den ungesättigten Endgruppen vor allem die an den Verzweigungsstellen auftretenden tertiären Chloratome an der Einleitung der Chlorwasserstoffabspaltung beteiligt sind, wobei deren Bedeutung gegenüber den Endgruppen zumindest am Beginn des Zersetzungsvorganges stark zurücktritt. Mit der Anschauung von BAUM und WARTMAN, daß vorwiegend die Endgruppen für die Einleitung des Zersetzungsablaufes maßgebend sind, stehen ältere Befunde von M. IMOTO und T. OTSU[2] und E. J. ARLMAN[3] in Einklang, die gefunden haben, daß die Zersetzungsgeschwindigkeit dem Molekulargewicht des untersuchten Polyvinylchlorids umgekehrt proportional ist. Auch G. TALAMINI und G. PEZZIN[4] konnten diesen Effekt an Fraktionen eines Suspensions-Polyvinylchlorids, bei dem nach der Herstellung nur ein geringer Verzweigungsgrad zu erwarten war, bestätigen. Zweifel bestehen dagegen über die Rolle der in die Polymerenketten eingebauten Katalysatorreste. BAUM und WARTMAN[5] sind der Meinung, daß die in die Polymerenketten

---
[1] J. Polymer Sci. **28**, 537 (1958).
[2] J. Inst. Polytechn. Osaka **4 C**, 124, 269, 281 (1953).
[3] J. Polymer Sci. **12**, 547 (1954).   [4] Makromol. Chem. **39**, 26 (1960).
[5] J. Polymer Sci. **28**, 537 (1958).

eingebauten Katalysatorreste nicht als Ausgangspunkte für die Chlorwasserstoffabspaltung in Betracht kommen. Sie schließen dies daraus, daß eine Nachbehandlung unter hydrolysierenden Bedingungen, bei denen eine Abspaltung esterartig gebundener Katalysatorreste zu erwarten war, keine Stabilitätserhöhung des Polyvinylchlorids brachte. Demgegenüber haben S. G. BANKOFF und R. NORRIS SHREVE[1] und A. CITTADINI und R. PAOLILLO[2] gefunden, daß die Stabilität des Polyvinylchlorids in starkem Maße von dem bei der Herstellung verwendeten Radikalkatalysator abhängt. Auch R. R. STROMBERG, S. STRAUS und B. G. ACHHAMMER[3] konnten eine deutliche Abhängigkeit der Abbaugeschwindigkeit und der Aktivierungsenergie von der Art des zur Herstellung des Polyvinylchlorids verwendeten Katalysators feststellen. Es muß dabei allerdings im Auge behalten werden, daß die Auslösung der Abbaureaktion keineswegs nur durch chemisch eingebaute Katalysatorreste bedingt zu sein braucht. Es besteht vielmehr auch die Möglichkeit, daß unzersetzter Katalysator, der sich von der Herstellung in Spuren im Polymeren befindet, über einen Radikalzerfall die Chlorwasserstoffabspaltung auslöst, wie dies von D. E. WINKLER[4] diskutiert wurde. Im Sinne dieser Auffassung spricht, daß nach E. J. ARLMAN[5] und A. RIECHE, A. GRIMM und H. MÜCKE[6] der Zusatz von Radikalkatalysatoren eine starke Beschleunigung der Zersetzungsgeschwindigkeit zur Folge hat, während andererseits Radikalfänger den Zersetzungsablauf hemmen.

Der Mechanismus des thermischen Abbaues

Der Hitzeabbau des Polyvinylchlorids ist früher allgemein primär als eine durch Allylaktivierung bedingte thermische Chlorwasserstoffabspaltung aufgefaßt worden[7]. Man stellte sich vor, daß zunächst an einer Stelle des Polyvinylchloridmoleküls mit struktureller Unregelmäßigkeit, etwa einer Kettenverzweigung mit tertiärem Chloratom, Chlorwasserstoff abgespalten wird. Hierbei entsteht eine Doppelbindung mit einem hierzu in Allylstellung gebundenen Chloratom. Infolge der thermischen Instabilität dieser Gruppe spaltet sich das Chloratom zusammen mit dem Wasserstoffatom der benachbarten Methylengruppe als Chlorwasserstoff ab, wobei eine zweite Doppelbindung entsteht, die sich in Konjugation zu der zuerst gebildeten befindet. Die konjugierte Doppelbindung hat wiederum

---

[1] Ind. Engng. Chem. **45**, 270 (1953). [2] Chim. e Ind. **41**, 980 (1959)
[3] J. Polymer Sci. **35**, 355 (1959). [4] J. Polymer Sci. **35**, 3 (1959).
[5] J. Polymer Sci. **12**, 543 (1954). [6] Kunststoffe **52**, 265 (1962).
[7] MARVEL, C. S., u. E. C. HORNING in „Organic Chemistry an Advanced Treatise", herausgegeben von H. GILMAN, Band 1, S. 113, Wiley New York 1943; DRUESEDOW, D., u. C. F. GIBBS: Modern Plastics **30**, 123 (Juni 1953).

A. Der Hitzeabbau

eine Allylaktivierung des benachbarten Chloratoms zur Folge, so daß sich ein weiteres Molekül Chlorwasserstoff abspaltet. Dieses Spiel wiederholt sich nun in Form einer Reaktionskette, da die jeweils gebildete Doppelbindung die Abspaltung eines weiteren Chlorwasserstoffmoleküls ermöglicht. Beginnend an einigen Stellen mit locker gebundenem Halogen, pflanzt sich so die Chlorwasserstoffabspaltung reißverschlußartig unter Bildung eines Systems konjugierter Doppelbindungen fort, bis sie durch eine Abweichung in der Kettenstruktur, die durch Oxydation, Verzweigungen oder andere strukturelle Unregelmäßigkeiten bedingt sein kann, abgebrochen wird. Durch Sekundärreaktionen kommt es dann zur Ausbildung von Vernetzungen. Erfolgt der Abbau in Gegenwart von Sauerstoff, so können die Polyensysteme auch unter Bildung von Carboxylgruppen und Kettenspaltungen reagieren.

Gegen die Annahme einer durch Allylaktivierung bedingten thermischen Abspaltung von molekularem Chlorwasserstoff sind von verschiedenen Autoren Einwände erhoben worden. E. J. ARLMAN[1] hat darauf hingewiesen, daß Radikalkatalysatoren die Chlorwasserstoffabspaltung des Polyvinylchlorids stark beschleunigen, während Radikalfänger den Zersetzungsvorgang stark hemmen. Er hat dies mit der Annahme erklärt, daß die Chlorwasserstoffabspaltung über einen Radikalmechanismus verläuft. D. E. WINKLER[2] hat die große thermische Stabilität des Allylchlorids hervorgehoben und gegen die Annahme einer durch Allylaktivierung bedingten thermischen Abspaltung von molekularem Chlorwasserstoff eingewendet, daß hierbei mit zunehmender Anzahl von Doppelbindungen die Chlorwasserstoffabspaltung infolge Resonanzstabilisierung erschwert sein müßte. Er postuliert deshalb ebenfalls einen radikalischen Abbaumechanismus. Danach wird die Abbaureaktion durch freie Radikale eingeleitet, die sich aus Katalysatorrückständen oder als Folge von Oxydationsprozessen bilden. Ein derartiges Radikal greift an einer Methylengruppe des Polyvinylchloridmoleküls unter Entfernung eines Wasserstoffatoms und Bildung eines Makroradikals an. Dieses stabilisiert sich durch Abspaltung eines Chloratoms und Ausbildung einer Doppelbindung. Das Chloratom greift nun seinerseits eine Methylengruppe des Polyvinylchloridmoleküls an, wobei aus räumlichen Gründen der Angriff an der der bereits gebildeten Doppelbindung benachbarten Methylengruppe am wahrscheinlichsten ist. Es entsteht wiederum ein Makroradikal, das sich durch Abspaltung eines Chloratoms stabilisiert. Hierbei bildet sich eine weitere Doppelbindung, die zu der zuerst gebildeten in Konjugation steht. Diese Reaktion pflanzt sich in Form einer Kette fort, wobei unter Chlorwasserstoffabspaltung eine konjugierte Struk-

---

[1] J. Polymer Sci. **12**, 543, 547 (1954).
[2] J. Polymer Sci. **35**, 3 (1959).

186 VI. Die Alterungs- und Abbaueigenschaften des Polyvinylchlorids

tur entsteht. Formelmäßig läßt sich der Reaktionsverlauf wie folgt wiedergeben:

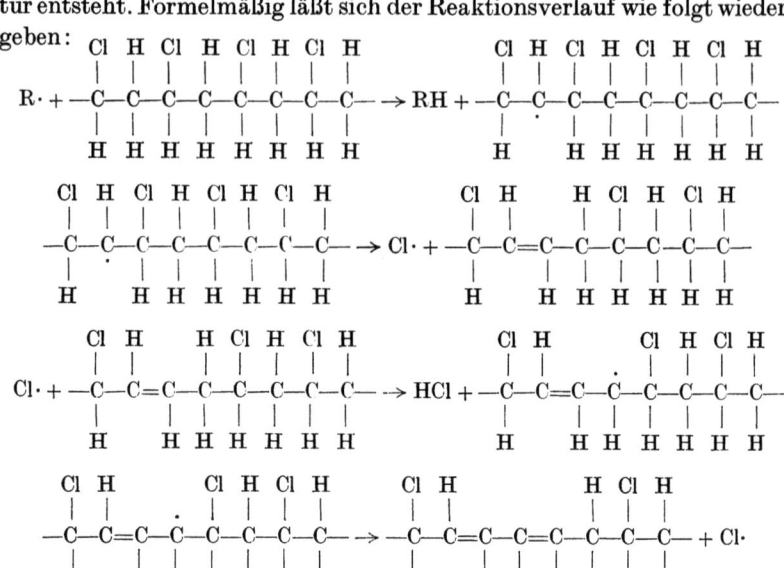

Für den Abbruch dieser Reaktionskette werden von WINKLER mehrere Mechanismen diskutiert. Der Abbruch kann durch Reaktion des Chloratoms mit einem Kohlenstoffatom, das Chlor und Wasserstoff gebunden enthält, oder durch Reaktion mit einem anderen Polyvinylchloridmolekül erfolgen. Weitere Möglichkeiten sind die Reaktion der Polyvinylchloridradikale mit einem Sauerstoffatom oder einem anderen Radikal. Für die Entstehung der beim Hitzeabbau auftretenden Vernetzungen und die in Gegenwart von Sauerstoff erfolgenden Kettenabspaltungen diskutiert WINKLER mehrere Mechanismen. Vernetzungen können durch Kombination zweier Makroradikale oder durch Addition eines Makroradikals an das konjugierte System eines bereits teilweise abgebauten Polyvinylchloridmoleküls entstehen. In letzterem Falle bildet sich ein neues Radikal, das den üblichen Radikalreaktionen unterliegt und sich beispielsweise durch Kombination mit einem anderen Radikal oder durch Abspaltung von Wasserstoff stabilisieren kann. Erfolgt der Abbau in Gegenwart von Sauerstoff, so ist die Bildung von Alkylperoxy- und Alkyloxyradikalen möglich, die sich ebenfalls an die konjugierten Doppelbindungen bereits abgebauter Moleküle anlagern können, wobei Vernetzungen über Peroxy- oder Äthergruppen entstehen. Reagieren die Alkylperoxy- oder Alkyloxyradikale dagegen nicht mit einem Radikal, sondern mit einem Wasserstoffdonor, so bilden sich unter Abspaltung eines Wasserstoffatoms Hydroperoxyde, die bei Energiezufuhr oder unter dem Einfluß eines Katalysators zerfallen und zur Spaltung der

A. Der Hitzeabbau

Kohlenstoffkette unter Ketonbildung führen. Formelmäßig lassen sich diese Mechanismen nach WINKLER wie folgt wiedergeben:

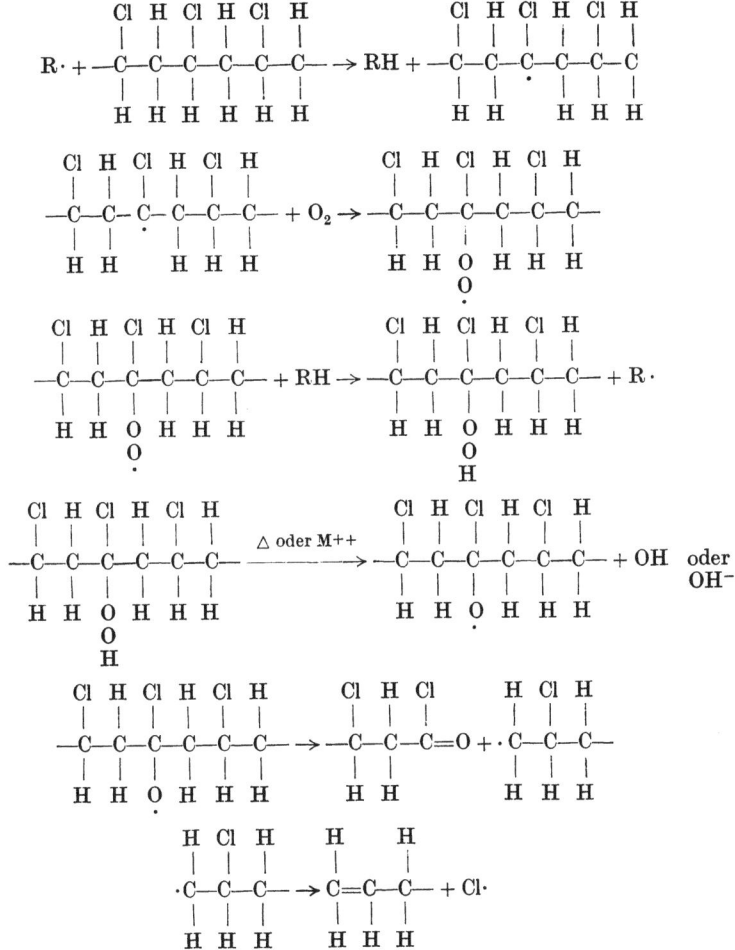

Wenn der Angriff an einer Methylengruppe erfolgte, ergibt sich nachstehendes Schema:

Auf Grund reaktionskinetischer Untersuchungen haben auch R. R. STROMBERG, S. STRAUS und B. G. ACHHAMMER[1] einen über freie Radikale

---

[1] J. Polymer Sci. **35**, 355 (1959).

VI. Die Alterungs- und Abbaueigenschaften des Polyvinylchlorids

ablaufenden Reaktionsmechanismus für die thermische Chlorwasserstoffabspaltung des Polyvinylchlorids vorgeschlagen. Nach STROMBERG, STRAUS und ACHHAMMER wird der Abbau durch Spaltung einer C-Cl-Bindung eingeleitet. Das dabei entstehende Chlorradikal entreißt der Methylengruppe eines Polyvinylchloridmoleküls ein Wasserstoffatom unter gleichzeitiger Bildung eines Polymerradikals. Dieses stabilisiert sich unter Ausbildung einer Doppelbindung und Abspaltung eines Chlorradikales, das die Radikalkette fortpflanzt. Im einzelnen werden folgende Reaktionsgleichungen angenommen:

Startreaktion:

$$\begin{array}{c} \text{H H H H} \\ |\ |\ |\ | \\ -\text{C}-\text{C}-\text{C}-\text{C}- \\ |\ |\ |\ | \\ \text{Cl H Cl H} \end{array} \rightarrow \begin{array}{c} \text{H H H H} \\ |\ |\ |\ | \\ -\text{C}-\text{C}-\overset{\cdot}{\text{C}}-\text{C}- \\ |\ |\ \ \ | \\ \text{Cl H}\ \ \ \text{H} \end{array} + \text{Cl}\cdot$$

Fortpflanzungsreaktion:

$$\begin{array}{c} \text{H H H H} \\ |\ |\ |\ | \\ -\text{C}-\text{C}-\text{C}-\text{C}- \\ |\ |\ |\ | \\ \text{H Cl H Cl} \end{array} + \text{Cl}\cdot \rightarrow \begin{array}{c} \text{H H H H} \\ |\ |\ |\ | \\ -\text{C}-\text{C}-\overset{\cdot}{\text{C}}-\text{C}- \\ |\ |\ \ \ | \\ \text{H Cl}\ \ \ \text{Cl} \end{array} + \text{HCl}$$

$$\begin{array}{c} \text{H H H H} \\ |\ |\ \ \ | \\ -\text{C}-\text{C}-\overset{\cdot}{\text{C}}-\text{C}- \\ |\ |\ \ \ | \\ \text{H Cl}\ \ \ \text{Cl} \end{array} \rightarrow \begin{array}{c} \text{H H H H} \\ |\ |\ \ \ \ \ | \\ -\text{C}-\text{C}=\text{C}-\text{C}- \\ |\ \ \ \ \ \ \ | \\ \text{H}\ \ \ \ \ \ \ \text{Cl} \end{array} + \text{Cl}\cdot$$

Abbruchreaktionen:

$$\text{Cl}\cdot + \text{Cl}\cdot \rightarrow \text{Cl}_2$$
$$\text{R}\cdot + \text{R}'\cdot \rightarrow \text{P}'$$
$$\text{R}\cdot + \text{Cl}\cdot \rightarrow \text{P}$$

Einen Radikalmechanismus für die thermische Chlorwasserstoffabspaltung des Polyvinylchlorids haben schließlich G. TALAMINI und G. PEZZIN[1] vorgeschlagen. Ihr Reaktionsschema ist dem von D. E. WINKLER angegebenen ähnlich, doch wird zur Erklärung der Abhängigkeit der Reaktionsgeschwindigkeit vom Molekulargewicht angenommen, daß die initiierenden Radikale durch Abspaltung von Katalysatorradikalen und Chloratomen aus den Endgruppen entstehen.

B. Der Lichtabbau des Polyvinylchlorids

In seiner Erscheinungsform ist der Lichtbau des Polyvinylchlorids vom Hitzeabbau deutlich verschieden. Während bei letzterem innerhalb kur-

---

[1] Makromol. Chem. **39**, 26 (1960).

zer Zeit beträchtliche Mengen an Chlorwasserstoff abgespalten werden, ist die Menge an freigesetztem Chlorwasserstoff bei Einwirkung von ultraviolettem Licht auf Polyvinylchlorid auch nach langer Einwirkungsdauer nur gering[1]. Dagegen ist der Einfluß auf die mechanischen Eigenschaften bei Lichteinwirkung viel stärker ausgeprägt als bei Hitzebeanspruchung. Dem Licht ausgesetzte Polyvinylchloridfolien zeigen eine mit der Zeit fortschreitende Minderung der Festigkeit und der Biegsamkeit sowie einen starken Anstieg der Sprödigkeit[2]. Demgegenüber ist der Abfall der Festigkeitswerte thermisch gealterter Folien nur gering. Der Unterschied zwischen Hitze- und Lichtabbau kommt auch in der Natur der beim Abbau nachweisbaren Reaktionsprodukte zum Ausdruck. Wie B. BAUM und L. H. WARTMAN[3] auf chemischem Wege durch Ozonisierungsversuche nachweisen konnten, kommt es beim Hitzeabbau des Polyvinylchlorids zur Bildung von Systemen mit konjugierten Doppelbindungen. Demgegenüber konnten Y. MINEMATU, N. KANBARA und T. YAMADA[4] bei der infrarotspektroskopischen Untersuchung von im Licht gealterten Polyvinylchloridfolien zwar Carbonylbanden, aber keine auf ein Polyensystem hindeutende Bande finden. Durch die Bestrahlung tritt eine starke Erniedrigung der Lösungsviskosität ein, während bei der thermischen Alterung eine Zunahme der Lösungsviskosität zu verzeichnen ist[5]. Von Interesse ist auch der Einfluß der thermischen Vorgeschichte auf den Lichtabbau und umgekehrt die Wirkung einer Bestrahlung auf den nachfolgenden thermischen Zerfall des Polyvinylchlorids. Wie D. DRUESEDOW und C. F. GIBBS[5] zeigen konnten, nimmt in der Hitze gealtertes Polyvinylchlorid beim nachfolgenden Bestrahlen bei Raumtemperatur wesentlich rascher Sauerstoff auf als thermisch nicht vorbehandeltes Polyvinylchlorid. Umgekehrt hat eine vorangegangene Bestrahlung eine wesentliche Beschleunigung der Chlorwasserstoffabspaltung beim nachfolgenden Erhitzen zur Folge.

Alle diese Befunde sprechen dafür, daß der Lichtabbau des Polyvinylchlorids unter atmosphärischen Bedingungen im Unterschied zum thermischen Abbau vorwiegend als Oxydationsvorgang aufzufassen ist. Ausgelöst wird dieser Vorgang nach D. E. WINKLER[6] wahrscheinlich durch Aufnahme eines Lichtquantes unter Spaltung einer C-Cl-Bindung. Daß derartige Spaltungsreaktionen möglich sind, ergibt sich aus energetischen Betrachtungen[7]. Die Dissoziationsenergie der C-Cl-Bindung im Methylchlorid wird auf 80,6 Kcal/Mol geschätzt, was einer zur Spaltung dieser

---

[1] DRUESEDOW, D., u. C. F. GIBBS: Modern Plastics **30**, 123 (Juni 1953).
[2] MACK, G. P.: Kunststoffe **43**, 94 (1953).   [3] J. Polymer Sci. **28**, 537 (1958).
[4] Chem. High Polymers Japan **17**, 713 (1960). – Referat Makromol. Chem. **43**, 166 (1961).
[5] DRUESEDOW, D., u. C. F. GIBBS: Modern Plastics **30**, 123 (Juni 1953).
[6] J. Polymer Sci. **35**, 3 (1959).   [7] JASCHING, W.: Kunststoffe **52**, 458 (1962).

Bindung erforderlichen Mindestwellenlänge von 355 mμ entspricht[1]. Da sich im Spektrum des Sonnenlichtes noch wesentlich kurzwelligere Strahlen befinden, ist eine Dissoziationsreaktion der angegebenen Art durchaus denkbar. Es ist allerdings zu berücksichtigen, daß nur ein geringer Teil der absorbierten Quanten zu einer Abspaltung von Chlorradikalen führen kann, da sich die aufgenommene Energie in den meisten Fällen in andere Energieformen umwandeln wird. Die photochemische Abspaltungsreaktion ist daher am wahrscheinlichsten an denjenigen Bindungen, deren Dissoziationsenergie am geringsten ist. Als solche kommen insbesondere C-Cl-Bindungen in Betracht, die sich benachbart zu Doppelbindungen oder Sauerstoffgruppen befinden. Die Tatsache, daß thermisch gealtertes Polyvinylchlorid besonders leicht dem Lichtabbau unterliegt, findet damit eine einleuchtende Erklärung, da es bei der thermischen Alterung zur Einführung aktivierender Gruppen in die Polyvinylchloridmoleküle kommt. Ist die Abbaureaktion durch photochemische Abspaltung eines Chlorradikales gestartet, so kann sich der weitere Reaktionsablauf nach dem auf S. 186ff. angegebenen Reaktionsschema fortpflanzen, wobei allerdings wegen der Anwesenheit von Sauerstoff Kettenspaltungen und die Oxydation zu Ketonverbindungen gegenüber der Ausbildung von Polyenstrukturen stark begünstigt sind. Wird die Lichtquelle entfernt, so kommt die Abbaureaktion zum Stillstand, da die aus photochemischen Sekundärprozessen entstehenden Radikale nicht ausreichen, um die Reaktion aufrecht zu erhalten.

C. Der Abbau des Polyvinylchlorids unter dem Einfluß ionisierender Strahlen

Dem Lichtabbau ist der Abbau unter dem Einfluß ionisierender Strahlen ähnlich[2]. Man findet daher auch hier bei Bestrahlung unter Luftausschluß Chlorwasserstoffentwicklung und das Auftreten einer intensiven Absorption im sichtbaren Spektralgebiet. Bei Bestrahlung in Gegenwart von Sauerstoff stehen dagegen ähnlich wie bei der Lichtalterung in Sauerstoffanwesenheit oxydative Vorgänge im Vordergrund.

Die Einwirkung ionisierender Strahlen auf Polyvinylchlorid führt zu Vernetzungen und Kettenspaltungen, wobei das relative Verhältnis zwischen beiden Reaktionen von den Reaktionsbedingungen und dem physikalischen Zustand der bestrahlten Probe abhängt. Wie sich aus Arbeiten von L. WUCKEL[3], S. NACHTIGALL[4] und L. WUCKEL und J. MORGEN-

---

[1] WALLING, CH.: ,,Free Radicals in Solution", Joh. Wiley & Sons Ltd., Inc., New York 1957.
[2] CHAPIRO, A.: J. Phys. Chim. **53**, 985 (1956).
[3] Isotopentechnik **1**, 112, 209 (1960/61); Naturwissenschaften **47**, 109 (1960).
[4] Naturwissenschaften **46**, 530 (1959).

C. Der Abbau des Polyvinylchlorids

STERN[1] ergibt, überwiegen bei Bestrahlung im Vakuum oder inerter Gasatmosphäre im allgemeinen Vernetzungsreaktionen. Nur bei pulverförmigen Präparaten ist hier bei geringen Strahlendosen eine stärkere Kettenspaltung zu verzeichnen, die sich in einem Abfall der Grenzviskosität äußert. In Gegenwart von Sauerstoff führt die Strahleneinwirkung an pulverförmigen Präparaten zu einem mit steigender Strahlendosis zunehmenden Abfall der Grenzviskosität, an massiven Zylindern dagegen zu einer nahezu linearen Zunahme der Grenzviskosität mit der Strahlendosis.

Wie bei der in Gegenwart von Sauerstoff ausgeführten thermischen oder photochemischen Alterung kommt es auch bei der Einwirkung von ionisierenden Strahlen auf Polyvinylchlorid bei Sauerstoffanwesenheit zu einem Einbau von Carbonylgruppen, die infrarotspektroskopisch nachgewiesen werden konnten[2]. Außerdem besteht eine weitere Parallele mit den zuerst genannten Abbauarten darin, daß Sauerstoff zu einer Beschleunigung der Chlorwasserstoffabspaltung führt.

Den Einfluß der Bestrahlung auf das dielektrische Verhalten von weichmacherfreiem und weichmacherhaltigem Polyvinylchlorid hat D. KIESSLING[3] untersucht. Es wurde gefunden, daß die Bestrahlung bei weichmacherfreiem Polyvinylchlorid zu einer Verschiebung des dielektrischen Dispersionsgebietes nach niedrigeren Temperaturen führt. Bei weichgemachtem Polyvinylchlorid trat dagegen eine Verschiebung des Maximums von $\tan \delta$ nach höheren Temperaturen auf. Diese Unterschiede werden von KIESSLING darauf zurückgeführt, daß die Strahleneinwirkung bei weichmacherfreiem Polyvinylchlorid infolge Chlorwasserstoffabspaltung zu einer Erhöhung der Beweglichkeit der Kettensegmente führt, während sich im weichgemachten Produkt die zwischenmolekularen Kräfte durch Beteiligung des Weichmachers an der Vernetzungsreaktion erhöhen.

Die intensive Verfärbung des unter Luftausschluß mit ionisierender Strahlung bestrahlten Polyvinylchlorids ist nach A. CHAPIRO[4] auf „eingefrorene" freie Radikale und durch Chlorwasserabspaltung gebildete konjugierte Doppelbindungen zurückzuführen. Der physikalische Nachweis für das Auftreten solcher Radikale konnte von A. A. MILLER[5] durch paramagnetische Resonanzmessungen erbracht werden. Es handelt sich hierbei sehr wahrscheinlich um Polymerenradikale, die durch photolytische Abspaltung von Chlor- oder Wasserstoffatomen entstehen. Gegen Sauerstoff sind diese Radikale sehr empfindlich, dagegen ist ihre Lebensdauer in inerter Gasatmosphäre recht erheblich. Wie Z. KURI, H. UEDA,

---

[1] Plaste u. Kautschuk **9**, 278 (1962).
[2] WUCKEL, L., u. J. MORGENSTERN: Plaste u. Kautschuk **9**, 278 (1962).
[3] Kolloid-Z. **176**, 119 (1961).   [4] J. phys. Chim. **53**, 895 (1956).
[5] J. physic. Chem. **63**, 1755 (1959).

S. SHIDA und K. SHINOHARA[1] zeigen konnten, liegt die Aktivierungsenergie der Rekominationsreaktion in der Größenordnung von 38 Kcal/Mol. Dieser Wert entspricht der Einfriertemperatur und deutet darauf hin, daß die Rekombination durch die Mikro-BROWNsche-Bewegung der Polymerensegmente bestimmt ist. Nach G. J. ATCHINSON[2] entstehen bei der Bestrahlung von Polyvinylchlorid mit ionisierenden Strahlen insgesamt drei Arten von Radikalen, die sich durch ihre Halbwertzeiten unterscheiden. Jedes dieser Radikale verschwindet nach B. R. LOY[3] in der Weise, daß während seiner Reaktionsdauer ein zwar verschiedenes, aber konstantes Verhältnis [HCl]/[R] entsteht. Chemische Reaktionen der strahlenchemisch erzeugten Polymerenradikale mit reaktiven Gasen haben Z. KURI, H. UEDA und S. SHIDA[4] untersucht.

Der Nachweis freier Radikale in dem mit ionisierender Strahlung bestrahlten Polyvinylchlorid führt zwangsläufig zur Annahme eines radikalischen Mechanismus für die sich an den radiochemischen Primärakt anschließenden Abbauvorgänge. Man kann daher die von D. E. WINKLER[5] und R. R. STROMBERG, S. STRAUS und B. G. ACHHAMMER[6] vorgeschlagenen Reaktionsschemata auch für den radiochemischen Abbau übernehmen, wobei allerdings eine größere Vielfalt dadurch bedingt sein dürfte, daß wegen der höheren Strahlungsenergie außer C-Cl-Bindungen auch andere Bindungen gespalten werden können. Wenn man von der von G. J. ATCHINSON[7] und B. R. LOY[8] festgestellten Anwesenheit von drei Radikalarten ausgeht, wären dann insgesamt drei Reaktionsschemata zu formulieren, die sich durch die radiochemische Startreaktion unterscheiden.

D. Die Abbau- und Alterungseigenschaften der Mischpolymerisate des Vinylchlorids

Über den Verlauf des Abbauvorganges bei Mischpolymerisaten sind wenige zahlenmäßige Angaben bekannt. J. J. P. STAUDINGER[9] fand bei einigen Mischpolymerisaten, daß sie bei allen Temperaturen rascher als Polyvinylchlorid Chlorwasserstoff abspalten. C. A. BRIGHTON[10] stellte bei der Untersuchung der Stabilität von Vinylchlorid-Vinylidenchlorid-

---

[1] J. Polymer Sci. **43**, 570 (1960).
[2] J. Polymer Sci. **49**, 385 (1961); in ähnlichem Sinne interpretieren OHNISHI, S., Y. IKEDA u. I. NITTA: Polymer **2**, 119 (1961) das paramagnetische Resonanzspektrum des mit γ-Strahlen bestrahlten Polyvinylchlorids.
[3] J. Polymer Sci. **50**, 245 (1961).
[4] J. Chem. Physics **32**, 371 (1960); J. appl Polymer Sci. **5**, 478 (1961).
[5] J. Polymer Sci. **35**, 3 (1959).   [6] J. Polymer Sci.
[7] J. Polymer Sci. **49**, 385 (1961).   [8] J. Polymer Sci. **50**, 245 (1961).
[9] Plastics Progress 1953.   [10] British Plastics **28**, 62 (1955).

Mischpolymerisaten verschiedener Zusammensetzung die aus Abb. 50 ersichtliche Zunahme der Chlorwasserstoffabspaltungsgeschwindigkeit mit dem Vinylidenchloridgehalt fest.

Ähnliche Erscheinungen wurden von K. THINIUS und R. SCHLIMPER[1] bei Vinylchlorid-Vinylacetat-Mischpolymerisaten beobachtet. Es ergab

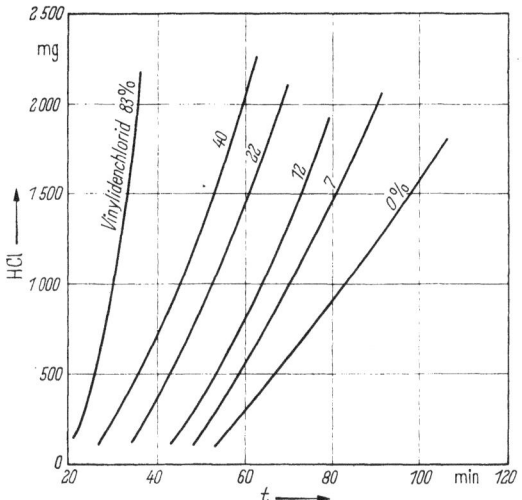

Abb. 50. Thermische Stabilität von Vinylchlorid-Vinylidenchlorid-Mischpolymerisaten bei 175 °C (Nach C. A. Brighton, British Plastics **28**, 62 [1955])

sich im Vergleich mit Polyvinylchlorid eine raschere thermische Säureabspaltung, und zwar sowohl der Gesamtsäure als auch der Salzsäure. Wie bei den Vinylchlorid-Vinylidenchlorid-Mischpolymerisaten wirkt sich auch bei den Vinylchlorid-Vinylacetat-Mischpolymerisaten die Erhöhung des Gehaltes an Comonomereneinheiten in einer zunehmenden Verringerung der thermischen Stabilität aus. Die gegenüber Polyvinylchlorid verringerte Stabilität ist jedoch nur von relativer Bedeutung, da die Mischpolymerisate infolge ihrer größeren Fließfähigkeit bei niedrigeren Temperaturen als Polyvinylchlorid verarbeitet werden können.

VII. Die Hilfsstoffe für die Verarbeitung des Polyvinylchlorids

Allgemeines. Polyvinylchlorid kommt nie allein, sondern stets zusammen mit Zusatz- oder Hilfsstoffen zur Verarbeitung. Dies wird einmal dadurch bedingt, daß Polyvinylchlorid bei den hohen, zur Formgebung erforderlichen Temperaturen unter Chlorwasserstoffabspaltung

---

[1] Plaste u. Kautschuk **9**, 165 (1962).

zersetzlich ist und daher der Zugabe stabilisierend wirkender Stoffe bedarf. Zum anderen hat das stabilisierte Polyvinylchlorid die Neigung, an den damit in Berührung kommenden erhitzten Teilen der beim Formgebungsvorgang verwendeten Maschinen anzukleben. Dies hat eine längere Verweilzeit in der heißen Zone zur Folge, wodurch die Gefahr entsteht, daß der Stabilisator verbraucht und der Abbau des Polyvinylchlorids eingeleitet wird. Um dies zu verhindern, ist die Zugabe von Gleitmitteln zu der zur Verarbeitung gelangenden Mischung unerläßlich. Weitere Zusatzstoffe ergeben sich aus dem Verwendungszweck des herzustellenden Erzeugnisses. Hier sind in erster Linie Farbstoffe und Pigmente zu nennen, die aus ästhetischen Gründen zugegeben werden, um den Gebrauchswert des hergestellten Endfabrikates zu erhöhen. Dazu kommen Füllstoffe, die man zwecks Kostenerniedrigung oder zur Erzielung besonderer Eigenschaften als Mischungskomponenten verwendet. In Sonderfällen ist außerdem die Anwendung spezieller Zusatzstoffe erforderlich, beispielsweise um Erzeugnisse mit antistatischen oder flammhemmenden Eigenschaften zu erhalten. Im Prinzip besteht die Verarbeitung des Polyvinylchlorids auf Harterzeugnisse daher darin, daß man zunächst aus dem Polymerisat und den Zusatzstoffen eine möglichst homogene Mischung herstellt, die dann plastifiziert und anschließend zu dem Halb- oder Endfabrikat verformt wird. Zwischen Plastifizierung und Formgebung kann auch eine Granulierung vorgenommen werden. Auf die zur Mischungsherstellung angewendete Technik und die Bauweise der zur Vermischung und Plastifizierung verwendeten Maschinen kann im Rahmen dieser Darstellung nicht näher eingegangen werden. Es sei lediglich vermerkt, daß die Mischungsherstellung bei der Hartverarbeitung sowohl diskontinuierlich als auch kontinuierlich erfolgen kann, wofür Mischer der verschiedensten Konstruktionen, wie Einmuldenmischer, Trommelmischer u. dgl. und Einfach- und Doppelschnecken, in reicher Auswahl zur Verfügung stehen[1].

Werden Polyvinylchloriderzeugnisse mit elastischen, weichgummiartigen Eigenschaften gewünscht, so erfolgt die Verarbeitung zusammen mit Weichmachungsmitteln. Auch in diesem Falle wird zunächst durch einen Mischvorgang eine möglichst einheitliche Dispergierung der verschiedenen Zusatzstoffe im Polymerisat herbeigeführt, worauf sich die Bildung einer homogenen Masse durch Gelierung anschließt. Die Vermischung selbst wird gewöhnlich in der Weise vorgenommen, daß man das pulverförmige Polymerisat mit den übrigen Mischungsbestandteilen zunächst bei Raumtemperatur mischt. Anschließend plastifiziert man die Mischung entweder mit Hilfe eines Mischwalzwerkes, Kneters oder Extruders und stellt Granulat her, oder man arbeitet nach dem „Dry-

---

[1] Vgl. AESCHBACH, J.: Kunststoffe **47**, 247 (1957).

blend"-Verfahren. Für letzteres sind Polyvinylchloridsorten erforderlich, die über eine grobe, poröse Körnung verfügen und daher den Weichmacher leicht aufnehmen, ohne daß es zur Bildung teigartiger Massen kommt. Die nach dem ,,Dry-blend"-Verfahren durch Mischen und Erhitzen erhaltenen grobkörnigen, trockenen Pulver können dann unmittelbar oder nach Vorgelierung und anschließender Zerkleinerung verarbeitet werden.

A. Die Stabilisatoren

1. Der Einfluß der Stabilisatoren auf den thermischen Abbau des Polyvinylchlorids

Der Einfluß von Stabilisierungsmitteln auf die Geschwindigkeit der Chlorwasserstoffabspaltung von erhitztem Polyvinylchlorid ist verschiedentlich untersucht worden. D. DRUESEDOW und C. F. GIBBS[1], L. H. WARTMAN[2] und A. RIECHE, A. GRIMM und H. MÜCKE[3] bedienten sich hierzu der analytischen Bestimmung des abgespaltenen Chlorwasserstoffes. A. HARTMANN[4] und J. NOVÁK[5] verfolgten den Zersetzungsablauf konduktometrisch. Aus den Untersuchungen ergibt sich übereinstimmend, daß der Zusatz von Stabilisatoren zu einer Verzögerung der Chlorwasserstoffabspaltung führt. Man erhält bei analytischer Bestimmung des aus der erhitzten Probe austretenden Chlorwasserstoffes eine Induktionsperiode, deren Länge von der Konzentration und der Art des Stabilisators abhängig ist. Erst nach Ablauf dieser Induktionsperiode wird Chlorwasserstoff nachweisbar, der nunmehr mit einer Geschwindigkeit austritt, die je nach dem verwendeten Stabilisator gleich, kleiner, unter Umständen aber auch größer als bei der unstabilisierten Probe ist. Zur Veranschaulichung sind in den Abb. 51 bis 62 einige von A. RIECHE, A. GRIMM und H. MÜCKE[6] stammenden Meßkurven wiedergegeben, die den zeitlichen Verlauf der thermischen Chlorwasserstoffabspaltung des Polyvinylchlorids in Gegenwart von Stabilisatoren erkennen lassen.

Die Meßkurven der Abb. 51 bis 54 zeigen die Zunahme der Induktionsperiode mit steigender Stabilisatorkonzentration am Beispiel von Bleistearat und Glycidylphenyläther als Stabilisatoren. Aus den Meßkurven der Abb. 55 bis 62 ist die Abhängigkeit der Induktionsperiode von strukturellen Einflüssen bei einigen Organozinnstabilisatoren ersichtlich. Ähnliche Erscheinungen haben auch andere Autoren beobachtet. L. H. WARTMAN[7] fand bei der Untersuchung von Metallstearaten, daß die Dauer der Induktionsperiode bei Anwendung gleicher Stabilisatormengen in der

---

[1] Modern Plastics **30**, 123 (Juni 1953). [2] Ind. Engng. Chem. **47**, 1013 (1955).
[3] Kunststoffe **52**, 398 (1962). [4] Kolloid-Z. **139**, 146 (1954).
[5] Kunststoffe **50**, 293 (1960); **51**, 713 (1961); **52**, 270 (1962).
[6] Kunststoffe **52**, 398 (1962). [7] Ind. Engng. Chem. **47**, 1013 (1955).

VII. Die Hilfsstoffe für die Verarbeitung des Polyvinylchlorids

Reihenfolge Calciumstearat, Cadmiumstearat, zweibasisches Bleisulfat zunimmt. W. JASCHING[1] stellte bei verschiedenen Dibutylzinnverbin-

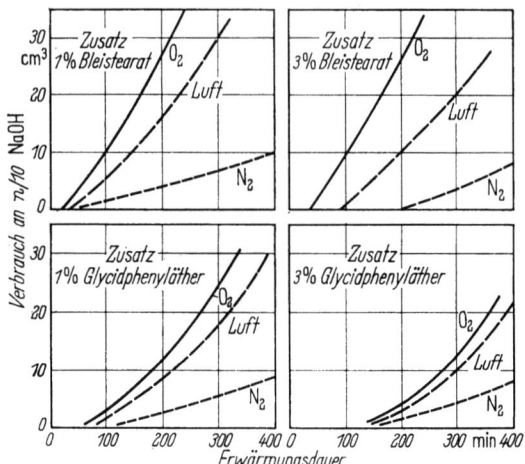

Abb. 51 bis 54. Verlauf der HCl-Abspaltung bei Suspensions-PVC bei 170 °C in Gegenwart von 1% und 3% Bleistearat und Glycidäther. (Nach A. RIECHE, A. Grimm u. H. MÜCKE, Kunststoffe **52**, 398 [1962])

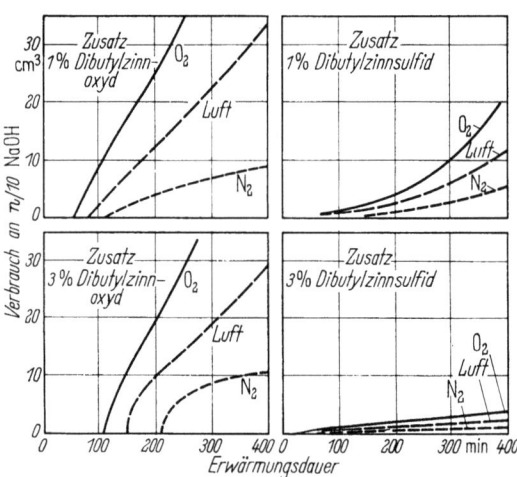

Abb. 55 bis 58. Verlauf der HCl-Abspaltung von Suspensions-PVC bei 170 °C in Gegenwart von 1% und 3% Dibutylzinnoxyd und Dibutylzinnsulfid. (Nach A. RIECHE, A. GRIMM u. H. MÜCKE, Kunststoffe **52**, 398 [1962])

dungen eine Zunahme der Induktionsperiode in der Reihenfolge substituiertes Maleinat, Maleinat, Laurat, Mercaptid fest. Bei einer Unter-

---

[1] Kunststoffe **52**, 458 (1962).

suchung zahlreicher Organozinnmercaptide mit jeweils gleichem Mercaptidrest, jedoch verschiedenen Alkyl- und Arylresten, ergab sich da-

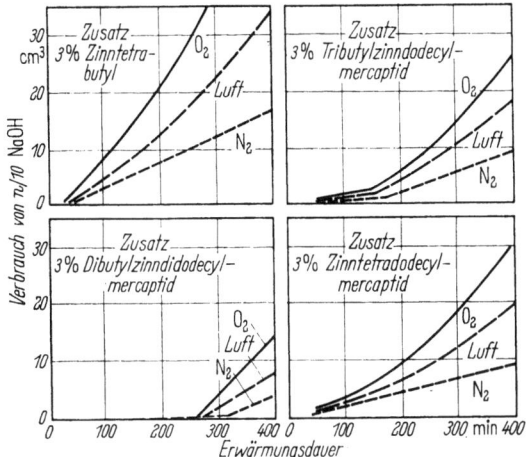

Abb. 59 bis 62. Wirkung von verschiedenen Organozinnverbindungen auf die HCl-Abspaltung von Suspensions-PVC bei 170 °C. (Nach A. RIECHE, A. GRIMM u. H. MÜCKE, Kunststoffe **52**, 398 [1962])

gegen nur ein geringer Einfluß der Alkyl- bzw. Arylgruppe auf die Induktionsperiode.

Die verzögernde Wirkung der Stabilisatoren auf die beim Hitzeabbau auftretende Farbbildung ist gleichfalls wiederholt untersucht worden. L. H. WARTMAN[1] zeigte, daß die Fähigkeit einer Substanz, als Chlorwasserstoffakzeptor zu wirken, keineswegs mit einer nennenswerten Eignung als Farbstabilisator verbunden zu sein braucht. Ein Beispiel hierfür sind Barium- und Cadmiumlaurat[2]. Diese Verbindungen unterscheiden sich nur wenig in ihrer Wirkung auf die thermische Chlorwasserstoffabspaltung. Dagegen ist ihr Einfluß auf die Farbbildung sehr unterschiedlich. Bei Bariumlaurat setzt die Verfärbung rasch ein und vertieft sich allmählich nach Dunkelbraun. Bei Cadmiumlaurat bleibt die Probe zunächst klar, um dann nach kürzerer Zeit als bei Zusatz von Bariumlaurat nahezu unvermittelt nach Dunkelbraun umzuschlagen. Bariumlaurat ist daher als Langzeit-, Cadmiumlaurat dagegen als Kurzzeitstabilisator aufzufassen.

Die verzögernde Wirkung eines Stabilisators auf den thermischen Abbau des Polyvinylchlorids wird naturgemäß auch durch die anderen bei der Verarbeitung zugegebenen Hilfsstoffe beeinflußt. Zur Veranschau-

---

[1] Ind. Engng. Chem. **47**, 1013 (1955).
[2] DYSON, G. M., J. A. HORROCKS u. A. M. FERNLEY: Plastics **26**, 124 (Okt. 1961).

lichung hierfür mögen die in Abb. 63 wiedergegebenen Meßkurven dienen, die einer Untersuchung von K. THINIUS, R. SCHLIMPER und D. WEICHERT[1] über den Abbau des Polyvinylchlorids durch Zinkseifen in Gegenwart von Weichmachern entnommen sind. Die Meßkurven lassen den

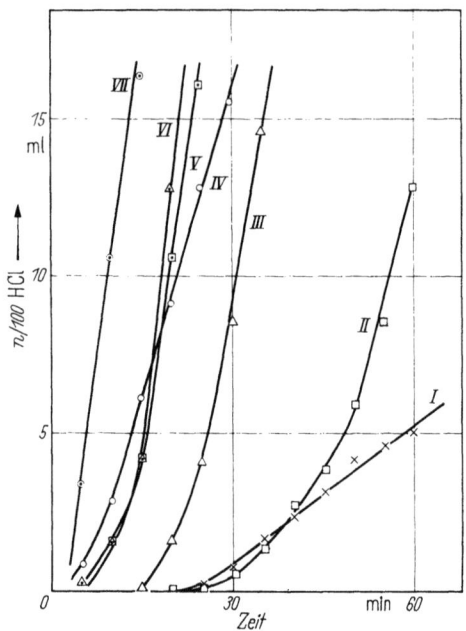

Abb. 63. Thermische Zersetzung von Polyvinylchlorid-Weichmacher (60/40) bei 170 °C. (Nach K. THINIUS, R. SCHLIMPER u. D. WEICHERT, Plaste u. Kautschuk **9**, 519 [1962])

I Triäthylhexylphosphat und 2% Zinkoctoat; *II* Trikresylphosphat + 2% Zinkoctoat; *III* Diglykol-Dikresyläther und 2% Zinkoctoat; *IV* Sebacinsäuredioctylester und 2% Zinkoctoat; *V* Thiodipropionsäuredioctylester und 2% Zinkoctoat; *VI* Dioctylphthalat und 2% Zinkoctoat; *VII* Paraffinsulfonsäurekresylester und 2% Zinkoctoat

großen Einfluß, den der Weichmacher auf die Geschwindigkeit des thermischen Abbaues ausübt, deutlich erkennen. Es ist auffällig, daß die Chlorwasserstoffabspaltung bei den beiden untersuchten Phosphatweichmachern am langsamsten verläuft, während Dioctylphthalat und der Kresylsulfonsäureester die schlechtesten Werte liefern.

2. Der Einfluß der Stabilisatoren auf die Wetterbeständigkeit des Polyvinylchlorids

Der Einfluß von Stabilisatoren auf die Wetterfestigkeit des Polyvinylchlorids ist an weichgemachten Massen untersucht worden. W. BIRNTHALER und G. FALK[2] fanden hierbei, daß offenbar eine Parallelität zwischen dem thermischen Stabilisierungsvermögen und der Herabsetzung

---

[1] Plaste u. Kautschuk **9**, 519 (1962).   [2] Kunststoffe **49**, 439 (1959).

A. Die Stabilisatoren 199

der Wetterempfindlichkeit besteht. Von den untersuchten Stabilisatoren ergaben Bleiverbindungen die größten Effekte, und zwar wurde folgende Reihenfolge der Wirksamkeit gefunden:

dreibasisches Bleisulfat (höchste Wirksamkeit),
zweibasisches Bleiphosphit,
Bleicarbonat.

Bei den untersuchten organischen Verbindungen von Zinn, Barium und Cadmium wurde die optimale Dosierung bei 2, höchstens 3% (bezogen auf die Gesamtmischung) gefunden. Eingehende Untersuchungen über die Wetterbeständigkeit stabilisierter Weichpolyvinylchloridfolien in Abhängigkeit von Belichtungswinkel, Foliendicke und Art und Menge des Weichmachers haben J. R. DARBY und P. R. GRAHAM[1] ausgeführt. Es ergab sich hierbei, daß horizontal angeordnete Folien am stärksten, vertikal angeordnete am wenigsten unter den Witterungseinflüssen leiden. Der Einfluß der Schichtdicke auf die Wetterbeständigkeit ist von der Art des Weichmachers abhängig. Bei einigen Weichmachern konnte eine Zunahme, bei anderen Weichmachern dagegen eine Abnahme der Wetterfestigkeit mit der Schichtdicke beobachtet werden. Hinsichtlich der Weichmacherkonzentration lag das Optimum an Wetterfestigkeit bei einem Weichmachergehalt von 35···45 Gewichtsteilen. Von den untersuchten Stabilisatoren waren Ba:Cd-Verbindungen und Epoxyverbindungen allein und im Gemisch nur von geringem Einfluß auf die Wetterbeständigkeit. Auch ein Zusatz von 2-Oxy-4-methoxybenzophenon brachte nur eine geringe Verbesserung. Als wesentlich wirksamer erwies sich dagegen Triphenylphosphit. Die besten Resultate wurden mit Gemischen von Triphenylphosphit und 2-Oxy-4-methoxybenzophenon erzielt.

Die Wetterbeständigkeit des stabilisierten Polyvinylchlorids wird selbstverständlich auch durch die anderen, neben Stabilisatoren zugesetzten Mischungskomponenten beeinflußt. Zahlenmäßige Angaben hierüber haben J. G. HENDRICKS und E. L. WHITE[2] und J. B. DE COSTE und V. T. WALLDER[3] mitgeteilt, die den Einfluß mehrerer Weichmacher und Füllstoffe auf die Wetterbeständigkeit untersuchten. Die besten Ergebnisse wurden mit feinteiligem Ruß und Titandioxyd erzielt, die eine optische Abschirmwirkung entfalten. Von den Weichmachern erwies sich 2-Äthyl-hexylphthalat am günstigsten, während Phosphorsäureester und chlorierte Kohlenwasserstoffe eine geringe Wetterbeständigkeit ergaben. Über den Einfluß zahlreicher UV-Absorber auf die Wetterfestig-

---

[1] Modern Plastics S. 148 (Januar 1962).
[2] Ind. Engng. Chem. **43**, 2335 (1951); Wire and Wire Products **27**, 1053 (1952).
[3] Ind. Engng. Chem. **47**, 314 (1955).

keit und Lichtechtheit von flächigen Weich-Polyvinylchlorid-Erzeugnissen hat H. STRELLER[1] berichtet.

3. Der Mechanismus der Stabilisierung

Trotz der großen wirtschaftlichen und technischen Bedeutung der Stabilisierung des Polyvinylchlorids ist über den Wirkungsmechanismus der Stabilisatoren bisher verhältnismäßig wenig bekannt. Dies mag einerseits daran liegen, daß der Abbau des Polyvinylchlorids ein komplexer und noch keineswegs vollständig geklärter Vorgang ist. Andererseits erschwert die Fülle der als Stabilisatoren vorgeschlagenen und verwendeten Substanzen das Verständnis des Stabilisationsvorganges, da schwer einzusehen ist, daß alle diese in ihrer chemischen Konstitution oft erheblich voneinander abweichenden Verbindungen nach dem gleichen Mechanismus wirken können.

Die ersten Versuche, den Wirkungsmechanismus der Stabilisierung zu erklären, gingen von der Beobachtung aus, daß zahlreiche als Stabilisatoren wirkende Substanzen Chlorwasserstoffakzeptoren sind. Man stellte sich daher vor, daß die Stabilisierung auf die Bindung des beim Zersetzungsvorgang freiwerdenden Chlorwasserstoffes zurückzuführen sei. Hierbei wurde von der Annahme ausgegangen, daß Chlorwasserstoff die Abspaltung weiteren Chlorwasserstoffes autokatalytisch begünstige. Diese Erklärung der Stabilisatorwirksamkeit hat an Überzeugungskraft verloren, nachdem D. DRUESEDOW und C. F. GIBBS[2] und E. J. ARLMAN[3] zeigen konnten, daß Chlorwasserstoff keinen direkten autokatalytischen Einfluß auf die weitere Chlorwasserstoffabspaltung beim Hitzeabbau des Polyvinylchlorids hat. Trotzdem dürfte in ihr ein richtiger Kern stecken, da der sich bei höheren Temperaturen entwickelnde Chlorwasserstoff zweifellos Anlaß zu Nebenreaktionen geben kann, die ihrerseits den weiteren Zersetzungsvorgang beschleunigen. So besteht nach E. J. ARLMAN[3] die Möglichkeit, daß bei erhöhten Temperaturen sich abspaltender Chlorwasserstoff mit Eisenteilen unter Bildung von Eisen-III-chlorid reagiert, das ein wirkungsvoller Dehydrochlorierungskatalysator für Polyvinylchlorid ist. Auch können unter dem Einfluß von Chlorwasserstoff Peroxydgruppen in Radikale zerfallen, die ihrerseits den weiteren Abbau herbeiführen. Man kann daher sagen, daß eine Chlorwasserstoffbindung bei der Stabilisierung zweifellos in hohem Maße erwünscht ist. Ihr kommt aber, wie dies von A. RIECHE, A. GRIMM und H. MÜCKE[4] formuliert wurde, nur symptomatische Wirkung zu, da die eigentlichen Ursachen des Hitzeabbaues durch die Chlorwasserstoffbindung nicht beseitigt werden.

---

[1] Plaste u. Kautschuk **9**, 520 (1962). [2] Modern Plastics **30**, 123 (Juni 1953).
[3] J. Polymer Sci. **12**, 543 (1954). [4] Kunststoffe **52**, 398 (1962).

A. Die Stabilisatoren

Abgesehen von der soeben erwähnten Theorie sind zahlreiche andere Deutungsversuche zur Erklärung des Stabilisierungsvorganges unternommen worden. D. DRUESEDOW und C. F. GIBBS[1] haben die Wirkung der als Stabilisatoren verwendeten Schwermetallsalze damit erklärt, daß diese als Katalysatoren für die oxydative Zerstörung der beim Hitzeabbau entstehenden chromophoren Polyensysteme wirken. Eine ähnliche Ansicht hat auch G. P. MACK[2] geäußert. V. WARREN FOX, J. G. HENDRICKS und H. J. RATTI[3] diskutierten die Möglichkeit einer modifizierten Diensynthese zwischen Stabilisator und den intermediär aus den Polyvinylchloridmolekülen durch Chlorwasserstoffabspaltung entstehenden Polyensystemen.

Der neuerdings von mehreren Autoren diskutierte Radikalmechanismus für den Abbau des Polyvinylchlorids legt es nahe, die Ursache für die Wirksamkeit der Stabilisatoren in ihrer Eignung zu erblicken, in die beim Zerfall auftretenden Radikalketten einzugreifen. Experimentelle Hinweise für die Richtigkeit dieser Annahme sind verschiedentlich erbracht worden. A. S. KENYON[4] fand bei der Bestrahlung von Polyvinylchlorid in Gegenwart von Dibutylzinndiacetat, dessen Butylgruppe mit C^{14} markiert war, daß sich hierbei Butylgruppen an das Makromolekül anlagern. Er erklärte diesen Befund damit, daß Dibutylzinndiacetat als Radikalfänger für die beim Abbau aus Polyvinylchlorid auftretenden Makroradikale wirkt, wobei nachstehendes Reaktionsschema anzunehmen ist:

$$R\cdot + (C_4H_9)_2 Sn(OAc)_2 \rightarrow RC_4H_9 + C_4H_9Sn(OAc)_2$$

Weitere Anhaltspunkte für die Eignung von Stabilisatoren, Radikalketten abzubrechen, haben Modellversuche von D. E. WINKLER[5] gebracht. WINKLER untersuchte den Einfluß verschiedener Substanzen, die als Stabilisatoren für Polyvinylchlorid wirksam sind, auf den in Gegenwart von Metallionen verlaufenden Zerfall von tert.-Butylhydroperoxyd. Bei allen untersuchten Substanzen wurde eine starke Hemmung der Zersetzung des Peroxyds beobachtet, wobei die Wirksamkeit in der Reihenfolge Epoxyverbindung, Cadmiumseife, Dibutylzinndilaurat zunahm. Ein Gemisch von Epoxyverbindung und Cadmiumseife erwies sich als wirksamer als die Einzelkomponenten und kam in seiner Wirkung Dibutylzinndilaurat sehr nahe. Nachdem bekannt ist, daß mit Metallionen katalysierter Peroxydzerfall über einen Radikalmechanismus verläuft, dürfte die hemmende Wirkung der untersuchten Substanzen auf den Peroxydzerfall in einem Radikalabfang zu erblicken sein. WINKLER

---

[1] Modern Plastics **30**, 123 (Juni 1953).   [2] Modern Plastics **31**, Nr. 3, 150 (1953).
[3] Ind. Engng. Chem. **41**, 1774 (1949).
[4] National Bureau of Standards Circular **525**, 81 (1953).
[5] J. Polymer Sci. **35**, 3 (1959).

nimmt daher an, daß die untersuchten Substanzen auch beim Zersetzungsvorgang des Polyvinylchlorids Radikalketten abbrechen und dadurch stabilisierend wirken.

Weitere theoretische Vorstellungen über die Wirkungsweise der Stabilisatoren sind von CH. H. FUCHSMAN[1] entwickelt worden. FUCHSMAN nimmt für den thermischen Zersetzungsvorgang des Polyvinylchlorids ebenfalls einen radikalischen Mechanismus an. Dieser soll sich wie folgt abspielen: Aus Polyvinylchlorid spaltet sich bei erhöhter Temperatur ein Chlor- oder Wasserstoffatom ab. Dieses benötigt zur Chlorwasserstoffbildung ein weiteres Atom, das es entweder dem gleichen oder einem benachbarten Polyvinylchloridmolekül entreißen kann. Erfolgt die Abspaltung des zweiten Atoms von dem im gleichen Molekül benachbarten Kohlenstoffatom, so bildet sich eine chromophore Doppelbindung. Erfolgt die Abspaltung dagegen an einem zweiten Molekül, kann es zu einer Vernetzung kommen, die ohne Einfluß auf die Farbe der Substanz ist. Ausgehend von der Annahme, daß für die Färbung des thermisch abgebauten Polyvinylchlorids Polyensysteme maßgebend sind, sieht FUCHSMAN die Wirkung des Stabilisators nun darin, daß dieser die intermolekulare Chlorwasserstoffabspaltung gegenüber der von benachbarten Kohlenstoffatomen erfolgenden begünstigt. Ein guter Stabilisator fördert daher nach dieser Theorie die Bildung von Vernetzungen, wodurch die Entstehung chromophorer Polyensysteme durch Zwischenschaltung tertiärer Kohlenstoffatome blockiert wird.

In einer späteren Arbeit hat CH. H. FUCHSMAN[2] seine Theorie durch experimentelle Angaben zu stützen versucht. Er erhitzte Polyvinylchloridplastisole, denen verschiedene Stabilisatoren beigemischt waren, und untersuchte das Quellvermögen der gealterten Proben. Es zeigte sich, daß die verwendeten Stabilisatoren das Quellvermögen in sehr unterschiedlichem Maße beeinflussen. Von den untersuchten Metallverbindungen gaben nur Zinkverbindungen eine starke Herabsetzung des Quellvermögens, während Barium-, Cadmium-, Blei- und Organozinnverbindungen von geringem Einfluß waren. Phenole und Phosphite veränderten die Quelleigenschaften ebenfalls wenig. Amine führten dagegen im allgemeinen zu einer starken Verminderung des Quellvermögens. Nimmt man an, daß die Verminderung des Quellvermögens auf Vernetzungen zurückzuführen ist, so läßt sich verallgemeinernd sagen, daß Zinkverbindungen und Amine die Vernetzung stark, die anderen Verbindungen dagegen nur schwach begünstigen. Weitergehende Schlußfolgerungen, etwa im Sinne einer Bestätigung der von FUCHSMAN aufgestellten Theorie über die Wirkungsweise von Stabilisatoren, dürften aus den mitgeteilten Ergebnissen der Quellversuche dagegen nicht zu ziehen sein.

---

[1] SPE-Journal **15**, 787 (1959). [2] SPE-Journal **17**, 590 (1961).

Andere Vorstellungen über die Wirkungsweise von Stabilisatoren hat J. Novák[1] entwickelt. Novák geht von der Beobachtung aus, daß Farbbildung und Chlorwasserstoffabspaltung bei der Zersetzung des Polyvinylchlorids keineswegs parallel gehen, wie dies nach der Polyentheorie zu erwarten wäre. Nach seiner Auffassung sind daher nicht Polyensysteme, sondern beim Zersetzungsvorgang entstandene kolloide Kohlenstoffteilchen für die Färbung des gealterten Polyvinylchlorids verantwortlich, die nach folgendem Reaktionsschema entstehen sollen:

$$R-\underset{\underset{Cl}{|}}{C}=CH_2 \rightarrow R-C\equiv CH + HCl$$

$$R-C\equiv CH + O \rightarrow 2C + ROH$$

Eine wichtige Aufgabe des Stabilisators besteht deshalb nach Novák darin, diese an den Endgruppen einsetzende Zersetzungsreaktion zu inhibieren. Dies kann sowohl durch Radikale als auch durch Salzbildung erfolgen, wofür die nachstehenden Reaktionsgleichungen angegeben werden:

$$R-\underset{\underset{Cl}{|}}{C}=\underset{\underset{H}{|}}{C}-H + (C_4H_9)_2Sn(OAc)_2 \xrightarrow{h\gamma} R-\underset{\underset{C_4H_9}{|}}{C}=\underset{\underset{H}{|}}{C}-H + C_4H_9 \cdot \underset{\underset{Cl}{|}}{Sn(OAc)_2} \quad (1)$$

$$R-\underset{\underset{Cl}{|}}{C}=\underset{\underset{H}{|}}{C}-H \xrightarrow{h\gamma} R-C\equiv CH + HCl$$

$$2R-C\equiv CH + 2PbO + 2HCl \rightarrow PbCl_2 + 2H_2O + \begin{matrix} R-C\equiv C \\ R-C\equiv C \end{matrix}\!\!\!>\!Pb \quad (2)$$

Die nach Gl. (2) gebildeten Acetylide sind nur in alkalischem Medium beständig. In saurem Milieu werden sie dagegen gespalten, wobei die freiwerdende Acetylengruppe dem oxydativen Angriff ausgesetzt wird, der zur Bildung von Kohlenstoff führen kann.

Eine weitere Erklärungsmöglichkeit für die Wirkungsweise der Stabilisatoren haben die Arbeiten von A. H. Freye und R. W. Horst[2] gebracht. Diese Autoren konnten durch Untersuchung der Infrarotspektren von Polyvinylchloridfolien, die Zusätze an 2-Äthylhexanoaten des Bariums, Cadmiums und Zinks enthielten, den Nachweis führen, daß sich bei Hitzeeinwirkung im Polyvinylchlorid Estergruppen bilden. Bei Verwendung radioaktiv markierter Metallcarboxylate wurde gefunden, daß die Radioaktivität nach Hitzebehandlung auch nach sorgfältiger Extraktion im Polymeren verbleibt. Freye und Horst deuten diese Befunde damit, daß die Metallsalze mit labilen Chloratomen des Polyvinyl-

---

[1] Kunststoffe **52**, 269 (1962).   [2] Polymer Sci. **40**, 419 (1959); **45**, 1 (1960).

chlorids gemäß nachstehender Gleichung unter Umesterung reagieren:

$$\left(C_7H_{15}\overset{O}{\underset{\|}{C}}-O\right)_2 M + \overset{\overset{|}{-C-}}{\underset{\underset{|}{-C-}}{CH}}-Cl \rightarrow C_7H_{15}\overset{O}{\underset{\|}{C}}-O-\overset{\overset{|}{-C-}}{\underset{\underset{|}{-C-}}{CH}} + C_7H_{15}\overset{O}{\underset{\|}{C}}-O-MCl$$

Die stabilisierende Wirkung der genannten Metallsalze wird danach wenigstens teilweise auf diese Umesterungsreaktion zurückgeführt und damit erklärt, daß die Abspaltung der Carbonsäure eine höhere Aktivierungsenergie erfordert als die des Chlorwasserstoffes.

4. Die Wirkung der Lichtstabilisatoren

Während die Wirkung der Hitzestabilisatoren auf einem Eingriff in die sich beim thermischen Abbau des Polyvinylchlorids abspielenden chemischen Reaktionen beruht, ist die Wirkung der als Lichtstabilisatoren verwendeten UV-Absorber[1] auf einen physikalischen Vorgang zurückzuführen. Dieser besteht in der Absorption der das Polyvinylchlorid zerstörenden Lichtquanten und deren anschließenden Umwandlung in unschädliche Energieformen. Die Funktion dieser Lichtstabilisatoren ist daher die eines optischen Filters. Damit eine Verbindung diese Funktion erfüllen kann, muß ihr Absorptionsmaximum im ultravioletten Spektralgebiet in dem für Polyvinylchlorid kritischen Bereich um 300 mμ liegen. Außerdem darf die aufgenommene Strahlungsenergie nicht in Form einer Fluoreszenzstrahlung abgegeben werden, da sich sonst die Gefahr einer Photosensibilisierung ergäbe. Bei den hauptsächlich als UV-Absorber in Betracht kommenden Substanzen sind diese Voraussetzungen erfüllt. Es handelt sich bei diesen meist um Verbindungen, die in die Gruppe der 2-Oxybenzophenonderivate (I), der Salicylsäureester (II) und der 2-Oxyphenylbenztriazole (III) fallen:

I   II

---

[1] Wegen UV-Absorber vgl GYSLING, H., u. H. J. HELLER: Kunststoffe **51**, 13 (1961); COLEMAN, R. A., u. J. A. WEICKSEL: Materie Plast. **26**, 271 (1960).

A. Die Stabilisatoren

III

Es fällt auf, daß alle diese Substanzen über Wasserstoffbrücken verfügen. J. H. CHAUDET und Mitarbeiter[1] haben diese strukturelle Besonderheit mit der stabilisierenden Wirkung in Beziehung gesetzt und gezeigt, daß ein Zusammenhang zwischen der Bindungsfestigkeit der Wasserstoffbrücke und der Eignung als UV-Absorber besteht.

Neben UV-Absorber kommen häufig auch noch Antioxydantien als Lichtstabilisatoren zur Anwendung. Bei diesen ist die Wirkung vermutlich auf ihre Eigenschaft zurückzuführen, die beim Lichtabbau auftretenden freien Radikale abzufangen.

Auf einen ähnlichen Eingriff in das sich beim Lichtabbau abspielende chemische Geschehen dürfte schließlich auch der Einfluß der Cadmium, Barium und Zinn enthaltenden Stabilisatoren auf die Lichtbeständigkeit des Polyvinylchlorids zurückzuführen sein. Wie Y. MINEMATU und T. YAMADA[2] zeigen konnten, hemmen diese Verbindungen die Oxydationsgeschwindigkeit des belichteten Polyvinylchlorids, was mit der Annahme einer abbrechenden Wirkung auf die beim Oxydationsvorgang auftretenden Radikalketten im Einklang steht.

5. Synergistische Stabilisatorgemische

Wie bei der Besprechung des Hitze- und Lichtabbaues gezeigt wurde, ist die Zersetzung des Polyvinylchlorids ein sehr komplexer Vorgang, bei dem zahlreiche Reaktionsfolgen neben- und nacheinander ablaufen. Damit eine Substanz Polyvinylchlorid in vollkommener Weise gegen Abbau schützen könnte, müßte sie daher befähigt sein, in alle diese Reaktionsfolgen einzugreifen. Von einer solchen Substanz, die man als idealen Stabilisator bezeichnen könnte, wäre zu fordern, daß sie die Abspaltung von Chlorwasserstoff und das Auftreten von Verfärbungen verhindert, als Antioxydans wirkt und außerdem schädliche Lichtstrahlen durch Absorption und Umwandlung in unschädliche Energieformen unwirksam macht. Es hat sich inzwischen die Erkenntnis durchgesetzt, daß es eine Substanz, die alle diese Erfordernisse in ausgeprägtem Maße in sich vereinigt, nicht geben kann, da hierfür strukturelle Voraussetzungen notwendig wären, die sich bis zu einem gewissen Grade gegenseitig ausschließen. Um so größer ist daher die Bedeutung von Stabilisatorgemischen, bei denen durch eine sinnvolle Abstimmung von zwei oder

---

[1] SPE-Trans. 1, 26 (1961). [2] Chem. High Polymers Japan 18, 175 (1961).

mehreren Stabilisatorkomponenten versucht wird, eine Annäherung an den idealen Stabilisator zu erzielen. Man spricht dann von synergistischen Stabilisatorgemischen, wenn die mit dem Gemisch erzielte Stabilisierungswirkung größer als die mit den einzelnen Komponenten erzielbare Wirkung ist. Zahlreiche Stabilisatoren zeigen einen solchen synergistischen Einfluß aufeinander, beispielsweise die Fettsäuresalze der Erdalkalimetalle auf Zink- oder Cadmiumseifen[1] oder Cadmiumseifen auf Epoxyverbindungen[2]. Vielfach wird zur Erzielung einer optimalen Wirkung auch noch eine dritte oder vierte Komponente zugesetzt. Beispiele hierfür sind Gemische von Erdalkaliseifen mit Zink- oder Cadmiumseifen und Epoxyverbindungen oder Triphenylphosphit[3], wobei zusätzlich noch UV-Absorber zugegeben werden können.

Die synergistische Wirkung verschiedener Stabilisatoren aufeinander ist qualitativ mit der Annahme eines sich gegenseitig ergänzenden Eingriffes in das Abbaugeschehen plausibel zu erklären. Über die genaueren Ursachen der sich hierbei abspielenden Vorgänge ist allerdings bisher wenig bekannt. Aus Modellversuchen von D. E. WINKLER[4] geht hervor, daß Gemische von Cadmiumseifen und Epoxyverbindungen den radikalischen Zerfall von tert-Butylhydroperoxyd viel stärker hemmen als die einzelnen Komponenten. Dies deutet darauf hin, daß die Inhibierung von Radikalreaktionen jedenfalls bei einigen synergistischen Gemischen begünstigt ist. Eine weitere Erklärungsmöglichkeit für den synergistischen Effekt besteht in der Annahme, daß die eine Komponente die Bildung eines den Abbau katalysierenden Stoffes aus der anderen Komponente verzögert oder verhindert. Diese Annahme ist deshalb plausibel, da viele Stabilisatoren Metalle enthalten, deren Chloride auf den Abbau des Polyvinylchlorids katalytisch wirken. Da zu vermuten ist, daß metallhaltige Stabilisatoren durch den im Verlaufe des Zersetzungsvorganges abgespaltenen Chlorwasserstoff tatsächlich in Metallchloride umgewandelt werden, könnten Verbindungen, die mit den Metallchloriden Komplexverbindungen bilden, den schädlichen Einfluß der Metallchloride unterbinden. Mit einer solchen komplexbildenden Wirkung wird gewöhnlich der synergistische Einfluß der organischen Phosphite erklärt[5]. Eine im Prinzip ähnliche Erklärung haben R. NAGATOMI und Y. SAEKI[6] für die synergistische Wirkung von Gemischen aus Barium- und Cad-

---

[1] Vgl. hierzu DYSON, G. M., J. A. HORROCKS u. A. M. FERNLEY: Plastics **26**, 124 (Okt. 1961); VATH, H. J.: Plastics **27**, 111 (Dez. 1962).
[2] WINKLER, D. E.: Ind. Engng. Chem. **50**, 863 (1958).
[3] Wegen einer Aufzählung handelsüblicher synergistischer Gemische vgl. PENN, W. S.: Rubber and Plastics Weekly **141**, 122 (Juli 1961).
[4] J. Polymer Sci. **35**, 3 (1959).
[5] Vgl. hierzu FREYE, A. H.: J. Polymer Sci. **45**, 1 (1960).
[6] J. Polymer Sci. **61**, 562 (1962).

miumstearat gegeben. Nach NAGATOMI und SAEKI reagiert Bariumstearat im Gemisch rascher als Cadmiumstearat mit dem aus Polyvinylchlorid thermisch abgespaltenen Chlorwasserstoff. Dadurch wird die Bildung von Cadmiumchlorid, das als Abbaukatalysator wirkt, verzögert.

6. Zur Wahl des Stabilisators

Die Zahl der als Stabilisatoren für Polyvinylchlorid vorgeschlagenen Verbindungen ist außerordentlich groß und noch weiter im Wachsen begriffen. Ebenso herrscht unter den im Handel befindlichen Produkten eine große Mannigfaltigkeit, die noch dadurch erhöht wird, daß viele der zum Verkauf angebotenen Stabilisierungsmittel aus zwei oder mehreren Komponenten bestehen. Versucht man, die wichtigsten Stabilisatoren nach ihrer chemischen Konstitution und Wirkungsweise zu ordnen, so läßt sich folgende Klassifizierung aufstellen:

1. Bleiverbindungen,
2. Metallsalze,
3. Organozinnverbindungen,
4. Organische Verbindungen,
5. UV-Absorber,
6. Antioxydantien.

Mit welchen Stabilisatoren in der Praxis optimale Ergebnisse erzielt werden, kann im Rahmen dieser Darstellung nicht angegeben werden, da dies von zahlreichen Bedingungen abhängt, die von Fall zu Fall verschieden sind. Es muß daher genügen, einige allgemeine Gesichtspunkte aufzuzeigen, die für die Auswahl des Stabilisators von Bedeutung sind.

Wie bereits erwähnt wurde, besteht eine der Hauptaufgaben des Stabilisators darin, einen thermischen Abbau während der für die Verarbeitung notwendigen Erhitzungsdauer zu verhindern. An die Wirksamkeit des Stabilisators werden daher um so größere Anforderungen gestellt, je höher die zur Verarbeitung gewählten Temperaturen sind. Da diese wiederum von den zur Verfügung stehenden Verarbeitungsmaschinen und den im Ansatz vorhandenen Komponenten abhängig sind, müssen diese Faktoren bei der Wahl des Stabilisators berücksichtigt werden. Im allgemeinen kommen daher für weichmacherfreie Mischungen andere Stabilisierungssysteme als für weichgemachte Mischungen zur Anwendung. Bei der Weichverarbeitung ist weiter der Einfluß des Weichmachers zu beachten. Dies ist deshalb wichtig, da die Wirksamkeit eines Stabilisators stark vom Weichmacher abhängen kann. Ein Stabilisator, mit dem bei Verwendung eines bestimmten Weichmachers optimale Ergebnisse erzielt werden, kann daher bei Wahl eines anderen Weichmachers nur unbefriedigende Resultate ergeben. Von Bedeutung sind auch die anderen in der Mischung vorhandenen Komponenten. Dies gilt namentlich für Füllstoffe, die manchmal den Zerfall des Polyvinylchlorids katalysierende Verunreinigungen enthalten und dadurch spezielle Stabilisierungsprobleme aufwerfen. Da schließlich zwischen den einzelnen Polyvinylchloridsorten Unterschiede in der Stabilität bestehen, muß auch das bei der Wahl des Stabilisators beachtet werden.

Neben den Verarbeitungsbedingungen ist der beabsichtigte Verwendungszweck des Enderzeugnisses der für die Auswahl des Stabilisatorsystems wichtigste Gesichtspunkt. Es ist verständlich, daß hier die Anforderungen je nach den Bedingungen, unter denen das Erzeugnis zur Anwendung kommt, sehr verschieden sind. Am stärksten sind naturgemäß transparente Erzeugnisse dem Abbau ausgesetzt, die im Freien verwendet werden. Um hier eine vorzeitige Zerstörung des Materials durch den Einfluß des ultravioletten Anteiles des Sonnenlichtes zu vermeiden, ist ein Zusatz von wirksamen UV-Absorbern unerläßlich. Weniger kritisch ist die Lichtstabilisierung bei opaken Produkten, da die Pigmente als optische Filter wirken und daher den schädlichen Einfluß des Sonnenlichtes mildern. Jedoch wird auch bei opaken Einstellungen häufig ein Zusatz von UV-Absorbern empfohlen.

Weitere Besonderheiten ergeben sich bei der Stabilisierung, wenn Erzeugnisse hergestellt werden sollen, die in Berührung mit Lebensmitteln kommen. Es versteht sich von selbst, daß in diesen Fällen besonderes Augenmerk auf die physiologische Unbedenklichkeit des Stabilisators zu richten ist. Welche Stabilisatoren im einzelnen diese Voraussetzungen erfüllen, wird von einer auf Initiative des Bundesgesundheitsamtes im Jahre 1957 ins Leben gerufenen Kommission geprüft, deren Aufgabe darin besteht, die mit Lebensmitteln in Berührung kommenden Kunststoffe in physiologischer Hinsicht zu überprüfen. Die Ergebnisse dieses Sachverständigengremiums werden jeweils im Bundesgesundheitsblatt veröffentlicht, auf das wegen weiterer Einzelheiten verwiesen wird. Hier sei nur kurz angemerkt, daß nach dem Stande des Jahres 1962 nachstehende Stabilisatoren in der Bundesrepublik lebensmittelrechtlich zugelassen sind:

1. Calcium- und/oder Magnesiumstearat
2. Zinkstearat und/oder -octoat   höchstens 1%
3. Diphenylharnstoff   höchstens 1%
4. Manganoxydhydrat
5. 2-Phenylindol   höchstens 1%
6. epoxydierte Soja- oder Rizinusöle, sofern ihre Jodzahl kleiner als 8 ist und ihr Epoxydsauerstoff weniger als 6% beträgt   höchstens 3%
7. Dioctylzinnverbindungen, soweit diese vom Bundesgesundheitsamt ausdrücklich zugelassen sind   weniger als 1,5%

A. Die Stabilisatoren

Andere Probleme ergeben sich, wenn Erzeugnisse für elektrotechnische Zwecke herzustellen sind. In diesem Falle muß bei Wahl des Stabilisators vor allem dessen Einfluß auf den elektrischen Volumwiderstand berücksichtigt werden. Praktische Ratschläge für die zweckmäßigste Stabilisierung bei den verschiedenen Verarbeitungsverfahren sind in neuerer Zeit von W. S. PENN[1] und H. VERITY-SMITH[2] gegeben worden, auf deren Arbeiten wegen weiterer Einzelheiten verwiesen wird.

7. Die Stabilisatorklassen

a) Natriumverbindungen

In der Literatur finden sich zahlreiche Vorschläge, Natriumverbindungen als Stabilisatoren für Polyvinylchlorid und Vinylchloridmischpolymerisate zu verwenden. Die Anwendung dieser Verbindungen, — es handelt sich um Natriumsalze anorganischer und organischer Säuren —, hat namentlich in den Anfangsjahren der industriellen Verarbeitung von Vinylchloridpolymerisaten eine Rolle gespielt. Heute ist die Bedeutung der Natriumverbindungen gegenüber anderen Stabilisatoren stark zurückgetreten.

Die in der Patentliteratur als Stabilisatoren vorgeschlagenen Natriumsalze anorganischer Säuren umfassen das Natriumperborat der Formel $NaBO_2 \cdot H_2O_2 \cdot 3H_2O$[3], Doppelsalze von Natriumperborat und anderen Metallsalzen[4] sowie synergistische Gemische von Natriumsalzen, wie Natriumborat oder Natriumcarbonat, mit Aminen, Harnstoff- oder Thioharnstoffderivaten[5] und von basischen Gruppen freien Alkoholen[6].

Weiter sind Phosphate der Alkalimetalle, z. B. Trinatriumphosphat, zur Stabilisierung von Polyvinylchlorid und Vinylchloridmischpolymerisaten vorgeschlagen worden[7]. Ihre Wirkung soll in einer Desaktivierung der in den Polymerisaten vorhandenen Eisenspuren bestehen. Zur

---

[1] Rubber Plastics Weekly 141, 206 (5. Aug. 1961).
[2] Kunststoffe-Plastics 7, 321 (1960).
[3] A.P. 2487099, A.P. 2493390, Stabelan Chemical Co., Erf. CH. J. CHABAN.
[4] A.P. 2507142, A.P. 2507143, Stabelan Chemical Co., Erf. CH. J. CHABAN.
[5] D.R.P. 746081, I. G. Farbenindustrie A.G., Erf. H. FIKENTSCHER, Ital. P. 309144, I. G. Farbenindustrie A.G.; D.B.P. 888460, Badische Anilin- & Soda-Fabrik A.G., Erf. H. FIKENTSCHER u. H. JACQUÉ; D.P. (DDR) 4577, VEB Elektrochemisches Kombinat Bitterfeld; A.P. 2365400, H. FIKENTSCHER; D.B.P. 829798, A.P. 2588899, E.P. 681944, F.P. 992056, E.P. 667041, N. V. de Bataafsche Petroleum Mij., Erf. H. T. VOORTHUIS u. CH. P. VAN DIJK; A.P. 2555167, Shell Development Co., Erf. CH. P. VAN DIJK u. H. T. VOORTHUIS.
[6] A.P. 2387571, H. FIKENTSCHER u. R. ROEHM; D.P.B. 883499, Badische Anilin- & Soda-Fabrik A.G.
[7] A.P. 2218645, B. F. GOODRICH Co, Erf. A. B. JAPS.

VII. Die Hilfsstoffe für die Verarbeitung des Polyvinylchlorids

Entfernung solcher Eisenspuren können Gemische von Tetranatriumpyrophosphat und Natriumhexametaphosphat den bei der Polymerisation anfallenden Emulsionen vor deren Aufarbeitung zugesetzt werden[1]. Man kann auch das frisch gefällte Polymerisat mit einer angesäuerten Natriumpyrophosphat- oder Dinatriumphosphatlösung behandeln[2]. Ein weiterer Weg besteht darin, eine Lösung von Tetranatriumpyrophosphat dem Polymerisatlatex zuzusetzen, worauf das Gemisch der Sprühtrocknung unterworfen wird. Das erhaltene Produkt kann weiterem Polymerisat als Stabilisator zugesetzt werden[3].

Von den verschiedenen Phosphaten des Natriums kommt dem Dinatriumphosphat der Formel $Na_2HPO_4 + 7H_2O$ besondere Bedeutung zu[4]. Daneben sind Pentalkylpentanatriumtripolyphosphate der Formel $Na_5R_5(P_3O_{10})_2$, wobei R Alkyl bedeuten, als Stabilisierungsmittel genannt worden[5]. Zu erwähnen sind weiter Gemische von Dinatriumphosphat mit Perboraten, die nach CH. J. CHABAN[6] die Beständigkeit halogenhaltiger Polymerisate gegen Licht- und Hitzeeinwirkung verstärken.

Zur Stabilisierung von Mischpolymerisaten des Vinylchlorids mit Vinylidenchlorid sind mehrere Gemische vorgeschlagen worden, die Natriumphosphat enthalten. So eignet sich Tetranatriumpyrophosphat zusammen mit tert-Butylphenylsalicylat[7] oder mit Äthyl-o-benzoylbenzoat[8]. Auch lassen sich Vinylchlorid-Vinylidenchlorid-Mischpolymerisate durch gemeinsamen Zusatz eines Peroxyds und eines zweiwertigen Phenols sowie von Tetranatriumpyrophosphat oder Dinatriumphosphat stabilisieren[9]. Mischpolymerisate des Vinylchlorids mit Vinylidenchlorid, die mit geringen Weichmachermengen weichgestellt sind, können auch durch alleinigen Zusatz von Tetranatriumpyrophosphat stabilisiert werden[10].

Polyvinylchlorid und Vinylchlorid-Mischpolymerisate lassen sich auch durch Gemische von Dinatriumphosphat der Formel $Na_2HPO_4 + 12H_2O$ und trocknenden Ölen stabilisieren[11].

Natriumphosphit ist als Lichtstabilisator für Polyvinylchlorid ge-

---

[1] A.P. 2 482 038, E. I. du Pont de Nemours & Co., Erf. S. TEMPLE.
[2] A.P. 2 604 459, Dow Chemical Co., Erf. E. M. JANKOWIAK.
[3] A.P. 2 581 360, E.P. 694 474, Dow Chemical Co., Erf. J. E. COSTA u. O. R. MCINTIRE.
[4] Vgl. z. B. SMITH, H. VERITY, British Plastics **1954**, 213.
[5] Can.P. 482 146, Dominion Rubber Co. Ltd.; A.P. 2 499 503, United States Rubber Co., Erf. C. E. HUFF u. G. A. ZIMMERMANN.
[6] E.P. 653 822, A.P. 2 507 142, Stabelan Chemical Co.
[7] A.P. 2 477 656, Dow Chemical Co., Erf. H. L. SCHAEFER u. C. B. HAVENS.
[8] A.P. 2 477 657, Dow Chemical Co., Erf. H. L. SCHAEFER.
[9] E.P. 702 633, A.P. 2 604 458, Dow Chemical Co., Erf. C. B. HAVENS.
[10] A.P. 2 477 658, Dow Chemical Co., Erf. H. L. SCHAEFER.
[11] A.P. 2 654 718, Sherwin-Williams Co., Erf. O. J. GRUMMITT u. R. E. BLANK.

A. Die Stabilisatoren

eignet[1]. Es wird zweckmäßig zusammen mit einer Natrium- oder Bleiseife oder zusammen mit Bariumricinoleat[2] verwendet.

Natriummonosulfid wurde als Stabilisator für Mischpolymerisate des Vinylchlorids mit Dialkylfumaraten vorgeschlagen[3]. Auch Natriumthiosulfat[4] oder ein Gemisch aus Natriumhydrosulfit und Schwefel[5] können in Form wäßriger oder alkoholischer Lösungen halogenierten Polyvinylharzen als Stabilisatoren zugesetzt werden.

Eine Stabilisierung des Polyvinylchlorids gegen Licht- und Wärmeeinwirkung soll schließlich auch durch Natriumdichromat[6] erfolgen.

Außer den genannten Salzen anorganischer Säuren sind auch einige Natriumsalze organischer Säuren als Stabilisatoren eingesetzt worden. Erwähnt seien die Natriumsalze der Äthyloxydicarbonsäuren[7], der Äthylendiamintetraessigsäure[8] und der nitrosubstituierten Alkane mit 2···4 Kohlenstoffatomen im Molekül[9].

b) Magnesiumverbindungen

Auch Magnesiumverbindungen wurden verschiedentlich als Stabilisatoren für Polyvinylchlorid vorgeschlagen.

An anorganischen Magnesiumverbindungen sind Magnesiumcarbonat, Trimagnesiumphosphat und Magnesiumsilikat bekannt geworden, die als Lichtstabilisatoren wirken und gemeinsam mit Dibutylzinndilaurat oder -maleat, verwendet werden[10]. Weitere anorganische Magnesiumverbindungen mit stabilisierender Wirkung sind Magnesiumhyposulfit[11] oder Magnesiumthiosulfat[12], die in Form wäßriger oder alkoholischer Lösungen zur Anwendung kommen.

---

[1] E.P. 692967, Titan Co., Inc., F.P. 1066089, Dow Chemical Co.
[2] D.B.P. 900273, Titan Co., Inc.; A.P. 2579572, National Lead Co., Erf. J. G. HENDRICKS.
[3] E.P. 585215, A.P. 2478862, Can.P. 481579, Wingfoot Corp., Erf. F. W. COX u. J. M. WALLACE.
[4] A.P. 2566791, Stabelan Chemical Co., Erf. CH. J. CHABAN; E.P. 664142, Soc. An. des Manufactures des Glaces et Produits Chimiques de Saint-Gobain, Chauny & Cirey.
[5] D.B.P. 829799, Soc. An. des Manufactures des Glaces et Produits Chimiques de Saint-Gobain, Chauny & Cirey.
[6] F.P. 996616, A.P. 2535649, Soc. Rhodiaceta, Erf. A. F. G. MOUCHIROUD; F.P. 988888, Soc. An. des Manufactures des Glaces et Produits Chimiques de Saint-Gobain, Chauny & Cirey, Erf. J. DELORME u. R. BLUMA.
[7] D.R.P. 750173, ohne Angabe des Patentinhabers.
[8] A.P. 2558728, Dow Chemical Co, Erf. E. C. BRITTON u. W. J. LE FEVRE.
[9] A.P. 2464177, Monsanto Chemical Co, Erf. J. K. FINCKE.
[10] A.P. 2597987, Union Carbide and Carbon Corp., Erf. J. HARDING.
[11] D.B.P. 829799, Soc. An. des Manufactures des Glaces et Produits Chimiques de Saint-Gobain, Chauny & Cirey.
[12] E.P. 664142, Soc. An. des Manufactures des Glaces et Produits Chimiques de Saint-Gobain, Chauny & Cirey.

Auch Peroxydkomplexverbindungen von Magnesiumborat und Natriumborat wurden als Stabilisatoren vorgeschlagen[1].

Unter den Magnesiumsalzen organischer Säuren finden sich ebenfalls zahlreiche Verbindungen, deren stabilisierende Wirkung auf Polyvinylchlorid beschrieben wurde.

Magnesiumsalze von Leinölsäure, Acetylricinussäure, Öl- oder Naphthensäure geben M. ERLENBACH und A. SIEGLITZ[2] als stabilisierende Zusätze vor oder während der Polymerisation des Vinylchlorids zu. F. P. GREENSPAN und R. J. GALL[3] empfehlen die Magnesiumsalze epoxydierter Fettsäuren. Magnesiumsalze von Schwefel enthaltenden Säuren der allgemeinen Formel

$$R-S-CH(R_1)-CH(R_2)COOH$$

worin R Alkyl oder Aryl mit bis zu 18 Kohlenstoffatomen bedeuten, eignen sich nach W. E. LEISTNER, O. H. KNOEPKE und A. C. HECKER[4]. Eine Stabilisierungswirkung ist auch Magnesiumsalicylat[5] und den Magnesiumsalzen von alkyl- und arylsubstituierten Salicylsäuren[6] eigen. Schließlich ist auch über die Eignung von Magnesiumalkoholaten und -phenolaten[7] und von Magnesiumsalzen von Disulfimiden[8] berichtet worden.

In Form von Gemischen können Magnesiumsalze von Carbonsäuren gemeinsam mit mehrwertigen Alkoholen[9] oder Organozinnsalzen von Mercaptoessigsäureestern verwendet werden. Magnesiumphosphat, -carbonat oder -silicat kommen im Gemisch mit Organozinnverbindungen von Carbonsäuren zur Anwendung[10].

c) Calciumverbindungen

Auch Calciumverbindungen kommen als Stabilisatoren in Betracht. Ihre stabilisierende Wirkung ist jedoch verhältnismäßig gering. Da sie vielfach eine weichmachende Wirkung aufweisen, können sie als Gleitmittel Anwendung finden.

Von den anorganischen Calciumverbindungen sind das Hydroxyd,

---

[1] A.P. 2507142, A.P. 2507143, Stabelan Chemical Co., Erf. CH. J. CHABAN.
[2] F.P. 993704, M. Erlenbach u. A. Sieglitz.
[3] A.P. 2684353, Buffalo Electro-Chemical Co.
[4] A.P. 2723965, W. E. LEISTNER, O. H. KNOEPKE u. A. C. HECKER.
[5] A P 2438102, Wingfoot Corp., Erf. F. W. COX u. J. M. WALLACE jr.
[6] F.P. 946039, N. V. de Bataafsche Petroleum Mij.
[7] F.P. 861916, Carbide and Carbon Chemicals Corp.
[8] D.B.P. 946480, Henkel & Cie. GmbH., Erf. W. GÜNDEL u. G. DIECKELMANN.
[9] A.P. 2711401, Ferro Corp., Erf. R. E. LALLY.
[10] E.P. 707338, Union Carbide and Carbon Corp.

A. Die Stabilisatoren

Carbonat[1], Silicat[2], Thiosulfat[3], das Perborat und Gemische von Perboraten und Calciumphosphat[4] als Stabilisatoren genannt worden.

Auch Calciumsalze organischer Säuren eignen sich als Stabilisatoren. Von diesen Verbindungen sind in erster Linie die Calciumseifen, wie Calciumstearat, -oleat und -ricinoleat[5], zu nennen. Weitere Verbindungen sind die Calciumsalze von Vorlauffettsäuren der Paraffinoxydation[6] und die Calciumsalze von aliphatischen Carbonsäuren mit $4\cdots 16$ Kohlenstoffatomen, wie z. B. das Calciumsalz der 2-Äthylbuttersäure[7]. Auch Calciumsalze von ungesättigten Carbonsäuren, wie Calciumsorbinat und Calcium-α-furylacrylat[8], und Calciumsalze von epoxydierten Fettsäuren[9] sind als Stabilisatoren vorgeschlagen worden.

Schließlich ist auch über die Eignung von Calciummaleat[10] und Calciumsalzen der Halbester oder Halbamide von 1,2-Äthylendicarbonsäuren berichtet worden[11].

Ein weiterer Calciumstabilisator, der sich namentlich durch stabilisierende Wirkung gegen Lichteinfluß auszeichnet, ist das Calciumsalz der Enolform des Acetessigsäureesters[12]. Außer den genannten Salzen aliphatischer Carbonsäuren wurden auch Calciumsalze von aromatischen Carbonsäuren als Stabilisatoren für Polyvinylchlorid empfohlen. So eignen sich nach TH. F. BRADLEY und DE LOSS E. WINKLER[13] die Calciumsalze substituierter Benzoesäuren. Auch Calciumsalicylat[14] und Calciumsalze kernsubstituierter Salicylsäuren[15] haben sich als brauchbare Stabilisatoren erwiesen.

An weiteren Calciumsalzen seien hier kurz noch die Calciumsalze von S-alkylierten oder S-arylierten Mercaptosäuren[16], die gemischten Alkali- und Calciumsalze der Äthylendiamin-N,N,N',N'-tetraessigsäure[17], die

---

[1] A.P. 2174545, B. F. Goodrich Co., Erf. C. H. ALEXANDER.
[2] A.P. 2179973, B. F. Goodrich Co., Erf. C. H. ALEXANDER.
[3] A.P. 2566791, Stabelan Chemical Co., Erf. CH. J. CHABAN.
[4] A.P. 2507142, A.P. 2507143, E.P. 653822, Stabelan Chemical Co.
[5] A.P. 2181478, Carbide and Carbon Chemicals Corp., Erf. K. FLIGOR.
[6] KAINER, F.: Die Kohlenwasserstoffsynthese nach FISCHER-TROPSCH, Berlin/Göttingen/Heidelberg 1950.
[7] D.B.P. 850228, A.P. 2510035, E.P. 684499, Advance Solvents & Chemical Co., Erf. G. P. MACK.
[8] A.P. 2554142, Sherwin Williams Co., Erf. O. J. GRUMMITT.
[9] A.P. 2684353, Buffalo Electro-Chemical Co., Erf. F. P. GREENSPAN. u. R. J. GALL.
[10] F.P. 1231987, F.P. 1236658, Georges Appaix.
[11] F.P. 1086182, Dynamit A.G. vorm. Alfred Nobel & Co.
[12] A.P. 2307075, E.P. 559043, Carbide and Carbon Chemicals Corp.
[13] A.P. 2598496, Shell Development Co.
[14] A.P. 2438102, Wingfoot Corp., Erf. F. W. Cox u. J. M. WALLACE jr.
[15] F.P. 946039, N. V. de Bataafsche Petroleum Mij., E.P. 617620.
[16] A.P. 2723965, W. E. LEISTNER, O. H. KNOEPKE u. A. C. HECKER.
[17] A.P. 2558728, Dow Chemical Co., Erf. E. C. BRITTON u. W. J. LE FEVRE.

Calciumverbindungen von Alkylenoxydcarbonsäuren[1], nitrosubstituierten Alkanen[2] und von organischen Disulfimiden[3] erwähnt.

Außer Carbonsäuresalzen kommen noch Alkoholate oder Phenolate des Calciums[4] sowie das Calciumsalz des 2-Oxy-5-chlorbenzophenons[5] als Stabilisatoren in Betracht.

Zahlreich ist auch die Literatur, die sich mit Calciumverbindungen enthaltenden Stabilisatorengemischen befaßt.

Solche Gemische enthalten beispielsweise neben Calciumstearat noch Zinkstearat als weitere synergistische Komponente[6]. Andere Stabilisatorgemische bestehen aus Gemischen der Zink- und Calciumsalze von Phenylcarbonsäuren[7]. Weitere Vorschläge sehen die gemeinsame Verwendung von Calciumacetessigester mit Zinksalzen, wie Zinkchlorid oder Zinkstearat[8], sowie gegebenenfalls mit einer Epoxyverbindung als weitere Komponente[9] vor. Calciumphenolate können gemeinsam mit Salzen zweiwertiger Metalle zur Anwendung kommen[10].

Andere Gemische enthalten neben Calciumsalzen schwacher Carbonsäuren Organozinnmercaptide[11] oder organische Verbindungen, wie Polyalkohole[12] oder deren Äther und Ester[13], ungesättigte Ester[14], Salicylsäureester[15], Benzalphthalide[16] und Benzalverbindungen[17].

Alkalisch wirkende Calciumverbindungen können zusammen mit Alkoholen[18] oder Aminen[19] verwendet werden.

---

[1] D.R.P. 750173, ohne Inhaber- und Erfinderangabe.
[2] A.P. 2464177, Monsanto Chemical Co., Erf. J. K. FINCKE.
[3] D.B.P. 946480, Henkel & Cie. GmbH., Erf. W. GÜNDEL u. G. DIECKELMANN.
[4] F.P. 861916, A.P. 2256625, Carbide and Carbon Chemicals Corp.
[5] A.P. 2552551, E.P. 680409, Dow Chemical Co., Erf. C. B. HAVENS.
[6] F.P. 914745, A.P. 2446976, Wingfoot Corp.
[7] A.P. 2782176, Monsanto Chemical Co., Erf. J. R. DARBY u. L. D. FREDERICKSON jr.
[8] A.P. 2669548, Monsanto Chemical Co., Erf. L. D. FREDERICKSON jr. u. J. R. DARBY.
[9] A.P. 2669549, Monsanto Chemical Co., Erf. J. R. DARBY.
[10] F.P. 1127671, Argus Chemical Laboratory Inc.
[11] A.P. 2789963, Argus Chemical Corp., Erf. A. C. HECKER.
[12] F.P. 1211814, Pechiney Comp. de Produits Chimiques et Électrométallurgiques.
[13] A.P. 2711401, Ferro Corp., Erf. R. E. LALLY.
[14] A.P. 2609355, Shell Development Co., Erf. D. L. E. WINKLER.
[15] D.R.P. 701837, Carbide and Carbon Chemicals Corp.
[16] D.B.P. 907597, Chemische Werke Hüls GmbH, Erf. K. HOFFMANN, W. KLEIN u. A. ROSENBERG.
[17] D.B.P. 906997, Chemische Werke Hüls GmbH, Erf. K. HOFFMANN, W. KLEIN u. A. ROSENBERG.
[18] D.B.P. 883499, Badische Anilin- & Soda-Fabrik A.G.
[19] D.R.P. 746081, I. G. Farbenindustrie A.G.; D.B.P. 888460, Badische Anilin- & Soda-Fabrik A.G., Erf. H. FIKENTSCHER u. H. JACQUÉ.

A. Die Stabilisatoren

d) *Strontiumverbindungen*

Die stabilisierende Wirkung der Calciumverbindungen wird von den Verbindungen des Strontiums übertroffen. Strontiumsalze verleihen Polyvinylchlorid eine verhältnismäßig gute Wärme- und Lichtstabilität. Sie lassen sich leicht einarbeiten und sind mit Weichmachern und Lösungsmitteln gut verträglich. Gegenüber den Bariumsalzen wird ihre geringere Toxizität hervorgehoben.

Unter den Strontiumverbindungen haben insbesonders die Strontiumsalze organischer Carbonsäuren Bedeutung erlangt. Verbindungen dieser Art sind beispielsweise das Strontiumstearat, -ricinoleat, -oleat[1] und -naphthenat[2], die sich auch in verschiedenen Handelsprodukten finden. Darüber hinaus haben sich Strontiumsalze niederer aliphatischer Carbonsäuren, wie das Heptanoat[3], oder die Salze von α- oder β-substituierten Carbonsäuren mit 4···16 Kohlenstoffatomen[4], wie das Strontiumsalz der 2-Äthylbuttersäure, als geeignet erwiesen. Auch die Strontiumsalze von einbasischen ungesättigten Säuren[5], wie Sorbinsäure oder Furylacrylsäure, von epoxydierten aliphatischen Carbonsäuren[6] und von β-Mercaptosäuren[7] wurden als Stabilisatoren genannt.

Weiter wurden auch Strontiumsalze aromatischer Carbonsäuren, und zwar Salze von substituierten Benzoesäuren[8], Strontiumsalicylat[9] und die Strontiumsalze substituierter Salicylsäuren als Stabilisatoren[10] empfohlen.

Außer Salzen von Carbonsäuren können auch Strontiumalkoholate und -phenolate als Stabilisatoren verwendet werden[11]. Auch kommen Strontiumsalze des 2-Oxy-5-chlorbenzophenons und anderer in 5-Stellung substituierter 2-Oxy-benzophenone als Lichtstabilisatoren in Betracht[12].

Kurz erwähnt seien hier auch noch die Strontiumverbindungen von organischen Disulfimiden[13] und die gemischten Alkali- und Strontium-

---

[1] A.P. 2181478, Carbide and Carbon Chemicals Corp.
[2] Vgl. SMITH, H. VERITY: British Plastics **27**, 178 (1954).
[3] F.P. 1111551, Etablissements Nyco, Erf. J. BOUSSELY.
[4] E.P. 684499, A.P. 2510035, D.B.P. 850228, Advance Solvents & Chemical Co., Erf. G. P. MACK.
[5] A.P. 2554142, Sherwin-Williams Co., Erf. O. J. GRUMMITT.
[6] A.P. 2684353, Buffalo Electro-Chemical Co., E.P. 754584, Food Machinery and Chemical Corp., Erf. F. P. GREENSPAN u. R. J. GALL.
[7] A.P. 2723965, W. E. LEISTNER, O. H. KNOEPKE u. A. C. HECKER.
[8] A.P. 2598496, Shell Development Co., Erf. TH. F. BRADLEY u. D. L. E. WINKLER.
[9] A.P. 2438102, Wingfoot Corp., Erf. F. W. COX u. J. M. WALLACE jr.
[10] F.P. 946039, N. V. de Bataafsche Petroleum Mij.
[11] F.P. 861916, A.P. 2256625, Carbide and Carbon Chemicals Corp.
[12] E.P. 680409, A.P. 2552551, Dow Chemical Co., Erf. C. B. HAVENS.
[13] D.B.P. 946480, Henkel & Cie. GmbH., Erf. W. GÜNDEL u. G. DIECKELMANN.

salze der Äthylendiamin-N,N,N',N'-tetraessigsäure[1], von denen ebenfalls eine stabilisierende Wirkung berichtet wurde.

Auch Strontiumstabilisatoren können durch synergistische Zusätze von anderen Verbindungen in ihrer Wirksamkeit gesteigert werden. Solche synergistische Gemische bestehen beispielsweise aus einem Strontiumphenolat und einem Salz eines zweiwertigen Metalles mit einer organischen Säure, beispielsweise Cadmiumcaprylat oder -naphthenat[2]. In diesen Gemischen kann gegebenenfalls noch Triphenylphosphit zugegen sein. Andere Stabilisatorengemische enthalten neben Strontiumseifen noch Zinkstearat als andere Komponente[3]. Auch zusammen mit Organozinnverbindungen können Strontiumsalze verwendet werden. So eignen sich nach A. C. Hecker[4] Gemische aus einem Strontiumsalz einer Monocarbonsäure mit 6···20 Kohlenstoffatomen und einem Organozinnsalz eines Mercaptoessigesters. H. Verity-Smith[5] empfiehlt Gemische, die neben Strontiumricinoleat noch ein Dialkylzinnsalz einer aliphatischen Mono- oder Dicarbonsäure, Cadmiumricinoleat und ein Epoxydharz als weitere Komponente enthalten.

Stark alkalische Strontiumverbindungen, wie das Hydroxyd oder Carbonat, können zusammen mit Aminen, Carbaminen oder Alkoholen als stabilisierende Zusätze verwendet werden[6]. Strontiumverbindungen schwacher organischer Säuren eignen sich im Gemisch mit mehrwertigen Alkoholen sowie deren Verätherungs- und Veresterungsprodukten[7] und zusammen mit ungesättigten Estern, wie Diallylmaleat[8]. Schließlich sind noch Gemische zu erwähnen, die aus Strontiumsalzen schwacher organischer Säuren und Kondensationsprodukten vom Typus der Benzalphthalide[9] oder Kondensationsprodukten aus aromatischen Aldehyden und Verbindungen mit reaktiver Methylgruppe[10] bestehen.

Im Gemisch mit einem Glycidäther können Strontiumsalze von Carbonsäuren ebenfalls verwendet werden[11].

---

[1] A.P. 2558728, Dow Chemical Co., Erf. E. C. Britton u. W. J. Le Fevre.
[2] F.P. 1127671, Argus Chemical Laboratory Inc.; A.P. 2935491, Metal & Thermit Corp., Erf. G. P. Mack; A.P. 2716092, W. E. Leistner, u. A. C. Hecker.
[3] F.P. 914745, A.P. 2446976, Wingfoot Corp., Erf. E. Cousins.
[4] A.P. 2789963, Argus Chemical Corp.
[5] E.P. 759775, E.P. 759776, Pure Chemicals Ltd.
[6] D.R.P. 746081, I. G. Farbenindustrie A.G.; D.B.P. 883499, D.B.P. 888460, Badische Anilin- & Soda-Fabrik A.G., Erf. H. Fikentscher u. H. Jacqué.
[7] A.P. 2711401, Ferro Corp., Erf. R. E. Lally.
[8] A.P. 2609355, Shell Development Co., Erf. D. L. E. Winkler.
[9] D.B.P. 907597, Chemische Werke Hüls GmbH, Erf. K. Hoffmann, W. Klein u. A. Rosenberg.
[10] D.B.P. 906997, Chemische Werke Hüls GmbH, Erf. K. Hoffmann, W. Klein u. A. Rosenberg.
[11] A.P. 2590059, Shell Development Co., Erf. D. L. E. Winkler.

A. Die Stabilisatoren

e) *Bariumverbindungen*

Bariumverbindungen entfalten ebenfalls eine stabilisierende Wirkung. Sie sind häufig in handelsüblichen Stabilisatoren anzutreffen, wobei sie vielfach in Form von Gemischen mit anderen Stabilisatoren vorliegen. Die Bariumverbindungen mit stabilisierender Wirkung umfassen sowohl anorganische als auch organische Bariumverbindungen, wobei von den letzteren namentlich die Bariumseifen von Bedeutung sind.

Von den anorganischen Bariumverbindungen sind das Hydroxyd, das Oxyd[1], Carbonat, Silicat[2] und das Phosphat[3] als Stabilisatoren genannt worden. Auch Peroxydkomplexverbindungen von Bariumsalzen, wie von Bariumborat, wurden als Stabilisatoren empfohlen[4].

Weiter können anorganische Bariumverbindungen, in Form von Mischungen mit einigen organischen Verbindungen als Stabilisatoren verwendet werden. Als organische Verbindungen kommen hierbei Amine, Carbamine[5] und einige Alkohole[6] in Betracht.

Unter den Bariumsalzen organischer Säuren haben namentlich die Salze der höheren Fettsäuren, insbesondere das Stearat, Laurat und Rincinoleat, Bedeutung erlangt[7]. An weiteren Verbindungen sind die Bariumsalze von solchen Carbonsäuren mit 4···16 Kohlenstoffatomen, die entweder in α- oder β-Stellung[8] oder sowohl in α- als auch in β-Stellung alkyliert oder oxalkyliert sind[9], als Stabilisatoren vorgeschlagen worden. Darüber hinaus wurde auf die Bariumsalze von epoxydierten Fettsäuren[10], von ungesättigten einbasischen Säuren[11], wie Sorbinsäure, von Mercaptosäuren[12] und von Äthylendiamin-N,N,N',N'-tetraessigsäure[13] hingewiesen. Schließlich sind in diesem Zusammenhang auch noch

---

[1] A.P. 2483959, Monsanto Chemical Co., Erf. M. BAER.
[2] A.P. 2179973, B. F. Goodrich Co., Erf. C. H. ALEXANDER.
[3] A.P. 2477656, A.P. 2477657, A.P. 2477658, A.P. 2477659, Dow Chemical Co.
[4] A.P. 2507142, A.P. 2507143, Stabelan Chemical Co., Erf. CH. J. CHABAN.
[5] D.R.P. 746081, I. G. Farbenindustrie A.G., Erf. H. FIKENTSCHER; D.B.P. 888460, Badische Anilin- & Soda-Fabrik A.G., Erf. H. FIKENTSCHER u. H. JACQUÉ.
[6] D.B.P. 883499, Badische Anilin- & Soda-Fabrik.
[7] A.P. 2181478, Carbide and Carbon Chemicals Corp., Erf. K. K. FLIGOR; A.P. 2595310, Baker Castor Oil Co.; vgl. wegen Bariumsalzen von Carbonsäuren mit 4···16 Kohlenstoffatomen A.P. 2510035, Advance Solvents & Chemical Co., Erf. G. P. MACK.
[8] E.P. 684499, Advance Solvents & Chemical Co.
[9] D.B.P. 850228, Advance Solvents & Chemical Co., Erf. G. P. MACK.
[10] E.P. 754584, Food Machinery and Chemical Corp.; A.P. 2684353, Buffalo Electro-Chemical Co., Erf. F. P. GREENSPAN u. R. J. GALL.
[11] A.P. 2554142, Sherwin-Williams Co., Erf. O. J. GRUMMITT.
[12] A.P. 2723965, W. E. LEISTNER, O. H. KNOEPKE, A. C. HECKER.
[13] F.P. 1034274, A.P. 2558728, Dow Chemical Co., Erf. E. C. BRITTON u. W. J. LE FEVRE.

die Bariumsalze substituierter Benzoesäuren[1] und die Bariumsalze der Salicylsäure[2] und alkyl- und bzw. oder arylsubstituierten Salicylsäuren[3] zu nennen.

Auch Alkoholate und Phenolate des Bariums sind verschiedentlich als Stabilisatoren vorgeschlagen worden. So eignen sich nach Angaben der Firma Carbide and Carbon Chemicals Corp.[4] Bariumäthylat, -propylat, -phenolat, -naphtholat, -kresolat und -eugenolat. Die Eignung von Bariumsalzen des 2-Oxybenzophenons oder dessen in 5-Stellung substituierten Derivaten als Lichtstabilisatoren ist von C. B. Havens[5] hervorgehoben worden.

An weiteren Bariumsalzen organischer Verbindungen seien noch die Bariumsalze von nitrosubstituierten Alkanen mit $2\cdots4$ Kohlenstoffatomen im Molekül[6] und die Bariumsalze von Disulfimiden erwähnt[7].

Es hat sich gezeigt, daß die stabilisierende Wirkung von Bariumverbindungen vielfach noch durch Zusatz von anderen Komponenten gesteigert werden kann. In Form solcher Gemische mit synergistisch wirkenden Zusätzen finden sich Bariumverbindungen in zahlreichen handelsüblichen Stabilisatoren.

Häufig verwendete synergistische Stabilisatorengemische bestehen aus gemischten Barium- und Cadmiumseifen, wie beispielsweise gemischten Barium- und Cadmiumlauraten oder gemischten Barium- und Cadmiumricinoleaten[8]. Einen synergistischen Einfluß üben Cadmiumsalze auch auf Bariumphenolate aus. So kann man Polyvinylchlorid mit Gemischen aus Bariumoctylphenolat und Cadmiumcaprylat sowie gegebenenfalls einem Zusatz an Triphenylphosphit stabilisieren[9]. Ein ähnliches Gemisch besteht aus Bariumphenolat, dem Cadmiumsalz der Benzoe- oder Butylbenzoesäure und Triphenylphosphit[10].

Lichtbeständige Polymerisate oder Mischpolymerisate des Vinylchlorids lassen sich durch Zusatz von Mischungen aus Natrium- bzw. Kaliumphosphat und Bariumricinoleat[11,12] erhalten. Durch gemeinsamen

---

[1] A.P. 2598496, Shell Development Co., Erf. Th. F. Bradley u. D. L. E. Winkler.
[2] A.P. 2438102, Wingfoot Corp., Erf. F. W. Cox u. J. M. Wallace jr.
[3] F.P. 946039, N. V. de Bataafsche Petroleum Mij.; A.P. 2481307, E.P. 617620, P. G. Croft-White u. P. Garner.
[4] F.P. 861916, A.P. 2256625, Carbide and Carbon Chemicals Corp.
[5] E.P. 680409, A.P. 2552551, Dow Chemical Co.
[6] A.P. 2464177, Monsanto Chemical Co., Erf. J. K. Fincke.
[7] D.B.P. 946480, Henkel & Cie. GmbH, Erf. W. Gündel u. G. Dieckelmann.
[8] Vgl. Smith, H. Verity: British Plastics 27, 176 (1954).
[9] F.P. 1127671, A.P. 2716092, E.P. 752053, Argus Chemical Laboratory Inc., Erf. W. E. Leistner u. A. C. Hecker.
[10] A.P. 2935491, Metal & Thermit Corp., Erf. G. P. Mack.
[11] D.B.P. 900273, Titan Co., Inc., Erf. J. G. Hendricks.
[12] A.P. 2579572, National Lead Co., Erf. J. G. Hendricks.

A. Die Stabilisatoren

Zusatz von Bariumricinoleat und Epoxyverbindungen gelangt man zu Polyvinylchloridmassen von erhöhter Wärmestabilität[1]. Bariumsalze organischer Säuren können auch gemeinsam mit Organozinnmercaptiden[2], mit Organozinnverbindungen, Cadmiumäthyladipat sowie einem die Trübung verhindernden Mittel[3] oder mit einem Tetraalkyltitinat[4] verwendet werden.

Verschiedentlich ist über den synergistischen Einfluß von organischen Verbindungen auf die stabilisierende Wirkung von Bariumsalzen berichtet worden. Solche organischen Verbindungen sind mehrwertige Alkohole oder deren Ester oder Äther[5], ungesättigte Ester[6], Salicylsäureester[7], Benzalverbindungen[8] und Benzalphthalide[9].

f) Zinkverbindungen

Zink eignet sich in Form seiner Salze mit organischen Säuren zum Stabilisieren von Polyvinylchlorid und Mischpolymerisaten aus Vinylchlorid und anderen polymerisierbaren Monomeren. Geeignete Zinksalze sind das Acetat, Propionat, Laurat, Stearat, Crotonat, Butyrat, Valerat, Oleat, Myristinat und Palmitat[10]. Andere Zinksalze, wie das Maleinat, Citrat, Phthalat, Diäthylaminlaurat, Thiophenolat, Thiokresolat oder Diäthyldithiocarbamat, können ebenfalls verwendet werden, doch ist den fettsauren Salzen der Vorrang zu geben. Von den weiteren Zinkverbindungen, deren Anwendung als stabilisierende Zusätze zu Polyvinylchlorid empfohlen wurden, sollen hier noch die Zinksalze von epoxydierten Fettsäuren[11], die Zinksalze von Aryl- oder Alkylmercaptosäuren, wie z. B. Phenyläthylmercaptoessigsäure[12], und die Zinkverbindungen von Sulfimiden[13] genannt werden.

---

[1] Vgl. H. SMITH, VERITY: British Plastics **27**, 178 (1954); A.P. 2605244, Firestone Tire & Rubber Co., Erf. J. D. MATLACK u. R. J. REID.
[2] A.P. 2789963, Argus Chemical Corp., Erf. A. C. HECKER.
[3] A.P. 2564646, Argus Chemical Laboratory, Erf. W. E. LEISTNER, A. C. HECKER u. O. H. KNOEPKE.
[4] A.P. 2777826, Harshaw Chemical Co., Erf. H. M. OLSON.
[5] A.P. 2711401, Ferro Corp., Erf. R. E. LALLY.
[6] A.P. 2609355, Shell Development Co., Erf. D. L. E. WINKLER.
[7] D.R.P. 701837, Carbide and Carbon Chemicals Corp.
[8] D.B.P. 906997, Chemische Werke Hüls GmbH, Erf. K. HOFFMANN, W. KLEIN u. A. ROSENBERG.
[9] D.B.P. 907597, Chemische Werke Hüls GmbH, Erf. K. HOFFMANN, W. KLEIN u. A. ROSENBERG.
[10] F.P. 917830, E.P. 584434, Wingfoot Corp., Erf. F. W. COX, J. M. WALLACE jr. u. W. SCOTT.
[11] A.P. 2684353, Buffalo Electro-Chemical Co., Erf. F. P. GREENSPAN u. R. J. GALL.
[12] A.P. 2723965, Erf. W. E. LEISTNER, O. H. KNOEPKE u. A. C. HECKER.
[13] D.B.P. 946480, Henkel & Cie. GmbH., Erf. W. GÜNDEL u. G. DIECKELMANN.

Zinkverbindungen werden selten allein als Stabilisatoren verwendet. Sie gelangen vielmehr in der Regel zusammen mit anderen Metallsalzen oder sekundären Stabilisatoren zur Anwendung.

Zahlreiche Vorschläge richten sich auf Zinkverbindungen enthaltende stabilisierende Gemische. Solche Gemische können nach Angaben der Firma Wingfoot Corp.[1] aus Zinkstearat und einem Alkali- oder Erdalkalistearat, z. B. Magnesiumstearat, bestehen. Zinksalze lassen sich auch gemeinsam mit einem Alkalisalz, vorzugsweise einer niedrigmolekularen Carbonsäure oder einer Sulfonsäure, verwenden[2].

Zur Stabilisierung von Polyvinylchlorid und Mischpolymerisaten des Vinylchlorids sind auch Gemische geeignet, die neben einem Zinksalz, wie Zinkstearat, ein Calciumchelat, wie Calciumäthylacetoacetat, als andere Komponente enthalten[3]. Zusätzlich hierzu kann noch eine Epoxyverbindung zugegen sein[4]. Als Stabilisatoren kommen weiter Gemische der Zink- und Calciumsalze von Phenylcarbonsäuren, wie Benzoe-, Phenylessig-, Dimethylbenzoesäure, Salicyl- und Phthalsäure, in Betracht[5].

Andere zur Stabilisierung dienende Gemische enthalten neben Zinksalzen Phenolate aus einem zweiwertigen Metall und einem Alkyl-, Aryl- oder Aralkylphenol[6], Trialkylester der phosphorigen Säure und einen epoxydierten Fettsäureester[7], Organozinnsalze von Mercaptoessigestern[8] oder ein Tetraalkyltitinat[9].

Verschiedentlich ist auch die Verwendung von Zinksalzen gemeinsam mit organischen Verbindungen empfohlen worden. Als organische Verbindungen wurden dabei mehrwertige aliphatische Alkohole sowie deren Äther oder Ester[10], Biphenole gemeinsam mit einem Ester einer mehrbasischen Säure[11] und Benzalphthalide[12] vorgeschlagen.

g) Cadmiumverbindungen

Cadmiumverbindungen sind ebenfalls zur Stabilisierung von Polyvinylchlorid geeignet. Sie zeichnen sich namentlich durch eine stabili-

---

[1] F.P. 914745, A.P. 2446976, Wingfoot Corp., Erf. E. Cousins.
[2] Ital.P. 383148, I. G. Farbenindustrie A.G.
[3] A.P. 2669548, Monsanto Chemical Co., Erf. L. D. Frederickson jr. u. J. R. Darby.
[4] A.P. 2669549, Monsanto Chemical Co., Erf. J. R. Darby.
[5] A.P. 2782176, Monsanto Chemical Co., Erf. L. D. Frederickson jr. u. J. R. Darby.
[6] F.P. 1127671, Argus Chemical Laboratory Inc.
[7] Holl.P. 91341, Argus Chemical Corp.
[8] A.P. 2789963, Argus Chemical Corp., Erf. A. C. Hecker.
[9] A.P. 2777826, Harshaw Chemical Co., Erf. H. M. Olson.
[10] A.P. 2711401, Ferro Corp., Erf. R. E. Lally.
[11] A.P. 2625521, Standard Oil Development Co., Erf. W. F. Fisher u. D.W. Young.
[12] D.B.P. 907597, Chemische Werke Hüls GmbH, Erf. K. Hoffmann, W. Klein u. A. Rosenberg.

A. Die Stabilisatoren

sierende Wirkung gegen Lichteinflüsse aus und sind in zahlreichen Handelsprodukten, in der Regel in synergistischer Mischung mit anderen Stabilisatoren, anzutreffen. Die Wirkung der Cadmiumverbindungen wird dabei nicht nur ihrer Fähigkeit, Chlorwasserstoff zu binden, sondern auch einer Bleichwirkung auf die im Verlaufe des Abbauvorganges gebildeten Polyene zugeschrieben.

Eine stabilisierende Wirkung üben nach D. M. YOUNG und W. M. QUATTLEBAUM[1] solche Cadmiumverbindungen aus, die durch Erhitzen eines Cadmiumsalzes einer niederen Fettsäure mit einem Alkalisalz einer solchen Säure erhalten werden. Andere Cadmiumverbindungen mit Stabilisatoreneigenschaften sind die Cadmiumsalze der Stearinsäure, Ölsäure, Rizinolsäure sowie Cadmiumseifen von oxydiertem oder geblasenem Leinöl[2]. Auch Cadmiummonocyclohexylmaleat ist zur Stabilisierung von Polyvinylchlorid oder Vinylchloridmischpolymerisaten nach R. A. HOLMES, J. F. MURPHY und R. L. WERKHEISER[3] geeignet.

Bei Lichteinwirkung sich nicht verfärbende Formmassen aus Polymerisaten oder Mischpolymerisaten des Vinylchlorids erhält man nach D. H. CHADWICK[4], wenn man als stabilisierenden Zusatz Cadmiumalkylvinylphosphonate der allgemeinen Formel

$$[CH_2=CH-P(O)(OR)-O]_2Cd$$

R = Alkyl mit 1···6 C-Atomen, in Mengen von 2···10% zusetzt.

An anderen Cadmiumverbindungen, die zur Stabilisierung von Vinylchloridpolymerisaten empfohlen wurden, seien das Cadmiumsalz des Adipinsäure-mono-n-butylesters[5], die basischen Cadmiumsalze von Carbonsäuren mit 6···22 Kohlenstoffatomen[6], die Cadmiumsalze von substituierten Benzoesäuren[7], alkyl- oder arylsubstituierten Salicylsäuren[8], die Cadmiumsalze von epoxydierten aliphatischen Carbonsäuren mit 11 bis 22 Kohlenstoffatomen[9], Äthercarbonsäuren[10] und die Cadmiumsalze von 9, 10 oder 12-Oxystearinsäure[11] genannt.

---

[1] A.P. 2261611, Carbide and Carbon Chemicals Corp.
[2] A.P. 2181478, Carbide and Carbon Chemicals Corp.
[3] A.P. 2681900, Monsanto Chemical Co.
[4] A.P. 2784171, Monsanto Chemical Co.
[5] D.B.P. 867913, Chemische Werke Hüls GmbH, Erf. H. WEBER u. W. FRANCKE.
[6] D.B.P. 950326, Belg.P. 547735, National Lead Co., Erf. J. G. HENDRICKS.
[7] A.P. 2598496, Shell Development Co., Erf. TH. F. BRADLEY u. D. L. E. WINKLER.
[8] F.P. 946039, N. V. de Bataafsche Petroleum Mij.
[9] E.P. 754854, Food Machinery and Chemical Corp., A.P. 2684353, Buffalo Electrochemical Co., Erf. F. PH. GREENSPAN u. R. J. GALL.
[10] A.P. 2844572, Ferro Chemical Co., Erf. F. R. HANSEN u. ST. B. ELLIOTT.
[11] Jap.A.S. 7582/1960, E.P. 831033, Ferro Chemical Corp.

Von den Schwefel enthaltenden Cadmiumverbindungen haben sich Cadmiummercaptide von Alkylmercaptanen mit 5···20 Kohlenstoffatomen[1], wie beispielsweise Cadmiumlaurylmercaptid, das Cadmiumsalz der Tetramethyloctylmercaptoessigsäure[2] und die Cadmiumsalze von Säuren der Formel

$$R-S-CH(R_1)-CH(R_2)-COOH$$

R = Alkyl oder Aryl mit bis zu 18 C-Atomen, R_1 und R_2 H oder CH_3

als zur Stabilisierung von Polyvinylchlorid geeignet erwiesen[3]. Auch thiodiglykolsaures Cadmium ist zur Stabilisierung von Polyvinylchlorid empfohlen worden[4].

Cadmiumverbindungen werden vielfach auch im Gemisch mit anderen Stabilisatoren angewendet. Solche Gemische können beispielsweise neben Cadmiumsalzen von Carbonsäuren einen mehrwertigen aliphatischen Alkohol, Äther oder Ester,[5] einen ungesättigten Ester, wie Diallylmaleat[6], oder einen Glycidyläther[7] enthalten. Andere, zur Stabilisierung vorgeschlagene Gemische bestehen aus einem Cadmiumsalz, z. B. der p-tert-Butylbenzoesäure oder Benzoesäure, Barium- oder Strontiumphenolat und Triphenylphosphit[8] oder aus einem Cadmiumsalz, einem epoxydierten Fettsäureester und einem Trialkylphosphit[9]. Weitere Vorschläge laufen darauf hinaus, Cadmiumsalze organischer Carbonsäuren zusammen mit einem Bariumphenolat[10], einem Tetraalkyltitinat, dessen Alkylreste 3···18 Kohlenstoffatome aufweisen[11], oder einem Phenolat eines Alkylaryl- oder Aralkylphenols[12] zu verwenden. Schließlich kann man zur Stabilisierung ein Gemisch verwenden, das aus einem Biphenol, einem Ester einer gesättigten oder ungesättigten mehrbasischen Säure mit einem 7···13 Kohlenstoffatome aufweisenden aliphatischen Alkohol und einem Cadmiumsalz einer anorganischen oder organischen Säure besteht[13].

---

[1] A.P. 2581915, Firestone Tire & Rubber Co., Erf. M. R. RADCLIFFÉ.
[2] F.P. 1186606, Usines Chimiques des Laboratoires Français, Erf. H. GUINOT u. PH. LE HÉNAFF.
[3] A.P. 2723965, Erf. W. E. LEISTNER, O. H. KNOEPKE, A. C. HECKER.
[4] F.P. 1184545, U.C.L.A.F., Erf. H. GUINOT u. PH. LE HÉNAFF.
[5] A.P. 2711401, Ferro Corp., Erf. R. E. LALLY; F.P. 1134627, National Lead Co., Erf. D. F. HERMAN u. S. SILBERSTEIN.
[6] A.P. 2609355, Shell Development Co., Erf. DE LOSS E. WINKLER.
[7] A.P. 2590059, Shell Development Co., Erf. DE LOSS E. WINKLER.
[8] A.P. 2935491, Metal & Thermit Corp., Erf. G. P. MACK.
[9] Holl P 91341, Argus Chemical Corp.
[10] E.P. 752053, Argus Chemical Corp., Erf. E. LEISTNER u. A. C. HECKER.
[11] A.P. 2777826, Harshaw Chemical Co., Erf. H. M. OLSON.
[12] F.P. 1127671, Argus Chemical Laboratory Inc.
[13] A.P. 2625521, Standard Oil Development Co., Erf. W. F. FISHER u. D. W. YOUNG.

A. Die Stabilisatoren

h) Zinnverbindungen

Über die Verwendung zweiwertiger Zinnverbindungen als Polyvinylchloridstabilisatoren ist, abgesehen von Zinn-II-ricinoleat[1], das zur Licht- und Hitzestabilisierung eingesetzt werden kann, nur wenig bekannt. Um so bedeutender sind dagegen die vom vierwertigen Zinn abgeleiteten Organozinnverbindungen, unter denen sich die wirksamsten der derzeit bekannten Stabilisatoren für Polyvinylchlorid befinden. Verbindungen dieses Types sind für manche Anwendungszwecke nahezu unentbehrlich, so namentlich zur Stabilisierung transparenter Polyvinylchloriderzeugnisse. Die technisch als Stabilisatoren eingesetzten Organozinnverbindungen weisen gewöhnlich zwei an das Zinnatom gebundene Alkylgruppen und zwei polare Gruppen auf, wobei es sich bei den letzteren um Alkoholat-, Säure- oder Mercaptoreste handeln kann. Als wichtigste Organozinnstabilisatoren sind Dibutylzinndilaurat, Dibutylzinnmaleinat, modifizierte Dibutylzinnmaleinate und die Dialkylzinnmercaptide anzusehen[2]. Außerdem erwecken einige Dioctylzinnverbindungen Interesse, da diese, wie Tierversuche an Ratten ergeben haben[3], nahezu frei von toxischen Nebenwirkungen sind. Von den erwähnten, häufig gebrauchten Organozinnstabilisatoren hat Dibutylzinndilaurat den Vorteil, in Lösungs- und Weichmachungsmittel leicht löslich zu sein, so daß die Einarbeitung keine Schwierigkeiten bereitet. Die Anwendung dieses Stabilisators wird besonders bei Verarbeitung transparenter Weichcompounds auf dem Kalander und der Strangpresse sowie für Organo- und Plastisole empfohlen. In der Wirkung wird Dibutylzinndilaurat von den Dialkylzinnmaleinaten übertroffen, die zu den wirksamsten Licht- und Wärmestabilisatoren gezählt werden. Ihre ausgezeichnete Stabilisatoreigenschaft wird der gleichzeitigen Anwesenheit eines Organozinnrestes und einer dienophilen Maleinsäuregruppe im Molekül zugeschrieben, wodurch die Möglichkeit einer Diels-Alder-Addition an die beim Wärmeabbau des Polyvinylchlorids sich bildenden Diengruppen geboten wird. Da Dibutylzinnmaleinat nur über schlechte Gleitmitteleigenschaften verfügt, wird seine Verwendung in Form von Gemischen mit Dibutylzinndilaurat empfohlen. Unter den weiter erwähnten Organozinnmercaptiden finden sich Substanzen, wie die Dilaurylmercaptide, die nicht nur innerhalb der Organozinnreihe, sondern innerhalb der bisher bekannten Stabilisatoren überhaupt als die wirksamsten Verbindungen anzusehen sind. Ihre Anwendung ist daher dort angezeigt, wo mit hohen Verarbeitungstemperaturen zu rechnen ist, wie bei der Herstellung von Folien oder Strangpreßerzeugnissen aus Hartpolyvinylchlorid.

---

[1] FURTER, F.: Kunststoffe **43**, 189 (1953).
[2] Vgl. hierzu MACK, G. P.: Modern Plastics Encyclopedia **1959**, 383.
[3] KLIMMER, O. R., u. I. U. NEBEL: Arzneimittel-Forschung **10**, 44 (1960).

VII. Die Hilfsstoffe für die Verarbeitung des Polyvinylchlorids

Die Literatur über Organozinnstabilisatoren ist außerordentlich umfangreich und umfaßt eine große Anzahl von Verbindungen. Diese lassen sich nach der Natur ihrer elektronegativen Gruppen klassifizieren. Danach kommt man zu folgender Unterteilung:

1. Organozinnstabilisatoren ohne elektronegative Gruppen;
2. Organozinnstabilisatoren mit anorganischen elektronegativen Gruppen;
3. Organozinnstabilisatoren mit organischen elektronegativen Gruppen
   a) mit Alkoholatgruppen,
   b) mit Säure- und Estergruppen,
   c) mit Mercaptidgruppen,
   d) mit sonstigen Gruppen.

Organozinnstabilisatoren, die in Gruppe 1 fallen, wurden von V. YNGVE[1] vorgeschlagen. Es handelt sich um Tetraalkylderivate des Zinns, wie z. B. Tetrabutylzinn, Tetraarylderivate, wie z. B. Tetraphenylzinn, und Organozinnverbindungen mit aliphatischen und aromatischen Resten, wie Propyltriphenylzinn, Tripropylphenylzinn oder Dipropyldiphenylzinn. Der gleichen Gruppe sind Tetra-α-thienylzinn[2] und die Reaktionsprodukte von heterocyclischen Grignardverbindung mit Zinntetrachlorid[3] zuzuschreiben.

Zu den Organozinnstabilisatoren der Gruppe 2 sind solche Organozinnverbindungen zu rechnen, die Sauerstoff oder eine Hydroxylgruppe an Zinn gebunden enthalten. Geeignete Verbindungen dieser Art sind nach Angaben der Firma Carbide and Carbon Chemicals Corp.[4] z. B. Dibutylzinnoxyd, Diphenylzinnoxyd und Triphenylzinnhydroxyd. Außerdem gehören zu Gruppe 2 einige mit organischen Resten substituierte Chloride des vierwertigen Zinns, wie Dibenzylzinndichlorid, im Benzolkern substituierte Dibenzylzinndichloride[5], Dibutylzinndichlorid[6] und einige Arylzinnchloride[7].

Zu den für die Stabilisierung von Polyvinylchlorid vorgeschlagenen Organozinnverbindungen, die Alkoholate als elektronegative Gruppen aufweisen, gehören Trialkylzinnalkoholate, deren Alkylreste vier oder

---

[1] A.P. 2267779, Carbide and Carbon Chemicals Corp.; A.P. 2219463, F.P. 829713, Carbide and Carbon Chemicals Corp., Erf. V. YNGVE.

[2] A.P. 2479918, Monsanto Chemical Co., Erf. J. K. FINCKE u. E. W. GLUESENKAMP.

[3] E.P. 825039, Metal & Thermit Corp., Erf. H. E. RAMSDEN.

[4] A.P. 2267777, Carbide and Carbon Chemicals Corp.; F.P. 924600, Carbide and Carbon Chemicals Corp.

[5] D.A.S. 1069626, Deutsche Advance Produktion GmbH, Erf. A. HARTMANN.

[6] A.P. 2665286, Metal & Thermit Corp., Erf. H. J. PASSINO u. G. G. LAUER.

[7] D.A.S. 1124947, Badische Anilin- & Soda-Fabrik A.G., Erf. D. WITTENBERG.

A. Die Stabilisatoren

mehr und deren Alkoxygruppe 1···8 Kohlenstoffatome aufweisen[1], und Dialkylzinnalkoholate, deren Alkoholreste von Butyl-, Benzyl-, Furyl- und Decylalkohol oder von mehrwertigen Alkoholen[2] und teilweise veresterten mehrwertigen Alkoholen abgeleitet sind[3].

Eine weitere Klasse von Stabilisatoren für Polyvinylchlorid stellen Organozinnverbindungen dar, die neben Alkyl- oder Arylgruppen eine oder mehrere Carboxygruppen an Zinn gebunden enthalten. Solche Verbindungen sind außer dem bereits erwähnten Dibutylzinndilaurat Verbindungen, wie Dibutylzinndiacetat und Tributylzinnoleat[4]. Diese Verbindungen können allein oder im Gemisch mit anderen Stabilisatoren zur Anwendung kommen. So gelangt man nach Angaben der Firma Union Carbide and Carbon Corp.[5] zu wärme- und lichtbeständigen Polyvinylchloridmassen, wenn man Organozinnverbindungen, wie Dibutylzinndiacetat, -dioleat, -dilaurat, -maleat oder -diaconitat, gemeinsam mit einer in der Regel geringeren Menge an Magnesiumphosphat, -carbonat oder -silicat als stabilisierende Zusätze verwendet. Die gleiche Firma verwendet Dibutylzinndilaurat zusammen mit Orthoameisensäure oder Orthokieselsäureäthylester[6] und organische Zinnverbindungen zusammen mit trialkylierten Phenolen[7]. Andere zur Stabilisierung vorgeschlagenen Gemische enthalten neben Dialkylzinnsalzen von aliphatischen Mono- oder Dicarbonsäuren Propylenglykoldiricinoleat[8] oder Barium- oder Strontiumricinoleat, Cadmiumricinoleat und ein Epoxyharz[9].

Organozinnstabilisatoren können auch sowohl Monocarbonsäuren als auch Dicarbonsäuren als salzbildende Komponente enthalten. Solche Verbindungen erhält man durch Einwirkung eines Gemisches von Maleinsäure und einer Monocarbonsäure auf ein Organozinnoxyd[10] oder durch Umsetzung einer Dicarbonsäure oder deren Anhydrid mit Dialkylzinnoxyd und einem Dialkylzinnsalz einer Monocarbonsäure[11]. Analog lassen sich Organozinnstabilisatoren auch durch Umsetzung mit Maleinsäurehalbester[12] erhalten. Von den Organozinnverbindungen

---

[1] A.P. 2745820, A.P. 2745819 Carlisle Chem. Works, Inc., Erf. G. P. Mack u. E. Parker.
[2] A.P. 2583084, E.P. 679655, Union Carbide and Carbon Chem. Corp.; E.P. 664133, Bakelite Corp.
[3] A.P. 2744876, Metal & Thermit Corp., Erf. H. E. Ramsden.
[4] F.P. 924693, Carbide and Carbon Chemicals Corp.
[5] E.P. 707338, Union Carbide and Carbon Corp.
[6] E.P. 740203, Union Carbide and Carbon Corp.
[7] E.P. 718245, Union Carbide and Carbon Corp.
[8] A.P. 2486182, Monsanto Chemical Co., Erf. R. R. Lawrence.
[9] E.P. 759775, E.P. 759776, Pure Chemicals Ltd., H. Verity-Smith.
[10] E.P. 751499, Schwz.P. 328072, Metal & Thermit Corp., C. R. Gloskey.
[11] F.P. 1118081, Pure Chemicals Ltd.
[12] A.P. 2938013, A.P. 3019247, Carlisle Chemical Works, Inc., Erf. G. P. Mack u. E. Parker.

mit Tricarbonsäuren als salzbildender Komponente sind die Dialkylzinnsalze von Citronensäuremonoestern[1] zu erwähnen.

Zu den Organozinnstabilisatoren, die sowohl Ester- als auch Äthergruppen enthalten, sind Stannandiolätherester, wie z. B. Dibutylzinnmethoxylaurat, -acetat oder -methylmaleat zu zählen, die durch Arbeiten von G. P. MACK und F. B. SAVARESE[2] bekannt wurden.

Viele der in der Literatur beschriebenen Organozinnstabilisatoren sind polymere Verbindungen, die von mehr oder weniger komplizierter Struktur sind. Derartige Verbindungen lassen sich durch Umsetzung von Dialkylzinnhalogeniden in wasserfreiem Medium mit Alkalimetallalkoholaten oder Alkohol und Aminen und anschließende Polymerisation erhalten[3]. Sie können gegebenenfalls noch mit Diorganozinndichloriden komplexiert sein[4]. Auch die Umsetzung von Carbonsäureester mit Dialkylzinnoxyden führt zu polymeren Organozinnverbindungen, die als Stabilisatoren für Vinylchloridharze gegen Verfärbung in der Wärme geeignet sind[5].

Weitere Organozinnstabilisatoren mit polymerer Struktur entstehen bei der Umsetzung von Organozinnoxyden mit Aldehyden oder Ketonen[6] und Dialkylzinnchlorid mit einem Epoxysuccinat[7].

Von den Schwefel enthaltenden Organozinnverbindungen eignen sich nach E. P. STEFL und CH. E. BEST[8] zur Stabilisierung von Polyvinylchlorid Organozinntrimercaptide, die durch Umsetzung von Zinnsäuren der Formel

$$RSn(=O)(OH),$$

wobei R ein organischer Rest mit 1···22 Kohlenstoffatomen bedeutet, mit Mercaptanen erhalten werden. Als Mercaptane können dabei nach den gleichen Autoren 2-Mercaptothiazole dienen[9]. Auch Organozinn-

---

[1] A.P. 2936299, Chas. Pfizer & Co., Inc., Erf. A. BAVLEY u. CH. J. KNUTH.
[2] D.B.P. 886962, D.B.P. 919410, E.P. 711145, Advance Solvents & Chemical Corp., Erf. G. P. MACK u. F. B. SAVARESE.
[3] F.P. 986245, Erf. G. P. MACK u. E. PARKER; A.P. 2592926, D.B.P. 838212, Advance Solvents & Chemical Co., Erf. G. P. MACK u. E. PARKER.
[4] A.P. 2604460, D.B.P. 838212, Advance Solvents & Chemical Co., Erf. G. P. MACK u. E. PARKER.
[5] E.P. 737033, Metal & Thermit Corp., Erf. E. W. JOHNSON.
[6] E.P. 718393, A.P. 2593267, Metal & Thermit Corp., Erf. J. M. CHURCH, E. W. JOHNSON u. H. E. RAMSDEN; wegen der Einarbeitung flüssiger polymerer Organozinnstabilisatoren vgl. A.P. 2921917, F.P. 1197851, Jap.A.S. 9644/1960, Carlisle Chemical Works Inc.; Jap.A.S. 9433/1960, Carlisle Chemical Works Inc.
[7] A.P. 2972595, Chas. Pfizer & Co., Inc., Erf. A. BAVLEY u. CH. J KNUTH.
[8] A.P. 2713585, A.P. 2731482, Firestone Tire & Rubber, Erf. P. STEFL u. CH. E. BEST.
[9] A.P. 2731440, A.P. 2731441, Firestone Tire & Rubber Co., Erf. E. P. STEFL u. CH. E. BEST.

A. Die Stabilisatoren

dimercaptide, die durch Reaktion von Stannonen der Formel

$$R_2Sn = O,$$

wobei R ein organischer Rest mit 1···22 C-Atomen oder ein halogenhaltiger aromatischer Rest bedeuten, mit Mercaptanen oder durch Reaktion von Diorganozinn-dihalogeniden mit Alkalimercaptiden erhalten werden, kommt eine hervorragende stabilisierende Wirkung zu[1]. Ähnliches gilt nach W. E. LEISTNER und O. H. KNOEPKE[2] und H. W. BUCHANAN und E. W. JOHNSON[3] auch für Mono-, Di- und Trimercaptide der Formel

$$R_n Sn(SR')_{4-n},$$

wobei n = 1,2 oder 3 und R und R' Alkyl-, Aryl- oder Sauerstoff enthaltende Alkyl- oder Arylgruppen bedeuten. Als Sauerstoffgruppen enthaltende Organozinnmercaptide, die sich als Stabilisatoren eignen, sind hier noch die Umsetzungsprodukte von Organozinnoxyden, -hydroxyden oder -chloriden mit Mercaptoalkoholen[4] oder mit Mercaptoalkoholen, deren Hydroxylgruppen mit Carbonsäuren wie Laurinsäure[5] oder Adipinsäure[6] verestert sind, zu nennen.

Dialkylzinnmercaptide können auch gemeinsam mit einem Schwermetallsalz, z. B. basischem Bleisulfat, als Stabilisierungsmittel verwendet werden[7].

Weiter wurden Organozinnstabilisatoren beschrieben, die neben einem Mercaptorest den Rest einer Mono- oder Dicarbonsäure an Zinn gebunden enthalten[8].

Zur Stabilisierung von Polyvinylchlorid können auch Organozinnverbindungen von Mercaptosäuren und Mercaptoestern dienen. So verwenden beispielsweise E. L. WEINBERG und E. W. JOHNSON[9] Butylzinn-S,S',S''-tri-(mercaptoessigsäure) als stabilisierenden Zusatz zu Polyvinylchlorid. Dem gleichen Zweck dienen nach den gleichen Autoren[10] Dibutylzinn-S,S'-bis-(trimethylhexylmercaptoacetat) und nach W. E. LEISTNER und O. H. KNOEPKE[11] und W. E. LEISTNER und

---

[1] F.P. 1055906, A.P. 2731482, E.P. 728953, E.P. 728954, Firestone Tire & Rubber Co.; vgl. Belg.P. 558572, Badische Anilin- & Soda-Fabrik A.G.
[2] A.P. 2726227, Erf. W. E. LEISTNER u. O. H. KNOEPKE.
[3] E.P. 719421, Metal & Thermit Corp.; vgl. Belg.P. 524914.
[4] E.P. 743313, Metal & Thermit Corp.
[5] E.P. 759382, Holl.P. 91173, Metal & Thermit Corp.
[6] E.P. 743304, Argus Chemical Laboratory Inc.
[7] F.P. 1177558, Badische Anilin- & Soda-Fabrik A.G.
[8] A.P. 2998441, Carlisle Chemical Works Inc., Erf. G. P. MACK u. E. PARKER.
[9] A.P. 2832751, Metal & Thermit Corp., Erf. L. E. WEINBERG u. E. W. JOHNSON.
[10] A.P. 2648650, F.P. 1084431, Metal & Thermit Corp.
[11] A.P. 2641596, Argus Chemical Laboratory Inc., Erf. W. E. LEISTNER u. O. H. KNOEPKE.

A. C. Hecker[1] Dibutylzinndithioglykolsäurecyclohexylester, Monobutylzinntrithiopropionsäurehexylester, Triphenylzinnthioglykolsäurebenzylester und ähnliche Organozinnverbindungen mit einem oder mehreren Esterresten einer Mercaptosäure, deren Schwefelatom an Zinn gebunden ist.

Analoge Verbindungen mit Resten eines Mercaptosäureamides sind nach den gleichen Autoren ebenfalls als Stabilisatoren geeignet[2].

Neben Mercaptoesterresten können auch noch andere Schwefel enthaltende Reste im Molekül der Organozinnverbindungen gebunden sein. Solche Verbindungen mit zwei verschiedenen Schwefel enthaltenden Gruppen wurden den Firmen Deutsche Advance Produktion GmbH[3] und Advance Solvents & Chemical Corp.[4] geschützt. Schließlich sind Organozinnverbindungen als Stabilisatoren hergestellt worden, die neben Mercaptoesterresten noch Reste von Halbester ungesättigter Dicarbonsäuren an Zinn gebunden enthalten[5].

Auch polymere, Schwefel enthaltende Organozinnverbindungen sind als Stabilisatoren vorgeschlagen worden. G. P. Mack[6] erhält derartige Verbindungen durch Reaktion von linearen Polystannandioläthern mit Mercaptanen, Thioalkoholen, deren Estern oder Mercaptosäureestern.

Ein weiterer Weg, zu derartigen polymeren Zinnverbindungen zu gelangen, besteht nach dem gleichen Autor[7] in der Umsetzung von organischen Zinnverbindungen, wie organischen Zinnoxyden, -hydroxyden, -alkoxyden oder -halogenverbindungen, mit Mercaptoverbindungen, die zwei oder mehrere an verschiedene Kohlenstoffatome gebundene SH-Gruppen aufweisen.

Zu Schwefel enthaltenden Organozinnstabilisatoren kommt man nach E. L. Weinberg[8] durch Einwirkung von teilweise veresterten Dicarbonsäuren auf ein organisches Zinnoxyd und anschließende Umsetzung des Reaktionsproduktes mit einem Alkyl- oder Arylmercaptan. Die hierbei entstehenden Produkte haben den Charakter von Komplexverbindungen.

---

[1] A.P. 2641589, Argus Chemical Laboratory, Erf. W. E. Leistner. u. A. C. Hekker.

[2] A.P. 2704756, Argus Chemical Laboratory Inc.

[3] Holl.P. 95061, Deutsche Advance Produktion GmbH.

[4] F.P. 1116475, F.P. 1085807, Advance Solvents & Chemical Corp., Erf. G. P. Mack u. E. Parker.

[5] A.P. 2830067, Metal & Thermit Corp., Erf. H. E. Ramsden u. E. L. Weinberg.

[6] A.P. 2809956, E.P. 781452, Carlisle Chemical Works Inc., Erf. G. P. Mack u. E. Parker, D.A.S. 1080555, Deutsche Advance Produktion GmbH.

[7] Jap.A.S. 4992/1958, Carlisle Chemical Works Inc.; vgl. auch F.P. 1138451, Advance Solvents & Chemical Corp., Erf. G. P. Mack u. E. Parker; vgl. auch Jap.A.S. 18387/1960, Yoshitomi Seiyaku Kabushiki Kaisha.

[8] A.P. 2868819, E.P. 749722, Metal & Thermit Corp., Erf. E. L. Weinberg.

A. Die Stabilisatoren

Weitere Schwefel enthaltende Organozinnverbindungen, die als Stabilisatoren für Polyvinylchlorid dienen können, sind Tetramercaptide des Zinns[1] sowie Dialkyl- und Trialkylzinnsulfide[2]. Auch Organozinnverbindungen von mehrbasischen Thiosäuren sowie von deren Estern kommt eine stabilisierende Wirkung zu. Von den Verbindungen dieser Klasse sind Tributylzinn-S-thioäpfelsäure[3], Dibutylzinn-S,S'-bis-thioäpfelsäure sowie deren Ester und analoge Zinnverbindungen mit einem, zwei oder drei Alkyl-, Aryl- oder Aralkylresten zu nennen[4].

Eine weitere Klasse von Schwefel enthaltenden Zinnstabilisatoren stellen Organozinnverbindungen dar, die über Sauerstoffatome an Zinn gebundene Thiocarbonsäurereste aufweisen. Verbindungen dieser Art können nach W. E. LEISTNER und A. C. HECKER[5] durch Kondensation von Organozinnverbindungen mit Mercaptofettsäuren mit geschützter SH-Gruppe hergestellt werden. In ähnlicher Weise lassen sich auch entsprechende Verbindungen mit Dithioglykolsäure[6], Dithioglykolsäureallylhalbester[7], S-Acyl-thioäpfelsäure[8] und freier Thioäpfelsäure[9] erhalten.

Andere Organozinnstabilisatoren haben am Zinnatom Schwefelatome gebunden, die einem Thiocarbonsäurerest entstammen. Beispiele hierfür sind Dibutyl-Sn-dithioacetat, Dibutyl-Sn-dithiolaurat[10], Dibutyl-Sn-dithiocaprylat, Dibutyl-Sn-dithiobenzoat[11] und Dialkylzinnverbindungen, die neben einem Thiocarbonsäurerest einen Alkoxy- oder Carboxyrest im Molekül an Zinn gebunden enthalten[12].

---

[1] D.A.S. 1008908, Argus Chemical Laboratory Inc., Erf. W. E. LEISTNER u. O. KNOEPKE; vgl. A.P. 2888435.

[2] Holl.P. 93925, F.P. 1111320, Soc. An. des Manufactures des Glaces et Produits Chimiques de Saint-Gobain, Chauny & Cirey, Erf. M. CRAULAND; A.P. 2746946, Metal & Thermit Corp., Erf. E. L. WEINBERG u. H. E. RAMSDEN.

[3] F.P. 1105652, Soc. An. des Manufactures des Glaces et Produits Chimiques de Saint-Gobain, Chauny & Cirey.

[4] A.P. 2832752, Metal & Thermit Corp.; D.A.S. 1020337, Argus Chemical Laboratory Inc., Erf. E. L. WEINBERG u. E. W. JOHNSON.

[5] A.P. 2680107, Argus Chemical Laboratory Inc., Erf. W. E. LEISTNER u. A. C. HECKER.

[6] D.A.S. 1126604, Institut für Chemie und Technologie der Plaste, Erf. K. THINIUS, H. WALTHER u. H. BERGHEER.

[7] D.P. (DDR) 21727, Erf. K. THINIUS u. E. SCHRÖDER.

[8] F.P. 1107726, Soc. An. des Manufactures des Glaces et Produits Chimiques de Saint-Gobain, Chauny & Cirey.

[9] Holl.P. 91801, Soc. An. des Manufactures des Glaces et Produits Chimiques de Saint-Gobain, Chauny & Cirey.

[10] A.P. 3029267, Thiokol Chemical Corp., Erf. M. B. BERENBAUM u. E. R. BERTOZZI.

[11] Jap.A.S. 2190/1960, Tatsuo Katsumura.

[12] Schwz.P. 350289, Schwz.P. 350290, Deutsche Advance Prod. GmbH, Erf. H. POHLEMANN, W. KUEHNE u. H. KRZIKALLA.

Organozinnverbindungen von anderen schwefelhaltigen Säuren und Säurederivaten kommt ebenfalls eine stabilisierende Wirkung zu. So eignen sich Zinn-Kohlenwasserstoffverbindungen von Alkylxanthogensäuren[1], substituierten Dithiocarbamatsäuren[2] und Sulfonamiden[3].

Weiter sind noch zinnorganische Verbindungen zu erwähnen, bei denen im Molekül zwei über eine Schwefelbrücke miteinander verbundene Zinnatome vorhanden sind[4].

Auch die Reaktion von Alkyl- oder Arylzinnoxyden mit äquimolekularen Mengen von Oximen oder Amidoximen[5] und von Diorganodialkoxy- bzw. Triorganoalkoxyzinnverbindungen mit Amiden, Imiden, Aldoximen oder Ketoximen[6] führt zu Substanzen, die als Stabilisatoren verwendbar sind.

Nach H. E. RAMSDEN kommt Bor enthaltenden Organozinnverbindungen ebenfalls eine stabilisierende Wirkung zu. Solche Verbindungen lassen sich durch Einwirkung von Organozinnverbindungen auf Borsäure[7], Borsäureester, wie z. B. Trimercaptoalkyl- oder -arylborsäureester[8] oder gemischte Borsäureester von Alkoholen und Mercaptoalkoholen[9], erhalten.

Als Organozinnstabilisatoren seien schließlich noch die Organozinnphosphate, wie z. B. Tri-(tributylzinn)-phosphat, Dioctyl-tributylzinnphosphat, Diphenyl-triphenylzinn-phosphat, und entsprechende Pyro- und Triphosphate genannt, die sich nach J. M. CHURCH, H. E. RAMSDEN, H. HIRSCHLAND und H. W. BUCHANAN[10] zur Stabilisierung von Polyvinylchlorid eignen.

Organozinnantimonverbindungen wurden von J. FATH[11] und E. PARKER und B. ACKERMANN[12] als Stabilisatoren für Polyvinylchloridharze vorgeschlagen.

---

[1] E.P. 740397, Argus Chemical Laboratory Inc.
[2] F.P. 1167741, Farbwerke Hoechst A.G. vorm. Meister Lucius & Brüning; E.P. 800295, Metal & Thermit Corp., Erf. H. E. RAMSDEN.
[3] A.P. 2618625, A.P. 2634281, Advance Solvents & Chemical Co., Erf. G. P. MACK u. E. PARKER.
[4] Jap.A.S. 8337/1960, Kyodo Yakuhin Kabushiki Kaisha, Erf. T. ITO.
[5] A.P. 2988534, D.A.S. 1023222, VEB Elektrochemisches Kombinat Bitterfeld, Erf. A. ECKELMANN u. R. KUSCHK.
[6] A.P. 2727917, Advance Solvents & Chemical Corp., Erf. G. P. MACK u. E. PARKER.
[7] D.A.S. 1007329, Metal & Thermit Corp., Erf. H. E. RAMSDEN.
[8] A.P. 2904570, E.P. 742975, Metal & Thermit Corp.
[9] E.P. 750106, Holl.P. 93321, Metal & Thermit Corp.
[10] A.P. 2749257, A.P. 2630136, A.P. 2630442, Metal & Thermit Corp.
[11] A.P. 2934548, Heyden Newport Chemical Corp., Erf. J. FATH.
[12] D.A.S. 1114808, Deutsche Advance Produktion GmbH.

A. Die Stabilisatoren 231

i) Bleiverbindungen

Bleiverbindungen gehören zu den ersten, zur Stabilisierung von Polyvinylchlorid verwendeten Substanzen. Sie werden auch heute noch insbesondere für solche Polyvinylchloridmassen verwendet, die elektrotechnischen Zwecken dienen. Als Vorteile von Bleiverbindungen sind deren gute Stabilisierungseigenschaften und der verhältnismäßig geringe Preis zu nennen. Dem steht allerdings das hohe spezifische Gewicht, die Toxizität und die Empfindlichkeit dieser Verbindungen gegen Schwefelwasserstoff als Nachteil gegenüber.

Die als Stabilisatoren verwendeten Bleiverbindungen umfassen sowohl anorganische als auch organische Bleiverbindungen.

Von den anorganischen Bleiverbindungen ist das Oxyd als Wärmestabilisator vorgeschlagen worden, und zwar namentlich für solche Polyvinylchloridmassen, die elektrischen Isolationszwecken dienen sollen[1]. Als Stabilisatoren sind weiter Bleicarbonat[2], basische Bleicarbonate, wie Bleiweiß[3] und Bleiweiß im Gemisch mit Mischpolymerisaten aus Vinylacetat und Maleinsäureanhydrid[4], empfohlen worden. Von den weiteren anorganischen Bleisalzen haben Bleisilicat[5], basisches Bleisilicat, gegebenenfalls gemeinsam mit Zimtsäure[6], Komplexe aus Bleiorthosilicat und Kieselsäuregel[7] und Bleisilicat und basischem Bleichlorid[8], basisches Bleiphosphat[9], zweibasisches Bleiphosphit[10], dreibasisches Bleisulfat[11] und basisches Bleisulfit[12] Bedeutung als Stabilisatoren für Polyvinylchlorid erlangt. Schließlich sei in diesem Zusammenhang auch noch Bleisulfit erwähnt, dessen Eignung als stabilisierender Zusatz ebenfalls beschrieben wurde[13].

Eine weitere Klasse von Stabilisatoren für Polyvinylchlorid und Vinyl-

---

[1] F.P. 872845, Comp. Française pour l'Exploitation des Procédés Thomson-Houston; LEE, J. A.: Chem. Eng. **53**, 120 (1946); A.P. 2483959, Monsanto Chemical Co.
[2] Mod. Plastics **25**, 51 (1948).
[3] LEE, J. A.: Chem. Engng. **53**, 120 (1946).
[4] A.P. 2483959, Monsanto Chemical Co., Erf. M. BAER.
[5] A.P. 2179973, A.P. 2378739, B. F. Goodrich Co., Erf. C. H. ALEXANDER. u. G. H. TAFT.
[6] A.P. 2542179, Monsanto Chemical Co., Erf. G. R. BUCHANAN.
[7] British Plastics **23**, 70 (1950).
[8] F.P. 1169961, E.P. 810578, D.A.S. 1051000, National Lead Co., Erf. J. G. HENDRICKS u. A. R. PITROT.
[9] F.P. 872845, Comp. Française pour l'Exploitation des Procédés Thomson-Houston.
[10] WEIDER, C. F.: Kunststoffe **43**, 102 (1953).
[11] D.B.P. 904466, National Lead Co., Erf. F. W. WILLIAMS u. J. G. HENDRICKS.
[12] Jap.A.S. 9432/1960, Sakai Kagaku Kogyo Kabushiki Kaisha.
[13] A.P. 2161024, Carbide and Carbon Chemicals Corp., Erf. A. K. DOOLITTLE.

chloridmischpolymerisate stellen nach M. SAFFORD und E. L. MINCHER[1] Bleisilanolate der allgemeinen Formel

$$(R)_3—Si—O—Pb—O—Si—(R)_3$$

dar, in der R ein einwertiger Alkyl-, Aryl- oder Aralkylrest bedeutet.

Außer den Salzen von anorganischen Säuren spielen auch Bleisalze von organischen Säuren eine bedeutende Rolle als Stabilisatoren für Polymerisate und Mischpolymerisate auf Basis von Vinylchlorid.

So können nach Angaben der Firma Carbide and Carbon Chemicals Corp.[2] Bleisalze von schwachen organischen Säuren, wie das Stearat, Oleat, Ricinoleat und die Bleiseifen von oxydiertem oder geblasenem Leinöl, zum Stabilisieren von Polyvinylchlorid dienen. Auch Bleiacetat ist vorgeschlagen worden, doch hält sich die durch diesen Zusatz bedingte Verbesserung der Licht- und Wärmebeständigkeit in mäßigen Grenzen. Eine stabilisierende Wirkung üben nach D. M. YOUNG und W. M. QUATTLEBAUM[3] auch Verbindungen aus, die durch Erhitzen eines Bleisalzes einer niederen Fettsäure mit einem Alkalisalz einer solchen Säure erhalten werden. Ferner wurden die Bleisalze der in Methan löslichen, in Pentan aber unlöslichen Fettsäuren von verseiftem Wollfett als Stabilisatoren vorgeschlagen[4]. Andere Bleisalze organischer Säuren, die wegen ihrer stabilisierenden Eigenschaften hier zu nennen sind, sind die Bleisalze der Äthylendicarbonsäuren oder der Propylenoxydmonocarbonsäuren, die mindestens eine Äthylenoxydgruppe enthalten[5], und Bleiverbindungen der allgemeinen Formel

$$Aryl—O—Pb—O—CO—R,$$

wobei R einen aliphatischen Rest mit mindestens 9 Kohlenstoffatomen bedeutet[6].

Größere wirtschaftliche Bedeutung als stabilisierende Zusätze zu Polyvinylchloridmassen haben basische Bleisalze organischer Säuren erlangt. Von diesen Verbindungen sind das mono- und das dibasische Bleiphthalat[7], das dreibasische Bleioxalat, -succinat, -adipat, -sebacat und -fumarat zu nennen[8]. Auch basische Bleisalze synthetischer Fett-

---

[1] F.P. 946322, Comp. Française Thomson-Houston; Can.P. 467158, Canadian General Electric Co. Ltd.

[2] A.P. 2181478; vgl. auch F.P. 953474, B. F. Goodrich Corp.

[3] A.P. 2261611, Carbide and Carbon Chemicals Corp.

[4] A.P. 2538297, Shell Development Co.; F.P. 942990, N. V. de Bataafsche Petroleum Mij.

[5] D.R.P. 750173, ohne Patentinhaberangabe.

[6] A.P. 2340151, General Electric Co., R. W. STALEY.

[7] E.P. 687425, F.P. 1020020, Titan Co. Inc.; A.P. 2608547, National Lead, Erf. J. G. HENDRICKS u. H. J. RATTI.

[8] A.P. 2744881, Can.P. 553375, National Lead Co., Erf. J. G. HENDRICKS u. L. M. KEBRICH.

A. Die Stabilisatoren

säuregemische, besonders solcher, die durch Oxydation von Paraffin entstehen, können als Stabilisatoren verwendet werden[1]. Ihre Anwendung wird dabei insbesondere in Form von Lösungen oder Suspensionen im Weichmacher empfohlen.

An weiteren Bleiverbindungen mit Stabilisatoreigenschaften sind Bleisalicylat[2] und die Bleisalze von epoxydierten aliphatischen Carbonsäuren mit 11···22 Kohlenstoffatomen, z. B. Blei-epoxystearat oder die entsprechenden Salze der epoxydierten Öl-, Elaidin- oder Linolensäure[3], zu nennen. Ferner ist auf das Bleisalz der Tetramethyloctylmercaptoessigsäure[4], auf die Bleisalze von Säuren der allgemeinen Formel

$$R-S-CH(R_1)-CH(R_2)-COOH,$$

wobei R ein Alkyl- oder Arylrest und R_1 und R_2 einen Methylrest oder Wasserstoff bedeuten[5], und Bleithiodiglykolat[6] hinzuweisen.

Das Blei kann auch in Form seiner Alkoholate[7] oder seiner Organometallverbindungen vorliegen. Von den zuletzt genannten Verbindungen eignen sich nach V. YNGVE[8] zum Stabilisieren von Mischpolymerisaten aus Vinylchlorid und Vinylestern aliphatischer Säuren Substanzen, wie Diphenylblei, Tetraphenylblei und Dipropyldiphenylblei. Ähnlich wirken solche Organobleiverbindungen, die Sauerstoff oder Carboxygruppen an Blei gebunden enthalten, wie z. B. Diphenylbleistearat oder Tributylbleistearat[9]. Die Carboxygruppe kann dabei nach M. BAER[10] auch einer α, β-ungesättigten Säure oder dem Halbester einer ungesättigten Dicarbonsäure entstammen.

Bleisalze können auch in Form synergistischer Gemische mit anderen Stabilisatoren angewendet werden.

Nach R. E. LALLY[11] eignen sich Gemische aus etwa gleichen Teilen eines Bleisalzes einer aliphatischen oder cycloaliphatischen Carbonsäure und eines mehrwertigen alkphatischen Alkohols mit 2···9 Kohlenstoff-

---

[1] D.B.P. 955269, Imhausen & Co., GmbH; D.B.P. 966363, Imhausen & Co., GmbH u. K. H. Imhausen.
[2] F.P. 946039, N. V. de Bataafsche Petroleum Mij.;
[3] A.P. 2684353, Buffalo Electro-Chemical Co., Inc.; E.P. 754584, Food Machinery and Chemical Corp., Erf. F. P. GREENSPAN u. R. J. GALL.
[4] F.P. 1186606, Usines Chimiques des Laboratoires Français, Erf. H. GUINOT u. PH. LE HÉNAFF.
[5] A.P. 2723965, Erf. W. E. LEISTNER, O. H. KNOEPKE u. A. C. HECKER.
[6] E.P. 837466, Usines Chimiques des Laboratoires Français.
[7] D.B.P. 951626, Chemische Werke Albert, Erf. H. LANGHANS.
[8] A.P. 2219463, Carbide and Carbon Chemicals Corp.
[9] F.P. 924693, A.P. 2267777, A.P. 2267778, Carbide and Carbon Chemicals Corp.
[10] A.P. 2561044, Monsanto Chemical Co., Erf. M. BAER.
[11] A.P. 2711401, Ferro Corp., Erf. R. F. LALLY.

atomen oder eines hiervon abgeleiteten Äthers oder Esters zum Stabilisieren von halogenhaltigen Vinylharzen.

Die stabilisierende Wirkung von Bleisalzen läßt sich ferner durch Zusatz von Orthoameisensäureester verstärken[1]. Licht- und wärmebeständige Polyvinylchloridmassen, die auf Folien verarbeitet werden können, lassen sich durch Zusatz von basischen Bleisalzen und Monoalkylestern der Malein- oder Fumarsäure erhalten[2]. Andere synergistische Gemische bestehen aus Bleisalzen schwacher organischer Säuren mit mehr als 6 Kohlenstoffatomen und einem ungesättigten Ester[3] oder aus basischen Bleisalzen und Zimtsäure[4]. Zur Verhinderung einer Verfärbung kann Polyvinylchlorid ein Gemisch aus Tetrahydronaphthalinhydroperoxyd und Bleisalzen der Wollfettsäuren[5] zugesetzt werden. Schließlich seien noch Bleisalze enthaltende synergistische Gemische erwähnt, die organische Kondensationsprodukte aus Aldehyden mit Fluoren oder anderen Verbindungen mit aktiver Methylengruppe[6] oder Benzalphthalide[7] der allgemeinen Formeln

$$\underset{O=C-Y}{\underset{|}{\bigcirc}-C=C\overset{X}{\underset{|}{-}}\bigcirc}$$

oder

$$O=C-C=C\overset{\underset{|}{\bigcirc}-Y}{\underset{|}{-}}\bigcirc$$
$$\overset{|}{X}$$

X=H,CN,COOR; Y=O,S,N—R

als andere Komponente enthalten.

---

[1] E.P. 740203, Union Carbide and Carbon Corp.
[2] A.P. 2539362, Monsanto Chemical Co., Erf. J. R. DARBY.
[3] A.P. 2609355, Shell Development Co., Erf. DE LOSS E. WINKLER.
[4] A.P. 2542179, Monsanto Chemical Co., Erf. G. R. BUCHANAN.
[5] A.P. 2546631, Shell Development Co., Erf. W. L. J. DE NIE u. CH. N. J. DE NOOIJER.
[6] D.B.P. 906997, Chemische Werke Hüls GmbH, Erf. K. HOFFMANN, W. KLEIN u. A. ROSENBERG.
[7] D.B.P. 907597, Chemische Werke Hüls GmbH, Erf. K. HOFFMANN, W. KLEIN u. A. ROSENBERG.

A. Die Stabilisatoren

j) Antimonverbindungen

Von den Antimonverbindungen findet Antimonoxyd, das sich auch durch eine flammenhemmende Wirkung auszeichnet, als Stabilisator Anwendung[1]. Andere Antimonverbindungen von stabilisierender Wirkung sind Antimonalkalitartrat[2], Antimontrimercaptide[3] und Organoantimonverbindungen der Formel R_3SbX_2, wobei R Kohlenwasserstoff und X Säurerest bedeuten[4], die gegen Verfärbung durch Ultraviolettstrahlung schützen.

k) Wismutverbindungen

Wismutverbindungen organischer Säuren, wie Wismutstearat, -phthalat, -crotonat, -formiat, -tartrat oder -oleat, eignen sich nach F. L. DEUTSCH und L. H. WELDON[5] zur Stabilisierung von Polyvinylchlorid und Vinylchloridmischpolymerisaten.

l) Ester

Wenngleich bei den Estern die weichmachende Wirkung auf Vinylchloridpolymerisate im Vordergrund steht, so ist doch vereinzelt auch über Ester von stabilisierender Wirkung berichtet worden. Ihre Bedeutung liegt meist auf dem Gebiete der Stabilisierung gegen Lichteinwirkung, wobei manche Vertreter dieser Stoffklasse als UV-Absorber wirken.

Als Stabilisierungsmittel für Polyvinylchlorid und Vinylchloridmischpolymerisate sind nach Angaben von O. J. GRUMMITT, R. E. BLANK und H. F. SCHWARZ[6] Monoester aus höheren Fettsäuren und mehrwertigen Alkoholen, deren freie Hydroxylgruppen zu $25 \cdots 75\%$ acetyliert sind, geeignet. Zur thermischen Stabilisierung von Mischpolymerisaten des Vinylchlorid und Vinylfluorids wird von F. L. JOHNSTON und H. J. RICHTER[7] Glycerylmonolaurat empfohlen. C. B. HAVENS[8] schlägt die

---

[1] A.P. 2161026, Can.P. 393923, Carbide and Carbon Chemicals Corp., Erf. A.K. DOOLITTLE.
[2] A.P. 2461531, Wingfoot Corp., Erf. F. W. COX u. J. M. WALLACE jr.
[3] E.P. 739766, A.P. 2684956, Metal & Thermit Corp., Erf. E. L. WEINBERG, C. K. BANKS, E. W. JOHNSON u. C. R. GLOSKEY; F.P. 1100437, Metal & Thermit Corp.; Can.P. 558663, Metal & Thermit Corp., Erf. E. L. WEINBERG, E. W. JOHNSON u. C. K. BANKS.
[4] A.P. 2556420, Monsanto Chemical Co., Erf. J. K. FINCKE.
[5] A.P. 2560160, F.P. 965036, Schwz.P. 275161, Schwed.P. 131560, British Resin Products Ltd., Erf. F. L. DEUTSCH u. L. H. WELDON.
[6] A.P. 2666752, Sherwin-Williams Co., Erf. O. J. GRUMMITT, R. E. BLANK u. H. F. SCHWARZ.
[7] Can.P. 480078, E. I. du Pont de Nemours & Co.
[8] D.A.S. 1013069, Dow Chemical Co.

Verwendung von Diphenylestern unsubstituierter, geradkettiger, aliphatischer Monocarbonsäuren mit 10···18 Kohlenstoffatomen als plastifizierende Stabilisierungsmittel von Vinylchloridmischpolymerisaten vor. Auch unter den Estern ungesättigter Fettsäuren finden sich Verbindungen, die eine stabilisierende Wirkung aufweisen. Zu nennen sind die partiellen Ester von mehrwertigen Alkoholen mit ungesättigten Säuren[1], beispielsweise der Glycerinmonoester der Fettsäure des Baumwollöls, Propylenglykoldiricinoleat[2] und die Tetrahydrofurfurylester von ungesättigten 10···20 Kohlenwasserstoffatome aufweisenden Fettsäuren[3]. Für den speziellen Zweck der Verwendung als Lichtstabilisatoren für Mischpolymerisate des Vinylchlorids mit Vinylidenchlorid sind Aconitsäurealkylester[4], die Aryloxy-alkyl-ester ungesättigter Säuren[5], wie 2-Phenoxy-äthyl-furacrylat, 2-Phenoxy-äthyl-cinnamat, und die Ester gesättigter und ungesättigter Alkohole mit ungesättigten Säuren[6], wie Diallylmaleat und Diäthylitaconat, vorgeschlagen worden.

Die Ester von Oxysäuren sind mit Estern der 12-Oxystearinsäure[7], die als Stabilisatoren für Polyvinylchlorid wirken, vertreten. Ester der Glycerinsäure, 3,4-Dioxybuttersäure, Gluconsäure, Weinsäure und Tetraoxyadipinsäure[8] sowie Ester von Acylcitronensäuren[9], wie der Tributylester der Acetylcitronensäure, eignen sich als Stabilisatoren für Mischpolymerisate aus Vinylchlorid und Vinylidenchlorid.

An anderen, als Stabilisatoren vorgeschlagenen Estern aliphatischer Säuren sind noch die Diester aus aliphatischen Dicarbonsäuren und Oxybenzophenonen[10] und die Polyester aus einem aliphatischen Mercaptoalkohol und einer aliphatischen Dicarbonsäure[11] zu erwähnen.

Die Stabilisierung von Polymerisaten oder Mischpolymerisaten des Vinylchlorids gegen Lichteinwirkung kann weiter durch Zusatz von Dialkylestern der 7-Oxadicyclo-(2,2,1)-5-hepten-2,3-dicarbonsäure, wobei die Alkylreste 1···12 Kohlenstoffatome aufweisen können, erfolgen[12].

Ester aromatischer Carbonsäuren sind ebenfalls verschiedentlich als Stabilisatoren erwähnt worden. So eignen sich nach Angaben der Firma

---

[1] F.P. 950206, The B. F. Goodrich Co.
[2] A.P. 2486182, Monsanto Chemical Co., Erf. R. R. Lawrence.
[3] A.P. 2568989, Monsanto Chemical Co., Erf. E. E. Cowell u. J. Darby.
[4] A.P. 2273262, Dow Chemical Co., Erf. A. W. Hanson u. W. C. Goggin.
[5] A.P. 2287189, Dow Chemical Co., Erf. L. A. Matheson, R. F. Boyer u. G. H. Coleman.
[6] A.P. 2313757, Dow Chemical Co., Erf. L. A. Matheson u. R. F. Boyer.
[7] A.P. 2580460, Baker Castor Oil Co., Erf. T. C. Patton u. L. J. Jubanowsky.
[8] A.P. 2595636, E.P. 634762, Distillers Co. Ltd., Erf. C. A. Brighton u. D. Faulkner.
[9] A.P. 2429165, Dow Chemical Co., Erf. L. A. Matheson u. R. F. Boyer.
[10] A.P. 2894022, Dow Chemical Co., Erf. C. B. Havens u. G. A. Clark.
[11] A.P. 2707178, Union Carbide & Carbon Corp., Erf. J. E. Wilson.
[12] A.P. 2558701, Dow Chemical Co., Erf. G. M. Corbett u. N. W. Abernethy.

Carbide and Carbon Chemicals Corp.[1] Alkylester der Salicylsäure, wie Methyl-, Äthyl-, Butylsalicylat, Triäthylenglykolsalicylat oder β-Butoxyäthylsalicylat. Zur Verminderung der Lichtempfindlichkeit von Polymerisaten des Vinylchlorids empfiehlt die Firma Imperial Chemical Industries Ltd.[2] den Zusatz von Estern aromatischer Säuren, besonders der Benzoesäure oder Salicylsäure, mit ein- oder mehrwertigen Phenolen. Diese Stoffe vermögen das Licht von Wellenlängen bis zu 3400 Å zu absorbieren, können aber eine Verfärbung der Polymerisate durch Wärmeeinwirkung nicht verhindern. Ähnliche Wirkungen als Lichtstabilisatoren zeigen nach H. W. MOLL und E. C. BRITTON[3] Verbindungen der Formel

$$\underset{\underset{OH}{X}}{\bigcirc}-\underset{\underset{O}{\parallel}}{C}-O-\bigcirc-X_n$$

in welcher X Halogen, Kohlenwasserstoff- oder Kohlenwasserstoffoxyreste und n eine ganze Zahl nicht über 3 bedeuten. Auch Resorcinmonobenzoat[4], Hydrochinondisalicylat[5], Resorcindisalicylat[6], Salicylsäure- oder Hydroxynaphthonsäurederivate[7] der Formeln

$$\underset{X_n}{\bigcirc}\overset{OH}{-}-COO(CH_2)_m-CH-CH_2\overset{O}{\diagdown}$$

$$\underset{X_n}{\bigcirc\bigcirc}\overset{COO(CH_2)_m-CH-CH_2}{\underset{-OH}{\diagdown O \diagup}}$$

($n = 1 \cdots 4$, X = Halogen, Kohlenwasserstoffrest, Hydroxyl oder Wasserstoff, $m = 0 \cdots 15$)

---

[1] D.R.P. 701837, Carbide and Carbon Chemicals Co.
[2] F.P. 885120, Imperial Chemical Industries Ltd.
[3] A.P. 2464250, Dow Chemical Co., Erf. H. W. MOLL u. E. C. BRITTON.
[4] A.P. 2592310, A.P. 2592311, Eastman Kodak Co., Erf. L. W. A. MEYER u. W. M. GEARHART.
[5] Jap.A.S. 5992/1958, Asahi Kasei Kogyo Kabushiki Kaisha, Erf. H. ARITA u. K. SHIBATA.
[6] Jap.A.S. 2487/1959, Asahi Kasei Kogyo Kabushiki Kaisha, Erf. H. ARITA u. K. SHIBATA.
[7] Jap.A.S. 7645/1958, Asahi Dow Kabushiki Kaisha, Erf. J. AISHIMA u. S. ISHIDA.

und chlorsubstituierte Phenylbenzoate[1] sind als Stabilisatoren, namentlich für Mischpolymerisate des Vinylchlorids mit Vinylidenchlorid, vorgeschlagen worden. Schließlich sei noch auf nachstehende Verbindungen hingewiesen, die ebenfalls als Lichtstabilisatoren für die genannten Mischpolymerisate in Betracht kommen: o-Bis-(3,4,6-trichlorsalicyloyl)-tetrachlorbenzol[2], m-Bis-(chlorsalicyloyl)-benzol[3], Bis-(p-salicyloyl-phenyl)-phenylendicarbamat[4], 4-tert-Octylester chlorierter Benzoesäuren[5] und 4-(2-Oxybenzoxy)-salicylsäurephenylester[6].

Es hat sich gezeigt, daß die Stabilisatorwirkung verschiedener Ester durch den Zusatz anderer Stabilisatoren synergistisch beeinflußt werden kann. Solche synergistische Gemische, die neben Estern noch Metallphosphate enthalten, sind namentlich zur Stabilisierung von Mischpolymerisaten aus Vinylchlorid und Vinylidenchlorid vorgeschlagen worden. Genannt seien die Gemische aus tert-Butylphenylsalicylat und Tetranatriumpyrophosphat mit Alkylphthalyl-äthylglykolat als Weichmachungsmittel[7] und die Gemische aus Tribariumphosphat oder Tetranatriumpyrophosphat und Äthylorthobenzoylbenzoat[8]. Polyvinylchlorid läßt sich mit Gemischen aus trocknenden Ölen, Dinatriumphosphat und einem aliphatischen Alkohol, Amin oder Hydroylamin stabilisieren[9].

Wärme- und lichtbeständige Polyvinylchloridmassen kann man durch gemeinsamen Zusatz von Halbestern der Malein- oder Fumarsäure und basischen Bleisalzen[10] erhalten.

Gemische von Estern mit Epoxyverbindungen sind ebenfalls verschiedentlich als Stabilisatoren erwähnt worden. Genannt seien noch die Gemische aus 3-(2-Xenoxy)-1,2-epoxy-propan und 4'-tert-Butylphenylsalicylat[11], aus ungesättigten Estern, wie Diallylmaleat, und Epoxy- oder Polyepoxyverbindungen[12] und aus aromatischen Salicylsäureestern und epoxydierten neutralen Glyceriden[13]. Auch Gemische von Salicylsäureestern und Phosphiten[14] wurden beschrieben.

---

[1] E.P. 741219, Firestone Tire & Rubber Co.
[2] A.P. 2824853, Dow Chemical Co., Erf. D. A. GORDON.
[3] A.P. 2824854, Dow Chemical Co., Erf. D. A. GORDON.
[4] A.P. 2853466, Dow Chemical Co., Erf. C. B. HAVENS.
[5] A.P. 2910453, Dow Chemical Co., Erf. D. A. GORDON.
[6] A.P. 2858293, Dow Chemical Co., Erf. G. A. CLARK u. C. B. HAVENS.
[7] A.P. 2477656, Dow Chemical Co., Erf. H. L. SCHAEFER u. C. B. HAVENS; vgl. E.P. 660165, E.P. 660166, E.P. 660167.
[8] A.P. 2477657, Dow Chemical Co., Erf. H. L. SCHAEFER.
[9] A.P. 2654718, Sherwin-Williams Co., Erf. O. J. GRUMMITT u. R. E. BLANK.
[10] A.P. 2539362, A.P. 2457035, Monsanto Chemical Co., Erf. J. R. DARBY.
[11] A.P. 2477659, Dow Chemical Co., Erf. H. L. SCHAEFER.
[12] A.P. 2609355, Shell Development Co., Erf. D. L. E. WINKLER.
[13] Ind.P. 54415, Dow Chemical Co.
[14] A.P. 2889295, Monsanto Chemical Co., Erf. J. R. DARBY u. P. R. GRAHAM.

m) Phenole und deren Derivate

Verschiedentlich sind Phenole und deren Derivate als stabilisierende Zusatzstoffe für Vinylchloridpolymerisate empfohlen worden. Ihre Verwendung erfolgt gewöhnlich in Form von Gemischen mit anderen Stabilisatoren. Erwähnt seien Hydrochinon und butylierte Phenole[1], Bisphenole der allgemeinen Formel R_1—X—R_2, wobei R_1 und R_2 Oxyphenylgruppen und X eine Alkylidengruppe bedeuten[2], Bis-(hydroxy-benzyl)-alkylbenzole[3] und hochmolekulare Kondensationsprodukte aus Arylolefinen und aromatischen Oxyverbindungen[4].

Im Gemisch mit Natriumpyrophosphat oder Dinatriumphosphat können Resorcin, Hydrochinon oder p-ter-Butyl-brenzcatechin verwendet werden[5].

n) Ketone

In dieser Substanzklasse finden sich zahlreiche Verbindungen, die eine ausgezeichnete Wirksamkeit als UV-Absorber entfalten. Es handelt sich dabei überwiegend um Benzophenonabkömmlinge, die mit Hydroxylgruppen oder anderen polaren Gruppen substituiert sind. Die wichtigsten Verbindungen sind Oxybenzophenone, deren Hydroxylgruppe benachbart zur Ketogruppe angeordnet ist. Derartige Verbindungen weisen bekanntlich eine innermolekulare Wasserstoffbrücke auf, worauf ihre Wirksamkeit zurückgeführt wird.

Eine Übersicht über die sich auf Oxybenzophenone beziehende Patentliteratur ist Tabelle 15 zu entnehmen.

Als Lichtstabilisator für halogenhaltige Harze wurden weiter Gemische vorgeschlagen, die 2-Oxy-4-methoxybenzophenon neben Triphenylphosphit sowie gegebenenfalls ein Cadmiumsalz enthalten[6].

Eine Wirkung als Lichtstabilisatoren zeigen auch manche aromatische Diketone. Genannt wurden 2,4-Dibenzoylresorcin und halogenierte 2,4-Dibenzoylresorcine[7]. Auch 2,6-Dibenzoyl-phenole, die in 4-Stellung mit Alkylresten substituiert sind, gehören in diese Klasse[8].

Als Lichtstabilisatoren für Mischpolymerisate des Vinylchlorids mit

---
[1] F.P. 1031083, F. Chevassus; E. P. 718245, Union Carbide and Carbon Corp.
[2] E.P. 702848, Standard Oil Development Co.
[3] D.A.S. 1092027, Badische Anilin- & Soda-Fabrik A.G., Erf. K. MERKEL, A. PALM u. H. MERKEL.
[4] D.R.P. 735446, I. G. Farbenindustrie A.G.
[5] F.P. 1058985, Dow Chemical Co.
[6] F.P. 1154013, Jap. A. S. 441/1959, Monsanto Chemical Co., Erf. J. R. DARBY.
[7] F.P. 1150178, E.P. 786144, Dow Chemical Co., Erf. C. B. HAVENS.
[8] A.P. 2890201, American Cyanamid Co., Erf. W. B. HARDY.

240   VII. Die Hilfsstoffe für die Verarbeitung des Polyvinylchlorids

Tabelle 15. *Oxybenzophenone als UV-Absorber für Polyvinylchlorid und Vinylchlorid-Mischpolymerisate*

Verbindung	Anwendung	Patent	Patentinhaber	Erfinder
(Struktur: 2-Hydroxy-4'-chlor-benzophenon-2'-carbonsäure; OH, O=C, COOH, Cl)	Lichtstabilisator für Mischpolymerisate aus Vinylchlorid und Vinylidenchlorid	A.P. 2455674	Dow Chemical Co.	C. B. Havens
(Struktur: substituiertes Oxybenzophenon mit OH, O=C, X, Y, Z)	Lichtstabilisatoren für Mischpolymerisate aus Vinylchlorid und Vinylidenchlorid	A.P. 2659709	Distillers Co. Ltd.	A. F. Daglish D. Faulkner
(Struktur: Dialkoxy-oxybenzophenon; OH, O=C, OR, RO)	Lichtstabilisator für Polyvinylchlorid und Vinylchlorid-Mischpolymerisate	A.P. 2693492	General Aniline & Film Corp.	P. E. Hoch

X = Wasserstoff oder Methyl
Y = Wasserstoff, Methyl oder Chlor
Z = Wasserstoff oder Methyl

R = Alkyl

(Struktur: 2,2',4,4'-Tetrahydroxybenzophenon)	Lichtstabilisator für Polyvinylchlorid	A.P. 2694729 A.P. 2773778	General Aniline & Film Corp.	P. E. Hoch R. W. Wynn
(Struktur: substituiertes 2-Hydroxybenzophenon mit X, Y, Z) X = H, Cl oder Br Y = H, Cl oder Br Z = Alkylsubstituierter Salicyloxyrest	Lichtstabilisatoren für Polyvinylchlorid und Vinylidenchlorid-Vinylidenchlorid-Mischpolymerisate	A.P. 2898323	Dow Chemical Co.	G. A. Clark
(Struktur: substituiertes 2-Hydroxybenzophenon mit X) X = Rest einer aliphatischen C_1–C_8 Carbonsäure	Lichtstabilisatoren für Polyvinylchlorid und Vinylchlorid-Vinylidenchlorid-Mischpolymerisate	A.P. 2891996	Dow Chemical Co.	G. A. Clark

242   VII. Die Hilfsstoffe für die Verarbeitung des Polyvinylchlorids

Tabelle 15. *Oxybenzophenone als UV-Absorber für Polyvinylchlorid und Vinylchlorid-Mischpolymerisate* (1. Fortsetzung)

Verbindung	Anwendung	Patent	Patentinhaber	Erfinder
(Struktur mit X, R', Y, Z, R) R = 2,3-Epoxypropoxy R' = H oder R X = H oder OH Y = H oder OH Z = H oder Benzoyl	Stabilisatoren für Mischpolymerisate aus Vinylchlorid und Vinylidenchlorid	A.P. 2922777	Dow Chemical Co.	B. E. Burgert D. A. Gordon
(Struktur mit OH, X, OH, X) X = organischer Acylrest mit 1–8 C-Atomen bzw. H	Lichtstabilisatoren für Polyvinylchlorid und Mischpolymerisate von Vinylchlorid und Vinylidenchlorid	E.P. 846668	Dow Chemical Co.	G. A. Clark C. B. Havens

A. Die Stabilisatoren

Lichtstabilisatoren für Vinyliden-chlorid-Vinylchlorid-Mischpolymerisate	A.P. 2904529	Dow Chemical Co.	D. A. GORDON

Struktur: 2-Hydroxybenzophenon-Derivat

X = H, Äthyl, Chlor
Y = 2,3.-Propenyl, wobei das andere Y = H bedeutet

Lichtstabilisator für Polyvinylchlorid und Vinylchlorid-Mischpolymerisate	A.P. 2937157	Dow Chemical Co.	G. A. CLARK

Struktur: 2-Hydroxy-2′-allyloxybenzophenon-Derivat mit Substituent $-O-CH_2-CH=CH_2$

X = H, Äthyl, Chlor
Y = H, Benzoyl

Lichtstabilisatoren für Polyvinylchlorid	A.P. 2938883	Dow Chemical Co.	W. J. RAICH

Struktur mit Substituenten: $CH_2=C-C-O-$ (Acryloyloxy-Gruppe)

R = Alkyl, Phenyl oder 2-Oxyphenyl
X = H oder CH_3
Y = H oder OH
Z = H, Halogen oder Alkyl

VII. Die Hilfsstoffe für die Verarbeitung des Polyvinylchlorids

Tabelle 15. *Oxybenzophenone als UV-Absorber für Polyvinylchlorid und Vinylchlorid-Mischpolymerisate* (2. Fortsetzung)

Verbindung	Anwendung	Patent	Patentinhaber	Erfinder
(Struktur mit X, CH$_2$—CH=CH$_2$, OH; X = H, Alkyl, Halogen)	Lichtstabilisatoren für Vinylchlorid-Vinylidenchlorid-Mischpolymerisate	A.P. 2947723	Dow Chemical Co.	G. A. Clark
(Struktur mit OH, Cl$_n$)	Lichtstabilisatoren für Vinylchlorid-Vinylidenchlorid-Mischpolymerisate	A.P. 3000853	Dow Chemical Co.	C. B. Havens
(Struktur mit OH, OX; X = C$_3$–C$_{10}$-Alkenyl oder Aralkyl)	Lichtstabilisatoren für Polyvinylchlorid	Jap.A.S. 17687/1960 Jap.A.S. 17688/1960	Kureha Kasei Kabushiki Kaisha	T. Saito

![structure1] Lichtstabilisatoren für Polyvinylchlorid R = Alkyl	A.P. 2861105	General Aniline & Film Corp.	L. N. STANLEY St. M. ROBERTS
![structure2] Lichtstabilisator für Polyvinylchlorid R = niedere Alkylgruppe; X und Y = Wasserstoff oder Chlor	A.P. 2892872	American Cyanamid Co.	W. S. FORSTER

Vinylidenchlorid wurden auch Dibenzoylmethane der allgemeinen Formel

$$R_3-\underset{}{\underset{}{\bigcirc}}-\overset{O}{\overset{\|}{C}}-CH_2-\overset{O}{\overset{\|}{C}}-\underset{}{\underset{}{\bigcirc}}\overset{R_1}{\underset{R_2}{}}$$

vorgeschlagen[1]. In dieser Formel bedeuten R_1 Wasserstoff oder Hydroxyl, R_2 und R_3 Wasserstoff oder einen hydrophoben Rest wie Alkyl, Aryl, Aralkyl oder Halogen. Eine ähnliche Wirkung zeigen höhere Dibenzoylalkanone der allgemeinen Formel

$$Y-\underset{\underset{X}{Y-}}{\bigcirc}\overset{OH}{}-\overset{O}{\overset{\|}{C}}-(CH_2)_n-\overset{O}{\overset{\|}{C}}-\underset{\underset{X}{-Y}}{\bigcirc}\overset{OH}{-Y}$$

wobei X Chlor, Brom oder Alkyl und Y Wasserstoff, Chlor oder Alkyl bedeuten und n die Werte 2 oder 4···10 aufweist[2].

Eine weitere Klasse von Lichtstabilisatoren für Polyvinylchlorid und Mischpolymerisate des Vinylchlorids mit Vinylidenchlorid sind ungesättigte Ketone[3], z. B. Phoron, Dibenzaldiäthylketon, Benzalaceton und Dibenzalcyclohexanon.

2-Oxy-3,5-dichloracylphenone, wie 2-Oxy-3,5-dichloracetophenon, wurden von Th. Houtman jr.[4] als Lichtstabilisatoren für Vinylchlorid-Vinylidenchlorid-Mischpolymerisate empfohlen.

o) Organische Stickstoffverbindungen

Als Stabilisatoren für Polyvinylchlorid sind zahlreiche organische Stickstoffverbindungen vorgeschlagen worden. Die wichtigsten von ihnen sind Harnstoff- und Thioharnstoffderivate, die vor allem zusammen mit alkalischen Zusätzen zur Anwendung gelangen. Daneben haben α-Phenylindol und einige Aminosulfone technische Bedeutung erlangt[5].

---

[1] F.P. 1150843, E.P. 788428, Badische Anilin- & Soda-Fabrik A.G.

[2] A.P. 2807604, A.P. 2807605, Dow Chemical Co., Erf. D. A. Gordon u. C. B. Havens.

[3] D.B.P. 865654, Badische Anilin- & Soda-Fabrik A.G., Erf. H. Rein; F.P. 1059678, E.P. 710964, Chemische Werke Hüls GmbH.

[4] A.P. 2519189, Dow Chemical Co., Erf. Th. Houtman jr.

[5] Smith, H. Verity: British Plastics **19**, 307 (1954).

A. Die Stabilisatoren

Die meisten der anderen Stickstoffverbindungen haben dagegen als Stabilisatoren nur noch historische Bedeutung.

Als Stabilisatoren wurden von den Säureamiden und -imiden empfohlen: Formamid[1], N-substituierte Mercaptosäureamide[2], Säureimide[3], wie Succinimid, Glutarimid oder Maleinimid. Benzalderivate des Phthalimids, die für sich allein keine stabilisierende Wirkung zeigen, können als synergistische Zusätze im Gemisch mit Metallsalzen[4] oder Phenylimiden und einem schwer flüchtigen Mineralöl[5] zur Anwendung kommen.

Von den Säurehydraziden ist Oxalsäuredihydrazid[6] als Stabilisator für nachchloriertes Polyvinylchlorid empfohlen worden. Als Stabilisatoren für Polymerisate und Mischpolymerisate des Vinylchlorids wurden Mono- und Dihydrazide von Säuren, wie Adipinsäure, Sebacinsäure, Laurin- oder Phthalsäure, vorgeschlagen[7].

Von den Hydrazonen hat V. D. TUGHAN[8] p-Bis-(4-phenyl-2,3-diazabuta-1,3-dienyl)-benzol, das durch Umsetzung von Terephthalaldehyd mit Benzaldehydhydrazon zugänglich ist, als Lichtstabilisator empfohlen. G. H. BOWERS[9] hat die stabilisierende Wirkung von Salicylalazin und D. FAULKNER[10] die von Fluorenonazinen beschrieben.

Harnstoff und Harnstoffderivate sind ebenfalls, teils für sich allein, teils im Gemisch mit anderen Verbindungen als Stabilisatoren geeignet, was bereits im Jahre 1934 erkannt wurde, und zwar von D. M. GRAY[11].

In der Folgezeit sind hierzu weitere Vertreter dieser Substanzklasse, wie Phenyl- und Diphenylharnstoff[12], Nitroharnstoff[13], Thioharnstoff, Phenylthioharnstoff, Diphenylthioharnstoff und andere Thioharnstoffderivate getreten.

Diese Harnstoffderivate werden nach H. FIKENTSCHER[14] zusammen mit alkalisch wirkenden Salzen verwendet. Nach Angaben der Firma N. V. de Bataafsche Petroleum Mij.[15] eignen sich auch Gemische aus Alkali- oder

---

[1] A.P. 2435769, E.P. 571597, Wingfoot Corp., Erf. LA VERNE E. CHEYNEY u. C. R. PARKS.
[2] A.P. 2614095, B. F. Goodrich Co., Erf. TH. H. SHELLEY.
[3] A.P. 2574987, B. F. Goodrich Co., Erf. TH. H. SHELLEY.
[4] D.B.P. 907597, Chemische Werke Hüls GmbH, Erf. K. HOFFMANN, W. KLEIN u. A. ROSENBERG.
[5] F.P. 1160141, Chemische Werke Hüls GmbH.
[6] D.B.P. 886528, I. G. Farbenindustrie A.G., Erf. H. SCHNEIDER.
[7] F.P. 976560, I. G. Farbenindustrie A.G., F.P. 1073931.
[8] A.P. 2889310, Imperial Chemical Industries Ltd., Erf. V. D. TUGHAN.
[9] A.P. 2757163, E. I. du Pont de Nemours & Co.
[10] E.P. 701996, Distillers Co. Ltd.
[11] A.P. 2103581, Hazel-Atlas Glass Co.
[12] THINIUS, K.: Kunststoffe **40**, 191 (1950).
[13] D.P. (DDR) 7536, Erf. K. THINIUS u. W. SCHÄFER.
[14] D.R.P. 746081, I. G. Farbenindustrie A.G.; vgl. auch D.P. (DDR) 4577, VEB Elektrochemisches Kombinat Bitterfeld; A.P. 2365400, H. Fikentscher.
[15] F.P. 992056, Schwz.P. 277994; vgl. A.P. 2555167, Shell Development Co.

Erdalkalisalzen und Phenylharnstoffen, deren Phenylreste durch polare Gruppen substituiert sind, wie z. B. p-Äthoxy- oder N,N'-Di-(p-äthoxy)-harnstoff. Derartige Stabilisatorgemische können noch Arylglycidäther[1] oder antioxydierend wirkende Stoffe[2], wie Diphenylamin, Octylphenol oder Hydrochinon, als weitere Komponente enthalten. Schließlich können Thioharnstoff oder Monophenylthioharnstoff zusammen mit einer wäßrigen Lösung eines Alkalisalzes, die ein Emulgiermittel enthält, zur Anwendung kommen[3].

Salzfreie Stabilisatorgemische können ebenfalls Harnstoffderivate enthalten. So eignen sich nach Angaben der Firma N. V. de Bataafsche Petroleum Mij[4]. Gemische aus Verbindungen mit zwei Epoxygruppen und Harnstoffderivaten und nach Angaben der Firma Chemische Werke Hüls A.G.[5] Gemische von Organozinnverbindungen mit Harnstoffderivaten. M. Duch und H. Lehnert[6] verwenden Thioharnstoff im Gemisch mit mehrwertigen aliphatischen Alkoholen, wie Hexantriol.

Weitere Harnstoffderivate, deren Verwendung als Stabilisatoren für Vinylchloridpolymerisate in Betracht gezogen wurde, sind Guanidin[7], substituierte Guanidine, wie Aminoguanidin[8] und N-chlorierte Hydantoine, wie 1,3-Dichlorhydantoin[9], und Nitroguanidin[10].

In der Klasse der Amine sind ebenfalls Verbindungen anzutreffen, die als Stabilisatoren verwendbar sind. Es handelt sich um Polyamine, wie Hexamethylentetramin[11], und aromatische Amine mit polaren, aber nicht stark sauren Gruppen, wie z. B. m-Aminobenzoesäureanilid oder 3,4-Dichloranilin[12]. Außerdem kommen Aminonitrile[13] in Betracht. Schließlich läßt sich eine Stabilisierung von Vinylchloridpolymerisaten auch durch Zusatz von einigen harzartigen Aminen erreichen. Solche sind

---

[1] E.P. 667041, N. V. de Bataafsche Petroleum Mij.
[2] D.B.P. 829798, N. V. de Bataafsche Petroleum Mij., Erf. H. T. Voorthuis u. Ch. P. van Dijk; vgl. Holl.P. 70853 u. E.P. 681944.
[3] A.P. 2557474, F.P. 961876, Imperial Chemical Ind. Ltd., Erf. A. K. Sanderson.
[4] E.P. 665640.
[5] E.P. 835518, Chemische Werke Hüls A.G.
[6] D.P. (DDR) 7284.
[7] D.R.P. 545441, I. G. Farbenindustrie A.G., Erf. G. Kränzlein, A. Voss u. E. Dickhäuser.
[8] A.P. 2410775, Wingfoot Corp., Erf. F. W. Cox u. J. M. Wallace jr.
[9] A.P. 2441360, E. I. du Pont de Nemours & Cie, Erf. Ch. G. Kamin.
[10] D.P. (DDR) 7536, Erf. K. Thinius u. W. Schäfer.
[11] A.P. 2013941, Can.P. 374550, Carbide and Carbon Chem. Corp., Erf. Ch. O. Young u. St. D. Douglas.
[12] D.B.P. 871834, Cassella Farbwerke Mainkur A.G., Erf. W. Zerweck, E. Gofferjé u. W. Kunze; D.B.P. 893407, Cassella Farbwerke Mainkur A. G., Erf. W. Zerweck u. E. Gofferjé.
[13] F.P. 1162816, Deutsche Gold- und Silberscheideanstalt vormals Roessler.

A. Die Stabilisatoren

Polyester aus tertiären Dialkylolaminen und Dicarbonsäuren[1], harzartige Esteramide aus sekundären aromatischen Monoalkylolaminen und Dicarbonsäuren[2] und in Lösungsmitteln lösliche Polymerisate mit Aminogruppen[3].

Von anderen stabilisierend wirkenden Stickstoffverbindungen seien schließlich noch Dicyandiamid[4], aliphatische oder aromatische Aminosäuren[5], α-Amino-α-toluylsäure[6], Isonitrosoverbindungen[7], Reaktionsprodukte aus einem tertiären Alkylharnstoff und einer Fettsäure mit 12$\cdots$18 Kohlenstoffatomen[8] und Nitrocyandiamidin[9] genannt.

Auch manche Ringstickstoffe enthaltende Heterocyclen wurden als Stabilisatoren empfohlen, so Imidazoline, Imidazole, Oxazole, Oxazoline, Thiazole, Thiazoline, Pyrimidine[10], Pyrazolderivate[11], 5-Aminotetrazol[12], in 6-Stellung mit einer Oxy-, Alkoxy- oder Mercaptogruppe substituierte 2,4-Diaminopyrimidine[13] und Mono- oder Diaminoderivate des Urazols oder Guanazins[14]. 2,2,4-Trimethyl-3,4-dihydrochinolin kann zusammen mit Disalicylidenäthylendiamin[15] zur Anwendung kommen.

p) Epoxyverbindungen

Diese erst verhältnismäßig spät als Stabilisatoren eingesetzten Verbindungen haben sich in großem Umfange eingeführt und sind heute in vielen handelsüblichen Produkten anzutreffen. Ihre Stabilisatoreigenschaft wird auf die Fähigkeit der Epoxygruppe, unter Ringspaltung Chlorwasserstoff zu addieren, zurückgeführt. Als Vorteil der Epoxystabilisatoren ist ihre Verträglichkeit mit Polyvinylchlorid und Weich-

---

[1] A.P. 2394010, Carbide and Carbon Chemicals Corp., Erf. R. W. QUARLES.
[2] A.P. 2432586, Carbide and Carbon Chemicals Corp., Erf. R. W. QUARLES.
[3] A.P. 2190776, E. I. du Pont de Nemours & Co., Erf. E. K. ELLINGBOE u. P. L. SALZBERG.
[4] A.P. 2367483, Wingfoot Corp., Erf. LA VERNE E. CHEYNEY; D.P. (DDR) 653, Erf. K. THINIUS.
[5] D.R.P. 734524, Deutsche Celluloid-Fabrik A.G.
[6] A.P. 2525643, Dow Chemical Co., Erf. E. C. BRITTON u. W. J. LE FEVRE.
[7] A.P. 2476829, Firestone Tire & Rubber Co., Erf. C. D. LE CLAIRE.
[8] A.P. 2330087, Harvel Research, Erf. L. J. STAGE u. M. T. HARVEY.
[9] D.P. (DDR) 7536, Erf. K. THINIUS u. W. SCHÄFER.
[10] D.B.P. 869864, Lech-Chemie Gersthofen; D.P. (DDR) 5482, VEB Elektrochemisches Kombinat Bitterfeld, Erf. A. ECKELMANN u. K. LÖFFLER.
[11] D.A.S. 1039743, F.P. 1193569, E.P. 866936, Farbenfabriken Bayer A.G., Erf. E. ROOS, F. LOBER u. J. KOERNER.
[12] F.P. 1233878, A.P. 2985619, A. P. 3007895, Farbenfabriken Bayer A.G., Erf. E. ROOS, F. LOBER u. M. BURGDORF.
[13] D.B.P. 888167, Cassella Farbwerke Mainkur A.G., Erf. W. ZERWECK, E. GOFFERJÉ u. W. KUNZE.
[14] D.P. (DDR) 3203, D.P. (DDR) 3147, Erf. K. THINIUS.
[15] A.P. 2990394, Imperial Chemical Industries Ltd., Erf. F. AINSWORTH, R. B. WRIGHT u. B. PRESS.

Tabelle 16. *Epoxyverbindungen als Stabilisatoren für Polyvinylchlorid und Vinylchlorid-Mischpolymerisate*

Epoxyverbindung	Patent	Patentinhaber	Erfinder
flüssige Polymerisate des Alkylglycidyläthers mit wenigstens 3 Epoxygruppen im Molekül	A. P. 2585506	Shell Development Co.	E. C. Shokal, de Loss E. Winkler, P. A. Devlin
Diglycidyldiäther von Polyalkylenglykolen	A.P. 2555169	Shell Development Co.	H. T. Voorthuis
Epoxygruppen enthaltende Polyäther, die durch Umsetzung eines mehrwertigen aliphatischen Alkohols mit überschüssigem Epichlorhydrin in Gegenwart von sauren Katalysatoren und anschließende alkalische Nachbehandlung erhalten werden	A.P. 2564195 E.P. 655590	Shell Development Co. N. V. de Bataafsche Petroleum Mij.	W. L. J. de Nie H. T. Voorthuis
über 300 °C siedende Äther, die mindestens zwei Epoxyäthylgruppen im Molekül aufweisen, beispielsweise 1,3- bis -(2',3'-Epoxy-1'-propoxy)-benzol	F.P. 952879 E.P. 628622 Can.P. 474846	N. V. de Bataafsche Petroleum Mij.	W. L. J. de Nie H. T. Voorthuis
Reaktionsprodukte von (Dioxy-diaryl)-alkanen mit Halogen enthaltenden Epoxyden oder Polyepoxyden	E.P. 655590 Can.P. 474846	N. V. de Bataafsche Petroleum Mij.	W. L. J. de Nie H. T. Voorthuis
Bis-glycidyläther von sterisch gehinderten Hydrochinonen	A.P. 2739160	Eastman Kodak Co.	A. Bell W. V. McConnell
Bis-glycidyläther von chlorierten Hydrochinonen	A.P. 2682547	Eastman Kodak Co.	M. L. Clemens H. v. Bramer DeWalt S. Young

Polyäther von zwei- oder mehrwertigen Phenolen, deren Hydroxylgruppen zu einem wesentlichen Teil durch Gruppen der Formeln $-O-CH_2-CH-CH_2$ und $\qquad\qquad\quad\;\diagdown O\diagup$ $-O-CH_2-CH-CH_2-Cl$ $\qquad\qquad\quad\;\; |$ $\qquad\qquad\quad\;\; O$ $\qquad\qquad\quad\;\; |$ $\qquad\qquad\;\; CH_2-CH-CH_2$ ersetzt sind	A.P. 2712000	Devoe & Raynolds Co.	J. D. Zech
Ester des 2,3-Epoxypropanols mit α,β-ungesättigten Monocarbonsäuren	E.P. 648959	E. I. du Pont de Nemours & Co.	
Glycidyläther von im Ring epoxydierten monocyclischen Alkoholen	A.P. 2925403	Shell Development Co.	E. C. Shokal
Reaktionsprodukt von Hexachlorcyclopentadien und 3,4-Epoxy-buten-1	A.P. 2616899	United States Rubber Co.	E. C. Ladd
6-Epoxyalkyläther von Tetrahydropyran-2-carbonsäureestern	A.P. 2870166	Union Carbide Corp.	D. G. Kubler
Epoxyharnstoffe der Formel $NH_2-CONH-Ar-O-CH_2-CH-CH_2$ $\qquad\qquad\qquad\qquad\qquad\qquad\quad\diagdown O\diagup$ Ar = aromatischer Rest	D.B.P. 911434 F.P. 1042148	Chemische Werke Hüls A.G.	K. Weissbach A. Rosenberg

252   VII. Die Hilfsstoffe für die Verarbeitung des Polyvinylchlorids

Tabelle 16. *Epoxyverbindungen als Stabilisatoren für Polyvinylchlorid und Vinylchlorid-Mischpolymerisate* (1. Fortsetzung)

Epoxyverbindung	Patent	Patentinhaber	Erfinder
Vinylglycidäther der Formel $CH_2=CHXAOCH_2CH{-}CH_2{\diagdown}O{\diagup}$ X = Schwefel Sauerstoff A = Alkylengruppe mit 2...12 C-Atomen	D.A.S. 1075594	Rohm & Haas Co.	G. Ch. Murdoch H. Schneider
1,3-Di-(epoxyäthyl)-benzol 1,4-Di-(epoxyäthyl)-benzol 1,3,5-Tri-(epoxyäthyl)-benzol	A.P. 2887465 E.P. 875017	J. R. Geigy A.G.	H. Hopff
$R''{-}\underset{R'''}{\overset{O{-}R'}{C}}{-}\underset{\overset{\|}{O}}{C}{-}O{-}R$ R u. R' = C_1—C_{10}-Alkyl R' = außerdem H R'' u. R''' = Aryl und R''' außerdem H	A.P. 2918450	Dow Chemical Co.	R. L. Hudson
$(R\,R'\,R'')\,C{-}O{-}CH_2{-}\underset{\diagdown O \diagup}{\overset{R'''}{C}}{-}CH_2$ R u. R' = Phenyl u. H R'' = Phenyl R''' = Phenyl u. H	A.P. 2959566	Dow Chemical Co.	R. L. Hudson B. E. Burgert

Verbindungen der allgemeinen Formel 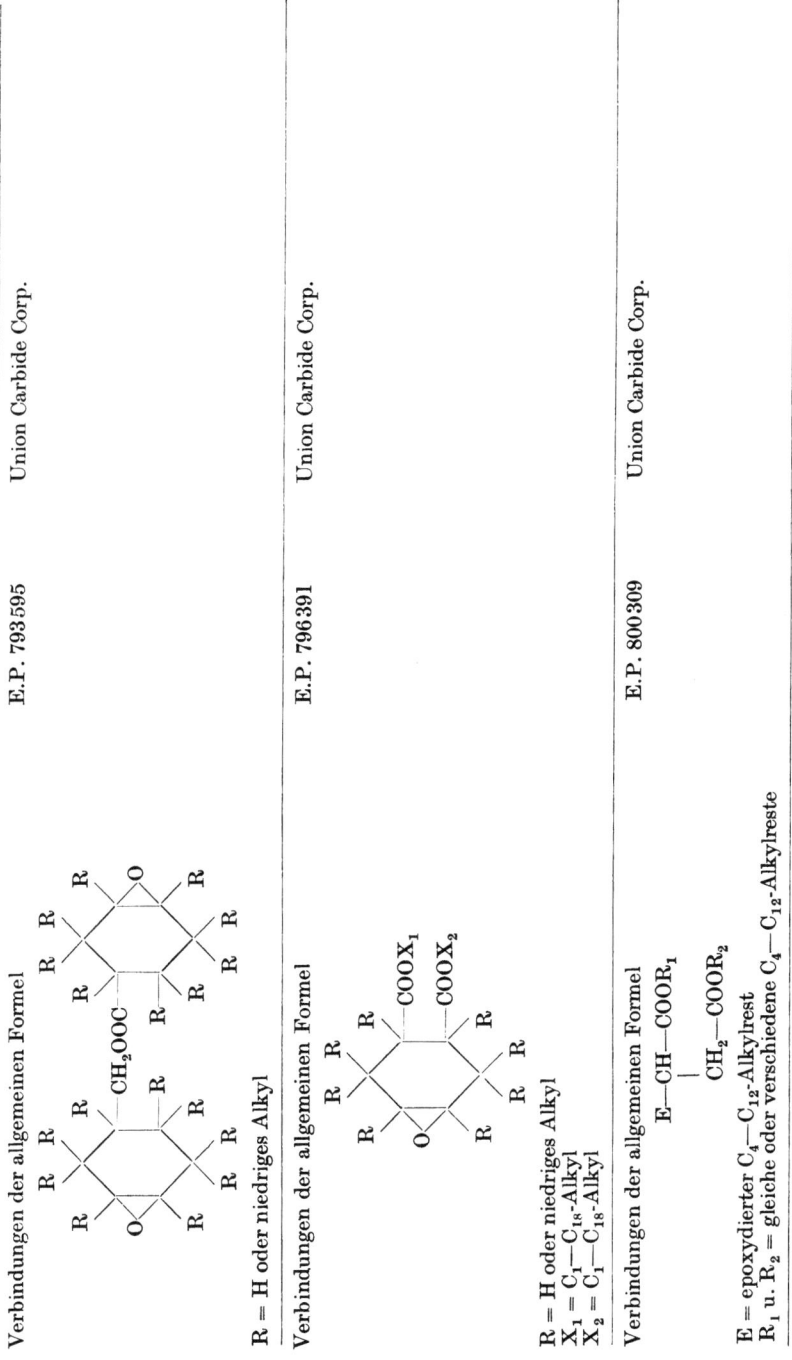 R = H oder niedriges Alkyl	E.P. 793595	Union Carbide Corp.
Verbindungen der allgemeinen Formel R = H oder niedriges Alkyl $X_1 = C_1—C_{18}$-Alkyl $X_2 = C_1—C_{18}$-Alkyl	E.P. 796391	Union Carbide Corp.
Verbindungen der allgemeinen Formel $$\begin{array}{c} E—CH—COOR_1 \\ | \\ CH_2—COOR_2 \end{array}$$ E = epoxydierter $C_4—C_{12}$-Alkylrest R_1 u. R_2 = gleiche oder verschiedene $C_4—C_{12}$-Alkylreste	E.P. 800309	Union Carbide Corp.

Tabelle 16. *Epoxyverbindungen als Stabilisatoren für Polyvinylchlorid und Vinylchlorid-Mischpolymerisate* (2. Fortsetzung)

Epoxyverbindungen	Patent	Patentinhaber	Erfinder
Ester von Alkoholen der allgemeinen Formel (Strukturformel mit CH_2OH, R, H, O) R = Alkyl oder H, mit epoxydierten höheren Fettsäuren	E.P. 801 700 E.P. 827 986	Union Carbide Corp.	D. H. Mullins B. Phillips F. C. Frostick P. S. Starcher S. W. Tinsley
Diester von Alkoholen der allgemeinen Formel (Strukturformel mit CH_2OH, R, H, O) R = H oder niedriges Alkyl, mit epoxydierten Fettsäuren	A.P. 2 924 582 A.P. 2 924 583	Union Carbide Corp.	
(Strukturformel mit X, X', CH_2, O)	Schw.P. 333 509	Union Carbide Corp.	B. Phillips P. S. Starcher

X und X' = COOH, Carbalkoxy, Carbaryloxy, CN oder Amid

A. Die Stabilisatoren

Verbindungen der allgemeinen Formel   E.P. 801701   Union Carbide Corp.
E.P. 801702

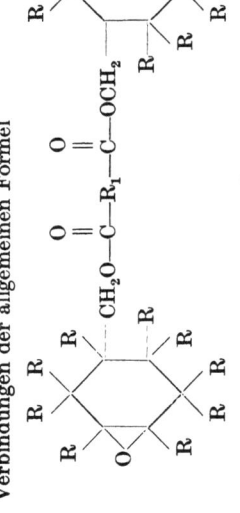

und

R = H oder niederes Alkyl
R_1 = aliphatischer oder aromatischer Rest
R_2 = Alkylenrest, der auch durch O unterbrochen sein kann

machern zu nennen. Dem steht allerdings gegenüber, daß die Stabilisierungswirkung dieser Verbindungen verhältnismäßig gering ist.

Die als Stabilisatoren eingesetzten Epoxyverbindungen umfassen epoxydierte pflanzliche Öle, Epoxyester und zahlreiche Glycidyläther verschiedener Konstitution. Die Herstellung und Verwendung dieser Verbindungen ist Gegenstand einer umfangreichen Patentliteratur, über die Tabelle 16 eine Übersicht vermittelt.

Epoxyverbindungen werden selten allein verwendet, da ihre Wirkung als Hitzestabilisator nur gering ist. Dagegen eignen sie sich wegen ihres synergistischen Einflusses auf zahlreiche andere stabilisierend wirkenden Verbindungen ausgezeichnet als Hilfsstabilisatoren. Unter den Stabilisatoren, die durch Epoxyverbindungen synergistisch beeinflußt werden, sind namentlich die Metallseifen hervorzuheben[1]. Doch können auch andere Stabilisatoren, wie beispielsweise Organozinnverbindungen[2] oder Harnstoffderivate[3], verwendet werden.

Einige synergistische Gemische enthalten auch noch eine dritte Stabilisatorenkomponente. So wurde von H. J. RICHTER[4] die gemeinsame Verwendung einer 1,2-Epoxyverbindung, eines Metallsalzes und Tri-(2-alkenyl)-phosphits vorgeschlagen. G. P. MACK und E. PARKER[5] haben ähnliche Gemische beschrieben. Die von diesen Autoren verwendeten Phosphite weisen in einem oder mehreren Resten Halogen oder Epoxygruppen auf.

Zu erwähnen sind weiter noch ein Vorschlag von DE LOSS E. WINKLER[6], Polyalkylglycidyläther zusammen mit Diallylmaleat zu verwenden, und weiter ein Vorschlag von R. E. LALLY und R. J. O'HARA[7], Epoxyverbindungen gemeinsam mit mehrwertigen aliphatischen Alkoholen einzusetzen.

q) Schwefel enthaltende organische Verbindungen

Zahlreiche Schwefel enthaltende organische Verbindungen sind in der Literatur als Stabilisatoren für Vinylchloridpolymerisate beschrieben worden. Von diesen seien nachstehende erwähnt:

Höhere Mercaptoalkohole, z. B. Thiosorbit[8],
aliphatische Ester von Arylthiosulfonsäuren[9],

---

[1] A.P. 2590059, Shell Development Co., Erf. DE LOSS E. WINKLER.
[2] Vgl. z. B. A.P. 2555169, Shell Development Co.
[3] E.P. 665640, N. V. de Bataafsche Petroleum Mij.
[4] A.P. 2456216, E. I. du Pont de Nemours & Co.
[5] F.P. 1119752, Advance Solvents & Chemical Corp.
[6] A.P. 2609355, Shell Development Co.   [7] A.P. 2734881, Ferro Corp.
[8] E.P. 590286, Imperial Chemical Industries Ltd.; A.P. 2432296, E. I. du Pont de Nemours & Co., Erf. G. L. DOROUGH.
[9] A.P. 2534936, Monsanto Chemical Co., Erf. H. A. WALTER.

A. Die Stabilisatoren

p-Aminobenzolsulfonamid und seine in der Sulfonamidgruppe substituierten Derivate[1],
Xanthogensäureester[2],
Thiocarbamidsäureester[3],
Heterocyclen mit aktivierten Thio- oder Mercaptogruppen[4],
cyclisches 1,4-Butylentrithiocarbonat[5],
4,4'-Diamino-diphenylsulfon[6].

Von den höhermolekularen, Schwefel enthaltenden Verbindungen wurden aus einem aliphatischen Mercaptoalkohol und einer Dicarbonsäure hergestellte Polyester[7] und Thioplaste[8] als Stabilisatoren erwähnt.

r) Organische Phosphorverbindungen

Die Alkyl- und Arylester der phosphorigen Säure zeichnen sich sowohl durch eine antioxydative als auch durch eine lichtstabilisierende Wirkung aus. Sie können außerdem bei Verwendung von Metallstabilisatoren verwendet werden, um klarbleibende Polyvinylchloridmassen zu erhalten.

Von den als Stabilisatoren vorgeschlagenen Phosphiten mit aromatischen Resten seien Triphenyl-, Trikresyl- und Trinaphthylphosphit[9], von den Phosphiten mit aliphatischen Resten die Tri-(2-alkenyl)-phosphite, deren Alkenylreste je 3···14 Kohlenstoffatome aufweisen[10], Pentaerythritphosphit[11] und chlorhaltige Phosphite[12], die durch Einwirkung von PCl_3 auf Epoxyverbindungen entstehen, genannt. Die Ester der phosphorigen Säuren kommen selten allein zur Anwendung. Häufiger treten sie als Bestandteile von Stabilisatorgemischen auf. Solche Gemische können neben dem Phosphit noch Metallsalze[13] oder Gemische von Metallphenolaten[14] enthalten.

---

[1] D.P. (DDR) 652, K. Thinius.   [2] D.P. (DDR) 7282, H. Hecht.
[3] A.P. 2735833, Dow Chemical Co., Erf. G. W. Stanton u. F. A. Ehlers.
[4] F.P. 1159299, F. Chevassus.
[5] A.P. 2858292, General Tire & Rubber Co., Erf. G. H. Swart, W. C. Warner u. A. J. Beber.
[6] D.B.P. 871834, Cassella Farbwerke Mainkur A.G., Erf. W. Zerweck, E. Gofferjé u. W. Kunze.
[7] A.P. 2707178, Union Carbide and Carbon Corp., Erf. J. E. Wilson.
[8] D.B.P. 881582, Chemische Werke Albert, Erf. A. v. Putzer-Reybegg.
[9] A.P. 2572571, Monsanto Chemical Co., Erf. P. E. Marling.
[10] A.P. 2456231, E. I. du Pont de Nemours Co., Erf. R. H. Wiley.
[11] A.P. 3000850, Celanese Corp. of America, Erf. B. S. Ainsworth.
[12] Jap.A.S. 37/1960, Carlisle Chemical Works Inc.
[13] A.P. 2564646, Argus Chemical Laboratory Inc., Erf. W. E. Leistner, A. C. Hecker u. O. H. Knoepke; A.P. 2752319, Dow Chemical Co., Erf. P. H. Lipke jr., R. S. Montgomery.
[14] F.P. 1127671, Argus Chemical Laboratory Inc.; A.P. 2935491, Metal & Thermit Corp., Erf. G. P. Mack; A.P. 2716092, Erf. W. E. Leistner u. A. C. Hecker; A.P. 2997454, Argus Chemical Corp., Erf. W. E. Leistner, A. C. Hecker u. O. H. Knoepke.

Auch synergistische Gemische aus Tri-(2-alkenyl)-phosphiten und einer 1,2-Epoxyverbindung[1] sowie Gemische aus einem Ester der phosphorigen Säure, einem epoxydierten Fettsäureester und einem Metallsalz[2] wurden beschrieben.

Andere Beispiele für zum Stabilisieren von Vinylchloridpolymerisaten geeignete Verbindungen sind Äthyleniminderivate, deren Stickstoff amidartig an Phosphor gebunden ist[3], amidierte Phosphinoxyde[4], Chlorphosphine[5], Dialkylphosphinite[6] und Alkyl-, Chloralkyl- oder Alkenylphosphonate[7].

B. Gleitmittel

Neben Stabilisatoren werden bei der Verarbeitung des Polyvinylchlorids Gleitmittel verwendet. Diese haben die Aufgabe, das Fließen der Masse während des Verarbeitungsvorganges zu erhöhen und ein Ankleben an heißen Teilen der Verarbeitungsmaschinen zu verhindern. Ihre Funktion kann daher mit der eines Schmiermittels bei einem mechanischen Vorgang verglichen werden. Damit eine Verbindung in optimaler Weise als Gleitmittel für die Hartverarbeitung von Polyvinylchlorid geeignet ist, müssen nach U. JACOBSON[8] mehrere Bedingungen erfüllt sein. Die Verbindung soll möglichst wenig in Polyvinylchlorid löslich sein, gleichzeitig aber eine so hohe Polarität aufweisen, daß sie beim Verarbeitungsvorgang sowohl zu Polyvinylchlorid als auch zu den Stahloberflächen der Verarbeitungswerkzeuge Affinität aufweist. Außerdem soll dei Viskosität bei Verarbeitungstemperaturen so bemessen sein, daß sich ein zusammenhängender Gleitmittelfilm an den Stahloberflächen ausbilden kann. Nach JACOBSON entspricht diesen Bedingungen im allgemeinen ein bestimmter Schmelzpunktbereich der als Gleitmittel in Betracht kommenden Verbindungen. Dieser liegt bei Verarbeitung auf der Strangpresse bei $100 \cdots 120$ °C, während er bei Verarbeitung auf dem Kalander mit $140 \cdots 160$ °C angegeben wird.

Die Anzahl der als Gleitmittel vorgeschlagenen Verbindungen ist verhältnismäßig groß und umfaßt mehrere Verbindungsklassen. Gewöhnlich handelt es sich hierbei um Kohlenwasserstoffe, Öle, Wachse und

---

[1] A.P. 2456216, E. I. du Pont de Nemours & Co., Erf. H. J. RICHTER.
[2] E.P. 841890, Holl.P. 91341, Argus Chemical Corp.; E. P. 833618, A.P. 2867594 Ferro Chemical Co., Erf. F. R. HANSEN u. B. ZAREMSKY.
[3] D.B.P. 879314, F.P. 1047598, Farbwerke Hoechst A.G. vorm. Meister Lucius & Brüning, Erf. A. JAHN u. W. STARCK.
[4] A.P. 2012411, Eastman Kodak Co., Erf. J. W. TAMBLYN u. H. W. COOVER.
[5] A.P. 2970980, A.P. 2970981, E.P. 855740, E.P. 857358, Metal & Thermit Corp., Erf. G. P. MACK; A.P. 3005000, Stauffer Chemical Co., Erf. R. S. COOPER.
[6] E.P. 851974, Hoyt Metal Co.
[7] A.P. 2934507, Monsanto Chemical Co., Erf. D. H. CHADWICK u. TH. REETZ.
[8] Brit. Plastics 34, 328 (1961).

Metallsalze der Stearinsäure. Letztere haben den Vorteil, neben ihrer Gleitmitteleigenschaft gleichzeitig auch noch stabilisierend zu wirken. Über den Einfluß der Gleitmittel auf die Eigenschaften der unter ihrer Verwendung hergestellten Fertigerzeugnisse ist bisher wenig bekannt geworden. Eingehender hat sich hiermit nur U. JACOBSON[1] befaßt. Nach seinen Angaben zeigen die an Hartpolyvinylchloriderzeugnissen erhaltenen Werte für die Zug- und Schlagfestigkeit eine weite Streuung, die um so größer ist, je geringer die verwendete Gleitmittelmenge war. Im allgemeinen nehmen jedoch die erhaltenen Maximalwerte und Durchschnittswerte mit der Gleitmittelmenge ab. Verhältnismäßig groß ist der Einfluß der Gleitmittel auf den Erweichungspunkt der Hartpolyvinylchloriderzeugnisse. Er liegt bei Verwendung von flüssigen Gleitmitteln in der Größenordnung von 2···5 °C je zugesetztem Gewichtsteil Gleitmittel.

C. Die Weichmacher

1. Allgemeines

Polyvinylchlorid ist ein bei Raumtemperatur harter und verhältnismäßig spröder Werkstoff, der erst oberhalb der bei etwa 80 °C liegenden Einfriertemperatur weich und biegsam wird. Für viele Zwecke werden jedoch Polyvinylchloriderzeugnisse gewünscht, die auch bei Raumtemperatur eine weichgummiartige Beschaffenheit aufweisen. Derartige Erzeugnisse lassen sich erhalten, wenn Polyvinylchlorid zusammen mit einem Weichmacher verarbeitet wird. Unter Weichmacher werden nach einem Nomenklaturvorschlag von M. L. HUGGINS[2] Substanzen verstanden, die einem hochpolymeren Werkstoff zugesetzt werden, um dessen Weichheit, Biegsamkeit und Dehnbarkeit zu erhöhen und die Bearbeitbarkeit zu erleichtern. Ihre Wirkung beruht darauf, daß sie die Einfriertemperatur des Hochpolymeren herabsetzen und — sofern sie in entsprechend großen Mengen angewendet werden — unterhalb Raumtemperatur senken. Sie verschieben daher den bei reinem Polyvinylchlorid erst oberhalb etwa 80 °C beginnenden gummielastischen Zustand nach tieferen Temperaturen und machen ihn dadurch zum Gebrauchszustand.

Die Weichmachung des Polyvinylchlorids läßt sich im Prinzip mit jeder organischen Flüssigkeit erreichen, sofern diese die Bedingung erfüllt, in dem interessierenden Konzentrationsbereich mit Polyvinylchlorid eine homogene feste Phase zu bilden. Tatsächlich ist die Zahl der als Weichmacher für Polyvinylchlorid empfohlenen Substanzen auch außerordentlich groß und noch weiter im Wachsen begriffen. Für die technische Anwendung kommen allerdings nur verhältnismäßig wenige

---

[1] British Plastics **34**, 328 (1961).   [2] J. Polymer Sci. **8**, 257 (1952).

dieser Substanzen in Betracht. Es sind dies vor allem hochsiedende Ester, von denen diejenigen der Phthalsäure bei weitem an der Spitze stehen. Den Estern der Phthalsäure schließen sich hinsichtlich ihrer wirtschaftlichen Bedeutung die Ester einiger aliphatischer Dicarbonsäuren sowie einige Phosphorsäureester an. Dazu kommen noch andere Weichmacher von geringerer wirtschaftlicher Bedeutung, die teils ebenfalls esterartige Konstitution aufweisen oder aber in andere Verbindungsklassen gehören. Diese Beschränkung auf verhältnismäßig wenige Produkte ist außer durch wirtschaftliche Gesichtspunkte vor allem durch den Umstand bedingt, daß ein technisch brauchbarer Weichmacher zahlreiche Eigenschaften in einem ausgewogenen Verhältnis in sich vereinigen muß, von denen die wichtigsten im folgenden Abschnitt behandelt werden sollen.

2. Weichmachereigenschaften

a) Die Weichmacherwirksamkeit

Wie im vorigen Abschnitt gezeigt wurde, besteht die Wirkung eines Weichmachers darin, die Einfriertemperatur des Hochpolymeren zu erniedrigen und die Weichheit, Biegsamkeit und Kältefestigkeit der aus dem Hochpolymeren hergestellten Erzeugnisse zu erhöhen. Ein Weichmacher ist daher um so wirksamer, je stärker er die genannten Eigenschaften in dem für die Verarbeitung und Verwendung gewünschten Sinne beeinflußt. Die Erfahrung hat nun gezeigt, daß die Weichmacherwirksamkeit substanzabhängig ist und mit bestimmten konstitutionellen Voraussetzungen des Weichmachers in Beziehung steht. Diese Erscheinung ist Gegenstand zahlreicher Untersuchungen gewesen, die zu einem umfangreichen Tatsachenmaterial geführt haben. Aus diesem sind in Tabelle 17 zunächst einige von R. R. LAWRENCE und E. B. McINTYRE[1] mitgeteilten Zahlenwerte wiedergegeben, die einen Überblick über die Wirksamkeit einiger technisch wichtiger Weichmacher geben. Als Kriterium für die Wirksamkeit dient hierbei diejenige Weichmachermenge, die Polyvinylchlorid zugegeben werden muß, damit Produkte erhalten werden, die bei Bestimmung mit der von R. F. CLASH und R. M. BERG[2] angegebenen Methode einen Elastizitätsmodul von 126,5 kg/cm² bei 25 °C ergeben.

Aus den Zahlenwerten ist zunächst ersichtlich, daß die benötigte Weichmachermenge bei den Sebacinsäureestern jeweils niedriger als bei den vergleichbaren Phthalsäureestern ist. Dies trifft auch dann zu, wenn man beim Vergleich nicht Gewichtsmengen, sondern Molprozente zugrunde legt. Die Sebacinsäureester sind daher gegenüber den Phthalsäureestern als die wirksameren Weichmacher anzusehen. Innerhalb der

---

[1] Ind. Engng. Chem. **41**, 689 (1949).   [2] Modern Plastics **21**, 119 (Juli 1944).

Tabelle 17. *Eigenschaften von Polyvinylchlorid mit verschiedenen Weichmachern* (Nach R. R. LAWRENCE u. E. B. McINTYRE: Ind. Engng. Chem. **41**, 689 [1949])

Weichmacher	Weichmacherwirksamkeit Teile Weichmacher auf 100 Teile Polyvinylchlorid	Flextemperatur in °C
Phthalate		
Dimethylphthalat	46	−5,5
Diäthylphthalat	41	−5,5
Di-n-propylphthalat	42	−5,5
Di-n-butylphthalat	41	−12
Di-n-amylphthalat	42	−13
Di-n-hexylphthalat	50	−14
Di-2-äthylbutylphthalat	48	−12,5
Di-cyclohexylphthalat	88	+ 7
Di-n-octylphthalat	49	−29
Di-2-äthylhexylphthalat	50	−23
Dicaprylphthalat	54	−24,5
Dilaurylphthalat	75	−33
Diallylphthalat	42	−13,5
Butylhexylphthalat	46	−14
Butylbenzylphthalat	45	− 2
Dibenzylphthalat	60	+ 2,5
Sebacate		
Dimethylsebacat	35	−17,5
Dibutylsebacat	37	−34,5
Dihexylsebacat	54	−47
Di-2-äthylhexylsebacat	54	−57,5
Dibutoxyäthylsebacat	44	−34
Dibenzylsebacat	42	−13
Phosphate		
Tributylphosphat	38	−25,5
Tri-2-äthylhexylphosphat	56	−58
Triphenylphosphat	52	− 2,5
Trikresylphosphat	57	+ 1,5
Tributyläthylphosphat	44	−31

Reihe der homologen Phthalsäure- und Sebacinsäuredialkylester nimmt die Weichmacherwirksamkeit im allgemeinen mit der Länge der Alkylgruppen ab, wenn man die benötigten Gewichtsmengen als Maßstab ansieht. Bezieht man sich dagegen auf Molprozente, so erscheinen Dioctylphthalat und Dibutylsebacat als die jeweils wirksamsten Weichmacher ihrer Reihe. Bei den Phosphorsäureestern ist auffällig, daß die Wirksamkeit der aliphatischen Ester größer ist als die der aromatischen.

Ähnliche Erscheinungen sind auch bei der Lage der Flextemperatur, die nach R. F. CLASH und R. M. BERG[1] als diejenige Temperatur definiert ist, bei welcher der Elastizitätsmodul den Wert $3{,}1 \cdot 10^9$ dyn.cm^{-2} aufweist, angedeutet. Die in Spalte 3 der Tabelle 17 angeführten Temperaturwerte zeigen, daß die Flextemperatur bei den Sebacaten niedriger

---

[1] Ind. Engng. Chem. **34**, 1218 (1942).

als bei den Phthalaten liegt. Bei den Phosphorsäureestern sind wiederum deutliche Unterschiede zwischen den aliphatischen und den aromatischen Verbindungen vorhanden. Innerhalb der homologen Reihen sinkt die Flextemperatur mit zunehmender Länge der Alkylketten. Bemerkenswert ist ferner der Unterschied in der Lage der Flextemperatur zwischen Dihexylphthalat und Dicyclohexylphthalat.

Eingehende Untersuchungen über den Zusammenhang zwischen der Weichmacherwirksamkeit und der chemischen Konstitution haben F. WÜRSTLIN und H. KLEIN[1] an homologen Esterreihen unter Verwendung der dielektrischen Methode ausgeführt. Die bei verschiedenen Dialkylestern aliphatischer Dicarbonsäuren gefundenen Werte für die

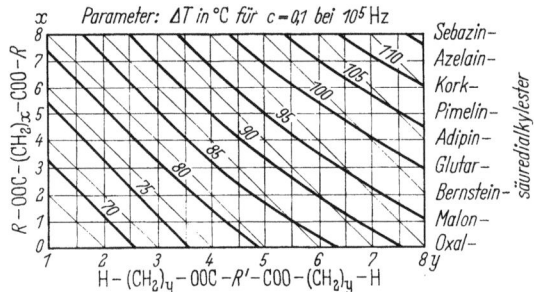

Abb. 64. Weichmacherwirksamkeit ΔT der aliphatischen, gesättigten n-Dicarbonsäure-n-dialkylester für Polyvinylchlorid. (Nach F. WÜRSTLIN u. H. KLEIN, Kunststoffe **46**, 3 [1956])

Weichmacherwirksamkeit ΔT sind in Abb. 64 in Form einer zweidimensionalen Darstellung unter Verwendung von Höhenlinien gleicher ΔT-Werte wiedergegeben.

Wie die Darstellung zeigt, nimmt die Weichmacherwirksamkeit bei gleicher molarer Konzentration $c = 0{,}1$ annähernd linear mit dem Molekulargewicht zu. Auch innerhalb der isomeren Dicarbonsäureester ist die Weichmacherwirksamkeit annähernd gleich, wobei allerdings eine geringe Verschlechterung unverkennbar ist, wenn die beiden Estergruppen nur durch eine kurze Kohlenstoffkette verbunden sind.

Bei den homologen n-Dialkylestern der Phthalsäure haben WÜRSTLIN und KLEIN die aus Abb. 65 ersichtliche Abhängigkeit der Weichmacherwirksamkeit von der Anzahl der C-Atome im Alkylrest gefunden.

Die Weichmacherwirksamkeit nimmt hier bei gleicher molarer Konzentration $c = 0{,}1$ linear mit der Anzahl der C-Atome im Alkylrest zu. Bei gleicher gewichtsmäßiger Konzentration 70/30 ergibt sich dagegen nahezu eine Gerade, da hier die Zunahme der Weichmacherwirksamkeit durch die Abnahme der Anzahl der Weichmachermoleküle kompensiert wird. Von Interesse für das Verständnis der Zusammenhänge zwischen

---

[1] Kunststoffe **46**, 3 (1956).

Weichmacherwirksamkeit und chemischer Konstitution sind auch die weiteren Befunde von WÜRSTLIN und KLEIN, wonach die Einführung zusätzlicher polarer Gruppen in die Dicarbonsäureester eine Verminderung der Weichmacherwirksamkeit bewirkt. Einen ähnlichen Effekt

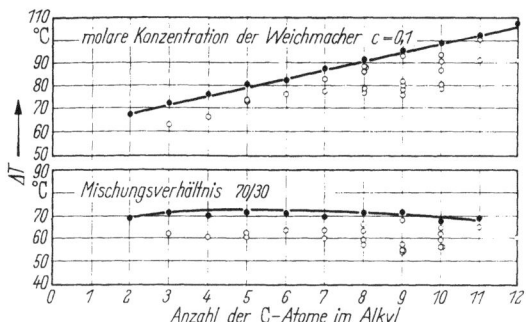

Abb. 65. Weichmacherwirksamkeit ΔT bei 10 Hz von Phthalsäuredialkylestern. (Nach F. WÜRSTLIN u. H. KLEIN, Kunststoffe **46**, 3 [1956])

haben nach F. WÜRSTLIN und H. KLEIN[1] auch Kettenverzweigungen, wobei deren Einfluß bei isomeren Estern um so größer ist, je näher die Verzweigung an der polaren Gruppe des Weichmachermoleküls steht und je geringer die Länge der Alkylkette ist. In einer weiteren Arbeit haben F. WÜRSTLIN und H. KLEIN[2] die Weichmacherwirksamkeit von Dimethylcyclohexylphthalat, Trikresylphosphat, Di-n-hexylphthalat und Dibutyladipat mit Hilfe der dielektrischen Methode untersucht. Es zeigte sich, daß die Weichmacherwirksamkeit um so größer ist, je niedriger die Einfriertemperatur des Weichmachers liegt. Dementsprechend wurde eine Zunahme der weichmachenden Wirkung in der Reihenfolge Dimethyl-cyclohexylphthalat, Trikresylphosphat, Di-n-hexylphthalat, Dibutyladipat gefunden. Es ist auffällig, daß die hiernach am wenigsten wirksamen Verbindungen jeweils drei cyclische Gruppen im Molekül enthalten, während das sich am wirksamsten erweisende Dibutyladipat eine lineare Struktur aufweist. Di-n-hexylphthalat, das sowohl über cyclische als auch lineare Gruppen im Molekül verfügt, nimmt eine Mittelstellung ein. Ähnliche Unterschiede zwischen Weichmachern mit cyclischen und linearen Gruppen hatten bereits W. AIKEN, T. ALFREY jr., A. JANSSEN und H. MARK[3] bei der Bestimmung der Kriechkurven von Folien aus weichgemachtem Polyvinylchlorid gefunden. Die Weichmacher mit cyclischen Gruppen ergaben steil ansteigende Kriechkurven, entsprechend einer erst allmählich im Verlaufe der Zeit eintretenden Dehnung. Bei den Weichmachern mit linearen Gruppen wurden dagegen

---

[1] Makromol. Chem. **16**, 1 (1955). [2] Kunststoffe **47**, 527 (1957).
[3] J. Polymer Sci **2**, 178 (1947).

flache Kriechkurven gefunden, da bei diesen bereits nach sehr kurzen Versuchszeiten eine hohe Dehnung erreicht wird, die sich im weiteren Versuchsverlauf nur noch wenig ändert.

Die oben dargestellte Abhängigkeit der Weichmacherwirksamkeit von der chemischen Konstitution des Weichmachers findet in den von D. J. MEAD, R. L. TICHENOR und R. M. FUOSS[1], E. JENCKEL und R. HEUSCH[2] und F. WÜRSTLIN und H. KLEIN[3] entwickelten Vorstellungen ihre molekulare Deutung. Nach diesen Autoren hängt die Fähigkeit eines Weichmachers, die Einfriertemperatur des Polymeren herabzusetzen, von der inneren Beweglichkeit der Weichmachermoleküle ab. Ist die Beweglichkeit groß, so wird die Einfriertemperatur stark herabgesetzt, ist sie dagegen gering, so vermindert sich die Einfriertemperatur nur wenig. Damit eine Substanz gute Weichmacherwirksamkeit zeigt, ist es daher erforderlich, daß sie über möglichst viele Freiheitsgrade der inneren Beweglichkeit verfügt. Betrachtet man nun das oben besprochene Tatsachenmaterial, so ist ersichtlich, daß die als besonders wirksam auffallenden unverzweigten Dialkylester aliphatischer Dicarbonsäuren diesen Bedingungen in besonders hohem Maße entsprechen. Bei den im Vergleich hierzu wenig wirksamen Weichmachern mit cyclischen Gruppen sind dagegen die Bewegungsmöglichkeiten wegen der Ringbildung stark vermindert. Hierzu kann noch eine sterische Hinderung treten, die zu einer weiteren Verringerung der innermolekularen Bewegungsmöglichkeiten führt, wodurch die Weichmacherwirksamkeit weiter vermindert wird. In ähnlichem Sinne wirken auch Kettenverzweigungen, während bei Einführung polarer Gruppen möglicherweise die Bewegungsmöglichkeiten infolge Erhöhung der Assoziationstendenz vermindert werden.

b) Die Verträglichkeit

Wie bei der Besprechung der Zusammenhänge zwischen Konstitution und Weichmacherwirksamkeit gezeigt wurde, nimmt die Eignung einer Substanz, die Einfriertemperatur des Polyvinylchlorids zu erniedrigen, mit der Länge ihrer aliphatischen Kohlenstoffkette zu. Es erscheint daher folgerichtig, als Weichmacher Verbindungen mit möglichst langen linearen Kohlenstoffketten zu verwenden. Dem steht jedoch entgegen, daß die Verträglichkeit mit dem Polymerisat abnimmt, wenn der aliphatische Anteil des Weichmachermoleküls gegenüber dem polaren Anteil zu stark erhöht wird. Weichmacher mit übermäßig langen aliphatischen Ketten benötigen daher hohe Geliertemperaturen. Außerdem kommt es bei ihnen bereits bei verhältnismäßig hohen Temperaturen zu einer Phasentrennung zwischen Weichmacher und Polymerisat, die sich

---
[1] J. Amer. Chem. Soc. **64**, 283 (1942).   [2] Kolloid-Z. **118**, 56 (1950).
[3] Kolloid-Z. **128**, 137 (1952); Kunststoffe **46**, 3 (1956), **47**, 527 (1957).

beim Abkühlen unter eine kritische Temperatur in einer Trübung des Werkstückes infolge Bildung sehr feiner Tröpfchen äußert. Systematisch sind die Zusammenhänge zwischen Verträglichkeit und Weichmacherkonstitution von F. WÜRSTLIN und H. KLEIN[1] untersucht worden. Als Meßgröße diente hierbei diejenige Temperatur, bei der kontinuierlich abgekühlte verdünnte Lösungen von Polyvinylchlorid im Weichmacher infolge Phasentrennung eine Trübung zeigten. Die nach dieser Meßmethode bei aliphatischen Dicarbonsäureester erhaltenen

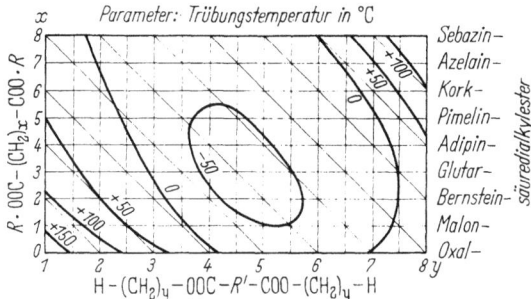

Abb. 66. Trübungstemperaturen der aliphatischen, gesättigten n-Dicarbonsäure-n-dialkylester für Polyvinylchlorid. (Nach F. WÜRSTLIN u. H. KLEIN, Kunststoffe **46**, 3 [1956])

Resultate sind in Abb. 66 zweidimensional in Form von Höhenlinien dargestellt.

Man erkennt aus den Meßkurven, daß die Trübungstemperatur zunächst mit dem Molekulargewicht abnimmt, um dann bei höheren Molekulargewichten wiederum anzusteigen. Bei gleichem Molekulargewicht ist deutlich ein ungünstiger Einfluß auf die Lage der Trübungstemperatur festzustellen, wenn die aliphatische Kette zwischen den beiden Estergruppen kleiner als 4 Methylengruppen wird. Aus den Meßkurven ergibt sich weiter, daß die Trübungstemperaturen bei denjenigen Estern am tiefsten liegen, die aus Carbonsäuren und Alkoholen mit jeweils einer mittleren Kohlenstoffzahl bestehen. Diese Ester sind daher mit Polyvinylchlorid am verträglichsten. Interessant ist auch die weitere Feststellung von F. WÜRSTLIN und H. KLEIN[2], daß die Einführung weiterer polarer Gruppen bei den höheren Estern zu einer Zunahme der Verträglichkeit führt. Bei den homologen Phthalsäuredialkylestern haben WÜRSTLIN und KLEIN die aus Abb. 67 ersichtliche Abhängigkeit der Trübungstemperatur von der Kettenlänge der Alkoholkomponente gefunden.

Die angegebenen Zahlenwerte lassen erkennen, daß die Trübungstemperaturen auch bei den Phthalsäuredialkylestern zunächst mit stei-

---

[1] Kunststoffe **46**, 3 (1956).   [2] l. c.

266 VII. Die Hilfsstoffe für die Verarbeitung des Polyvinylchlorids

gendem Molekulargewicht stark abfallen, um nach Erreichung eines Minimums bei den Estern mit einer mittleren Länge der Alkylgruppen mit zunehmendem Molekulargewicht wiederum anzusteigen. Die Geliertemperaturen fallen ebenfalls vom Phthalsäuredimethylester zum Phthalsäuredibutylester ab, beginnen aber bereits beim Phthalsäuredipentylester wieder anzusteigen. Die Trübungstemperaturen liegen bei den niederen Dialkylphthalaten dicht unterhalb der Geliertemperatur. Bei diesen Estern sind die Lösungen daher nur innerhalb eines eng begrenzten Temperaturintervalles homogen. Dieses Temperaturintervall erweitert sich mit zunehmender Kohlenstoffzahl sehr stark und erreicht sein Maximum bei den Estern mit einer Kohlenstoffzahl im Alkylrest zwischen 5 und 10. Oberhalb dieser Kohlenstoffzahl ist wiederum eine Abnahme der Breite des Homogenitätsbereiches zu verzeichnen. Es ist daher ersichtlich, daß die Phthalsäureester mit einer mittleren Kohlenstoffzahl im Alkylrest die für die praktische Verwendbarkeit als Weichmacher gewünschte optimale Verträglichkeit mit Polyvinylchlorid besitzen.

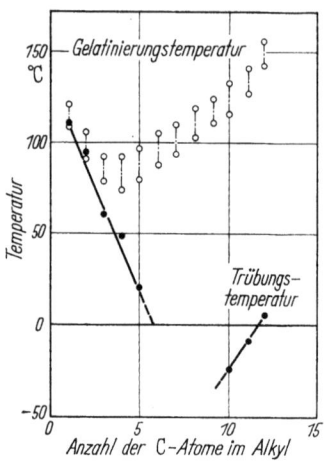

Abb. 67. Trübungs- und Geliertemperaturen 5%iger Lösungen von Polyvinylchlorid in homologen o-Phthalsäuredialkylestern. (Nach F. WÜRSTLIN u. H. KLEIN, Kunststoffe 46, 3 [1956])

Diese Befunde stimmen gut mit der aus der Anwendungstechnik gewonnenen Erfahrung überein, wonach ein guter Weichmacher sowohl polare als auch unpolare Gruppen in einem ausgewogenen Verhältnis im Molekül aufweisen muß.

c) *Die Extrahierbarkeit*

Die Eignung einer Substanz als Weichmacher hängt in erster Linie davon ab, daß er die gewünschte Änderung der physikalischen Eigenschaften des Hochpolymeren bewirkt und mit diesem genügend verträglich ist. Daneben ist die Brauchbarkeit eines Weichmachers auch von anderen Faktoren abhängig. Hier ist zunächst die Extrahierbarkeit zu erwähnen. An einen guten Weichmacher ist nämlich die Forderung zu stellen, daß er durch Wasser, Lösungsmittel, Öl, Fett usw. nicht oder nur in geringem Maße aus dem weichgemachten Medium herausgelöst werden darf. In der Praxis wird man hier jedoch meist auf einen Kompromiß angewiesen sein, da gute Weichmacherwirksamkeit und geringe Extrahierbarkeit einander bis zu einem gewissen Grade ausschließen. Experimentelle Untersuchungen von W. AIKEN, T. ALFREY, A. JANSSEN und H. MARK[1] haben nämlich ergeben, daß Weichmacher um so schneller mit Mineralöl aus dem weichgemachten Medium zu extrahieren sind, je wirksamer sie sind. Diese Beobachtung ist damit zu erklären, daß der Weichmacherzusatz zu einer Erniedrigung der Einfriertemperatur und damit der Viskosität führt, wobei das Ausmaß dieser Erniedrigung von der Wirksamkeit des Weichmachers abhängt. Niedrige Viskositäten ermöglichen hohe Diffusionsgeschwindigkeiten, während umgekehrt hohe Viskositäten geringe Diffusionsgeschwindigkeiten zur Folge haben.

Generell läßt sich sagen, daß die Extrahierbarkeit eines Weichmachers gegenüber einem bestimmten Lösungsmittel von den zwischenmolekularen Kräften zwischen Polymerisat und Weichmacher einerseits und Lösungsmittel und Weichmacher andererseits abhängt. Gruppen mit starken Dipolen im Weichmacher erhöhen die Bindefestigkeit am Polymerisat, während sie durch längere Kohlenstoffketten vermindert wird. Lange Kohlenstoffketten begünstigen wiederum die Extrahierbarkeit durch unpolare Lösungsmittel. Dagegen erleichtern hydrophile Gruppen die Extrahierbarkeit durch Wasser[2].

Interessante Ergebnisse von Extraktionsversuchen an Folien aus weichgestelltem Polyvinylchlorid haben K. THINIUS und E. SCHRÖDER[3] mitgeteilt. Nach diesen Autoren läßt sich der Weichmacher mit dipollosen aliphatischen Kohlenwasserstoffen nur teilweise entfernen. Eine restlose Extraktion ist dagegen bei Verwendung von Flüssigkeiten mit Dipolmomenten möglich. Dipollose Flüssigkeiten mit kugelförmigem Molekülaufbau oder mit Benzolringstruktur führen ebenfalls in manchen Fällen zu einer vollständigen Lösung der zwischen Weichmacher und Polymerisat bestehenden Nebenvalenzbindung.

d) Die Flüchtigkeit

Bei der Verarbeitung von weichgestelltem Polyvinylchlorid ist weiter zu berücksichtigen, daß alle Weichmacher in mehr oder minder großem Maße flüchtig sind und die Neigung zeigen, aus dem weichgemachten Medium in den Gasraum auszutreten. Diese Erscheinung, die sich namentlich bei höheren Temperaturen bemerkbar macht, führt zu einer allmählichen Weichmacherverarmung. Das weichgemachte Polyvinylchlorid wird zunehmend härter und verändert sich in seinen Eigenschaften.

---

[1] J. Polymer Sci **2**, 178 (1947).
[2] Wegen der Extrahierbarkeit einzelner Weichmacher durch Lösungsmittel vgl. REICHHERZER, R.: Mitt. chem. Forsch.-Inst. Wirtschaft Österreichs **12**, 129 (1958) u. M. W. ROBERTSON u. R. M. ROWLEY: Brit. Plastics **33**, 26 (1960); wegen der Extrahierbarkeit durch Wasser vgl. BECK, G.: Kunststoffe **42**, P 71 (1952).
[3] Kunststoffe **47**, 183 (1957).

Bestimmungen der Flüchtigkeit handelsüblicher Weichmacher aus Polyvinylchloridfilmen haben u. a. R. R. LAWRENCE und E. B. McINTYRE[1], L. RÖSSIG[2], G. BECK[3], K. THINIUS[4], K. ZÖHRER und A. MERZ[5], W. J. FRISSELL[6] und E. NOBIS[7] vorgenommen. Die Untersuchungen dieser Autoren zeigen, daß für die Flüchtigkeit eines Weichmachers zahlreiche Faktoren maßgebend sind. So besteht zunächst eine ausgeprägte Abhängigkeit von der Konstitution des Weichmachers, die sich darin äußert, daß zwei Weichmacher von bei gegebener Temperatur gleichem Dampfdruck stark voneinander abweichende Flüchtigkeitswerte aufweisen können. Weiter ist eine Abhängigkeit der Flüchtigkeit von der Konzentration des Weichmachers in der Ausgangsmischung festzustellen, die von Weichmacher zu Weichmacher verschieden ist. Wie die von E. NOBIS[8] ermittel-

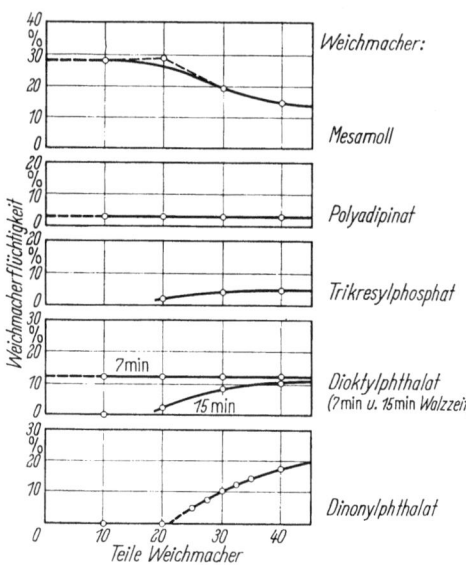

Abb. 68. Weichmacherflüchtigkeit aus weichgemachtem PVC nach einer Lagerung von 1 Woche bei 100 °C. (Nach E. Nobis, Kunststoffe **47**, 180 [1957]). Die Flüchtigkeit ist auf den eingestellten Weichmachergehalt bezogen

ten und in Abb. 68 dargestellten Meßwerte erkennen lassen, kann diese Konzentrationsabhängigkeit sehr verschiedengestaltig sein. So nimmt die relative Weichmacherflüchtigkeit von Mesamoll mit zunehmendem Weichmachergehalt ab. Bei Trikresylphosphat und Dinonylphthalat ist dagegen eine Zunahme der relativen Weichmacherflüchtigkeit mit der Weichmacherkonzentration festzustellen, während bei dem verwendeten Polyadipat eine konzentrationsunabhängige Weichmacherflüchtigkeit vorliegt. Bemerkenswert ist das Verhalten von Dioctylphthalat, das nach einer Walzzeit von 7 Minuten eine konzentrationsunabhängige, nach einer Walzzeit von 15 Minuten dagegen eine mit der Weichmacherkonzentration zunehmende Flüchtigkeit zeigt.

---

[1] Ind. Engng. Chem. **41**, 689 (1949).
[2] Kunststoffe **44**, 250 (1954); Kunststoffe **48**, 41 (1958).
[3] Kunststoffe **42**, 37 (1952).   [4] J. Prakt. Chem. [4], **3**, 50 (1956).
[5] Kunststoffe **45**, 9 (1955); Kunststoffe **47**, 69 (1957).
[6] Ind. Engng. Chem. **48**, 1096 (1956).   [7] Kunststoffe **47**, 180 (1957).
[8] Kunststoffe **47**, 180 (1957).

Dieses zuletzt genannte Beispiel läßt erkennen, daß auch die Verarbeitungsbedingungen für die Flüchtigkeit eines Weichmachers von Bedeutung sein können.

e) Die Wanderungseigenschaften

Eine weitere bei der Auswahl von Weichmachungsmitteln zu beachtende Erscheinung ist die bei den einzelnen Weichmachern mehr oder weniger stark ausgeprägte Neigung, aus dem weichgemachten Material in ein angrenzendes anderes hochpolymeres Material auszuwandern. Diese als Weichmacherwanderung bezeichnete Erscheinung kann sich überall dort bemerkbar machen, wo beispielsweise eine Folie oder Platte aus weichgestelltem Polyvinylchlorid mit Schichten aus Hartpolyvinylchlorid oder anderen Hochpolymeren in Berührung kommt. Untersuchungen von G. BECK und A. ROSENBERG[1] am System weichgestelltes Polyvinylchlorid/Nitrocellulose zeigen, daß für das Wanderungsbestreben eines Weichmachers mehrere Faktoren maßgeblich sind. Es sind dies die Struktur des Weichmachers und des Polymeren, die Wechselwirkungen zwischen Weichmacher und dem Polymeren sowie die Weichmacherkonzentration und die Temperatur. Bei der Weichmacherwanderung von Weichpolyvinylchlorid in Hartpolyvinylchlorid besteht nach G. BECK[2] außerdem eine Abhängigkeit von den K-Werten der verwendeten Polyvinylchloride.

Es wurde dabei gefunden, daß eine Weichpolyvinylchloridfolie ihren Weichmacher um so leichter abgibt, je größer ihr K-Wert ist. Auf der anderen Seite nimmt die Aufnahmebereitschaft der harten Polyvinylchloridfolie für den Weichmacher mit dem K-Wert der verwendeten Polyvinylchloridsorte ab.

Mit den Zusammenhängen zwischen den Wanderungseigenschaften und der chemischen Konstitution des Weichmachers haben sich R. R. LAWRENCE und E. B. MCINTYRE[3], K. THINIUS und E. KARUTZ[4], L. RÖSSIG[5] und K. ZÖHRER und A. MERZ[6] befaßt. Aus den Arbeiten dieser Autoren ergibt sich, daß die Wanderungstendenz innerhalb homologer Weichmacherreihen im allgemeinen mit dem Molekulargewicht abnimmt. Von den Dialkylestern der Phthalsäure und Sebacinsäure sind daher jeweils diejenigen mit den längsten Alkylresten am migrationsbeständigsten. Polyester- und Polymerisatweichmacher neigen am wenigsten zur Wanderung, da ihre Beweglichkeit wegen des hohen Molekulargewichtes besonders gering ist. Es ist bemerkenswert, worauf A. MERZ[7] hingewiesen hat, daß die Wanderungstendenz eines Weich-

---

[1] Kunststoffe **42**, P 101 (1952). [2] Kunststoffe **45**, 230 (1955).
[3] Ind. Engng. Chem. **41**, 689 (1949). [4] Deutsche Farben-Z. **8**, 461 (1954).
[5] Kunststoffe **42**, P 48 (1952); **44**, 250 (1954).
[6] Kunststoffe **45**, 9 (1955); **47**, 69 (1957). [7] Kunststoffe **47**, 69 (1957).

machers in keiner einfachen Beziehung zu dessen Flüchtigkeit steht. So zeigt beispielsweise das verhältnismäßig leicht flüchtige Dicyclohexylphthalat nur eine geringe Wanderungstendenz gegenüber einem Nitrocelluloselack, während das schwer flüchtige Dioctylsebacat unter gleichen Bedingungen eine ausgeprägte Wanderungstendenz aufweist. Mathematisch sind die physikalischen Gesetzmäßigkeiten der Weichmacherwanderung von W. KNAPPE[1] behandelt worden.

f) Die Verarbeitungseigenschaften

Für die Bewertung der Verarbeitungseigenschaften eines Weichmachers ist vor allem dessen Verhalten beim Geliervorgang von Interesse. Systematische Untersuchungen über den Geliervorgang und den Einfluß der Konstitution eines Weichmachers auf dessen Geliereigenschaften sind von P. SCHMIDT[2] und H. S. BERGEN und J. R. DARBY[3] ausgeführt worden. P. SCHMIDT bediente sich hierzu eines Plastographen nach BRABENDER, in welchem das Gemisch von Polyvinylchlorid und Weichmacher mit konstanter Drehzahl gerührt wurde. Als Maß für den Ablauf des Geliervorganges diente der Kraftbedarf des Kneters, dessen Zeitabhängigkeit aufgezeichnet wurde und die sogenannte Gelierkurve ergab. An den Gelierkurven ist bemerkenswert, daß der Verformungswiderstand bei den gut gelierenden Weichmachern bei Beginn des Geliervorganges stark ansteigt, um nach Erreichung eines ausgeprägten Maximums allmählich einem konstanten Endwert zuzustreben. Bewertet man die Weichmacher nach dem auf die Zeiteinheit bezogenen Verformungswiderstand, die sogenannte Gelierleistung, so erhält man eine Reihe, in der von den untersuchten Stoffen Trikresylphosphat mit den höchsten Werten an der Spitze steht, gefolgt von Butylbenzylphthalat und Dioctylphthalat. Am Ende der Reihe steht Äthylenglykoldioleat, mit dem selbst bei 160 °C eine Gelierung nicht zu erreichen war. Im Gegensatz zu P. SCHMIDT verwendeten H. S. BERGEN und J. R. DARBY einen mit konstanter Drehzahl arbeitenden Banburymischer, dessen Kraftbedarf ebenfalls in Abhängigkeit von der Zeit verfolgt wurde. Bewertet wurden die Weichmacher durch Bestimmung der Zeitdauer zwischen dem Anlegen des Druckes auf das Gemisch und dem Erreichen des maximalen Verformungswiderstandes im Mischer. Sowohl bei niedrigen als auch bei hohen Drehgeschwindigkeiten wurden bei Kresyldiphenylphosphat, Butylbenzylphthalat, Santicizer 141, einem Alkylarylphosphat, und Trikresylphosphat die niedrigsten Zeitwerte erhalten. Mittlere Werte ergaben sich für Dioctylphthalat und Dioctyladipat, während Paraplex G 50, ein Weichmacher auf Polyesterbasis, das Ende der Skala bildete.

---

[1] Kunststoffe **52**, 387 (1962).   [2] Kunststoffe **41**, 23 (1951); **42**, 142 (1952).
[3] Ind. Engng. Chem. **43**, 2404 (1951).

C. Die Weichmacher

Sieht man in der Schnelligkeit, mit der das Maximum im Verformungswiderstand erreicht wird, ein Maß für das Geliervermögen des Weichmachers, so kann man die erwähnten Substanzen in der angegebenen Reihenfolge nach ihren Geliereigenschaften ordnen.

Unsere Kenntnisse vom Geliervorgang sind später durch Untersuchungen von A. HARTMANN und F. GLANDER[1] erweitert worden. HARTMANN und GLANDER konnten durch Messungen im Brabender-Plastographen und Aufnahme von Abkühlungskurven zeigen, daß auch bei ausgedehnten Gelierzeiten eine vollständige Gelierung erst oberhalb einer charakteristischen, in Anlehnung an J. F. EHLERS und K. R. GOLDSTEIN[2] als Lösungspunkt bezeichneten Temperatur erreicht wird.

Tabelle 18. *Mindesttemperatur zur Erzielung vollständiger Gelierung*
(Nach A. HARTMANN u. F. GLANDER: Kolloid Z. **137**, 79 [1954])

Weichmachergehalt	Temperaturangaben in °C		
	25%	33%	43%
Dioctyladipat (Edenol 133)	155	155	–
Diheptyl-Dinonylphthalat-Gemisch (Edenol 242)	135	143	≥ 150
Dioctylphthalat (Palatinol AH)	135	135	≥ 150
Dihexylphthalat (Synestrol P 24)	115	135	135
Phenolester sulfonierter Kohlenwasserstoffe (Mesamoll)	≤ 115	135	135

Dies ist daran zu erkennen, daß oberhalb des Lösungspunktes eine Steigerung der Geliertemperatur keine Verlagerung der Abkühlungskurve des gelierten Produktes mehr hervorruft. Die Lage des Lösungspunktes ist von der Konstitution des Weichmachers abhängig, wobei, soweit ein Vergleich möglich ist, qualitative Übereinstimmung mit den Ergebnissen von SCHMIDT und BERGEN und DARBY besteht. Interessant ist auch, daß die Lage des Lösungspunktes sich im untersuchten Konzentrationsbereich mit zunehmendem Weichmachergehalt nach höheren Temperaturen verschiebt, wie dies aus den in Tabelle 18 zusammengefaßten Meßwerten zu entnehmen ist.

In einer späteren Arbeit konnte dann von A. HARTMANN[3] gezeigt werden, daß es im Bereiche hoher Weichmacherkonzentrationen zu einer Überschneidung der viskosimetrischen Erwärmungs- und Abkühlungskurve kommt, wie dies bereits früher von J. F. EHLERS und K. R. GOLDSTEIN[4] bei der Untersuchung sehr verdünnter Polyvinylchloridsuspensionen gefunden worden war. Fraglich bleibt allerdings, ob die aus diesem Effekt gezogene Schlußfolgerung, wonach stöchiometrische Assoziate

---

[1] Kolloid-Z. **137**, 79 (1954). [2] Kolloid-Z. **118**, 137 (1950).
[3] Kolloid-Z. **142**, 123 (1955). [4] Kolloid-Z. **118**, 137 (1950).

zwischen Polyvinylchlorid und Weichmacher vorliegen sollen, zutrifft. Man könnte eher daran denken, daß sich in dem unterschiedlichen viskosimetrischen Verhalten bei hohen und niedrigen Weichmacherkonzentrationen der Umstand äußert, daß oberhalb des Lösungspunktes bei hohen Weichmacherkonzentrationen eine Lösung von Polyvinylchlorid im Weichmacher vorliegt, während das System bei niedrigen Weichmacherkonzentrationen als Lösung von Weichmacher in Polyvinylchlorid aufzufassen ist. Die niedrigeren Viskositätswerte beim Abkühlungsvorgang wären möglicherweise damit zu erklären, daß die beim Erhitzen über den Lösungspunkt zumindest teilweise zerstörte Netzwerkstruktur des Gels sich in der Abkühlungsperiode noch nicht vollständig zurück gebildet hat oder aber infolge anderer molekularer Orientierung verändert wurde.

g) Die physiologischen Eigenschaften

Die physiologischen Eigenschaften eines Weichmachers sind naturgemäß von besonderer Bedeutung, wenn aus Weichpolyvinylchlorid Bedarfsgegenstände, die mit der menschlichen Haut in Berührung kommen, oder Verpackungsmaterialien für Lebensmittel hergestellt werden sollen[1]. Es versteht sich von selbst, daß in diesen Fällen keine Weichmacher verwendet werden, die toxisch wirken und bei denen die Gefahr besteht, daß Weichmacher infolge Flüchtigkeit oder Extraktion aus dem weichgemachten Medium austritt. Konkrete Richtlinien, welche Weichmacher im einzelnen als physiologisch unbedenklich bei der Herstellung von Verpackungsmaterialien und Bedarfsgegenständen verwendet werden dürfen, fehlen in der Bundesrepublik. Es bleibt daher zunächst bei der allgemeinen lebensmittelrechtlichen Regelung, wonach grundsätzlich jede in Berührung mit Lebensmittel kommende Substanz als verboten gilt, deren Verwendung nicht ausdrücklich zugelassen wurde. Danach ist grundsätzlich jeder Weichmacher, der aus dem weichgemachten Medium in die verpackten Lebensmittel gelangen kann, als Fremdstoff anzusehen und daher lebensmittelrechtlich für Verpackungsmaterial unzulässig.

Für den Hersteller von Erzeugnissen aus Weichpolyvinylchlorid ergibt sich daher die Notwendigkeit, jeweils dafür zu sorgen bzw. den Nachweis zu erbringen, daß keine Weichmacher in die verpackten Lebensmittel übergehen.

Im Gegensatz zu der Situation in der Bundesrepublik sind in einigen anderen Ländern die als physiologisch unbedenklich anzusehenden und

---

[1] Über die physiologischen Eigenschaften der gebräuchlichen Weichmacher ist verschiedentlich berichtet worden. Eine zusammenfassende Darstellung der älteren Literatur hat K. THINIUS: Plaste & Kautschuk 1, 194 (1954) gegeben; Hinweise auf das in den Vereinigten Staaten erschienene Schrifttum finden sich bei R. G. KADESCH: Modern Plastics (Mai 1959), S. 140.

daher für Verpackungsmaterialien zulässigen Weichmacher ausdrücklich angegeben. Beispielsweise wurden in den Vereinigten Staaten die Dioctylphthalate für Verpackungsmaterialien für wasserreiche, nicht dagegen für fettreiche Lebensmittel freigegeben. Als ungiftig wurden weiterhin 2-Äthylhexyldiphenylphosphat, Diisobutyladipat, Butylphthalylbutylglykolat, Äthylphthalyl-äthyl-glykolat, Acetyltributylcitrat und epoxydiertes Sojabohnenöl angegeben[1].

3. Zur Wahl des Weichmachers

Wie in den vorangegangenen Abschnitten gezeigt wurde, hängt die Eignung einer Substanz als Weichmacher für Polyvinylchlorid von zahlreichen Eigenschaften ab, die sich teilweise bis zu einem gewissen Grade gegenseitig ausschließen. So ist beispielsweise eine gute Weichmacherwirksamkeit an eine hohe innere Beweglichkeit des Weichmachermoleküls geknüpft. Diese hat jedoch wiederum eine hohe Beweglichkeit im weichgemachten Medium zur Folge, so daß gerade die wirksamsten Weichmacher am stärksten zum Austritt aus dem weichgemachten Werkstoff neigen. Ähnliche Erscheinungen werden bei den mechanischen Eigenschaften der Fertigerzeugnisse beobachtet. Die besonders wirksamen Weichmacher ergeben hier zwar eine gute Kältebeständigkeit, doch geht diese auf Kosten der mechanischen Festigkeit. Mit solchen Weichmachern werden daher Erzeugnisse erhalten, die bei tiefen Temperaturen noch weich und flexibel sind, jedoch nur verhältnismäßig niedrige Reißfestigkeiten aufweisen. Da es aus den vorgenannten Gründen einen idealen Weichmacher nicht gibt und wohl auch niemals geben wird, stellt jede Weichmachung einen Kompromiß zwischen mehreren einander entgegengerichteten Tendenzen dar. Die Qualität der Weichmachung hängt infolgedessen im Einzelfall jeweils davon ab, inwieweit es gelingt, die nach dem vorgesehenen Verwendungszweck an das Enderzeugnis zu stellenden Forderungen zu erfüllen. Die gewünschten Eigenschaften des herzustellenden Fertigerzeugnisses sind daher neben Kostenerwägungen der ausschlaggebende Gesichtspunkt für die Wahl des Weichmachers und der anzuwendenden Weichmachermengen. Es muß daher stets geprüft werden, welcher Weichheitsgrad erforderlich ist und innerhalb von welchem Temperaturbereich eine Verwendung in Betracht kommt. Da die Kältebeständigkeit mit wachsendem Weichmachergehalt zunimmt, die mechanische Festigkeit sich aber verringert, wird man für Erzeugnisse, die beispielsweise nur bis höchstens 0 °C beansprucht werden, geringere Weichmachermengen wählen können, wie für Erzeugnisse, die auch noch bei −30 °C gebrauchstüchtig sein müssen. Ist die Kältebeständigkeit für das

---
[1] BERGEN, H. S., E. E. COWELL u. W. WAYCHOFF: Modern Plastics 31, Nr. 3, 93 (1953).

Erzeugnis entscheidend und läßt sich diese mit den üblichen Standardweichmachern nicht erreichen, müssen kältefeste Weichmacher verwendet werden. Solche stehen in Form zahlreicher Handelsprodukte zur Verfügung. Es handelt sich hierbei meist um Sebacate, Azelate, Adipate, Trioctylphosphat und Epoxymonoester.

Andere Weichmachungsmittel sind erforderlich, wenn beim weichgemachten Erzeugnis die Beibehaltung der mechanischen Festigkeit bei erhöhter Temperatur, etwa um 100 °C, im Vordergrund steht. Für diesen Fall werden die höheren Glieder der Phthalsäureesterreihe, beispielsweise Di-iso-tridecylphthalat, sowie Pentaerythritester und hochmolekulare Weichmacher empfohlen. Ist außerdem eine gute Kältefestigkeit erwünscht, können Mischungen der genannten Weichmacher mit kältefesten Weichmachern, wie Dioctylsebacat, verwendet werden.

Von Bedeutung ist auch das Verhalten des Weichmachers beim Verarbeitungsvorgang und seine Stabilität gegenüber Licht- und Wettereinflüssen. Letztere ist vor allem für frei bewitterte Gegenstände wichtig, da hier nur Weichmacher in Frage kommen, die lichtbeständig sind und die Stabilisierung des Polyvinylchlorids nicht beeinträchtigen. Im allgemeinen sind diese Voraussetzungen bei den Phthalatweichmachern erfüllt, während Phosphatweichmacher zur Vergilbung neigen. Chlorparaffine verschlechtern ebenfalls die Lichtbeständigkeit. Dagegen sind Epoxyweichmacher von günstigem Einfluß auf die Stabilität.

Spezielle Weichmachungsprobleme ergeben sich, wenn auf hohe Migrationsfestigkeit und Extraktionsbeständigkeit Wert gelegt wird. Hierzu ist in den vorangegangenen Abschnitten bereits das Grundsätzliche ausgeführt worden. Es sei daher nur angemerkt, daß zur Verhinderung von Weichmacherwanderungen gewöhnlich die Anwendung hochmolekularer Weichmacher angezeigt ist. Sofern die hierdurch erzielte Weichmacherwirkung nicht ausreicht, können zusätzlich niedermolekulare Weichmacher verwendet werden, doch ist dabei zu beachten, daß diese oft eine Schleppwirkung auf die hochmolekularen Weichmacher ausüben. Ist eine gute Extraktionsbeständigkeit erforderlich, muß geprüft werden, mit welchen Medien das weichgemachte Erzeugnis in Berührung kommen soll. Als beständig gegen Seifenwasser und Detergentien werden Alkylsulfonsäurephenylester, Dioctylsebacat, Didecylphthalat, Di-isodecylphthalat, Di-iso-tridecylphthalat und Epoxyweichmacher, als beständig gegen Öle und Fette Trikresylphosphat, Benzylbutylphthalat und Epoxyweichmacher angegeben. Für die Erzielung einer weitgehenden Benzin- und Mineralölfestigkeit werden Benzylbutylphthalat und hochmolekulare Weichmacher empfohlen. Für die Erzielung einer guten Wasserfestigkeit verdienen Trikresylphosphat, Dioctylphthalat, Dioctylsebacat, Epoxyweichmacher und Zitronensäureester den Vorzug.

Besonderheiten ergeben sich schließlich noch, wenn hohe elektrische Isolationswerte gefordert werden. In diesem Falle kommt es neben der Weichmachersorte auch sehr auf den Reinheitsgrad des Weichmachers an, da ionogene Verunreinigungen den elektrischen Widerstand stark verringern. Im allgemeinen werden hier Dioctylphthalat und Alkylsulfonsäureester verwendet.

Häufig werden die gut mit Polyvinylchlorid verträglichen Weichmacher mit Weichmachern verschnitten, die nur eine beschränkte Verträglichkeit mit Polyvinylchlorid aufweisen. Man bezeichnet die zuerst genannten Weichmacher daher häufig als Primärweichmacher, die zuletzt genannten als Sekundärweichmacher. Haben die Sekundärweichmacher keinerlei Lösungsvermögen für Polyvinylchlorid, spricht man von Extendern.

4. Die Weichmacherklassen

a) Esterweichmacher

α) **Ester von Carbonsäuren** *1. Ester einbasischer aliphatischer Carbonsäuren mit 3- und höherwertigen Alkoholen.* Als Alkoholkomponente für Weichmacherwirksamkeit zeigende Ester sind zahlreiche drei- und höherwertige Alkohole geeignet.

Nach Angaben der Firma Deutsche Hydrierwerke A.G.[1] kommt man durch Veresterung mehrwertiger Alkohole, wie Glycerin, Trimethyloläthan, Trimethylolpropan, Erythrit und Pentaerythrit, mit Fettsäuren mit 6···12 Kohlenstoffatomen oder mit Gemischen von Fettsäuren mit 7···9 Kohlenstoffatomen, wie sie bei der Paraffinoxydation anfallen, zu wertvollen Weichmachungsmitteln für Vinylchloridpolymerisate.

Zum Weichstellen von Polyvinylchlorid sind weiter Glycerintriheptanoat[2] und Ester des 1,2,5-Pentantriols[3], z. B. 1,2,5-Pentantrioltriacetat und 1,2,5-Pentantrioltripropionat, und Ester von 1,2,6-Hexantriol mit Fettsäuren mit 5···15 Kohlenstoffatomen[4], z. B. das Trilaurat, Trivalerat oder Tricaproat, empfohlen worden. Auch die Fettsäureester des 1,1,1-Trimethylolpropans[5] sind Weichmacher, die zu der hier besprochenen Klasse gehören.

Ein weiterer mehrwertiger Alkohol, von dem zahlreiche Ester Weichmachereigenschaften zeigen, liegt im Pentaerythrit vor.

---

[1] F.P. 874890, Deutsche Hydrierwerke A. G.
[2] F.P. 1060166, Pechiney Comp. des Produits Chimiques et Électrométallurgiques.
[3] Schwz.P. 230270, Soc. Usines Chimiques Rhône-Poulenc.
[4] A.P. 2585884, Shell Development Co.; F.P. 996385, N. V. de Bataafsche Petroleum Mij., Erf. R. R. WHETSTONE u. D. L. E. WINKLER.
[5] A.P. 2578688, Monsanto Chemical Co., Erf. G. L. FRASER. A.P. 2920056, Esso Research and Engineering Co., Erf. F. W. BANES, I. KIRSHENBAUM u. J. H. BARTLETT.

In der Patentliteratur beschriebene Ester dieses Alkohols mit Weichmacherwirksamkeit sind beispielsweise das Tetramethylbutyrat, Tetraoxybutyrat, Triacetat-mono-butyrat, Trimethoxybutyrat-mono-acetat, Dimethoxybutyrat-dibutyrat und Dimethoxybutyrat-monoacetat-monobutyrat[1], das Acetat des Dibutylidenpentaerythrits[2] und die Acylierungsprodukte von Oxyalkyläthern des Pentaerythrits[3]. Auch Dipentaerythrittetraacetat und der Hexaester aus Dipentaerythrit und einem Fettsäuregemisch mit 4···6 oder 7···9 Kohlenstoffatomen wurden als Weichmacher beschrieben[4].

Im Zusammenhang mit der Besprechung der Ester einbasischer Carbonsäuren mit Polyalkoholen sei noch erwähnt, daß nach R. M. GOEPP jr.[5] auch die Veresterungsprodukte der aus Hexiten durch Wasserabspaltung erhaltenen Ringäther als Weichmacher für Polyvinylchlorid wirksam sind.

2. Ester einbasischer Carbonsäuren mit höheren Glykolen. Wichtige Weichmacher finden sich unter den Estern von höheren Diolen mit aliphatischen Monocarbonsäuren. Meist handelt es sich dabei um Produkte, die Propylenglykol, 1,4-Diole, 1,5-Diole oder Hexandiol als Alkoholkomponente enthalten. Als Säurekomponente dienen gewöhnlich Fettsäuren mit einer mittleren Kohlenstoffzahl, wie z. B. Pelargonsäure oder Laurinsäure, oder Fettsäuregemische, z. B. die bei der Paraffinoxydation anfallenden Vorlauffettsäuren[6].

Zu als Weichmachern geeigneten Estern von höheren Diolen gelangt man ferner durch Veresterung von 1,5-Pentandiol mit den durch Oxydation von Kerosin erhaltenen Säuren[7] oder mit Furil-(1)-carbonsäure[8].

3. Ester aromatischer Monocarbonsäuren mit ein- oder mehrwertigen Alkoholen. Plastische Massen aus Polyvinylchlorid oder Mischpolymerisaten von Vinylchlorid mit Vinylacetat, Äthylmaleinat oder Äthylfumarat erhält man nach J. DAZZI[9], wenn man dem Polymerisat oder Mischpolymerisat 5···50% eines Esters der Phenylbenzoesäure und einem 8···14 Kohlenstoffatome aufweisendem aliphatischen einwertigen Alkohol zusetzt.

---

[1] F.P. 906818, R. Staeger.
[2] D.B.P. 908795, Deutsche Gold- und Silberscheideanstalt, Erf. H. WAGNER.
[3] A.P. 2579219, Heyden Chemical Corp., Erf. CH. J. VAN DER VALK.
[4] D.P. (DDR) 2834, Deutsches Hydrierwerk Rodleben VEB, Erf. H. HÖLLERER.
[5] A.P. 2441241, Atlas Powder Co., Erf. R. M. GOEPP.
[6] D.R.P. 756642, Deutsche Hydrierwerke A.G., Erf. R. ENDRES u. H. HÖLLERER; D.B.P. 850610, Badische Anilin- & Soda-Fabrik A.G., Erf. H. KRZIKALLA; F.P. 889079, I. G. Farbenindustrie A.G.; D.B.P. 902553, Badische Anilin- & Soda-Fabrik A.G., Erf. O. HECHT, W. GAUS, A. KLING u. O. HAMBSCH; D. P. (DDR) 982, Deutsches Hydrierwerk Rodleben VEB, Erf. W. HENTRICH u. H. HÖLLERER.
[7] A.P. 2533250, A.P. 2545811, Sun Oil Co., Erf. ST. J. HETZEL.
[8] A.P. 2578246, Sun Oil Co., Erf. ST. J. HETZEL.
[9] A.P. 2520084, Monsanto Chemical Co., Erf. J. DAZZI.

C. Die Weichmacher

Zur Weichmachung geeignet sind weiter Mischungen von Diäthylglykoldibenzoat und Dipropylglykoldibenzoat[1] und Ester von mit tertiären Alkylresten substituierten aromatischen Carbonsäuren mit 2···8 wertigen aliphatischen Alkoholen, deren Kohlenstoffkette gegebenenfalls durch Schwefelbrücken unterbrochen ist[2].

Beispiele für derartige Verbindungen sind die Diäthylenglykolester der tert-Butylbenzoesäure und tert-Amylbenzoesäure.

Zu Weichmachern für Polyvinylchlorid kommt man auch durch Veresterung von Diäthylenglykol mit Gemischen von aromatischen Carbonsäuren und Monoolefincarbonsäuren mit 10···20 Kohlenstoffatomen[3] oder gesättigten höheren aliphatischen Carbonsäuren[4].

Eine vergleichende Untersuchung der Weichmacherwirksamkeit dieser zuletzt genannten Estergemische verdanken wir W. S. EMERSON, R. I. LONGLEY jr., J. R. DARBY und E. E. COWELL[5].

Von den weiteren zur Herstellung von plastischen Massen empfohlenen Estern aromatischer Carbonsäuren mit mehrwertigen Alkoholen seien noch die Ester von Pentandiolen mit aromatischen Monocarbonsäuren oder Gemischen von aromatischen und aliphatischen Monocarbonsäuren[6] und die Ester der o-Benzoylbenzoesäure mit Glycerin, Äthylenglykol oder dessen Äther[7] genannt.

4. Ester mit mehrwertigen Äthergruppen enthaltenden Alkoholen. Weichmacher von großer praktischer Bedeutung finden sich unter den Veresterungsprodukten von aliphatischen Monocarbonsäuren mit Glykoläthern oder Polyglykolen. Die handelsüblichen Weichmacher dieser Art weisen als Alkoholkomponente gewöhnlich Tri- oder Tetraäthylenglykol und als Säurekomponente Fettsäuren mit einer mittleren Kohlenstoffzahl oder Gemische von Vorlauffettsäuren auf. Sie zeichnen sich meist durch hohe Kältefestigkeit aus.

Die Eignung der Polyglykolester als Weichmacher für Vinylchloridpolymerisate dürfte zuerst von F. MANCHEN und W. SCHMIDT[8] erkannt worden sein. Diese Autoren haben die Ester aus Triäthylenglykol oder Glykolgemischen, deren mittleres Molekulargewicht dem des Triäthylenglykols

---

[1] A.P. 2764571, Dow Chemical Co., Erf. R. S. MONTGOMERY.
[2] A.P. 2624752, Shell Development Co., Erf. R. C. MORRIS, J. L. VAN WINKLE u. D. L. E. WINKLER.
[3] A.P. 2637714, Monsanto Chemical Co., Erf. W. S. EMERSON u. R. I. LONGLEY jr.
[4] A.P. 2585448, Monsanto Chemical Co., Erf. W. S. EMERSON u. R. I. LONGLEY jr.
[5] Ind. Engng. Chem. **42**, 1431 (1950).
[6] A.P. 2700656, Monsanto Chemical Co., Erf. W. S. EMERSON u. R. I. LONGLEY. jr.
[7] A.P. 2566205, Sherwin-Williams Co., Erf. J. V. HUNN.
[8] D.R.P. 739000, I. G. Farbenindustrie A.G.

entspricht oder nahekommt, mit Fettsäuregemischen von der Säurezahl zwischen 350 und 430 und einem Kohlenstoffgehalt von mindestens 4 und höchstens 12 Kohlenstoffatomen zur Herstellung von plastischen Massen aus Vinylchloridpolymerisaten empfohlen. Die Säuregemische können dabei durch Zusammenmischen natürlicher oder synthetischer Fettsäuren hergestellt werden. Auch kann man Gemische verwenden, wie sie bei der Paraffinoxydation anfallen.

Auch von anderer Seite sind später Polyglykoläther von Fettsäuregemischen als Weichmacher empfohlen worden. Beispiele hierfür sind die Veresterungsprodukte aus Triäthylenglykol einerseits und Acetylricinolsäure und $C_5 \cdots C_9$-Vorlauffettsäuren andererseits[1] sowie die Veresterungsprodukte aus Polyglykolen mit überwiegendem Gehalt an Triäthylenglykol und Gemischen von überwiegenden Mengen an Caprylsäuren mit kleineren Mengen an Caprinsäure, Capronsäure und Laurinsäure[2].

Auch durch Veresterung von Fettsäuren mit anderen Glykoläthern, als den eben besprochenen, lassen sich Produkte erhalten, die als Weichmachungsmittel Anwendungen finden können.

So sind nach Feststellung von C. H. ALEXANDER[3] Alkoxyester von höheren Fettsäuren, wie z. B. 2-Methoxyäthyloleat, zusammen mit anderen Weichmachern zur Herstellung stabiler plastischer Polyvinylchloridmassen geeignet. Ester von aliphatischen Carbonsäuren mit Alkoholen der allgemeinen Formel

$$OHCH_2—R—O—R'—CH_2OH$$

R und R' = Aryl

empfehlen K. THINIUS und W. MÖLLER[4]. Von J. D. BRANDNER und R. H. HUNTER[5] wird die Verwendung von Phenoxyalkanolestern der allgemeinen Formel

$$\langle\!\!\!\bigcirc\!\!\!\rangle\!\!-\!\!O(C_nH_{2n}O)_x\!-\!\!\overset{\overset{\displaystyle O}{\|}}{C}\!-\!R$$

R = Acyl; n = 2 oder 3; x ≦ 4

als Weichmachungsmittel beschrieben.

Als Säurekomponente kommen hierbei Ölsäure, Laurinsäure oder Tallölsäure in Betracht.

---

[1] D.B.P. 839560, Imhausen & Co. GmbH. u. K. H. Imhausen, Erf. F. BLASCHKE u. K. H. IMHAUSEN.
[2] Oe.P. 178461, E.P. 713355, E. F. Drew & Co., Inc.
[3] A.P. 2193662, B. F. Goodrich Co., Erf. C. H. ALEXANDER.
[4] D.P. (DDR) 2918, K. THINIUS u. W. MÖLLER.
[5] E.P. 721424, Atlas Powder Co.

5. *Ester von Schwefel enthaltenden Alkoholen.* Durch Veresterung von Schwefel enthaltenden Alkoholen nach Art des Thioglykols und seiner Homologen mit einbasischen aliphatischen Monocarbonsäuren mit 7···9 Kohlenstoffatomen kommt man ebenfalls zu Estern, die sich als Weichmacher brauchbar erwiesen haben[1]. Zur Weichmachung von Polyvinylchlorid geeignete Produkte werden weiterhin erhalten, wenn man die Anlagerungsprodukte von etwa einem Mol Alkylenoxyd an Thiodiglykol mit Fettsäuren mit bis zu 6 Kohlenstoffatomen verestert[2]. Auch die Kondensationsprodukte von Äthylenoxyd an 2-Mercaptobenzthiazol geben nach Veresterung mit Monocarbonsäuren mit 5···12 Kohlenstoffatomen Produkte mit Weichmacherwirksamkeit[3].

Weitere Weichmacher der hier besprochenen Klasse lassen sich durch Veresterung von Thioätheralkoholen mit Säuren[4], wie Naphthensäure, und durch Veresterung von S-haltigen Polyalkoholen mit β-Alkylmercaptopropionsäure[5] erhalten.

6. *Ester einbasischer Säuren mit Phenolen.* Als Weichmacher für Vinylchloridpolymerisate sind auch die Phenylester höherer gesättigter und ungesättigter Fettsäuren, wie z. B. Phenylstearat oder Kresyloleat, empfohlen worden[6]. Auch Fettsäureester von Thiophenolen wurden in der Literatur als Weichmacher erwähnt[7].

7. *Oxysäureester.* C. E. REHBERG, M. B. DIXON, T. J. DIETZ und P. E. MEISS[8] haben verschiedene Milchsäureester, die durch Umsetzung von n-Alkylchlorameisensäureestern mit Milchsäureestern erhalten wurden, auf ihre Verträglichkeit mit Polyvinylchlorid untersucht. Es hat sich dabei gezeigt, daß einige dieser Verbindungen, und zwar solche mit höheren Alkylresten, als Weichmacher geeignet sind. Auch Laurate und Pelargonate verschiedener Milchsäureester zeigen nach Feststellung von M. L. FEIN, E. H. HARRIS jr., T. J. DIETZ und E. M. FILACHIONE[9] im Gemisch mit Dioctylphthalat oder Trikresylphosphat gute weichmachende Eigenschaften bei Vinylchlorid-Vinylacetat-Mischpolymeri-

---

[1] F.P. 875150, D.B.P. 913585, Dehydag Deutsche Hydrierwerke GmbH, Erf. W. HENTRICH u. R. ENDRES.
[2] D.B.P. 836348, Badische Anilin- & Soda-Fabrik A.G., Erf. H. KRZIKALLA u. E. WOLDAN.
[3] A.P. 2762786, Monsanto Chemical Co., Erf. J. DAZZI.
[4] E.P. 662656, Shell Refining and Marketing Co., Ltd., Erf. PH. J. GARNER u. R. E. BOWMAN.
[5] D.B.P. 923745, Erf. W. DIETRICH, H. WEBER u. A. LEIMÜLLER.
[6] E.P. 513296, Siemens-Schuckert-Werke A.G., Erf. H. MÜLLER; A.P. 2563485, M. A. Pollack.
[7] Holl.P. 52854, Cons. f. elektrochem. Ind. GmbH.
[8] Ind. Engng. Chem. **42**, 2374 (1950); wegen der Herstellung dieser Ester vgl. auch A.P. 2615914 u. 2676941, United States of America, Erf. C. E. REHBERG.
[9] India Rubber World **126**, 783 (1952).

saten. Weiter sind durch Umsetzung von Äthylenglykolmonolactat mit α-Acetoxypropionylchlorid Produkte erhalten worden, die sich als Weichermacher[1] eignen. Schließlich haben sich die Veresterungsprodukte einiger Dicarbonsäuren, wie z. B. Bernsteinsäure, mit Milchsäureestern als Weichmacher[2] erwiesen.

Von den Estern höherer Oxycarbonsäuren haben namentlich diejenigen der acetylierten Ricinolsäure gute weichmachende Eigenschaften. Sie besitzen Bedeutung als sekundäre Weichmacher. Gewöhnlich werden sie zusammen mit größeren Mengen an gut gelierenden Weichmachern, wie Phthalsäure- oder Phosphorsäureestern, verwendet. Von den in der Literatur[3] beschriebenen acetylierten Ricinolsäureestern haben sich insbesondere der Methyl- und Butylester sowie der Glycerinester in Form von acetyliertem Ricinusöl eingebürgert.

Als Weichmacher sind weiter Ester von acylierten polymerisierten Ricinolsäuren[4] sowie nicht acylierte Ester der Ricinolsäure[5], wie Ricinolsäuremethyl- oder -butylester, und Mischester mehrwertiger Alkohole mit acetylierter Ricinolsäure und niederen Fettsäuren[6] vorgeschlagen worden.

Auch wurde über die Eignung von anderen höheren Oxycarbonsäuren, wie z. B. 12-Oxystearinsäure oder 12-Acetoxystearinsäure, als Säurekomponente zur Herstellung von Estern mit Weichmacherwirksamkeit berichtet[7].

8. Ester von Äthercarbonsäuren. Durch Veresterung von Äthergruppen enthaltenden Carbonsäuren lassen sich ebenfalls Produkte mit Weichmachereigenschaften erhalten.

So zeigen beispielsweise die Ester von Alkoxy- oder Phenoxygruppen enthaltenden Fettsäuren mit Polyalkoholen weichmachende Eigen-

---

[1] A.P. 2578684, United States of America, Erf. E. M. FILACHIONE, M. L. FEIN u. CH. H. FISHER.

[2] A.P. 2260295, Carbide and Carbon Chemicals Corp., Erf. TH. F. CARRUTHERS u. CH. M. BLAIR.

[3] D.R.P. 744851, Allgemeine Elektrizitäts-Gesellschaft, Erf. M. C. AGENS; E.P. 499931, British Thomson-Houston Comp. Ltd.; E.P. 630610, F.P. 988435, B. F. Goodrich Co.; Schwz.P. 223079, Dr. A. Wacker Ges. f. elektr. chem. Ind. mbH; TUTTLE, F. J. u. E. B. KESTER: Modern Plastics 24, 163 (1946); A.P. 2618622, Sherwin-Williams Co., Erf. O. J. GRUMMITT, R. E. BLANK u. H. F. SCHWARZ.

[4] D.R.P. 744851, Allgemeine Elektrizitäts-Ges., Erf. M. C. AGENS; E.P. 499931, British Thomson-Houston Comp. Ltd.

[5] D.R.P. 743318, Allgemeine Elektrizitäts-Ges., Erf. M. C. AGENS.

[6] D.B.P. 839560, Imhausen & Co. GmbH. u. K. H. Imhausen, Erf. F. BLASCHKE u. K. H. IMHAUSEN.

[7] Ital.P. 391972, Dr. A. Wacker Ges. f. elektrochem. Ind. GmbH, Erf. W. GRUBER u. H. MACHEMER; A.P. 2514424, Baker Castor Oil Co., Erf. M. K. SMITH; A.P. 2618622, Sherwin-Williams Co., Erf. O. J. GRUMMITT, R. E. BLANK u. H. F. SCHWARZ.

schaften[1]. Zur Weichmachung von Polyvinylchlorid eignen sich ferner Ester von im Kern alkylierten[2] oder halogenierten[3] Phenoxysäuren mit aliphatischen Alkoholen sowie die Ester von gegebenenfalls alkylierten, oxy- oder thioalkylierten Phenylphenoxyessigsäuren[4] und die Ester von p-Phenylendioxyessigsäure mit einwertigen Alkoholen mit 6···12 Kohlenstoffatomen[5].

Für Polyvinylchlorid geeignete Weichmacher sind ferner manche Ester der Diglykolsäure[6], Ester der n-Dipropyläther-ω,ω'-dicarbonsäure mit Alkoholen mit 4 und mehr Kohlenstoffatomen[7], 4-Chlorbutanolester aliphatischer Ätherdicarbonsäuren[8] und α-Butoxybernsteinsäurediäthylester[9].

9. Ketosäureester. Zur Herstellung von plastischen Massen aus Vinylchloridpolymerisaten können nach CH. E. GREENE[10] Glykolester von Ketosäuren, wie Lävulinsäure oder β-Ketobuttersäure, als nicht auswaschbare Weichmacher dienen. Nach H. R. GAMRATH[11] stellen auch Ester der γ-Ketopimelinsäure mit Alkoholen mit 4···12 Kohlenstoffatomen oder Alkoxyalkoholen Weichmacher für Polyvinylchlorid dar. Weiter kommen Ester der Ketostearinsäure[12] als Weichmacher in Betracht.

Als Ketosäureester sind ferner Weichmacher aufzufassen, die durch Ketonisierung von Ricinusöl mit Diketen[13] oder Ketonen[14] erhalten werden.

10. Ester von aliphatischen Halogencarbonsäuren. Aliphatische Halogencarbonsäuren sind ebenfalls als Säurekomponente in manchen zur Weichmachung von Vinylchloridpolymerisaten geeigneten Estern anzutreffen. Eine solche aliphatische Halogencarbonsäure ist die γ-Chlorbuttersäure, deren Ester, beispielsweise der Triäthylenglykolester, nach

---

[1] F.P. 892084, I. G. Farbenindustrie A.G.; F.P. 874890, Deutsche Hydrierwerke A.G.; Schwz.P. 223079, Dr. A. Wacker Ges. f. elektrochem Ind. mbH.
[2] F.P. 957991, Oel- & Chemie Werk A.G.
[3] A.P. 2559146, Monsanto Chemical Co., Erf. J. DAZZI; F.P. 957991, Oel- & Chemie Werk A.G.
[4] A.P. 2603615, A.P. 2603619, Monsanto Chemical Co., Erf. J. DAZZI.
[5] A.P. 2516955, Monsanto Chemical Co., Erf. J. M. BUTLER u. CH. H. RECTOR jr.
[6] A.P. 2565888, Hardesty Chemical Co., Inc., Erf. W. E. SCHEER.
[7] D.B.P. 854506, Badische Anilin- & Soda-Fabrik A.G., Erf. H. KRZIKALLA u. R. ARMBRUSTER; F.P. 880237, I. G. Farbenindustrie A.G.; A.P. 2498532, American Cyanamid Co., Erf. R. T. DEAN.
[8] D.B.P. 957786, Farbwerke Hoechst A.G. vormals Meister Lucius & Brüning, Erf. W. SEIDENFADEN u. W. BRÖKER.
[9] Schwz.P. 279283, United States Rubber Co.
[10] A.P. 2654723, General Tire & Rubber Co., Erf. CH. E. GREENE.
[11] A.P. 2665303, Monsanto Chemical Co.
[12] A.P. 2953540, B. F. Goodrich Co., Erf. E. J. DE WITT u. S. J. AVERILL.
[13] A.P. 2812340, Pittsburgh Plate Glass Co., Erf. A. R. BADER.
[14] A.P. 2822371, Ethicon Inc., Erf. J. NICHOLS.

H. KRZIKALLA und H. KALTSCHMITT[1] als Weichmacher für Polyvinylchlorid dienen können. Auch die p-Chlor-γ-phenylbuttersäure gibt mit Alkoholen, wie 2-Äthylhexanol, Butandiol-1,4, Glycerin oder Pentaerythrit, Ester, die zur Weichmachung geeignet sind[2]. Weichmachereigenschaften zeigen außerdem die Methylester von mehrfach mit Chlor substituierten Stearinsäuren[3].

Außer den oben erwähnten Estern von einbasischen Halogencarbonsäuren sind auch verschiedene Ester von zweibasischen Halogencarbonsäuren als Weichmacher vorgeschlagen worden. Genannt wurden Dichlormaleinsäureester von höheren[4] und niederen[5] Alkoholen, Ester der α-Äthyl-α-(3,3-dichlor-2-propenyl)-malonsäure[6] und die Diäthylester der α-Chlor-α-(2-chloräthyl)-malonsäure und der α-Chlor-α-(4-chlorbutyl)-malonsäure[7].

11. Aminocarbonsäureester. Nach M. BÖGEMANN und J. NELLES[8] eignen sich Ester tertiärer Aminocarbonsäuren als Weichmacher für Polyvinylchlorid, nachchloriertes Polyvinylchlorid und Vinylchloridmischpolymerisate. Geeignete Verbindungen dieser Art sind Ester der Triglykolamidsäure, Ester der N-Alkyl- oder N-Aryliminodiessigsäure und Ester der N-Alkyl-N-aryliminoessigsäure. Eine weichmachende Wirkung üben auch Polyaminopolyessigsäureester, z. B. der Tetrabutyl- oder Tetraisopropylester der Äthylendiamintetraessigsäure, aus[9]. Weitere Aminocarbonsäureester mit Weichmacherwirksamkeit sind Verbindungen der allgemeinen Formeln

$$R'OOC-(CH_2)_n-NH-(CH_2)_m-COOR$$

und

$$R'-NH-(CH_2)_m-COOR,$$

wobei R und R' aliphatische, araliphatische und aromatische Reste und m und $n \geq 1$ bedeuten[10]. Auch γ-Aminobuttersäure-n-butylester-N-carbonsäureäthylester und N-Methyl-γ-aminobuttersäure-Vorlauffettsäure-

---

[1] D.B.P. 802894, Badische Anilin- & Soda-Fabrik A.G.
[2] F.P. 1103192, Badische Anilin- & Soda-Fabrik A.G.
[3] F.P. 872845, F.P. 55047, Zusatz zu F.P. 872845, Comp. Française pour l'Exploitation des Procédés Thomson-Houston; A.P. 2731431, Hooker Electrochemical Co., Erf. P. ROBITSCHEK u. D. B. STORMON; wegen der Herstellung von Estern chlorierter Fettsäuren vgl. D.A.S. 1128427, Farbwerke Hoechst A.G.
[4] D.B.P. 868969, Badische Anilin- & Soda-Fabrik A.G., Erf. J. KAUPP u. W. SCHEUFLER.
[5] A.P. 2802803, Firestone Tire & Rubber Co., Erf. R. J. REID u. W. M. SMITH jr.
[6] A.P. 2667505, United States Rubber Co., Erf. E. C. LADD u. M. P. HARVEY.
[7] A.P. 2577422, United States Rubber Co., Erf. E. C. LADD.
[8] D.R.P. 707279, F.P. 853706, I. G. Farbenindustrie A.G.
[9] A.P. 2413856, F. C. Bersworth.
[10] F.P. 1007084, Soc. An. des Manufactures des Glaces et Produits Chimiques de Saint-Gobain, Chauny & Cirey.

alkoholester-N-carbonsäureäthylester[1] und N-Acylaminocarbonsäureester[2] sind als Weichmacher für Polyvinylchlorid geeignet.
Im Zusammenhang mit der Besprechung der Aminocarbonsäureester sind noch Pyrrolidoncarbonsäureester[3] der Formel

$$\begin{array}{c} \text{COOR} \\ | \\ \text{CH}-\text{CH}_2 \\ |\qquad | \\ \text{CH}_2\quad \text{C}=\text{O} \\ \diagdown\text{N}\diagup \\ | \\ \text{R} \end{array}$$

und Bis-pyrrolidonsäureester[4] der Formel

$$\begin{array}{c} \quad\text{O}\qquad\qquad\text{O} \\ \quad\|\qquad\qquad\| \\ \text{CH}_2\!-\!\text{C}\diagdown\quad\diagup\text{C}\!-\!\text{CH}_2 \\ \qquad\quad\text{N}\!-\!\text{R}'\!-\!\text{N} \\ \text{RO}_2\text{C}-\text{CH}-\text{CH}_2\diagup\quad\diagdown\text{CH}_2-\text{CH}-\text{CO}_2\text{R} \end{array}$$

zu nennen, die sich ebenfalls zur Herstellung plastischer Massen aus Vinylhalogenidpolymerisaten eignen. In den angegebenen Formeln bedeuten R Kohlenwasserstoffreste und R' eine zweiwertige organische Gruppe.

12. *Ester von Thiocarbonsäuren.* Unter den Estern von Thiocarbonsäuren finden sich Vertreter, die bereits im zweiten Weltkrieg in Deutschland in großem Umfange verwendet wurden und die auch heute noch in Handelsprodukten anzutreffen sind. Es handelt sich dabei meist um Ester von Thioäthergruppen enthaltenden aliphatischen Monocarbonsäuren, wie z. B. Thiodiglykolsäure oder Thiobuttersäure, die gesättigte oder ungesättigte ein- oder mehrwertige Alkohole als Alkoholkomponente enthalten[5]. Als Alkoholkomponente für derartige Ester ist ferner Tetrahydrofurfurylalkohol[6] empfohlen worden. Auch haben sich die neutralen Ester des 4-Chlorbutanols mit aliphatischen Dicarbonsäuren,

---

[1] D.B.P. 865310, Badische Anilin- & Soda-Fabrik A.G., Erf. H. KRZIKALLA.
[2] D.B.P. 975633, Farbenfabriken Bayer A.G., Erf. K. NAGEL.
[3] A.P. 2811496, Chas. Pfizer & Co., Inc., Erf. CH. J. KNUTH.
[4] A.P. 2993021, Chas. Pfizer & Co., Inc., Erf. A. BAVLEY, K. J. BRUNINGS, CH. J. KNUTH u. A. E. TIMRECK.
[5] F.P. 875260, Deutsche Hydrierwerke A.G., F.P. 992709, I. G. Farbenindustrie A.G.; F.P. 902321, Manufactures de Caoutchouc P. Lacollonge; D.B.P. 840692, Badische Anilin- & Soda-Fabrik A.G.; A.P. 2536498, Monsanto Chemical Co., Erf. G. L. FRASER; D.B.P. 932272, Chemische Werke Hüls A.G., Erf. C. KELLER, W. DIETRICH u. F. GREIFF; A.P. 2611783, Gulf Research & Development Co., Erf. R. S. SPINDT u. D. R. STEVENS.
[6] F.P. 886735, I. G. Farbenindustrie A.G.

deren Kohlenstoffkette durch Schwefelatome unterbrochen ist[1], und die neutralen Ester der aliphatischen Dithiocarbonsäuren mit chlorierten Alkoholen, beispielsweise Dithioglykolsäure-di-γ-chlorbutanolester, als brauchbare Weichmacher erwiesen[2].

Außer den oben genannten Verbindungen sind noch zahlreiche andere Ester von Thiocarbonsäuren hergestellt und zur Verwendung als Weichmacher für Polyvinylchlorid oder Vinylchloridmischpolymerisate empfohlen worden.

Zu diesen Verbindungen gehören der Tetrathioglykolsäureester des Pentaerythrits[3], Glycerin-bis-thioglykolat[4], die Ester von Thiopolycarbonsäuren, die bei Einwirkung von Schwefelwasserstoff auf Ester von α,β-ungesättigten Dicarbonsäuren entstehen[5], und Polycarbonsäureester mit $2\cdots4$ Carbalkoxyalkylenthiogruppen[6], wie z. B. Dioctyldithiopropionat.

Von mehreren Seiten wurden als Weichmacher auch Thiocarbonsäureester vorgeschlagen, die aromatische oder heterocyclische Reste im Molekül enthalten.

Beispiele für derartige Verbindungen sind die Ester von Xylylen-bis-mercaptocarbonsäuren[7], die Ester der allgemeinen Formel

$$\text{RO}-\underset{\underset{\text{O}}{\|}}{\text{C}}-\text{CH}_2-\text{S}-\text{Bz}-\underset{\underset{\text{O}}{\|}}{\text{C}}-\text{OR}$$

R = Kohlenwasserstoffradikal mit $4\cdots12$ Kohlenstoffatomen, gegebenenfalls mit O oder S in der Kette,
Bz = Benzolrest,

und die Alkylester der 2-Benzothiazolylmercaptoessigsäure[8], 2-Benzothiazolylmercaptopropionsäure[9] und 2 Benzothiazolylmercaptobernsteinsäure[10].

Eine andere Klasse von Schwefelenthaltenden Weichmachern sind Ester von Sulfonylcarbonsäureester, die in neuerer Zeit beschrieben wurden[11].

---

[1] D.B.P. 957786, Farbwerke Hoechst A.G. vormals Meister Lucius & Brüning, Erf. W. SEIDENFADEN u. W. BRÖKER.
[2] D.B.P. 966668, Badische Anilin- & Soda-Fabrik A.G., Erf. O. v. SCHICKH u. W. FROESE.
[3] F.P. 1194552, U.C.L.A.F., Erf. H. GUINOT u. PH. LE HENAFF.
[4] F.P. 1194553, U.C.L.A.F., Erf. H. GUINOT u. PH. LE HENAFF.
[5] A.P. 2603616, Schwed.P. 130996, Union Carbide & Carbon Chem. Corp., Erf. L. W. NEWTON.
[6] E.P. 653337, B. F. Goodrich Co., Erf. J. E. JANSEN u. J. TH. GREGORY
[7] D.B.P. 849244, Farbwerke Hoechst A.G. vormals Meister Lucius & Brüning, Erf. L. ORTHNER, K. PLATZ u. L. MACK.
[8] A.P. 2647877, Monsanto Chemical Co., Erf. J. DAZZI.
[9] D.B.P. 897102, Chemische Werke Hüls GmbH, Erf. H. WEBER.
[10] A.P. 2725364, Monsanto Chemical Co., Erf. J. DAZZI.
[11] A.P. 3028416, Union Carbide Corp., Erf. J. W. LYNN u. R. L. ROBERTS.

13. Cyancarbonsäureester. Als Weichmacher für Polyvinylchlorid sind nach Angaben der Firma Armour & Co.[1] Cyancarbonsäureester geeignet, die durch Reaktion von Cyanäthern zweiwertiger Alkohole mit gesättigten oder ungesättigten Fettsäuren entstehen. Gleiches gilt nach D. E. Floyd[2] für Cyandicarbonsäureester der Formel:

$$\begin{array}{c} COOR_2 \\ | \\ R_1-C-CH_2-CH_2-CN \\ | \\ COOR_3 \end{array}$$

wobei R_1 ein Alkylrest mit $10\cdots16$ Kohlenstoffatomen und R_2 und R_3 Alkylreste mit $1\cdots8$ Kohlenstoffatomen bedeuten. Weitere Cyandicarbonsäureester, die sich zur Herstellung plastischer Massen aus Polyvinylchlorid eignen, haben nach J. Dazzi[3] nachstehende Formel:

$$NC-Z-CH(COOR)-CH_2-COOR.$$

In dieser Formel bedeuten Z einen aliphatischen, nicht konjugierten ungesättigten Kohlenwasserstoffrest mit $6\cdots25$ Kohlenstoffatomen und R Alkylreste mit $1\cdots18$ Kohlenstoffatomen.

14. Ester aliphatischer Dicarbonsäuren. Unter den Estern der aliphatischen Dicarbonsäuren haben namentlich diejenigen der Adipinsäure und Sebacinsäure große Bedeutung als Weichmacher erlangt. Die Ester dieser Säuren zeichnen sich durch bemerkenswerte Kälte- und Lichtbeständigkeit aus. Bei der Herstellung von Plastisolen sind sie wegen der guten Lagerstabilität der damit hergestellten Pasten geschätzt. Als Alkoholkomponenten der im Handel befindlichen Weichmacher auf Adipinsäure- und Sebacinsäurebasis dienen vorwiegend höhere aliphatische Alkohole.

Über die Verwendung von Estern der Adipin- und Sebacinsäure als Weichmacher liegt eine umfangreiche Patentliteratur vor.

So ist die Verwendung von Estern dieser Säuren mit Alkoholen mit mindestens 5 und höchstens 10 Kohlenstoffatomen oder Phenolen Gegenstand von Patentschriften der Firma Deutsche Hydrierwerke A.G.[4]. Als Alkohole werden beispielsweise Hexanol, Octanol, Benzylalkohol, die Naphthenalkohole, alicyclische Alkohole und Furfuryl- und Tetrahydrofurfurylalkohol genannt. Als Weichmacher geeignete Ester der Adipin- und Sebacinsäure, aber auch anderer homologer Säuren, mit Alkoholgemischen, wie sie durch Reduktion der bei der Paraffinoxydation erhältlichen Vorlauffettsäuren erhalten werden, finden sich in Patentschriften

---

[1] E.P. 684493, Armour & Co.
[2] A.P. 2516307, General Mills Inc., Erf. D. E. Floyd.
[3] A.P. 2813842, Monsanto Chemical Co., Erf. J. Dazzi.
[4] F.P. 881787, Deutsche Hydrierwerke A.G.

der Firma Badische Anilin- & Soda-Fabrik A.G.[1] beschrieben. Gegenstand von Patentschriften anderer Patentinhaber ist die Verwendung von Diisobutyladipat[2] und von Di-2-äthylhexyladipat und -sebacat[3] zum Weichstellen von Polyvinylchlorid und Vinylchloridmischpolymerisaten. Auch sind Mischester bekannt geworden, die Phenol und Tetrahydrofurfurylalkohol[4] und einen Alkohol mit weniger als 8 Kohlenstoffatomen und einen Alkohol mit einer darüber liegenden Anzahl von Kohlenstoffatomen[5] als Veresterungskomponente aufweisen.

Der Dibenzylester der Sebacinsäure, der auch technische Bedeutung als Weichmacher erlangt hat, ist in Patentschriften der Firma General Electric Co.[6] beschrieben. Auch wurde die Verwendung von Estern der Sebacinsäure mit kernchlorierten Benzylalkoholen verschiedentlich geschützt[7].

An weiteren Weichmachern der hier besprochenen Klasse sind die Ester der Sebacinsäure, Adipinsäure und homologer Dicarbonsäuren mit 6-Chlorhexanol[8] und Ätheralkoholen[9] und Tetrahydrofurfurylalkohol[10] zu erwähnen.

Außer den besprochenen Estern der Adipin- und Sebacinsäure wurden in der Literatur noch zahlreiche andere aliphatische Dicarbonsäureester als Weichmacher empfohlen. Sie haben jedoch vergleichsweise nur geringe technische Bedeutung erlangt.

Beschrieben wurden beispielsweise die Dimethyl- und Diäthylester der Maleinsäure und Fumarsäure[11] sowie die Ester der Fumarsäure mit Alkoholen mit 6···12 Kohlenstoffatomen in der Kette[12].

---

[1] D.B.P. 877829, Badische Anilin- & Soda-Fabrik A.G., Erf. O. HAMBSCH, W. GAUS, G. GRÄFINGER u. A. KLING.

[2] A.P. 2414399, Glenn L. Martin Co., Erf. E. H. SORG.

[3] F.P. 941127, Geigy Co. Ltd.   [4] D.P. (DDR) 12831, Virgiliu Vasilescu.

[5] E.P. 661367, A. Boake Roberts & Co., Erf. M. F. CARROLL u. W. G. WEARMOUTH.

[6] A.P. 2227154, General Electric Co.; D.R.P. 749564, ohne Angabe des Patentinhabers.

[7] Ital.P. 393114, Comp. Generale di Elettricità; F.P. 877124, Comp. Française pour l'Exploit. des Procédés Thomson-Houston.

[8] A.P. 2648652, O. v. Schickh u. W. Froese.

[9] D.B.P. 877829, Badische Anilin- & Soda-Fabrik A.G., Erf. O. HAMBSCH, W. GAUS, G. GRÄFINGER u. A. KLING; A.P. 2686805, General Aniline & Film Corp., Erf. S. A. GLICKMAN u. J. M. WILKINSON; E.P. 570702, E. I. du Pont de Nemours & Co.; A.P. 2624753, Monsanto Chemical Co., Erf. W. S. EMERSON u. R. I. LONGLEY jr.; A.P. 2193662, B. F. Goodrich Co., Erf. C. H. ALEXANDER.

[10] A.P. 2234615, B. F. Goodrich Co., Erf. C. H. ALEXANDER; A.P. 2250141, General Electric Co., Erf. J. J. RUSSELL.

[11] E.P. 713010, Distillers Co. Ltd., Erf. M. H. DILKE, D. FAULKNER u. S. LUSTIGMAN.

[12] F.P. 1012226, Soc. An. Manufactures de Produits Chimiques du Nord (Etablissements Kuhlmann).

C. Die Weichmacher 287

Von den Bernsteinsäureestern wurden Dibutyl- und Dioctylsuccinat[1] und n-Nonylphenyl-2-äthylhexyl- und Isononylphenyl-2-äthylhexylsuccinat[2] als Weichmacher empfohlen. Auch Ester und Vinylester von Alkenylbernsteinsäuren[3] und höhere Alkylester der Benzyl- und Hexahydrobenzylbernsteinsäure[4] wurden in der Literatur als Weichmacher für Vinylchloridpolymerisate beschrieben.

Weitere Weichmachungsmittel der hier besprochenen Art sind Isosebacinsäureester[5], $C_4 \cdots C_8$-Dialkylester von Mischungen isomerer gesättigter Dicarbonsäuren mit 10 Kohlenstoffatomen, wovon der Hauptteil dieser Säuren eine verzweigte Kohlenstoffkette aufweist[6], Gemische von Alkylestern isomerer C_{10}-Chlordicarbonsäuren[7] und die Diester der Dodecandicarbonsäure mit $C_4 \cdots C_9$-Alkoholen[8], Gemische von Isodecanolester der Bernstein-, Glutar- und Adipinsäure[9] und Gemische von Dimethyloctanolester[10].

15. Itaconsäureester. Itaconsäureester sind verschiedentlich in der älteren Patentliteratur als Weichmacher für Vinylchloridpolymerisate empfohlen worden[11].

In neuerer Zeit haben CH. J. KNUTH und P. F. BRUINS[12] verschiedene Itaconsäureester auf ihre Weichmacherwirksamkeit gegenüber Vinylchlorid-Vinylacetat-Mischpolymerisaten geprüft. Dabei haben sich Tetrahydrofurfuryl-n-octyl- und 1-Methylheptylitaconat als besonders wirksam erwiesen. Auch polymeres Butylitaconat zeigt gute Weichmachereigenschaften.

16. Phthalsäureester. Die Phthalsäureester stehen als Weichmacher für Polyvinylchlorid mengenmäßig an erster Stelle. Es wird geschätzt, daß ihr Verbrauch den aller anderen Weichmachungsmittel zusammengenommen überwiegt. Unter den Phthalsäureestern wiederum steht Di-(2-äthylhexyl)-phthalat, gewöhnlich Dioctylphthalat genannt, an der Spitze, das zum Standardweichmacher für Polyvinylchlorid geworden

---

[1] Kunststoffe 37, 117 (1947).
[2] A.P. 2709691, Monsanto Chemical Co., Erf. J. DAZZI.
[3] A.P. 2440985, Allied Chemical & Dye Corp., Erf. L. T. SUTHERLAND.
[4] MATSUDA, S., T. YAMAUCHI u. K. MATSUI: J. chem Soc. Japan Ind. Chem. Sec. 60, 286 (1957).
[5] E.P. 822518, Distillers Co., Ltd., Erf. E. CH. NEWMAN.
[6] E.P. 777780, National Distillers Products Corp.
[7] A.P. 2865953, National Distillers & Chemical Corp., Erf. J. F. NOBIS u. M. FAYE.
[8] E.P. 715217, Distillers Co. Ltd., Erf. F. E. SALT.
[9] E.P. 878910, Geigy Co. Ltd., Erf. ST. W. CRITCHLEY u. J. WILLIAMSON.
[10] Aust.P. 232489, Imperial Chemical Industries Ltd., Erf. R. AITKEN, L. M. DADSON u. H. GUDGEON.
[11] A.P. 2297290, General Electric Co., Erf. G. F. D'ALELIO; A.P. 2340108, F.P. 867863, Compagnie Française pour l'Exploitation des Procédés Thomson-Houston.
[12] Ind. Engng. Chem. 47, 1572 (1955).

Tabelle 19. *Physikalische und chemische Kennzahlen einiger Phthalsäureester*
(Nach R. Reichherzer, Mitt. chem. Forsch. Inst. Wirtsch. Österr. **11**, 5 [1957])

1	2 Mol.-Gew.	3 Äqu.-Gewicht	4 Dichte D_{20}	5 Brechn.-index n_{20}	6 Flüchtig-keit %	7 n_{20}	8 v_{20}	9 K	10 Wasser-wert
Diäthylphthalat	222	111	1,118	1,501	65	12,0	10,7	4,1	9,1
Äthyl-n-butylphthalat	250	125	1,078	1,496	27	16,4	15,2	4,1	3,8
Di-n-propyl-phthalat	250	125	1,080	1,496	27	19,7	18,2	4,3	4,9
Dibutylphthalat	278	139	1,046	1,492	12	20,4	19,4	4,5	4,1
Di-methylglykol-phthalat	282	141	1,165	1,505	5,5	54,7	46,9	6,3	15,2
Di-äthylglykol-phthalat	310	155	1,122	1,494	3,8	44,3	38,6	4,9	11,5
Benzylbutylphthalat	312	156	1,100	1,530	7,1	42,1	38,3	5,5	4,0
Benzyl-äthylglykol-phthalat	330	165	1,155	1,539	1,6	88,9	77,0	5,2	5,8
Dicyclohexylphthalat	330	165	1,230	—	1,4	kristallisiert		—	—
Butyl-n-octyl-phthalat	334	167	1,011	1,489	3,3	40,4	40,0	4,1	2,4
Propylnonylphthalat	334	167	1,015	1,491	4,9	60,9	60,0	4,3	2,7
Di-n-hexylphthalat	334	167	1,002	1,485	6,4	66,0	66,0	4,5	3,0
Di-methylisobutylcarbinol-phthalat	334	167	0,980	1,483	2,3	98,0	100	4,1	2,1
Dialphanolphthalat	384	192	0,991	1,487	1,0	51,0	51,5	4,1	2,0
Di-(2-äthylhexyl)-terephthalat	390	195	1,006	1,494	1,8	67,6	67,2	4,2	2,2
Di-(2-äthylhexyl)-phthalat	390	195	0,986	1,486	1,0	78,2	79,3	4,0	2,0
Di-(2-äthylhexyl)-isophthalat	390	195	0,984	1,488	1,1	83,2	84,6	4,2	2,0
Dinonylphthalat	418	209	0,969	1,483	0,2	107	110	3,8	1,9
Didecylphthalat	446	223	0,967	1,485	0,3	129	133	3,9	1,7

Erläuterungen zu Tabelle 19

Diäthylphthalat	Mollan A	
Äthyl-n-butylphthalat	Laborpräparat	
Di-n-propyl-phthalat	Laborpräparat	
Dibutylphthalat	Mollan B	
Benzyl-äthylglykol-phthalat	Laborpräparat	
Butyl-n-octyl-phthalat	Laborpräparat	Österreichische
Propylnonylphthalat	Laborpräparat	Stickstoffwerke A.G.
Di-methylisobutylcarbinolphthalat .	Laborpräparat	Linz
Di-alphanolphthalat	Mollan H	
Di-(2-äthylhexyl)-terephthalat ...	Laborpräparat	
Di-(2-äthylhexyl)-phthalat	Mollan O	
Di-(2-äthylhexyl)-isophthalat	Laborpräparat	
Di-nonylphthalat	Mollan N	
Di-methylglykol-phthalat	Palatinol O	Badische Anilin- u.
Benzylbutylphthalat	Palatinol BB	Soda-Fabrik
Didecylphthalat	Palatinol Z	Ludwigshafen/Rh.
Di-äthylglykol-phthalat	Laborpräparat	
Dicyclohexylphthalat	Laborpräparat	
Di-n-hexylphthalat	Laborpräparat	

Zu 3 Äquivalentgewicht = Molekulargewicht: Anzahl der Estergruppen.

Zu 6 Flüchtigkeit = Gewichtsverlust bei dreistündigem Verweilen im Heißluftstrom von 140 °C, gemessen im Schnellwasserbestimmungsapparat nach BRABENDER.

Zu 7 η_{20} = dynamische Viskosität bei 20 °C, gemessen in cp.

Zu 8 ν_{20} = kinematische Viskosität bei 20 °C, gemessen in cst.

Zu 9 K = Richtungskonstante der UBBELOHDEschen Viskositätsgeraden.

Zu 10 Wasserwert nach DAIDONE = jene Wassermenge in cm³, die bei 20 °C zur eben einsetzenden Trübung einer Lösung von 1 g Weichmacher in 10 cm³ Aceton verbraucht wird.

ist. Dioctylphthalat vereinigt in sich gute Weichmacherwirksamkeit mit geringer Flüchtigkeit. Dazu kommt ein ausgezeichnetes Geliervermögen und eine für die meisten Fälle ausreichende Kältefestigkeit. Schließlich hat auch die physiologische Unbedenklichkeit zur Einführung des Dioctylphthalates beigetragen. Gegenüber Dioctylphthalat spielen die Phthalsäureester der niedrigeren aliphatischen Alkohole wegen ihrer zu großen Flüchtigkeit als Weichmacher für Polyvinylchlorid vergleichsweise nur eine geringe Rolle, obwohl ihr Geliervermögen dem des Dioctylphthalates überlegen ist. Dagegen finden sich unter den Phthalsäureestern der höheren Alkohole gebräuchliche Weichmachungsmittel, so namentlich Di-isodecylphthalat, die vor allem wegen ihrer geringen Flüchtigkeit geschätzt werden. Auch gemischte Phthalsäureester, wie Benzylbutylphthalat, Butyloctylphthalat und Butyldecylphthalat, kommen in bedeutenden Mengen als Weichmacher für Polyvinylchlorid zur Verwendung.

Auf das Weichmacherverhalten der Phthalsäureester ist bereits im Zusammenhang mit der Besprechung des Weichmachungsvorganges und

VII. Die Hilfsstoffe für die Verarbeitung des Polyvinylchlorids

Tabelle 20. *Mechanisches und Kälteverhalten*
(Nach R. REICHHERZER, Mitt. chem.

Weichmacher	Weichmacher %	Weichmacher cm³*	100% Modul kg/cm²	Zugfestigkeit kg/cm²
1 Diäthylphthalat	33,0	29,5	65	157
2 Äthyl-n-butylphthalat	33,0	30,6	66	154
3 Di-n-propyl-phthalat	34,1	31,6	65	156
4 Dibutylphthalat	34,0	32,5	66	156
5 Di-methylglykol-phthalat	35,2	30,2	69	159
6 Di-äthylglykol-phthalat	32,9	29,4	66	156
7 Benzylbutylphthalat	40,0	36,4	64	152
8 Benzyl-äthylglykol-phthalat	38,8	33,6	66	159
9 Dicyclohexylphthalat	45,6	—	—	—
10 Butyl-n-octyl-phthalat	36,2	35,8	64	155
11 Propylnonylphthalat	39,2	38,6	63	157
12 Dihexylphthalat	40,0	40,0	64	153
13 Di-methylisobutylcarbinolphthalat	41,4	42,2	66	149
14 Dialphanolphthalat	38,1	38,5	65	156
15 Di-(2-äthylhexyl)-terephthalat	39,6	39,4	61	163
16 Di-(2-äthylhexyl)-phthalat	40,0	40,6	60	156
17 Di-(2-äthylhexyl)-isophthalat	40,4	41,1	62	159
18 Dinonylphthalat	41,5	42,8	59	150
19 Didecylphthalat	42,4	43,8	58	146

*) cm³ Weichmacher in 100 g Mischung

der allgemeinen Weichmachereigenschaften wiederholt hingewiesen worden. Es möge daher in diesem Zusammenhang genügen, auf einige Meßwerte hinzuweisen, die eine Charakterisierung und Bewertung der wichtigsten Phthalsäureester erlauben. Tabelle 19 gibt hierzu eine auf R. REICHHERZER[1] zurückgehende Zusammenstellung, aus der die physikalischen und chemischen Kennzahlen einiger Phthalsäureester zu ersehen sind.

Der Einfluß verschiedener Phthalsäureester auf das mechanische Verhalten der mit ihnen verarbeiteten Polyvinylchloridmassen ist aus den in Tabelle 20 zusammengefaßten Meßwerten ersichtlich, die ebenfalls von R. REICHHERZER[2] ermittelt wurden. Die Messungen beziehen sich jeweils auf Compounds der Shorehärte 70. Die Weichmacherverluste dieser Compounds durch Verdunstung und Lösungsmittelextraktion sind Tabelle 21 zu entnehmen.

Die Eignung einiger wichtiger Phthalsäureester als Pastenbildner ist aus Tabelle 22 zu ersehen, die den Einfluß von Lagertemperatur und Lagerzeit auf die aus den Phthalsäureestern hergestellten Plastisole zeigt.

---
[1] Mitt. chem. Forsch.-Inst. Wirtsch. Österr. **11**, 5 (1957).
[2] Mitt. chem. Forsch.-Inst. Wirtsch. Österr. **11**, 71 (1957).

C. Die Weichmacher

weichgemachter PVC-Compounds der Shorehärte 70
Forsch.-Inst. Wirtsch. Österr. 11, 71 [1957])

Bruchdehnung %	Deformation ** als Funktion der Zeit Belastung sec. / Entlastung sec.								Kältebruchwert °C
	5	10	20	30	60	10	20	30	60	
362	39	40	41	42	42	9	8	7	7	—16
371	39	40	41	42	42	9	8	7	7	—19
368	39	40	41	42	42	11	10	9	9	—19
365	39	40	41	42	42	11	10	9	8	—26
355	39	40	41	42	42	10	9	8	8	—15
348	39	40	41	42	42	9	8	7	7	—20
356	39	40	41	42	43	13	12	10	9	—16
348	39	40	41	42	43	12	11	10	9	—19
—	36	40	42	44	46	25	19	17	15	—12
360	39	40	41	42	43	14	12	11	10	—28
358	39	40	41	42	43	16	13	11	11	—27
300	39	40	41	42	43	16	14	12	11	—25
338	39	40	41	42	43	17	15	14	12	—26
360	39	40	41	42	43	16	14	12	11	—32
371	39	40	41	42	43	17	15	14	13	—29
352	39	40	41	42	43	16	13	11	11	—30
355	39	40	41	42	43	17	15	14	13	—29
336	38	40	42	43	44	18	16	15	14	—30
327	38	40	42	43	44	19	17	16	15	—30

**) Die Zahlen geben die Eindrucktiefe in Hundertstel mm an, wenn die Kugeldruckprüfung nach DIN 53503 vorgenommen wird (Kugeldurchmesser 10 mm, Vorlast 50 g, Prüflast 1000 g, Belastungszeit wie in der Tabelle angegeben, Temperatur 20 °C).

In den Zahlenwerten kommt die schon mehrfach erwähnte stark lösende Wirkung des Benzylbutylphthalates sowie das gegenüber Dioctylphthalat verminderte Lösungsvermögen des Di-isodecylphthates zum Ausdruck. Gleiches gilt für die in Tabelle 23 zusammengefaßten Lösungspunkte, die von P. R. GRAHAM und J. R. DARBY[1] durch mikroskopische Bestimmung ermittelt wurden.

17. Chlorierte Phthalsäureester. Als Weichmacher geeignet sind auch verschiedene Ester chlorierter Phthalsäuren. So haben nach Angaben der Firma I. G. Farbenindustrie A.G.[2] Ester der Mono-, Di-, Tri- oder Tetrachlorphthalsäure, beispielsweise Dibutyldichlorphthalat, Di-(α-äthylbutyl)-tetrachlorphthalat oder Dibutyltetrachlorphthalat, gute Weichmachereigenschaften. Zu ähnlichen Ergebnissen kommt TH. L. GRESHAM[3]. Weitere von Tetrachlorphthalsäure abgeleitete Weichmacher

---

[1] SPE Journal **17**, 91 (1961).
[2] F.P. 881970, I. G. Farbenindustrie A.G.
[3] F.P. 949603, B. F. Goodrich Co.

VII. Die Hilfsstoffe für die Verarbeitung des Polyvinylchlorids

Tabelle 21. *Weichmacherverlust aus Mischungen*
(Nach R. REICHHERZER, Mitt. chem.

Kennzahlen der Weichmacher-Eigenschaften der Mischungen mit Shorehärte 70

Weichmacher	Flüchtigkeit 3h/140°, %	Wasserwert
	1	2
1 Diäthylphthalat	65	9,1
2 Äthyl-n-butylphthalat	27	3,8
3 Di-n-propyl-phthalat	27	4,9
4 Dibutylphthalat	12	4,1
5 Di-methylglykol-phthalat	5,5	15,2
6 Di-äthylglykol-phthalat	3,8	11,5
7 Benzylbutylphthalat	7,1	4,0
8 Benzyl-äthylglykol-phthalat	1,6	5,8
9 Dicyclohexylphthalat	1,4	–
10 Butyl-n-octyl-phthalat	3,3	2,4
11 Propylnonylphthalat	4,9	2,7
12 Dihexylphthalat	6,4	3,0
13 Di-methylisobutylcarbinolphthalat	2,3	2,1
14 Dialphanolphthalat	1,0	2,0
15 Di-(2-äthylhexyl)-terephthalat	1,8	2,2
16 Di-(2-äthylhexyl)-phthalat	1,0	2,0
17 Di-(2-äthylhexyl)-isophthalat	1,1	2,0
18 Dinonanolphthalat	0,2	1,9

Erläuterungen zu Tabelle 21

Spalte 1. Flüchtigkeit = Gewichtsverlust in Prozenten nach dreistündigem Verweilen bei 140 °C im BRABENDER-Schnellwasserbestimmungsapparat.

Spalte 2. Wasserwert nach DAIDONE = jene Wassermenge in cm³, die bei 20 °C zur eben einsetzenden Trübung einer Lösung von 1 g Weichmacher in 10 cm³ Aceton verbraucht wird.

Spalte 5. Gelierarbeit im Plastograph in mkg, gemessen nach 10 Minuten langem Durcharbeiten im BRABENDER-Plastograph bei 110 °C.

Spalte 6. Verdunstungsverluste der Folien = Gewichtsverlust in Prozenten, den eine Folie von 1 mm Stärke erleidet, wenn sie 24 Stunden in einem Heißluftstrom von 95 °C frei aufgehängt wird.

Spalte 7. Weichmacherverlust nach Wasserlagerung: 1 mm dicke Folien wurden bei 50 °C vorgetrocknet und gewogen, anschließend in die zweihundertfache Menge destillierten Wassers von Raumtemperatur eingehängt. Die Wässerung wurde 10 Tage hindurch fortgesetzt, wobei das Wasser täglich einmal erneuert wurde. Nach Ablauf dieser Zeit wurden die Folien herausgenommen, mit Filtrierpapier abgetrocknet und 48 Stunden bei Raumtemperatur und anschließend 6 Stunden bei 50 °C getrocknet. Die Auswaage, vermindert um die ursprüngliche Einwaage, ergibt den durch Auslaugung eingetretenen Verlust an Weichmacher.

Spalte 8. Benzinextraktion: Kleinzerschnitzelte Folien wurden bei 50 °C getrocknet, gewogen und in einem Mullsäckchen in die zwanzigfache Menge von Benzin ($d = 0,710$) eingehängt. Das Extraktionsmittel wurde nach 1, 2, 4, 8 und

C. Die Weichmacher

der Shorehärte 70 durch Verdunsten und Extraktion
Forsch.-Inst. Wirtsch. Österr. 11, 71 [1957])

Kennzahlen der Weichmacher-Eigenschaften der Mischungen mit Shorehärte 70

Mischbarkeit mit Benzin	Weichmacher %	Gellerarbeit im Plastograph mkg	Verd. Verluste d. Folien %	Weichm. Verlust n. Wasserlag. %	Benzinextrakt %	Verbl. Weichm.-Rest je 1 Mol PVC
3	4	5	6	7	8	9
+	33,0	2,130	21,40	2,06	23,0	0,043
+	33,0	2,120	15,95	0,68	21,3	0,044
+	34,1	2,100	16,42	0,88	22,1	0,046
+	34,0	2,040	11,56	0,70	20,6	0,046
0	35,2	2,100	5,82	2,66	3,2	0,113
0	32,9	1,940	3,88	2,12	1,9	0,094
+	40,0	1,590	6,38	0,66	28,1	0,040
0	38,8	1,550	2,42	1,22	7,4	0,098
–	45,6	1,950	1,88	–	–	–
+	36 2	1 560	3,78	0 42	29 0	0 034
+	39,2	1,300	5,40	0,47	32,3	0,034
+	40,0	1,200	6,45	0,53	30,5	0,030
+	41,4	0,400	2,43	0,35	33,9	0,024
+	38,1	0,900	0,68	0,26	28,3	0,026
+	39,6	0,550	1,42	0,35	31,4	0,022
+	40,0	0,590	0,75	0,29	31,8	0,022
+	40,4	0,160	0,88	0,37	33,0	0,020
+	41,5	0,340	0,42	0,30	33,0	0,022

16 Tagen erneuert. Nach insgesamt 30 Tagen wurde die Probe herausgenommen, zunächst an der Luft und anschließend bei 50 °C getrocknet und ausgewogen. Die Gewichtsdifferenz, ausgedrückt in Prozenten der Einwaage, ergibt den Weichmacherverlust durch Extraktion.

Spalte 9. Verbleibender Weichmacherrest. Auf Grund der ermittelten Extraktionswerte wurde jene Weichmachermenge errechnet, die vom PVC zurückgehalten wird, und sich so der Extraktion entzieht. Diese Menge ist in Molen Weichmacher je Grundmol PVC ausgedrückt.

sind der Dimethylester[1], der Di-2-äthylhexanolester[2] und die gemischten Benzylalkylester[3] dieser Säure.

18. Ester anderer aromatischer Dicarbonsäuren. Von den aromatischen Dicarbonsäureestern sind die in dem vorangegangenen Kapitel besprochenen Phthalsäureester als Weichmacher für Polyvinylchlorid und Vinylchloridmischpolymerisate weitaus am bedeutungsvollsten. In der

---

[1] F.P. 1 065 664, E.P. 713 010, Distiller Co. Ltd., Erf. M. H. DILKE, D. FAULKNER u. S. LUSTIGMAN.
[2] A.P. 2 496 852, General Electric Co., Erf. G. J. BOHRER.
[3] A.P. 2 588 512, A.P. 2 617 820, Monsanto Chemical Co., Erf. H. R. GAMRATH u. W. E. WEESNER.

Tabelle 22. *Einfluß von Lagertemperatur und Lagerzeit auf die Brookfield-Viskosität von mit Phthalsäureestern hergestellten Plastisolen*
(Nach J. R. DARBY und P. R. GRAHAM, Modern Plastics **32**, 148 [Juni 1958])

Weichmacher (80 Teile auf 100 Teile PVC)	Viscosität in Poise														
	25 °C					40 °C					50 °C				
	Anfang	1 Tag	7 Tage	14 Tage	28 Tage	Anfang	1 Tag	7 Tage	14 Tage	28 Tage	Anfang	1 Tag	7 Tage	14 Tage	28 Tage
Di-(2-äthylhexyl)-phthalat	36	65	97	116	132	37	84	215	305	426	66	Gel	—	—	—
Di-isodecylphthalat	45	75	98	86	80	31	50	80	110	120	50	104	186	230	300
Di-(n-octyl, n-decyl)-phthalat	22	32	38	42	46	25	44	70	89	112	105	458	Gel	—	—
Di-isooctylphthalat	38	90	147	146	158	32	86	204	223	316	122	Gel	—	—	—
Butylbenzylphthalat	35	50	120	118	164	37	163	Gel	—	—	Gel	—	—	—	—

Tabelle 23. *Lösungspunkte von Plastisolen aus Polyvinylchlorid und Phthalsäureester*
(100 Teile PVC / 65 Teile Phthalsäureester)

Phthalsäureester	Lösungspunkt in °C	Phthalsäureester	Lösungspunkt in °C
Dibenzylphthalat	80	Butyloctylphthalat	119
Phenylkresylphthalat	81	Butyldecylphthalat	122
Dimethylphthalat	88	Diisooctylphthalat	126
Phenylbenzylphthalat	88	Di-2-äthylhexylphthalat	127
Butylbenzylphthalat	89	Di-n-octylphthalat	127
Butylcyclohexylphthalat	92	Dicaprylphthalat	137
Dibutylphthalat	97	Diisodecylphthalat	138
Octylkresylphthalat	104	Di-n-nonylphthalat	139
Diphenylphthalat	108	Di-n-decylphthalat	143
Di-n-hexylphthalat	113	Di-tridecylphthalat	155

Literatur wurde jedoch auch auf einige Ester von anderen aromatischen Dicarbonsäuren hingewiesen, die als Weichmachungsmittel geeignet sein sollen.

Wir erwähnen die Diester der Isophthalsäure mit 5-n-Butoxyhexanol[1], die Ester der 4-Methoxyisophthalsäure mit aliphatischen Alkoholen mit 8···12 Kohlenstoffatomen[2], die Halogenalkylester der Terephthal- oder Isophthalsäure[3], die Dialkylester der Carboxydihydrozimtsäure[4] und der Biphenyldicarbonsäuren[5]. Schließlich ist noch auf Ester der allgemeinen Formel

$$R-O-\overset{O}{\overset{\|}{C}}-\underset{}{\bigcirc}-(CH_2)_n-X-(CH_2)_m-\underset{}{\bigcirc}-\overset{O}{\overset{\|}{C}}-OR$$

$$X = O \text{ oder } S \quad R = -CH_2-CH(C_2H_5)-(CH_2)_3-CH_3$$

n und m eine kleine ganze Zahl

hinzuweisen, die als Weichmacher zur Herstellung von plastifiziertem Polyvinylchlorid dienen können[6].

Beispiele für als Weichmacher geeignete bicyclische aromatische Dicarbonsäureester sind die Ester von alkylierten Indancarbonsäuren[7].

19. Ester cycloaliphatischer Carbonsäuren. Beispiele für als Weichmacher wirksame Ester cycloaliphatischer Monocarbonsäuren sind die Ester der Hexahydrobenzoesäure mit Hexahydrobenzylalkohol, Dodecylalkohol, Isoamylalkohol und Tetrahydrofurfurylalkohol[8]. Beispiele für weichmachende Ester aliphatischer Dicarbonsäuren liegen in den Veresterungsprodukten der 4-Cyclohexen-1,2-dicarbonsäure mit einwertigen aliphatischen Alkoholen[9] und den Estern der Hexahydrophthalsäure[10] vor.

20. Tri- und Tetracarbonsäureester. Bei den als Weichmacher geeigneten Tri- und Tetracarbonsäureestern handelt es sich zumeist um Produkte, die durch Anlagerungsreaktionen nach Art der Diensynthese ge-

---

[1] A.P. 2624753, Monsanto Chemical Co., Erf. W. S. EMERSON u. R. I. LONGLEY jr.
[2] A.P. 2902382, General Electric Co., Erf. CH. A. BURCKHARD.
[3] E.P. 842071, E. I. du Pont de Nemours & Co.
[4] A.P. 2642457, Monsanto Chemical Co., Erf. W. S. EMERSON u. R. A. HEIMSCH; A.P. 2687390, A.P. 2687391, Monsanto Chemical Co., Erf. J. DAZZI, W. S. EMERSON u. R. A. HEIMSCH.
[5] A.P. 2634248, Monsanto Chemical Co., Erf. J. DAZZI.
[6] A.P. 2552269, Monsanto Chemical Co., Erf. W. S. EMERSON u. R. A. HEIMSCH.
[7] A.P. 2780609, American Cyanamid Co., Erf. J. C. PETROPOULOS.
[8] D.B.P. 910591, Dehydag Deutsche Hydrierwerke GmbH.
[9] E.P. 638567, F.P. 950203, B. F. Goodrich Co.
[10] E.P. 786948, A.P. 2891248, Belg.P. 547377, Soc. des Usines Chimiques Rhône-Poulenc, Erf. A. PARTCHEVSKY u. E. EVIEUX.

bildet sind. Produkte dieses Typus sind beispielsweise die Ester aus aliphatischen Alkoholen und den Addukten von Maleinsäureanhydrid an Ölsäure, Undecylensäure bzw. an deren Ester[1]. Auch die Veresterungsprodukte dieser Addukte mit Monoäthylenglykoläthern von Alkoholen mit $1\cdots6$ Kohlenstoffatomen gehören zu dieser Weichmacherklasse[2].

Weitere zur Weichmachung geeignete Tricarbonsäureester lassen sich durch Anlagerung von Acrylsäureester an alkylierte Malonsäureester[3] oder durch Umsetzung von Benzoylessigsäureestern mit Fumarsäuredialkylestern[4] erhalten.

Als Weichmacher haben sich ferner die Ester aus einbasischen Alkoholen und aliphatischen gesättigten Tricarbonsäuren mit einer offenen Kette von $4\cdots8$ Kohlenstoffatomen erwiesen[5]. Ein Beispiel für Verbindungen dieser Art ist der Triester aus 2-Äthylhexanol und 1,2,4-Butantricarbonsäure. Ein als Weichmacher wirksamer Ester einer ungesättigten Tricarbonsäure liegt im Aconitsäuretri-n-butylester vor[6].

Tetracarbonsäureester mit weichmachenden Eigenschaften sind in ähnlicher Weise wie die oben erwähnten Tricarbonsäureester ebenfalls durch Additionsreaktionen zugänglich. So lassen sich durch Umsetzung von Fumarsäureestern mit Bernsteinsäureestern[7] oder Monoalkenylbernsteinsäureestern[8] für Polyvinylchlorid geeignete Weichmacher erhalten. Lagert man Fumarsäureester an Carbonsäureester an, die mehrere nicht konjugierte Doppelbindungen aufweisen, so gelangt man zu Produkten, die, entsprechend der Anzahl der ungesättigten Bindungen, noch eine größere Anzahl von Estergruppen aufweisen können. Auch diese Produkte eignen sich als Weichmachungsmittel[9]. Weichmachereigenschaften besitzen schließlich auch die durch Veresterung von Butantetracarbonsäuren mit einwertigen Alkoholen zugänglichen Ester[10].

Über die Weichmachungseigenschaften von Trimellithsäureester haben P. C. DOUGHERTY und F. A. CASSIS[11] berichtet.

Eine weitere Klasse von Esterweichmachern stellen Produkte dar, die durch Anlagerung von Estern ungesättigter Dicarbonsäuren an die Ester

---

[1] A.P. 2569404, A.P. 2569405, Monsanto Chemical Co., Erf. J. DAZZI.
[2] A.P. 2569406, A.P. 2569407, Monsanto Chemical Co., Erf. J. DAZZI.
[3] A.P. 2532018, General Mills, Inc., Erf. D. E. FLOYD.
[4] A.P. 2667504, A.P. 2695280, Monsanto Chemical Co., Erf. J. DAZZI.
[5] E.P. 688344, F.P. 1036688, N. V. de Bataafsche Petroleum Mij.; F.P. 849806, I. G. Farbenindustrie A.G.
[6] A.P. 2708676, Dow Chemical Co., Erf. C. BAGGETT jr. u. J. H. BROWN.
[7] A.P. 2687429, Monsanto Chemical Co., Erf. J. DAZZI.
[8] A.P. 2769834, Monsanto Chemical Co., Erf. J. DAZZI.
[9] A.P. 2786041, Monsanto Chemical Co., Erf. J. DAZZI.
[10] F.P. 849806, I. G. Farbenindustrie A.G.
[11] SPE Journal **18**, 1387 (1962)

C. Die Weichmacher 297

oder andere Derivate von ungesättigten Fettsäuren erhalten werden. Als Ester ungesättigter Dicarbonsäuren dienen dabei meist Fumarsäureester, die an Äthyloleat oder andere Alkylester höherer Fettsäuren[1], an Aryl- oder Aralkylester von ungesättigten Fettsäuren mit 10···24 Kohlenstoffatomen[2], an Ester dimerer ungesättigter pflanzlicher Fettsäuren[3], an Acylricinolsäurealkylester[4], an ungesättigte Aldehyde[5], an hydroxylgruppenfreie fette Öle[6], an Amide einfach ungesättigter höherer Fettsäuren[7], an 1,2,3,6-Tetrahydrophthalate[8], an Terpentin[9], an alkylierte aromatische Kohlenwasserstoffe[10] oder Spermöl[11] angelagert werden. Des weiteren eignen sich nach Veresterung Addukte aus Maleinsäureanhydrid und ein- oder mehrfach ungesättigten höheren Fettsäuren, wie Ölsäure, Undecylensäure oder Linolensäure[12], als Weichmacher. Auch das Addukt aus Triäthylaconitat und Äthyloleat[13] sowie die Addukte aus Itaconsäuredialkylestern mit Cyclopentadien bzw. Dicyclopentadien[14] sind als Weichmacher für Polyvinylchlorid empfohlen worden.

Unter den Produkten der Diels-Alder-Synthese mit höheren mehrfach ungesättigten Fettsäuren zeigen auch einige durch Anlagerung von β-Propiolacton an α- und β-Eläostearinsäure erhaltene Diester Weichmachereigenschaften für Polyvinylchlorid[15].

Weiter können Weichmacher durch Umsetzung von Tallöl mit Äthylenoxyd und aromatischen Dicarbonsäuren, anschließende Addition von Maleinsäureanhydrid an das dabei gebildete Reaktionsprodukt und nachfolgende Veresterung erhalten werden[16].

21. *Ester von Terpencarbonsäuren.* Zum Plastifizieren von Polyvinylchlorid eignen sich die sauren oder neutralen Ester der bei der Kampfer-

---

[1] A.P. 2687421, A.P. 2703791, Monsanto Chemical Co., Erf. J. M. BUTLER; Jap.A.S. 11683/1960, S. Komori u. Y. SHIGENO; A.P. 2581005, A.P. 2581006, Monsanto Chemical Co., Erf. J. DAZZI.
[2] A.P. 2683701, Monsanto Chemical Co., Erf. J. DAZZI u. J. R. DARBY.
[3] A.P. 2653948, Monsanto Chemical Co., Erf. J. DAZZI.
[4] A.P. 2857409, A.P. 2957841, Monsanto Chemical Co., Erf. J. DAZZI.
[5] A.P. 2984638, Monsanto Chemical Co., Erf. J. DAZZI.
[6] A.P. 2757151, Monsanto Chemical Co., Erf. J. DAZZI.
[7] A.P. 2913431, Monsanto Chemical Co., Erf. J. DAZZI.
[8] A.P. 2949433, Monsanto Chemical Co., Erf. J. DAZZI.
[9] A.P. 2867648, Monsanto Chemical Co., Erf. J. DAZZI.
[10] A.P. 3004947, Monsanto Chemical Co., Erf. J. DAZZI.
[11] A.P. 2909536, Monsanto Chemical Co., Erf. J. DAZZI.
[12] A.P. 2757180, Monsanto Chemical Co., Erf. J. DAZZI; F.P. 1121813, Dehydag, Deutsche Hydrierwerke GmbH.
[13] A.P. 2598636, Monsanto Chemical Co., Erf. J. DAZZI.
[14] A.P. 2899457, Chas. Pfizer & Co., Inc., Erf. A. BAVLEY u. B. E. TATE.
[15] HOFMANN, J. S., R. T. O'CONNOR, F. C. MAGNE u. W. G. BICKFORD: J. Amer. Chem. Oil Chemist's Soc. 32, 533 (1955).
[16] D.A.S. 1073488, Lentia GmbH; Oe.P. 210138, Oe.P. 210148, Österreichische Stickstoffwerke A.G., Erf. E. CHODURA u. O. PESTA.

oxydation erhaltenen Säuren[1]. Auch bei Diestern der Pinsäure mit höheren Alkoholen[2] und Pinonsäureestern[3] wurde eine weichmachende Wirkung gegenüber Polyvinylchlorid festgestellt.

22. *Esteramide.* Vereinzelt finden sich in der Literatur Hinweise über die Eignung von Esteramiden als Weichmacher für Vinylchloridpolymerisate. So wurden von der Firma Carbide and Carbon Chemicals Corp.[4] Diesteramide der Formel

$$R-CO-N\diagup^{C_2H_3R_1OOCR}_{\diagdown C_2H_3R_1OOCR}$$

zum Weichmachen von Polyvinylchlorid und Vinylchloridmischpolymerisaten vorgeschlagen. In der angegebenen Formel bedeuten R einen Alkylrest mit 2···8 Kohlenstoffatomen und R_1 Wasserstoff oder den Methylrest. Untersuchungen über die Eignung weiterer Esteramide liegen von A. W. CAMPELL[5] und R. M. SILVERSTEIN, C. W. MOSHER und L. M. RICHARDS[6] vor.

β) **Ester von anderen Säuren.** *1. Kohlensäureester.* Zum Weichstellen von Polyvinylchlorid geeignete Kohlensäureester sind namentlich in Deutschland während des zweiten Weltkrieges entwickelt worden. Es handelt sich dabei um gemischte Kohlensäureester aus sekundären aliphatischen Alkoholen und cyclischen Oxyverbindungen[7] und um Polykohlensäureester von mehrwertigen Alkoholen oder Phenolen einerseits und einwertigen acyclischen oder cyclischen Alkoholen oder Phenolen andererseits[8].

Später wurde auch über die Eignung von neutralen aliphatischen Kohlensäureestern, deren Alkylreste insgesamt 6···18 Kohlenstoffatome und mindestens 1 Chloratom aufweisen, als Weichmacher berichtet[9].

2. Phosphorsäureester. Phosphorsäureester nehmen nach den Estern der Phthalsäure den zweiten Platz als Weichmacher für Polyvinyl-

---

[1] F.P. 1011369, Soc. An. Manufactures des Produits Chimiques du Nord (Etablissements Kuhlmann).

[2] CONYNE, R. F., u. E. A. YEHLE: Ind. Engng. Chem. **47**, 853 (1955); LOEBLICH, V. M., F. C. MAGNE u. R. R. MOD: Ind. Engng. Chem. **47**, 855 (1955).

[3] SUMMERS, H. B., G. W. HEDRICK, F. C. MAGNE u. R. Y. MAYNE: Ind. Engng. Chem. **51**, 549 (1959).

[4] F.P. 945525, Carbide and Carbon Chemicals Corp.

[5] Ind. Engng. Chem. **47**, 1213 (1955).

[6] J. Amer. Oil Chemist's Soc. **32**, 354 (1955).

[7] D.B.P. 927767, Dehydag Deutsche Hydrierwerke GmbH; D.P. (DDR) 1405, Deutsches Hydrierwerk Rodleben VEB, Erf. W. HENTRICH u. H. HÖLLERER.

[8] D.B.P 934500, Dehydag Deutsche Hydrierwerke GmbH; D.P. (DDR) 481, Deutsches Hydrierwerk Rodleben VEB, Erf. W. HENTRICH, W. KAISER, H. HÖLLERER, R. ENDRES u. E. MERGENTHALER.

[9] E.P. 673405, Badische Anilin- & Soda-Fabrik A.G.

C. Die Weichmacher 299

chlorid ein. Sie werden vor allem wegen ihrer flammhemmenden Eigenschaften geschätzt, doch zeichnen sie sich auch durch gute Wetterfestigkeit und Extraktionsbeständigkeit aus. Die am häufigsten verwendeten Verbindungen dieser Klasse sind neben Trikresylphosphat, Kresyldiphenylphosphat und gemischt aliphatisch-aromatische Phosphorsäureester. Außerdem spielt Tri-2-äthylhexylphosphat wegen seiner Kältefestigkeit eine bedeutende Rolle. Eine Zusammenstellung wichtiger Phosphatweichmacher findet sich in Tabelle 24.

Auf das Verhalten der Phosphatweichmacher ist bereits auf Seite 151f. im Zusammenhang mit der Besprechung des Einflusses der Weichmachungsmittel auf die Eigenschaften des Polyvinylchlorids hingewiesen worden. Es mag daher in diesem Zusammenhang genügen, in Tabelle 25 einige von R. R. LAWRENCE und E. B. McINTYRE[1] angegebenen Zahlenwerte anzuführen, die eine Bewertung der wichtigsten Phosphatweichmacher erlauben.

In Tabelle 25 sind in Spalte 2 als Maß für die Weichmacherwirksamkeit diejenigen Weichmachermengen angegeben, die zur Erzielung eines Weichpolyvinylchlorids mit einem Elastizitätsmodul von 126,5 kg/cm² bei 25 °C erforderlich sind. Außerdem finden sich in Spalte 3 die nach der Methode von R. F. CLASH und R. M. BERG[2] gemessenen Flextemperaturen, die Aufschluß über die Kältefestigkeit der weichgestellten Massen geben.

Die Zahlenwerte zeigen deutlich die geringe Kältefestigkeit der mit Triphenyl- und Trikresylphosphat hergestellten Massen, die den Anwendungsbereich dieser Weichmacher begrenzt. Allerdings ist es möglich, durch Verschnitt mit kältefesteren Weichmachern zu einer Verbesserung zu kommen. Zahlenwerte hierfür sind von R. F. CLASH und R. M. BERG[3], R. HAYES und D. A. LANNON[4], J. WILLIAMSON[5], K. THINIUS[6], G. HOFMANN[7] und M. C. REED und L. CONNOR[8] mitgeteilt worden.

Von den Verarbeitungseigenschaften der Phosphatweichmacher ist das bei den aromatischen und gemischt aromatisch-aliphatischen Vertretern dieser Reihe gute Geliervermögen für Polyvinylchlorid zu erwähnen. Es ist, wie vergleichende Messungen von H. S. BERGEN und J. R. DARBY[9] mit einem Banburymischer zeigen, bei Kresyldiphenylphosphat und Santicizer 141, einem Alkylarylphoshat, am ausgeprägtesten. Auch Trikresylphosphat zeigt ein gutes Geliervermögen, das dem des Diocylphthalats deutlich überlegen ist. Zu einer ähnlichen Bewertung des Tri-

---

[1] Ind. Engng. Chem. **41**, 689 (1949).   [2] Modern Plastics **21**, 119 (Juli 1944).
[3] Ind. Engng. Chem. **34**, 1218 (1942).   [4] British Plastics **26**, 301 (1953).
[5] British Plastics **26**, 380 (1953).   [6] Chem. Techn. **4**, 475 (1952).
[7] Chem. Techn. **4**, 282 (1952).   [8] Ind. Engng. Chem. **40**, 1414 (1948).
[9] Ind. Engng. Chem. **43**, 2404 (1951).

Tabelle 24. Als Weichmacher verwendbare Phosphorsäureester

Phosphorsäureester	Patentnummer	Patentinhaber	Erfinder
Phosphorsäure-tri-β-äthylhexylester	D.B.P. 859 523	Badische Anilin- & Soda-Fabrik A.G.	H. Neresheimer, A. Ehrhardt
Phosphorsäure-tri-(2-äthyl-n-hexyl)-ester	D.B.P. 869 268 Zusatz zu D.B.P. 859 523	Badische Anilin- & Soda-Fabrik A.G.	H. Neresheimer, A. Ehrhardt
Phosphorsäure-tri-(2-äthyl-n-butyl)- u. Phosphorsäure-tri-(2-äthyl-n-hexyl)-ester sowie deren Chlorierungsprodukte	D.B.P. 887 266	Wacker-Chemie GmbH	J. Kalteis, W. Schwaiger, H. Machemer
Phosphorsäure-tri-(2,3-di-chlorpropyl)-ester	F.P. 1 157 174		A. Samuel, R. Bouvet, St. Hittner, M. de Beaulieu
Dialkylmonoarylphosphate	E.P. 713 552	Monsanto Chemical Co.	H. R. Gamrath, R. E. Hatton
Dialkylmonostyrylphosphate	A.P. 2 497 920	Victor Chemical Works	W. H. Woodstock
2-Äthyl-1,3-hexandiol-phenyl-phosphat	A.P. 2 661 366	Monsanto Chemical Co.	H. R. Gamrath, R. E. Hatton
Monopropyldixylylphosphat	A.P. 2 668 119	Celanese Corp. of America	W. B. Horback, F. Berardinelli, W. D. Paist

Monoalkyldiphenylphosphate Monoalkoxyäthyldiaryldiphosphate	A.P. 2 557 089 A.P. 2 557 090 A.P. 2 557 091	Monsanto Chemical Co.	J. K. Craver W. E. Weesner H. R. Gamrath
Monoalkyldiphenylphosphate Monoalkyldikresylphosphate	E.P. 656 510	Monsanto Chemical Co.	H. R. Gamrath J. K. Craver
Monoalkyldiarylphosphate Monoalkoxyäthyldiaryldiphosphate	E.P. 656 471	Monsanto Chemical Co.	H. R. Gamrath J. K. Craver
Monoalkylmonophenyl-monokresylphosphate Monoalkoxyäthylmonophenyl-monokresylphosphate	E.P. 661 380	Monsanto Chemical Co.	H. R. Gamrath
Monoalkyldinaphthylphosphate, Mono-(β-alkoxyäthyl)-dinaphthylphosphate	E.P. 677 171	Monsanto Chemical Co.	
Gemischte Monoalkyldiarylphosphate	A.P. 2 656 373	Monsanto Chemical Co.	H. R. Gamrath
Monotetrahydrofurfuryl-diarylphosphate Dikresylphosphorsäureester des Äthylenglykols Phosphorsäureester des Diphenylolpropans	E.P. 734 764 E.P. 734 766 E.P. 734 767 E.P. 734 768	Lankro Chemicals Ltd. Lankro Chemicals Ltd. Lankro Chemicals Ltd. Lankro Chemicals Ltd.	
halogenierte Di- und Triphenylphosphate	A.P. 2 773 046	Ethyl Corp.	J. H. Dunn P. E. Weimer

kresylphosphates kommt auch P. SCHMIDT[1] an Hand der Bestimmung der Knetarbeit mit einem Brabender Plastographen.

3. *Phosphonsäureester.* Unter den als Weichmacher geeigneten Phosphorverbindungen kommt den bereits auf Seite 298 besprochenen Estern der Orthophosphorsäure weitaus die größte Bedeutung zu. In der Literatur wurden jedoch auch verschiedentlich Ester von Alkyl- und Arylphosphonsäuren beschrieben, die ebenfalls als Weichmacher für Poly-

Tabelle 25. *Verhalten einiger Phosphatweichmacher*

Weichmacher	Weichmacherwirksamkeit (Teile Weichmacher auf 100 Teile Polyvinylchlorid)	Flextemperatur in °C
Tributylphosphat	38	−25,5
Tri-2-äthylhexylphosphat	56	− 58
Triphenylphosphat	52	− 2,5
Trikresylphosphat	57	+ 1,5

vinylchlorid oder Vinylchloridmischpolymerisate in Betracht kommen. Es handelt sich dabei meist um Verbindungen, die durch Einwirkung von PCl_5 auf ungesättigte Verbindungen, nachfolgende Behandlung mit P_2O_5 und anschließende Veresterung[2] oder durch Umsetzung von Dialkylphosphiten mit Dodecylallyläther[3], Estern, Amiden oder Nitrilen von α, β- ungesättigten aliphatischen Dicarbonsäuren[4] oder Ketonen, die eine zur Carbonylgruppe benachbarte Doppelbindungen aufweisen[5], erhalten werden.

Weitere Phosphonsäureester, deren Verwendung als Weichmachungsmittel vorgeschlagen wurde, sind Bis-(2-äthylhexyl)-benzylphosphonat[6] und die durch Einwirkung von Phosphortrichlorid auf Formaldehydacetale erhältlichen Dialkyl-alkoxymethanphosphonate[7].

Zur Weichmachung von Polyvinylchlorid und Polyvinylchlorid enthaltenden Mischpolymerisaten eignen sich nach H. BRETSCHNEIDER[8] auch Phosphinsäureester der allgemeinen Formel

$$\begin{array}{c} R' \\ \diagdown \\ R'' \end{array} P \begin{array}{c} \diagup O \\ \diagdown OR''' \end{array}$$

---

[1] Kunststoffe **41**, 23 (1951); **42**, 142 (1952).
[2] A.P. 2497920, A.P. 2471472, Victor Chemical Works, Erf. W. H. WOODSTOCK.
[3] A.P. 2664438, United States Rubber Co., Erf. E. C. LADD u. M. P. HARVEY.
[4] A.P. 2668800, E.P. 605782, Union Carbide and Carbon Corp., Erf. F. JOHNSTON; F.P. 988748, Carbide and Carbon Chem. Corp.
[5] A.P. 2616918, Union Carbide and Carbon Corp., Erf. F. JOHNSTON.
[6] A.P. 2720535, Monsanto Chemical Co., Erf. G. M. KOSOLAPOFF.
[7] A.P. 2500022, Oldbury Electrochemical Co., Erf. J. H. BROWN.
[8] D.B.P. 915984, Farbwerke Hoechst A.G. vormals Meister Lucius & Brüning.

wobei R' und R''' einen Alkyl- oder Arylrest und R'' einen Alkylrest, insbesondere einen halogenierten Alkylrest bedeuten.

4. *Ester der schwefligen Säure.* Zum Weichstellen von Polyvinylchloridharzen empfehlen W. D. HARRIS, J. W. ZUKEL und H. D. TATE[1] Diester der schwefligen Säure von Chloralkanolen und aliphatischen Alkoholen oder Aryloxyalkanolen. Als Weichmacher geeignete neutrale aliphatische Ester der schwefligen Säure wurden von der Firma Badische Anilin- & Soda-Fabrik A.G.[2] beschrieben. Durch Umsetzung von 1,2-Epoxyden mit Thionylhalogeniden werden nach A. PECHUKAS[3] ebenfalls Sulfitester erhalten, die als Weichmacher verwendet werden können.

5. *Sulfonsäureester.* Vorzügliche Esterweichmacher sind die aus Kohlenwasserstoffen der Fischer-Tropsch-Synthese hergestellten Sulfonsäureester[4].

Zur Bereitung dieser Ester geht man von einer Kohlenwasserstofffraktion, dem Kogasin, aus, deren Siedebereich zwischen 230 und 320 °C liegt. Diese Fraktion wird durch Hydrierung gereinigt. Anschließend werden die vorwiegend geradkettigen Kohlenwasserstoffe mit einer mittleren Kettenlänge von 15 Kohlenstoffatomen im Molekül unter Lichteinwirkung sulfochloriert, worauf man die erhaltenen Sulfochloride einer Umsetzung mit Alkoholen oder Phenolen unterwirft.

Als Alkohole eignen sich außer aliphatischen Alkoholen, Glykolen, cycloaliphatischen Alkoholen und gemischt aliphatisch-aromatischen Alkoholen[5] auch Glykolmonoäther[6] und Halogenalkohole[7]. Auch mit Mercaptanen als Veresterungskomponente lassen sich brauchbare Weichmachungsmittel erhalten[8].

Als Phenole, die bei Umsetzung mit sulfochlorierten Kohlenwasserstoffen für Polyvinylchlorid geeignete Weichmachungsmittel ergeben, kommen außer dem Phenol selbst beispielsweise auch die Oxytoluole, Oxyxylole, Halogenphenole und Oxynaphthaline in Betracht[9].

Phenylester von sulfonierten höheren Paraffinkohlenwasserstoffen mit 8···12 und 19···21 Kohlenstoffatomen sind später auch von seiten der

---

[1] D.B.P. 841748, D.B.P. 932610, United States Rubber Co.
[2] F.P. 1011173, Badische Anilin- & Soda-Fabrik A.G.
[3] A.P. 2576138, Pittsburgh Plate Glass Co.
[4] KAINER, F.: Kunststoffe **38**, 163 (1948).
[5] D.R.P. 715846, I. G. Farbenindustrie A.G., Erf. P. HEROLD, K. SMEYKAL, F. ASINGER u. H. D. FRH. V. D. HORST; F.P. 56210, Zusatz zu F. P. 864442, D.B.P. 877142, Zusatz zu D.R.P. 715846, Badische Anilin- & Soda-Fabrik A.G.
[6] D.B.P. 929548, Farbenfabriken Bayer A.G., Erf. H. STROH.
[7] D.B.P. 852998, Badische Anilin- & Soda-Fabrik A.G.
[8] D.R.P. 721892, I. G. Farbenindustrie A.G., Erf. K. SMEYKAL u. R. KÜHN.
[9] D.R.P. 715846, I. G. Farbenindustrie A.G., Erf. P. HEROLD, K. SMEYKAL, F. ASINGER u. H. D. FRH. V. D. HORST; D.R.P. 719059, I. G. Farbenindustrie A.G., Erf. H. D. FRH. V. D. HORST.

Firma Monsanto Chemical Co[1]. zur Herstellung plastischer Polyvinylchloridmassen empfohlen worden.

Außer den Phenolestern der genannten langkettigen Sulfonsäuren sind auch Phenolester von aliphatischen oder cycloaliphatischen Disulfonsäuren[2], Phenolester von sulfonierten ein- oder mehrkernigen cycloaliphatischen Kohlenwasserstoffen[3] und Phenolester von Äthergruppen tragenden Arylsulfonsäuren[4] zur Weichmachung von Vinylchloridpolymerisaten empfohlen worden.

b) Sonstige Weichmacher

1. Kohlenwasserstoffe. Trotz ihres nur wenig polaren Charakters üben auch manche Kohlenwasserstoffe eine weichmachende Wirkung auf Polyvinylchlorid aus. Wegen ihrer geringen Verträglichkeit mit Polyvinylchlorid werden sie gewöhnlich als Streckmittel für gelierend wirkende Weichmacher verwendet.

Die als Weichmacher verwendeten Kohlenwasserstoffe stellen gewöhnlich Gemische dar, die auf synthetischem Wege oder durch Aufarbeitung von Naturprodukten erhalten werden.

Von den synthetisch erhaltenen Kohlenwasserstoffweichmachern sind Benzylnaphthalin, das im zweiten Weltkrieg in Deutschland unter dem Handelsnamen „Vulcanol B" verwendet wurde[5], cyclohexylierte Naphthaline[6], mit Decylchlorid alkyliertes Naphthalin[7] und Dibenzylbenzole[8] zu nennen. Auch Alkylbenzolgemische von einem Kochpunkt Kp_{15} 120···350 °C sind zum Weichstellen von Vinylchloridpolymerisaten und -mischpolymerisaten vorgeschlagen worden[9].

Zum Weichstellen von Polyvinylchlorid eignen sich nach W. BECKER und L. ROSENTHAL[10] die im Erdöl enthaltenen hochsiedenden aromatischen und kohlenstoffreichen ungesättigten Kohlenwasserstoffgemische,

---

[1] E.P. 681581, E.P. 681864, A.P. 2610164, A.P. 2610165, Monsanto Chemical Co., Erf. E. W. GLUESENKAMP u. J. DAZZI; vgl. auch A.P. 2684955, Monsanto Chemical Co., Erf. W. S. KNOWLES u. J. DAZZI.

[2] D.B.P. 827120, Farbenfabriken Bayer A.G., Erf. G. NOTTES u. A. HÖCHTLEN.

[3] D.B.P. 860270, Deutsche Hydrierwerke A.G., Erf. W. HENTRICH u. H. HÖLLERER.

[4] D.B.P. 844004, Cassella Farbwerke Mainkur, Erf. W. ZERWECK u. J. RIEDMAIR.

[5] F.I.A.T. Bericht 861: British Plastics **19**, 174 (1947).

[6] D.R.P. 679128, I. G. Farbenindustrie A.G., Erf. A. RIECHE, H. BEHNCKE, K. BRODERSEN u. E. HANSCHKE.

[7] Holl.P. 46908, Ges. f. elektrotechn. Erzeugnisse mbH

[8] Oe.P. 207571, F.P. 1217026, D.A.S. 1085877, Chemische Werke Hüls A.G.

[9] F.P. 1089221, Soc. An. Manufactures des Produits Chimiques du Nord, Erf. F. BARILLET.

[10] D.R.P. 710008, A.P. 2210434, I. G. Farbenindustrie A.G.; vgl. Ital.P. 388208, Metallgesellschaft A.G.

C. Die Weichmacher 305

die beispielsweise nach dem Edeleanu-Verfahren gewonnen werden können. Eine weichstellende Wirkung besitzen weiter Mineralölprodukte mit einem durchschnittlichen Molekulargewicht von 200···800, die bei der Extraktion von Mineralöldestillaten oder -rückständen mit einem polaren Lösungsmittel oder einem, ein solches enthaltendes Lösungsmittelgemisch anfallen[1] sowie harzartige Extraktionsprodukte mit einem Molekulargewicht von etwa 1000[2].

Ebenfalls zu als Weichmacher für Vinylchloridpolymerisate geeigneten Produkten gelangt man nach C. ZERBE[3], wenn man die Selektionsextrakte von Mineralölen bei höchstens 30···40 °C mit H_2SO_4-Monohydrat und anschließend mit aktiver Bleicherde behandelt. Nach A. A. SCHAERER[4] sind auch die durch Edeleanu-Extraktion mittels starker Säuren mit nachfolgender Neutralisation und Behandlung mit Absorbtionserden erhaltenen viskosen bis halbfesten, oberhalb 300 °C siedenden Öle als Weichmacher geeignet. E. W. M. FAWCETT und A. MILLIEN[5] empfehlen als Weichmacher solche Kohlenwasserstoffextrakte, die einer Nachbehandlung mit Schwefel bei erhöhten Temperaturen unterworfen wurden, und Gemische von Kohlenwasserstoffextrakten mit anderen gebräuchlichen, über 125 °C siedenden Weichmachern, wie Dibutylphthalat[6].

Als Weichmacher für Polyvinylchlorid und dessen nachchlorierte Produkte eignen sich nach A. WEIHE[7] die von Asphalten befreiten wasserstoffreichen Anteile von unter milden Bedingungen hydrierten Kohlenextrakte und nach F. FAIDUTTI[8] die aus Steinkohlenteeröl bei gewöhnlichem Druck und höheren Temperaturen erhaltenen, über 200 °C siedenden Fraktionen. Auch von Extrakten aus Schieferöl[9], Holzteer- und Harzölen[10] wurde über eine weichstellende Wirkung gegenüber Polyvinylchlorid berichtet.

Eine gewisse Weichmacherwirkung besitzen auch das bei der Teeröldestillation als Schlußfraktion anfallende Rohanthracen, das Reinanthracen[11] sowie die aus Anthracenölen extrahierten Kohlenwasser-

---

[1] Schwed.P. 125946, Anglo Iranian Oil Co., Erf. E. W. M. FAWCETT u. E. S. NARRACOTT; Can.P. 478472, Anglo Iranian Oil Co., Ltd., Erf. E. W. M. FAWCETT u. A. MILLIEN; D.B.P. 879764, Anglo Iranian Oil Co., Ltd., Erf. E. S. NARRACOTT, A. MILLIEN u. J. N. HARESNAPE.
[2] A.P. 2647096, Interchemical Corp., Erf. L. J. RADI.
[3] D.B.P. 843752, Deutsche Shell A.G. u. Metallges. A.G.
[4] A.P. 2498453, Shell Development Co., Erf. A. A. SCHAERER.
[5] D.B.P. 868347, Anglo Iranian Oil Co., Ltd.
[6] A.P. 2580290, D.B.P. 869694, Anglo Iranian Oil Co., Ltd.
[7] D.R.P. 705146, I. G. Farbenindustrie A.G.
[8] F.P. 883849, Soc. des Produits Chimiques Gerland S.A.
[9] F.P. 1007735, Soc. An. Soc. Minière des Schistes Bitumineux.
[10] F.P. 994783, Soc. An. Manufactures Landaise des Produits Chimiques.
[11] Schwz.P. 246479, Soc. Salpa Française.

stoffe[1] und die aus dem Filtrat von Rohanthracen nach Waschen mit Säure und Alkali erhaltenen zwischen 280 und 450 °C übergehenden Öle[2].

2. Halogenierte Kohlenwasserstoffe. Durch Einführung von Halogen wird die Weichmacherwirksamkeit von Kohlenwasserstoffen wesentlich gesteigert. Chlorierte Kohlenwasserstoffe stellen deshalb wertvolle Weichmacher für Vinylchloridpolymerisate und -mischpolymerisate dar. Ihre Verwendung erfolgt häufig im Gemisch mit gut gelierenden Primärweichmachern.

Eine gut weichstellende Wirkung zeigen beispielsweise die bei der Chlorierung von Synthesekohlenwasserstoffen erhaltenen Chlorkohlenwasserstoffe mit gerader oder verzweigter Kette, die mindestens 8 Kohlenstoffatome im Molekül enthalten[3]. Ähnliches gilt von den Chlorierungsprodukten von aliphatischen und gesättigten und ungesättigten Kohlenwasserstoffen vom Siedebereich von 120···140 °C, die durch Chlorierung von Mineralölkohlenwasserstoffen, Braunkohle- und Kohlenoxydhydrierungsprodukten, ungesättigten Kohlenwasserstoffen aus höher molekularen Alkoholen oder von Polyäthylenen, Polyisobutylenen oder von Dekahydronaphthalin erhältlich sind[4]. Als Plastifikatoren wurden ferner Chlorierungsprodukte von Kohlenwasserstoffextrakten[5], chlorierte Fischer-Gasöle[6] und Chlorierungsprodukte von perhydrierten cyclischen Naphthen- und Terpenkohlenwasserstoffen[7] empfohlen. Auch ist über die Eignung von chloriertem Holzöl als Weichmacher für Polyvinylchlorid bei Verwendung von Epoxystearinsäurebutylester als Stabilisator berichtet worden[8].

Weitere Weichmachungsmittel aus der Klasse der chlorierten Kohlenwasserstoffe sind α-Chlornaphthalin[9], Tetra- oder Octachlornaphthalin[10], aromatische Kohlenwasserstoffe, die mit Halogenalkylresten substituiert sind und gegebenenfalls auch kernhalogeniert sein können[11], sowie chlorierte Alkylnaphthaline und Alkylbiphenyle[12], chloriertes Biphenyl[13] und Polychlor-di-tert-butylbenzole[14].

---

[1] F.P. 1012727, Soc. des Usines Chimiques Rhône-Poulenc.
[2] Oe.P. 169347, F. Böck u. E. Böck.
[3] F.P. 882450, I. G. Farbenindustrie A.G.
[4] F.P. 905687, I. G. Farbenindustrie A.G.
[5] A.P. 2513632, D.B.P. 867912, Anglo Iranian Oil Co., Ltd., Erf. E. W. M. FAWCETT u. E. S. NARRACOTT.
[6] A.P. 2517656, Comp. Française de Raffinage Soc. An., Erf. A. GISLON.
[7] D.P. (DDR) 981, VEB Deutsches Hydrierwerk Rodleben, Erf. R. ENDRES.
[8] McKINNEY, R. S., F. C. MAGNE, D. C. HEINZELMANN u. L. A. GOLDBLATT: J. Amer. Oil Chemist Soc. **34**, 170 (1959).
[9] F.P. 661588, A. Dawant u. K. Elias.
[10] D.B.P. 856219, Deutsche Solvay-Werke GmbH, Erf. O. HEUSE.
[11] F.P. 924035, A.P. 2615859, Comp. Française de Raffinage, Erf. A. GISLON.
[12] A.P. 2193613, B. F. Goodrich Co., Erf. C. H. ALEXANDER.
[13] D.R.P. 728664, I. G. Farbenindustrie A.G.
[14] A.P. 2811498, Olin Mathieson Chem. Corp., Erf. J. F. WEILER.

C. Die Weichmacher 307

Weiterhin sind auch manche chlorierte cycloaliphatische Kohlenwasserstoffe als Polyvinylchloridweichmacher empfohlen worden, so Hexachlorcyclohexan[1] und die Chlorierungsprodukte von zwei- oder mehrkernigen perhydrierten aromatischen Kohlenwasserstoffen, beispielsweise trichloriertes Dekahydronaphthalin[2].

Schließlich zeigen auch manche chlorierte Arylalkane Weichmacherwirksamkeit gegen Vinylchloridpolymerisate. Beispiele hierfür sind kernchlorierte ω,ω'-Diarylalkane[3], z. B. kernchloriertes Dibenzyl, höhermolekulare Verbindungen mit kernchlorierten Arylalkyleneinheiten[4], asymmetrische Bis-(halogenaryl)-alkane[5] und 1,1,1-Trichlor-2,2-di(2,4-dichlorphenyl)-äthan[6].

3. Fettsäuren. Nach R. ENDRES[7] sind chlorhaltige aliphatische Carbonsäuren oder Carbonsäuregemische zum Weichstellen von Polyvinylchlorid geeignet. Für den gleichen Zweck können nach ST. J. HETZEL[8] auch Carbonsäuregemische verwendet werden, die durch Oxydation von Crackölen mit Salpetersäure erhalten werden.

4. Acetale und Ketale. Zum Weichmachen von Polyvinylchlorid und Vinylchloridmischpolymerisaten eignen sich auch manche Acetale und Ketale.

Nach K. DESAMARI und R. HEBERMEHL[9] üben die Acetale von Aryloxyalkylalkoholen, beispielsweise das Formaldehydacetal des Phenoxyäthanols, eine weichmachende Wirkung auf Polyvinylchlorid und nachchloriertes Polyvinylchlorid aus. Andere Acetale mit Weichmachereigenschaften sind solche cyclische Acetale des Tetrahydrofurfurols mit drei- oder mehrwertigen Alkoholen, bei denen die nach der Acetalbildung noch freien Hydroxylgruppen mit Sulfon- oder Carbonsäuren verestert sind[10]. Weiter haben sich cyclische Halbacetale, deren Hydroxylgruppen mit niedrigen Fettsäuren verestert sind[11], und schwer flüchtige Ketale der höheren Weinsäureester[12] als Weichmacher erwiesen. Auch eignen sich

---
[1] F.P. 1039518, Pechiney (Comp. de Produits Chim. & Électrométallurgiques), Erf. G. CHIZALLET.
[2] D.B.P. 889070, Deutsche Hydrierwerke A.G., Erf. R. ENDRES u. A. KIRSTAHLER.
[3] A.P. 2556721, E.P. 621681, Comp. Française de Raffinage, Erf. A. GISLON u. J. QUIQUEREZ.
[4] A.P. 2558177, Comp. Française de Raffinage, Erf. A. GISLON u. J. QUIQUEREZ.
[5] Oe.P. 165883, E.P. 669049, Donau-Chemie A.G.
[6] Jap.A.S. 2189/1959, T. Ichikawa.
[7] D.B.P. 901348, Dehydag Deutsche Hydrierwerke GmbH.
[8] A.P. 2766272, Sun Oil Co., Erf. ST. J. HETZEL.
[9] D.R.P. 681708, I. G. Farbenindustrie A.G.
[10] F.P. 889362, I. G. Farbenindustrie A.G.
[11] D.A.S. 1034188, United States Rubber Co., Erf. H. J. SHINE u. R. H. SNYDER.
[12] D.B.P. 906013, Dynamit A.G., vormals A. Nobel & Co., Erf. H. ORTH.

die Chlorierungsprodukte von cyclischen Acetalen zwei- und mehrwertiger Alkohole[1] und die Umsetzungsprodukte chlorierter cyclischer Acetale mit Chlorwasserstoff bindenden Stoffen[2].

Als Weichmacher für Polyvinylchlorid und Vinylchloridmischpolymerisate sind weiter Acetale des Thiodiglykols[3] und Thioacetale und Thioketale[4] vorgeschlagen worden.

5. Ketone. In der Patentliteratur finden sich verschiedentlich Hinweise auf die Eignung von Ketonen als Weichmacher für Polyvinylchloridmassen. Es handelt sich dabei vorwiegend um aliphatisch-aromatische Ketone, wie Lauronaphthalin[5], Dypnon[6], Dihydrodypnon[7], 1,4-Dibenzoylbutan[8] und Polyalkylbenzophenone, die durch Behandeln von Mineralölfraktionen mit Phosgen erhalten werden[9]. Auch Ketone mit der Tetrahydrofurfurylgruppe wurden zum Weichstellen von Polyvinylchlorid empfohlen[10]. Schließlich sei noch erwähnt, daß auch manche Acyloine zum Weichstellen von Polyvinylchlorid genannt wurden[11].

6. Epoxyverbindungen. Das Charakteristikum der Weichmacher dieser Verbindungsklasse besteht darin, daß sie neben der weichmachenden Wirkung auch Stabilisatoreigenschaften zeigen. Es ist dies eine Folge der Reaktivität der Epoxygruppe, die leicht unter Ringspaltung zu öffnen ist und daher beim Zersetzungsvorgang des Polyvinylchlorids abgespaltenen Chlorwasserstoff zu binden vermag. Durch Verwendung von Epoxyweichmachern läßt sich daher die Stabilität des Polyvinylchlorids erhöhen. Außerdem ist häufig ein synergistischer Einfluß auf die Wirkung der anderen, dem Polyvinylchlorid zugegebenen Stabilisatoren zu verzeichnen.

Bei den als Weichmacher für Polyvinylchlorid im Handel befindlichen Epoxyverbindungen handelt es sich in erster Linie um Alkylester von epoxydierten höheren Fettsäuren und um epoxydierte Öle pflanzlichen Ursprungs, wie Baumwollsaatöl und Sojabohnenöl.

---

[1] D.B.P. 926326, Deutsche Gold- und Silberscheideanstalt, und Continental Gummi-Werke AG, Erf. H. WAGNER u. H. BICKEL.

[2] D.B.P. 899803, Deutsche Gold- und Silberscheideanstalt, Erf. H. WAGNER.

[3] D.R.P. 676136, I. G. Farbenindustrie A.G., Erf. K. BILLIG.

[4] D.B.P. 834288, Chemische Werke Hüls GmbH, Erf. G. HOFFMANN, H. WEBER u. P. KRÄNZLEIN.

[5] D.R.P. 728786, I. G. Farbenindustrie A.G., Erf. A. WEISSENBORN, A. RIECHE u. E. HANSCHKE.

[6] A.P. 2510009, Socony Vacuum Oil Co., Inc., Erf. P. F. BRUINS u. E. P. RITTERSHAUSEN; D.P.B. 888765, Cassella Farbwerke Mainkur A.G., Erf. E. HONOLD u. W. KUNZE.

[7] A.P. 2501558, A. Boake Robert & Co., Ltd., Erf. E. J. LUCH.

[8] E.P. 772197, Goodyear Tire & Rubber Co.

[9] A.P. 2580301, Sun Oil Co., Erf. H. L. JOHNSON u. A. P. STUART.

[10] A.P. 2234615, B. F. Goodrich Co., Erf. C. H. ALEXANDER.

[11] D.B.P. 815540, Chemische Werke Hüls GmbH, Erf. W. GUMLICH u. A. ROSENBERG.

Die Herstellung der erwähnten epoxydierten Fettsäuren und Pflanzenöle erfolgt gewöhnlich durch Einwirkung von organischen Persäuren oder Gemischen von organischen Säuren und Wasserstoffperoxyd auf die entsprechenden ungesättigten Verbindungen[1]. Hierbei kann in Gegenwart von sauer wirkenden Substanzen und Kohlenhydraten oder mehrwertigen Alkoholen gearbeitet werden[2]. Ein weiterer, jedoch seltener eingeschlagener Weg, um zu diesen Epoxyverbindungen zu gelangen, besteht in der Einwirkung von Alkali auf die entsprechenden Halogenacetoxyverbindungen[3].

Außer den erwähnten Epoxyestern und epoxydierten Pflanzenölen, die bereits große technische Bedeutung erlangt haben, sind noch zahlreiche andere Epoxyverbindungen hergestellt und auf ihre Weichmacherwirksamkeit untersucht worden. Unter diesen Verbindungen finden sich einige, die wegen ihrer bemerkenswerten Weichmachereigenschaften Aufmerksamkeit verdienen.

L. P. WITNAUER, H. B. KNIGHT, W. E. PALM, R. E. KOOS, W. C. AULT und D. SWERN[4] haben verschiedene epoxydierte Diacetomonoglyceride hergestellt und ihre Weichmachungseigenschaften untersucht. Es hat sich dabei gezeigt, daß diejenigen epoxydierten Diacetomonoglyceride, die aus Fetten mit einer Jodzahl von über 70 hergestellt werden, sehr wirksame, verhältnismäßig wenig flüchtige und nicht zur Wanderung neigende primäre Weichmacher darstellen. In ihren Kälteeigenschaften sind diese Verbindungen Di-(2-äthylhexyl)-phthalat und Trikresylphosphat überlegen.

Die guten Weichmachungseigenschaften zeigen nach Feststellungen von E. J. HENSCH und A. G. WILBUR[5] auch epoxydierte Ester der Ölsäure und der Tallölfettsäuren mit 1,2-Propylenglykol, 1,3-Butylenglykol und Pentaerythrit. Namentlich der Tallölfettsäureester des Pentaerythrits hat sich von diesen Verbindungen als besonders wanderungsfest erwiesen. Von den epoxydierten Estern mehrwertiger Alkohole liegen ferner Angaben über die Weichmachungseigenschaften der Epoxystearinsäureester des Glykolmonobutyläthers und des Glykolmonoäthyläthers[6] und der epoxydierten Mischester des Pentaerythrits mit einer

---

[1] Vgl. z. B. A.P. 2692271, Buffalo Electro-Chemical Co. Inc., Erf. F. P. GREENSPAN u. R. J. GALL; D.A.S. 1030347, E.P. 755778, E.P. 739609, Food Machinery & Chemical Corp., Erf. F. P. GREENSPAN u. R. J. GALL.
[2] D.A.S. 1075614, Dehydag Deutsche Hydrierwerke GmbH, Erf. G. DIECKELMANN.
[3] A.P. 2756242, Rohm & Haas Co., Erf. E. F. RIENER.
[4] Ind. Engng. Chem. **47**, 2304 (1955); wegen der Herst. dieser Verb. vgl. E.P. 775326, W. C. Ault u. R. O. Feuge.
[5] Ind. Engng. Chem. **50**, 871 (1958).
[6] A.P. 2802800, Wallace & Tiernan, Inc., Erf. F. J. SPRULES.

ungesättigten $C_{17}\cdots C_{18}$-Fettsäure und einer aromatischen Carbonsäure vor[1].

Weitere Epoxyverbindungen, die sich sowohl durch gute Weichmachungseigenschaften als auch durch gute Stabilisierungseigenschaften auszeichnen, enthalten die Epoxycyclohexylgruppe im Molekül. Es handelt sich dabei um Ester des 3,4-Epoxycyclohexylmethanols und um Ester der 3,4-Epoxycyclohexylcarbonsäure und der 3,4-Epoxycyclohexyl-1,2-dicarbonsäure. Untersuchungen von R. VAN CLEVE und D. H. MULLINS[2] haben ergeben, daß von diesen Verbindungen 3,4-Epoxycyclohexylmethyl-9,10,12,13-diepoxystearat als sekundärer und Didecyl-4,5-epoxycyclohexan-1,2-dicarboxylat als primärer Weichmacher ausgezeichnet geeignet sind. Die zuletzt genannte Verbindung ähnelt in ihren Eigenschaften Dioctylphthalat, zeigt daneben aber noch eine gute stabilisierende Wirkung.

Diese Befunde decken sich mit den Ergebnissen von Untersuchungen von F. P. GREENSPAN und R. J. GALL[3], die ebenfalls einige Ester der 4,5-Epoxy-cyclohexan-1,2-dicarbonsäure auf ihre weichmachende Wirkung untersucht haben.

Zu ähnlichen Epoxyverbindungen kommt man nach G. BANKWITZ[4] durch Epoxydierung von Di-(2-äthyl-2-hexenyl)-tetrahydrophthalat, wobei Epoxygruppen in den cycloaliphatischen Ring und in die ungesättigten Alkoholreste eintreten. Anstelle von Tetrahydrophthalsäure können auch andere Ester des 2-Äthyl-2-hexenols in Epoxyverbindungen übergeführt werden.

Es seien hier noch einige weitere in der Literatur genannte Epoxyverbindungen erwähnt, die ebenfalls als stabilisierende Weichmacher für Vinylchloridpolymerisate verwendet werden können. Es handelt sich um Glycidyläther von Polyäthylenglykolen[5], Sulfonsäureester von Epoxyalkoholen[6] und manche Polyepoxyde, wie z. B. Vinylcyclohexendioxyd oder Butadiendioxyd, die zusammen mit Härtungsmitteln verwendet werden[7].

7. *Säureamide.* Säureamide spielen als Weichmachungsmittel nur eine geringe Rolle. Von den in der Literatur als Weichmacher beschriebenen Verbindungen dieser Art seien die Dialkylamide höherer ungesättigter Fettsäuren[8], z. B. Ölsäurediäthylamid, die substituierten oder unsubstituierten Amide synthetisch gewonnener Fettsäuregemische mit $4\cdots 11$

---

[1] A.P. 2 889 338, Monsanto Chemical Co., Erf. J. DAZZI.
[2] Ind. Engng. Chem. **50**, 873 (1958).
[3] Ind. Engng. Chem. **50**, 865 (1958), wegen der Herst. v. Dibutyl-4,5-epoxyhexahydrophthalat vgl. auch F.P. 1117985, Dehydag Deutsche Hydrierwerke GmbH.
[4] D.A.S. 1093363, Chemische Werke Hüls A.G.
[5] A.P. 2 555 169, Shell Development Co., Erf. H. T. VOORTHUIS.
[6] A.P. 2 755 290, Shell Development Co., Erf. A. C. MUELLER.
[7] F.P. 1 114 975, N. V. de Bataafsche Petroleum Mij.
[8] F.P. 1 060 365, Henkel & Cie, GmbH.

Kohlenstoffatomen[1], Dihydrofurancarbonsäureamide der allgemeinen Formel[2]

$$\begin{array}{c} \text{H} \quad \text{H} \\ | \quad | \\ \text{R} \quad \text{C}\!\!-\!\!\text{C}\!\!-\!\!\text{CO}\!\!-\!\!\text{N}\!\!<\!\!\overset{\text{R}}{\text{R}} \\ \overset{}{\underset{\text{R}}{\diagdown}}\text{N}\!\!-\!\!\text{C} \quad \overset{|}{\text{C}}\!\!\overset{\text{H}}{\diagup} \\ \diagdown_\text{C}\diagup\diagdown_{\text{R}'} \end{array}$$

R = organischer Rest; R' = H oder $C_1 \cdots C_4$-Alkyl

die chlorierten N,N-Dialkylstearylamide[3], das Tetraalkyldiamid dimerer Linolensäure[4], Tetraalkylphthalsäureamide[5] und die Morpholide von Ricinolsäurederivaten[6] erwähnt. Auch polyesteramidartige Verbindungen kommen als Weichmacher in Betracht. Imide oder Lactone von zweibasischen aromatischen Carbonsäuren, z. B. Phthalimid oder dessen N-Alkylderivate, können nach A. P. CORNILLOT[7] zum Plastifizieren von Vinylchloridpolymerisaten und -mischpolymerisaten dienen.

8. *Sulfonsäureamide.* Bei den als Weichmachungsmitteln vorgeschlagenen Sulfonsäureamiden handelt es sich sowohl um Produkte, die von aliphatischen, als auch von aromatischen Sulfonsäuren abgeleitet sind.

Beispiele für als Weichmacher geeignete Sulfonsäureamide sind Verbindungen, wie n-Butansulfonyl-n-octylamid, die von K. PLATZ und L. ORTHNER[8] beschrieben wurden. Nach den gleichen Autoren finden sich auch unter den Amiden der analogen cycloaliphatischen Sulfonsäuren als Weichmachungsmittel geeignete Substanzen.

Beispiele für aromatische Sulfonsäureamide, die Weichmacherwirksamkeit zeigen, sind die unsubstituierten oder substituierten Amide von alkylierten oder cycloalkylierten Benzolsulfonsäuren, deren Alkyl- bzw. Cycloalkylrest mindestens 4 Kohlenstoffatome aufweist[9], und die Mono- oder Dioxyalkylamide der Benzolsulfonsäure[10].

Weitere Beispiele für Verbindungen mit Weichmachereigenschaften aus der Klasse der Sulfonsäureamide sind N,N'-Di-(3-carbobutoxyäthyl)-

---

[1] D.P. (DDR) 278, Deutsches Hydrierwerk Rodleben VEB, Erf. R. ENDRES.
[2] A.P. 2859214, E. I. du Pont de Nemours & Co., Erf. B. W. HOWK u. J. C. SAUER.
[3] A.P. 2957842, Monsanto Chemical Co., Erf. J. DAZZI.
[4] A.P. 2965591, Monsanto Chemical Co., Erf. J. DAZZI.
[5] A.P. 2952654, Standard Oil Co., Erf. CH. E. ADAMS u. J. P. O'BRIEN.
[6] A.P. 2971855, United States of America, Erf. H. P. DUPUY, L. A. GOLDBLATT u. F. C. MAGNE.
[7] F.P. 994827, Soc. An. des Manufactures des Glaces et Produits Chimiques de Saint-Gobain, Chauny & Cirey, Erf. A. P. CORNILLOT.
[8] D.B.P. 903631, Farbwerke Hoechst A.G. vormals Meister Lucius & Brüning.
[9] E.P. 677080, D.B.P. 878276, Henkel & Cie GmbH, Erf. J. H. HELBERGER u. H. FUCHS.
[10] E.P. 666735, Henkel & Cie GmbH.

toluolsulfonamid[1], N-Polyoxyalkylenarylsulfonamide[2] der allgemeinen Formel

$$\text{Aryl}-SO_2-N(R_1R_2)$$

R_1 = Alkyl oder Mono- oder Polyoxyalkylen
R_2 = Mono- oder Polyoxyalkylen

und 4-(Alkylsulfonyl)-morpholine, deren Alkylrest 1···25 Kohlenstoffatome aufweisen kann[3].

9. *Sonstige organische Stickstoffverbindungen.* Als Weichmacher für Vinylchloridpolymerisate lassen sich manche Nitroverbindungen verwenden, so Nitrierungsprodukte polycyclischer Kohlenwasserstoffe aus den Furfurolextrakten des Erdöls[4] und höhermolekulare, mindestens 8 Kohlenstoffatome enthaltende Nitroparaffinalkohole[5]. Die Weichmachungswirkung bleibt auch erhalten, wenn die Nitrogruppe am Stickstoffatome eines sekundären Amins gebunden ist, wie beispielsweise im Benzolsulfonmethylnitroamid[6]. Auch kann bei diesen zuletzt genannten Verbindungen eine Nitrosogruppe anstelle der Nitrogruppe vorgesehen sein.

Von den Nitrilen sind einige S-(2-Aryläthyl)-2-(2-mercaptoäthoxy)-propionitrile[7] als Weichmacher für tiefe Temperaturen vorgeschlagen worden. Auch Dialkylcyanamide[8] und einige N-cyansubstituierte sekundäre Amine[9] sowie Carbonatonitrile höherer Fettsäuren[10] wurden als Polyvinylchloridweichmacher empfohlen.

An weiteren stickstoffhaltigen Verbindungen sei noch auf die Äther des Tetramethylolglyoxaldiureins[11], Benzotriazol und dessen Homologen[12] und die Verbindung der Formel[13]

---

[1] A.P. 2591518, Monsanto Chemical Co., Erf. J. Dazzi.
[2] A.P. 2577256, Wyandotte Chemicals Corp., Erf. L. G. Lundsted.
[3] A.P. 2644819, A.P. 2687389, Monsanto Chemical Co., Erf. J. Dazzi.
[4] D.B.P. 909991, Polyplast-Ges. f. Kautschuk-Chemie mbH.
[5] D.B.P. 890268, Deutsche Hydrierwerke A.G., Erf. W. Hentrich, Ch. Grundmann u. R. Endres.
[6] D.B.P. 897157, Cassella Farbwerke Mainkur A.G.
[7] A.P. 2617819, A. P. 2658047, Monsanto Chemical Co., Erf. J. Dazzi.
[8] D.B.P. 897011, Cassella Farbwerke Mainkur A.G., Erf. C. T. Schultis, W. Zerweck u. H. Rein.
[9] D.P. (DDR) 4748, Erf. W. Zerweck, C. T. Schultis, W. Kunze u. K. Thinius; D.B.P. 904589, Cassella Farbwerke Mainkur A.G., Erf. C. T. Schultis u. W. Zerweck.
[10] A.P. 2755264 Rohm & Haas, Co., Erf. W. L. Riedeman.
[11] D.B.P. 920065 Badische Anilin & Soda Fabrik A.G., Erf. A. Woerner, O. Grabowsky, H. Scheuermann, W. Trimborn u. A. Vlachos.
[12] D.P. (DDR) 4575, VEB Elektrochemisches Kombinat Bitterfeld, Erf. K. Löffler u. A. Eckelmann.
[13] D.P. (DDR) 816 Deutsches Hydrierwerk Rodleben VEB, Erf. H. J. Engelbrecht.

C. Die Weichmacher 313

$$\text{C}_{12}\text{H}_{25}\text{OOC—N} \underset{\underset{\text{H}}{\overset{}{\text{N}}}}{\overset{\overset{\text{CH}_2}{\diagup\diagdown}}{\underset{\text{CH}_2\quad\text{CH}_2}{\mid\qquad\mid}}} \text{N—COO C}_{12}\text{H}_{25}$$

hingewiesen, die ebenfalls als Weichmacher verwendet werden können.

10. Sonstige organische Schwefelverbindungen. An sonstigen organischen Schwefelverbindungen, deren Verwendung als Weichmacher für Vinylchloridpolymerisate in der Literatur beschrieben wurde, seien Disulfide der allgemeinen Formel[1]

$$\text{R}_1\text{—A}_1\underset{\text{S}}{\overset{\text{S}}{\diagup\diagdown}}\text{A}_2\text{—R}_2$$

R_1 und R_2 = aliphatische oder alicyclische Kohlenwasserstoffreste mit 2···6 C-Atomen

A_1 und A_2 = aromatische Kohlenwasserstoffreste mit Schwefelbindungen in o-Stellung

und Thioäther, die durch Umsetzung von Vinylestern, -äthern oder -ketonen mit Mercaptanen erhalten werden[2], genannt. Weiter sei darauf hingewiesen, daß auch manche Diarylsulfone[3] und Polymethylensulfone[4] eine weichmachende Wirkung zeigen. Schließlich eignen sich nach Feststellungen von O. PESTA[5] auch Kondensationsprodukte, die durch Einwirkung von Schwefel auf Benzol oder dessen Homologen in Gegenwart von Kondensationsmitteln erhalten werden, als sekundäre Weichmacher für Polyvinylchlorid.

11. Hochmolekulare Weichmacher. Als Weichmacher für Vinylchloridpolymerisate wurden auch zahlreiche hochmolekulare Substanzen vorgeschlagen. Diese zeigen gegenüber den niedermolekularen Weichmachern, die alle mehr oder minder flüchtig sind und daher zum Ausschwitzen neigen, den Vorteil, daß sie keine oder nur eine geringe Wanderungstendenz besitzen. Sie werden daher als migrationsfeste Weichmacher besonders dort verwendet, wo ein Austritt von Weichmachermengen sorgfältig vermieden werden muß. Dies ist beispielsweise bei der Herstellung von Folien und namentlich solchen, die zur Verpackung von Lebensmitteln bestimmt sind, der Fall. Auch bei der Herstellung von

---

[1] A.P. 2175048, B. F. Goodrich Co., Erf. C. H. ALEXANDER.
[2] D.B.P. 887504, Farbwerke Hoechst A.G. vormals Meister Lucius & Brüning, Erf. W. ZERWECK u. W. BRUNNER.
[3] A.P. 2768211, Eastman Kodak Co., Erf. E. B. TOWNE u. H. M. HILL.
[4] E.P. 682319, Anglo-Iranian Oil Co., Ltd., Erf. J. A. CONYERS, RONALD A. DEAN u. FREDERICK A. FIDLER.
[5] Oe.P. 170286, D.B.P. 853446, Österreichische Stickstoffwerke A.G., Erf. O. PESTA.

VII. Die Hilfsstoffe für die Verarbeitung des Polyvinylchlorids

Tabelle 26. *Als Weichmacher für Polyvinylchlorid geeignete Polyester*

Säurekomponente	Polyester aus: Alkoholkomponente	Modifikator bzw. Kettenabbruchmittel	Patentnummer	Patentinhaber	Erfinder
Alkylmalonsäuren	mehrwertige Alkohole	Fettsäuren oder Ester	A.P. 2483726	General Mills Inc.	D. E. Floyd
Sebacinsäure	1,3-Butandiol oder Gemisch aus 1,3-Butandiol u. 1,2-Propylenglykol		E.P. 701257 F.P. 1035327	Standard Telephone and Cables Ltd.	St. G. Foord J. Lewis
gesättigte aliphatische C_4–C_{10}-Dicarbonsäuren	2-Äthylhexandiol-1,3	Fettsäureanhydrid	A.P. 2512722 A.P. 2512723	Union Carbide & Carbon Corp.	W. M. Lanham
Gemisch aus Glutar- und Adipinsäure	Pentandiol-1,5		Belg.P. 557694	Imperial Chemical Industries Ltd.	
aliphatische Dicarbonsäuren	C_2- bis C_6-Glykole		A.P. 2555062	Imperial Chemical Industries Ltd.	K. W. Small P. A. Small
Adipinsäure	Gemisch aus Hexa-, Penta-, Tetramethylenglykol		A.P. 2749329	E. I. du Pont de Nemours & Co.	J. L. Ludlow
Adipin- oder Bernsteinsäure	Diäthylen- oder Dipropylenglykol		A.P. 2611756	Cambridge Indust. Co.	I. Pöckel
Fumarsäure	1,4-Butylenglykol		Oe.P. 200336	C. F. Roser GmbH	
Phthalsäure	9,10-Dioxystearat		A.P. 2613157	United States of America	H. B. Knight
Adipin- oder Azelainsäure	Propylen- oder Dipropylenglykol	höhere Fettsäure	A.P. 2820802	Emery Industries Inc.	C. A. Sprang
Adipinsäure	Propylenglykol	höhere Fettsäure	E. P. 698618	British Thomson-Houston Co. Ltd.	R. W. Webster

C. Die Weichmacher

Adipin-, Sebacin-, Pimelin- oder Phthalsäure	Diäthylenglykol oder Triäthylenglykol	Caprin- oder Caprylsäure	E.P. 734 115	Distillers Co. Ltd.	E. Chadwick
Adipinsäure	Gemisch aus Propylenglykol und 1,4-Butandiol bzw. 1,6-Hexandiol	höhere Fettsäure	A.P. 2815354	General Aniline & Film Corp.	J.M.Wilkinson R. E. Field
Adipinsäure	Propylenglykol	einwertiger Alkohol	A.P. 2617779	General Electric Co.	R. K. Griffith H. C. Nelson
Adipinsäure	Diäthylenglykol	Äthanol	A. P. 2695279	Godfrey L. Cabot Inc.	S. Kahn W. B. Pings
C_4 bis C_{12}-Alkylendicarbonsäure	Alkylenglykol oder -diglykol	Äthanol oder Alkoxyalkanol Nachbehandlung mit CaO oder NaOH	A.P. 2647098 A.P. 2647099	Firestone Tire & Rubber Co.	W. M. Smith R. J. Reid
Dicarbonsäure	Glykol	Polyisocyanat	F.P. 978775	Imperial Chem. Industries Ltd.	D. H. Coffey O. B. Edgar Th. J. Meyrick J. Th. Watts
α, α'-dialkylsubstituierte gesättigte aliphatische Dicarbonsäuren	zweiwertiger Alkohol, wie 2,2-Dimethylpropandiol		D.A.S. 1082048	Rohm & Haas Co.	Th. E. Bockstahler
gesättigte aliphatische Dicarbonsäure	$$OH-CH_2-\underset{R_1}{\overset{R_1}{CH}}-\underset{}{\overset{R_2}{CH}}-\underset{}{\overset{R_3}{CH}}-CH_2-OH$$ R_1, R_2 u. $R_3 =$ H oder C_1-C_4-Alkyl		A.P. 2909499	Union Carbide Corp.	R. I. Hoaglin W. J. Reid R. G. Kelso
Glutarsäure	Neopentylglykol		Aust. 230895 E.P. 830810 E.P. 844310	Imperial Chemical Industries Ltd.	R. R. Aitken L. M. Dadson

Tabelle 27. *Polymerisatweichmacher*

Polymerisatweichmacher	Patentnummer	Patentinhaber	Erfinder
Butadien-Acrylnitril-Mischpolymerisat	A.P. 2445727	Fireston Tire & Rubber Co.	S. M. KINZINGER
niedermolekulares Butadien-Acrylnitril-Mischpolymerisat	A.P. 2552904	Standard Oil Development Co.	R. G. NEWBERG, O. C. SLOTTERBECK u. B. M. VANDERBILT
niedermolekulares Butadien-Acrylnitril-Mischpolymerisat	A.P. 2614094	B. F. Goodrich Co.	G. L. WHEELOCK
Tripolymerisat aus Isobutylen, Acrylnitril u. Diolefin	A.P. 2636866	Standard Oil Development Co.	F. W. BANES, D. W. YOUNG, A. J. HUND
flüssiges Mischpolymerisat aus Styrol und Äthylen	A.P. 2563631	Standard Oil Development Co.	D. W. YOUNG u. W. H. SMYERS
dimeres oder trimeres Styrol; dimeres oder trimeres Alkyl- oder Halogenstyrol	F.P. 980800	Distillers Co. Ltd.	D. FAULKNER, J. J. P. STAUDINGER
Polymethylphenylvinylchlorid	F.P. 993030	Colombes-Goodrich Soc. An.	
Polymerisat aus α-Cyansorbinsäure-butylester	E.P. 675278 F.P. 997988 D.B.P. 847806	Carlo Jahn Carlo Jahn Polyplast Gesellschaft für Kautschukchemie mbH	
Mischpolymerisate aus einem konjugierten Dien und einem Acrylsäureester	E.P. 721635	United States Rubber Co.	

Mischpolymerisat aus Butadien und Styrol	A.P. 3005796	Dow Chemical Co.	R. R. Dreisbach, M. J. Gifford, P. H. Lipke, G. B. Sterling
Mischpolymerisat aus Styrol und Acrylnitril	E.P. 705021	B. F. Goodrich Co.	G. B. Jennings
Mischpolymerisat aus einem C_2 bis C_4-Monoolefin u. Kohlenmonoxyd	A.P. 2541987	E. I. du Pont de Nemours & Co.	R. D. Cramer
oxydiertes Polypropylen	A.P. 2554259	Standard Oil Development Co.	L. A. Mikeska u. D. W. Young
Thiophenpolymerisate	A.P. 2489674	Socony-Vacuum Oil Co.	E. P. Rittershausen
polymeres 2-Methylen-1,3-dichlorpropen	A.P. 2571883	Hercules Powder Co.	G. E. Hulse
polymeres 2,3-Dichlorpropen	A.P. 2719836	General Aniline & Film Corp.	H. D. Anspon
polymere Ester β,γ-ungesättigter Alkohole mit gesättigter Fettsäure, Mol.Gew. < 1000	E.P. 703289	N. V. de Bataafsche Petroleum Mij.	
niedermolekulares Emulsionspolymerisat aus Allylchlorid und Allylacetat	E.P. 703253 F.P. 1023874	N. V. de Bataafsche Petroleum Mij.	
Mischpolymerisate ungesättigter Ester mit geringen Mengen eines N-Vinyllactams	D.A.S. 1081659	Badische Anilin- & Soda-Fabrik A.G.	H. Fikentscher, K. Herrle
niedermolekulare Mischpolymerisate aus Vinylacetat und einem Olefin	F.P. 993689	Carbide and Carbon Chemicals Corp.	W. A. Denison, W. N. Stoops
Polyvinylmethyläther	D.B.P. 805188	Badische Anilin- & Soda-Fabrik A.G.	B. Christ, A. Seib, F. Oschatz

Tabelle 27. *Polymerisatweichmacher* (Fortsetzung)

Polymerisatweichmacher	Patentnummer	Patentinhaber	Erfinder
Polymerisationsprodukte cyclischer Ketone	A.P. 2516835	Monsanto Chemical Co.	E. C. Chapin u. G. E. Ham
Mischpolymerisate aus konjugierten Diolefinen und ungesättigten Ketonen	A.P. 2656333 E.P. 711853 F.P. 1042983	General Tire & Rubber Co.	G. S. Schaffel, G. H. Swart
Mischpolymerisat aus Butadien und Isopropenylmethylketon	E.P. 773530	General Tire & Rubber Co.	
hydrierte polymere Furfurylalkohole	A.P. 2564835	Quaker Oats Co.	P. R. Stout u. A. P. Dunlop
Umsetzungsprodukte eines niedermolekularen Polymerisates von Allylchlorid mit einem Trialkylphosphit	A.P. 2750351	Monsanto Chemical Co.	M. Baer
niedrigmolekulare stickstoffhaltige Polyvinylacrylate	A.P. 2598639	Monsanto Chemical Co.	J. E. Fields G. L. Wesp
Polysulfonharze	A.P. 2719139	Phillips Petroleum Co.	J. E. Wicklatz
in Gegenwart von BF_3 hergestelltes Harz aus Terpen und Phenol	A.P. 2647097	Radio Corp. of America	G. P. Humfeld u. D. A. de Tartas

elektrisch nicht leitenden Überzügen, beispielsweise für Kabel, erweist sich die Verwendung hochmolekularer Weichmacher als vorteilhaft. Dem Vorteil der Migrationsfestigkeit steht allerdings der Nachteil gegenüber, daß die Weichmacherwirksamkeit der hochpolymeren Verbindungen vergleichsweise gering ist, so daß zur Erzielung einer ausreichenden Weichmachung größere Mengen als bei Verwendung niedermolekularer Weichmacher benötigt werden. Auch bereitet die Einarbeitung hochmolekularer Verbindungen in die Vinylchloridpolymerisate größere Schwierigkeiten als dies bei niedermolekularen Weichmachern der Fall ist. Durch Wahl eines entsprechend niederen Molekulargewichtes ist es jedoch gelungen, hochpolymere Weichmacher zu schaffen, die einerseits hochmolekular genug sind, um hinreichend migrationsfest zu sein, andererseits aber noch ein so geringes Molekulargewicht aufweisen, daß eine ausreichende Weichmacherwirksamkeit gewährleistet ist.

Die hochmolekularen Weichmacher lassen sich nach ihrem chemischen Aufbau in die Polyesterweichmacher und in die Polymerisatweichmacher einteilen.

Bei der zuerst genannten Gruppe handelt es sich meist um Produkte, die durch Veresterung aliphatischer Dicarbonsäuren mit Glykolen oder Polyglykolen erhalten werden. Vielfach gibt man bei der Herstellung dieser Polyester kettenabbrechende Mittel zu, wodurch Produkte mit verhältnismäßig niedrigen Molekulargewichten erhalten werden, was die Verarbeitbarkeit begünstigt und die Weichmacherwirksamkeit erhöht. Als kettenabbrechende Mittel werden meist einbasische Säuren oder einwertige Alkohole verwendet, die als Endgruppen in die gebildeten Veresterungsprodukte eintreten.

Eine Literaturübersicht über die zum Weichstellen von Polyvinylchlorid verwendbaren Polyester gibt Tabelle 26. Die in der Patentliteratur beschriebenen Polymerisatweichmacher sind in Tabelle 27 zusammengestellt.

D. Pigmente und Farbstoffe

Zum Einfärben von Polyvinylchlorid stehen heute zahlreiche Pigmente und Farbstoffe zur Verfügung, so daß man in der Lage ist, Polyvinylchloridprodukte nahezu in jedem Farbton sowohl transparent als auch opak gedeckt zu erhalten[1]. Gleichwohl hängt der Erfolg einer Einfärbung nicht allein von den Farbeigenschaften und der Echtheit des

---

[1] Wegen ausführlicherer Darstellungen hierzu vgl. WORMALD, G., u. W. F. SPENGEMAN: Ind. Engng. Chem. 44, 1104 (1952); LYNCH, R. L.: India Rubber World 128, 65 (April 1953); INGLE, G. W.: Mod. Plastics 31, 70 (Juli 1954); PARKER, D. H.: Mod. Plastics 31, 106 (Aug. 1954); FOULON, A.: Plastverarbeiter 7, 452 (1956); HAYER, D.: Einfärben von Kunststoffen, Hanser-Verlag 1962.

verwendeten Pigmentes oder Farbstoffes ab. Um zu guten Einfärbungen zu gelangen, müssen vielmehr auch die vielfältigen Einflüsse berücksichtigt werden, denen das eingearbeitete Pigment in der Mischung ausgesetzt ist. Diese Einflüsse können sowohl vom Polyvinylchlorid selbst als auch von den bei der Verarbeitung zusätzlich verwendeten Mischungsbestandteilen, wie Stabilisatoren, Gleitmittel, Füllstoffe und Weichmacher, herrühren. Hier ist zunächst zu beachten, daß Polyvinylchlorid, namentlich wenn es unzureichend stabilisiert ist, im Verlaufe des Verarbeitungsvorganges oder bei Bewetterung Chlorwasserstoff abspalten kann. Auch enthalten manche Polyvinylchloridsorten alkalische Anteile, die von Katalysator- oder Emulgatorresten herrühren. Solche im Polyvinylchlorid auftretenden Säure- oder Alkalispuren können die Ursache von Verfärbungen sein, wenn gegen Säuren oder Alkalien empfindliche Pigmente verwendet werden. Weitere Fehlerquellen ergeben sich, wenn das Pigment nicht auf die anderen Mischungsbestandteile abgestimmt ist, sondern mit diesen chemische Umsetzungen eingehen kann. Dies ist beispielsweise bei gleichzeitiger Verwendung von Schwefel enthaltenden Pigmenten und Bleistabilisatoren der Fall. Beim Einfärben weichgestellter Mischungen ist weiter zu berücksichtigen, daß manche Pigmente dazu neigen, zusammen mit dem Weichmacher auszuwandern. Man wird daher hier auch jeweils prüfen müssen, ob das Pigment hinreichend migrationsfest ist. Ein weiterer Gesichtspunkt, der beim Einfärben berücksichtigt werden muß, ist die Dispergierbarkeit des Pigmentes im Polymerisat. Im allgemeinen wird man hier jedoch nicht mehr mit Schwierigkeiten rechnen müssen, nachdem viele Pigmente nunmehr in Form leicht einarbeitbarer Pasten oder Farbkonzentrate geliefert werden[1].

Zum Einfärben von Polyvinylchlorid werden sowohl anorganische als auch organische Pigmente verwendet, wobei letztere den Vorzug haben, daß ihr Färbevermögen meist größer ist als das der anorganischen Pigmente. Auch werden durch diese die Eigenschaften der Polyvinylchloridmischungen weniger nachteilig beeinflußt, als dies bei anorganischen Pigmenten der Fall ist. In manchen Fällen kann die Einfärbung auch mit organischen Farbstoffen erfolgen.

Die wichtigsten Pigmente zum Einfärben von Polyvinylchlorid werden in den nachfolgenden Abschnitten besprochen.

1. Anorganische Pigmente

α) **Weißpigmente.** Viele Füllstoffe und Stabilisatoren sind genügend opak, um bei Einarbeitung in Polyvinylchlorid weiß eingefärbte Massen zu ergeben. Diesen Einfärbungen wird durch Zugabe von Titandioxyd

---

[1] Vgl. FOULON, A.: Plastverarbeiter **7**, 452 (1956).

D. Pigmente und Farbstoffe

zusätzliche Deckkraft und Brillanz verliehen. Titandioxyd zeichnet sich durch gute elektrische Eigenschaften und ausgezeichnete Beständigkeit aus. Es ist als wichtigstes Weißpigment anzusprechen.

β) **Gelbpigmente.** Ein häufig zum Einfärben von Polyvinylchlorid verwendetes Gelbpigment ist Cadmiumgelb. Dieses zeichnet sich durch gute Lichtechtheit und hohe Hitzebeständigkeit aus, ist aber gegen Einwirkung von Säuren, mit denen es unter Schwefelwasserstoffbildung reagiert, sehr empfindlich. Bei Verwendung von Cadmiumgelb ist daher eine sorgfältige Stabilisierung des Polyvinylchlorids notwendig. Hierbei sind jedoch Bleistabilisatoren zu vermeiden, da diese infolge Bildung von Bleisulfid zu Verfärbungen Anlaß geben können.

Ein weiteres Gelbpigment steht im Eisenoxydgelb zur Verfügung. Eisenoxydgelb ist chemisch indifferent und weist eine sehr gute Lichtbeständigkeit auf. Schließlich kommen noch Bleiantimonat und einige Chromverbindungen, so insbesondere Chromgelb, als Gelbpigmente für Polyvinylchlorid in Betracht.

γ) **Rotpigmente.** Anorganische Rotpigmente stehen in größerer Auswahl zur Verfügung. Es handelt sich hierbei in erster Linie um Verbindungen des Cadmiums, des Eisens, des Quecksilbers und des Chroms. Die wichtigste als Rotpigment verwendete Cadmiumverbindung ist Cadmiumrot, das ein Cadmiumsulfoselenid darstellt und in vielen Farbtönen im Handel ist. Cadmiumrot zeichnet sich durch ausgezeichnete Lichtechtheit und gute Beständigkeit gegen Hitze aus. Ein weiteres Cadmiumpigment ist Cadmiumzinnober, das ebenfalls über gute Echtheitseigenschaften verfügt.

Von den Eisenverbindungen ist Eisenoxydrot als Rotpigment geeignet. Von den Chromverbindungen kommt Molybdatrot in Betracht.

δ) **Blaupigmente.** Die Einfärbung von Polyvinylchlorid in blauen Farbtönen kann mit Ultramarin vorgenommen werden, das gute Beständigkeit gegen Licht, Hitze und Alkali besitzt und in den meisten Lösungsmitteln unlöslich ist. Da Ultramarin gegen Säuren empfindlich ist, muß bei Verwendung dieses Pigmentes für eine gute Stabilisierung gesorgt werden. Wegen seines Schwefelgehaltes soll Ultramarin nicht zusammen mit Bleiverbindungen verwendet werden. Von der Verwendung von Cyaneisenblau für Polyvinylchlorid wird meist abgeraten, da dieses Pigment als Eisensalz dazu neigt, den Hitze- und Lichtabbau des Polyvinylchlorids zu beschleunigen. Dagegen haben sich neuerdings Manganblau und Kobaltblau zum Einfärben von Polyvinylchlorid eingeführt.

ε) **Grünpigmente.** Als anorganische Grünpigmente für Polyvinylchlorid finden einige Chromverbindungen Verwendung. Es handelt sich um Chromoxydgrün, Chromoxydhydratgrün und Chromgrün. Letzteres besteht aus Gemischen von Bleichromat und einem Cyaneisenpigment und erfordert daher eine sorgfältige Stabilisierung.

ζ) **Schwarzpigmente.** Als weitaus wichtigstes Schwarzpigment ist der Ruß anzusehen, der in zahlreichen Typen zur Verfügung steht. Bei seiner Verwendung ist zu beachten, daß er elektrisch leitend ist. Seine Einarbeitung in Polyvinylchlorid hat daher eine Verringerung des elektrischen Widerstandes zur Folge. Bei Verwendung genügend hoher Rußmengen erhält man sogar Polyvinylchloridmassen mit elektrischer Leitfähigkeit.

2. Organische Pigmente

Die zum Einfärben von Polyvinylchlorid dienenden organischen Pigmente stammen größtenteils aus der Klasse der Azoverbindungen. Daneben spielen noch Phthalocyanine und einige organische Komplexverbindungen anderer Konstitution eine wichtige Rolle. Azoverbindungen dienen hauptsächlich zur Erzielung gelber, orangefarbener oder roter Farbtöne. Dagegen werden blaue Farbtöne meist mit Kupferphthalocyanin oder kupferfreiem Phthalocyanin erhalten. Als organische Grünpigmente kommen hauptsächlich hochchloriertes Kupferphthalocyanin und das Eisenkomplexsalz des α-Nitroso-β-naphthols in Betracht.

3. Organische Farbstoffe

Sofern auf Lichtechtheit kein besonderer Wert gelegt wird, kann man auch organische Farbstoffe zum Einfärben von Polyvinylchlorid verwenden. In Betracht hierfür kommen meist Azofarbstoffe, soweit es sich um gelbe, orangefarbene und rote Farbtöne handelt. Zur Erzielung blauer, grüner und violetter Farbtöne sind Anthrachinonfarbstoffe geeignet. Brauchbare Einfärbungen lassen sich außerdem mit einigen basischen Farbstoffen und Triphenylmethanfarbstoffen erzielen.

Bei Verwendung von Farbstoffen ist zu berücksichtigen, daß diese meist weniger migrationsfest sind als vergleichbare Pigmente.

E. Füllstoffe

Polyvinylchlorid gelangt vielfach zusammen mit inerten Füllstoffen zur Verarbeitung[1]. Hauptzweck ist hierbei meist die Erzielung einer Kostenersparnis, so namentlich bei der Herstellung von Fußbodenbelägen auf Polyvinylchloridbasis, wo in großem Umfange hochgefüllte Massen zur Anwendung kommen. Daneben macht man von Füllstoffzusätzen Gebrauch, um Polyvinylchloriderzeugnisse mit spezifischen Eigenschaften zu erhalten. Beispiele hierfür sind die Verwendung von

---

[1] Wegen zusammenfassender Darstellungen vgl. PERLOFF, J. W.: Rubber Age **70**, 63 (1951); PHILLIPS, I., u. P. G. YOUDE: British Plastics **30**, 297 (1957); AMORI, L.: Materie Plast. **25**, 120 (1959).

E. Füllstoffe

Kaolin zur Erhöhung des elektrischen Isolationsvermögens, die Verwendung von Antimonoxyd zur Erhöhung der Flammfestigkeit oder von Mennige zur Steigerung des Absorptionsvermögens für Röntgenstrahlen. An einen guten Füllstoff für Polyvinylchlorid sind zahlreiche Forderungen zu stellen. Er muß zunächst diesem gegenüber inert sein, darf also dessen Zersetzung nicht beschleunigen. Er muß leicht einarbeitbar sein und darf die Verarbeitung des Polyvinylchlorids nicht erschweren. Weiter ist zu fordern, daß seine Einarbeitung zu keiner Verschlechterung der physikalischen Eigenschaften führt und die anderen Mischungsbestandteile nicht nachteilig beeinflußt werden. Schließlich muß er möglichst inert gegenüber äußeren Einflüssen sein. Es stehen heute zahlreiche handelsübliche Füllstoffe zur Verfügung, die diesen Forderungen recht gut entsprechen. Beispiele hierfür sind neben den bereits erwähnten Kaolinen Ruße, Kieselgur, Calciumcarbonat, Silicagel, Schwerspat und Aluminiumoxydhydrat. Bei Fußbodenbelägen werden außerdem faserförmige Füllstoffe, wie Asbest, verwendet. Von den genannten Füllstoffen haben Calciumcarbonat[1] und Kaolin, u. a. wegen ihres niedrigen Preises, die größte Bedeutung erlangt. Im Gegensatz zu den Verhältnissen bei Kautschuk führen anorganische Füllstoffe bei Polyvinylchlorid zu keiner Verstärkung. Sie bewirken zwar eine Versteifung und haben eine Erhöhung der Zugfestigkeit und des Moduls zur Folge. Wenn jedoch genügend Weichmacher zugegeben wird, um die Härte auf den Wert des ungefüllten Materials zu bringen, ergibt sich für das gefüllte Polyvinylchlorid eine Erniedrigung der Zugfestigkeit und des Moduls.

Die physikalischen Eigenschaften gefüllter Polyvinylchloridmischungen hängen stark von der Natur des verwendeten Füllstoffes ab. Außerdem sind die Größe der Füllstoffpartikel und die Verteilung des Füllstoffes im Polymerisat von Einfluß. Im allgemeinen tritt jedoch eine we-

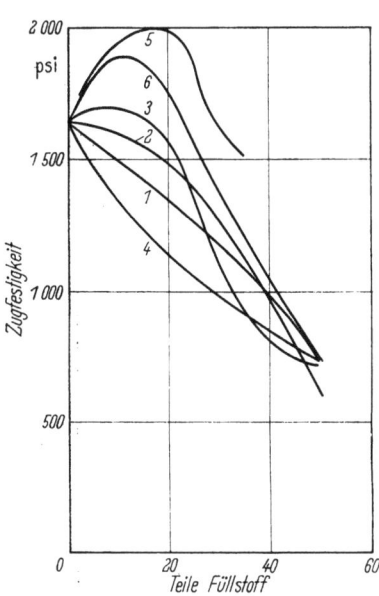

Abb. 69. Abhängigkeit der Zugfestigkeit von Polyvinylchlorid vom Füllstoffgehalt. (Nach I. PHILLIPS u. P. G. YOUDE, Britisch Plastics **30**, 297 [1957])
1 gefülltes Calciumcarbonat; *2* mit Stearat umhüllte natürliche Kreide; *3* leicht calcinierter Kaolin; *4* Asbest; *5* Ruß; *6* feinteiliger Kaolin

---

[1] Zur Eignung von Calciumcarbonat als Füllstoff für Polyvinylchlorid vgl. PERLOFF, J. W.: Rubber Age **70**, 63 (1951); MACTURK, H. M., u. I. PHILLIPS: British Plastics **28**, 463 (1955).

324   VII. Die Hilfsstoffe für die Verarbeitung des Polyvinylchlorids

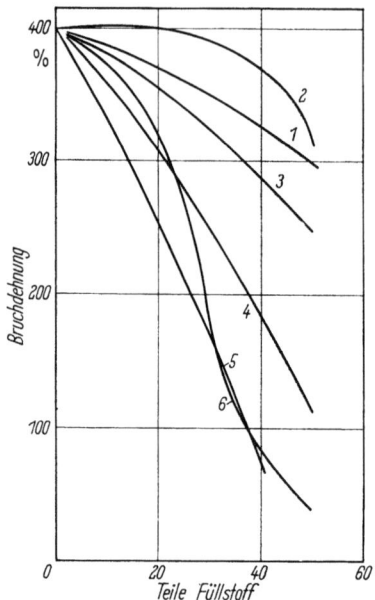

Abb. 70. Abhängigkeit der Bruchdehnung von Polyvinylchlorid vom Füllstoffgehalt. (Nach I. PHILLIPS u. P. G. YOUDE, Britisch Plastics **30**, 297 [1957])

1 gefälltes Calciumcarbonat; *2* mit Stearat behandelter natürlicher Kalkstein; *3* feinteiliger Kaolin; *4* Asbest; *5* Ruß; *6* Calciumsilikat

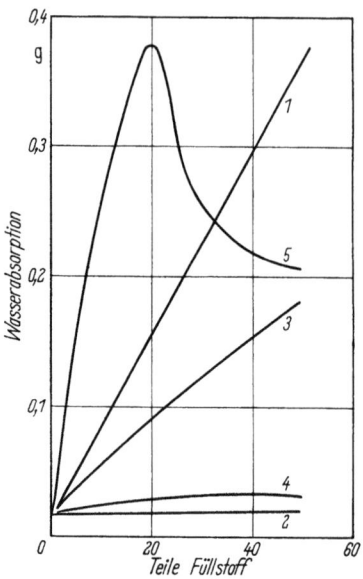

Abb 71. Wasserabsorptionsvermögen von gefülltem Polyvinylchlorid. (Nach I. PHILLIPS u. P. G. YOUDE, Britisch Plastics **30**, 297 [1957])

1 Holzmehl; *2* leicht calcinierter Kaolin; *3* Kaolin; *4* Calciumcarbonat; *5* Calciumsilikat

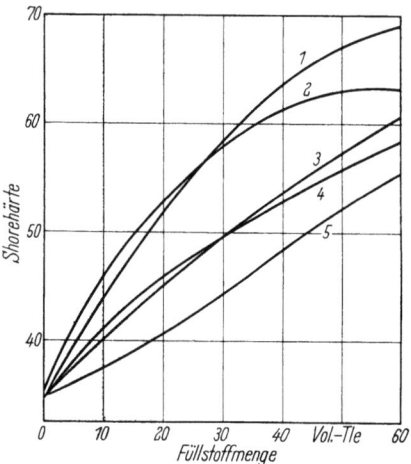

Abb. 72. Einfluß von Füllstoffzusätzen auf die Shorehärte von Polyvinylchlorid. (Nach L. AMORI, Materie plast. **25**, 120 [1959])

1 Ruß; *2* Asbest; *3* Calciumcarbonat; *4* Kaolin; *5* mit Stearat behandeltes Calciumcarbonat natürlichen Ursprungs

sentliche Verschlechterung der mechanischen Eigenschaften ein, wenn man mehr als 30 Teile Füllstoff auf 100 Teile Polyvinylchlorid verwendet. Diese Verschlechterung ist aus Meßwerten ersichtlich, die von I. PHILLIPS und P. G. YOUDE[1] an Weichpolyvinylchloridmischungen mit unter-

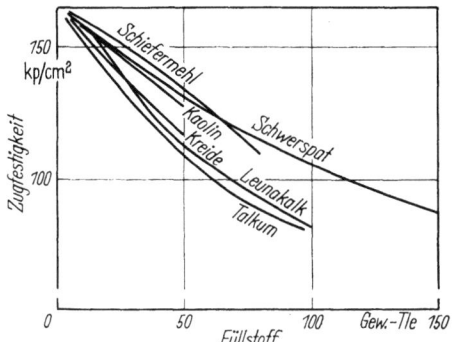

Abb. 73. Zugfestigkeit gefüllter Folien. (Nach W. SCHUBERT, Plaste und Kautschuk **9**, 28 [1962])

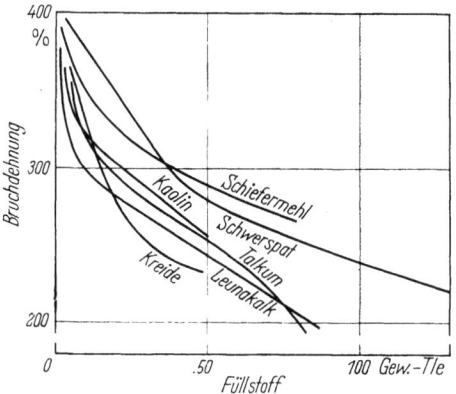

Abb. 74. Bruchdehnung gefüllter Folien. (Nach W. SCHUBERT, Plaste und Kautschuk **9**, 28 [1962])

schiedlichen Füllstoffmengen erhalten wurden. Abb. 69 gibt die von diesen Autoren ermittelte Abhängigkeit der Zugfestigkeit von der Füllstoffkonzentration wieder. Wie die Meßkurven zeigen, tritt der starke Abfall bei den meisten Füllstoffen schon bei geringen Konzentrationen ein. Nur bei Ruß und feinteiligem Kaolin ist bei geringen Konzentrationen ein ausgeprägter Anstieg der Werte zu erkennen, dem sich dann ein starker Abfall anschließt.

Die Bruchdehnung wird, wie die in Abb. 70 dargestellten Meßkurven zeigen, bereits durch Zusatz geringer Füllstoffmengen herabgesetzt.

---

[1] British Plastics **30**, 297 (1957).

326 VII. Die Hilfsstoffe für die Verarbeitung des Polyvinylchlorids

Hierin macht nur mit Stearat modifizierter Kalkstein eine Ausnahme, bei dem der Abfall erst bei einem Gehalt von etwa 20 Teilen einsetzt. Im übrigen wirken sich **Ruß** und **Calciumsilikat** von den untersuchten Füllstoffen am ungünstigsten auf die Bruchdehnung aus.

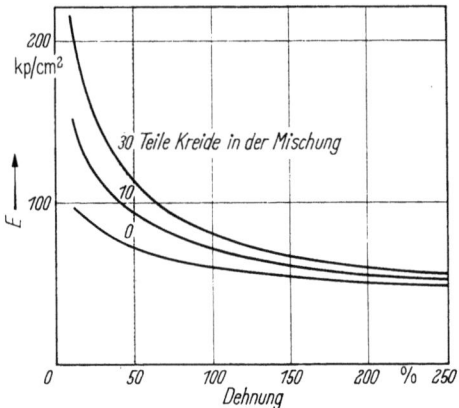

Abb. 75. Abhängigkeit des Elastizitätsmoduls von Dehnung und Füllstoffgehalt (Füllstoff Kreide). (Nach W. SCHUBERT, Plaste u. Kautschuk 9, 28 [1962])

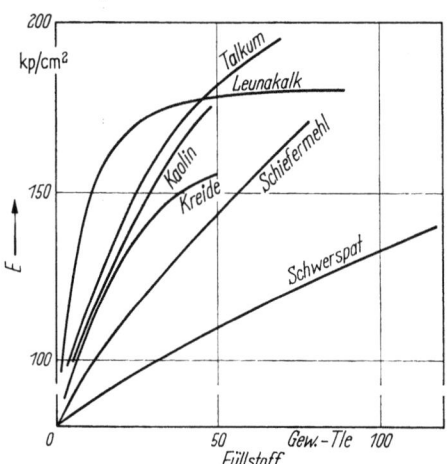

Abb. 76. Veränderung des Elastizitätsmoduls bei 25% Dehnung durch Füllstoff. (Nach W. SCHUBERT, Plaste u. Kautschuk 9, 28 [1962])

Durch Füllstoffzusätze wird auch das Wasserabsorptionsvermögen erhöht, was sich bei Anwesenheit von Feuchtigkeit am Endprodukt an einer Verringerung der Dimensionsstabilität und einer Erniedrigung des elektrischen Widerstandes bemerkbar macht. Das Wasserabsorptionsvermögen wird, wie aus den in Abb. 71 gezeigten Meßkurven hervorgeht, durch leicht calcinierten Kaolin und Calciumcarbonat nur geringfügig erhöht, während Holzmehl und Calciumsilikat einen starken Anstieg verursachen. Bei Verwendung von Füllstoffen ist weiter zu beachten, daß die Härte der Mischungen mit steigendem Füllstoffgehalt zunimmt. Dieser Anstieg ist aus Abb. 72 ersichtlich.

Von praktischer Bedeutung ist schließlich auch, daß die Kältefestigkeit gefüllter Polyvinylchloridmassen bei gleichem Weichmachergehalt geringer ist als die der ungefüllten. Den geringsten Einfluß übt hier wiederum, wie vergleichende Messungen von I. PHILLIPS und P. G. YOUDE[1] zeigen, Calciumcarbonat aus, während Ruß die Flextemperatur am stärksten erhöht.

Der Einfluß von Füllstoffen auf die physikalischen Eigenschaften von Folien aus weichgemachtem Polyvinylchlorid ist von W. SCHUBERT[2] untersucht worden. Die von diesem Autor erhaltenen Meßkurven sind in Abb. 73···76 wiedergegeben.

Auf die elektrischen Eigenschaften von Polyvinylchlorid sind manche Füllstoffe von starkem Einfluß, so namentlich Kaolin, das den spezifischen Widerstand der Polyvinylchloridmischung stark erhöht. Nur wenig ausgeprägt ist die Widerstandszunahme dagegen bei Calciumcarbonat, während Ruß in höheren Mengen sogar zu elektrisch leitenden Mischungen führt[3]. Die Abhängigkeit des elektrischen Widerstandes weichgemachter Polyvinylchloridmischungen vom Füllstoffgehalt haben I. PHILLIPS und P. G. YOUDE[4], A. COEN und P. PARRINI[5] und M. KREISS[6] untersucht. Der zuletzt genannte Autor hat außerdem den Einfluß von Füllstoffen auf das Maximum des Verlustwinkels tg δ bestimmt. Es ergibt sich eine Verschiebung des Maximums nach höheren Temperaturen, was auf die Bindung von Ladungsträgern an die Oberfläche der Füllstoffteilchen zurückgeführt wird.

F. Antistatisch wirkende Zusatzstoffe

Polyvinylchloriderzeugnisse, deren Neigung zur elektrostatischen Aufladung verringert ist, lassen sich auf zwei Wegen erhalten[7]. Der eine besteht darin, daß man die fertigen Polyvinylchloriderzeugnisse einer Ober-

---

[1] British Plastics **30**, 297 (1957).
[2] Plaste und Kautschuk **9**, 28 (1962).
[3] Wegen leitfähiger Polyvinylchlorid-Mischungen vgl. E.P. 741738, Dunlop Rubber Co., Ltd.
[4] British Plastics **30**, 297 (1957).
[5] Materie Plast. **23**, 216 (1957).
[6] Kunststoffe **49**, 679 (1959).
[7] Wegen zusammenfassender Darstellungen dieses Gebietes vgl. British Plastics **28**, 335 (1955); SULLY, B. DUDLEY: British Plastics **29**, 103 (1956); KUBITZKY, C.: Plastverarbeiter 266 (1963).

VII. Die Hilfsstoffe für die Verarbeitung des Polyvinylchlorids

flächenbehandlung unterwirft, die im Aufwischen eines Antistatikums oder im Auftragen eines leitfähigen Lackes bestehen kann[1]. Von dieser Möglichkeit wird vor allem bei kleineren Formteilen sowie Folien und Platten Gebrauch gemacht. Der zweite Weg, zu elektrisch nicht aufladbaren Polyvinylchloriderzeugnissen zu gelangen, besteht darin, daß man die antistatisch wirkenden Mittel der Polyvinylchloridmasse beimischt und diese dann zu Formkörpern verarbeitet. Man erhält hierbei Erzeugnisse, die das Antistatikum in der Masse homogen verteilt enthalten, so daß eine dauerhafte Wirkung gewährleistet ist. Als antistatisch wirkende Zusatzstoffe für das Einmischen in die Polyvinylchloridmassen können leitfähige Ruße[2] verwendet werden, doch ist deren Anwendung durch die Schwarzfärbung der damit erhaltenen Erzeugnisse beschränkt. Von diesem Nachteil sind die in den letzten Jahren als antistatische Zusatzstoffe vorgeschlagenen organischen Verbindungen frei. Es handelt sich hierbei um Substanzen, die in eine der nachstehenden Verbindungsklassen fallen:

1. Organische Stickstoffverbindungen, wie langkettige Amine[3], Polyamine[4], Amide[5] und Ammoniumsalze[6].
2. Sulfonsäuren und Sulfonate[7].
3. Polyglykole und deren Derivate[8].
4. Polyalkohole und deren Ester.

Bei Anwendung dieser Verbindungen ist allerdings jeweils zu prüfen, ob diese mit den anderen Mischungsbestandteilen verträglich sind. Außerdem muß bei der Aufstellung des Rezeptes darauf geachtet werden, daß die antistatisch wirkende Substanz die Verarbeitungseigenschaften und die Stabilität des Polymerisates nicht negativ beeinflußt. Anstelle der nachträglichen Einarbeitung kann man die antistatischen Zusätze auch direkt dem Polymerisationsansatz zugeben. Hiervon wird bei einigen Polymerisationsverfahren Gebrauch gemacht. Als antistatische Zusätze

---

[1] Wegen leitfähiger Lacke vgl. Kunststoffe 50, 478 (1960); D.B.Gm. 1 844 254, Fa. J. H. BENECKE.

[2] Wegen der Anwendung leitfähiger Ruße vgl. E.P. 741 738, Dunlop Rubber Co.; E.P. 810 841, Greengate & Irwell Rubber Co., Ltd.; D.A.S. 1 103 007, J. Lewis u. Rubber Improvement Ltd.

[3] Vgl. hierzu F.P. 1 135 486, Dunlop Rubber Co.

[4] Vgl. hierzu A.P. 2 891 028, A.P. 2 891 029, A.P. 2 891 030, A.P. 2 891 031, A.P. 2 891 032, A.P. 2 931 783, M. A. Coler u. A. S. Louis.

[5] Vgl. hierzu F. P. 1 032 341, E.P. 692 929, Imperial Chemical Industries Ltd.; F.P. 1 057 902, Dictaphone Corp.

[6] F P 1 135 486, Dunlop Rubber Co.; A.P. 2 624 725, Monsanto Chemical Co.; A.P. 2 652 348, American Cyanamid Co.; A.P. 2 540 981, Monsanto Chemical Co.; Jap.A.S. 6136/1960, Tokyo Shibaura Denki Kabushiki Kaisha.

[7] Vgl. hierzu E.P. 700 356, F.P. 1 040 860, Imperial Chemical Industries Ltd.

[8] Vgl. hierzu D.A.S. 1 037 701, Chemische Werke Hüls A.G.; D.A.S. 1 079 832, Farbenfabriken Bayer A.G.

dienen dabei quartäre N-Cetylpyridiniumsalze[1], Cetyltrimethylammoniumsalze[2] und quartäre Ammoniumsalze, die mit einer Amidgruppe und Glykoläthergruppen[3] substituiert sind.

G. Flammhemmende Zusatzstoffe

Einen Überblick über die gebräuchlichsten flammhemmenden Zusatzstoffe haben C. H. CARPENTER und G. P. MACK[4] gegeben. Danach finden hauptsächlich vier Substanzgruppen zur Flammhemmung Verwendung. Es sind dies:
1. Zusatzmittel auf Antimonbasis in Verbindung mit chlorhaltigen Substanzen,
2. phosphorhaltige niedermolekulare Weichmacher,
3. Phosphor und Halogen enthaltende polymere Zusatzstoffe,
4. Polykondensate mit flammhemmenden Eigenschaften.

Unter den Substanzen der zuerst genannten Gruppe steht Antimontrioxyd an erster Stelle. Dazu sind in neuerer Zeit zahlreiche organische Antimonverbindungen getreten, die meist Antimon entweder als Kation oder in Form des Antimonyltartrates enthalten. Bei den flammhemmenden niedermolekularen Weichmachern handelt es sich vorwiegend um Phosphorsäureester, die entweder aromatische oder halogenierte aliphatische Reste enthalten. Unter den polymeren Verbindungen erwecken besonders die chlorierten Polyäthylene Interesse, da sie neben der flammhemmenden Wirkung auch die Schlagfestigkeit des Polyvinylchlorids erhöhen.

VIII. Verarbeitungsformen des Polyvinylchlorids

A. Lösungen

Eine der bekanntesten Eigenschaften des Polyvinylchlorids ist dessen geringe Löslichkeit. Polyvinylchlorid wird von den gebräuchlichen Lösungsmitteln entweder überhaupt nicht angegriffen oder höchstens angequollen[5]. Echte Lösungen lassen sich nur mit wenigen organischen Flüssigkeiten erhalten, von denen die wichtigsten Tetrahydrofuran und Cyclohexanon sein dürften. Daneben kommen einige Lösungsmittel-

---

[1] E.P. 924300, Imperial Chemical Ind., Ltd., Erf. L. E. PERRINS.
[2] E.P. 924456, Imperial Chemical Ind., Ltd., Erf. L. E. PERRINS.
[3] E.P. 907973, Imperial Chemical Ind., Ltd., Erf. V. G. LOVELOCK u. L. E. PERRINS.
[4] Kunststoffe-Plastics 1, 24 (1962).
[5] Eine eingehende Darstellung der Löslichkeitseigenschaften des Polyvinylchlorids findet sich bei CERNIA, E., u. A. BONVICINO: Materie Plast. 20, 205 (1954).

Tabelle 28. *Lösungsmittel und Lösungsmittelgemische für Polyvinylchlorid*

Lösungsmittel	Patent	Patentinhaber	Erfinder
Tetrahydrofuran	D.R.P. 737954	I. G. Farbenindustrie A.G.	W. Reppe, O. Hecht, F. Oschatz
3-Chlor- bzw. 3-Bromtetrahydrofuran	D.R.P. 725802	I. G. Farbenindustrie A.G.	A. Rieche, A. Gnüchtel
Tetrahydrofurylchlorid	D.R.P. 743859	Deutsche Celluloid-Fabrik A.G.	K. Thinius
Äther und Ester des Tetrahydrofurfurylalkohols	D.P. (DDR) 3501	VEB Farbenfabrik Wolfen	A. Rieche, A. Gnüchtel
Cyclopentanon	F.P. 865013	Soc. des Usines Chimiques Rhône-Poulenc	M. Fluchaire
Cyclopentanon	A.P. 2408769		M. Fluchaire
Monobutyläther des 1,4-Butandiols	A.P. 2605292	Celanese Corp. of America	G. J. Shugar, W. D. Paist
Äthylenoxyd	F.P. 1203359	Badische Anilin- & Soda-Fabrik A.G.	H. Scholz, F. Kiefferle
Äther des 2,3-Dioxydioxans	D.R.P. 737353	I. G. Farbenindustrie A.G.	J. Lintner
α-Cyanäthylalkyläther	D.R.P. 749054		H. Reinicke, A. Treibs

A. Lösungen

Gemische aus Ketonen und aromatischen, hydroaromatischen oder chlorierten Kohlenwasserstoffen	Ital.P. 384434	Dynamit A.G. vorm. A. Nobel & Co.	
Gemische aus Aceton und Perchloräthylen	D.B.P. 818424 A.P. 2517356	Soc. Rhodiaceta	P. Salé
Gemische aus Aceton und Methyläthyläther	A.P. 2374780	Celanese Corp. of America	R. P. Roberts E. B. Johnson M. A. Young
Gemische aus aromatischen Halogenkohlenwasserstoffen und Tetrahydrofuranderivaten	A.P. 2234212	B. F. Goodrich Co.	R. F. Wolf
Gemische aus Schwefelkohlenstoff und anderen Lösungsmitteln	D.R.P. 749090 F.P. 913164	Soc. Rhodiaceta	P. C. E. J. Corbiere R. E. F. Stuchlik
Gemische aus 55…75% Methyläthylketon und 45…25% eines aliphatischen Ketons mit 5…7 Kohlenstoffatomen	F.P. 658197	British Celanese Co.	H. Ewing
Gemische aus einem flüssigen cyclischen Äther und einem Säureamid	A.P. 2758104	E. I. du Pont de Nemours & Co.	R. L. Adelman
Gemische aus Tetrahydrofuran und einem Säureamid oder einem Säurenitril	F.P. 1023581	Vereinigte Glanzstoff-Fabriken A.G.	
Gemische aus Aceton und Pentandiolformal	D.P. (DDR) 8760		K. Thinius

gemische zur Herstellung von Polyvinylchloridlösungen in Betracht. Eine Zusammenstellung dieser Lösungsmittel und Lösungsmittelgemische, soweit sie in der Patentliteratur beschrieben wurden, findet sich in Tabelle 28.

B. Plastisole

Allgemeines. Eine der wichtigsten Verarbeitungsformen für die Herstellung von Erzeugnissen aus weichgestelltem Polyvinylchlorid ist die der Plastisole oder Pasten. Es sind dies Dispersionen von Polyvinylchlorid in solchen flüssigen Weichmachungsmitteln, die das Polymerisat bei Raumtemperatur nicht lösen, mit diesem aber bei Wärmezuführung unter Gelbildung homogene Massen von elastischen Eigenschaften ergeben. Die Formgebung kann hierbei drucklos oder unter nur sehr geringen Drucken auf sehr vielfältige Weise vorgenommen werden, was zur Beliebtheit der Plastisole als Verarbeitungsform für Polyvinylchlorid in starkem Maße beigetragen hat. Polyvinylchloridplastisole lassen sich durch Tauchen, Gießen, Spritzen und Strangpressen auf Formkörper verarbeiten. Sie sind ausgezeichnet zur Herstellung von beschichteten Geweben und anderen Trägerstoffen nach dem Streichverfahren und von Hohlkörpern nach dem Schleudergußverfahren geeignet.

Die Plastisole sind dadurch gekennzeichnet, daß sie sich in nahezu allen Fällen nicht als Newtonsche Flüssigkeiten verhalten, sondern eine mehr oder minder ausgeprägte Abhängigkeit der Viskosität von der Schubspannung zeigen, eine Erscheinung, die man als Strukturviskosität zu bezeichnen pflegt. Die Art der Strukturviskosität ist bei den einzelnen Plastisolen mitunter recht verschieden. Sie hängt in erster Linie von dem verwendeten Polymerisat, aber auch von den anderen Zusatzstoffen ab. Beobachtet werden thixotropes Verhalten und Dilatanz. Nicht selten weisen die Plastisole auch einen Fließpunkt auf.

Die Kenntnis der Fließeigenschaften ist für die Anwendungstechnik von großer Bedeutung, da die Eignung eines Plastisols für einen bestimmten Verwendungszweck von den rheologischen Eigenschaften abhängig ist. Zur Ermittlung der Fließeigenschaften dienen meist Rotationsviskosimeter[1], die eine Bestimmung der Thixotropie, der Dilatanz und des Fließpunktes ermöglichen. Für die Untersuchung der Fließ-

---

[1] Wegen Rotationsviskosimeter vgl. GREEN, H.: Ind. Eng. Chem. Anal. Ed. **14**, 576 (1942); HELMES, E.: Chem. Ing. Techn. **25**, 390 (1953); wegen Messungen an Plastisolen mit Rotationsviskosimeter vgl. TODD, W. D.: Off. Digest Federation Paint & Varnish Production Clubs No. 325, 98 (1952); TODD, W. D., D. ESAROVE, u. W. M. SMITH: Mod. Plastics **34**, 159 (1956); KOCH, H., u. W. SOMMER: Kunststoffe **47**, 153 (1957); wegen einer Näherungsformel zur Bestimmung des Fließpunktes von Plastisolen aus Viskositätsmessungen mit einem Brookfield-Viskosimeter vgl. BOWLES, R. L., R. P. DAVIE u. W. D. TODD: Modern Plastics **33**, 140 (Nov. 1955).

eigenschaften im Bereiche hoher Schubspannungen kommen Extrusionsrheometer[1] in Betracht. Für die Eignung einer Polyvinylchloridsorte zur Herstellung von Plastisolen ist entscheidend, daß sie einerseits bei Raumtemperatur in den zur Anwendung gelangenden Weichmachern hinreichend unlöslich ist, damit leicht verarbeitbare Pasten mit guten Fließeigenschaften entstehen, andererseits aber bei höheren Temperaturen im Weichmacher so leicht löslich ist, daß Gelbildung ohne Hinterlassung von Inhomogenitäten eintreten kann. Um diese Eigenschaften zu erhalten, müssen bei der Herstellung und Aufarbeitung der Polymerisate besondere Bedingungen eingehalten werden, die darauf hinauslaufen, eine optimale Teilchengröße zu erhalten und eine Teilchenoberfläche zu schaffen, die der Lösungswirkung des Weichmachers bei Raumtemperatur genügend Widerstand entgegensetzt.

Die Eignung einer Polyvinylchloridsorte zur Herstellung von Plastisolen hängt zunächst vom Polymerisationsgrad ab, wobei der Bereich zwischen einem K-Wert von 65$\cdots$75 als der günstigste angesehen wird. Des weiteren werden die pastenbildenden Eigenschaften von der Teilchengröße der verwendeten Polyvinylchloridsorte beeinflußt. Hier gehen die Auffassungen, welches Größenintervall als das günstigste anzusehen ist, allerdings weit auseinander. Während J. C. SWALLOW[2] der Meinung ist, daß der Teilchendurchmesser in der Größenordnung von 0,2$\cdots$1,5 μ liegen soll, sehen andere Autoren[3] Teilchengrößen bis zu 100 μ als maximal zulässig an. Diese Unterschiede werden wenigstens zum Teil verständlich, wenn man sich vergegenwärtigt, daß die Autoren bei ihren Betrachtungen nicht jeweils von der gleichen geometrischen Gestalt der Polymerisatteilchen ausgegangen sind. Neben der Teilchengröße ist auch die spezifische Oberfläche der Teilchen auf die pastenbildenden Eigenschaften von Einfluß, worauf u. a. von J. PEYRADE[4] hingewiesen wurde. Seinen Messungen entnehmen wir die in Tabelle 29 zusammengestellten Zahlenwerte, die den Einfluß der spezifischen Oberfläche der Polymerisatteilchen auf die Viskosität der daraus hergestellten Pasten nach eintägiger Alterung erkennen lassen.

Die Größe der spezifischen Oberfläche wird von D. RYŠAVÝ[5] als entscheidender Faktor auch für die Auflösungsgeschwindigkeit der Polymerisatteilchen im Weichmacher angesehen. Vergleichende Untersuchungen dieses Autors zeigen, daß von den untersuchten Polyvinyl-

---

[1] SEVERS, E. T., u. J. M. AUSTIN: Ind. Engng. Chem. **46**, 2369 (1954); WERNER, A. C.: Mod. Plastics **34**, 137 (1957).
[2] Proc. Roy. Soc. **238**, 11 (1956).
[3] BELL, J. M. DE, W. C. GOGGIN u. W. E. GLOOR: German Plastics Practice; BOST, J.: Caoutchouc **39**, 266 (1950); HUGOSSON, T.: Kunststoffe **46**, 341 (1956).
[4] Rev. gén. caoutchouc **33**, 427 (1956).   [5] Kunststoffe **47**, 683 (1957).

chloridsorten die Suspensionspolymerisate die geringste, die durch Koagulation aus Latices erhaltenen Emulsionspolymerisate dagegen die höchste Auflösungsgeschwindigkeit aufweisen. Eine Mittelstellung nehmen die durch Zerstäubungstrocknen aus den Latices erhaltenen Emulsionspolymerisate ein. Suspensionspolymerisate sind wegen ihres hohen Auflösungswiderstandes, der vom Standpunkt der Lagerung zwar wünschenswert ist, sich aber bei der Gelierung nachteilig auswirken kann, für die Herstellung von Plastisolen im allgemeinen nicht zu empfehlen. Die durch Koagulation aus ihren Latices erhaltenen Emulsionspolymerisate kommen wiederum wegen ihres zu geringen Auflösungswiderstandes für

Tabelle 29. *Viskositäten von Plastisolen aus Polyvinylchlorid mit 40% Dioctylphthalat in Abhängigkeit von der spezifischen Oberfläche der Teilchen.* (Nach J. PEYRADE: Rev. gén. caoutchouc **33**, 427 [1956])

Spezifische Oberfläche in cm²/cm³	Viskosität in Centipoise bei 25°C	Spezifische Oberfläche in cm²/cm³	Viskosität in Centipoise bei 25°C
100,000	2,400	in d. Größenordnung von	
110,000	2,500		
150,000	6,100	200,000	14,200
160,000	7,700	≫	23,000

Plastisole nicht in Betracht, es sei denn, die Oberfläche der Teilchen sei zuvor modifiziert worden. Wohl aber sind derartige Emulsionspolymerisate zur Herstellung von Organosolen geeignet, bei denen die lösende Wirkung der Weichmacher durch Zugabe von Verdünnungsmitteln vermindert ist. Am besten entsprechen die durch Zerstäubungstrocknen aufgearbeiteten Emulsionspolymerisate den für die Herstellung von Plastisolen geforderten Bedingungen. Wie Untersuchungen von D. RYŠAVÝ[1] zeigen, sind dabei die Trocknungstemperaturen innerhalb eines verhältnismäßig weiten Bereiches von verhältnismäßig geringem Einfluß auf die Auflösungsgeschwindigkeit dieser Polymerisate. Dagegen hängen nach Angaben des gleichen Autors[2] die Stabilität und die Fließeigenschaften der Pasten in starkem Maße von den Temperaturbedingungen beim Zerstäubungstrocknen ab.

Außer von der Größe und der Oberflächenbeschaffenheit der Polymerisatteilchen hängen die Eigenschaften der Pasten auch von der Korngrößenverteilung der zur Pastenbildung verwendeten Polymerisate ab. Es zeigt sich dabei, daß Polymerisate, die neben Fraktionen von kleinem Teilchendurchmesser auch solche mit größerem Teilchendurchmesser aufweisen, bei gleicher Weichmachermenge niedrigere Pastenviskositäten ergeben als Polymerisate einheitlicher Teilchengröße. Diese Erscheinung, auf die zuerst in einer Patentschrift der Firma Lonza

---

[1] Kunststoffe **47**, 683 (1957). [2] Kunststoffe **48**, 108 (1958).

B. Plastisole 335

Elektrizitätswerke A.G[1]. hingewiesen wurde, wird verständlich, wenn man sich vergegenwärtigt, daß bei einem aus kugelförmigen Teilchen gleichen Durchmessers bestehenden Material selbst bei dichtester Kugelpackung zwischen den einzelnen Teilchen beträchtliche Zwischenräume

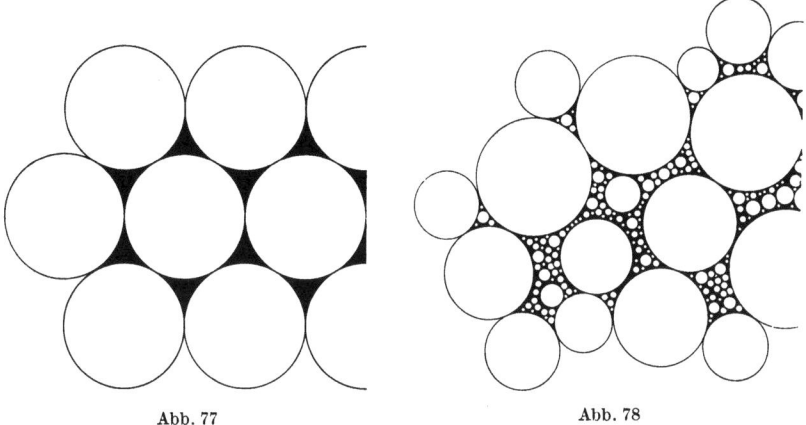

Abb. 77   Abb. 78

Abb. 77 u. 78. Einfluß der Kornverteilung auf den Weichmacherbedarf von Plastisolen. (Nach H. Koch u. W. Sommer, Kunststoffe **47**, 154 [1957])
Abb. 77 läßt die relativ großen, mit Weichmacher zu erfüllenden Zwischenräume bei grobem Korn erkennen, während diese Zwischenräume in Abb. 78 zu einem großen Teil mit feinkörnigem Material ausgefüllt sind, das den Weichmacherbedarf herabsetzt

bleiben. Um dieses Material zum Fließen zu bringen, müssen die zwischen den Teilchen bestehenden Zwischenräume durch Flüssigkeit, in unserem Falle Weichmacher, ausgefüllt werden. Nimmt man nun an, daß die Teilchen kleineren Durchmessers teilweise den toten Raum zwischen den größeren Teilchen ausfüllen, wie dies das Schema der Abb. 77 und 78 zeigt, so wird der geringere Weichmacherbedarf eines aus mehreren Kornfraktionen bestehenden pastenbildenden Polyvinylchlorids verständlich.

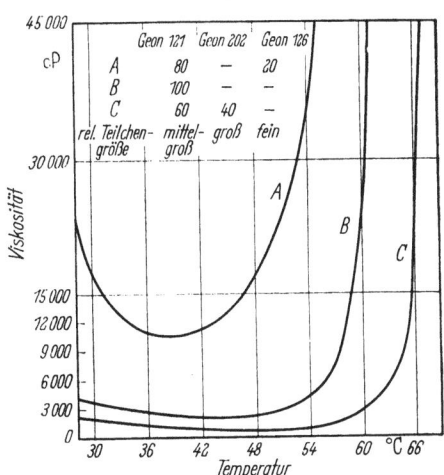

Abb. 79. Einfluß der Teilchengröße auf das Gelierverhalten von Plastisolen. (Nach W. D. Todd, D. Esarove u. W. M. Smith, Modern Plastics **34**, 159 [Sept. 1956])

---

[1] Schwz.P. 272263, Lonza Elektrizitätswerke A.G.; vgl. hierzu auch Hugosson, T.: Kunststoffe **46**, 341 (1956).

Der Einfluß der Korngrößenverteilung der pastenbildenden Polyvinylchloride auf die Eigenschaften der daraus hergestellten Pasten ist von mehreren Autoren untersucht worden. W. D. TODD, D. ESAROVE und W. M. SMITH[1] haben das Gelierverhalten von Pasten aus einigen Gemischen von Polyvinylchloriden verschiedener Teilchengröße bestimmt. Die von diesen Autoren erhaltenen Ergebnisse sind der Abb. 79 zu entnehmen.

Der Zusammenhang zwischen Teilchengröße und Teilchenverteilung des zur Herstellung von Plastisolen verwendeten verpastbaren Poly-

Tabelle 30. *Kornverteilungsspektren und Schüttgewicht von verpastbaren Polyvinylchloridsorten.* (Nach H. KOCH u. W. SOMMER: Kunststoffe **47**, 153 [1957])

Bezeichnung	Teilchenverteilung (Gewichts-%)				Schüttgewicht g/100 ml
	< 1μ	1···5μ	5···10μ	>10μ	
Produkt A	70	18	3	9	29
Produkt B	37	21	9	33	39
Produkt C	20	16	6	58	40
Produkt D	4	18	26	52	42

vinylchlorids und dem Viskositätsverhalten der daraus hergestellten Pasten wurde von H. KOCH und W. SOMMER[2] untersucht. Die genannten Autoren verwendeten für ihre Messungen Polyvinylchloridsorten, mit der aus Tabelle 30 ersichtlichen Teilchenverteilung.

Die mit diesen Produkten erhaltenen Meßwerte sind in Abb. 80···83 dargestellt. Man erkennt, daß die Plastisole mit einem hohen Anteil feinster Teilchen während der Lagerung in verstärktem Maße zu Viskositätsanstiegen und ausgeprägter Thixotropie neigen. Vom Standpunkt des Fließverhaltens ist daher das Produkt A zur Herstellung von Plastisolen am ungünstigsten, das Produkt D am günstigsten.

Wie sich aus den Abb. 80···83 ergibt, wirkt sich ein Gehalt an größeren Teilchen im pastenbildenden Polymerisat günstig auf das Fließverhalten der daraus hergestellten Pasten aus. Manche Hersteller bringen daher für Plastisole Polyvinylchloridsorten in den Handel, denen ein nicht zur Pastenbildung befähigtes Polyvinylchlorid beigemischt ist[3]. Die Verwendung dieser Polymerisatgemische hat den Vorteil, daß man verarbeitbare Pasten mit geringeren Weichmachermengen herstellen und dementsprechend gelierte Produkte von größerer Härte erhalten kann.

---

[1] Mod. Plastics **34**, 159 (Sept. 1956).
[2] Kunststoffe **47**, 153 (1957).
[3] Vgl. LEVER, A. E.: Plastics **18**, 300 (1953); vgl. A.P. 2600122, United States Rubber Co.; wegen der Herstellung von Plastisolen mit Gemischen von Emulsions- und Suspensions-Polyvinylchloriden vgl. REICHHERZER, R.: Mitt. chem. Forsch.-Inst. Wirtsch. Österr. **15**, 85 (1961).

Die zur Herstellung von Plastisolen dienenden handelsüblichen Emulsionspolymerisate lassen sich nach W. CONTI und C. CORSO[1] auf Grund ihres rheologischen Verhaltens in zwei Gruppen einteilen. Die aus den Polymerisaten der ersten Gruppe hergestellten Pasten weisen zeitlich stabile Viskositäten auf, zeigen Dilatanz, jedoch auch nach langen Alterungszeiten keinen Fließpunkt. Die Polymerisate der zweiten Gruppe

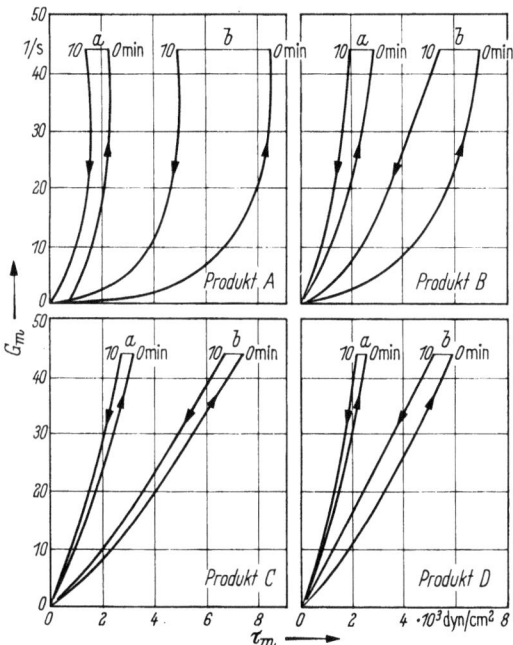

Abb. 80 bis 83. Viskositätsverhalten von Plastisolen aus verschiedenen PVC-Produkten. (Produkte A bis D der Tabelle 30)
G_m Geschwindigkeitsgefälle; τ_m Schubspannung; a Messung am Tage der Herstellung; b Messung nach 8tägiger Lagerung bei Raumtemperatur

geben Pasten, deren Viskosität im Verlaufe der Zeit stark ansteigt. Die aus diesen Polymerisaten hergestellten Pasten zeigen ausgeprägtes thixotropes Verhalten und weisen einen Fließpunkt auf.

Weiter haben sich C. CORSO und E. FERRARI[2], C. CORSO und M. BEDESCHI[3] und C. CORSO[4] mit den Eigenschaften der zur Herstellung von Plastisolen dienenden Polyvinylchloride befaßt.

Weichmacher. Die Eigenschaften der Plastisole hängen in starkem Maße von der Natur des verwendeten Weichmachers ab. Bestimmend für das Fließverhalten des Plastisols ist zunächst die Eigenviskosität des Weichmachers. Hierzu können Solvatationseffekte treten, die sich in

---

[1] Materie plast. **25**, 7 (1959). [2] Materie plast. **28**, 10 (1962).
[3] Materie plast. **28**, 1345 (1962). [4] Materie plast. **28**, 615 (1962).

Tabelle 31. *Viskosität von Plastisolen*
Viskosität bei angegebener Scherspannung (60 Teile Weichmacher / 100 Teile Polyvinylchlorid) in Poise

	11,3 · 10⁻³ kg/cm² Beginn	Nach 30 Tagen	Verhältnis 30 Tage/ Beginn	15,61 · 10⁻² kg/cm² Beginn	Nach 30 Tagen	Verhältnis 30 Tage/ Beginn
Adipate						
Didecyladipat	133	122	0,92	770	685	0,89
Di-(2-äthylhexyl)-adipat	46	78	1,69	178	191	1,07
Diisobutyladipat	457			312	2,265	7,30
Diisooctyladipat	72	67	0,93	325	257	0,79
Gemischtes N-Octyl-N-decyladipat	58	67	1,15	205	160	0,78
Octyldecyladipat	55	58	1,05	208	134	0,68
Azelate						
Di-(2-äthylbutyl)-azelat	56	95	1,70	177	272	1,54
Di-(2-äthylhexyl)-azelat	109	158	1,45	296	253	0,86
Diisooctylazelat	129	100	0,78	375	280	0,75
Phosphate						
Diphenyl-(2-äthylhexyl)-phosphat	630	1,645	2,61	1,805	3,400	1,88
Trikresylphosphat	1,780	1,450	0,82	13,700	15,400	1,13
Tri-(2-äthylhexyl)-phosphat	54	149	2,78	139	253	1,82
Phthalate						
Butylcyclohexylphthalat	2,010	4,790	2,39	6,510	15,600	2,40
Dibutylphthalat	665	10,000	15,000	1,230	4,100	3,33
Dibutylcellosolvephthalat	194	262	1,35	687	1,510	2,20
Dicaprylphthalat	223	275	1,23	1,425	1,610	1,13
Di-(2-äthylhexyl)-phthalat	224	393	1,75	1,245	1,800	1,45
Didecylphthalat	500	525	1,05	3,280	3,140	0,96
Dihexylphthalat	197	733	3,72	910	1,740	1,91
Diisooctylphthalat	222	316	1,42	1,410	1,780	1,26
Di-n-octylphthalat	125	250	2,00	667	875	1,31
Dialkylphthalat	365	275	0,75	1,540	1,470	0,96
Gemischtes N-Octyl-n-decylphthalat	169	314	1,86	770	810	1,05
Gemischtes Isooctyl-n-octyl-n-decylphthalat	183	305	1,67	935	1,000	1,07
Hydrophthalate						
Di-(2-äthylhexyl)-tetrahydrophthalat	155	200	1,41	1,305	1,425	1,09
Di-(2-äthylhexyl)-hexahydrophthalat	131	152	1,16	617	642	1,06
Sebacate						
Dibutylsebacat	93	130	1,41	188	206	1,10
Dioctylsebacat	98	99	1,01	610	642	1,05

einer zeitlichen Zunahme der Pastenviskosität äußern. Vom Standpunkt der Verarbeitung wäre es daher zweckmäßig, möglichst niedrigviskose Weichmacher von geringem Solvatationsvermögen zu verwenden. In der Praxis ist man hier jedoch meist auf einen Kompromiß angewiesen, da die Weichmacher von geringerem Solvatationsvermögen mit dem Polymerisat wenig verträglich sind und daher zum Ausschwitzen aus dem gelierten Endprodukt neigen.

B. Plastisole

Der Einfluß der Weichmacher auf das Fließverhalten der Plastisole ist verschiedentlich untersucht worden. W. D. TODD[1] bediente sich hierfür des Interchemical-Rotationsviskosimeters. E. T. SEVERS und J. M. AUSTIN[2] verwendeten ein Extrusionsrheometer. Die von den zuletzt angegebenen Autoren mitgeteilten Zahlenwerte, die in Tabelle 31 zusammengestellt sind, lassen interessante Zusammenhänge zwischen der chemischen Konstitution der Weichmacher und den Fließ- und Alterungseigenschaften der daraus hergestellten Plastisole erkennen. Man ersieht aus diesen Zahlenwerten, die in Tabelle 31 zusammengestellt sind, daß die Phthalsäureester der verzweigten C_8-Alkohole zu Plastisolen annähernd gleicher Viskosität führen. Der geradkettige Phthalsäuredioctylester gibt dagegen merklich niedrigere Viskositäten. Beim Vergleich des Di-(2-äthylhexyl)-phthalsäureesters mit den entsprechenden Estern der Tetra- und Hexahydrophthalsäure fällt auf, daß die teilweise und vollständige Hydrierung des aromatischen Restes zu einer weiteren Viskositätsverminderung führt. Schließlich wurde bei Untersuchung homologer geradkettiger Phthalsäureester gefunden, daß die Viskosität der Plastisole beim Übergang vom Dibutylphthalat zum Di-n-octylphthalat stark abnimmt. Die beobachteten Viskositätsunterschiede sind zwar zum Teil durch die voneinander abweichenden Viskositäten der verwendeten Weichmacher bedingt, sie werden aber nur voll verständlich, wenn man annimmt, daß das Solvatationsvermögen der Weichmacher für Polyvinylchlorid durch Verlängerung der aliphatischen Kohlenstoffketten und Absättigung der Doppelbindungen des aromatischen Ringes verringert wird. Die Ergebnisse von E. T. SEVERS und J. M. AUSTIN stehen in guter Übereinstimmung mit den schon auf Seite 262 besprochenen Arbeiten von F. WÜRSTLIN und H. KLEIN und fügen sich gut in den Rahmen der von O. LEUCHS[3] entwickelten Vorstellungen über die Wirkungsweise der Weichmacher ein.

Die in Tabelle 31 zusammengefaßten Meßergebnisse zeigen auch die Lagerstabilität der aus den einzelnen Weichmacher hergestellten Plastisole an. Als Maß wurde dabei von SEVERS und AUSTIN das Verhältnis der Viskosität nach 30tägiger Lagerung zu der Viskosität 16 Stunden nach der Herstellung des Plastisols, der sogenannte Stabilitätsindex, gewählt. Man erkennt, daß diejenigen Plastisole, deren Stabilitätsindex nahe dem Wert 1 ist, über eine gute Lagerstabilität verfügen. Plastisole mit hohem Stabilitätsindex unterliegen dagegen starker Alterung. In Fällen, wo der Stabilitätsindex geringer als 1 ist, dürfte mangelnde Benetzung der Polymerisatteilchen im Spiele sein. Die Lagerstabilität zahlreicher Plastisole wurde auch von J. R. DARBY und P. R. GRAHAM[4]

---
[1] Off. Digest Federation Paint & Varnish Production Clubs No. 325, 98 (1952).
[2] Ind. Engng. Chem. **46**, 2369 (1954).   [3] Kunststoffe **46**, 547 (1956).
[4] Modern Plastics **32**, 148 (Juni 1958).

untersucht. Diese Autoren verwendeten dafür ein Brookfield-Viskosimeter.

Bei der Herstellung von Plastisolen kann man den gut verträglichen oder primären Weichmacher teilweise durch einen Extender oder sekundären Weichmacher ersetzen. Wie hierdurch die Fließeigenschaften beeinflußt werden, läßt sich aus den in Tabelle 32 angegebenen Viskositätswerten entnehmen, die von W. D. Todd[1] angegeben wurden.

Tabelle 32. *Viskositätswerte von unter Verwendung von sekundären Weichmacher hergestellten Plastisolen*
(100 Teile PVC, 44 Teile Diocytlphthalat, 22 Teile sekundärer Weichmacher)

Sekundärer Weichmacher	Viskositätseigenschaften bei 25 °C					
	Nach 20 Stunden			Nach 168 Stunden		
	Viskosität bei niedriger Geschwindigkeit cp	Fließpunkt d/cm²	Viskosität bei hoher Geschwindigkeit cp	Viskosität bei niedriger Geschwindigkeit cp	Fließpunkt d/cm²	Viskosität bei hoher Geschwindigkeit cp
Methylacetylricinoleat	3600	200	6000	4800	200	7500
chloriertes Paraffin (40%)	36000	—	55000	21000	—	46000
Tetrahydrofurfuryloleat	2700	—	4000	3400	200	4800
polymerer Weichmacher mittlerer Viskosität	19000	—	37000	23000	—	40000
polymerer Weichmacher niedriger Viskosität	9400	—	19000	9500	—	20000
aromatischer Erdölkohlenwasserstoff	5300	200	11000	9200	—	14500

An Stelle von Gemischen primärer und sekundärer Weichmacher können zur Herstellung von Plastisolen auch Gemische von primären Weichmachern verwendet werden. Nach Feststellungen von E. T. Severs und J. M. Austin[2] an zahlreichen unter Verwendung von solchen Weichmachergemischen hergestellten Plastisolen erhält man dabei Fließeigenschaften, die etwa zwischen denen der aus den einzelnen Weichmacher hergestellten Plastisole liegen. Durch Zusatz sekundärer Weichmacher oder Verwendung von Gemischen primärer Weichmacher werden auch die Gelierkurven der Plastisole deutlich verändert, wie aus Messungen von W. D. Todd, D. Esarove und W. M. Smith[3] zu entnehmen ist.

---

[1] Off. Digest Foderat. Paint Varnish Products Clubs 1952, 08, in neuerer Zeit wurde der Einfluß von Sekundärweichmachern auf die Eigenschaften von Polyvinylchloridplastisolen von Reichherzer, R.: Kunststoff-Rundschau 1960, 222, untersucht.
[2] Ind. Engng. Chem. 46, 2369 (1954).
[3] Mod. Plastics 34, 159 (Sept. 1956).

B. Plastisole

Plastisolen werden häufig Füllstoffe beigemischt, um die Kosten der Pasten herabzusetzen oder besondere technische Effekte zu erzielen. Bei Verwendung von Füllstoffen ist zu berücksichtigen, daß diese an ihrer Teilchenoberfläche Weichmacher absorbieren und dadurch die Viskosität der Pasten erhöhen. Um einen Viskositätsanstieg bei Füllstoffzusatz zu vermeiden, ist daher ein Mehrbedarf an Weichmacher erforderlich. Dieser Mehrbedarf ist bei den einzelnen Füllstoffen verschieden und hängt von deren Teilchengröße und Oberflächenbeschaffenheit ab. Einen Anhaltspunkt für den Mehrbedarf an Weichmacher bietet der sogenannte Öladsorptionswert. Hierunter versteht man die in Gramm ausgedrückte Ölmenge, die von 100 Gramm des Füllstoffes adsorbiert wird. Je größer der Öladsorptionswert eines Füllstoffes ist, um so mehr wird er die Viskosität der Paste erhöhen, und um so größer ist daher auch die Weichmachermenge, die man zufügen muß, um trotz des Füllstoffzusatzes die Viskosität der füllstofffreien Paste zu erhalten. Die Öladsorptionswerte von einigen üblichen Füllstoffen sind in Tabelle 33 zusammengestellt.

Tabelle 33. *Öladsorptionswerte von einigen Füllstoffen*
(Nach M. S. WELLING: Rubber J. int. Plastics **134**, 559 [1958])

Baryt	16	Kaolin (mittlere Teilchengröße)	35
pulverförmiger Schiefer	30	Kieselsäuregel	42
Dolomit	33	Kaolin (sehr fein)	55
Schlämmkreide	36		

Der Einfluß von Füllstoffen auf die Eigenschaften von Polyvinylchloridpasten ist aus den von M. S. WELLING[1] mitgeteilten Zahlenwerten, die in Tabelle 34 wiedergegeben sind, ersichtlich.

Tabelle 34
Einfluß von Füllstoffen auf die Eigenschaften von Polyvinylchloridpasten
(Nach M. S. WELLING: Rubber J. int. Plastics **134**, 559 [1958])

Füllstoff	zugesetzte Menge in Gewichtsteilen	Viskosität in cps nach 1 Tag	Zugfestigkeit in kg/cm²	Öladsorptionswert
Kontrolle	—	10000	168,7	—
Bariumsulfat	30,9	15000	158,2	38
gefälltes Calciumcarbonat (mit niedrigem Öladsorptionswert)	20,9	18000	147,6	36
Calciumcarbonat (hoher Öladsorptionswert)	20,4	40000	158,1	45
Permanentweiß	34,4	7000	154,6	16
Kieselgur	17,7	40000	133,6	148
Lithopone	33,1	40000	123,0	37

[1] Rubber J. Int. Plastics **134**, 559 (1958).

Für den Einfluß von Pigmenten auf die physikalischen Eigenschaften von Polyvinylchloridpasten gelten ähnliche Gesichtspunkte, wie sie im vorigen Abschnitt besprochen wurden. Auch hier lassen sich demnach die zu erwartenden Viskositätsänderungen aus den Öladsorptionswerten der Pigmente abschätzen. Wie unterschiedlich die einzelnen Pigmente das Fließverhalten der Plastisole beeinflussen, läßt sich aus den in Abb. 84 wiedergegebenen Fließkurven entnehmen, die von H. E. Frey[1] mit einem Brookfield-Viskosimeter aufgenommen wurden.

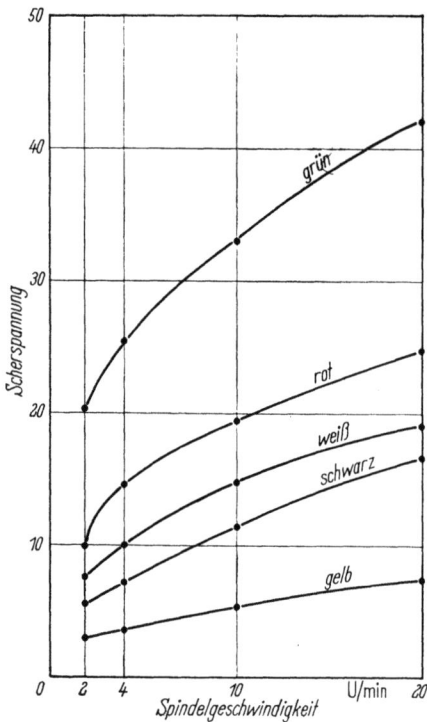

Abb. 84. Viskositätsverhalten von pigmentierten Plastisolen im Brookfield-Viskosimeter. (Nach H. E. Frey, Modern Plastics **35**, 164 [Dez. 1957])
Jedes Plastisol enthält 5 Volumteile Pigment auf 100 Gewichtsteile PVC und 50 Gewichtsteile Weichmacher

Der Einfluß der Pigmente auf das Fließverhalten der Plastisole läßt sich bis zu einem Grade durch Vorbehandlung der Pigmente und Zusatz von Netzmitteln und anderen Zusatzstoffen herabsetzen.

Die Viskosität herabsetzende Zusatzstoffe. Die Viskosität von Plastisolen kann durch bestimmte Zusatzstoffe verringert werden. Als solche sind Amine mit einer Dissoziationskonstanten von über 10^{-6}, wie z. B. Cyclohexylamin[2], Ammoniumsalze der allgemeinen Formel $(R_1)(R_2)(R_3)C-NH_3^+ X^-$, wobei R_1, R_2 und R_3 Alkylreste mit insgesamt 11 $\cdots$ 23 Kohlenstoffatomen und X^- ein Säureanion bedeuten[3], langkettige Fettsäureester oder -äther des Polyäthylenglykols[4] sowie Alkohole mit 5 $\cdots$ 15 Kohlenstoffatomen[5], vorgeschlagen worden.

Zur Erhöhung der Lagerstabilität von Plastisolen wurden Ester eines $C_3 \cdots C_{18}$-Alkohols und eines Gemisches aus $C_{16} \cdots C_{22}$-Carbonsäuren[6] und

[1] Mod. Plastics **35**, 164 (1957).
[2] A.P. 2548433, Heyden Chemical Corp., Erf. D. X. Klein u. M. N. Curgan.
[3] A.P. 2810703, Rohm & Haas Co., Erf. H. J. Sims.
[4] A.P. 2657186, Heyden Chemical Corp., Erf. D. X. Klein u. M. N. Curgan.
[5] F.P. 1100098, Soc. An. Manufactures des Produits Chimiques du Nord, Erf. M. F. Barillet.
[6] A.P. 2852482, Monsanto Chemical Co., Erf. P. R. Graham.

Mischester von dreiwertigen Alkoholen oder Glykolen mit einer $C_2\cdots C_5$-Carbonsäure und einer Carbonsäure mit mehr als 5 Kohlenstoffatomen[1] empfohlen.

Herstellung von Plastisolen. Die für die Herstellung der Plastisole anzuwendenden Verfahren richten sich nach den zur Verwendung gelangenden Polymerisaten. Bei den sogenannten Stirr-in-Typen erfolgt die Pastenbildung durch Zusatz des Polymerisates zum Weichmacher und Rühren des Gemisches in einem Mischer bis zur Entstehung einer homogenen Masse. Eine Erwärmung der Mischung ist hierbei zu vermeiden. Zusätze, wie Pigmente, Stabilisatoren und Füllstoffe, werden im Weichmacher angeteigt und in dieser Form der Mischung zugesetzt. Bei einigen anderen Polymerisaten ist zur Pastenbildung ein Vermahlen notwendig, das auf Walzenstühlen oder in einer Kugelmühle erfolgt.

Gelierung von Plastisolen. Beim Erhitzen eines Plastisoles über ungefähr 50 °C nimmt dessen Viskosität stark zu, bis Gelbildung eintritt und das Produkt nicht mehr fließt. Bei weiterem Erhitzen erfolgt schließlich gegenseitige Lösung von Polymerisat und Weichmacher unter Entstehung einer kontinuierlichen festen Phase, die sich durch gummielastisches Verhalten auszeichnet und diese Eigenschaften auch nach Abkühlen auf Raumtemperaturen beibehält.

Die Eigenschaften der durch Erhitzen von Plastisolen erhaltenen Produkte hängen in starkem Maße vom Gelierungsgrad ab, wobei optimale Ergebnisse nur bei vollständiger Gelierung erzielt werden. Der Gelierungsgrad ist wiederum von der Geliertemperatur und der Gelierdauer abhängig. Hierbei ist die zuerst genannte Bedingung die wichtigere, da bei zu niedrigen Geliertemperaturen selbst lange Gelierzeiten nicht zu den gewünschten optimalen Ergebnissen führen. Gewöhnlich werden zur Erzielung einer vollständigen Gelierung Temperaturen zwischen 170 und 200 °C angewandt. Bei gegebener Temperatur hängt die für eine vollständige Gelierung erforderliche Erhitzungsdauer von der Art des verwendeten Weichmachers ab. Stark solvatisierende Weichmacher benötigen kürzere, Weichmacher mit geringer Verträglichkeit mit dem Polymerisat längere Gelierzeiten. Außerdem richtet sich die optimale Erhitzungsdauer nach der Schichtdicke und der Form des herzustellenden Produktes sowie der Art der verwendeten Wärmequelle.

Die Gelierung von Plastisolen ist von L. A. MCKENNA[2] untersucht worden. Er bediente sich hierzu einer Heizbank mit kontinuierlichem Temperaturgradienten, auf deren Heizfläche Plastisole in einheitlicher Schicht aufgegossen wurden. Nach erfolgter Gelierung wurde der gebildete Film, beginnend vom heißen Ende der Heizfläche gegen deren

---
[1] E.P. 858176, E.P. 858177, Aust.P. 229566, Ind.P. 61828, Dunlop Rubber Co., Erf. W. MOBBERLEY.
[2] Modern Plastics Juni 1958, 142.

kaltes Ende abgezogen und diejenige Stelle der Heizbank ermittelt, bei der der Film infolge ungenügender Gelierung riß. Die Temperatur dieser Stelle der Heizbank wurde als niedrigste Geliertemperatur angesehen und in Beziehung zur Viskosität des zur Filmbildung verwendeten Plastisols gesetzt. Es ergab sich hierbei nachstehende Beziehung zwischen der niedrigsten Geliertemperatur und der Viskosität des Plastisols:

$$t = 325 - 121 \log V \qquad (I)$$

t = niedrigste Geliertemperatur in °C
V = relative Viskosität des Plastisols

Diese Beziehung ist für Plastisole mit einer Viskosität zwischen 20 und 200 Poise innerhalb einer Schwankungsbreite von ± 17 °C erfüllt. Nach McKenna lassen sich aus der niedrigsten Geliertemperatur auch Rückschlüsse auf die bei höheren Temperaturen zur Erzielung optimaler Eigenschaften erforderlichen Gelierzeiten ziehen. Für eine Geliertemperatur von 204 °C wird dabei nachstehende Beziehung

$$\theta = 8{,}93 + 0{,}083 \, t \pm 1{,}1 \qquad (II)$$

θ = Gelierdauer zur Erzielung optimaler Zugfestigkeit in Min.
t = niedrigste Geliertemperatur in °C

angegeben. Da die niedrigste Geliertemperatur t nach Gl. (I) in Beziehung mit der relativen Viskosität des Plastisols steht, ergibt sich ein Zusammenhang zwischen der optimalen Gelierdauer und der relativen Viskosität des Plastisols. Für die Praxis dürfte namentlich die letzte Beziehung von Bedeutung sein, da sich mit ihrer Hilfe aus Viskositätsmessungen, die mit einfachen Mitteln durchführbar sind, orientierende Anhaltspunkte für die anzuwendende optimale Gelierdauer gewinnen lassen.

Zur Bestimmung des Gelierverhaltens sehr verdünnter Plastisole verwendeten H. LUTHER, F. O. GLANDER und E. SCHLEESE[1] einen Kofler-Heiztisch, auf dem die Dispersionen bei kontinuierlich steigender Temperatur mikroskopisch beobachtet wurden. Als Kriterium für den Eintritt der Gelierung dienten diejenigen Temperaturen, bei denen unter dem Mikroskop eine Phasengrenze zwischen Polymerisat und Weichmacher nicht mehr zu erkennen war. Aus den unter Verwendung homologer Weichmacherreihen ausgeführten Messungen ist zu ersehen, daß die zur Lösung der Polymerisatkörner erforderlichen Temperaturen jeweils im Bereiche der Propyl- und Butylester am niedrigsten liegen. Dies stimmt im Ergebnis mit früheren Befunden von P. DOTY und H. S. ZABLE[2], A. T. WALTER[3], F. WÜRSTLIN und H. KLEIN[4] und K. THINIUS[5] überein,

---
[1] Kunststoffe **52**, 7 (1962).   [2] J. Polymer Sci. **1**, 90 (1946).
[3] J. Polymer Sci. **13**, 207 (1954).   [4] Kunststoffe **42**, 445 (1952); **46**, 3 (1956).
[5] Chemie, Physik und Technologie der Weichmacher, VEB Verlag Technik, Berlin 1960, S. 81.

die ebenfalls bei diesen Estern ein Lösungsoptimum gefunden haben. Bei gleichem Molekulargewicht der Weichmacher finden LUTHER, GLANDER und SCHLEESE eine Abnahme des Lösungsvermögens in der Reihenfolge: Phosphate, Phthalate, Adipate, Sebacate. Bei Weichmachergemischen zeigt sich, daß die Lösungstemperatur des Gemisches meist niedriger liegt als bei den reinen Komponenten, was auf die entassoziierende Wirkung zurückgeführt wird, welche die Weichmacher aufeinander ausüben. Von Interesse ist schließlich auch noch eine Zunahme der Lösungstemperaturen mit dem K-Wert des Polyvinylchlorids, die in einigen Fällen einen nahezu linearen Verlauf zeigt.

Die mikroskopische Methode haben auch C. E. ANAGNOSTOPOULOS, A. Y. CORAN und H. R. GAMRATH[1] und P. R. GRAHAM und J. R. DARBY[2] zur Bestimmung der Lösungstemperatur verwendet. Die von GRAHAM und DARBY an Plastisolen mit einem Gehalt von 65 Teilen Weichmacher, bezogen auf 100 Teile Polyvinylchlorid, gefundenen Werte stimmen qualitativ verhältnismäßig gut mit den von LUTHER, GLANDER und SCHLEESE an verdünnten Dispersionen erhaltenen Werten überein. Im Gegensatz zu LUTHER, GLANDER und SCHLEESE finden GRAHAM und DARBY allerdings in der Reihe der homologen Phthalsäureester im Verlauf der Lösungstemperatur kein Minimum bei Dibutylphthalat. In den umfangreichen, von GRAHAM und DARBY mitgeteilten Meßdaten spiegelt sich im übrigen die aus der Anwendungstechnik bekannte Tatsache wider, daß die Einführung aromatischer Gruppen die Geliertemperatur des Weichmachers erniedrigt, wobei Benzyl- und Kresylgruppen wirksamer als der Phenylrest sind.

Der Geliervorgang ist auch durch Messungen der mechanischen Werte der bei der Gelierung erhaltenen Filme verfolgt worden. Solche Messungen sind von H. BECK[3] und G. BECK[4] ausgeführt worden. Sie zeigen übereinstimmend, daß die mechanischen Eigenschaften, wie Reiß- und Strukturfestigkeit, bei vorgegebener Geliertemperatur nach Erreichung einer optimalen Gelierdauer wiederum abfallen, was auf Weichmacherverlust und beginnenden Abbau schließen läßt.

C. Organosole

Enthalten die Dispersionen anstelle oder neben Weichmachern leicht flüchtige organische Flüssigkeiten als Dispergiermedien, so spricht man von Organosolen[5]. Diese sind daher Systeme aus feinteiligen Polymerisat-

---

[1] J. Appl. Polymer Sci. 4, 181 (1960). [2] SPE Journal 17, 91 (1961).
[3] Kunststoffe 39, 205 (1949). [4] Kunststoffe 42, 37 (1952).
[5] Über Organosole vgl. HAYDEN, E. M.: Org. Finishing 13, Nr. 6, 13 (1952); POWELL, G. M., T. E. MULTEN, K. L. SMITH u. D. E. HARDMAN: Off. Digest Federat. Paint Varnish Product Clubs 26, 94 (1954).

oder Mischpolymerisatteilchen und solchen leicht flüchtigen organischen Lösungsmitteln oder diese enthaltenden Gemischen, die zwar die Polymerisat- oder Mischpolymerisatteilchen bei gewöhnlichen Temperaturen nicht lösen, sie aber so weit solvatisieren, daß die Teilchen in Dispersion gehalten werden.

Zur Bereitung von Organosolen wird selten ein einziges Lösungsmittel als Dispergiermedium verwendet. Man geht meist von Lösungsmittelgemischen aus, die in der Regel aus einem aktiven Lösungsmittel und einem inerten Verdünnungsmittel bestehen.

Hierbei ist zur Erzielung leicht verarbeitbarer Organosole ein ausgewogenes Verhältnis von aktivem Lösungsmittel zu inertem Verdünnungsmittel erforderlich, da bei Anwendung zu großer Mengen an aktivem Lösungsmittel übermäßige Solvatation eintritt, während es bei Anwendung zu geringer Mengen an aktivem Lösungsmittel nur zu einer unvollständigen Entflockung der Teilchen kommt. Als aktive Flüssigkeit dient meist ein Weichmachungsmittel, doch können neben oder anstelle von diesem auch leicht flüchtige polare Flüssigkeiten, insbesondere Ketone mit einer mittleren Kohlenstoffzahl, verwendet werden.

D. Plastigele

Unter Plastigelen werden Massen von kittartiger Konsistenz verstanden, die durch Zusatz von Verdickungsmitteln zu Plastisolen erhalten werden[1]. Plastigele lassen sich bei Raumtemperatur nach beliebigen Verfahren zu Formkörpern verformen. Für diese ist charakteristisch, daß sie standfest sind und ihre Form auch beim Erhitzen auf Geliertemperaturen, wobei sie verfestigt werden, beibehalten. Hierdurch unterscheiden sich Plastigele von Plastisolen, die beim Erhitzen bekanntlich zerfließen und daher nicht ohne Form geliert werden können.

Die Herstellung von Plastigelen ist im Prinzip sehr einfach. Sie erfolgt durch Herstellen einer Paste aus Weichmacher und Polymerisat und anschließendes Einarbeiten des Verdickungsmittels. Die anzuwendende Menge an Verdickungsmittel richtet sich dabei nach der gewünschten Konsistenz des Plastigels. Sie ist außerdem von der Art und Menge des verwendeten Weichmachers abhängig. Gewöhnlich liegen die zuzusetzenden Mengen in der Größenordnung von $2 \cdots 10\%$. Zur Herstellung von Plastigelen können zahlreiche Verdickungsmittel mit Erfolg verwendet werden. Erwähnt seien Aluminiumlaurat, Aluminiumstearat, Magnesiumstearat, kolloides Siliciumdioxyd und Bentonit.

Die Verwendung von Plastigelen ist besonders für die Herstellung von Formkörpern angezeigt, die nicht in großen Serien gefertigt werden. Sie

---

[1] Wegen Plastigelen vgl. BOUMAN, B.: Plastica **5**, 80 (1952); RIESE, W. A.: Kunststoffe **48**, 436 (1958).

kommen daher besonders für Einzelanfertigungen, beispielsweise Kunstgegenstände oder orthopädische Teile, in Betracht.

E. Wäßrige Dispersionen

In Form wäßriger Dispersionen fallen die Polymerisate und Mischpolymerisate des Vinylchlorids bei der Emulsionspolymerisation an. Man bezeichnet diese unmittelbar bei der Herstellung anfallenden Polymerisatdispersionen als primäre Dispersionen und unterscheidet sie damit von den durch erneutes Dispergieren pulverförmiger Polyvinylchloride

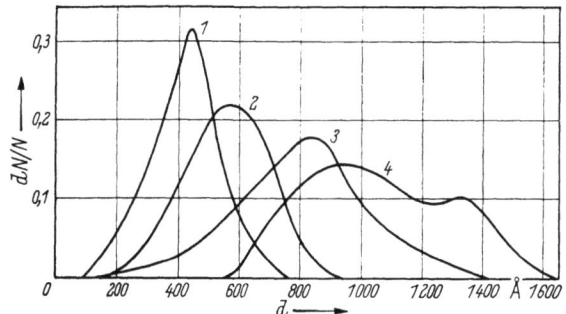

Abb. 85. Differentielle Häufigkeitsverteilung der Latexteilchendurchmesser beim Anfahren einer kontinuierlichen Emulsionspolymerisation von Vinylchlorid. (Nach H. FIKENTSCHER, H. GERRENS u. H. SCHULLER, Angew. Chem. **72**, 856 [1960])

erhaltenen Dispersionen, die als sekundäre Dispersionen oder Hydrosole bezeichnet werden.

In den bei der Emulsionspolymerisation anfallenden wäßrigen Dispersionen, die man wegen ihrer Ähnlichkeit mit Kautschukmilch vielfach auch Polymerisatlatices nennt, liegen die Polymerisatteilchen als annähernd kugelförmige Partikel vor, die durch adsorbierte Emulgatormengen vor der Koagulation geschützt sind. Die Größe und Größenverteilung dieser Partikel hängt von den bei der Emulsionspolymerisation gewählten Variablen und der Polymerisationstechnik ab[1]. Qualitativ kann man die Verhältnisse dahin zusammenfassen, daß bei der diskontinuierlichen Polymerisation eine enge Größenverteilung erhalten wird, wenn man entweder den gesamten Ansatz vorlegt und polymerisiert oder zu der Emulgatorlösung im Reaktionsverlauf das Monomere zufließen läßt. Wird während des Polymerisationsvorganges weiterer Emulgator zugegeben, so erhält man eine uneinheitliche Größenverteilung, da durch

---

[1] Wegen der technischen Verfahren vgl. S. 34 ff.; eine eingehende Erörterung des Mechanismus der Latexbildung mit zahlreichen Literaturhinweisen findet sich bei GERRENS, H.: Fortschritte Hochpolym. Forsch. **1**, 234 (1959) u. FIKENTSCHER, H., H. GERRENS u. H. SCHULLER: Angew. Chem. **72**, 856 (1960).

den während des Reaktionsverlaufes hinzukommenden Emulgator das Entstehen neuer Latexteilchen neben den bereits gebildeten und im Wachsen begriffenen Teilchen begünstigt wird. Gleiches gilt, wenn man im Reaktionsverlauf eine Emulsion des Monomeren zufügt und dabei den Emulgatorgehalt so wählt, daß im Reaktionsgefäß die kritische Micellkonzentration überschritten wird. Auch bei der kontinuierlichen Emulsionspolymerisation kommt es zu einer breiten Größenverteilung, die sich jedoch, wie die von H. FIKENTSCHER, H. GERRENS und H. SCHULLER[1] stammenden Meßkurven der Abb. 85 zeigen, erst im Verlauf der Zeit ausbildet.

Einen Sonderfall bildet die als Saatpolymerisation bezeichnete Polymerisationsart. Bei dieser wird in der ersten Stufe ein Primär- oder Saatlatex hergestellt, in dessen Gegenwart dann in der zweiten Stufe weiteres Vinylchlorid polymerisiert wird. Da jeweils nur soviel Emulgator zugesetzt wird, daß der Latex zwar noch stabil bleibt, nennenswerte Emulgatormengen in der flüssigen Phase aber nicht vorhanden sind, können sich keine neue Latexteilchen bilden. Die Polymerisation erfolgt daher an den vorhandenen Primärlatexteilchen, die infolgedessen anwachsen und sich in größere Sekundärlatexteilchen umwandeln[2].

F. Polymerisatgemische

Durch Zusätze von anderen Polymerisaten zu Polyvinylchlorid lassen sich verschiedene Zwecke erreichen. Zunächst besteht die Möglichkeit, durch Beimischung geringer Polymerisatmengen die Verarbeitungseigenschaften und insbesondere das Fließvermögen des Polyvinylchlorids zu verbessern. Die Polymerisate dienen in diesen Fällen als Verarbeitungshilfsmittel und werden dementsprechend in geringen Mengen zugegeben. Für diesen Zweck sind Polyäthylene[3], Mischpolymerisate aus Vinylchlorid und Styrol[4], Mischpolymerisate aus Vinylchlorid und Vinylidenchlorid[5], Mischpolymerisate aus Vinylchlorid und Octylacrylat[6] und Mischpolymerisate aus Äthylencarbonat und Vinylencarbonat[7] vorgeschlagen worden.

---

[1] FIKENTSCHER, H., H. GERRENS u. H. SCHULLER: Angew. Chem. 72, 856 (1960).
[2] Vgl. hierzu JACOBI, B.: Angew. Chem. 64, 539 (1952).
[3] A.P. 2897176, Union Carbide Corp., Erf. J. F. ROCKY u. F. R. NISSEL; F.P. 1181103, Farbwerke Hoechst A.G. vormals Meister Lucius & Brüning; F.P. 1037565, Soc. An. des Manufactures des Glaces et Produits chimiques de Saint-Gobain, Chauny & Cirey; F.P. 985327, Imperial Chemical Industries Ltd.
[4] E.P. 723059, F.P. 1062352, Chemische Werke Hüls GmbH.
[5] D.B.P. 854847, Badische Anilin- & Soda-Fabrik A.G., Erf. A. KLING.
[6] Aust.P. 221931, Union Carbide Corp., Erf. A. FEDDERSON.
[7] A.P. 2733228, Monsanto Chemical Co., Erf. I. O. SALYER u. J. A. HERBIG.

F. Polymerisatgemische

Besonders große Bedeutung hat jedoch die Beimischung von anderen Polymerisaten zur Herstellung schlagfester Polyvinylchloride erlangt. Man versteht hierunter Werkstoffe auf Polyvinylchloridbasis, die in ihren Eigenschaften Hartpolyvinylchlorid nahekommen, sich diesem gegenüber aber durch größere Beständigkeit gegen schockartige Beanspruchung auszeichnen. Zur Herstellung schlagfester Polyvinylchloride dienen meist Elastomere, die im Hinblick auf die Erzielung einer möglichst großen Verträglichkeit mit Polyvinylchlorid hergestellt wurden. Neuerdings finden auch chlorierte Polyäthylene für diesen Zweck Verwendung[1]. Die Vermischung des Polyvinylchlorids mit der anderen Polymerisatkomponente erfolgt unter Anwendung der zur Mischungsherstellung üblichen Technik. Man verwendet also Walzen, Kneter, Schnekkenstrangpressen und ähnliche Mischvorrichtungen oder vermischt die Polymerisate in Form ihrer Latices und fällt das Gemisch durch gemeinsame Fällung aus. Manchmal wird auch eine chemische Verknüpfung der Komponenten durch Pfropfpolymerisation[2] vorgenommen. Die Polymerisatgemische werden gewöhnlich bereits bei den Herstellern der Polymerisate für den Verarbeiter gebrauchsfertig hergestellt und befinden sich als sogenannte ,,Polyblends" im Handel.

Die Herstellung schlagfester Polyvinylchloride ist Gegenstand einer umfangreichen Patentliteratur, über die Tabelle 35 eine Übersicht vermittelt.

---

[1] Vgl. FREY, H. H.: Chemiker Ztg. **83**, 645 (1959); MIHAIL, R., F. GHERGHEL, M. STANESCU u. S. KORNBAUM: Plaste und Kautschuk **9**, 397, 536 (1962).

[2] D.A.S. 1082734, Badische Anilin- & Soda-Fabrik A.G., Erf. H. FIKENTSCHER, K. HERRLE u. W. HÜBLER; D.A.S. 1090856, Badische Anilin- & Soda-Fabrik A.G., Erf. W. HÜBLER; D.A.S. 1090857, Badische Anilin- & Soda-Fabrik A.G., Erf. K. HERRLE u. W. SCHMIDT; D.A.S. 1116403, Badische Anilin- & Soda-Fabrik A.G., Erf. B. VOLLMERT; F.P. 1258434, Soc. des Usines Chimiques de Rhône-Poulenc; F.P. 1244341, Chemische Werke Hüls A.G.

Tabelle 35. *Schlagfeste Polyvinylchloridmassen*

Mischungsbestandteile	Mischungsverfahren	Patent	Patentinhaber	Erfinder
Polyvinylchlorid mit bis zu 50% Di-2-ä-hylhexyl-phthalat oder Mischpolymerisat aus Vinylchlorid, Vinylidenchlorid u. Alkylacrylat	Mischpolymerisat aus Styrol u. Acrylnitril	A.P. 2646417 E.P. 705021	B. F. Goodrich Co.	G. B. Jennings
Polyvinylchlorid	a) Mischpolymerisat aus 50 bis 90 Gew.% Styrol u. 10···50 Gew.% Acrylnitril. b) Mischpolymerisat aus 50 bis 90 Gew.% Butadien, 5···30 Gew.% Acrylnitril u. 5···30 Gew.% eines mit beiden mischpolymerisierbaren Monomeren. c) Eine wasserunlösliche Verbindung eines mehrwertigen Metalls	Oe.P. 188102 F.P. 1099990	B. F. Goodrich Co.	C. E. Parks G. B. Jennings
Polyvinylchlorid	a) Mischpolymerisat aus Styrol-Acrylnitril. b) kautschukartiges Mischpolymerisat aus Butadien, Acrylnitril u. einem dritten Monomeren	Schwz.P. 333524	B. F. Goodrich Co.	C. E. Parks G. L. Wheelock
Polyvinylchlorid	Mischpolymerisat aus Butadien u. Styrol mit überwiegendem Butadiengehalt und Mischpolymerisat aus Butadien u. Acrylnitril	Mischen auf der Walze	Jap.A.S. 6890/1960 Belg.P. 566040 E.P. 853804 Holl.P. 96037	N. V. de Bataafsche Petroleum Mij.	A.J.W. Meder N. G. Kramer

F. Polymerisatgemische

Polyvinylchlorid	Mischpolymerisat aus Butadien und Fumarsäureester	Vermischen der Latices und anschließendes Versprühen	D.R.P. 749 509	ohne Angabe d. Patentinhabers	G. Wick A. Iloff H. Skarda
60···80 Teile Suspensionspolyvinylchlorid und 40···20 Teile Emulsionspolyvinylchlorid	0,5···4% eines Mischpolymerisates aus 50···90 Teilen Fumarsäuredibutylester und 50···10 Teilen Butadien		D.A.S. 1102387 Oe.P. 215153	Chemische Werke Hüls A.G.	G. Wick H. König F. Thomczik
96···99,5 Teile Suspensionspolyvinylchlorid	4···0,5 Teile eines Mischpolymerisates aus 50···90 Teilen Dibutylfumarsäureester und 50···10 Teilen Butadien		Oe.P. 217707 F.P. 1225232	Chemische Werke Hüls A.G.	
Polyvinylchlorid oder Vinylchlorid-Mischpolymerisat	kautschukartiges Mischpolymerisat aus 15···85% eines konjugierten Diens und 85 bis 15% eines Dialkylfumarats	Mischfällen der Latices oder Vermischen der Pulver, z. B. auf Walzwerken oder im Banbury-Mischer	E.P. 739523	United States Rubber Co.	
Polyvinylchlorid oder Vinylchlorid-Mischpolymerisat	kautschukartiges Mischpolymerisat aus 40···80% eines konjugierten Diens und 60 bis 20% Monovinylpyridin	Mischfällen der Latices oder Vermischen der Pulver, z. B. auf Walzwerken oder im Banbury-Mischer	E.P. 739524	United States Rubber Co.	
Polyvinylchlorid oder Vinylchlorid-Mischpolymerisat	a) kautschukartiges Mischpolymerisat aus einem konjugierten Dien und Acrylnitril oder Methylisopropenylketon; b) Mischpolymerisat aus Styrol u. einer ungesättigten Säure	Mischfällen, Mischen auf Walzenwerken und dgl.	E.P. 773530 F.P. 1171288	General Tire & Rubber Co.	A.J. Urbanic F. J. Maurer

Tabelle 35. *Schlagfeste Polyvinylchloridmassen* (1. Fortsetzung)

Mischungsbestandteile	Mischungsverfahren	Patent	Patentinhaber	Erfinder
Polyvinylchlorid	a) Mischpolymerisat aus Butadien und Methylisopropenylketon oder Acrylnitril b) Harzartiges Mischpolymerisat aus Styrol und Acrylnitril	E.P. 828721	General Tire & Rubber Co.	
Polyvinylchlorid	a) kautschukartiges Mischpolymerisat aus Butadien und einem anderen Monomeren b) Mischpolymerisat aus Acrylnitril und einem Methacrylsäurealkylester	Mischen der Emulsionen oder Vermischen auf der Walze A.P. 2956041	Firestone Tire & Rubber Co.	R. J. Reid B. H. Werner
Polyvinylchlorid	kautschukartiges Mischpolymerisat aus Butadien und Vinylpyridin	E.P. 838741	Imperial Chemical Industries Ltd.	A. A. Williams
Polyvinylchlorid	a) Butadien-Styrol-Mischpolymerisat. b) Mischpolymerisat aus Butadien und einem Vinylpyridin oder Neopren	Holl.P. 99116 Holl.P. 99117	N. V. de Bataafsche Petroleum Mij.	A. J. W. Meder N. G. Kramer
Polyvinylchlorid oder Vinylchlorid-Vinylacetat-Mischpolymerisat	a) kautschukartiges Mischpolymerisat aus Butadien und Acrilnitril oder Methylmethacrylat b) Polychloropren	F.P. 1199573 E.P. 826540	United States Rubber Co.	C. W. Childers

F. Polymerisatgemische

Polyvinylchlorid oder Vinylchlorid-Mischpolymerisate	kautschukartiges Mischpolymerisat aus Butadien und einem Acrylester	Vermischen des Polyvinylchloridpulvers mit dem Latex des Mischpolymerisates, Trocknen u. Erhitzen auf einer Mühle bei 300···310 °F	E.P. 721635	United States Rubber Co.	K. B. Jarrett A. A. Williams
Polyvinylchlorid oder Mischpolymerisat aus Vinylchlorid mit bis zu 5% eines anderen Monomeren	Polymethylmethacrylat mit einem Erweichungspunkt von nicht unter 75 °C und ein kautschukartiges Butadien-Mischpolymerisat	Mischfällen oder Mischen der pulverförmigen Produkte	Oe.P. 213055 E.P. 850947 Aust.P. 227910	Imperial Chemical Industries Ltd.	K. B. Jarrett A. A. Williams
Polyvinylchlorid oder Mischpolymerisat aus Vinylchlorid mit bis zu 5% eines anderen Monomeren	durch Polymerisation von Methylmethacrylat in Gegenwart von Polybutadien oder eines Butadien-Mischpolymerisates hergestelltes Pfropfpolymerisat vom Erweichungspunkt nicht unter 75 °C	Mischfällen oder Vermischen in fester Form	Oe.P. 213056 E.P. 844325	Imperial Chemical Industries Ltd.	A. W. Birley K. B. Jarrett A. A. Williams
Polyvinylchlorid	chlorsulfoniertes Polyäthylen		E.P. 785172	Goodyear Tire & Rubber Co.	
Polyvinylchlorid	chlorsulfoniertes Polyäthylen	Vermischen auf dem Zweiwalzenstuhl	Jap.A.S. 6135/1960	Dainippon Celluloid Kabushiki Kaisha	Y. Matsuda T. Kinoshita H. Marusawa S. Yabumoto T. Fujii

Tabelle 35. *Schlagfeste Polyvinylchloridmassen* (2. Fortsetzung)

Mischungsbestandteile	Mischungsverfahren	Patent	Patentinhaber	Erfinder
Polyvinylchlorid	a) Polyäthylen b) chlorsulfoniertes Polyäthylen	Jap.A.S. 7579/1960	Dainippon Celluloid Kabushiki Kaisha	Y. Matsuda T. Kinoshita H. Marusawa S. Yabumoto T. Fujii
Polyvinylchlorid	Polychloropren	gemeinsames Ausfällen aus dem Latexgemisch nach Zusatz von Stabilisatoren u. Antioxydationsmittel	A.P. 2870115	Union Carbide Corp.	J.P. Schroeder
Polyvinylchlorid oder Vinylchlorid-Mischpolymerisate	Polychloropren	Mischfällen oder Vermischen der Pulver, z. B. auf Walzwerken	E.P. 735006	United States Rubber Co.	
Polyvinylchlorid oder Vinylchlorid-Mischpolymerisate	Mischpolymerisat aus 50 bis 90 Teilen Fumarsäuredibutylester und 50···10 Teilen Butadien, ein oder mehrere Weichmacher	Plastifizieren auf der Walze	Oe.P. 215154	Chemische Werke Hüls A.G.	
Polyvinylchlorid	chloriertes oder sulfochloriertes Polyäthylen oder Polypropylen	Dispergieren einer Lösung des chlorierten oder sulfochlorierten Polyäthylens oder Polypropylens in einer Dispersion von Polyvinylchlorid	F.P. 1179723	Farbwerke Hoechst A.G.	

Polyvinylchlorid	a) Pfropfpolymerisat aus einem Styrol-Methylmethacrylat-Gemisch und einem kautschukartigen Styrol-Butadien-Mischpolymerisat. b) Harzartiges Mischpolymerisat aus Styrol und Butadien	E.P. 847782	United States Rubber Co.
Polyvinylchlorid	a) kautschukartiges Mischpolymerisat aus Butadien u. Acrylnitril. b) Harz, das durch Polymerisieren von Butadien in Gegenwart eines Styrol-Acrylnitril-Mischpolymerisates hergestellt wurde	A.P. 2927093	W. M. Germon Goodyear Tire & Rubber Co.
Polyvinylchlorid	Mischpolymerisat aus Styrol und Acrylnitril und kautschukartiges Mischpolymerisat aus Butadien, Styrol und einer weiteren mischpolymerisierbaren Komponente	F.P. 1098921 Schwed.P. 162580	C. E. Parks G. L. Wheelock B. F. Goodrich Co.
Polyvinylchlorid	Mischpolymerisat aus Styrol und Alkylmethacrylat	E.P. 769820	B. F. Goodrich Co.
Emulsionspolyvinylchlorid	Mischpolymerisat aus Butadien u. Acrylnitril	E.P. 766429	United States Rubber Co.

Tabelle 35. *Schlagfeste Polyvinylchloridmassen* (3. Fortsetzung)

Mischungsbestandteile	Mischungsverfahren	Patent	Patentinhaber	Erfinder
Polyvinylchlorid	Mischpolymerisat, das durch Pfropfen von 25…85 Teilen eines zu 55…100% aus Methacrylsäuremethylester bestehenden Monomerengemisches auf 15…75 Teilen eines Polybutadiens vom M.G. 25000…1500000 erhalten wird	D.A.S. 1102389 F.P. 1205234 Holl.P. 101042	Rohm & Haas Co.	S. S. Feuer
Polyvinylchlorid	Pfropfpolymerisat, erhalten durch Polymerisation von Styrol und Acrylnitril in Gegenwart von Polybutadien	Jap.A.S. 2791/1958	Borg-Warner Corp.	C. Calvert
Polyvinylchlorid	Pfropfpolymerisat, erhalten durch Polymerisation von Styrol und Acrylnitril in Gegenwart von Polybutadien	E.P. 858776	Union Carbide Corp.	
Polyvinylchlorid	chloriertes Polyäthylen	Polyvinylchlorid wird entweder in wäßriger Dispersion mit einer Lösung des chlorierten Polyäthylens zu einer Emulsion verarbeitet oder als Pulver in einer Lösung des chlorierten Polyäthylens dispergiert, worauf Lösungsmittel bzw. Lösungsmittel und Wasser entfernt werden	D.A.S. 1109365 F.P. 1198579 Belg.P. 564276	Farbwerke Hoechst A.G.	L. Orthner H. Herzberg H.-H. Frey

F. Polymerisatgemische

Polyvinylchlorid	chloriertes Niederdruck-Polyäthylen	F.P. 1225358	Farbwerke Hoechst A.G.	
Polyvinylchlorid	chloriertes Niederdruck-Polyäthylen	F.P. 1192261	Dow Chemical Co.	F. D. HOERGER
nachchloriertes Polyvinylchlorid	chloriertes Polyäthylen, 10 bis 50 Gew.%, bezogen auf die Gesamtmischung, an Chlorierungsprodukten und bzw. oder Sulfochlorierungsprodukten von hochpolymeren aliphatischen Kohlenwasserstoffen, die einen Chlorgehalt von etwa 20···60% aufweisen	D.A.S. 1111383	Farbwerke Hoechst A.G.	H.-H. FREY
Polyvinylchlorid	Chlorierungsprodukte von hochpolymeren aliphatischen Kohlenwasserstoffen mit einem Chlorgehalt von etwa 20···60%	D.A.S. 1045089 F.P. 1170768 Belg.P. 553925	Farbwerke Hoechst A.G.	H.-H. FREY
Polyvinylchlorid	Chlorierungsprodukte des Anteils von Äthylen-Propylen-Mischpolymerisaten, der in aliphatischen Kohlenwasserstoffen, etwa des Siedebereichs von 80···220 °C unlöslich ist, wobei der Chlorgehalt 20···60% beträgt	D.A.S. 1051493 E.P. 854089	Farbwerke Hoechst A.G.	H.-H. FREY
Polyvinylchlorid	halogenierter Butylkautschuk	E.P. 851028	Esso Research & Engineering Co.	

Patentverzeichnis

Deutsche Reichspatente

264123 I. Ostromisslensky u. Ges. f. Fabrikation & Vertrieb von Gummiwaren Bogatyr 114
362666 A.G. für Anilin-Fabrikation 59
540101 I.G. Farbenindustrie A.G. 104
544326 I.G. Farbenindustrie A.G. 104
545441 I.G. Farbenindustrie A.G. 248
579048 I.G. Farbenindustrie A.G. 9, 11, 80
579254 I.G. Farbenindustrie A.G. 104
580234 I.G. Farbenindustrie A.G. 109
593399 I.G. Farbenindustrie A.G. 96
596911 I.G. Farbenindustrie A.G. 117
623351 I.G. Farbenindustrie A.G. 79
629220 I.G. Farbenindustrie A.G. 76, 98
634408 I.G. Farbenindustrie A.G. 91
636315 Carbide and Carbon Chemicals Ltd. 94
638014 I.G. Farbenindustrie A.G. 100
651878 I.G. Farbenindustrie A.G. 117
662121 I.G. Farbenindustrie A.G. 95, 98
663220 I.G. Farbenindustrie A.G. 100
669747 Deutsche Celluloid-Fabrik in Eilenburg 100
671749 Carbide and Carbon Chemicals Co. 94
671889 I.G. Farbenindustrie A.G. 8, 9
675146 I.G. Farbenindustrie A.G. 12
675147 I.G. Farbenindustrie A.G. 117
676136 I.G. Farbenindustrie A.G. 308
676627 I.G. Farbenindustrie A.G. 11
679128 I.G. Farbenindustrie A.G. 304
679792 I.G. Farbenindustrie A.G. 123
679897 I.G. Farbenindustrie A.G. 55
679943 I.G. Farbenindustrie A.G. 94
681346 I.G. Farbenindustrie A.G. 123
681708 I.G. Farbenindustrie A.G. 307
695755 I.G. Farbenindustrie A.G. 97
701837 Carbide and Carbon Chemicals Corp. 214, 219, 237
702749 I.G. Farbenindustrie A.G. 79
705146 I.G. Farbenindustrie A.G. 305
707279 I.G. Farbenindustrie A.G. 282
708131 I.G. Farbenindustrie A.G. 107
710008 I.G. Farbenindustrie A.G. 304
715846 I.G. Farbenindustrie A.G. 303
719059 I.G. Farbenindustrie A.G. 303
721892 I.G. Farbenindustrie A.G. 303
725802 I.G. Farbenindustrie A.G. 330
728664 I.G. Farbenindustrie A.G. 306
728786 I.G. Farbenindustrie A.G. 308
734524 Deutsche Celluloid-Fabrik A.G. 249
735446 I.G. Farbenindustrie A.G. 239
737353 I.G. Farbenindustrie A.G. 330
737954 I.G. Farbenindustrie A.G. 330
737960 I.G. Farbenindustrie A.G. 78
739000 I.G. Farbenindustrie A.G. 277
743318 Allgemeine Elektrizitäts-Gesellschaft 280
743859 Deutsche Celluloid-Fabrik A.G. 330
744401 I.G. Farbenindustrie A.G. 75
744851 Allgemeine Elektrizitäts-Gesellschaft 280
745424 I.G. Farbenindustrie A.G. 91
746081 I.G. Farbenindustrie A.G. 209, 214, 216, 217, 247
749054 ohne Angabe des Patentinhabers 330
749090 Soc. Rhodiaceta 331
749509 ohne Angabe des Patentinhabers 351
749564 ohne Angabe des Patentinhabers 286
749586 I.G. Farbenindustrie A.G. 83
750173 ohne Angabe des Patentinhabers 211, 214, 232
750608 ohne Angabe des Patentinhabers 94
751598 I.G. Farbenindustrie A.G. 117
751603 I.G. Farbenindustrie A.G. 91
754679 I.G. Farbenindustrie A.G. 118
754684 I.G. Farbenindustrie A.G. 84

Patentverzeichnis 359

756642 Deutsche Hydrierwerke A.G. 276

757293 Kohle- und Eisenforschung GmbH. 120

Deutsche Bundespatente

801304 Badische Anilin- & Soda-Fabrik A.G. 118
801746 Badische Anilin- & Soda-Fabrik A.G. 18
802894 Badische Anilin- & Soda-Fabrik A.G. 282
803857 Badische Anilin- & Soda-Fabrik A.G. 39, 45
803958 Consortium f. elektrochem. Industrie GmbH. 20
804724 Solvay & Cie. 84
805188 Badische Anilin- & Soda-Fabrik A.G. 317
813459 N.V. de Bataafsche Petroleum Mij. 19, 29
815540 Chemische Werke Hüls GmbH. 308
816604 Soc. An. des Manufactures des Glaces et Produits Chimiques de Saint-Gobain, Chauny & Cirey 10
816760 N.V. de Bataafsche Petroleum Mij. 84
818424 Soc. Rhodiaceta 331
818693 N.V. de Bataafsche Petroleum Mij. 111
821554 Soc. An. des Manufactures des Glaces et Produits Chimiques de Saint-Gobain, Chauny & Cirey 9
827120 Farbenfabriken Bayer A.G. 304
828595 Farbwerke Hoechst A.G. vormals Meister Lucius & Brüning 82
829062 Rütgerswerke A.G. 120
829798 N.V. de Bataafsche Petroleum Mij. 209, 248
829799 Soc. An. des Manufactures des Glaces et Produits Chimiques de Saint-Gobain, Chauny & Cirey 211
832498 Chemische Werke Hüls GmbH. 50
832681 Farbwerke Hoechst A.G. vormals Meister Lucius & Brüning 90
833856 Distillers Co., Ltd. 23

834288 Chemische Werke Hüls GmbH. 308
834720 Rütgerswerke A.G. 120
836348 Badische Anilin- & Soda-Fabrik A.G. 279
838212 Advance Solvents & Chemcial Co. 226
838508 General Tire & Rubber Corp. 89
838830 International General Electric Co., Inc. 110
839560 Imhausen & Co. GmbH. u. K. H. Imhausen 278, 280
840692 Badische Anilin- & Soda-Fabrik A.G. 283
841748 United States Rubber Co. 303
842119 Wacker-Chemie GmbH. 37, 57
842406 B. F. Goodrich Co. 96, 101
842407 N.V. de Bataafsche Petroleum Mij. 111
842545 B. F. Goodrich Co. 31, 83
843163 B. F. Goodrich Co. 56
843752 Deutsche Shell A.G. u. Metallges. A.G. 305
844004 Cassella Farbwerke Mainkur A.G. 304
845266 Farbwerke Hoechst A.G. vormals Meister Lucius & Brüning 110
847500 Farbwerke Hoechst A.G. vormals Meister Lucius & Brüning 95
847806 Polyplast Gesellschaft für Kautschukchemie mbH. 316
849244 Farbwerke Hoechst A.G. vormals Meister Lucius & Brüning 284
850228 Advance Solvents & Chemical Co. 213, 215, 217
850610 Badische Anilin- & Soda-Fabrik A.G. 276
850668 Farbenfabriken Bayer A.G. 81
850810 Farbenfabriken Bayer A.G. 82
852998 Badische Anilin- & Soda-Fabrik A.G. 303
853446 Österreichische Stickstoffwerke A.G. 313
854506 Badische Anilin- & Soda-Fabrik A.G. 281

854577 Badische Anilin- & Soda-Fabrik A.G. 36
854578 Monsanto Chemical Co. 17
854704 Badische Anilin- & Soda-Fabrik A.G. 117
854847 Badische Anilin- & Soda-Fabrik A.G. 348
856219 Deutsche Solvay-Werke GmbH 306
859523 Badische Anilin- & Soda-Fabrik A.G. 300
860270 Deutsche Hydrierwerke A.G. 304
861611 Cassella Farbwerke Mainkur A.G. 38, 45
864455 Farbenfabriken Bayer A.G. 36
865310 Badische Anilin- & Soda-Fabrik A.G. 283
865654 Badische Anilin- & Soda-Fabrik A.G. 246
866095 R. Decker u. H. Holz 83
867912 Anglo Iranian Oil Co., Ltd. 306
867913 Chemische Werke Hüls GmbH. 221
868347 Anglo Iranian Oil Co., Ltd. 305
868969 Badische Anilin- & Soda-Fabrik A.G. 282
869268 Badische Anilin- & Soda-Fabrik A.G. 300
869964 Anglo Iranian Oil Co., Ltd. 305
869864 Lech-Chemie Gersthofen 249
870035 Badische Anilin- & Soda-Fabrik A.G. 91
871514 Badische Anilin- & Soda-Fabrik A.G. 87, 102
871834 Cassella Farbwerke Mainkur A.G. 248, 257
871838 Farbenfabriken Bayer A.G. 60
873745 Badische Anilin- & Soda-Fabrik A.G. 38
873746 Badische Anilin- & Soda-Fabrik A.G. 105, 106
877142 Badische Anilin- & Soda-Fabrik A.G. 303
877829 Badische Anilin- & Soda-Fabrik A.G. 286
877955 Farbenfabriken Bayer A.G. 101
878276 Henkel & Cie. GmbH. 311
878863 Farbwerke Hoechst A.G. vormals Meister Lucius & Brüning 23
879314 Farbwerke Hoechst A.G. vormals Meister Lucius & Brüning 258
879764 Anglo Iranian Oil Co., Ltd. 305
880939 Farbwerke Hoechst A.G. vormals Meister Lucius & Brüning 47
881582 Chemische Werke Albert 257
883351 Farbwerke Hoechst A.G. vormals Meister Lucius & Brüning 24
883498 Badische Anilin- & Soda-Fabrik A.G. 120
883499 Badische Anilin- & Soda-Fabrik A.G. 209, 214, 216, 217
885007 Dow Chemical Co. 20, 86
885162 I. G. Farbenindustrie A.G. 88
886528 I.G. Farbenindustrie A.G. 247
886962 Advance Solvents & Chemical Corp. 226
887266 Wacker-Chemie GmbH. 300
888172 Farbwerke Hoechst A.G. vormals Meister Lucius & Brüning 24
888173 Farbwerke Hoechst A.G. vormals Meister Lucius & Brüning 29
888460 Badische Anilin- & Soda-Fabrik A.G. 209, 214, 216, 217
888765 Cassella Farbwerke Mainkur A.G. 308
889070 Deutsche Hydrierwerke A.G. 307
889835 Wacker-Chemie GmbH. 21, 57
890268 Deutsche Hydrierwerke A.G. 312
891746 N. V. de Bataafsche Petroleum Mij. 52, 84
893407 Cassella Farbwerke Mainkur A.G. 248
897011 Cassella Farbwerke Mainkur A.G. 312
897102 Chemische Werke Hüls GmbH. 284
897157 Cassella Farbwerke Mainkur A.G. 312
899803 Deutsche Gold- und Silberscheideanstalt 308
900019 Badische Anilin- & Soda-Fabrik A.G. 54, 98
900273 Titan Co., Inc. 211, 218
900274 Chemische Werke Albert 97
901348 Dehydag Deutsche Hydrierwerke GmbH. 307

902553 Badische Anilin-& Soda-Fabrik A.G. 276
903631 Farbwerke Hoechst A.G. vormals Meister Lucius & Brüning 311
904466 National Lead Co. 231
904589 Cassella Farbwerke Mainkur A.G. 312
905544 Wacker-Chemie GmbH. 88
905546 N. V. de Bataafsche Petroleum Mij. 52
905547 N. V. de Bataafsche Petroleum Mij. 52
906013 Dynamit A.G., vormals A. Nobel & Co. 307
906997 Chemische Werke Hüls GmbH. 214, 216, 219, 234
907597 Chemische Werke Hüls GmbH. 214, 216, 219, 220, 234, 247
908795 Deutsche Gold- und Silberscheideanstalt 276
909991 Polyplast-Ges. f. Kautschukchemie mbH. 312
910591 Dehydag Deutsche Hydrierwerke GmbH. 295
911434 Chemische Werke Hüls A.G. 251
912022 Wacker-Chemie GmbH. 21
912507 Wacker-Chemie GmbH. 57
913585 Dehydag Deutsche Hydrierwerke GmbH. 279
914902 Badische Anilin-& Soda-Fabrik A.G. 11
915984 Farbwerke Hoechst A.G. vormals Meister Lucius & Brüning 302
916734 N. V. de Bataafsche Petroleum Mij. 52
919206 Badische Anilin-& Soda-Fabrik A.G. 36
919410 Advance Solvents & Chemical Corp. 226
920965 Badische Anilin-& Soda-Fabrik A.G. 312
923745 W. Dietrich, H. Weber u. A. Leimüller 279
926326 Deutsche Gold- und Silberscheideanstalt und Continental Gummi-Werke A.G. 308
927233 Badische Anilin-& Soda-Fabrik A.G. 120
927767 Dehydag Deutsche Hydrierwerke GmbH. 298
928011 Badische Anilin-& Soda-Fabrik A.G. 120
929508 United States Rubber Co. 14
929548 Farbenfabriken Bayer A.G. 303
929643 Wacker-Chemie GmbH. 31
929876 N. V. de Bataafsche Petroleum Mij. 99
930232 Soc. An. des Manufactures des Glaces et Produits Chimiques de Saint-Gobain, Chauny & Cirey 83
932272 Chemische Werke Hüls A.G. 283
932456 Farbwerke Hoechst A.G. vormals Meister Lucius & Brüning 105
932610 United States Rubber Co. 303
934500 Dehydag Deutsche Hydrierwerke GmbH. 298
941575 N. V. Philips Gloeilampenfabriken 85
942352 Farbwerke Hoechst A.G. vormals Meister Lucius & Brüning 96, 105
943145 B. F. Goodrich Co. 100
944996 N. V. de Bataafsche Petroleum Mij. 112
946087 Chemische Werke Hüls A.G. 25, 86
946480 Henkel & Cie. GmbH. 212, 214, 215, 218, 219
948359 Distillers Co., Ltd. 23
948448 Farbwerke Hoechst A.G. vormals Meister Lucius&Brüning 27
950326 National Lead Co. 221
950813 Badische Anilin-& Soda-Fabrik A.G. 87, 99, 104
951626 Chemische Werke Albert 233
953119 Imperial Chemical Industries Ltd. 21
954009 Chemische Werke Hüls A.G. 41
955269 Imhausen & Co. GmbH. 233
955456 Farbenfabriken Bayer A.G. 87
957786 Farbwerke Hoechst A.G. vormals Meister Lucius & Brüning 281, 284
957787 Wacker-Chemie GmbH. 31
962472 Badische Anilin-& Soda-Fabrik A.G. 102
965444 Chemische Werke Hüls GmbH. 25
966363 Imhausen & Co., GmbH. u. K. H. Imhausen 233

966668 Badische Anilin- & Soda-Fabrik A.G. 284
970241 Chemische Werke Hüls A.G. 108
970965 Wacker-Chemie GmbH. 96
974645 Chemische Werke Hüls A.G. 86
975633 Farbenfabriken Bayer A.G. 283

Deutsche Auslegeschriften

1002526 Chemische Werke Hüls A.G. 102
1002946 Firestone Tire & Rubber Co. 87, 99
1004381 Rheinpreussen A.G. 112
1004804 Farbwerke Hoechst A.G. vormals Meister Lucius & Brüning 46
1004808 S. A. Solvic 40
1006159 Montecatini Soc. Gen. per l'Industria Mineraria e Chimica 18
1007329 Metal & Thermit Corp. 230
1008908 Argus Chemical Laboratory Inc. 229
1011623 VEB Chemische Werke Buna 16
1012072 Diamond Alkali Co. 20
1013069 Dow Chemical Co. 235
1013427 Firestone Tire & Rubber Co. 108
1017369 Wacker-Chemie GmbH. 56
1018224 Farbwerke Hoechst A.G. vormals Meister Lucius & Brüning 41, 45
1020337 Argus Chemical Laboratory Inc. 229
1021165 Farbwerke Hoechst A.G. vormals Meister Lucius & Brüning 30
1023222 VEB Elektrochemisches Kombinat Bitterfeld 230
1026962 Badische Anilin- & Soda-Fabrik A.G. 25
1027874 Farbwerke Hoechst A.G. vormals Meister Lucius & Brüning 96
1030347 Food Machinery & Chemical Corp. 309
1032542 VEB Chemische Werke Buna 16
1034188 United States Rubber Co. 307
1037701 Chemische Werke Hüls A.G. 328
1038755 Farbenfabriken Bayer A.G. 88
1039743 Farbenfabriken Bayer A.G. 249
1045089 Farbwerke Hoechst A.G. vormals Meister Lucius & Brüning 357
1045101 Farbwerke Hoechst A.G. vormals Meister Lucius & Brüning 42
1046882 Badische Anilin- & Soda-Fabrik A.G. 92
1051000 National Lead Co. 231
1051493 Farbwerke Hoechst A.G. vormals Meister Lucius & Brüning 357
1051505 N. V. de Bataafsche Petroleum Mij. 40, 45, 46
1053181 Dynamit A.G. vormals A. Nobel & Co. 123
1054237 Farbwerke Hoechst A.G. vormals Meister Lucius & Brüning 43
1055814 Dunlop Rubber Co. Ltd. 60
1056829 Centre National de la Recherche Scientifique 113
1056830 Dynamit Nobel A.G. 22
1056833 Solvic S.A. 94
1062009 Wacker-Chemie GmbH. 25
1064239 Hercules Powder Co. 64, 73
1065609 Badische Anilin- & Soda-Fabrik A.G. 34
1065610 Badische Anilin- & Soda-Fabrik A.G. 30
1065612 Chemische Werke Hüls A.G. 15
1065618 Montecatini Soc. Gen. per l'Industria Mineraria e Chimica 112
1066356 Dynamit Nobel A.G. 44
1066357 Farbwerke Hoechst A.G. vormals Meister Lucius & Brüning 43
1066748 United States Rubber Co. 109
1066746 Farbwerke Hoechst A.G. vormals Meister Lucius & Brüning 43
1068017 N. V. de Bataafsche Petroleum Mij. 40, 45

Patentverzeichnis

1068466 Farbwerke Hoechst A.G. vormals Meister Lucius & Brüning 29
1069384 Dow Chemical Co. 86
1069626 Deutsche Advance Produktion GmbH. 224
1070825 Centre National de la Recherche Scientifique 114
1072812 Wacker-Chemie GmbH. 21, 28
1073488 Lentia GmbH. 297
1073743 Farbwerke Hoechst A.G. vormals Meister Lucius & Brüning 24, 27
1073746 Solvic S.A. 66
1075594 Rohm & Haas Co. 252
1075614 Dehydag Deutsche Hydrierwerke GmbH. 309
1076373 Farbwerke Hoechst A.G. vormals Meister Lucius & Brüning 32
1076374 Farbwerke Hoechst A.G. vormals Meister Lucius & Brüning 26
1077427 Farbwerke Hoechst A.G. vormals Meister Lucius & Brüning 58
1077868 Air Reduction Co., Inc. 92
1079832 Farbenfabriken Bayer A.G. 328
1079837 Soc. des Usines Chimiques Rhône-Poulenc 110
1080555 Deutsche Advance Produktion GmbH. 228
1081659 Badische Anilin- & Soda-Fabrik A.G. 317
1081672 United States Rubber Co. 106
1082048 Rohm & Haas Co. 315
1082734 Badische Anilin- & Soda-Fabrik A.G. 112, 349
1083054 Farbwerke Hoechst A.G. vormals Meister Lucius & Brüning 33
1083550 Wacker-Chemie GmbH. 31
1085877 Chemische Werke Hüls A.G. 304
1087353 Deutsche Solvay-Werke GmbH. 90
1090856 Badische Anilin- & Soda-Fabrik A.G. 349
1090857 Badische Anilin- & Soda-Fabrik A.G. 349
1090861 Hercules Powder Co. 64, 73
1091757 Wacker-Chemie GmbH. 107
1092027 Badische Anilin- & Soda-Fabrik A.G. 239
1092202 Badische Anilin- & Soda-Fabrik A.G. 96
1093363 Chemische Werke Hüls A.G. 310
1094982 Badische Anilin- & Soda-Fabrik A.G. 34
1098203 Soc. Kodak-Pathé 112
1098714 Badische Anilin- & Soda-Fabrik A.G. 30
1098716 Chemische Werke Hüls A.G. 23
1100286 Polyplastic 113
1102387 Chemische Werke Hüls A.G. 351
1102389 Rohm & Haas Co. 356
1102402 Comp. Générale des Etablissents Michelin Raison Sociale 49
1103007 J. Lewis u. Rubber Improvement Ltd. 328
1103583 Centre National de la Recherche Scientifique 113
1104180 The Natural Rubber Producers Research Association 111
1105169 Badische Anilin- & Soda-Fabrik A.G. 113
1105170 Badische Anilin- & Soda-Fabrik A.G. 61, 73
1105177 Farbwerke Hoechst A.G. vormals Meister Lucius & Brüning 95
1105181 Solvic S.A. 96, 108
1105615 Badische Anilin- & Soda-Fabrik A.G. 32
1105616 Chemische Werke Hüls A.G. 21
1106501 Union Carbide Corp. 71
1108908 Dynamit Nobel A.G. 22
1109365 Farbwerke Hoechst A.G. vormals Meister Lucius & Brüning 356
1109896 Farbwerke Hoechst A.G. vormals Meister Lucius & Brüning 58
1109897 Farbwerke Hoechst A.G. vormals Meister, Lucius & Brüning 58
1110415 Badische Anilin- & Soda-Fabrik A.G. 61, 73
1110865 Dynamit Nobel A.G. 22
1110866 B. F. Goodrich Co. 101
1110872 Unites States Rubber Co. 105, 109

1110873 VEB Farbenfabriken Wolfen 119
1111383 Farbwerke Hoechst A.G. vormals Meister Lucius & Brüning 357
1111396 Société des Usines Chimiques Rôhne-Poulenc 11, 69
1111826 Badische Anilin- & Soda-Fabrik A.G. 61
1112832 W. R. Grace & Co. 85
1113088 Dow Chemical Co. 119
1113306 Imperial Chemical Industries Ltd. 65
1113310 Solvay & Cie. 120
1113572 Union Carbide Corp. 90
1113818 Chemische Werke Hüls GmbH. 30, 86
1114322 Solvic S.A. 66
1114808 Deutsche Advance Produktion GmbH. 230
1115925 Badische Anilin- & Soda-Fabrik A.G. 15
1116403 Badische Anilin- & Soda-Fabrik A.G. 349
1116410 Union Carbide Corp. 33
1116900 Dow Chemical Co. 33
1118458 Solvay & Cie. 113
1119513 Farbwerke Hoechst A.G. vormals Meister Lucius & Brüning 58
1119514 Imperial Chemical Industries Ltd. 60, 62, 73
1121333 Farbwerke Hoechst A.G. vormals Meister Lucius & Brüning 58
1121336 Wacker-Chemie GmbH. 31
1122706 Solvic S.A. 113
1124947 Badische Anilin- & Soda-Fabrik A.G. 224
1125176 Farbwerke Hoechst A.G. vormals Meister Lucius & Brüning 77
1126138 Solvic S.A. 72
1126604 Institut für Chemie und Technologie der Plaste 229
1127590 Badische Anilin- & Soda-Fabrik A.G. 38
1128427 Farbwerke Hoechst A.G. vormals Meister Lucius & Brüning 282
1128664 Sicedison S.p.A. 17
1131889 Solvic S.A. 69
1132337 Wacker-Chemie GmbH. 9
1132725 Farbwerke Hoechst A.G. vormals Meister Lucius & Brüning 77
1133130 Wacker-Chemie GmbH. 49
1138547 B. F. Goodrich Co. 117, 118
1141084 Solvay & Cie. 69
1144483 Dynamit Nobel A.G. 65

Deutsche Patente (DDR)

278 Deutsches Hydrierwerk Rodleben VEB 311
481 Deutsches Hydrierwerk Rodleben VEB 298
652 K. Thinius 257
653 K. Thinius 249
816 Deutsches Hydrierwerk Rodleben VEB 312
981 Deutsches Hydrierwerk Rodleben VEB 306
982 Deutsches Hydrierwerk Rodleben VEB 276
1405 Deutsches Hydrierwerk Rodleben VEB 298
2831 Deutsches Hydrierwerk Rodleben VEB 276
2918 K. Thinius u. W. Möller 278
3147 K. Thinius 249
3203 K. Thinius 249
3501 VEB Farbenfabrik Wolfen 330
4575 VEB Elektrochemisches Kombinat Bitterfeld 312
4577 VEB Elektrochemisches Kombinat Bitterfeld 209, 247
4748 W. Zerweck, C. T. Schultis, W. Kunze u. K. Thinius 312
5482 VEB Elektrochemisches Kombinat Bitterfeld 249
7282 H. Hecht 257
7284 M. Duch u. H. Lehnert 248
7536 K. Thinius u. W. Schäfer 247, 248
8685 H. Demus 120
8760 K. Thinius 331
12831 V. Vasilescu 286
13583 A. Iloff 16
13593 A. Eckelmann u. O. Nehring 31
14358 A. Iloff 16
15957 A. Eckelmann u. H. Tittel 118
19938 D. Schumann u. H. Kaltwasser 118
21727 K. Thinius u. E. Schröder 229

Amerikanische Patente

1 775 882 Carbide and Carbon Chemicals Corp. 11, 63
1 920 403 I.G. Farbenindustrie A.G. 9
1 935 577 Carbide and Carbon Chemicals Corp. 94
1 942 531 E. I. du Pont de Nemours & Co. 94
2 011 132 Carbide and Carbon Chemicals Corp. 8, 11, 94
2 013 941 Carbide and Carbon Chemicals Corp. 248
2 016 490 I.G. Farbenindustrie A.G. 91
2 066 330 E. I. du Pont de Nemours & Co. 88
2 068 424 I.G. Farbenindustrie A.G. 36, 95
2 075 575 Carbide and Carbon Chemicals Corp. 94
2 080 589 I.G. Farbenindustrie A.G. 117
2 103 581 Hazel-Atlas Glass Co. 247
2 118 863 I.G. Farbenindustrie A.G. 96
2 118 946 I.G. Farbenindustrie A.G. 96, 99, 109
2 160 931 Dow Chemical Co. 83
2 160 939 Dow Chemical Co. 83
2 161 024 Carbide and Carbon Chemicals Corp. 231
2 161 026 Carbide and Carbon Chemicals Corp. 235
2 174 545 B. F. Goodrich Co. 213
2 175 048 B. F. Goodrich Co. 313
2 179 973 B. F. Goodrich Co. 213, 217, 231
2 181 478 Carbide and Carbon Chemicals Corp. 213, 215, 217, 221, 232
2 190 776 E. I. du Pont de Nemours & Co. 249
2 193 613 B. F. Goodrich Co. 306
2 193 662 B. F. Goodrich Co. 278, 286
2 210 434 I.G. Farbenindustrie A.G. 304
2 218 645 B. F. Goodrich Co. 209
2 219 463 Carbide and Carbon Chemicals Corp. 224, 233
2 227 154 General Electric Co. 286
2 234 212 B. F. Goodrich Co. 331
2 234 615 B. F. Goodrich Co. 286, 308
2 235 782 Dow Chemical Co. 83
2 256 625 Carbide and Carbon Chemicals Corp. 214, 215, 218
2 259 141 General Electric Co. 286
2 260 295 Carbide and Carbon Chemicals Corp. 280
2 261 611 Carbide and Carbon Chemicals Corp. 221, 232
2 267 777 Carbide and Carbon Chemicals Corp. 224, 233
2 267 778 Carbide and Carbon Chemicals Corp. 233
2 267 779 Carbide and Carbon Chemicals Corp. 224
2 273 262 Dow Chemical Co. 236
2 287 189 Dow Chemical Co. 236
2 297 290 General Electric Co. 287
2 299 740 General Electric Co. 101
2 307 075 Carbide and Carbon Chemicals Corp. 213
2 313 757 Dow Chemical Co. 236
2 329 456 Carbide and Carbon Chemicals Corp. 105
2 330 087 Harvel Research 249
2 340 108 Compagnie Française pour l'Exploitation des Procédés Thomson-Houston 287
2 340 151 General Electric Co. 232
2 342 400 General Aniline & Film Corp. 78
2 356 871 Pittsburgh Plate Glass Co. 88
2 356 925 B. F. Goodrich Co. 49, 95
2 364 227 Imperal Chemical Industries Ltd. 37, 45
2 365 400 H. Fikentscher 209, 247
2 366 306 B. F. Goodrich Co. 46
2 367 483 Wingfoot Corp. 249
2 374 780 Celanese Corp. of America 331
2 378 739 B. F. Goodrich Co. 231
2 387 571 H. Fikentscher u. R. Roehm 209
2 388 225 E. I. du Pont de Nemours & Co. 78
2 394 010 Carbide and Carbon Chemicals Corp. 249
2 396 677 E. I. du Pont de Nemours & Co. 78
2 404 780 E. I. du Pont de Nemours & Co. 106
2 404 781 E. I. du Pont de Nemours & Co. 79, 98
2 404 791 E. I. du Pont de Nemours & Co. 37, 102
2 405 008 E. I. du Pont de Nemours & Co. 121

2407413 Pittsburgh Plate Glass Co. 104
2407946 Dow Chemical Co. 103
2408769 M. Fluchaire 330
2409948 E. I. du Pont de Nemours & Co. 81
2410775 Wingfoot Corp. 248
2413856 F. C. Bersworth 282
2414399 Glenn L. Martin Co. 286
2414934 Imperial Chemical Industries Ltd. 47
2419122 Wingfoot Corp. 107
2419347 B. F. Goodrich Co. 46
2422392 E. I. du Pont de Nemours & Co. 78
2427070 B. F. Goodrich Co. 121
2429165 Dow Chemical Co. 236
2432296 E. I. du Pont de Nemours & Co. 256
2432586 Carbide and Carbon Chemicals Corp. 249
2433047 Monsanto Chemical Co. 60
2435769 Wingfoot Corp. 247
2436926 E. I. du Pont de Nemours & Co. 102
2438102 Wingfoot Corp. 212, 213, 215
2440808 Rohm & Haas Co. 25
2440985 Allied Chemical & Dye Corp. 287
2441241 Atlas Powder Co. 276
2441360 E. I. du Pont de Nemours & Co. 248
2445727 Firestone Tire & Rubber Co. 316
2446976 Wingfoot Corp. 214, 216, 220
2447289 Distillers Co. 83
2451174 B. F. Goodrich Co. 121
2455674 Dow Chemical Co. 240
2456216 E. I. du Pont de Nemours & Co. 256, 258
2456231 E. I. du Pont de Nemours & Co. 257
2457035 Monsanto Chemical Co. 238
2458639 Carbide and Carbon Chemicals Corp. 91, 123
2461531 Wingfoot Corp. 235
2462354 E. I. du Pont de Nemours & Co. 47, 98
2402422 E. I. du Pont de Nemours & Co. 79, 88
2463897 Mathieson Chemical Corp. 89
2464120 Eastman Kodak Co. 102
2464177 Monsanto Chemical Co. 211, 214, 218
2464250 Dow Chemical Co. 237
2468664 E. I. du Pont de Nemours & Co. 81
2470908 Monsanto Chemical Co. 17
2470909 Monsanto Chemical Co. 18
2470910 Monsanto Chemical Co. 19
2470911 Monsanto Chemical Co. 16
2471472 Victor Chemical Works 302
2473005 Dow Chemical Co. 50
2473548 B. F. Goodrich Co. 50, 98
2473549 B. F. Goodrich Co. 50, 98
2473929 Shawinigan Resins Co. 50
2476474 Monsanto Chemical Co. 17
2476829 Firestone Tire & Rubber Co. 249
2477656 Dow Chemical Co. 210, 217, 238
2477657 Dow Chemical Co. 210, 217, 238
2477658 Dow Chemical Co. 210, 217
2477659 Dow Chemical Co. 217, 238
2478862 Wingfoot Corp. 211
2479918 Monsanto Chemical Co. 224
2481307 P. G. Croft-White u. P. Garner 218
2482038 E. I. du Pont de Nemours & Co. 210
2483726 General Mills Inc. 314
2483959 Monsanto Chemical Co. 217, 231
2483960 Monsanto Chemical Co. 19
2484530 E. I. du Pont de Nemours & Co. 82
2486182 Monsanto Chemical Co. 225, 236
2486241 E. I. du Pont de Nemours & Co. 99, 102
2487099 Stabelan Chemical Co. 209
2489674 Socony-Vacuum Oil Co. 317
2492086 Monsanto Chemical Co. 106
2492088 Monsanto Chemical Co. 106
2493390 Stabelan Chemical Co. 209
2494517 Shell Development Co. 19
2496222 Shell Development Co. 53
2496384 Shell Development Co. 103
2496852 General Electric Co. 293
2497291 E. I. du Pont de Nemours & Co. 78
2497920 Victor Chemical Works 300, 302
2498453 Shell Development Co. 305
2498532 American Cyanamid Co. 281
2499503 United States Rubber Co. 210

2500022 Oldbury Electrochemical Co. 302
2504558 A. Boake Robert & Co. 308
2507142 Stabelan Chemical Co. 209, 210, 212, 213, 217
2507143 Stabelan Chemical Co. 209, 212, 213, 217
2508801 Soc. An. des Manufactures des Glaces et Produits Chimiques de Saint-Gobain, Chauny & Cirey 9
2510009 Socony Vacuum Oil Co., Inc. 308
2510035 Advance Solvents & Chemical Co. 213, 215, 217
2510426 B. F. Goodrich Co. 98
2511593 United States Rubber Co. 14, 86, 103
2511811 Monsanto Chemical Co. 17
2512722 Union Carbide & Carbon Corp. 314
2512723 Union Carbide & Carbon Corp. 314
2512726 Union Carbide & Carbon Corp. 90
2513632 Anglo Iranian Oil Co. 306
2514185 Firestone Tire & Rubber Co. 121
2514424 Baker Castor Oil Co. 280
2515132 Wingfoot Corp. 97
2516307 General Mills Inc. 285
2516835 Monsanto Chemical Co. 318
2516928 United States of America 93
2516955 Monsanto Chemical Co. 281
2517356 Soc. Rhodiaceta 331
2517656 Comp. Française de Raffinage Soc. An. 306
2520084 Monsanto Chemical Co. 276
2520338 E. I. du Pont de Nemours & Co. 46
2520959 B. F. Goodrich Co. 56
2525643 Dow Chemical Co. 249
2528469 Shell Development Co. 19, 26
2532018 General Mills, Inc. 296
2532727 E. I. du Pont de Nemours & Co. 80
2533250 Sun Oil Co. 276
2534936 Monsanto Chemical Co. 256
2535649 Soc. Rhodiaceta 211
2536114 Armstrong Cork Co. 115
2536498 Monsanto Chemical Co. 283
2538049 Dow Chemical Co. 86
2538050 Dow Chemical Co. 86

2538051 Dow Chemical Co. 86
2538297 Shell Development Co. 232
2539362 Monsanto Chemical Co. 234, 238
2540981 Monsanto Chemical Co. 328
2541987 E. I. du Pont de Nemours & Co. 317
2542179 Monsanto Chemical Co. 231, 234
2543094 Distillers Co. 24, 86, 87
2545811 Sun Oil 276
2546631 Shell Development Co. 234
2547618 Comp. des Produits Chimiques Eléctrometallurgiques Alais Froges & Camargue 123
2548433 Heyden Chemical Corp. 342
2552269 Monsanto Chemical Co. 295
2552551 Dow Chemical Co. 214, 215, 218
2552904 Standard Oil Development Co. 316
2554142 Sherwin-Williams Co. 213, 215, 217
2554259 Standard Oil Development Co. 317
2555062 Imperial Chemical Industries Ltd. 314
2555167 Shell Development Co. 209, 247
2555169 Shell Development Co. 250, 256, 310
2555407 Diamond Alkali Co. 48
2556420 Monsanto Chemical Co. 235
2556721 Comp. Française de Raffinage 307
2557089 Monsanto Chemical Co. 301
2557090 Monsanto Chemical Co. 301
2557091 Monsanto Chemical Co. 301
2557474 Imperial Chemical Industries Ltd. 248
2558177 Comp. Française de Raffinage 307
2558701 Dow Chemical Co. 236
2558728 Dow Chemical Co. 211, 213, 216, 217
2559146 Monsanto Chemical Co. 281
2559854 Eastman Kodak Co. 110
2560160 British Resin Products Ltd. 235
2560694 E. I. du Pont de Nemours & Co. 48
2561044 Monsanto Chemical Co. 233
2562897 E. I. du Pont de Nemours & Co. 92, 97

2563079 B. F. Goodrich Co. 87, 101	2586363 E. I. du Pont de Nemours & Co. 119
2563459 E. I. du Pont de Nemours & Co. 92	2588512 Monsanto Chemical Co. 293
2563485 M. A. Pollack 279	2588899 N. V. de Bataafsche Petroleum Mij. 209
2563631 Standard Oil Development Co. 316	2589237 E. I. du Pont de Nemours & Co. 92
2564195 Shell Development Co. 250	
2564291 B. F. Goodrich Co. 18	2590059 Shell Development Co. 216, 222, 256
2564646 Argus Chemical Laboratory Inc. 219, 257	2590651 Hooker Electrochemical Co. 119
2564835 Quaker Oats Co. 318	
2565888 Hardesty Chemical Co., Inc. 281	2591518 Monsanto Chemical Co. 312
	2592310 Eastman Kodak Co. 237
2566205 Sherwin-Williams Co. 277	2592311 Eastmann Kodak Co. 237
2566791 Stabelan Chemical Co. 211, 213	2592926 Advance Solvents & Chemical Co. 226
2568692 Shell Development Co. 88	2593267 Metal & Thermit Corp. 226
2568989 Monsanto Chemical Co. 236	2594375 B. F. Goodrich Co. 79, 101
2569404 Monsanto Chemical Co. 296	2595310 Baker Castor Oil 217
2569405 Monsanto Chemical Co. 296	2595636 Distillers Co. Ltd. 236
2569406 Monsanto Chemical Co. 296	2597987 Union Carbide and Carbon Corp. 211
2569407 Monsanto Chemical Co. 296	
2570900 B. F. Goodrich Co. 96, 101	2598496 Shell Development Co. 213, 215, 218, 221
2571883 Hercules Powder Co. 317	
2572028 E. I. du Pont de Nemours & Co. 48	2598636 Monsanto Chemical Co. 297
	2598639 Monsanto Chemical Co. 318
2572571 Monsanto Chemical Co. 257	2600122 United States Rubber Co. 336
2574987 B. F. Goodrich Co. 247	2600695 Soc. An. des Manufactures des Glaces et Produits Chimiques de Saint-Gobain, Chauny & Cirey 9
2575585 Wingfoot Corp. 101	
2576138 Pittsburgh Plate Glass Co. 303	
2577256 Wyandotte Chemicals Corp. 312	
	2603615 Monsanto Chemical Co. 281
2577422 United States Rubber Co. 282	2603616 Union Carbide & Carbon Chemicals Corp. 284
2577796 Shell Development Co. 110	
2578246 Sun Oil Co. 276	2603619 Monsanto Chemical Co. 281
2578684 United States of America 280	2604458 Dow Chemical Co. 210
2578688 Monsanto Chemical Co. 275	2604459 Dow Chemical Co. 210
2579219 Heyden Chemical Corp. 276	2604460 Advance Solvents & Chemical Co. 226
2579572 National Lead Co. 218	
2580277 Monsanto Chemical Co. 23	2604468 Diamond Alkali Co. 48
2580290 Anglo Iranian Oil Co. 305	2605244 Firestone Tire & Rubber Co. 219
2580301 Sun Oil Co. 308	
2580460 Baker Castor Oil Co. 236	2605254 B. F. Goodrich Co. 100
2581005 Monsanto Chemical Co. 297	2605257 B. F. Goodrich Co. 81, 101
2581006 Monsanto Chemical Co. 297	2605292 Celanese Corp. of America 330
2581360 Dow Chemical Co. 210	2606177 Celanese Corp. of America 115
2581915 Firestone Tire & Rubber Co. 222	2607754 E. I. du Pont de Nemours & Co. 92
2583084 Union Carbide and Carbon Corp. 225	2608547 National Lead Co. 232
	2608549 B. F. Goodrich Co. 101
2585448 Monsanto Chemical Co. 277	2608552 B. F. Goodrich Co. 101, 102
2585506 Shell Development Co. 250	2608553 B. F. Goodrich Co. 101
2585884 Shell Development Co. 275	2608571 Shell Development Co. 46

2 609 355 Shell Development Co. 214, 216, 219, 222, 234, 238, 256
2 610 164 Monsanto Chemical Co. 304
2 610 165 Monsanto Chemical Co. 304
2 611 756 Cambridge Indust. Co. 314
2 611 783 Gulf Research & Development 283
2 613 157 United States of America 314
2 614 094 B. F. Goodrich Co. 316
2 614 095 B. F. Goodrich Co. 247
2 615 859 Comp. Française de Raffinage 306
2 615 914 United States of America 279
2 616 880 United States Rubber Co. 75
2 616 881 United States Rubber Co. 75
2 616 882 United States Rubber Co. 75
2 616 883 United States Rubber Co. 75
2 616 884 United States Rubber Co. 75
2 616 885 United States Rubber Co. 75
2 616 886 United States Rubber Co. 75
2 616 887 United States Rubber Co. 75
2 616 888 United States Rubber Co. 75
2 616 899 United States Rubber Co. 251
2 616 918 Union Carbide and Carbon Corp. 302
2 617 779 General Electric Co. 315
2 617 819 Monsanto Chemical Co. 312
2 617 820 Monsanto Chemical Co. 293
2 618 622 Sherwin-Williams Co. 280
2 618 625 Advance Solvents & Chemical Co. 230
2 618 626 N. V. de Bataafsche Petroleum Mij. 52
2 624 724 Monsanto Chemical Co. 39
2 624 725 Monsanto Chemical Co. 328
2 624 752 Shell Development Co. 277
2 624 753 Monsanto Chemical Co. 286, 295
2 625 521 Standard Oil Development Co. 220, 222
2 625 539 B. F. Goodrich Co. 15, 50
2 628 957 B. F. Goodrich Co. 80
2 630 436 Metal & Thermit Corp. 230
2 630 442 Metal & Thermit Corp. 230
2 634 248 Monsanto Chemical Co. 295
2 634 281 Advance Solvents & Chemical Co. 230
2 636 023 E. I. du Pont de Nemours & Co. 102
2 636 024 B. F. Goodrich Co. 101
2 636 866 Standard Oil Development Co. 316
2 640 050 Dow Chemical Co. 85

2 641 589 Argus Chemical Laboratory Inc. 228
2 641 596 Argus Chemical Laboratory Inc. 227
2 642 457 Monsanto Chemical Co. 295
2 644 819 Monsanto Chemical Co. 312
2 646 417 B. F. Goodrich Co. 350
2 647 096 Interchemical Corp. 305
2 647 097 Radio Corp. of America 318
2 647 098 Firestone Tire & Rubber Co. 315
2 647 099 Firestone Tire & Rubber Co. 315
2 647 107 Imperial Chemical Industries Ltd. 75
2 647 877 Monsanto Chemical Co. 284
2 648 650 Metal & Thermit Corp. 227
2 648 652 O. v. Schickh u. W. Froese 286
2 652 348 American Cyanamid Co. 328
2 653 948 Monsanto Chemical Co. 297
2 654 718 Sherwin-Williams Co. 210, 238
2 654 723 General Tire & Rubber Co. 281
2 656 333 General Tire & Rubber Co. 318
2 656 373 Monsanto Chemical Co. 301
2 657 186 Heyden Chemical Corp. 342
2 658 047 Monsanto Chemical Co. 312
2 658 057 Monsanto Chemical Co. 8
2 659 709 Distillers Co. Ltd. 240
2 659 716 Monsanto Chemical Co. 8
2 661 331 E. I. du Pont de Nemours & Co. 60
2 661 363 Shell Development Co. 46
2 661 366 Monsanto Chemical Co. 300
2 664 416 Monsanto Chemical Co. 8
2 664 438 United States Rubber Co. 302
2 665 286 Metal & Thermit Corp. 224
2 665 303 Monsanto Chemical Co. 281
2 666 042 Shell Development Co. 111
2 666 047 Diamond Alkali Co. 48
2 666 752 Sherwin-Williams Co. 235
2 667 469 E. I. du Pont de Nemours & Co. 110
2 667 504 Monsanto Chemical Co. 296
2 667 505 United States Rubber Co. 282
2 668 119 Celanese Corp. of America 300
2 668 800 Union Carbide and Carbon Corp. 302
2 669 548 Monsanto Chemical Co. 214, 220
2 669 549 Monsanto Chemical Co. 214, 220

2673191 B. F. Goodrich Co. 99
2673192 Diamond Alkali Co. 48
2674585 Shell Development Co. 45, 57
2676941 United States of America 279
2680107 Argus Chemical Laboratory Inc. 229
2681900 Monsanto Chemical Co. 221
2682547 Eastman Kodak Co. 250
2683140 E. I. du Pont de Nemours & Co. 48
2683701 Monsanto Chemical Co. 297
2684353 Buffalo Electro-Chemical Co. Inc. 212, 213, 215, 217, 219, 221, 233
2684955 Monsanto Chemical Co. 304
2684956 Metal & Thermit Corp. 235
2686172 B. F. Goodrich Co. 101
2686805 General Aniline & Film Corp. 286
2687389 Monsanto Chemical Co. 312
2687390 Monsanto Chemical Co. 295
2687391 Monsanto Chemical Co. 295
2687421 Monsanto Chemical Co. 297
2687429 Monsanto Chemical Co. 296
2689242 E. I. du Pont de Nemours & Co. 47
2692271 Buffalo Electro-Chemical Co. Inc. 309
2693492 General Aniline & Film Corp. 240
2694729 General Aniline & Film Corp. 241
2695279 Godfrey L. Cabot Inc. 315
2695280 Monsanto Chemical Co. 296
2697091 Firestone Tire & Rubber Co. 87
2700656 Monsanto Chemical Co. 277
2703791 Monsanto Chemical Co. 297
2704756 Argus Chemical Laboratory Inc. 228
2705226 Imperial Chemical Industries Ltd. 21
2707178 Union Carbide and Carbon Corp. 236, 257
2708676 Dow Chemical Co. 296
2709691 Monsanto Chemical Co. 287
2711401 Ferro Corp. 212, 214, 216, 219, 220, 222, 233
2712000 Devoe & Raynolds Co. 251
2713042 Monsanto Chemical Co. 8
2713563 Firestone Tire & Rubber Co. 56
2713585 Firestone Tire & Rubber Co. 226

2716092 W. E. Leistner u. A. C. Hecker 216, 218, 257
2716110 United States Rubber Co. 75
2716111 United States Rubber Co. 75
2716112 United States Rubber Co. 75
2716642 Monsanto Chemical Co. 114
2716643 Monsanto Chemical Co. 114
2716644 United States Rubber Co. 75
2717248 Shell Development Co. 46
2719139 Philips Petroleum Co. 318
2719836 General Aniline & Film Corp. 317
2720535 Monsanto Chemical Co. 302
2721876 Eastman Kodak Co. 110
2722512 E. I. du Pont de Nemours & Co. 60
2723260 Monsanto Chemical Co. 101
2723965 W. E. Leistner, O. H. Knoepke u. A. C. Hecker 212, 213, 215, 217, 219, 222, 233
2725364 Monsanto Chemical Co. 284
2726227 W. E. Leistner u. O. H. Knoepke 227
2727917 Advance Solvents & Chemical Corp. 230
2729624 E. I. du Pont de Nemours & Co. 49
2729627 United States Rubber Co. 75
2731431 Hooker Electrochemical Co. 282
2731440 Firestone Tire & Rubber Co. 226
2731441 Firestone Tire & Rubber Co. 226
2731449 Firestone Tire & Rubber Co. 108
2731482 Firestone Tire & Rubber Co. 226, 227
2733228 Monsanto Chemical Co. 348
2734881 Ferro Corp. 256
2735833 Dow Chemical Co. 257
2739160 Eastman Kodak Co. 250
2743257 Metal & Thermit Corp. 230
2743261 Eastman Kodak Co. 110
2744876 Metal & Thermit Corp. 225
2744881 National Lead Co. 232
2745819 Carlisle Chemical Works, Inc. 225
2745820 Carlisle Chemical Works, Inc. 225
2746946 Metal & Thermit Corp. 229
2749329 E. I. du Pont de Nemours & Co. 314

2750351	Monsanto Chemical Co. 318	2812340	Pittsburgh Plate Glass Co. 281
2750358	Monsanto Chemical Co. 119	2813842	Monsanto Chemical Co. 285
2752319	Dow Chemical Co. 257	2815354	General Aniline & Film Corp. 315
2754289	Shell Development Co. 52	2820802	Emery Industries Inc. 314
2755264	Rohm & Haas Co. 312	2822355	Firestone Tire & Rubber Co. 75
2755290	Shell Development Co. 310	2822371	Ethicon Inc. 281
2756242	Rohm & Haas Co. 309	2823200	Monsanto Chemical Co. 16
2757151	Monsanto Chemical Co. 297	2824853	Dow Chemical Co. 238
2757163	E. I. du Pont de Nemours & Co. 247	2824854	Dow Chemical Co. 238
2757180	Monsanto Chemical Co. 297	2824862	Monsanto Chemical Co. 16
2758104	E. I. du Pont de Nemours & Co. 331	2830067	Metal & Thermit Corp. 228
2762786	Monsanto Chemical Co. 279	2832751	Metal & Thermit Corp. 227
2764571	Dow Chemical Co. 277	2832752	Metal & Thermit Corp. 229
2764579	United Staates Rubber Co. 75	2839509	United States Rubber Co. 106
2766272	Sun Oil Co. 307	2843562	Eastman Kodak Co. 112
2768211	Eastman Kodak Co. 313	2844572	Ferro Chemical Co. 221
2769803	Farbenfabriken Bayer A.G. 87	2845404	United States Rubber Co. 96, 109
2769834	Monsanto Chemical Co. 296	2847410	Allied Chemical Corp. 19, 21
2772256	Monsanto Chemical Co. 26	2849422	Firestone Tire & Rubber Co. 108
2772257	Monsanto Chemical Co. 26	2849423	Firestone Tire & Rubber Co. 108
2772258	Monsanto Chemical Co. 26	2849424	Firestone Tire & Rubber Co. 108
2773046	Ethyl Corp. 301	2852482	Monsanto Chemical Co. 342
2773778	General Aniline & Film Corp. 241	2852499	Union Carbide Corp. 91
2776273	Soc. An. des Glaces et Produits Chimiques de Saint-Gobain, Chauny & Cirey 83	2853466	Dow Chemical Co. 238
		2855389	Distillers Co. Ltd. 87
2777826	Harshaw Chemical Co. 219, 220, 222	2857367	Diamond Alkali Co. 20, 27
		2857368	Dow Chemical Co. 57
2777836	Imperial Chemical Industries Ltd. 57	2857409	Monsanto Chemical Co. 297
		2858292	General Tire & Rubber Co. 257
2780609	American Cyanamid Co. 295	2858293	Dow Chemical Co. 238
2782176	Monsanto Chemical Co. 214, 220	2859214	E. I. du Pont de Nemours & Co. 311
2784171	Monsanto Chemical Co. 221	2861105	General Aniline & Film Corp. 245
2786041	Monsanto Chemical Co. 296		
2787604	B. F. Goodrich Co. 87, 99	2862912	Monsanto Chemical Co. 17
2789963	Argus Chemical Corp. 214, 216, 219, 220	2862913	Monsanto Chemical Co. 26
		2865953	National Distillers & Chemical Corp. 287
2802800	Wallace & Tiernan, Inc. 309		
2802803	Firestone Tire & Rubber Co. 282	2867594	Ferro Chemical Co. 258
		2867648	Monsanto Chemical Co. 297
2807604	Dow Chemical Co. 246	2868819	Metal & Thermit Corp. 228
2807605	Dow Chemical Co. 246	2870115	Union Carbide Corp. 354
2809956	Carlisle Chemical Works, Inc. 228	2870166	Union Carbide Corp. 251
2810703	Rohm & Haas Co. 342	2875186	Firestone Tire & Rubber Co. 30, 29
2811496	Chas. Pfizer & Co., Inc. 283		
2811498	Olin Mathieson Chem. Corp. 306	2875187	Firestone Tire & Rubber Co. 29, 30
2812318	B. F. Goodrich Co. 21	2879256	Eastman Kodak Co. 112

2886551	Diamond Alkali Co. 18, 27	2931783	M. A. Coler u. A. S. Louis 328
2886552	Diamond Alkali Co. 17, 27	2934507	Monsanto Chemical Co. 258
2887465	J. R. Geigy A.G. 252	2934529	Shell Oil Co. 53
2888435	Goodyear Tire & Rubber Co. 229	2934548	Heyden Newport Chemical Corp. 230
2889295	Monsanto Chemical Co. 238	2935491	Metal & Thermit Corp. 216, 218, 222, 257
2889310	Imperial Chemical Industries Ltd. 247	2936299	Chas. Pfizer & Co. 226
2889338	Monsanto Chemical Co. 310	2937157	Dow Chemical Co. 243
2890199	Diamond Alkali Co. 27	2938013	Carlisle Chemical Works, Inc. 225
2890201	American Cyananmid Co. 239		
2890211	Wingfoot Corp. 32	2938883	Dow Chemical Co. 243
2891028	M. A. Coler u. A. S. Louis 328	2947723	Dow Chemical Co. 244
2891029	M. A. Coler u. A. S. Louis 328	2949433	Monsanto Chemical Co. 297
2891030	M. A. Coler u. A. S. Louis 328	2951062	Allied Chemical Corp. 19, 94
2891031	M. A. Coler u. A. S. Louis 328	2952654	Standard Oil Co. 311
2891032	M. A. Coler u. A. S. Louis 328	2953540	B. F. Goodrich Co. 281
2891248	Soc. des Usines Chimiques Rhône-Poulenc 295	2956041	Firestone Tire & Rubber Co. 352
2891996	Dow Chemical Co. 241	2957841	Monsanto Chemical Co. 297
2892872	American Cyanamid Co. 245	2957842	Monsanto Chemical Co. 311
2894022	Dow Chemical Co. 236	2957857	Monsanto Chemical Co. 27
2897176	Union Carbide Corp. 348	2957858	Rubber Corp. of America 41, 59
2898244	Monsanto Chemical Co. 107		
2898323	Dow Chemical Co. 241	2958688	United States Rubber Co. 105
2899405	Eastman Kodak Co. 112	2959566	Dow Chemical Co. 252
2899457	Chas. Pfizer & Co., Inc. 297	2962483	Ethyl Corp. 95
2902382	General Electric Co. 295	2965591	Monsanto Chemical Co. 311
2904529	Dow Chemical Co. 243	2970980	Metal & Thermit Corp. 258
2904570	Metal & Thermit Corp. 230	2970981	Metal & Thermit Corp. 258
2908662	Shawinigan Chemicals Ltd. 113	2971855	United States of America 311
2909499	Union Carbide Corp. 315	2971939	Monsanto Chemical Co. 106
2909536	Monsanto Chemical Co. 297	2971948	Farbwerke Hoechst A.G. 110
2910453	Dow Chemical Co. 238	2972595	Chas. Pfizer & Co. 226
2912411	Eastman Kodak Co. 258	2974129	Dow Chemical Co. 57
2913431	Monsanto Chemical Co. 297	2976270	Dow Chemical Co. 33
2915506	Minnesota Mining & Manufacturing Co. 82	2979487	Monsanto Chemical Co. 27
2917494	Monsanto Chemical Co. 27	2979491	Firestone Tire & Rubber Co. 25
2918450	Dow Chemical Co. 252	2979492	Ethyl Corp. 34
2920056	Esso Research and Enginering Co. 275	2981722	Wacker-Chemie GmbH. 32
		2981724	Escambia Chemical Corp. 28
2921006	General Electric Co. 62	2984638	Monsanto Chemical Co. 297
2921044	Eastman Kodak Co. 112	2985619	Farbenfabriken Bayer A.G. 249
2921917	Carlisle Chemical Works 226		
2922777	Dow Chemical Co. 242	2985638	Ethyl Corp. 29
2924582	Union Carbide Corp. 254	2987510	Farbwerke Hoechst A.G. vormals Meister Lucius & Brüning 26
2924583	Union Carbide Corp. 254		
2925403	Shell Development Co. 251		
2926153	Pittsburgh Plate Glass Co. 109	2988534	VEB Elektrochemisches Kombinat Bitterfeld 230
2927093	Goodyear Tire & Rubber Co. 355		
		2990394	Imperial Chemical Industries Ltd. 249

2991269 Shell Oil Co. 111
2993021 Chas. Pfizer & Co., Inc. 283
2993034 United States of America 96
2996484 Monsanto Chemical Co. 110
2996489 B. F. Goodrich Co. 117
2996490 Firestone Tire & Rubber Co. 28
2997454 Argus Chemical Corp. 257
2998441 Carlisle Chemical Works, Inc. 227
3000850 Celanese Corp. of America 257
3000853 Dow Chemical Co. 244
3004947 Monsanto Chemical Co. 297
3005000 Stauffer Chemical Co. 258
3005796 Dow Chemical Co. 317
3006902 A. Trofimow, Ph. K. Isaacs u. D. Goodman 87
3006903 Ethyl Corp. 29
3007895 Farbenfabriken Bayer A.G. 249
3007903 Dow Chemical Co. 33
3012005 Wacker-Chemie GmbH. 31
3012009 Monsanto Chemical Co. 97
3012010 Monsanto Chemical Co. 110
3012011 Monsanto Chemical Co. 97
3012012 Monsanto Chemical Co. 97
3012013 Monsanto Chemical Co. 97
3012019 Monsanto Chemical Co. 110
3017396 Borden Co. 101
3017399 Escambia Chemical Corp. 29
3019247 Carlisle Chemical Works, Inc. 225
3021318 American Marietta Co. 90
3025272 Monsanto Chemical Co. 97
3025280 Monsanto Chemical Co. 93
3025284 B. F. Goodrich Co. 69
3025285 Solvic S.A. 70
3026289 Eastman Kodak Co. 112
3027358 Wacker-Chemie GmbH. 107
3028416 Union Carbide Corp. 284
3029229 Farbwerke Hoechst A.G. vormals Meister Lucius & Brüning 26
3029267 Thiokol Chemical Corp. 229
3033812 W. R. Grace & Co. 84
3033839 Wacker-Chemie GmbH. 29
3035032 Bakelite Ltd. 64
3037007 Badische Anilin- & Soda-Fabrik A.G. 22
3041323 Metal & Thermit Corp. 121
3041324 Solvic S.A. 69
3042665 Dow Chemical Co. 28
3043816 Monsanto Chemical Co. 110
3047550 Monsanto Chemical Co. 110
3049520 Sicedison S.p.A. 17
3049521 Diamond Alkali Co. 20
3050507 Shawinigan Chemicals Ltd. 121
3053801 General Tire & Rubber Co. 18
3053821 Shawinigan Chemicals Ltd. 114
3057831 Escambia Chemical Corp. 29
3062759 General Tire & Rubber Co. 30

Australische Patente

221931 Union Carbide Corp. 348
227910 Imperial Chemical Industries Ltd. 353
229566 Dunlop Rubber Co. 343
230895 Imperial Chemical Industries Ltd. 315
232489 Imperial Chemical Industries Ltd. 287

Belgische Patente

509768 A. F. Smith 9, 10
509875 S. A. Solvic 40
524914 Metal & Thermit Co. 227
545968 Solvay & Cie. 72
547377 Soc. des Usines Chimiques Rhône-Poulenc 295
547735 National Lead Co. 221
553925 Farbwerke Hoechst A.G. 357
557664 Solvic S.A. 16
557694 Imperial Chemical Industries Ltd. 314
558572 Badische Anilin- & Soda-Fabrik A.G. 227
560624 Solvic S.A. 70
564276 Farbwerke Hoechst A.G. 356
566040 N. V. de Bataafsche Petroleum Mij. 350
569632 Solvic S.A. 68

Canadische Patente

348471	Carbide & Carbon Chemicals Corp. 8	467383	Distillers Co., Ltd. 107
374550	Carbide & Carbon Chemicals Corp. 248	467671	Distillers Co., Ltd. 29
382033	I.G. Farbenindustrie A.G. 105	467925	Shell Development Co. 19
393923	Carbide & Carbon Chemicals Corp. 235	469195	B. F. Goodrich Co. 56
439858	Canadian Industries Ltd. 117	470002	Carbide & Carbon Chemicals Corp. 91
462351	A. Boake Roberts & Co., Ltd. 49	474846	N. V. de Bataafsche Petroleum Mij. 250
462398	Shawinigan Resins Co. 50	478472	Anglo Iranian Oil Co., Ltd. 305
463082	Wingfoot Corp. 97	478903	E. I. du Pont de Nemours & Co. 106
464349	Shell Development Co. 103	480078	E. I. du Pont de Nemours & Co. 235
464490	E. I. du Pont de Nemours & Co. 78	481579	Wingfoot Corp. 211
465366	Imperial Chemical Industries Ltd. 47	482146	Dominion Rubber Co., Ltd. 210
		488713	Distillers Co., Ltd. 107
467158	Canadian General Electric Co. Ltd. 232	553375	National Lead Co. 232
		558663	Metal & Thermit Corp. 235

Englische Patente

255837	L. A. van Dyck 60	513296	Siemens-Schuckert Werke A.G. 279
260550	L. A. van Dyck 60		
319588	E. I. du Pont de Nemours & Co. 11, 94	531956	Norton Grinding Wheel Co. Ltd. 103
319591	E. I. du Pont de Nemours & Co. 11	532022	Norton Grinding Wheel Co. Ltd. 103
366897	Imperial Chemical Industries Ltd. 11	549682	E. I. du Pont de Nemours & Co. 104
377653	E. I. du Pont de Nemours & Co. 11	559043	Carbide and Carbon Chemicals Corp. 213
385004	I.G. Farbenindustrie A.G. 9	570702	E. I. du Pont de Nemours & Co. 286
392924	E. I. du Pont de Nemours & Co. 109	571367	Wingfoot Corp. 106
395478	I.G. Farbenindustrie A.G. 96	571597	Wingfoot Corp. 247
397364	Carbide and Carbon Chemicals Ltd. 94	572767	Distillers Co., Ltd. 9
401200	I.G. Farbenindustrie A.G. 117	573366	Imperial Chemical Industries Ltd. 47
434783	I.G. Farbenindustrie A.G. 12	574482	Imperial Chemical Industries Ltd. 47
466898	I.G. Farbenindustrie A.G. 79, 81, 92, 105, 106	581995	Distillers Co., Ltd. 107
477532	I.G. Farbenindustrie A.G. 83	584434	Wingfoot Corp. 219
487593	I.G. Farbenindustrie A.G. 103, 105	585215	Wingfoot Corp. 211
		586796	Imperial Chemical Industries Ltd. 47
497643	Imperial Chemical Industries Ltd. 78	586988	Imperial Chemical Industries Ltd. 48
498329	I.G. Farbenindustrie A.G. 81		
499931	British Thomson-Houston Comp. Ltd. 280	587445	British Thomson-Houston Co. 107
505120	I.G. Farbenindustrie A.G. 107	590286	Imperial Chemical Industries Ltd. 256
512703	I.G. Farbenindustrie A.G. 79		

598890 Distillers Co., Ltd. 29
606116 Soc. An. des Manufactures des Glaces et Produits Chimiques de Saint-Gobain, Chauny & Cirey 9
609940 Distillers Co., Ltd. 107
617620 P. G. Croft-White u. P. Garner 213, 218
617891 N. V. de Bataafsche Petroleum Mij. 76, 84
618902 British Celanese Ltd. 121
621681 Comp. Française de Raffinage 307
628622 N. V. de Bataafsche Petroleum Mij. 250
630610 B. F. Goodrich Co. 280
630611 B. F. Goodrich Co. 103
634762 Distillers Co., Ltd. 236
634789 N. V. de Bataafsche Petroleum Mij. 53
636232 B. F. Goodrich Co. 49
638567 B. F. Goodrich Co. 295
640120 Distillers Co., Ltd. 23
647896 B. F. Goodrich Co. 83
648959 E. I. du Pont de Nemours & Co. 251
653337 B. F. Goodrich Co. 284
653359 B. F. Goodrich Co. 87, 99
653822 Stabelan Chemical Co. 210, 213
653936 B. F. Goodrich Co. 98
655590 N. V. de Bataafsche Petroleum Mij. 250
656471 Monsanto Chemical Co. 301
656510 Monsanto Chemical Co. 301
658197 British Celanese Co. 331
660165 Dow Chemical Co. 238
660166 Dow Chemical Co. 238
660167 Dow Chemical Co. 238
660940 Dow Chemical Co. 85
661367 A. Boake Roberts & Co. 286
661380 Monsanto Chemical Co. 301
661588 A. Dawant u. K. Elias 306
662656 Shell Refining and Marketing Co., Ltd. 279
664133 Bakelite Corp. 225
664142 Soc. An. des Manufactures des Glaces et Produits Chimiques Saint-Gobain, Chauny & Cirey 211
665262 A. A. Brasch 62
665640 N. V. de Bataafsche Petroleum Mij. 248, 256
666735 Henkel & Cie. GmbH. 311

667041 N. V. de Bataafsche Petroleum Mij. 209, 248
669049 Donau-Chemie A.G. 307
669346 Imperial Chemical Industries Ltd. 74
670197 B. F. Goodrich Co. 18
673405 Badische Anilin- & Soda-Fabrik A.G. 298
675278 Carlo Jahn 316
675372 Firestone Tire & Rubber Co. 89
677080 Henkel & Cie. GmbH. 311
677171 Monsanto Chemical Co. 301
679655 Union Carbide and Carbon Chemical Corp. 225
680409 Dow Chemical Co. 214, 215, 218
681285 B. F. Goodrich Co. 80
681581 Monsanto Chemical Co. 304
681864 Monsanto Chemical Co. 304
681944 Monsanto Chemical Co. 248
682253 N. V. de Bataafsche Petroleum Mij. 76, 84
682254 N. V. de Bataafsche Petroleum Mij. 76, 84
682319 Anglo-Iranian Oil Co., Ltd. 313
682911 B. F. Goodrich Co. 101
682914 B. F. Goodrich Co. 101, 102
684493 Armour & Co. 285
684499 Advance Solvents & Chemical Co. 213, 215, 217
687425 Titan Co. Inc. 232
687984 N. V. de Bataafsche Petroleum Mij. 52
688344 N. V. de Bataafsche Petroleum Mij. 296
690076 B. F. Goodrich Co. 81, 101
692378 Dow Chemical Co. 85
692432 B. F. Goodrich Co. 15, 83
692929 Imperial Chemical Industries Ltd. 328
692967 Titan Co. Inc. 211
693692 B. F. Goodrich Co. 15, 50
694253 Farbwerke Hoechst A.G. vormals Meister Lucius & Brüning 32
694408 N. V. de Bataafsche Petroleum Mij. 112
694474 Dow Chemical Co. 210
695782 Union Carbide and Carbon Corp. 302
697991 N. V. de Bataafsche Petroleum Mij. 86

698 359	Imperial Chemical Industries Ltd. 57
698 618	British Thomson-Houston Co. Ltd. 314
699 016	Imperial Chemical Industries Ltd. 57
700 356	Imperial Chemical Industries Ltd. 328
701 257	Standard Telephone and Cables Ltd. 314
701 996	Distillers Co., Ltd. 247
702 633	Dow Chemical Co. 210
702 794	Diamond Alkali Co. 48
702 848	Standard Oil Development Co. 239
703 253	N. V. de Bataafsche Petroleum Mij. 317
703 289	N. V. de Bataafsche Petroleum Mij. 317
705 021	B. F. Goodrich Co. 317, 350
706 138	Diamond Alkali Co. 48
707 338	Union Carbide and Carbon Corp. 212, 225
710 964	Chemische Werke Hüls GmbH. 246
711 145	Advance Solvents & Chemical Co. 226
711 355	Distillers Co., Ltd. 23, 86
711 853	General Tire & Rubber Co. 318
712 442	Imperial Chemical Industries Ltd. 21
713 010	Distillers Co., Ltd. 286, 293
713 355	E. F. Drew & Co., Inc. 278
713 552	Monsanto Chemical Co. 300
715 217	Distillers Co., Ltd. 287
715 220	A. F. Smith 9, 10
718 245	Union Carbide and Carbon Corp. 225, 239
718 393	Metal & Thermit Corp. 226
719 421	Metal & Thermit Corp. 227
721 424	Atlas Powder Co. 278
721 635	United States Rubber Co. 316, 353
723 059	Chemische Werke Hüls GmbH. 348
723 490	Imperial Chemical Industries Ltd. 57
724 558	S. A. Solvic 40
728 557	Firestone Tire & Rubber Co. 82
728 953	Firestone Tire & Rubber Co. 227
728 954	Firestone Tire & Rubber Co. 227
734 115	Distillers Co., Ltd. 315
734 476	Badische Anilin- & Soda-Fabrik A.G. 10
734 764	Lankro Chemicals Ltd. 301
734 766	Lankro Chemicals Ltd. 301
734 767	Lankro Chemicals Ltd. 301
734 768	Lankro Chemicals Ltd. 301
735 006	United States Rubber Co. 354
737 025	Farbenfabriken Bayer A.G. 87
737 033	Metal & Thermit Corp. 226
739 523	United States Rubber Co. 351
739 524	United States Rubber Co. 351
739 609	Food Machinery & Chemical Corp. 309
739 766	Metal & Thermit Corp. 235
740 203	Union Carbide and Carbon Corp. 225, 234
740 397	Argus Chemical Laboratory Inc. 230
740 947	United States Rubber Co. 56, 75
741 219	Firestone Tire & Rubber Co. 238
741 738	Dunlop Rubber Co., Ltd. 327, 328
742 975	Metal & Thermit Corp. 230
743 304	Argus Chemical Laboratory Inc. 227
743 313	Metal & Thermit Corp. 227
744 185	British Geon Ltd. 49
745 058	Chemische Werke Hüls GmbH. 30, 86
747 272	Chemische Werke Hüls A.G. 96, 108
748 727	Chemische Werke Hüls GmbH. 30, 86
749 720	Chemische Werke Hüls GmbH. 30, 86
749 722	Metal & Thermit Corp. 228
750 106	Metal & Thermit Corp. 230
751 499	Metal & Thermit Corp. 225
752 053	Argus Chemical Laboratory Inc. 218, 222
752 265	Wingfoot Corp. 32
753 832	United States Rubber Co. 56
754 565	Firestone Tire & Rubber Co. 87, 99
754 584	Food Machinery and Chemical Corp. 215, 217, 221, 233
754 776	Pure Chemicals Ltd. 216, 225
755 778	Food Machinery and Chemical Corp. 309
755 796	Monsanto Chemical Co. 26
759 382	Metal & Thermit Corp. 227

759775	Pure Chemicals Ltd. 216, 225	823511	Solvic S.A. 67
765488	Firestone Tire & Rubber Co. 108	825039	Metal & Thermit Corp. 224
766424	Diamond Alkali Co. 20	826540	United States Rubber Co. 352
766429	United States Rubber Co. 355	827986	Union Carbide Corp. 254
769820	B. F. Goodrich Co 355	828721	General Tire & Rubber Co. 352
772197	Goodyear Tire & Rubber Co. 308	828993	Union Carbide Corp. 90
773530	General Tire & Rubber Co. 318, 351	829440	Imperial Chemical Industries Ltd. 65
773573	Farbwerke Hoechst A.G. vormals Meister Lucius & Brüning 96, 105	829512	Dow Chemical Co. 122
		830515	Soc. An. des Manufactures des Glaces et Produits Chimiques de Saint-Gobain, Chauny & Cirey 62
777780	National Distillers Products Corp. 287	830810	Imperial Chemical Industries Ltd. 315
779854	United States Rubber Co. 96	830939	B. F. Goodrich Co. 21, 29
781452	Carlisle Chemical Works, Inc. 228	831033	Ferro Chemical Corp. 221
783837	United States Rubber Co. 106	833042	Imperial Chemical Industries Ltd. 66
784274	Dr. V. E. Yarsley (Research Laboratories) Ltd. 62	833610	United States Rubber Co. 122
		833618	Ferro Chemical Corp. 258
784283	N. V. de Bataafsche Petroleum Mij. 40, 46	834810	Wacker-Chemie GmbH. 56
		834937	Hercules Powder Co. 64
785172	Goodyear Tire & Rubber Co. 353	835518	Chemische Werke Hüls A.G. 248
786144	Dow Chemical Co. 239	836220	Badische Anilin- & Soda-Fabrik A.G. 49
786948	Soc. des Usines Chimiques Rhône-Poulenc 295	836999	Wacker-Chemie GmbH. 32
788428	Badische Anilin- & Soda-Fabrik A.G. 246	837397	Solvic S.A. 108
		837466	Usines Chimiques Laboratoires Français 233
793595	Union Carbide Corp. 253	838741	Imperial Chemical Industries Ltd. 352
796309	Dow Chemical Co. 20, 28		
796391	Union Carbide Corp. 253	841075	Monsanto Chemical Co. 97
800295	Metal & Thermit Corp. 230	841172	Diamond Alkali Co. 31
800309	Union Carbide Corp. 253	841890	Argus Chemical Corp. 258
801700	Union Carbide Corp. 254	842071	E. I. du Pont de Nemours & Co. 295
801701	Union Carbide Corp. 255		
801702	Union Carbide Corp. 255	842846	Solvic S. A. 70
804448	Monsanto Chemical Co. 16	843170	Solvic S. A. 72
805119	United States Rubber Co. 105	843700	Farbwerke Hoechst A.G. vormals Meister Lucius & Brüning 42
807634	N. V. de Bataafsche Petroleum Mij. 40		
810515	Air Reduction Co. 92	844310	Imperial Chemical Industries Ltd. 315
810578	National Lead Co. 231		
810841	Greengate & Irwell Rubber Co. 328	844325	Imperial Chemical Industries Ltd. 353
816579	Montecatini Soc. Gen. per l'Industria Mineraria e Chimica 18	846668	Dow Chemical Co. 242
		847676	Imperial Chemical Industries Ltd. 66, 73
821186	Badische Anilin- & Soda-Fabrik A.G. 76	847782	United States Rubber Co. 355
822518	Distillers Co., Ltd. 287	850947	Imperial Chemical Industries Ltd. 353
823462	Union Carbide Corp. 112		

851028 Esso Research & Engineering Co. 357
851850 Solvic S.A. 68
851974 Hoyt Metal Co. 258
852010 Solvic S.A. 69
852240 Solvic S.A. 69
852289 Compagnie de Saint-Gobain 62
852611 Union Carbide Corp. 8
852613 United States Rubber Co. 123
853804 N. V. de Bataafsche Petroleum Mij. 350
854089 Farbwerke Hoechst A.G. vormals Meister, Lucius & Brüning 357
855213 Imperial Chemical Industries Ltd. 62
855669 Farbwerke Hoechst A.G. vormals Meister Lucius & Brüning 42
855740 Metal & Thermit Corp. 258
856818 Farbwerke Hoechst A.G. vormals Meister Lucius & Brüning 110
856913 Farbwerke Hoechst A.G. vormals Meister Lucius & Brüning 65
857358 Metal & Thermit Corp. 258
858176 Dunlop Rubber Co. 343
858177 Dunlop Rubber Co. 343
858776 Union Carbide Corp. 356
862492 Farbwerke Hoechst A.G. vormals Meister Lucius & Brüning 43
862978 Pechiney Compagnie de Produits Chimiques et Electrometallurgiques 90
863055 Union Carbide Corp. 33
863211 B. X. Plastics Ltd. 114
863860 Farbwerke Hoechst A.G. vormals Meister Lucius & Brüning 42
864137 Solvic S.A. 68
865047 Farbwerke Hoechst A.G. vormals Meister Lucius & Brüning 110
865399 Wacker-Chemie GmbH. 32
865651 B. F. Goodrich Co. 69
866366 Monsanto Chemical Co. 26
866846 United States Rubber Co. 122
866895 W. R. Grace & Co. 87
866936 Farbenfabriken Bayer A.G. 249
867646 T. I. (Group Services) Ltd. 113
869429 Farbwerke Hoechst A.G. vormals Meister Lucius & Brüning 42
869430 Farbwerke Hoechst A.G. vormals Meister Lucius & Brüning 42
871572 B. X. Plastics Ltd. 114
875017 J. R. Geigy A.G. 252
876464 Solvay & Cie. 70
876967 Chemische Werke Hüls A.G. 26
876968 Chemische Werke Hüls A.G. 26
877100 Shin-Etsu Chemical Industry Co. 76
877631 W. R. Grace & Co. 85
878387 Solvic S.A. 66
878910 Geigy Co. Ltd. 287
878979 Solvay & Cie. 71
880629 Solvic S.A. 68
880981 Solvic S.A. 64
881503 Solvic S.A. 113
881576 Solvay & Cie. 71
881615 Solvay & Cie. 69
881757 Union Carbide Corp. 71
882535 Bakelite Ltd. 28
883070 American Marietta Co. 90
883850 Dow Chemical Co. 86
884632 Dynamit Nobel A.G. 22
884732 S. A. Ethylene Plastique 114
887398 Soc. des Usines Chimiques Rhône-Poulenc 69
889645 Wacker-Chemie GmbH. 29
891850 Dynamit Nobel A.G. 22
891925 Chemische Werke Hüls A.G. 96
892106 Sicedison S.p.A. 17
894767 Solvic S.A. 69
895153 Kureha Kasei Co. Ltd. 73
895978 Wacker-Chemie GmbH. 31
896285 Solvay & Cie. 67
899226 Wacker-Chemie GmbH. 25
899382 Wacker-Chemie GmbH. 107
899413 Union Carbide Corp. 24
899593 Farbwerke Hoechst A.G. vormals Meister, Lucius & Brüning 95
902083 Wacker-Chemie GmbH. 28
905011 Dynamit Nobel A.G. 70
905307 Imperial Chemical Industries Ltd. 104, 108
905730 Imperial Chemical Industries Ltd. 108
907973 Imperial Chemical Industries Ltd. 329
914252 B. F. Goodrich Co. 101
914407 Wacker-Chemie GmbH. 31

916136 Montecatini Soc. Gen. per l'Industria Mineraria e Chimica 46
919198 Dynamit Nobel A.G. 72
919735 Metal & Thermit Corp. 110
923082 Farbwerke Hoechst A.G. vormals Meister Lucius & Brüning 44
924300 Imperial Chemical Industries Ltd. 329
924456 Imperial Chemical Industries Ltd. 329
924645 Imperial Chemical Industries Ltd. 104
925126 Dynamit Nobel A.G. 67

Französische Patente

442981 I. Ostromisslensky 59
676424 I.G. Farbenindustrie A.G. 9, 79, 80
709562 E. I. du Pont de Nemours & Co. 11
712303 E. I. du Pont de Nemours & Co. 11, 94
719032 I.G. Farbenindustrie A.G. 9
741657 Carbide and Carbon Chemicals Corp. 94
746713 Imperial Chemical Industries Ltd. 103
746969 I.G. Farbenindustrie A.G. 80, 95, 98, 102
755048 I.G. Farbenindustrie A.G. 117
765363 I.G. Farbenindustrie A.G. 12
789857 Carbide and Carbon Chemicals Corp. 11, 94
798056 I.G. Farbenindustrie A.G. 76, 98
801462 Carbide and Carbon Chemicals Corp. 96
803563 I.G. Farbenindustrie A.G. 88
806325 Chemische Forschungsgesellschaft 88
813828 I.G. Farbenindustrie A.G. 117
814093 I.G. Farbenindustrie A.G. 106
815311 I.G. Farbenindustrie A.G. 104, 123
820749 I.G. Farbenindustrie A.G. 55
827401 I.G. Farbenindustrie A.G. 55
829713 Carbide and Carbon Chemicals Corp. 224
835357 I.G. Farbenindustrie A.G. 81
836988 Imperial Chemical Industries Ltd. 78
837233 Dr. Alexander Wacker Gesellschaft für Elektrochemische Industrie GmbH. 88, 94
844023 I.G. Farbenindustrie A.G. 98
847151 I.G. Farbenindustrie A.G. 54
849806 I.G. Farbenindustrie A.G. 296
849987 I.G. Farbenindustrie A.G. 79
853706 I.G. Farbenindustrie A.G. 282
856762 I.G. Farbenindustrie A.G. 78
859257 Pittsburgh Plate Glass Co. 103
859548 Comp. des Meules Norton 103
861766 B. F. Goodrich Co. 83
861916 Carbide and Carbon Chemicals Corp. 212, 214, 215, 218
865013 Soc. des Usines Chimiques Rhône-Poulenc 330
867615 Compagnie Française pour l'Exploitation des Procédés Thomson-Houston 107
867863 Compagnie Française pour l'Exploitation des Procédées Thomson-Houston 287
869381 I.G. Farbenindustrie A.G. 117
872845 Compagnie Française pour l'Exploitation des Procédés Thomson-Houston 231, 282
875150 Dehydag Deutsche Hydrierwerke GmbH. 279
875260 Deutsche Hydrierwerke A.G. 283
877124 Compagnie Française pour l'Exploitation des Procédés Thomson-Houston 101, 286
880028 Wacker-Chemie GmbH. 88
880237 I.G. Farbenindustrie A.G. 281
881787 Deutsche Hydrierwerke A.G. 285
881970 I.G. Farbenindustrie A.G. 291
881997 Badische Anilin- & Soda-Fabrik A.G. 36, 98
882450 I.G. Farbenindustrie A.G. 306
883454 Badische Anilin- & Soda-Fabrik A.G. 36
883849 Soc. des Produits Chimiques Gerland S.A. 305

885120 Imperial Chemical Industries Ltd. 237
885251 Carbide and Carbon Chemicals Corp. 96, 105, 108
886735 I.G. Farbenindustrie A.G. 283
889079 I.G. Farbenindustrie A.G. 276
889362 I.G. Farbenindustrie A.G. 307
892084 I.G. Farbenindustrie A.G. 281
899809 N. V. de Bataafsche Petroleum Mij. 85
899810 N. V. de Bataafsche Petroleum Mij. 85
902321 Manufactures de Caoutchouc P. Lacollonge 283
902528 N. V. de Bataafsche Petroleum Mij. 79
904473 Consortium f. Elektrochemische Industrie GmbH. 11, 94
905687 I.G. Farbenindustrie A.G. 306
906818 R. Staeger 276
913164 Soc. Rhodiaceta 331
914619 Imperial Chemical Industries Ltd. 47
914745 Wingfoot Corp. 214, 216, 220
915146 Imperial Chemical Industries Ltd. 83
915795 Wingfoot Corp. 101
917830 Wingfoot Corp. 219
918506 E. I. du Pont de Nemours & Co. 81
920993 E. I. du Pont de Nemours & Co. 81
921933 E. I. du Pont de Nemours & Co. 89
922331 E. I. du Pont de Nemours & Co. 81
922735 Imperial Chemical Industries Ltd. 102
923008 E. I. du Pont de Nemours & Co. 102
923314 E. I. du Pont de Nemours & Co. 78
924035 Comp. Française de Raffinage 306
924461 E. I. du Pont de Nemours & Co. 79
924693 Carbide and Carbon Chemicals Corp. 224, 225, 233
924982 E. I. du Pont de Nemours & Co. 82
924996 E. I. du Pont de Nemours & Co. 47
925153 E. I. du Pont de Nemours & Co. 81
926517 Soc. An. des Manufactures des Glaces et Produits Chimiques de Saint-Gobain, Chauny & Cirey 9
928549 E. I. du Pont de Nemours & Co. 81
930340 Imperial Chemical Industries Ltd. 50, 103
933717 Imperial Chemical Industries Ltd. 50
936385 Imperial Chemical Industries Ltd. 50
939155 N. V. de Bataafsche Petroleum Mij. 53
941127 Geigy Co. Ltd. 286
941948 N. V. de Bataafsche Petroleum Mij. 53, 84
941949 N. V. de Bataafsche Petroleum Mij. 87, 99, 104
942027 B. F. Goodrich Co. 87, 99
942990 N. V. de Bataafsche Petroleum Mij. 232
944063 N. V. de Bataafsche Petroleum Mij. 103
945525 Carbide and Carbon Chemicals Corp. 298
946039 N. V. de Bataafsche Petroleum Mij. 212, 213, 215, 218, 221, 233
946322 Comp. Française pour l'Exploitation des Procédés Thomson-Houston 232
947370 Distillers Co. Ltd. 83
949581 Distillers Co. Ltd. 97
949603 B. F. Goodrich Co. 291
949919 N. V. de Bataafsche Petroleum Mij. 53
950047 B. F. Goodrich Co. 85
950203 B. F. Goodrich Co. 295
950206 B. F. Goodrich Co. 236
950422 B. F. Goodrich Co. 46
950423 B. F. Goodrich Co. 31
951308 B. F. Goodrich Co. 46
951620 B. F. Goodrich Co. 31
952879 N. V. de Bataafsche Petroleum Mij. 250
953474 B. F. Goodrich Co. 232
957991 Oel- & Chemie Werk A.G. 281
961876 Imperial Chemical Industries Ltd. 248
962089 Compagnie Française Thomson-Houston 107

962226	Monsanto Chemical Co. 17
965036	British Resin Products Ltd. 235
969534	B. F. Goodrich Co. 50, 98
969577	B. F. Goodrich Co. 87, 99
969742	B. F. Goodrich Co. 15, 50, 98
970249	B. F. Goodrich Co. 50
976543	Soc. An. des Manufactures des Glaces et Produits Chimiques de Saint-Gobain, Chauny & Cirey 9
976560	I.G. Farbenindustrie A.G. 247
977296	Société Belge de l'Azote et des Produits Chimiques du Marly S.A. 37
978775	Imperial Chemical Industries Ltd. 315
980800	Distillers Co., Ltd. 316
985327	Imperial Chemical Industries Ltd. 348
985473	Soc. An. des Manufactures des Glaces et Produits Chimiques de Saint-Gobain, Chauny & Cirey 10
986245	G. P. Mack u. E. Parker 226
988435	B. F. Goodrich Co. 280
988748	Carbide and Carbon Chemicals Corp. 302
988888	Soc. An. des Manufactures des Glaces et Produits Chimiques de Saint-Gobain, Chauny & Cirey 211
989099	B. F. Goodrich Co. 29
992056	N. V. de Bataafsche Petroleum Mij. 209, 247
992709	I.G. Farbenindustrie A.G. 283
993030	Colombes-Goodrich So. An. 316
993689	Carbide and Carbon Chemicals Corp. 317
993704	M. Erlenbach u. A. Sieglitz 212
994365	Soc. An. des Manufactures des Glaces et Produits Chimiques de Saint-Gobain, Chauny & Cirey 9
994783	Soc. An. Manufactures Landaise des Produits Chimiques 305
994827	Soc. An. des Manufactures des Glaces et Produits Chimiques de Saint-Gobain, Chauny & Cirey 311
996385	N. V. de Bataafsche Petroleum Mij. 275
996616	Soc. Rhodiaceta 211
997988	Carlo Jahn 316
999596	N. V. de Bataafsche Petroleum Mij. 19
1001537	Badische Anilin- & Soda-Fabrik A.G. 39
1005305	Soc. An. des Manufactures des Glaces et Produits Chimiques de Saint-Gobain, Chauny & Cirey 9
1007084	Soc. An. des Manufactures des Glaces et Produits Chimiques de Saint-Gobain, Chauny & Cirey 282
1007735	Soc. An. Soc. Minière des Schistes Bitumineux 305
1011173	Badische Anilin- & Soda-Fabrik A.G. 303
1011369	Soc. An. Manufactures de Produits Chimiques du Nord (Etablissements Kuhlmann) 298
1012226	Soc. An. Manufactures de Produits Chimiques du Nord (Etablissements Kuhlmann) 286
1012727	Soc. des Usines Chimiques Rhône-Poulenc 306
1013977	I.G. Farbenindustrie A.G. 44
1017853	United States Rubber Co. 14
1018156	B. F. Goodrich Co. 15
1018504	B. F. Goodrich Co. 15, 83
1020020	Titan Co., Inc. 232
1020169	Badische Anilin- & Soda-Fabrik A.G. 28
1023581	Vereinigte Glanzstoff-Fabriken A.G. 331
1023874	N. V. de Bataafsche Petroleum Mij. 317
1025136	Dow Chemical Co. 20
1031083	F. Chevassus 239
1032280	Farbwerke Hoechst A.G. vormals Meister Lucius & Brüning 28
1032341	Imperial Chemical Industries Ltd. 328
1034274	Dow Chemical Co. 217
1035327	Standard Telephone and Cables Ltd. 314
1036688	N. V. de Bataafsche Petroleum Mij. 296
1037565	Soc. An. des Manufactures des Glaces et Produits Chimiques de Saint-Gobain, Chauny & Cirey 348

1038059 Soc. An. des Manufactures des Glaces et Produits Chimiques de Saint-Gobain, Chauny & Cirey 83
1039518 Pechiney (Comp. de Produits Chim. & Électrométallurgiques) 307
1040860 Imperial Chemical Industries Ltd. 328
1041663 Farbwerke Hoechst A.G. vormals Meister Lucius & Brüning 32
1042148 Chemische Werke Hüls A.G. 251
1042983 General Tire & Rubber Co. 318
1044755 Imperial Chemical Industries Ltd. 57
1047598 Farbwerke Hoechst A.G. vormals Meister Lucius & Brüning 258
1051089 N. V. de Bataafsche Petroleum Mij. 55
1052642 Imperial Chemical Industries Ltd. 20
1055906 Firestone Tire & Rubber Co. 227
1056965 N. V. de Bataafsche Petroleum Mij. 53
1057902 Dictaphone Corp. 328
1058985 Dow Chemical Co. 239
1059678 Chemische Werke Hüls GmbH. 246
1060166 Pechiney Comp. des Produits Chimiques et Électrometallurgiques 275
1060365 Henkel & Cie. GmbH. 310
1062352 Chemische Werke Hüls GmbH. 348
1062446 Farbwerke Hoechst A.G. vormals Meister Lucius & Brüning 33
1063285 B. F. Goodrich Co. 101
1065664 Distillers Co., Ltd. 293
1066089 Dow Chemical Co. 211
1072806 Solvic S.A. 49
1072988 Chemische Werke Hüls GmbH. 28
1073794 Wacker-Chemie GmbH. 21, 26
1073795 Wacker-Chemie GmbH. 21
1073931 État Français 247
1075835 Farbenfabriken Bayer A.G. 81, 87, 99

1080823 Chemische Werke Hüls GmbH. 29
1080923 Chemische Werke Hüls GmbH. 29
1082268 Chemische Werke Hüls GmbH. 30, 86
1084431 Metal & Thermit Corp. 227
1085807 Advance Solvents & Chemical Corp. 228
1086182 Dynamit A.G. vorm. Alfred Nobel & Co. 213
1086575 N. V. de Bataafsche Petroleum Mij. 53
1087249 Chemische Werke Hüls GmbH. 30
1089221 Soc. An. Manufactures de Produits Chimiques du Nord 304
1090758 Imperial Chemical Industries Ltd. 57
1098921 B. F. Goodrich Co. 355
1099238 Soc. An. Solvic 33
1099239 Soc. An. Solvic 54
1099990 B. F. Goodrich Co. 350
1100098 Soc. An. Manufactures de Produits Chimiques du Nord 342
1100437 Metal & Thermit Corp. 235
1103192 Badische Anilin- & Soda-Fabrik A.G. 282
1105652 Soc. An. des Manufactures des Glaces et Produits Chimiques de Saint-Gobain, Chauny & Cirey 229
1106759 British Geon Ltd. 49
1107726 Soc. An. des Manufactures des Glaces et Produits Chimiques de Saint-Gobain, Chauny & Cirey 229
1110665 A. F. Smith 9, 10
1111320 Soc. An. des Manufactures des Glaces et Produits Chimiques de Saint-Gobain, Chauny & Cirey 229
1111551 Etablissements Nyco 215
1114975 N. V. de Bataafsche Petroleum Mij. 310
1116475 Advance Solvents & Chemical Corp. 228
1117753 Montecatini Soc. Gen. per l'Industria Mineraria e Chimica 10
1117985 Dehydag Deutsche Hydrierwerke GmbH. 310

1118081	Pure Chemicals Ltd. 225
1119752	Advance Solvents & Chemical Corp. 256
1121084	Soc. An. des Manufactures des Glaces et Produits Chimiques de Saint-Gobain, Chauny & Cirey 62
1121813	Dehydag Deutsche Hydrierwerke GmbH. 297
1125515	Diamond Alkali Co. 20
1127671	Argus Chemical Laboratory Inc. 214, 216, 218, 220, 222, 257
1128845	Solvay & Cie. 101, 103
1134627	National Lead Co. 222
1135486	Dunlop Rubber Co. 328
1138451	Advance Solvents & Chemical Corp. 228
1139686	Montecatini Soc. Gen. per 'Industria Mineraria e Chimica 18
1141246	VEB Chemische Werke Buna 16
1147722	Soc. An. des Manufactures des Glaces et Produits Chimiques de Saint-Gobain, Chauny & Cirey 113
1150178	Dow Chemical Co. 239
1150658	Soc. Kodak-Pathé 112
1150843	Badische Anilin- & Soda-Fabrik A.G. 246
1154013	Monsanto Chemical Co. 239
1157174	A. Samuel, R. Bouvet, St. Hittner M. de Beaulieu 300
1158257	B. F. Goodrich Co. 21
1159299	F. Chevassus 257
1160141	Chemische Werke Hüls GmbH. 247
1160849	Soc. An. des Manufactures des Glaces et Produits Chimiques de Saint-Gobain, Chauny & Cirey 113
1162816	Deutsche Gold- und Silberscheideanstalt vormals Roessler 248
1166281	Soc. des Usines Chimiques Rhône-Poulenc 110
1166853	Farbwerke Hoechst A.G. vormals Meister Lucius & Brüning 42, 95
1167741	Farbwerke Hoechst A.G. vormals Meister Lucius & Brüning 230
1169961	National Lead Co. 231
1170602	Farbwerke Hoechst A.G. vormals Meister Lucius & Brüning 65
1170768	Farbwerke Hoechst A.G. vormals Meister Lucius & Brüning 357
1171288	General Tire & Rubber Co. 351
1174844	Farbwerke Hoechst A.G. vormals Meister Lucius & Brüning 43
1176785	Monsanto Chemical Co. 27
1177558	Badische Anilin- & Soda-Fabrik A.G. 227
1177940	Montecatini Soc. Gen. per l'Industria Mineraria e Chimica 112
1179723	Farbwerke Hoechst A.G. vormals Meister Lucius & Brüning 354
1181103	Farbwerke Hoechst A.G. vormals Meister Lucius & Brüning 348
1184545	U.C.L.A.F. 222
1184559	Hercules Powder Co. 64
1186606	Usines Chimiques des Laboratoires Français 222, 233
1187214	Soc. An. des Manufactures des Glaces et Produits Chimiques de Saint-Gobain, Chauny & Cirey 123
1190053	Badische Anilin- & Soda-Fabrik A.G. 30
1190054	Badische Anilin- & Soda-Fabrik A.G. 30
1192261	Dow Chemical Co. 357
1193215	Solvic S.A. 66
1193216	Solvic S.A. 67
1193569	Farbenfabriken Bayer A.G. 249
1194552	U.C.L.A.F. 284
1194553	U.C.L.A.F. 284
1196861	Wacker-Chemie GmbH. 32
1197041	Dow Chemical Co. 122
1197851	Carlisle Chemical Works 226
1198047	Farbwerke Hoechst A.G. vormals Meister Lucius & Brüning 42
1198048	Farbwerke Hoechst A.G. vormals Meister Lucius & Brüning 42
1198579	Farbwerke Hoechst A.G. vormals Meister Lucius & Brüning 356

1199573 United States Rubber Co. 352
1200143 Diamond Alkali Co. 31
1200886 Pechiney 44
1201023 Chemische Werke Hüls A.G. 15
1201537 Solvic S.A. 65
1202500 B. X. Plastics Ltd. 113
1203359 Badische Anilin- & Soda-Fabrik A.G. 330
1205234 Rohm & Haas Co. 356
1205771 Solvic S.A. 108
1208068 Chemische Werke Hüls A.G. 26
1211814 Pechiney Comp. de Produits Chimiques et Électrométallurgiques 214
1213983 Solvic S.A. 68
1214309 Imperial Chemical Industries Ltd. 66
1215655 Kureha Kasei Kabushiki Kaisha 73
1217026 Chemische Werke Hüls A.G. 304
1221929 B. F. Goodrich Co. 69
1222348 Wacker-Chemie GmbH. 31
1223187 Wacker-Chemie GmbH. 29
1225232 Chemische Werke Hüls A.G. 351
1225358 Farbwerke Hoechst A.G. vormals Meister Lucius & Brüning 357
1226829 Diamond Alkali Co. 73
1227039 Dynamit Nobel A.G. 44
1227680 Wacker-Chemie GmbH. 107
1229279 Solvic S.A. 113
1229661 Farbwerke Hoechst A.G. vormals Meister Lucius & Brüning 27
1230042 Solvic S.A. 64
1230043 Solvic S.A. 66
1230631 Solvic S.A. 70
1230632 Solvic S.A. 72
1230843 Solvic S.A. 69
1230844 Solvic S.A. 69
1230845 Solvic S.A. 68
1231987 G. Appaix 213
1232428 Soc. des Usines Chimiques Rhône-Poulenc 69
1233724 Wacker-Chemie GmbH. 25
1233878 Farbenfabriken Bayer A.G. 249
1235655 Imperial Chemical Industries Ltd. 62
1236658 G. Appaix 213
1238536 Farbwerke Hoechst A.G. vormals Meister Lucius & Brüning 95
1241023 W. R. Grace & Co. 85
1244341 Chemische Werke Hüls A.G. 112, 349
1244719 Badische Anilin- & Soda-Fabrik A.G. 61
1246456 W. R. Grace & Co. 87
1249762 Badische Anilin- & Soda-Fabrik A.G. 61
1256491 Farbwerke Hoechst A.G. vormals Meister Lucius & Brüning 58
1257287 Farbwerke Hoechst A.G. vormals Meister Lucius & Brüning 58
1257780 Compagnie de Saint-Gobain 9, 10
1258434 Soc. des Usines Chimiques Rhône-Poulenc 112, 349
1259267 Dynamit Nobel A.G. 65
1259292 Solvay & Cie. 69
1259774 Dynamit Nobel A.G. 72
1260428 General Tire & Rubber Co. 30
1260481 Dynamit Nobel A.G. 78
1261690 Distillers Co., Ltd. 73
1263623 Solvay & Cie. 69
1263855 Farbwerke Hoechst A.G. vormals Meister Lucius & Brüning 58
1268054 Solvay & Cie. 71
1268602 Compagnie de Saint-Gobain 71
1269387 Farbwerke Hoechst A.G. vormals Meister Lucius & Brüning 27
1272138 Dow Chemical Co. 86
1273669 Diamond Alkali Co. 74
1274384 Escambia Chemical Corp. 27
1277888 Chemische Werke Hüls A.G. 26
1280421 Solvay & Cie. 67
1283616 Montecatini Soc. Gen. per l'Industria Mineraria e Chimica 59
1284173 Imperial Chemical Industries Ltd. 104
1285616 Wacker-Chemie GmbH. 20
1286149 Farbwerke Hoechst A.G. vormals Meister Lucius & Brüning 97

1287583 Compagnie de Saint-Gobain 72
1288829 Compagnie de Saint-Gobain 113
1289540 Compagnie Française des Matières Colorantes 98
1290436 Union Carbide Corp. 102
1290723 Dynamit Nobel A.G. 70
1291401 Dynamit Nobel A.G. 72
1291562 Air Reduction Co. 96
1292431 Union Carbide Corp. 102
1295085 Montecatini Soc. Gen. per l'Industria Mineraria e Chimica 46

Französische Zusatzpatente

49230 I.G. Farbenindustrie A.G. 117
52763 I.G. Farbenindustrie A.G. 78
55047 Comp. Française pour l'Exploitation des Proédés Thomson-Houston 282
56210 Badische Anilin- & Soda-Fabrik A.G. 303
64382 Soc. An. des Manufactures des Glaces et Produits Chimiques de Saint-Gobain, Chauny & Cirey 10
64828 Chemische Werke Hüls GmbH. 30

Holländische Patente

46908 Ges. f. elektrotechn. Erzeugnisse mbH. 304
52854 Cons. f. elektrochem. Ind. GmbH. 279
61170 N. V. de Bataafsche Petroleum Mij. 46
70853 N. V. de Bataafsche Petroleum Mij. 248
91173 Metal & Thermit Corp. 227
91341 Argus Chemical Corp. 220, 222, 258
91801 Soc. An. des Manufactures des Glaces et Produits Chimiques de Saint-Gobain, Chauny & Cirey 229
93321 Metal & Termit Corp. 230
93925 Soc. An. des Manufactures des Glaces et Produits Chimiques de Saint-Gobain, Chauny & Cirey 229
95061 Deutsche Advance Produktion GmbH. 228
96037 N. V. de Bataafsche Petroleum Mij. 350
99116 N. V. de Bataafsche Petroleum Mij. 352
99117 N. V. de Bataafsche Petroleum Mij. 352
101042 Rohm & Haas Co. 356

Indische Patente

54415 Dow Chemical Co. 238
61828 Dunlop Rubber Co. 343

Italienische Patente

309144 I.G. Farbenindustrie A.G. 209
347946 I.G. Farbenindustrie A.G. 105
383148 I.G. Farbenindustrie A.G. 220
384434 Dynamit A.G. vorm. A. Nobel & Co. 331
388208 Metallgesellschaft A.G. 304
391972 Dr. A. Wacker Ges. f. elektrochem. Ind. GmbH. 280
393114 Comp. Generale di Elettricità 286
472972 Monsanto Chemical Co. 37
474931 Chemische Werke Hüls A.G. 45

Japanische Auslegeschriften

2791/1958 Borg-Warner Corp. 356
3735/1958 Toa Gosei Kagaku Kogyo Kabushiki Kaisha 18, 26
4992/1958 Carlisle Chemical Works Inc. 228
5992/1958 Asahi Kasei Kogyo Kabushiki Kaisha 237
7645/1958 Asahi Dow Kabushiki Kaisha 237
441/1959 Monsanto Chemical Co. 239

2189/1959 T. Ichikawa 307
2487/1959 Asahi Kasei Kogyo Kabushiki Kaisha 237
2989/1959 Kureha Kasei Kabushiki Kaisha 60
5444/1959 Kureha Kasei Kabushiki Kaisha 28
5445/1959 Monsanto Chemical Co. 27
37/1960 Carlisle Chemical Works Inc. 257
496/1960 Nippon Carbide Kogyo Kabushiki Kaisha 19
2190/1960 Tatsuo Katsumura 229
4786/1960 Nippon Denshin Denwa Kosha 70
6135/1960 Dainippon Celluloid Kabushiki Kaisha 353
6136/1960 Tokyo Shibaura Denki Kabushiki Kaisha 328
6890/1960 N. V. de Bataafsche Petroleum Mij. 350
7493/1960 Kureha Kasei Kabushiki Kaisha 73
7579/1960 Dainippon Celluloid Kabushiki Kaisha 354
7588/1960 Kureha Kasei Kabushiki Kaisha 73
8337/1960 Kyodo Yakuhin Kabushiki Kaisha 230
9432/1960 Sakai Kagaku Kogyo Kabushiki Kaisha 231
9433/1960 Carlisle Chemical Works Inc. 226
9644/1960 Carlisle Chemical Works Inc. 226
11683/1960 S. Komori u. Y. Shigeno 297
14940/1960 Monsanto Chemical Co. 26
16040/1960 Nippon Carbide Kogyo Kabushiki Kaisha 68
17687/1960 Kureha Kasei Kabushiki Kaisha 244
17688/1960 Kureha Kasei Kabushiki Kaisha 244
18387/1960 Yoshitomi Seiyaku Kabushiki Kaisha 228
288/1961 Zaidan Hojin Nippon Kagaku Seni Kenkyujo 68, 70
289/1961 Zaidan Hojin Nippon Kagaku Seni Kenkyujo 68, 70
1992/1961 Kureha Kasei Kabushiki Kaisha 73

Österreichische Patente

165883 Donau-Chemie A.G. 307
169347 F. Böck u. E. Böck 306
170286 Österreichische Stickstoffwerke A.G. 313
173263 Imperial Chemical Industries Ltd. 57
174206 N. V. de Bataafsche Petroleum Mij. 52
178461 E. F. Drew & Co., Inc. 278
180144 Solvic S.A. 49
188102 B. F. Goodrich Co. 350
200336 C. F. Roser GmbH. 314
204779 Solvic S.A. 66
207571 Chemische Werke Hüls A.G. 304
208072 Montecatini Soc. Gen. per l'Industria Mineraria e Chimica 112
210138 Österreichische Stickstoffwerke A.G. 297
210148 Österreichische Stickstoffwerke A.G. 297
213055 Imperial Chemical Industries Ltd. 353
213056 Imperial Chemical Industries Ltd. 353
215153 Chemische Werke Hüls A.G. 351
215154 Chemische Werke Hüls A.G. 354
217707 Chemische Werke Hüls A.G. 351
218248 Solvay & Cie. 69
220364 Solvay & Cie. 71

Russische Patente

47810 A. D. Abkin, W. S. Klimenkow, F. F. Koschelew u. S. S. Medwedew 88

Schwedische Patente

125639 Wacker-Chemie GmbH. 88
125946 Anglo-Iranian Oil Co. 305
127069 Soc. An. des Manufactures des Glaces et Produits Chimiques de Saint-Gobain, Chauny & Cirey 9
130144 R. Staeger 39
130996 Union Carbide & Carbon Chemicals Corp. 284
131560 British Resin Products Ltd. 235
162580 B. F. Goodrich Co. 355

Schweizerische Patente

216170 I.G. Farbenindustrie A.G. 117
220495 Dr. A. Wacker Gesellschaft f. elektrochemische Industrie GmbH. 95
223079 Dr. A. Wacker Gesellschaft f. elektrochemische Industrie GmbH. 280, 281
227591 Wacker-Chemie GmbH. 88
230270 Soc. Usines Chimiques Rhône-Poulenc 275
244057 N. V. de Bataafsche Petroleum Mij. 79
246479 Soc. Salpa Française 305
266641 Imperial Chemical Industries Ltd. 50
266898 N. V. de Bataafsche Petroleum Mij. 53, 84
272263 Lonza Elektrizitätswerke A.G. 335
273079 Lonza Elektrizitätswerke & Chemische Fabriken A.G. 96
275161 British Resin Products Ltd. 235
277994 N. V. de Bataafsche Petroleum Mij. 247
291824 Farbwerke Hoechst A.G. vormals Meister Lucius & Brüning 27
294028 Farbwerke Hoechst A.G. vormals Meister Lucius & Brüning 32
295067 Badische Anilin- & Soda-Fabrik A.G. 54
302920 Wacker-Chemie GmbH. 37
307334 S.A. Solvic 40
317482 Lonza Elektrizitätswerke & Chemische Fabriken A.G. 40, 45, 46, 57
328072 Metal & Thermit Corp. 225
333509 Union Carbide Corp. 254
333524 B. F. Goodrich Co. 350
350289 Deutsche Advance Produktion GmbH. 229
350290 Deutsche Advance Produktion GmbH. 229

Firmenverzeichnis

Advance Solvents & Chemical Co. 213, 215, 217, 226, 228, 230, 256
A.G. für Anilin-Fabrikation 59
Air Reduction Co., Inc. 92, 96
Allgemeine Elektrizitäts-Gesellschaft 280
Allied Chemical Co. 19, 21, 94
Allied Chemical & Dye Corp. 287
American Cyanamid Co. 239, 245, 281, 295, 328
American Marietta Co. 90
Anglo Iranian Oil Co., Ltd. 305, 306, 313
Argus Chemical Corp. 214, 216, 219, 220, 222, 257, 258
Argus Chemical Laboratory Inc. 214, 216, 218, 219, 220, 222, 227, 228, 229, 230, 257
Armour & Co. 285
Armstrong Cork Co. 115
Asahi Dow Kabushiki Kaisha 237
Asahi Kasei Kogyo Kabushiki Kaisha 237
Atlas Powder Co. 276, 278

Badische Anilin- & Soda-Fabrik A.G. 10, 11, 15, 18, 22, 25, 28, 30, 32, 34, 36, 38, 39, 45, 49, 54, 61, 73, 76, 87, 91, 92, 96, 98, 99, 102, 104, 106, 112, 113, 117, 118, 120, 209, 214, 216, 217, 224, 227, 239, 246, 276, 279, 281, 282, 283, 284, 286, 298, 300, 303, 312, 317, 330, 348, 349
Bakelite Corp. 225
Bakelite Ltd. 28, 64
Baker Castor Oil Co. 217, 236, 280
Benecke, J. H. 328
Boake Roberts & Co., Ltd., A. 49, 286, 308
Borden Co. 101
Borg-Warner Corp. 356
British Celanese Ltd. 121, 331
British Geon Ltd. 49
British Resin Products Ltd. 235

British Thomson-Houston Co. Ltd. 107, 280, 314
Buffalo Electro-Chemical Co. 212, 213, 215, 217, 219, 221, 233, 309

Cambridge Indust. Co. 314
Canadian General Electric Co. Ltd. 232
Canadian Industries Ltd. 117
Carbide and Carbon Chemicals Corp. 8, 11, 91, 94, 96, 105, 108, 123, 212, 213, 214, 215, 217, 218, 219, 221, 224, 225, 231, 232, 233, 235, 237 248 249 280, 298, 302, 317
Carbide and Carbon Chemicals Ltd. 91, 94
Carlisle Chemical Works, Inc. 225, 226, 227, 228, 257
Cassella Farbwerke Mainkur A.G. 38, 45, 248, 249, 257, 304, 308, 312
Celanese Corp. of America 115, 257, 300, 330, 331
Centre National de la Recherche Scientifique 113, 114
Chas. Pfizer & Co., Inc. 226, 283, 297
Chemische Forschungsgesellschaft 88
Chemische Werke Albert 97, 233, 257
Chemische Werke Hüls A.G. 15, 21, 23, 26, 41, 45, 86, 96, 102, 108, 112, 248, 251, 283, 304, 310, 328, 349, 351, 354
Chemische Werke Hüls GmbH. 25, 28, 29, 30, 50, 214, 216, 219, 220, 221, 234, 246, 247, 284, 308, 348
Colombes-Goodrich Soc. An. 316
Compagnia Generale di Elettricità 286
Compagnie de Saint-Gobain 9, 10, 62, 71, 72, 113
Compagnie des Meules Norton 103
Compagnie des Produits Chimiques Electrométallurgiques Alais Froges & Camargue 123
Compagnie Française de Raffinage Soc. An. 306, 307

Firmenverzeichnis

Compagnie Française des Matières Colorantes 98
Compagnie Française pour l'Exploitation des Procédés Thomson-Houston 286, 287
Compagnie Francaise Thomson-Houston 232
Compagnie Générale des Etablissements Michelin Raison Sociale, Robert Puiseux & Co. 49
Consortium für elektrochemische Industrie GmbH. 11, 20, 94, 279
Continental Gummi-Werke A.G. 308

Dainippon Celluloid Kabushiki Kaisha 353, 354
Dehydag Deutsche Hydrierwerke GmbH. 279, 295, 297, 298, 307, 309, 310
Deutsche Advance Produktion GmbH. 224, 228, 229, 230
Deutsche Celluloid-Fabrik in Eilenburg 100, 249, 330
Deutsche Gold- und Silberscheideanstalt vormals Roessler 248, 276, 308
Deutsche Hydrierwerke A.G. 275, 276, 281, 283, 285, 304, 307, 312
Deutsche Shell A.G. 305
Deutsches Hydrierwerk Rodleben VEB 276, 298, 306, 311, 312
Deutsche Solvay-Werke GmbH. 90, 306
Devoe & Raynolds Co. 251
Diamond Alkali Co. 17, 18, 20, 27, 31, 48, 73, 74
Dictaphone Corp. 328
Distillers Co., Ltd. 9, 23, 24, 29, 83, 86, 87, 97, 107, 236, 240, 247, 286, 287, 293, 315, 316
Dominion Rubber Co. Ltd. 210
Donau-Chemie A.G. 307
Dow Chemical Co. 20, 28, 33, 50, 57, 83, 85, 86, 103, 119, 122, 210, 211, 213, 214, 215, 216, 217, 218, 235, 236, 237, 238, 239, 240, 241, 242, 243, 244, 246, 249, 252, 257, 277, 296, 317, 357
Drew & Co., Inc., E. F. 278
Dunlop Rubber Co. 60, 327, 328, 343
Dynamit A.G. vormals A. Nobel & Co. 123, 213, 307, 331
Dynamit Nobel A.G. 22, 44, 65, 67, 70, 72, 78

Eastman Kodak Co. 102, 110, 112, 237, 250, 258, 313

E. I. du Pont de Nemours & Co. 8, 11, 37, 46, 48, 49, 60, 78, 79, 80, 81, 82, 88, 89, 92, 94, 97, 98, 99, 102, 104, 106, 109, 110, 119, 121, 210, 235, 247, 248, 249, 251, 256, 257, 258, 286, 295, 311, 314, 317, 331
Emery Industries Inc. 314
Escambia Chemical Corp. 27, 28, 29
Esso Research and Engineering Co. 275, 357
Etablissements Nyco 215
Ethicon Inc. 281
Ethyl Corp. 29, 34, 95, 301

Farbenfabriken Bayer A.G. 36, 60, 81, 82, 87, 88, 99, 101, 249, 283, 303, 304, 328
Farbwerke Hoechst A.G. vormals Meister, Lucius & Brüning 23, 24, 26, 27, 28, 29, 30, 32, 33, 41, 42, 43, 44, 45, 46, 47, 58, 65, 77, 82, 90, 95, 96, 97, 105, 110, 230, 258, 281, 282, 284, 302, 311, 313, 348, 354, 356, 357
Ferro Chemical Co. 221, 258
Ferro Corp. 212, 214, 216, 219, 220, 222, 233, 256
Firestone Tire & Rubber Co. 25, 28, 29, 30, 56, 75, 82, 87, 89, 99, 108, 121, 219, 222, 226, 227, 238, 249, 282, 315, 316, 352
Food Machinery and Chemical Corp. 215, 217, 221, 233, 309

Geigy A.G., J. R. 252
Geigy Co. Ltd. 286, 287
General Aniline & Film Corp. 78, 240, 241, 245, 286, 315, 317
General Electric Co. 62, 101, 232, 286, 287, 293, 295, 315
General Mills Inc. 285, 296, 314
General Tire & Rubber Co. 18, 30, 89, 257, 281, 318, 351, 352
Ges. f. elektrotechnische Erzeugnisse mbH. 304
Ges. f. Fabrikation & Vertrieb von Gummiwaren Bogatyr 114
Glenn L. Martin Co. 286
Godfrey L. Cabot Inc. 315
Goodrich Co., B. F. 15, 18, 21, 29, 31, 46, 49, 50, 56, 69, 79, 80, 81, 83, 85, 87, 95, 96, 98, 99, 100, 101, 102, 103, 117, 118, 121, 209, 213, 217, 231, 232,

236, 247, 278, 281, 284, 286, 291, 295, 306, 308, 313, 316, 317, 331, 350, 355
Goodyear Tire & Rubber Co. 308, 353, 355
Grace & Co., W. R. 84, 85, 87
Greengate & Irwell Rubber Co., Ltd. 328
Gulf Research & Development Co. 283

Hardesty Chemical Co., Inc. 281
Harshaw Chemical Co. 219, 220, 222
Harvel Research 249
Hazel-Atlas Glass Co. 247
Henkel & Cie. GmbH. 212, 214, 215, 218, 219, 310, 311
Hercules Powder Co. 64, 73, 317
Heyden Chemical Corp. 276, 342
Heyden Newport Chemical Corp. 230
Hooker Electrochemical Co. 119, 282
Hoyt Metal Co. 258

I.G. Farbenindustrie A.G. 8, 9, 11, 12, 36, 44, 54, 55, 75, 76, 78, 79, 80, 81, 83, 84, 88, 91, 92, 94, 95, 96, 97, 98, 99, 100, 102, 103, 104, 105, 106, 107, 109, 117, 118, 123, 209, 214, 216, 217, 220, 239, 247, 248, 276, 277, 281, 282, 291, 296, 303, 304, 305, 306, 307, 308, 330
Imhausen & Co. GmbH. 233, 278, 280
Imperial Chemical Industries Ltd. 11, 17, 20, 21, 37, 45, 47, 48, 50, 57, 60, 62, 65, 66, 73, 74, 75, 78, 83, 102, 103, 104, 108, 237, 247, 248, 249, 256, 287, 314, 315, 328, 329, 348, 352, 353
Institut für Chemie und Technologie der Plaste 229
Interchemical Corp. 305
International General Electric Co., Inc. 110

Kohle- und Eisenforschung GmbH. 120
Kureha Kasei Co. Ltd. 73
Kureha Kasei Kabushiki Kaisha 28, 60, 73, 244
Kyodo Yakuhin Kabushiki Kaisha 230

Lankro Chemicals Ltd. 301
Lech-Chemie Gersthofen 249
Lentia GmbH. 297
Lonza Elektrizitätswerke u. Chemische Fabriken A.G. 40, 45, 46, 57, 96, 335

Manufactures de Caoutchouc P. Lacollonge 283
Mathieson Chemical Corp. 89
Metallgesellschaft A.G. 304, 305
Metal & Thermit Corp. 110, 121, 216, 218, 222, 224, 225, 226, 227, 228, 229, 230, 235, 257, 258
Minnesota Mining & Manufacturing Co. 82
Mitsui Kagaku Kogyo Kabushiki Kaisha 72
Monsanto Chemical Co. 8, 16, 17, 18, 19, 23, 26, 27, 37, 39, 60, 93, 97, 101, 106, 107, 110, 114, 119, 211, 214, 217, 218, 220, 221, 224, 225, 231, 233, 234, 235, 236, 238, 239, 256, 257, 258, 275, 276, 277, 279, 281, 283, 284, 285, 286, 287, 293, 295, 296, 297, 300, 301, 302, 304, 310, 311, 312, 318, 328, 342, 348
Montecatini Soc. Gen. per l'Industria Mineraria e Chimica 10, 18, 46, 59, 112

National Distillers & Chemical Corp. 287
National Distillers Products Corp. 287
National Lead Co. 211, 218, 221, 222, 231, 232
Natural Rubber Producers Research Association 111
Nippon Carbide Kogyo Kabushiki Kaisha 19, 68
Nippon Denshin Denwa Kosha 70
Norton Grinding Wheel Co. Ltd. 103
N. V. de Bataafsche Petroleum Mij. 19, 29, 40, 45, 46, 52, 53, 55, 76, 79, 84, 85, 86, 87, 99, 103, 104, 111, 112, 209, 212, 213, 215, 218, 221, 232, 233, 247, 248, 250, 256, 275, 296, 310, 317, 350, 352
N. V. Philips Gloeilampenfabriken 85

Oel- & Chemie Werk A.G. 281
Österreichische Stickstoffwerke A.G 297, 313
Oldbury Electrochemical Co. 302
Olin Mathieson Chemical Corp. 306

Pechiney Comp. de Produits Chimiques et Électrométallurgiques 44, 90, 214, 275, 307
Philips Petroleum Co. 318
Pittsburgh Plate Glass Co. 88, 103, 104, 109, 281, 303

Polyplast Gesellschaft für Kautschukchemie mbH. 312, 316
Polyplastic 113
Pure Chemicals Ltd. 216, 225

Quaker Oats Co. 318

Radio Corp. of America 318
Rheinpreußen A.G. 112
Rohm & Haas Co. 25, 252, 309, 312, 315, 342, 356
Roser GmbH., C. F. 314
Rubber Corp. of America 41, 59
Rubber Improvement Ltd. 328
Rütgerswerke A.G. 120

S. A. Ethylene Plastique 114
Sakai Kagaku Kabushiki Kaisha 231
Shawinigan Chemicals Ltd. 113, 114, 121
Shawinigan Resins Co. 50
Shell Development Co. 19, 26, 45, 46, 52, 53, 57, 88, 103, 110, 111, 209, 213, 214, 215, 216, 218, 221, 222, 232, 234, 238, 247, 250, 251, 256, 275, 277, 305, 310
Shell Oil Co. 111
Shell Refining and Marketing Co., Ltd. 279
Sherwin-Williams Co. 210, 213, 215, 235, 238, 277, 280
Shin-Etsu Chemical Industry Co. 76
Sicedison S.p.A. 17
Siemens-Schuckert-Werke A.G. 279
Soc. An. des Manufactures des Glaces et Produits Chimiques de Saint-Gobain, Chauny & Cirey 9, 10, 62, 83, 113, 123, 211, 229, 282, 311, 348
Soc. An. Manufactures des Produits Chimiques du Nord (Etablissements Kuhlmann) 286, 298, 304, 342
Soc. An. Manufactures Landaise des Produits Chimiques 305
Soc. An. Soc. Minière Schistes Bitumineux 305
Soc. Belge de l'Azote et des Produits Chimiques du Marly S.A. 37
Soc. des Produits Chimiques Gerland S.A. 305
Soc. des Usines Chimiques Rhône-Poulenc 11, 69, 110, 112, 275, 295, 306, 330, 349
Soc. Kodak Pathé 112

Socony Vacuum Oil Co., Inc. 308, 317
Soc. Rhodiaceta 211, 331
Soc. Salpa Française 305
Solvay & Sie. 67, 69, 70, 71, 72, 84, 101, 103, 113, 120
Solvic S.A. 16, 33, 40, 49, 54, 64, 65, 66, 67, 68, 69, 70, 72, 94, 96, 108, 113
Stabelan Chemical Co. 209, 210, 211, 212, 213, 217
Standard Oil Development Co. 220, 222, 239, 311, 316, 317
Standard Telephone and Cables Ltd. 314
Stauffer Chemical Co. 258
Sun Oil Co. 276, 307, 308

Thiokol Chemical Corp. 229
T. I. (Group Services) Ltd. 113
Titan Co., Inc. 211, 218, 232
Toa Gosei Kagaku Kogyo Kabushiki Kaisha 18, 26, 100
Tokyo Shibaura Denki Kabushiki Kaisha 328

U.C.L.A.F. 222, 284
Union Carbide and Carbon Corp. 90, 211, 212, 225, 234, 236, 239, 257, 284, 302, 314
Union Carbide Corp. 8, 24, 33, 71, 91, 97, 102, 112, 251, 253, 254, 255, 284, 315, 348, 354, 356
United States of America 93, 96, 279, 280, 311, 314
United States Rubber Co. 14, 56, 75, 86, 96, 103, 105, 109, 122, 123, 210, 251, 281, 282, 302, 303, 307, 316, 336, 351, 352, 353, 354, 355
Usines Chimiques des Laboratoires Français 222, 233

VEB Chemische Werke Buna 16
VEB Elektrochemisches Kombinat Bitterfeld 209, 230, 247, 249, 312
VEB Farbenfabriken Wolfen 119, 330
Vereinigte Glanzstoff-Fabriken A.G. 331
Victor Chemical Works 300, 302

Wacker-Chemie GmbH. 9, 20, 21, 25, 26, 28, 29, 31, 32, 37, 49, 56, 57, 88, 96, 107, 300
Wacker Gesellschaft für Elektrochemi-

sche Industrie GmbH., Dr. A. 21, 57, 88, 94, 95, 280, 281
Wallace & Tierman, Inc. 309
Wingfoot Corp. 32, 97, 101, 106, 107, 211, 212, 213, 215, 216, 218, 219, 220, 235, 247, 248, 249
Wyandotte Chemicals Corp. 312

Yarsley (Research Laboratories) Ltd., Dr. V. E. 62
Yoshitomi Seiyaku Kabushiki Kaisha 228

Zaidan Hojin Nippon Kagaku Seni Kenkyujo 68, 70

Namenverzeichnis

Abernethy, N. W. 236
Abkin, A. D. 88
Achhammer, B. G. 179, 180, 184, 187, 188, 192
Ackermann, B. 230
Adams, Ch. E. 311
Adelman, R. L. 331
Aeschbach, J. 194
Agens, M. C. 280
Aiken, W. 153, 154, 155, 263, 267
Ainsworth, B. S. 257
Ainsworth, F. 249
Aishima, J. 237
Aitken, R. R. 287, 315
Akkerman, G. 53
Albert, W. 77, 175
Alcott te Grotenhuis, Th. 89
Alexander, C. H. 31, 46, 83, 85, 213, 217, 231, 278, 286, 306, 308, 313
Alfrey jr., T. 153, 154, 164, 263, 267
Amagi, Y. 60, 73
Amori, L. 322
Anagnostopoulos, C. E. 345
Angier, D. J. 111
Anspon, H. D. 317
Appaix, G. 213
Arita, H. 237
Arlman, E. J. 3, 7, 180, 183, 184, 185, 200
Armbruster, R. 281
Arnold, H. W. 79, 99, 102, 106
Arond, L. H. 101
Asahina, M. 73, 129
Ashigari, N. 70
Ashworth, M. C. 50
Asinger, F. 303
Atchinson, G. J. 192
Ault, W. C. 309
Austin, J. M. 333, 339, 340
Averill, S. J. 281

Bacon, R. G. R. 47, 48, 50, 83
Bader, A. R. 281

Bähr, H. 120
Baer, M. 16, 17, 18, 19, 106, 217, 231, 233, 318
Baeyart, A. 9
Baggett jr., C. 296
Ballard, S. A. 110
Ballast, D. E. 33
Banes, F. W. 275, 316
Bankoff, S. G. 12, 13, 14, 184
Banks, C. K. 235
Bankwitz, G. 310
Bappert, R. 55
Barillet, M. F. 304, 342
Barnes, A. W. 74, 75
Barnhart, W. S. 82
Barrett, H. J. 94
Bartlett, J. H. 275
Baskett, A. C. 60, 62
Bastian, H. 95
Batzer, H. 126, 137, 138
Bauer, H. 9, 21, 25, 28, 31
Baum, B. 127, 128, 179, 180, 183, 189
Baumann, E. 59
Bavley, A. 226, 283, 297
Bayer, O. 88
Beaulieu, M. de 300
Beber, A. J. 257
Beck, G. 267, 268, 269, 345
Beck, H. 345
Becker, W. 87, 88, 304
Bedeschi, M. 337
Behncke, H. 304
Beier, G. 49
Bell, A. 250
Bell, J. M. de 333
Benedict, D. B. 90, 91
Benetta, G. 17
Bengough, W. I. 3, 6, 7, 12, 128
Berardinelli, F. 300
Berenbaum, M. B. 229
Berens, A. R. 101, 130, 131
Berg, H. 94
Berg, R. M. 260, 261, 299

Bergen, H. S. 270, 271, 273, 299
Berger, W. 142
Bergheer, H. 229
Bergmeister, E. 25, 31, 49
Beringer, Ch. W. 18
Berry, K. L. 121
Bertozzi, E. R. 229
Bersworth, F. C. 282
Bessant, K. H. Ch. 23, 73
Best, Ch. E. 226
Bevington, J. C. 126
Bickel, H. 308
Bickford, W. G. 297
Bier, A. 40, 45, 46
Bier, G. 4, 24, 27, 90, 96, 105, 127, 136, 138, 139
Billig, K. 308
Bingham, R. E. 18, 30
Birley, A. W. 353
Birnthaler, W. 170, 198
Bisch, J. 123
Blair, Ch. M. 280
Blank, R. E. 210, 235, 238, 280
Blaschke, F. 278, 280
Bluma, R. 211
Bock, E. G. 25, 86
Bock, W. 101
Bockstahler, Th. E. 315
Bögemann, M. 282
Böck, E. 306
Böck, F. 306
Bohn, L. 77, 175, 176, 177
Bohrer, G. J. 293
Bond, A. E. 21
Bonner, E. F. 112
Bonvicino, A. 329
Bouman, B. 346
Boussely, J. 215
Boussu, G. X. R. 49
Bouvet, R. 300
Bowers, G. H. 247
Bowles, R. L. 332
Boyd, Th. 23
Boyer, R. F. 179, 236
Bradley, Th. F. 213, 215, 218, 221
Bramer, H. v. 250
Brandner, J. D. 278
Breitenbach, J. W. 3, 0, 7, 197
Breton, G. 9
Bretschneider, H. 302
Brett, H. D. 150
Brighton, C. A. 23, 24, 86, 87, 97, 150, 177, 178, 192, 193, 236

Britton, E. C. 211, 213, 237, 249
Britton, J. W. 50
Broderson, K. 304
Bröker, W. 281, 284
Brooks, R. E. 78
Brouckere, L. de 148
Brous, S. L. 154
Brown, J. H. 296, 302
Brown, W. E. 56
Brubaker, M. M. 47, 78, 79, 98
Brundrit, D. 50
Bruins, P. F. 287, 308
Bruinzeel, C. 52
Brunings, K. J. 283
Brunner, M. 124
Brunner, W. 313
Buchanan, G. R. 231, 234
Buchanan, H. W. 227, 230
Buchdahl, R. 174
Buchmann, W. 143, 147, 167, 168
Budworth, L. 37, 45
Büning, R. 65
Buhmann, G. 157, 158
Buls, V. W. 110
Bunn, C. W. 128
Burckhard, Ch. A. 295
Burgard, A. 91
Burgdorf, M. 249
Burgert, B. E. 242, 252
Burkholder, W. J. 20, 31, 48
Burleigh, P. H. 73, 74, 129, 132, 134
Burnett, G. M. 4
Busse, W. F. 160, 161, 162, 163
Butler, E. Th. 48
Butler, J. M. 281, 297

Caldwell, J. R. 112
Calvert, C. 356
Campell, A. W. 298
Campbell, W. E. 105
Carpenter, C. H. 329
Carothers, W. H. 88
Carr jr., C. I. 75, 105, 109
Carroll, M. F. 286
Carruthers, Th. F. 280
Cassis, F. A. 296
Ceresa, R. J. 111
Cernia, E. 18, 138, 329
Chaban, Ch. J. 209, 210, 211, 212, 213, 217
Chadwick, D. H. 221, 258
Chadwick, E. 315
Chambard, R. J. M. 11, 69

Chapin, E. C. 318
Chapiro, A. 61, 62, 113, 114, 121, 190, 191
Chaudet, J. H. 205
Cheyney, La Verne E. 247, 249
Chevassus, F. 257
Childers, C. W. 352
Chizallet, G. 307
Chodura, E. 297
Chomikowski, P. M. 4
Christ, B. 317
Christen, G. P. 11, 69
Christenson, R. M. 109
Christman, D. L. 64, 73
Chujo, R. 134
Church, J. M. 226, 230
Ciampa, G. 135, 137, 138
Cittadini, A. 184
Clark, G. A. 236, 238, 241, 242, 243, 244
Clash, R. F. 260, 261, 299
Clemens, M. L. 250
Cleve, R. van 310
Cleverdon, D. 97
Clifford, A. M. 101
Coen, A. 160, 161, 327
Coene, R. de 40, 66, 69, 70, 72, 94, 96, 108
Coffey, D. H. 315
Coffman, D. D. 37, 102
Cohrs, W. E. 86
Coleman, G. H. 236
Coleman, R. A. 204
Coler, M. A. 328
Collins, A. M. 88
Collinson, R. G. 64
Comerford, R. E. 75
Condo, F. E. 19, 26, 45, 46, 57, 88, 112
Connor, L. 299
Conti, W. 337
Conyers, J. A. 313
Conyne, R. F. 298
Cooke, M. D. 9, 83, 97, 107
Cooper, R. S. 258
Cooper, W. 60
Coover, H. W. 110, 112, 258
Coran, A. Y. 345
Corbett, G. M. 236
Corbiere, P. C. E. J. 331
Cornillot, A. P. 311
Corradini, P. 125, 128
Corso, C. 46, 59, 337
Costa, J. E. 210
Coste, J. B. de 199

Cotman jr., J. D. 6, 114, 126, 127
Cousins, E. 216, 220
Cowell, E. E. 236, 273, 277
Cox, F. W. 101, 107, 211, 213, 215, 218, 219, 235, 248
Cramer, R. D. 317
Crandall, J. L. 60
Crauland, M. 229
Craver, J. K. 301
Critchley, St. W. 287
Croft-White, P. G. 218
Culhane, P. J. 102
Curgan, M. N. 342

Dadson, L. M. 287, 315
Daglish, A. F. 23, 86, 240
D'Alelio, G. F. 101, 287
Dannis, M. L. 117, 118, 170
Danon, J. 113, 114
Danusso, F. 7, 137
Danzig, M. H. 75
Darby, J. R. 199, 214, 220, 234, 236, 238, 239, 270, 271, 277, 291, 294, 297, 299, 339
Davie, R. P. 332
Davies, J. M. 160, 161, 162, 163
Dawant, A. 306
Dazzi, J. 276, 279, 281, 284, 285, 287, 295, 296, 297, 304, 310, 311, 312
Dean, R. A. 313
Dean, R. T. 281
Deanin, R. D. 19, 94
Decker, R. 83
Deegan, C. C. 30
Dell, R. G. 19, 94
Delorme, J. 211
Demus, H. 120
Denk, W. 96, 110
Denny, P. W. 47
Desamari, K. 307
Deutsch, F. L. 235
Devlin, P. A. 250
Dickey, F. H. 46
Dickey, J. B. 102, 110
Dickhäuser, E. 9, 11, 80, 104, 248
Dieckelmann, G. 212, 214, 215, 218, 219, 309
Diedrich, G. 146
Dietrich, W. 279, 283
Dietz, T. J. 279
Dijk, Ch. P. van 52, 53, 84, 209, 248
Dilke, M. H. 286, 293
Distler, H. 38

Dixon, M. B. 279
Döll, W. 26
Doolittle, A. K. 231, 235
Doorman, F. A. 40, 45
Dorough, G. L. 79, 98, 256
Dosser, R. C. 50
Doty, P. 344
Dougherty, P. C. 296
Douglas, St. D. 8, 11, 63, 94, 248
Downing, J. 115, 121
Dreisbach, R. R. 317
Druesedow, D. 178, 180, 184, 189,195, 200, 201
Duch, M. 248
Dunlop, A. P. 318
Dunn, J. H. 301
Dupuy, H. P. 311
Dyck, L. A. van 60
Dyer, B. St. 57
Dyson, G. M. 197, 206

Eberly, K. C. 121
Ebersbach, H. W. 107
Eckelmann, A. 118, 230, 249, 312
Eckmans, H. 7, 127
Edgar, O. B. 315
Ehlers, F. A. 257
Ehlers, J. F. 271
Ehrhardt, A. 300
Eiermann, K. 158, 159
Eisenstecken, F. 120
Elias, H. G. 138
Elias, K. 306
Ellingboe, E. K. 92, 97, 249
Elliott, St. B. 221
Emerson, W. S. 277, 286, 295
Endres, R. 279, 298, 306, 307, 311, 312
Engelbrecht, H. J. 312
Engelhardt, F. 112
Enk, E. 32
Enomoto, S. 130
Erlenbach, M. 212
Esarove, D. 332, 335, 336, 340
Everard, K. B. 57
Evieux, E. 295
Ewing, H. 331

Faerber, G. 90
Faidutti, F. 305
Falk, G. 198
Fath, J. 230
Faulkner, D. 22, 86, 97, 236, 240, 247, 286, 293, 316

Faust, W. 36
Fawcett, E. W. 78
Fawcett, E. W. M. 305, 306
Faye, M. 287
Fedderson, A. 348
Fein, M. L. 279, 280
Feist, W. 124
Fernley, A. M. 197, 206
Ferrari, E. 337
Feuer, S. S. 356
Feuge, R. O. 309
Fidler, F. A. 313
Field, R. E. 315
Fielden, M. 60
Fields, J. E. 318
Fierz-David, H. E. 115, 116, 119, 125
Fikentscher, H. 15, 18, 30, 34, 36, 38, 54, 76, 91, 92, 95, 98, 100, 102, 112, 135, 209, 214, 216, 217, 247, 317, 347, 348, 349
Filachione, E. M. 279, 280
Fincke, J. K. 211, 214, 218, 224, 235
Fisher, Ch. H. 280
Fisher, E. G. 150, 155
Fisher, Th. W. 30, 99
Fisher, W. F. 220, 222
Fitzgerald, E. 163
Fligor, K. 213, 217
Flory, J. P. 125
Floyd, D. E. 285, 296, 314
Fluchaire M. 330
Folt, V. L. 15, 46, 50, 130, 131
Foord, St. G. 314
Fordham, J. W. L. 73, 129, 134
Forrest, H. D. 30
Forster, E. L. 137
Forster, W. S. 245
Foulon, A. 319, 320
Fournet, A. 11, 69
Fournier, M. 137
Fox, V. Warren 178, 201
Francke, W. 50, 100, 102 108, 221
Fraser, G. L. 275, 283
Frederick, M. R. 69
Frederickson jr., L. D. 214, 220
Freudenberger, H. 105, 106
Frey, H. E. 342
Frey, H. H. 26, 154, 155, 156, 157, 167, 168, 349, 356, 357
Freye, A. H. 203, 206
Freytag, J. 22
Friederich, H. 113
Friedrich jr., L. Ch. 86

Frissell, W. J. 268
Fritz, W. 94
Froese, W. 284, 286
Frostick, F. C. 254
Fryling, Ch. F. 49, 95
Fuchs, H. 311
Fuchs, O. 139, 154, 155, 156, 157, 167, 168
Fuchs, W. 116
Fuchsman, Ch. H. 202
Fuhrman, A. W. 75
Fujii, T. 353, 354
Fuller, C. S. 128, 129
Fuoss, R. M. 137, 148, 153, 160, 161, 162, 163, 170, 264
Furukawa, J. 63, 68, 70, 132

Gabilly, J. 113
Gäth, R. 91
Gall, R. J. 212, 213, 215, 217, 219, 221, 233, 309, 310
Gamrath, H. R. 281, 293, 300, 301, 345
Garner, H. K. 96, 106, 109
Garner, P. 218
Garner, Ph. J. 279
Gast, Th. 158, 159
Gatta, G. 17
Gaube, E. 146
Gaus, W. 276, 286
Gautron, R. 113
Gazzera, S. 137
Gearhart, W. M. 237
George, P. J. 69
Gerhard, J. R. 30
Gerhart, H. L. 104
Germar, H. 133, 134
Germon, W. M. 355
Gerrens, H. 34, 347, 348
Gerstner, F. 94
Gherghel, F. 349
Ghersa, P. 152, 154, 163, 164, 169
Gibbs, C. F. 178, 180, 184, 189, 195, 200, 201
Gibson, A. A. 57
Gifford, M. J. 317
Gislon, A. 306, 307
Glander, F. 152, 271, 344, 345
Glavis, F. J. 25
Glickman, S. A. 286
Gloor, W. E. 333
Gloskey, C. R. 225, 235
Gluesenkamp, E. W. 224, 304
Gnüchtel, A. 330

Goebel, S. 78
Goepp, R. M. 276
Göttfert, O. 150
Gofferjé, E. 248, 249, 257
Goggin, W. C. 236, 333
Goldblatt, L. A. 306, 311
Goldstein, K. R. 271
Goodman, D. 85, 87
Gordon, D. A. 238, 242, 243, 246
Governale, L. J. 33, 34
Grabowsky, O. 312
Gräfinger, G. 286
Graham, B. 117
Graham, P. R. 199, 238, 291, 294, 339, 342, 345
Gray, D. M. 247
Green, H. 332
Greene, Ch. E. 281
Greenspan, F. P. 212, 213, 215, 217, 219, 221, 233, 309, 310
Gregory, J. Th. 284
Greiff, F. 283
Gresham, Th. L. 291
Griffith, R. K. 315
Grill, K. 157, 158
Grimm, A. 180, 184, 195, 196, 197, 200
Grimme, W. 112
Grisenthwaite, R. J. 130
Grossmann, M. 42
Grotz, L. Ch. 24
Gruber, W. 21, 57, 280
Grünwald, G. 167
Grummitt, O. J. 210, 213, 215, 217, 238, 280
Grundmann, Ch. 312
Gudgeon, H. 287
Gündel, W. 212, 214, 215, 218, 219
Guggemos, H. 83
Guinot, H. 222, 233, 284
Gumlich, W. 308
Gundel, F. 113
Gunderman, G. L. 57
Guzman, G. M. 126
Gysling, H. 204

Häberle, M. 125, 136, 137
Haefner, A. J. 29, 95
Haehnel, W. 88
Hagel, K. O. 15
Hahn, W. 126
Halbig, P. 39, 40, 45
Haldenwanger, H. 142
Ham, G. E. 80, 318

Hambsch, O. 276
Hammerstingl, L. 56
Hanford, W. E. 81
Hanlon, W. J. 30
Hannum, C. 1
Hanschke, E. 11, 58, 117
Hansen, F. R. 221, 258
Hansen, J. E. 96
Hanson, A. W. 236
Harding, J. 153, 211
Hardman, D. E. 345
Hardy, W. B. 239
Haresnape, J. N. 305
Harkins, W. D. 34
Harmer, D. E. 124
Harris jr., E. H. 279
Harris, I. 57
Harris, W. D. 303
Hartmann, A. 166, 171, 180, 195, 271
Hartmann, W. 224
Harvey, M. P. 282, 302
Harvey, M. T. 249
Hatton, R. E. 300
Havens, C. B. 210, 214, 215, 218, 235, 236, 238, 239, 240, 242, 244, 246
Hayashi, M. 130
Hayden, E. M. 345
Hayer, D. 319
Hayes, R. 163, 299
Hayes, R. F. 60
Hebermehl, R. 307
Hecht, H. 257
Hecht, O. 276, 330
Hecker, A. C. 212, 213, 214, 215, 216, 217, 218, 219, 220, 222, 228, 229, 233, 257
Heckmaier, J. 9, 21, 25, 28, 29, 31, 37, 49, 56, 57, 107
Hedrick, G. W. 298
Heiligmann, R. G. 17
Heimsch, R. A. 295
Heinen, C. W. 113
Heinrich, E. 50, 102, 108
Heinrich, H. 119
Heinzelmann, D. C. 306
Helberger, J. H. 311
Heller, H. J. 204
Hellwege, K. H. 133, 134, 158
Helmes, E. 332
Hénaff, Ph. Le 222, 233, 284
Henderson, E. R. 31
Hendricks, J. G. 178, 199, 201, 211, 218, 221, 231, 232

Hengstenberg, J. 36, 76, 98, 137
Hensch, E. J. 309
Hentrich, W. 276, 279, 298, 304, 312
Herbig, J. A. 348
Herman, D. F. 222
Herman, J. A. 61
Herold, P. 303
Herrle, K. 15, 18, 30, 36, 92, 112, 317, 349
Herrmann, W. O. 88
Herzberg, H. 356
Hetzel, St. J. 276, 307
Heuck, C. 11
Heuer, W. 94
Heusch, R. 264
Heuse, O. 306
Heyna, J. 110
Hickson, J. A. D. 50
Hill, A. 20, 48
Hill, H. M. 313
Hill, J. W. 121
Hilpert, R. 108
Hirschland, H. 230
Hittner, St. 300
Hoaglin, R. I. 315
Hoch, P. E. 240, 241
Höchtlen, A. 304
Höllerer, H. 276, 298, 304
Hölscher, F. 91
Hönig, W. 22, 44
Hoerger, F. D. 119, 357
Hoffmann, G. 308
Hoffmann, K. 21, 23, 214, 216, 219, 220, 234, 247
Hofmann, G. 299
Hofmann, J. S. 297
Hohenstein, W. P. 12
Holdsworth, R. S. 28, 29
Holmes, R. A. 221
Holz, H. 83
Holzmüller, W. 158
Honn, F. J. 82
Honold, E. 308
Hopff, H. 78, 79, 82, 84, 87, 95, 98, 102, 105, 106, 109, 123, 252
Horback, W. B. 300
Horita, T. 60
Horning, E. C. 184
Horrocks, J. A. 197, 206
Horsley, R. A. 146, 167
Horst, H. D. Frh. v. d. 303
Horst, R. W. 203
Houtman jr., Th. 246

Howard jr., E. G. 48, 49, 60
Howells, E. R. 128
Howk, B. W. 311
Hudson, R. L. 252
Hübler, W. 15, 30, 32, 61, 73, 92, 112, 349
Huff, C. E. 210
Huggins, M. L. 259
Hugosson, T. 333, 335
Hulse, G. E. 317
Humfeld, G. P. 318
Hund, A. J. 316
Hunn, J. V. 277
Hunt, M. 8, 11, 48
Hunter, R. F. 130
Hunter, R. H. 278
Hurd, D. T. 110
Hutson, J. L. 30
Huyskens, P. 61

Ichikawa, T. 307
Ichinohe, S. 130
Iimura, K. 132
Ikeda, Y. 192
Iloff, A. 16, 83, 351
Imhausen, K. H. 233, 278, 280
Imoto, M. 74, 129, 132, 180, 183
Ingle, G. W. 319
Ingraham, R. B. 57
Isaacs, E. 48
Isaacs, Ph. K. 84, 85, 87
Ishida, S. 237
Ishida, Y. 148, 149
Ishihashi, H. 72
Ito, T. 230

Jacobi, B. 41, 348
Jacobson, R. A. 102
Jacobson, U. 154, 155, 157, 163, 258, 259
Jacqué, H. 118, 209, 214, 216, 217
Jahn, A. 23, 24, 27, 95, 258
Jankowiak, E. M. 28, 57, 210
Jansen, J. E. 284
Janssen, A. 153, 155, 263, 267
Japs, A. B. 209
Jarrett, K. B. 353
Jasching, W. 189, 196
Jenckel, E. 7, 127, 264
Jennings, G. B. 317, 350
Jobard, M. 113
Johnsen, U. 133, 134
Johnson, E. B. 331

Johnson, E. W. 226, 227, 229, 235
Johnson, H. L. 308
Johnston, F. 302
Johnston, F. L. 235
Jones, T. T. 64
Jordan, D. 109
Jordan jr., E. F. 96
Jordan, H. F. 96, 109
Jost, K. 34, 87, 99, 104
Jubanowsky, L. J. 236

Käsbauer, F. 138
Kahn, S. 315
Kainer, F. 80, 89, 303
Kainer, H. 89
Kaiser, W. 298
Kalteis, J. 300
Kaltschmitt, H. 282
Kaltwasser, H. 115, 118
Kamido, K. 68
Kamin, Ch. G. 248
Kanbara, N. 189
Karutz, E. 269
Katsumura, T. 229
Kaupp, J. 282
Kawasaki, A. 68, 70, 132
Kawazumi, K. 18, 26
Kearney, J. J. 20, 27
Kebrich, L. M. 232
Keizer, A. de 53
Keller, C. 283
Kellner, W. L. 180
Kelso, R. G. 315
Kemp, St. G. 49
Kenyon, A. 6
Kenyon, A. S. 201
Kester, E. B. 280
Kharash, M. S. 1
Kieferle, F. 22, 25, 102, 330
Kiessling, D. 191
King, E. G. 115
Kinoshita, T. 353, 354
Kinzinger, S. M. 316
Kirby, J. E. 88
Kirshenbaum, I. 275
Kirstahler, A. 307
Klatte, F. 8, 9
Klein, D. X. 342
Klein, H. 152, 153, 262, 263, 264, 265, 266, 339, 344
Klein, W. 117, 214, 216, 219, 220, 234, 247
Klimenkow, W. S. 88

Klimmer, O. R. 223
Kling, A. 87, 102, 276, 286, 348
Knappe, W. 158, 170, 270
Knight, H. B. 309, 314
Knoepke, O. H. 212, 213, 215, 219, 222 227, 229, 233, 257
Knopf, H. 81
Knowles, W. S. 304
Knuth, Ch. J. 226, 283, 287
Koch, G. J. 48
Koch, H. 332, 335, 336
Koerner, J. 249
König, H. 150, 351
Kohlhepp, F. 158
Kolvoort, E. C. H. 53
Komori, S. 297
Konishi, A. 73
Koos, R. E. 309
Kornbaum, S. 349
Koschelew, F. F. 88
Kosolapoff, G. M. 302
Kränzlein, G. 110, 248
Kränzlein, P. 15, 21, 23, 308
Krämer, H. 4, 32, 33, 58, 136, 138, 139
Kramer, N. G. 350, 352
Kreager, R. M. 21
Kreiss, M. 327
Krimm, S. 129, 130, 131
Krzikalla, H. 91, 229, 276, 279, 281, 282, 283
Kubitzky, C. 327
Kubler, D. G. 251
Kühn, E. 95, 98, 109
Kühn, R. 303
Kühne, G. 58
Kuehne, W. 229
Kuhn, B. M. 19, 21
Kunze, W. 248, 249, 257, 308, 312
Kuri, Z. 191, 192
Kuschk, R. 115, 230
Kwasnik, W. 82

Ladd, E. C. 251, 282, 302
Lally, R. E. 212, 214, 216, 219, 220, 222, 233, 256
Lampert, U. 107
Landler, Y. 113
Langhans, H. 233
Lanham, W. M. 314
Lanikowa, J. 138
Lannon, D. A. 163, 299
Laporta, X. V. 90
Larcher, A. W. 80

Lauer, G. G. 224
Lawrence, R. R. 225, 236, 260, 261, 268, 269, 299
Lawson, W. E. 109
Lawton, E. J. 62
Leaderman, H. 164
Lebel, P. 113
LeClaire, C. D. 249
Lederer, M. 24, 26, 27, 30, 43
Lee, J. A. 231
Leeper, Th. A. 34
Leeson, E. J. 21
Le Fevre, W. J. 85, 103, 211, 213, 216, 217, 249
Lehnert, H. 248
Leimüller, A. 279
Leininger, R. J. 17, 18, 27
Leistner, W. E. 212, 213, 215, 216, 217, 218, 219, 222, 227, 228, 229, 233, 257
Leuchs, O. 339
Lever, A. E. 336
Lewis, J. 314
Lewis, J. R. 37, 45, 83
Liang, C. Y. 129, 130
Lightfoot, W. J. 14, 86, 103
Lintala, D. E. 32
Linhardt, F. 157
Lintner, J. 330
Lipke, jr., P. H. 257, 317
Lober, F. 249
Lobet, G. 96, 108
Loeblich, V. M. 298
Löffler, K. 249, 312
Longley jr., R. I. 16, 277, 286, 295
Lorentz, G. 24, 96, 105
Lorenz, J. 158
Louis, A. S. 328
Louis, D. 116
Love, Th. 28
Lovelock, V. G. 329
Loy, B. R. 192
Lucht, F. J. 23, 47
Ludlow, J. L. 314
Lundsted, L. G. 312
Lush, E. J. 308
Lustigman, S. 23, 86, 286, 293
Luther, H. 152, 171, 344, 345
Lynch, R. L. 319
Lynn, J. W. 284
Lynn, O. R. L. 26

Machemer, H. 280, 300
Mack, G. P. 110, 189, 201, 213, 215, 216,

217, 218, 222, 223, 225, 226, 227, 228, 230, 256, 257, 258, 329
Mack, L. 284
MacMillan Mann, D. Ch. 114
MacTurk, H. M. 323
Magat, M. 113, 114
Magne, F. C. 297, 298, 306, 311
Makower, S. 101
Manchen, F. 277
Manganelli, M. A. 26
Maragliano, D. 18
Mark, H. 12, 36, 95, 153, 155, 173, 182, 263, 267
Marling, P. E. 257
Marous, L. F. 75
Marschall, W. E. 178
Martin, E. L. 81
Martin jr., R. H. 16, 27, 93, 97, 107, 110
Marusawa, H. 353, 354
Marvel, C. S. 115, 124, 125, 179, 181, 184
Matheson, L. A. 236
Mathieu, A. 69
Matlack, J. D. 219
Matsui, K. 287
Matsuda, S. 287
Matsuda, Y. 353, 354
Matthews, R. J. St. 73
Maurer, F. J. 351
Mayne, R. Y. 298
McAlevy, A. 119
McConnell, W. V. 250
McGillivray Morgan, W. 17
McGrew, F. C. 37, 102
McIntire, O. R. 210
McIntyre, E. 173
McIntyre, E. B. 260, 261, 268, 269, 299
McKinney, R. S. 306
McNulty, D. G. 18, 27
Mead, D. J. 137, 153, 170, 264
Meder, A. J. W. 350, 352
Medwedew, S. S. 4, 88
Meerssche, M. van 61
Meiss, P. E. 279
Melville, H. W. 126
Menčik, L. 137, 138
Mergenthaler, E. 298
Merkel, H. 239
Merkel, K. 239
Merz, A. 268, 269
Messwarb, G. 24, 27, 42, 43, 96, 110
Meyer, H. 171

Meyer, L. W. A. 237
Meyer, R. H. M. 52
Meyrick, Th. J. 315
Michalek, J. C. 89
Mihail, R. 349
Mikeska, L. A. 317
Miller, A. A. 122, 124, 191
Miller, J. R. 87, 99
Miller, R. F. 160, 161, 162, 163
Millien, A. 305
Milone, Ch. R. 97
Mincher, E. L. 232
Minematu, Y. 189, 205
Miura, S. 100
Mizushima, S. I. 130
Mobberley, W. 343
Mod, R. R. 298
Möller, W. 278
Möschle, A. 9
Moffett, E. W. 88
Mohrmann, H. W. 26
Moll, H. W. 85, 237
Momigny, J. 61
Monaci, A. 112
Monheim, J. 47
Montgomery, R. S. 257, 277
Moraglio, G. 137
Morgan, L. B. 17, 47, 50, 83
Morgenstern, J. 190, 191
Morikawa, T. 97
Morner, R. R. 101
Morris, R. C. 110, 277
Moschel, W. 81, 82
Mosher, C. W. 298
Mouchiroud, A. F. G. 211
Mowry, D. T. 101
Mücke, H. 180, 184, 195, 196, 197, 200
Mühlendyck, W. 120
Mueller, A. C. 310
Müller, F. H. 141
Müller, H. 279
Müller, H. 8, 9
Müller, W. 60, 81, 82, 126
Mulliken, R. S. 172
Mullins, D. H. 254, 310
Multen, T. E. 345
Mund, W. 61
Murdoch, G. Ch. 252
Murphy, J. F. 221

Nachtigall, S. 190
Nagai, E. 134
Nagatomi, R. 206, 207

Nagel, K. 283
Nakai, Y. 74, 129, 132
Nakamura, K. 130
Nakaoji, M. 72
Nambu, K. 28, 73
Naps, M. 19, 88, 112
Narita, S. 130
Narracott, E. S. 305, 306
Natta, G. 125, 128
Nebel, I. U. 223
Neckel, R. van 148
Neher, H. T. 25
Nelles, J. 282
Nelson, A. R. 28, 57
Nelson, H. C. 315
Neresheimer, H. 300
Neuville, L. P. F. A. 49
Newberg, R. G. 316
Newey, H. A. 45, 57
Newman, E. Ch. 287
Newton, L. W. 284
Nichols, J. 281
Nickl, E. 56
Nicolay, A. A. 81, 101, 102
Nie, W. L. J. de 85, 99, 103, 234, 250
Nielsen, L. E. 173, 174, 175
Nisch, A. 126, 137, 138
Nissel, F. R. 348
Nitta, I. 192
Nobis, E. 268
Nobis, J. F. 287
Noel Saint Frison, L. H. 49
Nooijer, Ch. N. J. de 234
Noorduyn, A. 40, 45, 46
Nooris Shreve, R. 12, 13, 14, 184
Norrish, R. G. W. 3, 6, 7, 12, 128
Nottes, G. 304
Novák, J. 179, 195, 203
Nozaki, K. 111

Oberst, H. 77, 146, 174
O'Brien, J. P. 311
O'Connor, R. T. 297
O'Donnell, R. T. 41, 59
O'Hara, R. J. 256
Ohasi, K. 18, 100
Ohé, H. 116
Ohnishi, S. 192
Okado, H. 68
Okashi, K. 26
Okuda, K. 73, 129
Olson, H. M. 220, 222
Orth, H. 307

Orthmann, W. 142
Orthner, L. 38, 42, 97, 107, 284, 311, 356
Osborne, E. B. 87, 99
Oschatz, F. 317, 330
Ostermayer, H. 75
Ostromislensky, I. 59, 114
Otsu, T. 180, 183
Ott, J. B. 17
Overbeck, H. 47, 110
Ozeki, T. 134

Paist, W. D. 300, 330
Palm, A. 239
Palm, W. E. 96, 309
Palvarini, A. 113
Pannwitz, W. 79
Paolillo, R. 184
Park, H. F. 8, 39, 119
Parker, D. H. 319
Parker, E. 225, 226, 227, 228, 230, 256
Parks, C. E. 350, 355
Parks, C. R. 247
Parrini, P. 160, 161, 327
Partchevsky, A. 295
Paschke, E. 43, 58, 77
Passino, H. J. 224
Patat, F. 138
Paton, J. G. 78
Patton, T. C. 236
Paul, H. 15
Pavarini, A. 113
Pechukas, A. 303
Penn, G. R. 90
Penn, W. S. 206, 209
Penning, E. 38
Perloff, J. W. 322, 323
Perrins, L. E. 104, 108, 329
Perronin, J. 98
Perugini, G. 7
Pesta, O. 297, 313
Peters, J. W. 86
Peterson, M. D. 78
Petropoulos, J. C. 295
Peyrade, J. 333, 334
Pezzin, G. 4, 13, 139, 180, 181, 183, 188
Pfister, H. 77
Philipp, B. 254
Phillips, I. 322, 323, 324, 325, 327
Pier, M. 120
Piloni, R. A. 25, 108
Pings, W. B. 315
Pinner, S. H. 122

Pitrot, A. R. 231
Plambeck, L. 79, 88
Plas, F. J. F. van der 52, 53, 84
Plato, G. 150
Platz, K. 284, 311
Plotnikow, J. 59
Pöckel, I. 314
Pohlemann, H. 229
Pollack, M. A. 279
Pollard, R. E. 173
Poltz, H. 96
Port, W. S. 96
Potts, J. E. 112
Povenz, F. 88
Powell, G. M. 345
Powers, J. R. 56
Prat, J. 7
Press, B. 249
Putzer-Reybegg, A. v. 257

Quarles, R. W. 91, 123, 249
Quattlebaum, W. M. 221, 232
Quiquerez, J. 307

Raab, J. A. 124
Radcliffe, M. R. 222
Radi, L. J. 305
Raich, W. J. 243
Ramp, F. L. 117, 118
Ramsden, H. E. 121, 224, 225, 226, 228, 229, 230
Rangnes, P. 150, 178
Ratti, H. J. 178, 201, 232
Rautenstrauch, C. 78, 82, 84, 87, 102
Rayner, L. St. 60, 62, 65, 66, 73
Reading, F. P. 142
Rector jr., Ch. H. 281
Rector, M. R. 86
Reeber, R. 24, 26, 27
Reed, M. C. 153, 164, 299
Rees, R. W. 113, 114, 121
Reese, J. 97
Reetz, Th. 258
Regnault, V. 59
Rehberg, C. E. 279
Reichherzer, R. 267, 288, 290, 292, 336
Reid, D. R. 146
Reid, E. W. 94
Reid, R. J. 219, 282, 315, 352
Reid, W. J. 315
Rein, H. 246, 312
Reinecke, H. 20, 21, 28, 31, 32, 37, 56, 57
Reinhardt, R. C. 83

Reinicke, H. 330
Reman, G. H. 52
Renner, A. J. 137
Reppe, W. 96, 99, 109, 330
Reuber, R. 42, 97
Reuter, L. F. 121
Richard, A. P. 83
Richard, K. 146
Richards, L. M. 298
Richter, H. J. 106, 235, 256, 258
Rieche, A. 180, 184, 195, 197, 200, 304, 308, 330
Riedeman, W. L. 312
Riedmair, J. 304
Riener, E. F. 309
Riese, W. A. 346
Rife, H. M. 90, 91
Rittershausen, E. P. 308, 317
Ritzenthaler, B. 79
Rizzo, P. W. 180
Roberts, R. L. 284
Roberts, R. P. 331
Roberts, St. M. 245
Robertson, J. A. 46
Robertson, M. W. 267
Robinson, R. C. 33
Robitschek, P. 282
Rocky, J. F. 348
Roedel, M. 92
Roehm, R. 209
Rössig, L. 268, 269
Roland, J. R. 78, 81, 89
Rolker, H. 91
Roos, E. 249
Rosen, I. 178
Rosenberg, A. 214, 216, 219, 220, 234, 247, 251, 269, 308
Rosenberg, D. S. 119
Rosenthal, L. 304
Rothrock, G. M. 102
Rothrock, H. S. 92
Rowland, G. P. 28, 99, 108
Rowley, R. M. 267
Roy, M. F. 115, 124, 179, 181
Rumbach, B. 7, 127
Russell, J. J. 286
Rust, F. F. 46
Ryšavý, D. 333, 334

Saeki, Y. 206, 207
Safford, M. 232
Saito, J. 19
Saito, T. 244

26*

Sakihiro, T. 19
Salé, A. 331
Salem, W. J. 101
Salmon, J. F. 114
Salt, F. E. 287
Salzberg, P. L. 249
Salyer, I. O. 348
Sample, J. H. 115, 124, 179, 181
Samuel, A. 300
Sandborn, L. Th. 109
Sanderson, A. K. 248
Sans, M. 9, 10
Satoh, S. 134
Sauer, J. C. 110, 311
Savarese, F. B. 226
Scalzo, E. L. 180
Scarbrough, A. L. 180
Schaefer, H. L. 210, 238
Schäfer, W. 247, 248, 249
Schaerer, A. A. 305
Schaffel, G. S. 318
Scheer, W. E. 281
Scheffel, G. 41, 45, 46
Scherer, H. 96, 110
Scheuermann, H. 312
Scheufler, W. 282
Schick, J. L. 20, 86
Schickh, O. v. 284, 286
Schildknecht, C. E. 92
Schindler, A. 3, 6, 7
Schleese, E. 152, 344, 345
Schlichenmaier, H. 82
Schlimper, R. 193, 198
Schmauss, O. 101
Schmidt, F. 100
Schmidt, P. 270, 271, 302
Schmidt, W. 277, 349
Schmieder, K. 146, 156, 175
Schmitz, J. V. 62
Schneider, H. 247, 252
Schneider, K. 120
Schneiders, J. 117, 125, 136
Schönburg, C. 117
Schoenfeld, F. K. 31, 83
Scholz, H. 22, 25, 32, 61, 73, 95, 98, 330
Schroeder, C. W. 19, 26
Schröder, E. 140, 171, 229, 267
Schröder, H. E. 82
Schroeder, J. P. 354
Schröter, G. 150
Schubert, W. 33
Schubert, W. 325, 326, 327

Schuch, E. 138
Schuller, H. 347, 348
Schultis, C. T. 312
Schulz, G. V. 139
Schumacher, W. 110
Schumann, D. 118
Schwaegerle, E. G. 101
Schwaiger, W. 300
Schwarz, H. F. 235, 280
Schwindt, H. 137, 138
Scriba, W. 117
Sears, W. C. 163
Seib, A. 317
Seibel, P. 43
Seidel, F. 119
Seidenfaden, W. 281, 284
Seipold, O. 116
Semjonow, V. 158
Semon, W. L. 154
Severs, E. T. 333, 339, 340
Seymour, D. C. 75
Shaver, F. W. 46
Shelley, Th. H. 247
Shibata, K. 237
Shida, S. 192
Shields, D. J. 112
Shigeno, Y. 297
Shimanouchi, T. 130
Shine, H. J. 307
Shinohara, K. 192
Shiotani, S. 63, 132
Shioya, S. 68, 70
Shipman, J. J. 130, 131
Shokal, E. C. 250, 251
Shugar, G. J. 330
Sieglitz, A. 212
Silberstein, S. 222
Silverstein, R. M. 298
Simpson, V. G. 75
Sims, H. J. 342
Singer, W. 119
Skarda, H. 351
Slotterbeck, O. C. 316
Small, K. W. 314
Small, P. A. 60, 62, 65, 66, 73, 314
Smeykal, K. 303
Smith, A. F. 9, 10
Smith, G. W. 15, 50, 87, 98, 99, 101
Smith, K. L. 345
Smith, M. K. 280
Smith, R. E. 88
Smith, R. R. 114
Smith, W. M. 29

Smith, W. M. 332, 335, 336
Smith jr., W. M. 282, 315
Smith, W. V. 96, 109
Smyers, W. H. 316
Snyder, R. H. 307
Sönke, H. 47, 107, 123
Spengeman, W. F. 319
Spindt, R. S. 283
Sprang, C. A. 314
Springer, H. 119
Sprules, F. J. 309
Staab, W. 30
Staeger, R. 39, 276
Stage, L. J. 249
Staley, R. W. 232
Stanescu, M. 349
Stanin, Th. E. 102
Stanley, L. N. 245
Stanton, G. W. 257
Starcher, P. S. 254
Starck, W. 12, 90, 95, 96, 99, 109, 258
Stark, A. H. 33
Staudinger, H. 117, 124, 125, 136, 137
Staudinger, H. P. 83
Staudinger, J. J. P. 9, 24, 49, 86, 97, 107, 182, 192
Stefl, E. P. 226
Stein, R. 164
Stein, W. 171
Steinbrunn, G. 105, 106
Sterling, G. B. 317
Stevens, D. R. 283
Stiles, A. R. 46
Stoops, W. N. 317
Stormon, D. B. 282
Stout, P. R. 318
Straus, S. 180, 184, 187, 188, 192
Streller, H. 200
Stroh, H. 303
Stromberg, R. R. 180, 184, 187, 188, 192
Stuart, A. P. 308
Stuchlik, R. E. F. 331
Sturm, C. L. 73, 129, 134
Süsich, G. v. 36, 95
Sully, B. D. 327
Sully, B. Th. D. 49
Sumi, M. 74
Summers, H. B. 298
Suter, J. F. 90
Sutherland, L. T. 287
Swallow, J. C. 333

Swart, G. H. 89, 257, 318
Swern, D. 93, 96, 309

Taft, G. H. 231
Takeda, M. 132
Takemoto, K. 74, 129, 132
Takiguchi, K. 97
Talamini, G. 4, 7, 13, 139, 180, 181, 183, 188
Tamblyn, J. W. 258
Tartas, D. A. de 318
Tate, B. E. 297
Tate, H. D. 303
Tausent, M. 120
Temple, S. 210
Thiesse, X. 123
Thinius, K. 46, 171, 193, 198, 229, 247, 249, 267, 268, 269, 272, 278, 299, 312, 330, 331, 344
Thomczik, F. 351
Thompson, B. R. 110
Tichenor, R. L. 153, 170, 264
Timreck, A. E. 283
Tincher, W. C. 134
Tinsley, S. W. 254
Tittel, H. 118
Tkatschenko, G. W. 4
Tobolsky, A. V. 164, 182
Todd, W. D. 332, 335, 336, 339, 340
Towne, E. B. 313
Trauvetter, W. 123
Treibs, A. 20, 330
Trimborn, W. 312
Trösken, O. 38, 45
Trofimow, A. 84, 85, 87
Trommsdorff, E. 13
Trotter, P. W. 95
Tsuchiya, S. 130
Tsuruta, T. 63, 68, 70, 132
Tucker, H. 46, 80
Tughan, V. D. 247
Turner, T. S. 117
Tuttle, F. J. 280

Ueberreiter, K. 142
Ueda, H. 191, 192
Underwood, J. E. 48
Urbanic, A. J. 351

Valk, Ch. J. van der 276
Vandenberg, E. J. 64, 73
Vanderbilt, B. M. 316

Vasilescu, V. 286
Vath, H. J. 206
Vaughan, W. E. 46
Verity-Smith, H. 209, 210, 215, 216, 218, 219, 225, 246
Vidotto, G. 4, 7, 13, 139
Vlachos, A. 312
Voigt, H. 162
Vollmert, B. 349
Voorthuis, H. T. 209, 248, 250, 310
Voss, A. 9, 11, 12, 80, 94, 96, 99, 104, 109, 248

Wagner, H. 276, 308
Wagner, W. M. 3, 7
Wakano, S. 18, 26, 100
Wallace jr., J. M. 101, 211, 212, 213, 215, 218, 219, 235, 248
Wallace, J. W. 28
Wallder, V. T. 199
Walling, Ch. 190
Walter, A. T. 142, 151, 152, 165, 344
Walter, E. R. 142
Walter, H. A. 256
Walther, H. 229
Walther, R. A. 90, 91
Wan-Gaut, J. N. 160
Warner, W. C. 257
Wartman, L. H. 127, 128, 179, 180, 183, 189, 195, 197
Watanabe, H. 60, 73
Watson, W. F. 111
Watts, J. Th. 37, 45, 315
Waychoff, W. 273
Wearmouth, W. G. 286
Weaver, H. E. 115
Weber, A. G. 78
Weber, H. 221, 279, 284, 308
Webster, R. W. 314
Wechsler, H. 101
Weesner, W. E. 293, 301
Wehr, W. 120
Weichert, D. 198
Weicksel, J. A. 204
Weihe, A. 305
Weiler, J. F. 306
Weimer, P. E. 301
Weinberg, E. L. 227, 228, 229, 235
Weisel, G. 171
Weiss, W. 120
Weissbach, K. 251
Weissenborn, A. 308
Welch, F. J. 71, 142

Weldon, L. H. 235
Weldon, L. H. P. 152, 154, 155, 163, 177, 178
Welling, M. S. 341
Wenning, H. 13, 25, 30, 86
Werkheiser, R. L. 221
Werner, A. C. 333
Werner, B. H. 75, 352
Wesp, G. L. 318
Whalley, W. B. 47
Wheelock, G. L. 316, 350, 355
Whetstone, R. R. 275
White, E. L. 199
Wick, G. 55, 75, 118, 150, 351
Wicklatz, J. E. 318
Wiederhorn, N. 164
Wilbur, A. G. 309
Wiley, R. H. 257
Wiley, R. M. 33, 83
Wilkinson, B. W. 119
Wilkinson, J. M. 286, 315
Willersinn, H. 38
Williams, A. A. 352, 353
Williams, E. G. 78
Williams, F. W. 231
Williamson, J. 287, 299
Wilson, J. E. 236, 257
Wilson, W. K. 50
Winkle, J. L. van 277
Winkler, D. E. 184, 185, 186, 187, 188, 189, 192, 201, 206
Winkler, D. L. E. 213, 214, 215, 216, 218, 219, 221, 222, 234, 238, 250, 256, 275, 277
Wippler, C. 113, 123
Wiseman, P. A. 89
Witnauer, L. P. 96, 309
Witt, E. J. de 281
Wittenberg, D. 224
Woerner, A. 312
Woldan, E. 279
Wolf, K. 141, 146, 156, 175
Wolf, R. F. 331
Wolf, R. J. 18, 79, 81, 96, 99, 100, 101, 102
Wolkober, Z. 121
Wolski, J. J. 28
Woluwé, P. M. 40
Woodstock, W. H. 300, 302
Wooten jr., W. C. 112
Wormald, G. 319
Wright, J. C. 33
Wright, R. B. 249

Wright, W. W. 4
Wuckel, L. 190, 191
Würstlin, F. 142, 152, 153, 160, 162, 163, 166, 170 262, 263, 264, 265, 266, 339, 344
Wynn, R. W. 241

Yabumoto, S. 353, 354
Yamada, T. 189, 205
Yamauchi, T. 287
Yehle, E. A. 298
Yngve, V. 224, 233
Youde, P. G. 322, 323, 324, 327
Young, Ch. O. 8, 11, 63, 94, 248
Young, D. M. 221, 232
Young, D. W. 220, 316, 317
Young, DeWalt S. 250
Young, M. A. 331

Zable, H. S. 344
Zapf, F. 24, 27, 32
Zaremsky, B. 258
Zech, J. D. 251
Zerbe, C. 305
Zerweck, W. 38, 45, 248, 249, 257, 304, 312, 313
Zimmermann, G. A. 210
Zöhrer, K. 269
Zollinger, H. 115, 117, 119, 125
Zukel, J. W. 303
Zwick, G. Ch. 105, 109
Zybert, W. J. 19, 21

Sachverzeichnis

Abbau, oxydativer 125
–, radiochemischer 192
–, thermischer 178 ff.
–, Einfluß des Weichmachers 198
– unter dem Einfluß ionisierender Strahlen 190
Abbaueigenschaften der Mischpolymerisate des Vinylchlorids 192, 193
– des Polyvinylchlorids 178 ff.
Abbaugeschwindigkeit 184
Abbaukatalysator 206
Abbaumechanismus 184 ff.
Abbruchreaktion 2, 4, 6, 127, 128, 182, 188
Absorptionsmaximum 204
Acrylnitril 87, 99, 101 ff.
Acrylsäure 95, 101
Acrylsäureester 76, 81, 87, 97 ff., 101, 103, 173
–, höhere 87, 100
Acrylsäuremethylester 87, 97 ff., 100
Äther, ungesättigte 92
Äthylen 78, 79, 82
Allylaktivierung 184, 185
Allylester 97
Alterung, thermische 190, 191
Alterungseigenschaften der Mischpolymerisate des Vinylchlorids 192, 193
– des Polyvinylchlorids 178 ff.
Anfangsgeschwindigkeit 3
Anordnung, syndiotaktische 129, 130
Antioxydantien 205, 207
Auflösungswiderstand 334
Aufnahmevermögen für Weichmacher 15, 28

Banburymischer 270
Biegefestigkeit 143
Blaupigmente 321
Blockpolymerisation 3, 7, 12, 13, 61, 127
–, kontinuierliche 9
–, technische 7, 8, 9, 10

Brabender-Plastograph 270, 271
Bruchdehnung 143, 154, 324
Butadien 79
Butadiene, halogenierte 88

Chlorierung 117, 118, 119
Chlorsulfonierung 119
Chlorwasserstoffabspaltung 114, 115, 178 ff., 184 ff., 189, 191
–, thermische 184 ff., 189, 195 ff.
Chlorwasserstoffakzeptor 197, 200
Copolymere, heterogene 174, 175
–, homogene 174, 175

Dämpfung, mechanische 156, 175
Dämpfungskurve 176
Dämpfungsmaximum 146, 166
–, dielektrisches 163
–, mechanisches 156, 157, 175
–, zweites dielektrisches 163
Dauerstandfestigkeit 143, 144, 147
Dehnbarkeit 155
Dehnung 153, 167
Dicarbonsäuren, Ester ungesättigter 105 ff.
–, Halbester ungesättigter 96, 108
–, ungesättigte 96, 105 ff.
Dielektrizitätskonstante 149, 161, 162
Dienkohlenwasserstoffe 79
Diffusionskoeffizient 170, 171
Dilatanz 332, 337
Dispersion, dielektrische 166
–, mechanische 166, 174
–, primäre 347
Dispersionen, sekundäre 347
–, wäßrige 347 ff.
Disproportionierung 2, 127, 128, 182
Dissoziationsenergie 189
Dissoziationsreaktion 190
Dry-blend-Verfahren 195
Druckfestigkeit 143
Durchschlagfestigkeit 149

Sachverzeichnis

Eigenschaften der Vinylchlorid-Mischpolymerisate 141 ff.
– des Polyvinylchlorids 141 ff.
– des weichgemachten Polyvinylchlorids 151 ff.
Eigenschaften, dielektrische, des Polyvinylchlorids 148, 149
–, – des weichgemachten Polyvinylchlorids 162
–, dynamisch-elastische von Copolymeren 174, 175
–, elektrische, des Polyvinylchlorids 148, 149
–, –, des weichgemachten Polyvinylchlorids 159 ff.
Eigenschaften, mechanische, des polyvinylchlorids 143
–, –, des weichgemachten Polyvinylchlorids 151 ff.
–, thermische 158, 159
Eigenviskosität 128, 135
Einfärben des Polyvinylchlorids 319
Einfrierbereich 141, 144, 156, 173, 174
Einfriertemperatur 77, 141, 142, 143, 144, 145, 146, 147, 151, 159, 167, 168, 169, 172, 173, 174, 177, 260, 264, 267
Elastizitätsmaß 167
Elastizitätsmodul 143, 151, 152, 154, 155, 165, 167
–, dynamischer 144, 145, 146, 156, 175, 176
–, komplexer dynamischer 146
–, statischer 144, 145, 146
–, Veränderung durch Füllstoffe 326
Elektronenstrahlen 62
Emulgatoren 35 ff.
Emulsionspolymerisation 4, 34 ff.
–, Aktivatoren 50
–, diskontinuierliche 50
–, Emulgiermittel 34 ff.
–, Katalysatoren 46
–, kontinuierliche 50 ff.
–, Redoxkatalysatoren 46 ff.
Endgruppen 5, 127, 128, 183
Energieelastizität 166
Entropieelastizität 166
Esterweichmacher 275 ff.
Extender 275, 340
Extrahierbarkeit 170, 266, 267
Extraktionsbeständigkeit 274
Extrusionsrheometer 333, 339

Fällungspolymerisation 11, 12
Farbbildung beim Hitzeabbau 197
Farbstoffe 194, 319
–, organische 320, 322
Farbveränderung 178
Fette Öle 109
Fließeigenschaften 93, 149, 150, 163
Fließen, viskoses 141, 149, 172, 173
Fließgrenze 150
Fließpunkt 141, 142, 332, 337
Fließvermögen von Mischpolymerisaten 178
Flextemperatur 261, 262
Flüchtigkeit 267, 268
Fluoreszenzstrahlung 204
Formbeständigkeit nach Martens 143
Fortpflanzungsreaktion 188
Füllstoffe 194, 207, 322 ff., 341
–, Einfluß auf die Eigenschaften von Polyvinylchloridpasten 341
–, – auf die elektrischen Eigenschaften von Polyvinylchlorid 327
–, – auf die mechanischen Eigenschaften von Polyvinylchlorid 323 ff.

Gelbildung 343
Gelbpigmente 321
Gelierdauer 343, 344, 345
Geliereigenschaften 270
Gelierkurve 270
Geliertemperatur 266, 271, 343, 344, 345
Gelierung 343, 344
–, Mindesttemperatur zur Erzielung vollständiger 271
Gelierungsgrad 343
Gelierverhalten von Pasten 336
Geliervorgang 270, 271
Gelierwirkung 153
Gesamtdehnung 143, 144, 168
glasartiger Zustand 147, 167
Gleichstromleitfähigkeit 160
Gleitmittel 194, 258, 259
Granulat 194
Grenzbiegespannung 143
Grenzviskosität 136, 191
Grenzviskositätszahl 136
Grünpigmente 321
gummielastische Eigenschaften 151
gummielastischer Bereich 142
– Zustand 142, 144, 145, 147, 167, 168
gummielastisches Gel 164, 165
– Verhalten 141, 172
Gummielastizität 141, 164

Sachverzeichnis

Halogenstyrole 89
harter Zustandsbereich 143, 144, 146, 147
Herstellung von Mischpolymerisaten des Vinylchlorids 76 ff.
– von Polyvinylchlorid 1 ff.
Heterogenitätsgrad 174
Hilfsstoffe für die Verarbeitung des Polyvinylchlorids 193 ff.
Hilfssuspensionsstabilisatoren 27 ff.
Hitzeabbau 178 ff., 184 ff., 188, 189
Hydrierung 114
Hydrosole 347

Identitätsperiode 128, 129
Induktionsperiode 195, 196
Infrarotspektrum 127, 129 ff., 132, 133
Isobutylen 79, 101
Isotope, radioaktive 62

Kältebeständigkeit 273
Kältefestigkeit gefüllter Polyvinylchloridmassen 327
Kaltverstreckung 141
Katalysatoren für die Blockpolymerisation 8
– für die Emulsionspolymerisation 46
Keimlatex 56, 57
Kerbschlagzähigkeit 143, 156
Kernresonanzspektrum 134
Kettenabbruch 127, 128, 182
Kettenspaltungen 185, 190, 191
Kettenübertragung 2, 3, 4, 5, 127, 128, 182
Kettenübertragungsmittel 2, 3, 4,
Kettenverzweigungen 5, 183, 184, 263, 264
Kettenwachstum 2, 4, 126
–, isotaktisches 135
–, syndiotaktisches 135
Kompressionsmodul 151
Konstitutionsaufklärung, chemische 127, 128
Kopf-Kopf-Schwanz-Schwanz-Struktur 124
Kopf-Schwanz-Struktur 124
Korngröße 9, 28, 30
Korngrößenverteilung 334, 336
Kriechkurven 153, 154, 263
Kriechversuche 154, 155
Kristallinität 142, 178
Kristallinitätsgrad 63, 73, 131, 132, 178
Kristallstruktur 128

Kugeldruckhärte 143, 156, 157
K-Wert 35, 93, 94, 135, 139, 150, 157, 158

Lagerstabilität 339, 342
Latex 34, 45, 51, 56, 59, 348
Lichtabbau 188 ff., 205
Lichtbeständigkeit 205
Lichtstabilisatoren, Wirkung 204 ff.
Löslichkeit 329
Lösungen 329
Lösungsmittel, Abhängigkeit des K-Wertes 135
– für Polyvinylchlorid 329 ff.
Lösungsmittelgemische für Polyvinylchlorid 330 ff.
Lösungsoptimum 345
Lösungspolymerisation 4, 6, 10, 11
Lösungspunkt 271, 272
Lösungstemperatur 345

Makroradikale 61, 185, 186, 201
Maleinsäureester 81, 92, 96, 105
Massenverteilungskurven, differentiale 139, 140
–, integrale 138, 139, 140
mechanische Eigenschaften von Mischpolymerisaten 177
Mechanismus, radikalischer 1
Methacrylsäure 95, 103
Methacrylsäureester 103
Micellen 34
Migrationsfestigkeit 274, 319
Mineralölfestigkeit 274
Mischpolymerisate 76 ff.
–, heterogene 172
–, homogene 77, 172, 173
–, ternäre 79, 81, 87, 97, 98, 99, 104, 107, 108
Mischpolymerisation mit Acrylnitril 101, 102
– Acrylsäureestern 97 ff.
– – höherer Alkohole 100, 101
– – sonstiger Alkohole 101
– Acrylsäuremethylester 97 ff.
– Äthylen 78, 79
– Allylestern 97
– chlorierten höheren Olefinen 88
– Dienkohlenwasserstoffen 79
– Fetten Ölen 109
– halogenierten Butadienen 88
– Halogenstyrolen 89
– höher fluorierten Olefinen 81, 82

Sachverzeichnis

Mischpolymerisation mit höheren Olefinen 79
– Methacrylsäureestern 103, 104
– Olefindicarbonsäuren u. deren Estern 104 ff.
– Phosphor enthaltenenden Verbindungen 110
– Schwefel enthaltenden Verbindungen 110
– Silicium enthaltenden Verbindungen 109
– Stickstoff enthaltenden Verbindungen 110
– Styrol 80, 81
– Trichloräthylen 88
– ungesättigten Äthern 92, 93
– Vinylacetat 93 ff.
– Vinylalkohol 89, 90
– Vinylalkyläthern 91, 92
– Vinylestern 93 ff.
– höherer Fettsäuren 96
– Vinylfluorid 81
– Vinylidenchlorid 82 ff.
– Zinn enthaltenden Verbindungen 110
Mischungsherstellung 194
Molekulargewicht 3, 7, 12, 13, 61, 74, 75, 76, 135, 158
–, viskosimetrisches 3, 135, 138
Molekulargewichtsverteilung 4, 14, 139, 140
Molekulargewicht-Viskositätsbeziehung 137
Monomerenradikale 3, 4
Monomerenverknüpfung, isotaktische 133, 134
–, syndiotaktische 133, 134

Nachbehandlung, acetalisierende 31, 32
nachchloriertes Polyvinylchlorid, Struktur 115 ff.
– –, technische Herstellungsverfahren 117 ff.
Nachchlorierung 115 ff.
Nachpolymerisation 61, 62
Nebenmaximum 146, 149
Netzwerk 152, 164
Netzwerkstruktur 141, 152

Oberflächenaktive Stoffe 26
Öladsorptionswert 341, 342
Olefine, chlorierte höhere 88
–, halogenierte 108
–, höhere 79

Olefine, höher fluorierte 81
Olefindicarbonsäuren 104 ff.
Organosole 345, 346
Organozinnmercaptide 197, 226 ff.
Organozinnverbindungen 207, 223 ff.

Pasten 58, 332 ff.
Pfropfpolymerisate 13, 79
Pfropfpolymerisation 77, 111 ff., 349
Photosensibilisatoren 60
Photosensibilisierung 204
Phthalsäureester 287 ff.
Physikalische Eigenschaften von gefüllten Polyvinylchloridmischungen 323
Physiologische Eigenschaften der Weichmacher 272
Pigmente 194, 208, 319 ff.
–, anorganische 320 ff.
–, Einfluß auf das Fließverhalten von Polyvinylchlorid-Pasten 342
–, – auf die physikalischen Eigenschaften von Polyvinylchlorid-Pasten 342
–, organische 320, 322
Plastigele 346
Plastisole 32, 51, 56, 57, 59, 332 ff.
–, Gelierung 343 ff.
–, Herstellung 343
–, Polyvinylchloridsorten für 333 ff.
polare Gruppen 263, 264
Polarisationserscheinungen 161
Polarisationsschicht 161
Polyensysteme 185, 201, 202, 203
Polyester 314 ff., 319
Polyesterweichmacher 319
Polymerensequenzen, syndiotaktische 142
Polymerisatgemische 336, 348 ff.
Polymerisation mit metallorganischen Katalysatoren 62 ff.
–, photochemische 59 ff.
–, radiochemische 61, 62
–, stereospezifische 73 ff.
Polymerisationsgeschwindigkeit 3, 4, 12, 35, 61
Polymerisationsgrad 3, 74
Polymerisationsumsatz 3
Polymerisatweichmacher 316 ff.
Polymerradikale 2, 182, 188, 191, 192
Polyvinylchlorid, kristallines 63, 73, 74, 129
– für Plastisole 51 ff.
–, nachchloriertes 115 ff.
–, niedermolekulares 74, 75, 76

Polyvinylchlorid, reduziertes 127
Primärlatex 348
Primärweichmacher 275
Pulverpolymerisation 10

Radikalabfang 201
Radikalbildung 1
Radikale 1ff., 185ff., 191, 192
–, „eingefrorene" freie 191
Radikalfänger 184, 185
Radikalketten 4, 188, 201, 202, 205
Radikalmechanismus 185, 188, 201
Radikalreaktionen 186, 206
Radikalzerfall 184
Reduktion 126
Regler 28, 56, 75
Reißdehnung 143
Reißfestigkeit 143
Resonanzmessungen, paramagnetische 191
rheologische Eigenschaften 332
Röntgeninterferenzen 128
Rotationsviskosimeter 332
Rotpigmente 321
Rückstelltemperaturen 147
Rückstellung 147

Saatlatex 348
Saatpolymerisation 56, 57, 77, 348
schlagfeste Polyvinylchloridmassen 349ff.
Schlagfestigkeit 112, 155
Schlagfestigkeitseigenschaften 177
Schlagzähigkeit 143, 156
Schlagzähigkeitseigenschaften 174
Schwarzpigmente 322
Sekundärreaktionen, strahlenchemische 122
Sekundärweichmacher 275
Sequenzlänge 134
Sequenzlänge, isotaktische 134
–, syndiotaktische 134
Shorehärte 156, 157, 324
spezifische Oberfläche 333
Sprödigkeit 155
Stabilisatoren, 195ff.
–, Einfluß auf die Geschwindigkeit der Chlorwasserstoffabspaltung 105
–, – auf den thermischen Abbau 195ff.
–, physiologische Unbedenklichkeit 208
–, Wahl 207
–, Wirksamkeit 207
–, Wirkungsweise 202ff.

Stabilisatorgemische, synergistische 205ff.
Stabilisatorklassen, Antimonverbindungen 235
–, Bariumverbindungen 217
–, Bleiverbindungen 231
–, Cadmiumverbindungen 220
–, Calciumverbindungen 212
–, Epoxyverbindungen 249ff.
–, Ester 235
–, Ketone 239ff.
–, Magnesiumverbindungen 211
–, Natriumverbindungen 209
–, organische Phosphorverbindungen 257
–, organische Stickstoffverbindungen 246
–, Phenole und deren Derivate 239
–, Schwefel enthaltende organische Verbindungen 256
–, Strontiumverbindungen 215
–, Wismutverbindungen 235
–, Zinkverbindungen 219
–, Zinnverbindungen 223ff.
Stabilisierung, Mechanismus 200
Stabilitätsindex 339
Startreaktion 1, 7, 127, 188
–, radiochemische 192
Staudinger-Viskositätsbeziehung 136
sterische Hinderung 264
Stoßfestigkeitseigenschaften 146
Strahlendosis 122, 191
Struktur des Polyvinylchlorids 124ff.
– des weichgemachten Polyvinylchlorids 164ff.
Strukturuntersuchung, infrarotspektroskopische 131
Strukturviskosität 150, 332
Styrol 80, 81, 87
Sulfonamidierung 119
Suspensionspolymerisation 4, 12ff.
–, technische Ausführung 13ff.
–, kinetischer Ablauf 13
–, kontinuierliche Durchführung 33, 34
Suspensionspolyvinylchloride, verpastbare 32
Suspensionsstabilisatoren 12, 13, 16ff., 86, 94

Taxie des Polyvinylchlorids 133, 142
Teilchengröße 13, 14, 32, 333
thixotropes Verhalten 332, 337
Thixotropie 332, 336

Sachverzeichnis

Tieftemperaturpolymerisation 73
Tieftemperaturpolymerisation, strahleninduzierte 74
Torsionsmodul 146
Trichloräthylen 88, 108
Tripolymerisate 95, 96, 102, 105, 108
Trübungstemperatur 265, 266

Übertragung 5
Übertragungsreaktion 2, 4, 5, 13, 182
Umesterung 119, 204
Umesterungsreaktion 204
Umsetzung, chemische, von Polyvinylchlorid 114 ff.
–, –, von Vinylchlorid-Mischpolymerisaten 123, 124
Unregelmäßigkeiten, strukturelle 182, 184
Untersuchung, röntgenographische 128
UV-Absorber 199, 204, 205, 206, 207, 208

Verarbeitung 194
Verarbeitungseigenschaften der Mischpolymerisate 177
– der Weichmacher 270
Verarbeitungsformen des Polyvinylchlorids 329 ff.
Verarbeitungshilfsmittel, Polymerisate 348
Verdickungsmittel 346
Verformungen 141, 147, 148
Verformungsrest 147
Verformungstemperatur 148
Verhalten, dielektrisches 191
–, kautschukelastisches 165
Verlustfaktor, dielektrischer 149, 162
– von Mischpolymerisaten 175, 176
Vernetzung, chemische 121
–, strahlenchemische, von Polyvinylchlorid 121, 122, 123
–, –, von Vinylchlorid-Mischpolymerisaten 124
Vernetzungen 121, 185, 186, 190, 202
Vernetzungsbildner 121
Vernetzungsbrücken 121, 122, 123
Vernetzungsreaktion 179, 191
Vernetzungsstellen 164, 165
Verschmierungseffekt 157
Versprödungseffekt 155
Verteilungskurven, differentiale 13
Verträglichkeit 264 ff.
Verzweigungen 125, 126
Verzweigungsgrad 126, 136, 183

Verzweigungsstellen 6, 127
Vinylacetat 90, 91, 93 ff., 101, 105, 107
Vinylalkohol 89, 91
Vinylalkyläther 91, 92
Vinylester 89, 90, 91, 93 ff., 105, 108, 109
– von Alkoxysäuren 97
– höherer Fettsäuren 96, 99
Vinylfluorid 81
Vinylidenchlorid 79, 81, 82 ff., 98, 99, 101, 103
Viskosität von Plastisolen 334, 338
–, spezifische 93, 138
Viskositätsbeziehung 125, 136, 138
Viskositätsverhalten von Plastisolen 334, 338
Volumkontraktion 170

Wachstumsreaktion 1
Wärme, spezifische 158, 159
Wärmeleitfähigkeit 158, 159
Wärmestandfestigkeit 174
Wanderungseigenschaften 269
Wanderungstendenz 270, 313
Warmverformungen 147
Wasserabsorptionsvermögen 324, 326
Wasserfestigkeit 274
Wasserstoffbrücken 205
Weichmacher 207, 259 ff., 337
–, Bindungszustand 166, 170, 171
–, Einfluß auf das Fließverhalten von Plastisolen 339
–, – auf die Wetterbeständigkeit 199
–, freier 170, 171
–, hochmolekulare 274, 313 ff.
–, kältefeste 274
–, migrationsfeste 313
–, primäre 340
–, sekundäre 340
–, solvatgebundener 166, 170, 171
Weichmachereigenschaften 260 ff.
Weichmacherklassen, Ester von Carbonsäuren, Aminocarbonsäureester 282
–, chlorierte Phthalsäureester 291
–, Cyancarbonsäureester 285
–, Ester aliphatischer Dicarbonsäuren 285
–, – anderer aromatischer Dicarbonsäuren 293
–, – aromatischer Monocarbonsäuren mit ein- oder mehrwertigen Alkoholen 276
–, – cycloaliphatischer Carbonsäuren 295

Weichmacherklassen, Ester einbasischer aliphatischer Carbonsäuren mit 3- und höherwertigen Alkoholen 275
—, — einbasischer Carbonsäuren mit höheren Glykolen 276
—, — einbasischer Säuren mit Phenolen 279
—, — mit mehrwertigen Äthergruppen enthaltenden Alkoholen 277
—, — von Äthercarbonsäuren 280
—, — von aliphatischen Halogencarbonsäuren 281
—, — von Schwefel enthaltenden Alkoholen 279
—, — von Terpencarbonsäuren 297
—, — von Thiocarbonsäuren 283
—, Esteramide 298
—, Itaconsäureester 287
—, Ketosäureester 281
—, Oxysäureester 279
—, Phthalsäureester 287 ff.
—, Tri- und Tetracarbonsäureester 295
—, — von sonstigen Säuren
—, — der schwefligen Säure 303
—, Kohlensäureester 298
—, Phosphonsäureester 302
—, Phosphorräureester 298
—, Sulfonsäureester 303
—, sonstige, Acetale 307
—, Epoxyverbindungen 308 ff.
—, Fettsäuren 307
—, halogenierte Kohlenwasserstoffe 306
—, hochmolekulare Weichmacher 313 ff.
—, Ketale 307
—, Ketone 308
—, Kohlenwasserstoffe 304 ff.

Weichmacherklassen, Stickstoffverbindungen 312 ff.
—, Sulfonsäureamide 311
Weichmacherwanderung 170, 269, 274
Weichmacherwirksamkeit 163, 169, 260 ff., 266, 273
— der hochpolymeren Verbindungen 319
— der Phosphorsäureester 261, 299
— der Phthalsäureester 260, 261, 289
— der Sebacinsäuredialkylester 260, 261
Weichmachung, äußere 174
—, innere 93, 96, 100, 107, 109, 173, 174
Weichmachungsmittel 194
Weißpigmente 320
Werkstoffeigenschaften des Polyvinylchlorids 141 ff.
— der Vinylchlorid-Mischpolymerisate 172 ff.
Wetterbeständigkeit 198, 199
Wetterempfindlichkeit 199
Wetterfestigkeit 198
Widerstand, elektrischer 35, 45, 161
—, spezifischer 149, 160, 161, 170

Zersetzlichkeit 181
Zersetzungsgeschwindigkeit 183
Zugfestigkeit 122, 143, 144, 154, 155, 167, 168, 169, 177
Zugfestigkeitsabfall 168, 169
Zugfestigkeitseigenschaften von weichgemachtem Polyvinylchlorid 153
Zugfestigkeitsmaximum 154, 169
Zusatzstoffe 193, 194
—, antistatisch wirkende 327
—, flammhemmende 329
—, die Viskosität von Plastisolen herabsetzende 342

MIX
Papier aus verantwortungsvollen Quellen
Paper from responsible sources
FSC® C105338

If you have any concerns about our products,
you can contact us on
ProductSafety@springernature.com

In case Publisher is established outside the EU,
the EU authorized representative is:
**Springer Nature Customer Service Center GmbH
Europaplatz 3, 69115 Heidelberg, Germany**

Printed by Libri Plureos GmbH
in Hamburg, Germany